教育部高职高专教育林业类专业
教学指导委员会规划教材

木工机械

黄荣文　主编

中国林业出版社

内 容 简 介

本书是高等职业技术学院木材加工技术专业国家规划教材，是林业工程类木材加工技术专业理论实训一体化教材。本书以我国木材工业企业中使用较多、技术较先进的木工机械设备为主，较为全面地介绍了各类木工机械设备的结构、工作原理、使用与维护等方面的知识。在编写过程中结合职业教育的特点，注重实践性教学环节，图文并茂，通俗易懂。主要内容有：木材切削技术与刀具，木工锯机，木工刨床，木工铣床与开榫机，木工钻床与榫槽机，木工车床与圆棒机，木工磨光机，板式部件加工设备，削片、刨片与再碎机，分选机，旋切机与刨切机，热磨机，人造板干燥机与施胶机，人造板铺装成型机，人造板压机，木制品表面装饰设备，数控机床与加工中心，木工机械的维修和保养，综合实训。

本书是高等职业技术学院二、三年制木材加工技术专业的主干课教材，也可作为家具设计与制造、室内装饰设计、人造板、木材机械加工等专业的教材或职业培训教材，并可供有关工程技术人员、机床操作工和维修人员参考使用。

图书在版编目（CIP）数据

木工机械/黄荣文主编. —北京：中国林业出版社，2007.9（2017.8 重印）
教育部高职高专教育林业类专业教学指导委员会规划教材
ISBN 978-7-5038-4977-0

Ⅰ. 木… Ⅱ. 黄… Ⅲ. 木工机械 - 高等学校：技术学校 - 教材 Ⅳ. TS64

中国版本图书馆 CIP 数据核字（2007）第 152596 号

国家林业局生态文明教材及林业高校教材建设项目

中国林业出版社·教育出版分社
责任编辑： 杜 娟
电话： 83143553　　**传真：** 83143516

出版发行 中国林业出版社（100009 北京市西城区德内大街刘海胡同 7 号）
E-mail：cfphz@ public. bta. net. cn 电话：（010）83143500
网 址：http：//www. cfph. com. cn
经 销 新华书店
印 刷 中国农业出版社印刷厂
版 次 2007 年 9 月第 1 版
印 次 2017 年 8 月第 3 次印刷
开 本 787mm × 1092mm 1/16
印 张 24
字 数 586 千字
定 价 48.00 元

林业工程类专业教学指导分委员会

《木工机械》编写人员

主　　编　黄荣文

编写人员　（按姓氏笔画排序）

龙大军　广西生态工程职业技术学院

石　祎　黑龙江林业职业技术学院

李军伟　云南林业职业技术学院

吴金柱　湖北生态工程职业技术学院

黄荣文　云南林业职业技术学院

程　岩　黑龙江生态工程职业学院

主　　审　花　军　东北林业大学

出 版 说 明

为了进一步推动高职高专教育持续健康的发展，2004 年 12 月 30 日教育部高等教育司颁发“教高司函［2004］283 号《关于委托有关单位开展高职高专教育专题研究的通知》”，在全国启动了开展高职高专教育专题研究的工作。《高职高专教育林业类专业教学内容与实践教学体系研究》是其中的一个项目。该项目在国家林业局人教司的直接领导和支持下，由教育部高职高专教育林业类专业教学指导委员会（以下简称林业高指委）牵头组织，林业高指委副主任、南京森林公安高等专科学校校长苏惠民担任项目负责人，由有关林业高职院校、生产单位和国家林业局职业教育研究中心共同参与该项目的研究和开发工作。

该项目分 4 个子课题，分别由辽宁林业职业技术学院关继东教授、南京林业大学应用技术学院倪筱琴研究员、黑龙江林业职业技术学院肖世雄副教授和国家林业局职业教育研究中心贺建伟副研究员牵头，承担了《森林资源类专业教学内容与实践教学体系研究》《生态环境类专业教学内容与实践教学体系研究》《林业工程类专业教学内容与实践教学体系研究》和《高职高专教育林业类专业人才培养质量标准和“双师型”教师标准与培养的研究》，主要从森林资源类专业、生态环境类专业、林业工程类专业方面对教学内容与实践教学体系以及人才培养质量标准和“双师型”教师标准与培养进行研究和开发。

在广泛调研的基础上，形成了森林资源类专业、生态环境类专业、林业工程类专业人才培养指导方案和教学大纲。经专家鉴定符合高职教育培养高技能人才的总体培养目标，贯彻了“以就业为导向，以服务为宗旨”的职业教育方针，突出了实践技能和职业能力的培养，专业培养目标定位准确，所覆盖的就业岗位群与我国目前林业生态建设主战场对高职人才需求相适应，知识能力素质结构合理，课程设置和内容与国家职业资格相接轨，综合化程度高。新方案对教学措施、教学过程、时间分配把握适度，指导性强，给各院校在实施校企合作、工学结合的培养模式，实施弹性学制，办出特色提供了广阔空间。在教学大纲编写体例上，创造性地实行理论实训一体化，有利于防止学科化倾向，有利于学生技能培养，有利于理论实践的有机结合。

教材是体现教学内容和教学方法的知识载体，是进行教学的基本工具，也是深化改革，保证和提高教学质量的重要基础和支柱。这套教材是该项目的重要研究成果之一，它是根据新的教学大纲要求而编写的，其内容反映了新理念、新技术、新品种、新机具、新规程、新法规以及新的管理模式。这套教材的出版将对新时期林业高职高专教育起到很好的推动和促进作用。

教育部高职高专教育林业类专业教学指导委员会

2006. 06

前　言

本书是根据教育部《高职高专教育林业类专业教学内容与实践教学体系研究》课题而进行的专业核心课程的研发，是林业工程类木材加工技术专业理论实训一体化教材的研究与开发成果之一。

教材的编写是根据高职高专木材加工技术专业人才培养指导方案和课程教学大纲而进行的，符合高职高专教育教学规律，紧扣本专业人才培养目标和人才培养规格，并与就业岗位群的知识能力结构相配套，体现了“以服务为宗旨，以就业为导向”的高等职业教育指导思想。教材编写以能力培养为主线，集理论实训一体化，以就业岗位的工作项目确立章节，围绕实训项目讲理论，理论知识以够用为度，本书与高职层次相适应，打破了单一的学科体系。

本教材内容新颖，紧密贴近现代木材加工业，现代加工技术中的新概念、新技术、新工艺、新材料等都在教材中得到了充分反映，体现了与时俱进的理念。教材体例具有独创性，每章由学习目标、理论知识、实践技能、思考与练习构成，四个部分相辅相成，有机融合。教材内容涵盖相应国家职业资格标准内容，还增加了大量新的实训项目和内容，可操作性强，充分体现了高职的人才培养特色。全书将理论教学部分和实验实训部分融为一体，两部分内容相互独立又相互联系，构建了既有理论又有实践的新模式教材。

本书由黄荣文任主编，共分 18 章，其中绪论、第 1、2 章由吴金柱编写，第 3、4、5 章及综合实训部分由黄荣文编写，第 6、7、18 章由李军伟编写，第 9、10、11、13 章由程岩编写，第 12、14、15 章由石祎编写，第 8、16、17 章由龙大军编写。本书由花军教授担任主审并提出许多宝贵意见。

本书在编写过程中，得到国家林业局职业教育研究中心、林业职业教育教学指导委员会和中国林业出版社的指导。昆明人造板机械厂、昆明康盛达林业木工机械有限公司、昆明新飞林人造板有限公司、昆明红塔木业有限公司、昆明森工集团对本书的编写给予了大力支持，在此表示衷心的感谢。

由于编者水平有限，书中难免存在不足之处，恳请专家和读者批评指正。

黄荣文

2007 年 4 月

目　　录

绪　论

木工机械是研究木材切削的基本规律、切削所使用的刀具及木材工业中应用的主要木工机械设备构造与性能的一门实用性很强的应用学科，对木材工业的生产和实践具有重要的指导意义。

1　木材切削及其刀具

木材切削加工包括锯切、刨削、铣削、旋切、钻削、车削和磨削等加工方式。通过学习了解木材在切削过程中所发生的各种现象和规律，把握各种因素对刀具与木材相互作用力引起的变化，对刀具几何形状的要求，对刀具使用寿命的影响，从中找出改善刀具切削性能、延长刀具使用寿命的方法。通过了解在木材切削过程中各因素对切削力、切削功率、产品加工质量和加工精度的影响，找出各因素之间的相互关系，进而控制和改善木材切削加工技术，提高产品加工质量，合理选用刀具和机床，提高劳动生产率。

木工刀具是直接参与切削的工具，其性能的好坏关系到加工质量、生产效率及刀具和机床的使用寿命。了解木材切削过程中各种因素对切削过程的影响，找出它们之间的相互关系，了解它们对刀具几何特征的要求，是控制和改善切削过程，延长刀具使用寿命，合理选用刀具、减少换刀装刀和修磨时间，提高劳动生产率的有效途径。

随着科学技术的发展，新的刀具材料不断出现，机床制造精度不断提高，切削速度不断加快，木工机床的转速也在不断提高，有的铣床转速高达 20 000r/min，刀具切削速度已高达 150m/s，因此新结构的新型刀具不断涌现，如阶梯刨刀轴、螺旋刨刀轴、多刀片铣刀头等已经开始使用。为了满足刀具发展的要求，刀具材料已由过去的碳素工具钢向合金工具钢、高速钢和硬质合金方向发展。现在刀具的刃口上大量采用焊接硬质合金等高耐磨材料的技术，有的刀具还采用了如激光淬火、高频淬火、化学热处理、涂层硬质合金、树脂涂覆等强化切削刃的方法，大大提高了切削刃的耐磨性能，延长了刀具切削使用时间，提高了加工件加工精度和机床的生产效率。

木材切削不仅从刀具结构和刀具材料上有了很大的发展，而且切削方式也在不断的发展，人们正在试验和研究激光切割、高压水切割和振动切削等新工艺和新方法，这些新工艺和新方法将大大降低切削加工时的木材消耗，改善和提高产品质量。

随着科学技术的不断发展，人们对木材认识的不断深入，将会有效率更高、加工质量更好的新工艺、新方法、新刀具出现。

2　木工机械的发展概况

木工机械是伴随着人类的发展而发展起来的，从手工工具开始到 1791 年制造出第一台平刨床，随后走过了简单机械、机械化、流水生产线及时至今日的自动化和现在正在进行将来一定能实现的智能化过程。这个过程的实现得益于自然科学的发展，得益于对木材切削过程的研究，得益于对木材结构和性能认识的提高。

由于电子技术、数控数显和检测技术的发展，气压、液压技术的进一步提高，机械加工技术的发展，木工机械正从简单机械向运用了机、电、液、气技术而实现机械化、自动化和智能化方向发展，从而使木工机械的品种和性能都有了新的增加和提高。总的发展趋势是向以提高木材利用率、加工精度和生产效率为目的的自动化、标准化和系列化方向发展。归纳起来主要有以下几个方面：

提高木材利用率 由于土地的开垦及对森林的乱砍滥伐，使得全球森林资源减少，木材原料日益短缺，因此如何提高木材利用率、减少资源浪费是目前和今后的主要任务。通过采用薄锯片、锯条可减少切屑的产生，通过提高木工机械的加工精度可减少切削余量，而加工余料和切屑等可用于人造板生产和纸浆生产，采用削片制材联合机可实现全树利用等，这些方式都可提高木材的利用率。

发展以砂代刨的技术 采用砂光技术替代刨削和铣削，可减少木材撕裂、节疤撕裂和表面损坏现象，从而减小切削尺寸，可节约木材 5% ~10%，同时还降低了噪声，提高了安全性。

采用数控技术 数控技术可实现木工机械的自动化、智能化控制，以达到高精度、高效率的规模化生产或柔性生产。

采用多工位联合机床 采用高精度、高耐磨刀具实现一次装夹完成多道工序，可减少辅助工件时间，提高机床的生产效率，同时也提高了产品的质量。多工位联合机械是木工机械的一个发展方向。

新材料、新工艺和新技术的应用 如激光定位和测量、要线检测技术应用于制材设备和人造板生产线上，红外干燥、微波干燥用于木材干燥和对人造板的辅助加热等。这些技术的应用大大提高了木工机械的加工质量和生产效率。

3 木工机械的特点

木材是各向异性材料，在不同方向上的物理、力学性质不同，其应力和破坏载荷也不一样；木材的抗温性能不高，加工时不耐高温，同时木材的强度也不大。木材的这些特点决定了木工机械有别于常见的金属加工机床，其特点主要表现在以下几个方面：

第一，切削速度高。由于木材的强度不高、不耐高温，这决定了木工机械只能采用高速切削方式进行加工。在切削过程中木纤维来不及变形和撕裂就将其切断，而且加工表面也不因温度升高而焦化。由于切削速度高，对木工机械的刚度、强度和工作时机床的稳定性要求也越来越高。因此，对制造机械的材料，高速运动部分（切削机构）的制造精度、静动平衡、抗振性都有很高的要求，对刀具的材料和结构也有很高的要求。

第二，木工机械除切削机构外的其他部分的制造精度一般比较低。由于木材及其制品的精度一般是毫米，故木工机械中的工作台、导轨等部件的制造精度要求比较低。

第三，木工机械的结构一般比较简单。木工机械上的主传动系统一般采用一级传动带传动，只有少数机械采用多级变速的齿轮传动系统。

第四，木工机械一般不需要冷却装置，但需要排屑除尘装置，且结构一般都比较庞大。

第五，木工机械的噪声大。木材高速切削时，刀具搅动空气会产生空气动力性噪声，刀具切削工件产生的摩擦和振动噪声以及机械转动时产生的机械噪声等，国家规定对出厂的木工机械，如锯、刨机床空运转噪声应低于 90dB（A），其他类的机床空运转噪声应低于 85dB

(A)，否则为不合格产品。

4 木工机床型号编制方法

根据 GB/T 12448—1990《木工机床型号编制方法》中的规定：木工机床型号由汉语拼音和阿拉伯数字构成，分别表示机床的类代号、特征代号、组和系列代号以及机床参数或设计顺序号。木工机床型号有三类：通用木工机床型号、专用木工机床型号和木工组合机床型号。

4.1 通用木工机床型号

(1) 表示方法

通用木工机床型号的表示方法如下：

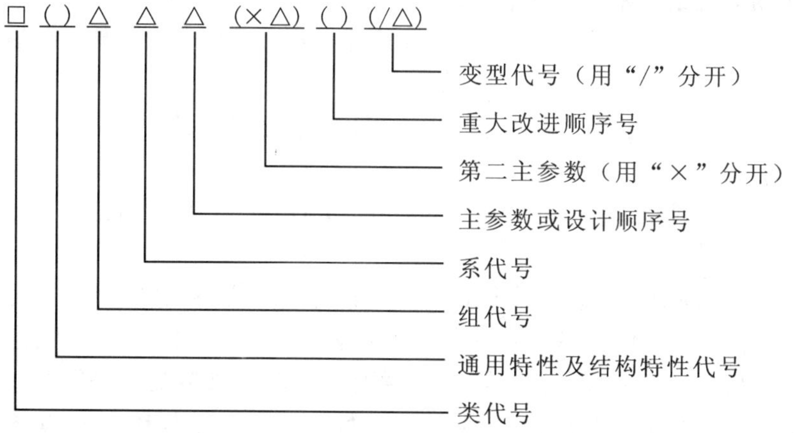

其中：□——大写的汉语拼音字母；

( ) ——代号和阿拉伯数字，若无内容则不表示；若有内容，则不带括号；

△——阿拉伯数字。

(2) 类型及其代号

通用木工机床类型及其代号见表 1。

表 1 通用木工机床类型及其代号表

类型	木工锯机	木工刨床	木工铣床	木工钻床	木工榫槽机	木工车床	木工磨光机	木工联合机	木工接合组装和涂布机	木工辅机	木工手提机	木工多工序机床	其他木工机床
代号	MJ	MB	MX	MZ	MS	MC	MM	ML	MH	MF	MT	MD	MQ
读音	木锯	木刨	木铣	木钻	木榫	木车	木磨	木联	木合	木辅	木提	木多	木其

(3) 特性代号

通用木工机床的特性代号用大写的汉语拼音字母表示，位于类型代号之后。

通用特性代号 当某种类型的木工机床除有普通型外，还有某种通用特性时，则用通用特性代号在类型代号之后予以表示。若此类型木工机床仅有某种通用特性而无普通类型，则通用特性不予以表示。一般在一个型号中只表示最主要的一个通用特性（少数特殊情况可以表示两个)，通用特性代号在各类木工机床型号中表示相同的意义，通用特性代号见表2。

表2 木工机床通用特性代号表

通用特性	自 动	半自动	数 控	数 显	仿 型	万 能	简 式	轻 型
代 号	Z	B	K	X	F	W	J	Q
读 音	自	半	控	显	仿	万	简	轻

结构特性代号　为了区别主参数相同而结构不同的木工机床，在型号中用结构特性代号予以区分。结构特性代号用大写的汉语拼音字母表示，但“I”、“O”两字母不能作为结构特性代号。当通用特性代号与结构特性代号的汉语拼音字母相同时，结构特性代号用带括号的汉语拼音字母表示。

(4) 木工机床的组、系代号及主参数

每类木工机床分为九组，每组又划分为十个系。组、系代号由两位阿拉伯数字组成，位于类型代号之后。

木工机床的主参数位于组、系代号之后，用折算值表示。当折算值大于1时，取整数，前面不加“0”。

机床的组、系的划分及主参数折算系数见GB/T 12448—1990标准。

(5) 第二主参数

当木工机床的最大工件长度、工作台长度、裁边长度等参数的变化，可引起机床结构、性能发生较大变化时，应将这些参数当作第二主参数列于主参数之后，并用“×”与主参数隔开。凡属于长度（包括跨距、行程)、宽度作为第二主参数的，采用1/100的折算系数折算；凡属于厚度、深度、齿距等作为第二主参数的，则采用1/10的折算系数折算；属于工件厚度的，则以实际值列入型号。当以轴数为第二主参数的，以实际轴数值列入型号。

(6) 通用木工机床的设计顺序号

某些木工机床，当无法用一个主参数表示时，则在型号中用设计顺序号表示。设计顺序号从1开始，当设计顺序号少于两位时，一律在设计顺序号前加“0”。

(7) 木工机床的重大改进号

当木工机床的性能和结构布局有重大改进并按新产品重新试制和鉴定时，则在原机床型号后按A、B、C等字母顺序表示（“I”、“O”两字母除外)，以示与原型号的区别。

(8) 同一木工机床的变型代号

某类用途的通用木工机床根据加工对象不同，在基本型号的基础上改变部分机床的结构形式时，可在原型号之后加1、2、3等阿拉伯数字顺序号，并用“/”分开，读作“之”，以便与原型号区分。

(9) 示例

例1　锯轮直径为1 060mm的跑车带锯机，其型号为：MJ3210；

例2　锯轮直径为1 060mm的左式跑车（左式）带锯机，其型号为：MJ（Z）3210；

例3　加工最大宽度为500mm带数显的单面压刨床，其型号为：MBX105；

例4　工作台最大宽度为1 200mm的立式万能木模铣床，其型号为：MX5212；

例5　焊接锯条最大宽度为200mm的锯条焊接机，其型号为：MF4020。

4.2 专用木工机床编号

（1）编号方法

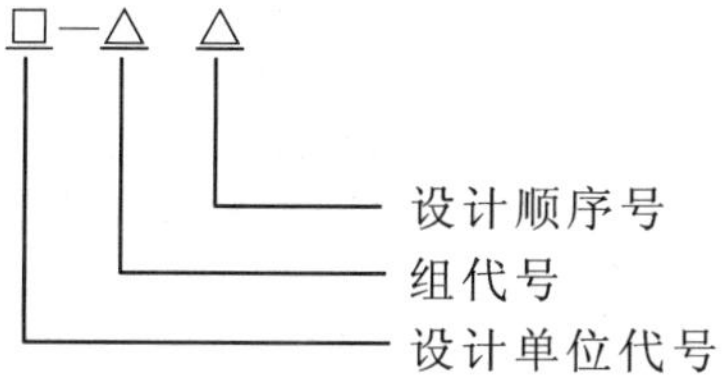

（2）设计单位代号

木工机床厂或木工机床研究所等单位用其名称的大写汉语拼音字母组成，并由单位提出申请，由福州木工机床研究所统一授予。

（3）专用木工机床的组代号

专用木工机床的组代号用一位阿拉伯数字表示，数字由1起始，位于设计单位或生产单位之后，并用“—”隔开。

（4）专用木工机床的设计顺序号

专用木工机床的设计顺序号按该单位的设计顺序排列，由“001”起始，位于组代号之后。

4.3 木工组合机床及其流水生产线编号

（1）编号方法

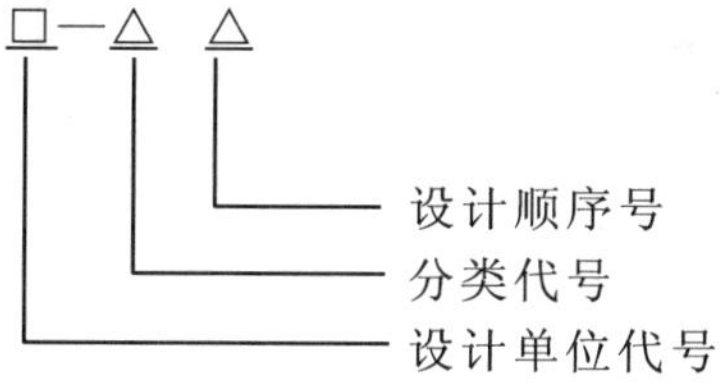

（2）设计单位代号

设计单位代号与专用木工机床相同，若由若干个单位联合设计，在编号中采用一个主要设计单位的代号来表示。

（3）分类代号及设计顺序号

分类代号用汉语拼音字母组成，位于设计单位之后，并用“—”隔开。木工组合机床的代号为H，木工组合机床流水线的代号为HX，木工机床流水线的代号为MX。设计顺序号从“001”起始，位于分类代号之后。

5 人造板机械设备型号编制方法

根据GB/T 18003—1999《人造板机械设备型号编制方法》，人造板机械设备型号由汉语拼音字母和阿拉伯数字组成，用以表示人造板机械设备的名称、类、组、型代号及主参数。

(1) 型号构成

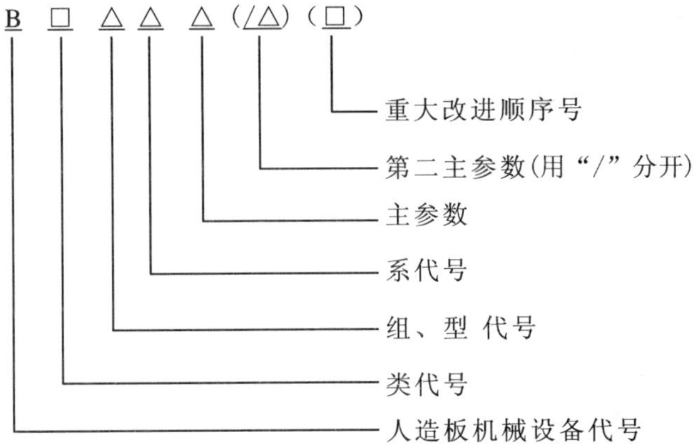

其中：“□”——大写的汉语拼音；

“△”——阿拉伯数字；

“( )”——代号和阿拉伯数字，当无内容时，则可不表示，若有内容则不带括号。

(2) 人造板机械设备的分类及类代号

人造板机械设备代号用大写的汉语拼音 B 表示；分类代号用一个或两个大写的汉语拼音字母表示，位于人造板机械设备代号之后。人造板机械设备共分 39 类，其类代号见表 3。

表 3 人造板机械设备的类代号

序号	类 别	代号	序号	类 别	代号	序号	类 别	代号
1	削片	X	14	刨切机	B	27	料仓	LC
2	铺装成型机	P	15	剪板机	J	28	分离器	FL
3	干燥机	G	16	挖孔补节机	K	29	电磁振动器	ZD
4	压机	Y	17	拼缝机	PF	30	磁选装置	CX
5	裁边机	C	18	组坯机	ZP	31	升降台	SJ
6	砂光机	SG	19	磨奖机	M	32	堆拆垛机	DD
7	施胶机	S	20	后处理设备	H	33	计量秤	JL
8	专用运输机	ZY	21	横截机	HJ	34	浸渍干燥机	JG
9	分选机	F	22	装卸机	ZX	35	磨刀机	MD
10	剥皮机	BP	23	分板机	FB	36	容器	R
11	定心机	D	24	冷却翻板机	LF	37	浓度调节器	TJ
12	旋切机	XQ	25	垫板处理设备	CL	38	拼接板机	PB
13	卷板机	JB	26	木片清洗机	QX	39	其他	QT

(3) 组、系代号

用一位阿拉伯数字表示。

(4) 主参数和第二主参数

用阿拉伯数字表示。

型号中的主参数用折算值表示，位于系代号之后。当折算值大于 1 时，则取整数，前面不加“0”；当折算值小于 1 时，则取小数点后第一位数，并在前面加“0”。

主参数的计量单位常用的有：尺寸以 mm 计、压力以 MPa 计、功率以 kW 计、重量以 kg 计、容积以 m^3 计、速度以 m/min 计、转速以 r/min 计、生产能力以 t/h 计。

第二主参数置于主参数之后，用一位或两位阿拉伯数字表示，折算数字可适当选取。

（5）重大改进顺序号

当人造板机械设备的性能或结构布局有重大改进时，在原型号之后按大写的英文字母 A、B、C 等顺序标注（但“I”、“O”两字母除外），加于主参数之后。

（6）示例

例 1　刀盘直径 2 200mm 的立式多刀圆盘式削片机，其型号为：BX1422；

例 2　旋切木段长度为 2 700mm，最大直径为 1 300mm 的液压双卡轴单板旋切机，其型号为：BQ1627/13；

例 3　幅面为 1 200mm × 2 400mm，总压力为 500kN 的框架式五层热压机，其型号为：BY114 × 8/5。

6　本门课程与其他学科的联系及学习方法

本课程为木材加工专业的一门专业基础课程，为人造板生产工艺、家具制造及家具设计等专业课程提供必要的机械设备方面的知识，同时也是一门应用性很强的技能课程，为今后相关工作中木材工业设备的选型、使用和维护管理奠定基础。通过对该门课程的学习，使学生熟悉常用木工设备的结构、工作原理和特性，初步掌握一般木工机械的选型、使用和维修，培养学生综合应用知识的能力。

本门课程是以机械知识、电子电工知识为基础的一门课程，学习本门课程时要对前面学过的机电知识进行复习；同时这门课程系统性不强，跳跃性较大、实践性很强，学习时要多看有关机械的实物或模型，抓住实习实训的机会弄懂结构和工作原理，掌握必需的操作技能。

思考与练习

1. 试述木工机械的主要特点。
2. 木工机床分几类，各类的代号是什么？试说明 MZ735 ×4 中各字母和数字表示的意义。
3. 人造板机械设备分几类，各类的代号是什么？试说明 BG2121 中各字母和数字表示的意义。

第 *1* 章
木材切削及其刀具

本章学习目标

理论知识 了解木材切削基本规律；熟悉常用刀具的结构、性能和用途；掌握刀具的安装、刃磨的方法。

实践技能 常见木工刀具的识别；铣刀的刃磨；锯条及圆锯片的刃磨。

木材切削刀具

木材为常用的建筑、装饰材料，要实现木材的合理利用就必须对木材进行各种切削加工。本章以木材切削原理为基础，介绍锯切、铣削、刨削、钻削、榫槽、旋切、车削、磨削等加工方式以及各种刀具的结构、用途、刃磨等方面的知识和技能。

1.1 木材切削的基本概念

借助木工刀具按预定表面切开木材以获得需要的尺寸、形状和表面粗糙度的切削过程称为木材切削。实现木材切削的三个基本要素是切削运动、刀具和工件。

1.1.1 切削运动

在木材的切削过程中，刀具或工件按一定的规律作相对运动，才能从工件上切下木材，这个相对运动就是切削运动。图 1-1（a）为刀具作直线运动的情况，刀具相对工件作直线运动 V 时，从工件上切下一层木材；当要从工件上切下下一层木材时，切刀退回原处，随后工件在垂直 V 的方向作直线运动 U，将木材送到切刀下，切刀再作直线运动 V，切下下一层木材。如此交替进行，逐层切削，直到切完需要切削的木材，使工件达到规定的尺寸和所需的表面粗糙度。图 1-1（b）为铣刀切削工件时的情形。当铣刀作回转运动时，铣刀刀齿将从工件上切下木材。为了从木材上切下一层木材，铣刀在作回转运动的同时，工件还要相对铣刀作相对运动 U，使被切削层木材不断送到刀齿下，旋转的铣刀刀齿不断从工件上切下一片片木材，最后从工件上切下一层木材。从上述切削木材的过程中可以得出：要完成木材的切削过程必须具备两个最基本的运动即主运动和进给运动，它们构成木材的切削运动。

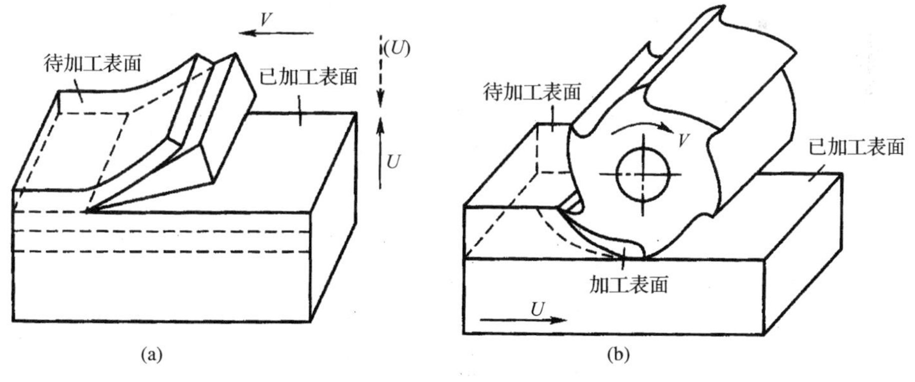

图 1-1 木材切削过程示意图

（a）直线运动切削 （b）回转运动切削

（1）主运动

上述切削过程中切刀的直线运动和铣刀的回转运动是切削过程中直接切下木材的运动，该运动速度高，消耗的功率大，是最基本的运动，称为主运动。主运动可以是直线运动，也可以是回转运动，每一种切削只有一个主运动。

主运动常用速度 V 表示，当主运动为直线运动时，用刀具的直线运动速度表示；当主运动为回转运动时，其速度 V 为刀具上最大半径处的线速度，计算公式如下：

$$V = \pi Dn/(6 \times 10^4)$$

式中：V——主运动速度（m/s）；

D——刀具直径（mm）；

n——刀具转速（r/min）。

（2）进给运动

上述运动中，工件相对切刀的直线运动 U 是将工件上木材不断送入切削的运动，这个运动速度低，消耗的功率小，称为进给运动。进给运动可以是直线运动，也可以是回转运动；可以是间歇运动，也可是连续运动。

进给运动常用进给速度 U、每转进给量 U_n 和每齿进给量 U_z 表示。进给速度 U 与进给量之间的关系为：

$$U = U_n n \times 10^{-3} = U_z zn \times 10^{-3}$$

式中：z——刀具齿数；

U——进给速度，指单位时间内刀具相对工件沿进给运动方向的运动距离（m/min）；

U_n——每转进给量，指刀具（或工件）每转一周沿进给运动方向的运动距离（mm/r）；

U_z——每齿进给量，指刀具每转一个刀齿，刀具相对工件沿进给方向的相对距离（mm/z）。

每种切削方式必须有一个主运动，但可以有一个或一个以上的进给运动。主运动和进给运动可以由刀具或工件分别完成，也可以由刀具单独完成；主运动和进给运动可以交替进行，也可以同时进行。

1.1.2　刀具和工件的各组成部分

为了研究和认识刀具的几何特征及参数对切削过程的影响，必须对刀具和工件的相关部分给予定义。

（1）工件上与切削有关的表面

工件上有三个表面与切削过程有关，它们分别是待加工表面、加工表面和已加工表面，如图 1-1 所示。

待加工表面　指工件上即将被刀具切除的表面；

加工表面　指切削刃正在切削的表面；

已加工表面　指刀具切削后在工件上形成的新表面。

（2）刀具各部分的名称

木材切削刀具种类众多，结构多样，但它们总是由两部分构成：楔形切刀（切削部分）和刀体（支持部分）。在刀具中真正起切削作用的是楔形切刀，其组成如图 1-2 所示。

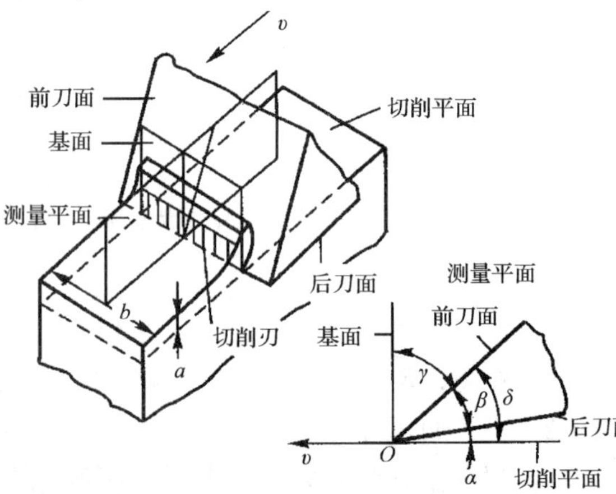

图 1-2　楔形切刀的构成和角度图

前刀面　对被切木材层直接作用，使切屑沿其排出的表面；

后刀面　面向已加工表面并与其相互

作用的刀具表面；

切削刃 前刀面与后刀面相交的交线，由它完成切除木材的工作。

前、后刀面可以是平面，也可以是曲面。

1.1.3 刀具的角度

刀具是依靠切削部分来切削木材的，刀具的角度是就是指楔形切刀的角度。

(1) 刀具角度的测量坐标

为了反应刀具几何属性对切削过程的影响，确定刀具切削部分各表面的空间位置，必须首先选取参照坐标平面。在刀具中选取两个相互垂直的平面作为参照坐标平面（见图1-2），这两个平面分别是切削平面和基面。

切削平面 过切削刃上一点与切削速度 V 方向平行的平面。当主运动为直线运动且切削刃为直线时，切削平面与加工表面重合；当主运动为回转运动时，切削平面随切削速度 V 方向的变化而改变。

基面 通过切削刃上一点垂直于切削速度 V 方向的平面，即垂直于切削平面的平面。当主运动为回转运动时，基面通过刀具或工件的轴线。

在上述的坐标平面中测定刀具角度时，角度的大小随切削刃相对测量平面的位置不同而异。现规定垂直于切削刃在基面投影的剖面为测量平面，在该剖面上测得的角度为刀具的设计或标注角度。

(2) 刀具角度（标注角度）

表示楔形切刀部分影响切削过程的几何特性的角度称作刀具角度。刀具角度主要有四个，分别是前角 γ、后角 α、楔角 β 和切削角 δ，它们反映刀具上几个主要表面相对坐标平面的倾斜程度，对木材的切削过程有重要的影响。

前角 γ 前刀面与基面之间的夹角，表示前刀面相对基面倾斜的程度。前角越大，刀具切削木材时，切削层木材变形越小，反之变形增大。前角可以为“+”、“-”和“0”，前刀面相对基面顺时针方向倾斜，前角为“+”，反之为“-”，重合时为“0”。

后角 α 后刀面与切削平面之间的夹角，表示后刀面相对切削平面倾斜的程度。后角的大少反映后刀面与工件的摩擦情况，后角越大，后刀面与工件的摩擦越小。

楔角 β 前后刀面之间的夹角，反映切削刃部分的强度。楔角越大，切削刃部分的强度越高，切削木材时切削刃部分不易损坏和振动。

切削角 δ 前刀面与切削平面之间的夹角，表示前刀面相对切削平面倾斜的程度。

上述四个角度有如下关系：

$$\gamma + \alpha + \beta = 90^\circ$$

$$\delta = 90^\circ - \gamma = \beta + \alpha$$

在实际的切削过程中，刀具角度受切削运动、切削刃安装高低、切削力及刀具磨损的影响而变化，但变化较小，一般情况下可以忽略不计。

1.1.4 切削层尺寸参数

切削层尺寸参数是指刀具相对工件沿进给运动方向每移动一个进给量时，切刀正在切削的木材层尺寸参数。其参数有：切削厚度 a，切削宽度 b 和切削面积 A。

（1）切削厚度 *a*

切削厚度随主运动形式不同而不同，当主运动为直线运动时，切削厚度为切削刃相邻两个位置的垂直距离，即为进给量，且为常数；如图 1-2 所示；当主运动为回转运动时，切削厚度是变化的，如图 1-1（b）所示，其值（单位为 mm）用下式计算。

$$a = U_z \sin\theta$$

式中：θ——运动遇角，即切削速度方向与进给运动方向的夹角；

U_z——每齿进给量（mm/z）。

（2）切削宽度 *b*

切削宽度是切削刃的工作长度，也是切削刃长度在基面上的投影长度，其单位为 mm。

（3）切削面积 *A*

切削面积是指切削层在基面内的截面面积（mm^2），其值为

$$A = ab$$

当主运动为直线运动时，A 为常数；当主运动为回转运动时切削面积是变化的。在实际木材切削过程中，切削层木材将发生变形而使切削面积变化，但变化量小，常认为其值不变。

1.2　木材切削的规律

木材切削过程，实际上是被切下的木材层在刀具的作用下发生剪切、挤压、弯折等变形的过程。在切削过程中表现出来的切削力、切削热、刀具的磨损以及工件表面质量等都与这个过程有关。了解切削过程的规律，对提高生产效率和加工质量、降低生产成本以至于改善切削加工技术本身都具有重要的意义。

由于木材是各向异性材料，切削木材时不同的切削方向有不同的特性。根据切削刃相对木材纤维方向不同，木材切削可分为四种：纵向切削、横向切削、端向切削和过渡切削。前三种是最基本的切削，是理想状态下的切削；过渡切削是介于这三种之间的切削，也是实际切削过程中最普遍的一种切削。

1.2.1　纵向切削

纵向切削（//）是指切削刃垂直于木材纤维长度方向，刀具在纤维平面内平行于纤维长度方向运动的切削，如图 1-3 所示。

图 1-3　纵向切削过程示意图

研究表明，当切削条件不同时，纵向切削将产生不同的切屑。当切削厚度较大、前角较大、含水率较低、切削纹理较直的木材时，切削层木材在前刀面的作用下易产生超前裂纹，从而撕裂切削层与木材之的联系，形成折断形松散相连的切屑。由于产生了超前裂纹，切削力较小，刀具磨损小，加工质量一般。当切削厚度较小、前角也较小、木材含水率较大时，木材的韧性较好，切削时不易形成超前裂纹，在前刀面挤压、剪切作用下，易形成光滑螺旋形

切屑，切削力平稳且较大，加工的表面质量好，但刀具的磨损大。当前角较小或为负值时，切削层木材在刀具的作用下严重挤压剪切破坏，这种破坏甚至会延伸到加工平面以下，使加工面质量变差，刀具磨损严重，切削力增大。

1.2.2 横向切削

横向切削（#）是指切削刃平行于纤维长度方向，刀具在纤维平面内垂直于纤维长度方向的切削，如图 1-4 所示。研究表明：横向切削时，切削刃使纤维边剪切、边滚动，形成“滚动剪切”。切削条件不同，横向切削将产生不同的切屑。当切削的厚度较大、前角较大、木材含水率较低时，切削层木材在前刀面的作用下将产生超前裂纹，形成界线清晰、松散相连的切屑。由于有超前裂纹的产生，因此加工表面质量差，切削力变化大。当切削厚度较小、其他条件不变时，切削层木材在刀具的作用下连续剪切破坏，形成光滑带状切屑。在这种情况下，加工表面粗糙度低，切削力平稳。由于横向切削破坏的是木材的横向抗拉强度，因此，横向切削与纵向切削相比较切削力较小。

图 1-4 横向切削过程示意图

1.2.3 端向切削

端向切削（⊥）是指切削刃垂直于纤维长度方向，刀具在垂直于纤维平面内作运动的切削，如板方材的端面刨光。研究表明：端向切削时，纤维在切削刃挤压下先产生挠曲变形，在纤维中产生弯曲应力和拉应力；随着挠曲度的增大，纤维内产生的应力大于纤维强度时，纤维断裂，切削刃断开切削层木材之间的联系，形成易碎裂、成瓣状的切屑。端向切削时，不但加工表面质量差、切削刃易磨钝，而且由于破坏的是纤维，因此切削力与纵向和横向切削相比较也是最大的。其切削过程如图 1-5 所示。

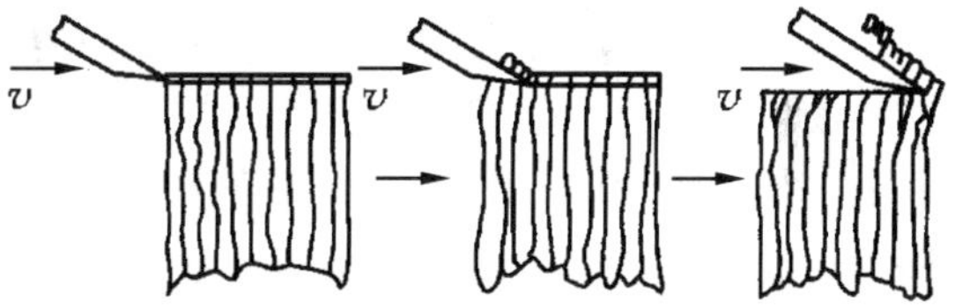

图 1-5 端向切削过程示意图

1.2.4 过渡切削

在木材的实际切削过程中，像上述三种切削那样切削刃与纤维长度方向、纤维长度方向与切削运动方向总保持平行或垂直的情况很少，大量的是它们处于既不垂直也不平行的状态。通常把这种状态下的切削称为过渡切削。如图 1-6 所示，过渡切削有纵端向（// – ⊥）、横端向（# – ⊥）和横纵向（# – //）切削三种情况。纵端向切削时，切削速度方向与纤维长度方向之间的夹角 ϕ 在 0°～90°之间变化，切削过程从纵向切削向端向切削过渡。横端向切削和横纵向切削也有与纵端向相同的过渡。

1.2.5 切削力及影响因素

在木材的切削过程中，切削层木材在刀具的作用下产生弹、塑性变形，直至最后破坏成屑瓣，实际上是刀具作用的结果。因此，刀具的作用力是木材切削过程中的主要物理特性，

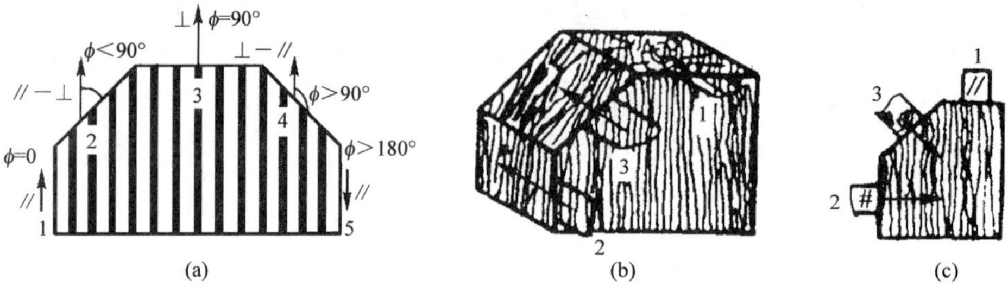

图 1-6　木材的过渡切削

（a）纵端向切削　（b）横端向切削　（c）横纵向切削

是使用、设计、维护刀具和机床的主要依据，是改善切削过程、提高切削质量和效率的依据。

（1）切削力

研究表明，切削木材时在刀具的前、后刀面上都有力的作用，前刀面上主要产生挤压力和剪切力，后刀面上主要产生摩擦力，刀具上产生的总作用力是上述三种作用力的矢量和。

（2）切削力的影响因素

影响切削力的因素众多，归纳起来主要有以下几个方面：

木材材性　木材强度大，硬度高，切削时切削力也大；反之强度小的软材切削力也小。

木材湿度　木材的含水率升高，木材软化，切削力明显下降；横向切削时切削力下降得最大，这也是实际生产过程中，旋切、刨切木材时，要对木材进行蒸煮加热的原因。

刀具变钝　切削刃在切削木材的过程中逐渐磨损变钝，切削力不断地增大。刃口越钝，切削力也越大。

刀具角度　刀具角度对切削力的影响比较复杂，一般增大前、后角可以降低切削力，但同时又使楔角变小，切削刃强度降低，在刀具切削时产生振动而使切削力增大，加工质量变差。因此在使用和刃磨刀具时，在保证刀齿强度的前提下可增大刀具的前、后角。

切削速度　切削过程中当切削速度较小时，随着切削速度的增大切削力增大较快；而当切削速度达到一定值后，切削速度继续增大，这时木材纤维来不及变形就被切断，减少了变形所消耗的功，切削力反而增大缓慢。所以木材切削一般采用高速切削。

切削方向相对纤维长度方向　端向切削力最大，纵向切削力次之，横向切削力最小。对于过渡切削，切削力与 ϕ 角之间按一定的规律变化。以纵端向切削为例：当切削由纵向过渡到端向时，切削力随 ϕ 角的增大而增大，当 $\phi = 90°$ 时，变为端向切削，切削力达到最大值。

1.3　铣削原理及其刀具

铣削是木材切削加工中使用最多的一类切削方式，不仅可以用来加工平面，还可以加工各种型面、曲面、沟槽、榫槽和仿型雕刻等。完成上述各种加工的铣刀品种、规格最多，使用得也最广泛。

1.3.1 铣削的基本规律

铣削加工的类型很多，最基本的铣削有三种类型：圆柱铣削、锥形铣削和端面铣削。圆柱铣削时，切削刃切削形成圆柱表面；锥形角度铣削时，切削刃切削工件形成锥形表面；端面铣削时，靠铣刀端面的切削刃切削工件而形成平面。

在这三种最基本的铣削类型中，又以直齿圆柱铣削最简单，应用最广泛。因此，在研究和分析铣削的基本规律时，将以圆柱铣削为主。并以此为基础，来分析其他类型的铣削规律。

(1) 基本原理

铣削用的铣刀都是多齿刀具，铣削时，铣刀的旋转运动为主运动，工件相对铣刀的运动为进给运动。当进给运动为等速直线运动时，切削刃上各点的运动轨迹为摆线。图 1-7 所示为逆铣和顺铣时切削轨迹的示意图。

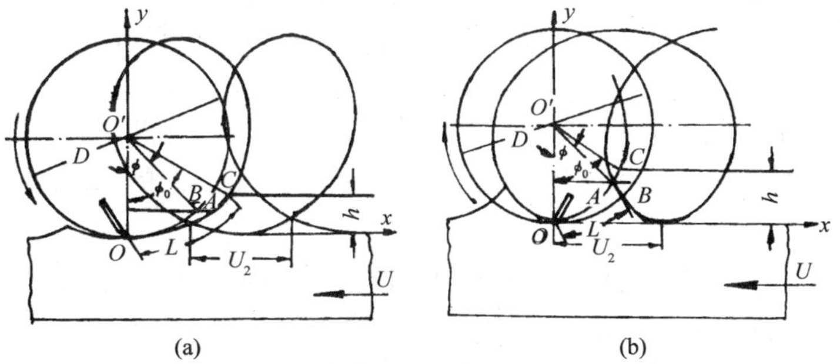

图 1-7 圆柱铣削的切削轨迹示意图

(a) 逆铣 (b) 顺铣

因此，铣削加工时，刀齿切过工件后，在工件表面留下的是一段摆线的弧面，这些弧面在工件已加工表面上形成具有波纹的加工表面。通常铣削加工的切削速度比进给速度大得多 ($v/u \approx 30 \sim 100$)，每个切削刃切过工件后，在工件已加工表面上留下的波纹很短，近似一条线，这样才使得铣削加工获得平滑的加工表面。

从上述铣削原理分析得出，铣削加工只能获得近似的平滑表面。

(2) 影响铣削加工质量的因素

铣削加工时，工件的表面质量受众多因素的影响，归纳起来有以下几个方面：

刀具结构的影响 当使用的铣刀确定后，刀具的结构就确定了。刀具的结构主要有铣刀直径 D、齿数 z 和刀具角度。刀直径 D 越大，则铣削时在已加工表面留下的圆弧面越平，加工表面粗糙度越低，加工质量越好。齿数 z 越多，每齿进给量越小，圆弧面越趋向于一条直线，则加工质量越好。后角越小，刀具的后刀面与已加工表面摩擦严重，容易使已加工表面摩擦起毛，破坏表面质量。研究表明 $\alpha = 10° \sim 15°$时，加工质量较好。前角 γ 的影响比较复杂，对不同的木材和切削方向，其角度值不一样。如纵向铣削，$\gamma = 5° \sim 10°$时，加工质量好；而端向铣削，$\gamma = 30° \sim 35°$时，加工质量好。

切削刃的形态和位置对铣削质量也会产生很大的影响 当切削刃为直刃，则刀齿切入或切出时，切削刃全长参与切削，切削冲击大，容易引起振动，降低加工质量；当切削刃为螺

旋线切削刃切入时，参与切削的切削刃长度由零到最大，切出时又由最大减小到零，切削平稳，有利于提高加工质量。

铣削参数的影响 当进给速度 U 一定时，铣刀转速 n 变大，铣削速度变大，铣刀的每转进给量变小，切削厚度 a 变小，已加工表面上留下的圆弧面变短，加工质量变好。因此，铣刀的转速一般较高。当铣刀转速一定时，进给速度 U 变小，铣刀的每转进给量变小，加工质量变好。

机床主轴旋转精度的影响 由于主轴的制造和安装精度所限，铣刀旋转时，主轴总会有径向跳动。当刀具有径向跳动时，每一刀齿切削时的切削深度不等，造成工件表面上留下的圆弧面高低不同，使加工质量降低。

切削刃位置精度的影响 由于铣刀为多齿刀具，刀齿经刃磨或安装后很难保证每个刀齿的切削刃都在同一切削圆上，因此，使得刀尖伸出过大的刀片或刀齿就会在工件表面切下较深的圆弧面，刀尖伸出过小的刀片或刀齿就会在工件切下较浅的弧面，使工件表面平面度降低、加工质量变差。

从上述分析中看出：在刀具的制造、刃磨和安装等方面尽量提高切削刃的位置精度，对提高加工质量意义重大。

刀具变钝的影响 刀具变钝后，刃口钝圆半径变大，不易切断木材纤维，并使后面与工件表面之间的摩擦增大、切削力增大，同时还会搓起已加工表面的木纤维，使工件表面质量变差。

顺铣和逆铣的影响 顺铣是指进给运动方向和切削方向一致，逆铣正好相反。在其他条件相同时，顺铣比逆铣的波纹高度大。顺铣虽能有效地减少木纤维的劈裂所引起的工件表面质量变差，但由于顺铣时，切削厚度由厚变薄，切削冲击大，刀具易磨损，其冲击力还会引起工件的窜动，使切削质量下降，因此一般情况下不采用顺铣。

(3) 铣刀的种类

铣刀种类众多，常用的有整体铣刀、装配铣刀和组合铣刀三种。整体铣刀是指刀体和刀齿用同一材料制成的铣刀（包括刃口部分焊接其他刀具材料的铣刀）；装配铣刀是指用机械夹固的方式，将刀片或刀齿装夹在刀体上构成的铣刀；组合铣刀是指由两把或两把以上铣刀组合而成的铣刀。当铣刀刀齿背部由阿基米德螺旋线或偏心圆弧线的一段弧线构成时为铲齿铣刀；当铣刀的齿背为直线时为尖齿铣刀。尖齿铣刀后角可用工具磨床磨制而成。

1.3.2 整体套装铣刀

整体套装铣刀由刀体和刀齿两部构成，中心加工有与机床主轴直径相同的套装孔。刀体多为圆柱形，有的槽铣刀的刀体为“S”形（又称为钩刀）。刀齿部分根据加工表面的形状不同而构成，加工平面的铣刀主刃较长且在同一圆柱面或平面上；加工沟槽的铣刀主刃长度等于沟槽宽度，主刃也在同一圆柱面上。加工成型面的铣刀主刃的形状决定着成型面的形状，因此，主刃在径向为弧线时各点的回转半径不同。整体套装铣刀可用来加工平面、曲面、成型面、开榫、开槽等。

图1-8为整体套装成型铣刀的结构和外形图，用来加工图中所示的成型面。它的齿背为阿基米德螺旋线，后角 α 为刃尖点的切削速度方向与该点齿背曲线切线的夹角，其值一般为 $10° \sim 15°$。前角 γ 随工件材性确定，铣削软材时 $\gamma = 30°$左右，铣削中硬材时 $\gamma = 25°$左右，

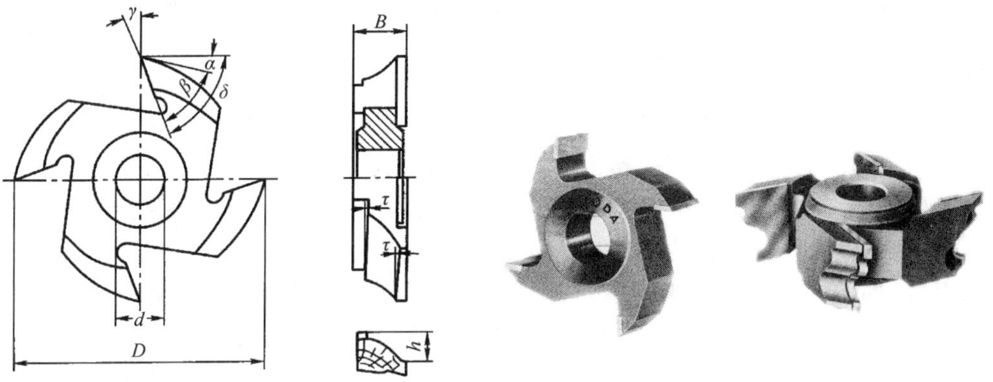

图 1-8 整体套装成型铣刀的结构和外形图

γ. 前角 α. 后角 β. 楔角 δ. 切削角 τ. 斜铲角

d. 套装孔直径 D. 铣刀直径 h. 工件截形高

铣削硬材时 $\gamma=28°$ 左右。铣刀的齿数 $z=2\sim8$；手工进料时，常取 $z=2\sim4$；机械进料时，取 4、6、8。

在成型铣刀上往往有垂直于旋转轴线的切削刃，如图 1-8 中所示。这种切削刃的后角往往为零，使后刀面与工件上加工的侧面产生严重摩擦，甚至使切削过程难以进行。为了减少摩擦，常将侧刃的侧面斜铲（斜铲的角度称斜铲角 τ，$\tau=2°\sim4°$），以使侧刃获得 $2°\sim4°$ 的后角。这种铣刀适用于加工工件截形高度 h 较大的成型面，刃磨时刃磨前刀面且保持前角 γ 不变。由于有斜铲角 τ，刃磨后将使切削刃的长度发生改变，造成加工的工件截面发生变化。

图 1-9 为加工榫槽和沟槽用的整体套装铣刀刀齿的结构示意图。图 1-9（a）、（b）、（c）为顺纤维切削的刀齿，图 1-9（d）为横纤维切削的刀齿。图 1-9（a）所示刀齿齿背为直线，为了减少齿侧面与槽壁的摩擦，齿侧面向后斜铲，斜铲角 $\tau=1°\sim2°$；具有这种刀齿的铣切削刃磨时刃磨后刀面。图 1-9（b）所示刀齿的侧面向内凹，内凹角 $\lambda=1°\sim2°$，齿背为曲线，刃磨时刃磨前刀面。图 1-9（c）所示刀齿前面具有窄棱，窄棱宽度为 1 ~ 2mm，齿背为直线，刃磨时刃磨后刀面。图 1-9（d）所示横纤维槽铣刀齿，在主刃两端具有突出主刃 0.5 ~ 0.8mm 的沉割刃。横向切削时，沉割刃先于主刃切断纤维，从而获得光滑的侧壁。

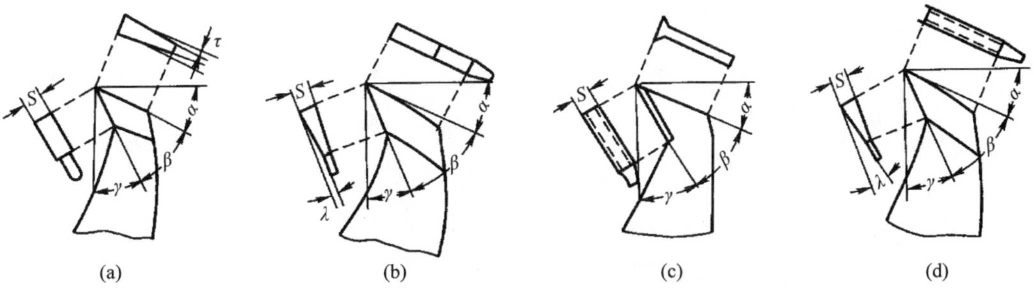

(a) (b) (c) (d)

图 1-9 整体套装铣刀刀齿的结构示意图

（a）斜铲刀齿 （b）内凹刀齿 （c）前面具有窄棱的刀齿 （d）具有沉割刃的刀齿

上述刀齿刃口宽度 $S=4\sim12$mm，刃口部分常焊有硬质合金，用于加工 4 ~ 12mm 宽的沟槽。

1.3.3　装配铣刀

装配铣刀是将刀片或刀齿用机械的方法夹固在刀体上构成的铣刀。装配铣刀因刀体结构、刀片或刀齿结构和夹紧定位方式等不同有多种结构。同一刀体更换不同的刀片或刀齿可完成不同的加工工作。因此，装配铣刀使用非常广泛。

装配铣刀的刀体有三种主要的结构形式：方刀头、圆刀头和夹盘式结构。方刀头刀体为方形，刀体上开有轴向或径向的 T 形槽，通过 T 形螺栓将刀齿固连在刀体上。这种铣刀空耗大、噪声大，在转速较低的机床上使用。圆刀头的刀体为圆柱形，在刀体上开有与回转轴线垂直、平行、倾斜的直刀槽或螺旋刀槽。夹盘式结构是将刀齿用套轴夹装在两夹盘中间，刀齿夹紧可靠，主要用于成型铣刀。

刀片和刀齿在刀体上的夹固方式主要有螺钉固连、离心楔形块夹紧和夹盘夹固等形式。螺钉固连结构简单，但可靠性较差，可用于低速刀头的夹固；离心楔形块夹紧使用快速方便，夹紧可靠，可用于高速刀头的夹固。

刀片的结构有长方形、正方形和三角形等。长方形刀片多用普通工具钢或合金工具钢制成，有的刀片在刃口部分焊有高耐磨材料，以提高刀片的耐用度，多为重磨刀片；正方形、三角形刀片为硬质合金制成不重磨刀片，两者可以转位使用。

对于采用不重磨刀片的装配铣刀，刀片的装夹方便、准确、快捷，并能保证切削圆的直径不变，装配精度高，加工质量好，使用越来越广泛。

（1）方头铣刀

图 1-10 所示为方头铣刀的结构和外形图。刀体 1 的四面都是方形，在四个装夹刀齿的平面上开有垂直于轴线的 T 形槽。刀齿 4 用与刀体上 T 形槽相配合的 T 形螺栓锁紧在刀体上。刀齿 4 可以是加工不同成型面的成型刀齿，也可以是加工平面的直刃刀齿。因此，更换不同的刀齿可以加工不同的成型面或平面。

这种铣刀结构简单，刀齿夹紧较牢固，但因刀体为方形，切削时空耗大，仅在转速较低的铣床上使用。其主要参数为：$A=125$mm；$d=32\sim40$mm；$B=40\sim60$mm。这种铣刀刃磨前刀面，刃磨时保持楔角不变；装刀时保持切削圆直径不变。

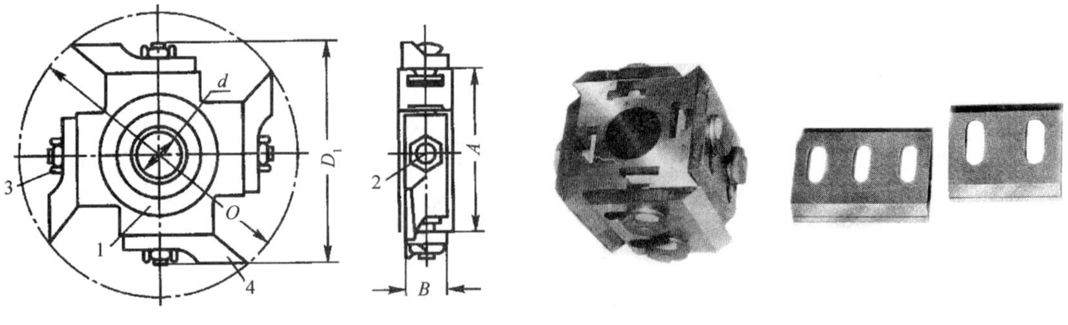

图 1-10　方头铣刀的结构和外形图

1. 刀体　2. T 形螺栓　3. 螺母　4. 刀齿

（2）圆头铣刀

圆头铣刀的刀体为圆柱体，在圆柱形表面开有 2 ~ 4 条轴向刀槽，刀片或刀齿用机械方法夹装在刀槽内。圆柱表面的刀槽可以是与刀头轴线平行或倾斜一定角度的直槽，也可以是螺旋槽（当是螺旋槽时为螺旋铣刀）。刀片可以是成型刀片或平口刀片，也可以是不重磨刀片或重磨刀片。当装入的刀片为成型刀片时，可用于加工工件截形高长较小的成型面；当为不重磨刀片时，由于定位准确、安装精度高且更换转位快，可使装配铣刀的优点充分显露出来。

刀轴是圆头铣刀的变形结构，与圆头铣刀的区别仅在于将刀体与其轴制成一个整体。

圆头铣刀旋转时空阻力小、噪声小，刀片或刀齿夹固可靠，多用于高速切削，其转速可达 6 000r/min。

图 1-11 为圆头铣刀或刀轴刀片夹紧结构图。图 1-11（a）为离心楔块夹紧方式夹固刀片结构。刀片 1 插入刀槽后，拧动螺栓 2，使楔块 3 作径向移动，在刀槽斜面和楔块的作用下将刀片 1 夹紧在刀槽内。当刀片为重磨刀片时，所有刀尖的伸出量应一致，这就使得装刀时，要经过多次对刀或用专用卡具认真操作才能保证刀尖伸出量基本一致。图 1-11（b）为离心楔块夹紧、刀夹定位的圆头铣刀结构。为了减少对刀时间，提高装配精度，刃磨好的刀片 1 首先放入刀夹 6 内，通过调整螺栓 2 使一组刀片的伸出量调整为一致，然后压下楔块 3。插入刀夹，放松楔块，在弹簧力的作用下夹紧刀片。这种结构装刀迅速、刀片定位精度高、加工质量好。图 1-11（c）为螺栓直接夹紧刀片结构。不重磨刀片直接用沉头钉子固连于刀体上。图 1-11（d）为螺栓、楔块夹紧刀片结构，刀片 1 由楔块 3 靠螺栓 2 压紧在刀体上，当采用不重磨刀片时，刀片的安装快速准确。

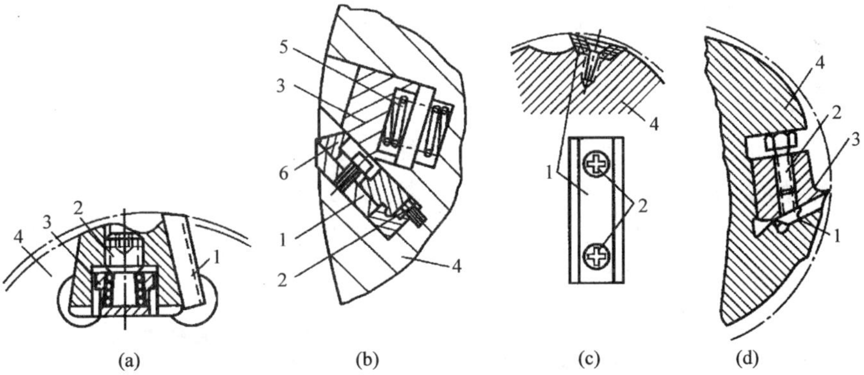

图 1-11　圆头铣刀或刀轴刀片夹紧结构图

1. 刀片　2. 螺栓　3. 楔块　4. 刀体　5. 夹紧弹簧　6. 刀夹

（3）夹盘铣刀

夹盘式装配铣刀是将刀齿夹在两夹盘之间构成的铣刀。这种铣刀夹固可靠、方便，齿刃制造容易，适合于手工进给的铣床。图 1-12 所示为夹盘式成型铣刀的结构。成型刀片 4 夹装在夹盘 1 和 2 之间，并用紧固螺栓 3 将两夹盘紧固为一体，防松螺栓 5 可以防止刀片松动，通过两夹盘中心孔（直径为 d_A）套在机床主轴上。这种铣切削刃磨前刀面。

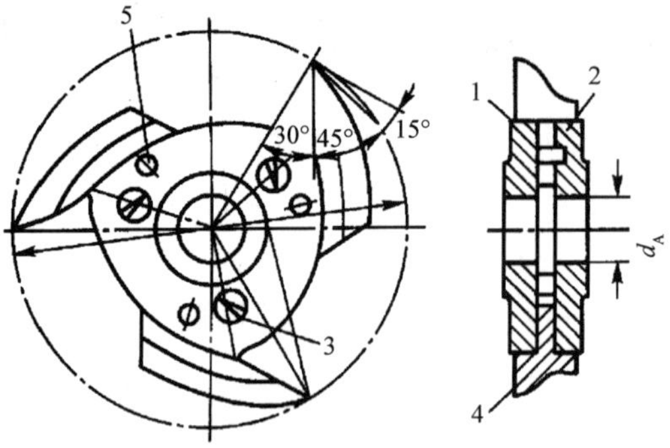

图 1-12　夹盘式成型铣刀的结构图

1、2. 夹盘　3. 紧固螺栓　4. 成型刀片　5. 防松螺栓

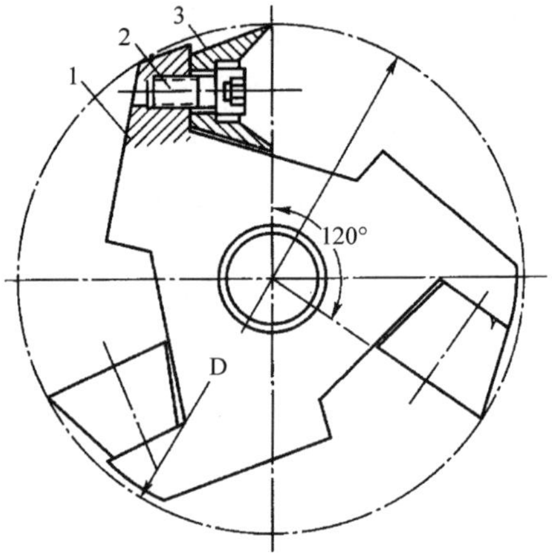

图 1-13　装配式仿型铣刀结构图

1. 刀体　2. 夹紧螺栓　3. 杯形刀齿

（4）装配式仿型铣刀

装配式仿型铣刀主要用来加工异型工件，其结构如图 1-13 所示。刀齿为杯形，前角较大，刃口锋利；当刃口一边磨钝后，可转一个角度继续使用。杯形刀齿 3 用夹紧螺栓 2 紧固在刀体 1 上。刃磨时用磨具从杯形刀齿里面（前面）进行刃磨。

1.3.4　柄铣刀

柄铣刀主要用来开槽、加工榫眼、仿型铣削、雕刻以及加工工件的侧面或周边等。柄铣刀一般利用铣刀尾部的锥柄插入机床中心孔而与主轴连接；部分柄铣刀用卡爪与主轴联结，刀柄为圆柱体。柄铣刀的种类和规格较多。

（1）普通柄铣刀

普通柄铣刀是指刀体与切削部分用同一材料制成的铣刀。刀柄部分有圆柱形和锥形两种：圆柱形刀柄的铣刀一般为直径较小的柄铣刀；锥形刀柄的一般用于大直径铣刀。切削部分是靠在圆柱体上开有轴向槽，使其端面和槽边形成切削刃；刀体上的槽有直槽和螺旋槽之分，又以双螺旋槽柄铣刀使用最多。

图 1-14 所示为直槽柄铣刀的外形。图 1-14（a）所示为直槽二刃柄铣刀；图 1-14（b）所示为直槽三刃柄铣刀。这类柄铣刀制造容易，但排屑能力差，适用于加工浅槽。

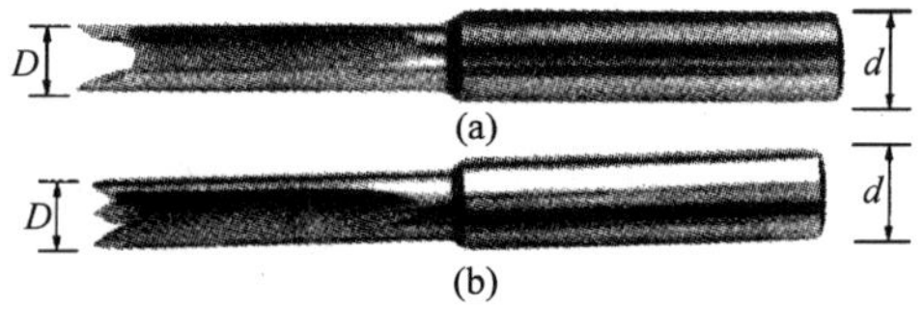

图 1-14　直槽柄铣刀的外形图

图 1-15 所示为螺旋槽柄铣刀结构图。螺旋槽柄铣刀侧面的切削刃称为主刃或侧刃，端面的切削刃称为端刃。切削加工时，主刃为铣削，端刃的切削轨迹为螺旋线。螺旋槽柄铣刀的刀齿数最多为三齿，一般为两齿。螺旋槽柄铣刀的前角 γ 一般为 25°，后角 $\alpha = 8° \sim 10°$；端刃的前角取决于螺旋升角，后角 $\alpha = 20° \sim 25°$。

螺旋槽柄铣刀的直径 D 有多种规格。直径 15mm 以下，每 1mm 为一径级；15mm 以上，

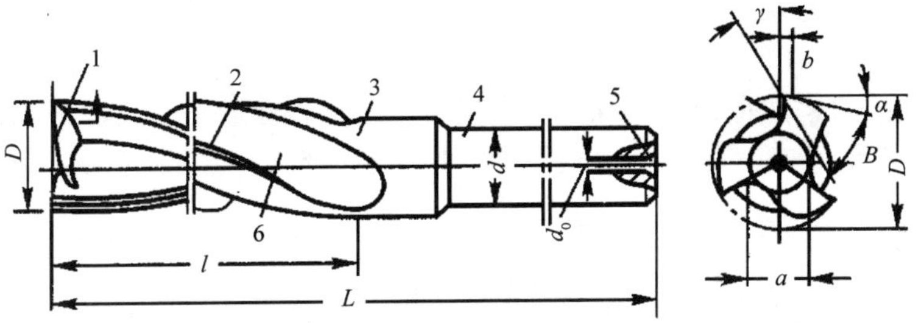

图 1-15　螺旋槽柄铣刀结构图

1. 端刃　2. 主刃　3. 颈部　4. 柄部　5. 中心孔　6. 螺旋槽　*l*. 工作部分长度　*L*. 铣刀长度

每 2mm 为一径级。燕尾形铣刀的直径通常为 12～17mm。螺旋槽柄铣刀工作部分的铣刀长度 *L* 主要取决于槽深和刀体刚度。

(2) 精密柄铣刀

精密柄铣刀当铣刀直径 *D* 较大时，一般采用装配式结构，其结构与装配铣刀相同，区别仅在于铣刀中心没有中心孔而有模式锥度刀柄。刀片多采用硬质合金等高耐磨材料制成的不重磨刀片，且在一个刀头上可以夹装不同形状的多种刀片，以满足加工质量的要求。

当直径 *D* 较小时，一般为整体结构，在切削刃部分焊接有硬质合金等高耐磨材料，以提高刀具的耐用度和加工质量。刀柄一般为圆柱形，也有采用模式锥度刀柄的。

精密柄铣刀主要用在具有自动换刀系统的数控机床上，用以对各种人造板、实木及其他装饰材料进行雕刻、铣削成型面等加工，如图 1-16 所示。

图 1-16　精密柄铣刀

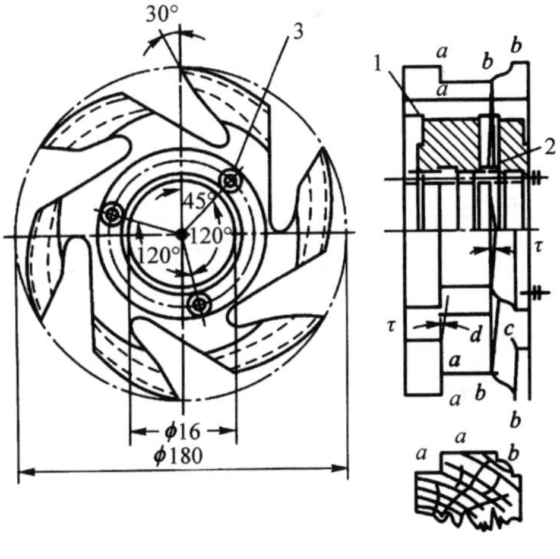

图 1-17　并拢调节组合成型铣刀结构图

1、2. 铣刀　3. 螺栓

1.3.5　组合铣刀

当被加工工件截形复杂到用单把成型铣刀难以加工或虽能加工但不能满足质量要求时，需采用组合铣刀进行加工。组合铣刀是由两把或两把以上的铣刀组合而成的，组成组合铣刀的单把铣刀可以是铲齿铣刀，也可以是尖齿铣刀；可以是整体铣刀，也可以是装配铣刀。

图 1-17 所示为并拢调节组合成型铣刀的结构图。铣刀 1 加工工件的 *a* 段截形，铣刀 2 加工工件的 *b* 曲线段，两把铣刀用螺栓 3 连接为一体，并经过中心孔装夹在机床主轴上。这种铣刀靠铣刀本身并拢来实现调节，结构简单；但刀齿不能相互错开，否则切削时冲击力大。

1.3.6　梳齿榫铣刀

梳齿榫接长是目前板方材常用的接长方式，开梳齿榫的铣刀称梳齿榫铣刀。梳齿榫铣刀有装配式和单片组合式两类。装配式梳齿榫铣刀由于刀片不能错开安装，切削时冲击大，使用渐少；单片组合式梳齿榫铣刀，结构简单，刀齿可以错开安装，切削较平稳，使用较多。

图 1-18 所示为单片组合式梳齿榫铣刀的外形图。每片单刀开有两个刀齿，一组刀片刀齿相互错开直接套装在主轴上。这种组合铣刀结构简单，装刀快速方便，使用广泛。其参数 $D = 100 \sim 180$mm；$\alpha = 15° \sim 20°$；$\beta = 40° \sim 50°$；$\gamma = 25° \sim 30°$。

图 1-18　单片组合式梳齿榫铣刀外形图

1.3.7　新型铣刀

近年来，随着科学技术的快速发展，各种性能优良的新型铣刀不断出现。归纳起来，主要有以下几个方面：

第一，在切削刃部分焊接硬质合金等高耐磨刀具材料，以提高切削刃的耐磨性，延长切削刃的使用时间，提高机床利用率及工件的加工质量。

第二，广泛应用不重磨刀片。这些刀片的刃口部分多用硬质合金制造。不重磨刀片的广泛应用不仅省掉了刃磨工时、提高了机床利用率，更重要的是刀片靠机械定位，能保证所有刀尖在同一切削圆上，从而大大提高了刀具的装配精度和加工质量。

第三，螺旋铣削得到了广泛的应用。例如，图 1-19 所示为螺旋刀轴的结构图：图 1-19（a）为刀片夹紧结构，ω 为螺旋角；图 1-19（b）为螺旋刀轴，刀片 1 靠楔形压块 2 和螺栓 3 夹紧在刀轴的螺旋槽内，螺旋槽的螺旋角 $\omega = 15° \sim 30°$，螺旋刀轴使切削过程更平稳。

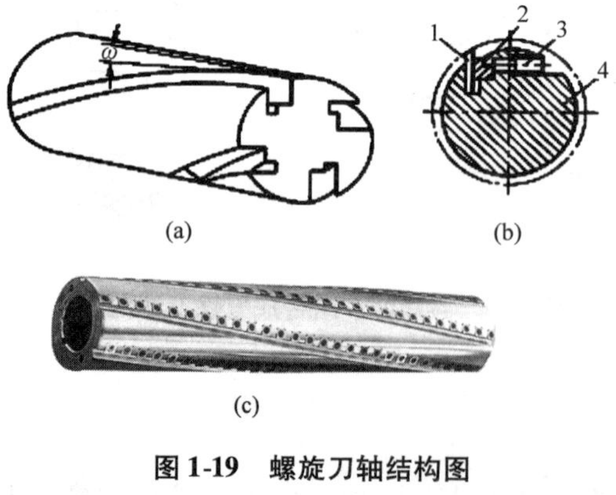

图 1-19　螺旋刀轴结构图

（a）刀片夹紧结构　（b）螺旋刀轴　（c）螺旋刀轴外形图

1. 刀片　2. 楔形压块　3. 螺栓　4. 刀轴

图 1-20　多功能成型刀头

第四，采用多刀片的组合刀头。这种刀头用来加工各种成型面，以提高各种成型面的加工质量，如企口质量。采用如图 1-20 所示的多功能成型刀头，在刀头上可以方便地安装上成型刀片、平口刀片及修边刀片等，所有刀片均为不重磨刀片。由于每个面都采用不同的刀片进行切削，改善了加工条件，使加工质量得到了很大的提高。

1.3.8 铣刀的刃磨

由于铣刀的种类多、结构不尽相同，因此刃磨的要求和刃磨的刀面各不相同，但有以下的共同要求：

第一，整体铲齿铣刀一般刃磨前刀面，刃磨时，保持前角 γ 不变。

第二，整体尖齿铣刀和柄铣刀一般刃磨后刀面，刃磨时，保持后角 α 不变。

第三，对于装配铣刀，当切削部分为刀齿时，一般情况刃磨前刀面，少数刀齿刃磨后刀面。刀齿固连在刀体上进行刃磨，所有刀齿的刃磨量要一致。

当切削部分为刀片时，若为成型刀片，刃磨成型面；若不是成型刀片，则刃磨后刀面。刃磨时，所有刀片的刃磨量要一致并保持楔角 β 不变。新刀片刃磨后还需称重，使每组刀片重量一致，并用三棱块测检刀片的重心是否通过其对称面；每组刀片都要打上标记，防止使用时发生混用。

若刀片较长，安装刀片时更要仔细对刀，使每条切削刃都在同一切削圆上。防止因重心偏移产生的振动加剧，致使切削质量恶化，这一点对高速刀头尤为重要。

第四，刃磨工序为先粗磨，后精磨，并保证刃磨面不因温度过高而变色。

1.4 锯切原理及刀具

1.4.1 锯切的基本原理

锯切是复杂的闭式切削，切削时每个锯齿都有两条或三条刃口同时参加切削，用以切削锯路底面和锯路的两侧壁以形成锯路。

(1) 锯的构造

锯子由锯身和锯齿两部分组成。锯身部分起支持、补充锯齿的作用；锯齿部分用于切削木材。锯的构造如图 1-21 所示，其中：图（a）为带锯条的构造；图（b）为圆锯片的构造。所有齿尖 1 的连线称齿尖线或齿尖圆，所有齿底 4 的连线称齿底线或齿底圆。齿尖线与齿前面、齿腹面、齿背面所围成的空间称为齿室，用来容纳锯齿切下的切屑。锯料量 S' 与锯料宽度 B 是分别用来表示主刃长度相对锯身厚度大小或侧刃到锯身侧面的距离。

(2) 锯切原理

锯切木材时进料方向相对纤维方向的不同，其切削原理也是不相同的。当进料方向与纤维长度方向相同时，称为纵向锯切；当进料方向与纤维长度方向垂直时，称为横向锯切。

纵向锯切的原理 锯齿靠主刃切断纤维形成锯路底面，两边的侧刃修平锯路两边的锯路壁，形成锯路；纵向锯切时，前角 $\gamma \geqslant 0°$。

横向锯切的原理 两侧侧刃刃尖先划断纤维，形成两侧锯路壁，主刃切削、挤压锯路

中的木材形成切屑，从而获得锯路底面；横向锯切时，前角 $\gamma \leq 0°$，这样便于齿尖能先于主刃划断纤维。

从锯齿切削原理可知：锯切时，若主刃长度与锯身厚度相等，由于木材是一种弹性材料，锯齿刃口切过木材后，锯路壁侧木材要有弹性恢复，锯身被两锯路壁夹紧，使锯身与锯路壁木材之间产生严重摩擦，锯身发热，锯切功率陡增，导致切削不能进行下去，这种现象被称为夹锯。横向锯切和纵向锯切都会出现这种现象。

为了消除夹锯现象，必须使锯路宽度大于锯身厚度与两侧锯路壁木材的弹性恢复量之和。常用的方法有两种：一种是相邻两齿左右拨开，使相邻两齿切出的锯路宽度大于锯身厚度及锯路两侧木材弹性恢复量，采用这种方法的锯齿称为拨料齿；另一种是主刃增长，使主刃的长度大于锯身长度与锯路侧壁的木材弹性恢复量，采用这种方法的锯齿称为压料齿。

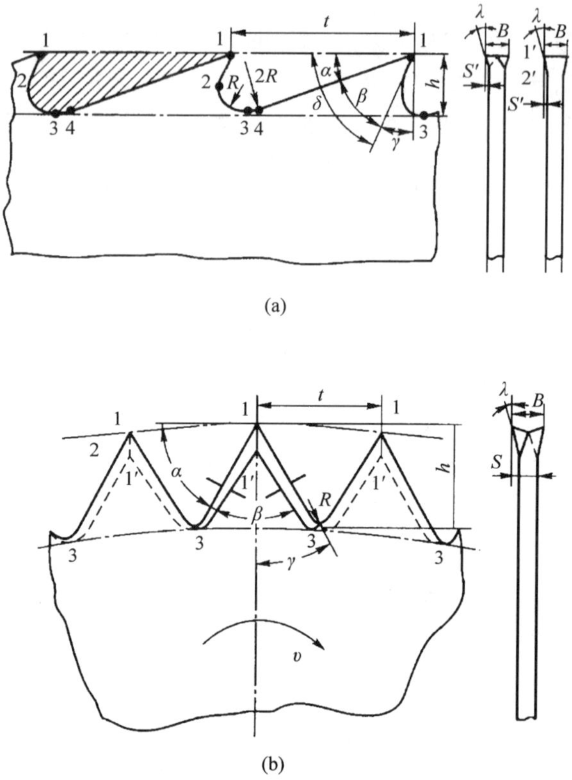

图 1-21　锯的构造结构图

（a）纵锯　（b）横锯

1. 齿尖　1-2. 齿前面　2-3. 齿腹面　3-4-1. 齿背面　4. 齿底

α. 后角　*γ*. 前角　*δ*. 切削角　*β*. 楔角　*λ*. 锯料角　*τ*. 齿距

h. 齿高　*B*. 锯料宽度　*S′*. 锯料量

采用压料齿切削木材时，每齿切下的切屑宽度为主刃长度，切削厚度 a 等于每齿进给量 U_z。主刃切削力通过锯身中心平面，两侧锯路壁对锯齿切削部分的侧向力方向相反、大小相等，不会产生使锯身弯曲的力矩。压料齿用于纵向锯切。

采用拨料齿切削木材时，每齿切下的切屑宽度为锯身厚度，切削厚度 a 大于每齿进给量 U_z，每个锯齿的锯切刃不通过锯身中心平面，锯齿受一边的侧力作用，使锯身受到弯曲力矩的作用，因此锯切过程中容易出现跑锯现象，且锯路壁表面质量差。纵向锯切和横向锯切都可采用拨料齿。

1.4.2　带锯锯切及带锯条

带锯锯切是一种切削效率高、木材利用率高的锯切方式，被广泛地用来剖分木材或下料。

（1）带锯锯切原理

带锯锯切时，带锯条绕在上下锯轮之间并由锯轮带动运动。上下锯轮之间的锯条作连续直线运动，是切削时的主运动；木材在锯条的直线运动段作垂直于锯条方向的运动为进给运动；锯条上的锯齿连续不断地切割木材，达到将木材剖分的目的，如图 1-22 所示。其切削速度 v 用下式计算：

$$v = \pi Dn/(6 \times 10^4)$$

式中：D——锯轮直径（mm）；

n——锯轮转速（r/min）；

进给运动速度 F 用下式表示：

$$F = 10^{-3} F_n n = 10^{-3} F_z zn$$

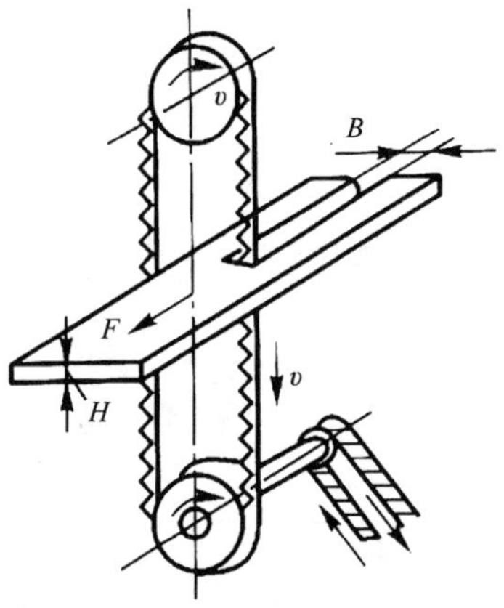

图 1-22 带锯锯切原理示意图

式中：F_n——锯轮每转进给量（mm/r）；

F_z——每齿进给量；

n——锯轮转速（r/min）；

z——锯轮每转内参加切削的齿数，$z = \pi D/t$，t 为锯条齿距（mm）。

由于 $v \gg F$，所以带锯锯切接近端向切削，切削厚度 $a \approx F_z$。

（2）带锯条的结构

带锯条（以下简称为锯条）的结构单一，为无端带形，由锯身和锯齿两部分组成。

锯身 锯条的锯身为薄钢带，其参数有如下三个：

a. 锯身长度 L。锯身长度 L 等于锯轮直径 D 和锯轮轴线间的最大中心距 L_{max} 与搭接长度 Δ 之和

$$L = \pi D + 2L_{max} + \Delta$$

式中：L_{max}——锯轮中心距与上锯轮可调距离之和。

b. 锯身宽度 B。新锯条锯身宽度 B 等于锯轮宽度加齿高 h，再加上 5 ~ 10mm。计算出的锯身宽度 B 可参照锯身标准宽度系列选取相近的宽度。锯身的标准宽度系列为：50mm、75mm、100mm、125mm、150mm、205mm。当锯身宽度为新锯条宽度的 1/3 ~ 1/2 时锯条应报废。

c. 锯身厚度 S。锯身厚度 S 是带锯条的重要参数之一，它与锯轮直径 D 和锯身承受的应力有关。锯轮直径 D 越小，锯身承受的弯曲应力就越大，因此，S 值应越小。即小锯轮应使用薄锯条。具体选择时可参照表 1-1。锯身厚度 S 的表示方法有两种：一种是以国标中的“mm”表示；另一种是用英国伯明翰铁丝规格 B. W. G. 的“号”表示。锯条的规格见表 1-2。我国常用 18 ~ 20 号锯条。

锯齿 其参数包括尺寸参数和角度参数。

a. 尺寸参数。锯齿的尺寸参数有齿距 t 和齿高 h。齿距 t 是锯条的主要参数。确定齿距后，齿高已基本确定。齿距小、齿数多，锯齿就坚固，在相同切削条件下，每齿切削量小，材面光滑；但齿距变小后，切削效率下降，锯齿也易钝。齿距 t 的值可按表 1-3 选取。

表 1-1　不同规格锯机所用锯条　mm

锯轮直径 D	锯身厚度 S		锯条宽度	锯条长度
	国际	B. W. G. （号）		
914	0.9～0.7	20～22	75～125	6.2
1067	1.05～0.7	19～22	100～150	7～7.15
1219	1.25～0.8	18～21	150	7.9～8.4
1372	1.25～0.9	18～21	180	8.5
1524	1.45～1.05	17～19	205	9.4

表 1-2　锯条规格　mm

锯条厚度	B. W. G. （号）	锯条厚度	B. W. G. （号）	锯条厚度	B. W. G. （号）
2.40	13	1.25	18	0.65	23
2.10	14	1.05	19	0.55	24
1.85	15	0.9	20	0.50	25
1.65	16	0.8	21	0.45	26
1.45	17	0.7	22	0.40	27

表 1-3　带锯齿齿距　mm

带锯条规格	齿距 t		锯软（硬）材齿距增（减）量极限
	压料	拨料	
1.25（18 号）	38	32	6
1.05（19 号）	35	28	6
0.90（20 号）	32	25	
0.80（21 号）	28	23	4
0.70（22 号）	25	22	
0.60（23 号）	22	20	
0.55（24 号）	20	19	2
0.50（25 号）	19	17	
0.45（26 号）	17	16	

b. 角度参数。锯齿的主要角度有前角 γ、后角 α 和楔角 β。前角 γ 大，下锯轻快，推料省力，锯齿切削性能好。但前角过大，当后角一定时，楔角减小，锯齿强度下降，容易跑锯。一般情况下，软材的 $\gamma = 25° \sim 35°$，硬材的 $\gamma = 15° \sim 25°$。后角 α 在保证锯齿强度的前提下，尽量取大值，以减小齿后面与锯路底木材间的摩擦。一般情况下，$\alpha = 15° \sim 25°$；加工树脂材时，可适当增大后角。楔角 β 可反应锯齿强度，一般情况下：锯软材时，$\beta = 35° \sim 45°$；锯硬材时，$\beta = 45° \sim 55°$。

α、β、γ 这三个角度是相互影响的。在确定角度大小时，应当在保证锯齿有足够强度的前提下，尽量地增大前角 γ，选定适当的后角 α。具体选择时，应先根据锯切的材料，确定楔角 β 值，以保证锯齿的强度，而后确定适当的后角 α，以使齿后面与木材摩擦力最小，最

后推算出前角 γ。

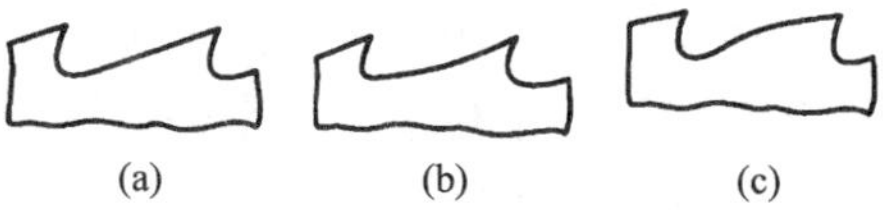

图 1-23　锯齿齿形结构图

（a）直背齿　（b）凹背齿　（c）截背齿

齿形　确定了锯齿的尺寸和角度等主要参数后，还要根据锯切要求，选定合适的齿形。锯条常用的齿形如图 1-23 所示。直背齿是最常用的齿形，其他齿形可以看作是以这种齿形为基础演变而成的。这种齿形的切削性能、锯齿强度、排屑能力均保持中等，适宜锯切一般的软硬材。这种齿形的齿距约为齿高的 3 倍，前、后齿面为平面，容易刃磨出整齐划一的齿形。一般 $\gamma = 25° \sim 35°$、$\alpha = 17° \sim 23°$、$\beta = 41° \sim 45°$，其标准角度值为 $\gamma = 25°$、$\alpha = 20°$、$\beta = 45°$。

凹背齿的后齿面弧形内凹、齿尖锐利、排屑性能好，但锯齿强度低，适宜加工杨木、无节杉木等软材。标准角度值为 $\gamma = 30°$、$\alpha = 25°$、$\beta = 35°$。

截背齿齿尖被截，齿背为折线，齿高为齿距的 1/4 ~ 1/3，后角小、楔角大，锯齿强度大，适合加工硬材或冰冻材。标准度参数为 $\gamma = 30°$；$\alpha = 15°$；$\beta = 45°$。

锯料量 S'　直接关系到锯路宽度。锯料量大，则锯路宽，不易出现夹锯现象；但锯路宽，木材损失大。因此，锯料量的选取原则是：在保证不夹锯的情况下，尽量选取小值。锯料量应根据表 1-4 中的推荐值选取。

表 1-4　锯料量 S'　　mm

材料		锯厚										
		1.85	1.65	1.45	1.25	1.05	0.90	0.80	0.70	0.65	0.55	0.50
拨料	软材	0.34	0.33	0.32	0.31	0.30	0.29	0.28	0.27	0.26	0.25	0.24
	硬材	0.31	0.30	0.29	0.28	0.27	0.26	0.26	0.25	0.24	0.23	0.22
压料	软材	—			0.33	0.32	0.32	0.31	0.30	0.29	0.28	—
	硬材				0.30	0.29	0.28	0.27	0.26	0.25	0.24	—

（3）锯条的修磨

锯条锯切时性能的优劣与锯条的修磨程度有重大关系。锯条修磨质量高，每次修磨后锯切轻快、时间长、质量好。锯条的修磨比较复杂，一般情况下，锯条要经过开齿、接锯、修整锯身、压料或拨料、刃磨等多道修锯工序之后才能交付使用。

开齿　新锯条首先要根据选好的锯齿尺寸参数和角度参数，在锯条一侧开出整齐的锯齿齿形。开齿是在冲齿机上进行的。开齿时要保证齿距精度，使冲出的齿形整齐，齿底没有开裂现象。

接锯　是将锯条前后接成无端环形的工件。接锯的质量直接关系到接头强度和修整工作量。接锯的方法有多种，常用的有银焊法和电阻对焊法。银焊法是一种传统接锯方法，虽然操作时对工人的技术水平要求高且费时，但因设备简单、接头可靠所以应用广泛。其方法是选好接头位置截断锯条，用砂轮和锉刀在接头处磨出 1∶30 左右的相对应的斜面，清洁斜面后涂上焊剂脱水硼砂，放入接锯机中。然后将 0.1 ~ 0.15mm 厚的银皮插入两斜面间，并使两斜面对齐，接着将接头用铬铁加热到 900℃左右，使银皮熔化。冷却后两搭接斜面便被焊接在一起，即完成了锯条的焊接。接锯以后，要对接头进行锉平和锤击，以修平接头。

平整锯身 用作锯条的钢带在运输、贮存、开齿、焊接等过程中都会使锯身平面不平。因此要对锯身进行平整。平整是用平锤对锯身不平处进行锤击，并用直规尺检查锯面的不平度，以使锯身平整。

锯条的适张度及其修整 锯条的适张度是指将锯身平面的中间部分金属材料，经辊压产生延伸塑性变形，从而使锯条的前后两条张紧带受到预先拉应力的作用，以抵消锯切时热应力、锯切应力等对锯齿边的作用，保证锯条在切削木材时锯齿边总有足够张紧力。

适张度修整作业是技术要求最高的修锯作业。适张度修整作业有圆势修整和弯势修整。圆势是指修整后锯身的横截面为一向外凸起的圆弧。弯势是指锯身因辊压伸长后，锯背向锯身宽度方向向外凸出。经过适张度修整的锯条，要求在锯条的全长上圆势和弯势基本一致。适张度修整的方法是：将锯身按图 1-24 所示的顺序辊压锯身1 ~ 2 遍。辊压出基本的适张度，然后分段辊压锯身。先调整圆势，后调整弯势，使锯条全长上的适张度基本一致。圆势用圆势尺检查，将圆势尺卡在锯身上，抬起锯条的一端，观察锯身与圆势尺之间的牙形光隙的大小，以判断圆势的大小。弯势用弯势尺检验，将弯势尺两端的卡爪卡在锯背上，检查中间卡爪到锯背间的距离来判断弯势的大小。

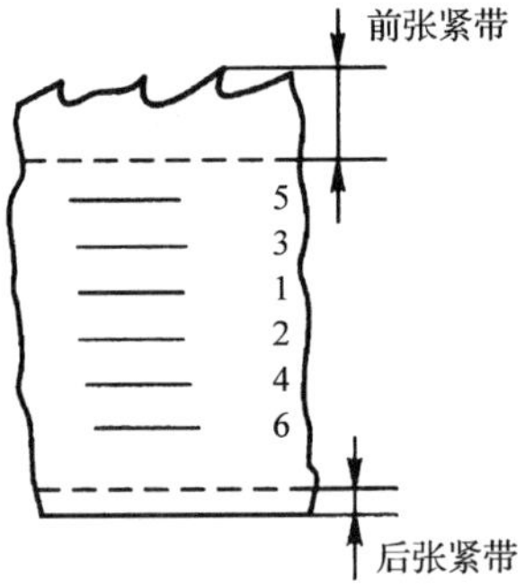

图 1-24 锯身辊压顺序

拨、压锯料 带锯齿一般采用压料齿，常用压料器压料。压料器压料轴的尺寸取决于锯厚 S。锯厚 S 越大，压料轴越粗，常用 9.5mm 的压料轴压制 $S = 1.25 \sim 0.9$mm 锯条的锯齿。压料时将压料器套在齿尖上，搬动手杆，靠压料轴将齿尖部分的金属向两侧压延伸长形成主刃。

拨料采用拨料器手工拨料，操作时每齿拨料量应相同。

刃磨 是修锯作业的最后一道工序。锯齿的刃磨在磨锯机上进行。刃磨时调整砂轮的倾斜角度，使之与锯齿的前角相同。先粗磨一遍，再精磨，以保证锯齿锋利，并除掉毛刺。

1.4.3 圆锯锯切及圆锯片

圆锯片属多齿刀具，其锯切原理与铣削相似。区别仅在于锯切时，锯齿要同时切削锯路底和两侧锯路壁，属闭式切削。其切削速度、进给速度的概念和计算与铣削相同。

(1) 圆锯片的种类

圆锯片种类众多，根据锯身结构可分为平面锯片、锥形锯片和内凹锯片（见图 1-25）；根据齿形可分为纵锯和横锯；根据锯齿刃口材料又可分为普通锯片和镶齿锯片，普通锯片的齿刃材料与锯身相同，镶齿锯片在刃口部分焊有硬质合金等高耐磨刀具材料。

(2) 圆锯片的结构

锯身的结构 圆锯片由锯身和锯齿组成，锯身有如图 1-25 所示的几种结构。有些圆锯片的锯身上还开有各种槽和孔，以降低噪声及减少切削热对锯切性能的影响。其参数有外径 D、锯身厚度 S 和内径 d。

外径 D 由最大切削高度和锯机结构参数而定，一般以锯机说明书规定的圆锯片直径为依据。常用圆锯片的直径为 100 ~ 500mm。

同一直径的圆锯片中，有几种不同的锯身厚度规格。在满足切削要求前提下，尽量选用

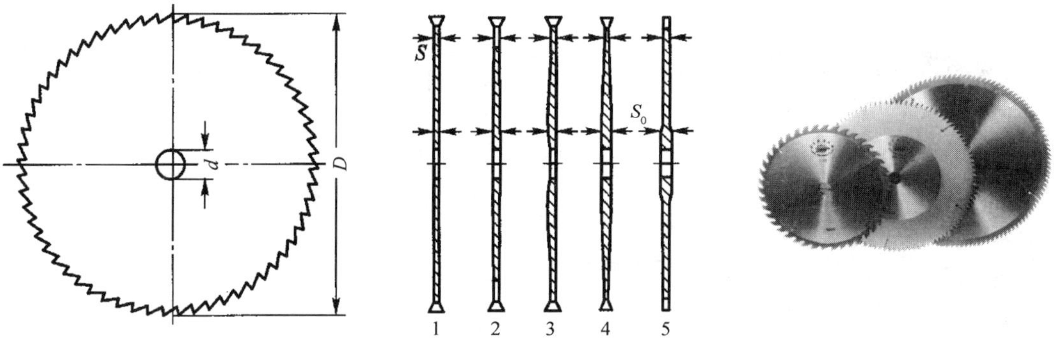

图 1-25 锯身的截面形状及外形图

1. 平面锯片 2. 左锥形锯片 3. 右锥形锯片 4. 双面锥锯片 5. 内凹锯片

厚度小的圆锯片，以减少锯路损失。常用的锯片厚度 S 为 0.9 ~4.2mm。当锯厚小于 1.1mm 时，每隔 0.1mm 进一级；大于 1.1mm 时，每隔 0.2mm 进一级。

锯片的内径 d 随外径 D 的增加而增大。选取时，以锯机主轴直径为依据。若没有与主轴直径相同内径的圆锯片，可购买内径比主轴直径小的圆锯片，然后用线切割机床加工与主轴直径相同的内径。

锯齿结构 普通圆锯片的锯齿与锯身的材料相同，有纵锯齿和横锯齿之分。纵锯齿的齿形与带锯条锯齿形相同；横锯齿的结构如图 1-21（b）所示，前齿面和后齿面向内斜磨，主刃向内倾斜并在主刃的外侧形成齿尖。普通圆锯片的齿刃部分容易磨钝，要经常刃磨；锯切时噪声大，加工的材面质量差，难以锯切人造板等材料，应用渐少。硬质合金圆锯片是目前广泛使用的圆锯片，其特点是：齿尖焊接有硬质合金材料，使锯齿的耐用度得到了大大提高；齿形经过精密加工，整齐划一，加工质量好，可以达到以锯代削的效果。

圆锯片锯齿部分的主要参数有以下几个：

a. 齿数 z。齿数 z 是圆锯片的主要参数，圆锯片的锯齿在出厂时已做好，齿数已确定。同一直径的圆锯片，齿数不同则规格也不同。一般情况下，齿数少，切削效率高；但每齿进给量大，会降低工件表面质量。选择时以锯机说明书为依据进行确定。

b. 角度参数。圆锯片的后角 $\alpha = 5° \sim 10°$。前角的选择依据加工对象和用途确定，一般木材横截、锯切纤维板、刨花板时 $\gamma = -5° \sim 0°$；胶合板 $\gamma = 5° \sim 7°$；干木材纵锯 $\gamma = 20°$。

c. 锯齿齿形。硬质合金锯齿的齿形种类很多，主要取决于加工对象和用途。图 1-26 所示为常用的几种硬质合金锯齿的齿形：图 1-26（a）为平顶直磨内凹齿，特点是锯齿前、后面都直磨，锯齿具有内凹角或斜铲角。这种齿形不仅可以用来锯切一般的木材及人造板，还可以用来锯切轻型建筑墙板，因此使用最多。图 1-26（b）为交错斜磨内凹齿，特点是相邻两齿交错斜磨前、后齿面，锯齿一边具有内凹角或斜磨角，前角 $\gamma = 0° \sim 16°$，主要用作横锯或锯切人造板。图 1-26（c）为直磨齿与交错斜磨内凹齿的组合齿，特点是相邻三个锯齿组成一组组合齿。直磨齿用于切削锯路底面，左右斜磨齿用于切削锯路壁的两侧面。这种锯齿可用作纵锯，也可以作横锯，用于切削一般木材和人造板。图 1-26（d）为直磨齿和梯形齿的组合齿，特点是梯形齿切削深度比直磨齿大，锯屑被分成三部分，锯切质量好，适合贴面板裁边或刨花板锯边。图1-26（e）为单面斜磨齿，其特点是所有锯齿只向一个方向斜磨。这种锯齿主要用作起线锯。

圆锯片的使用与维护 普通圆锯片要经常用锤击法修整锯片的适张度，以保证锯齿的切削性能。锤击时锤击点必须在同心圆上均匀分布。锯齿的修磨与带锯齿相同。

硬质合金圆锯片，不需进行适张度修整。在使用过程中要定期对锯身和锯齿进行清洗，清洗液一般为有机溶剂，如汽油、酒精等，洗掉锯身上的黏附物。硬质合金圆锯片必须在专用磨锯机上进行刃磨，刃磨时磨削量要小，并保持前角不变。在贮存、搬运过程中要防止碰坏齿尖。

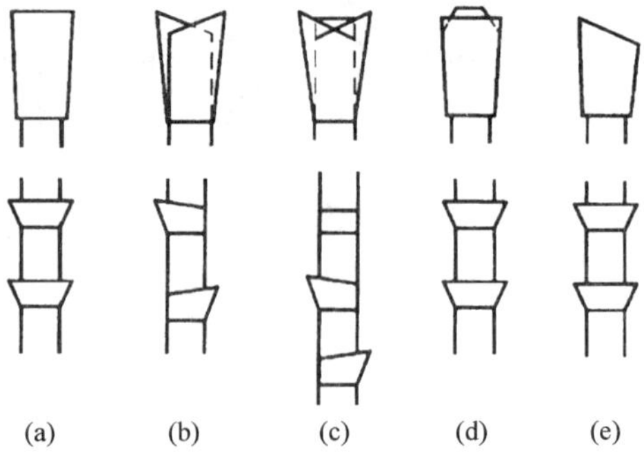

图1-26 硬质合金锯齿的齿形

（a）平顶直磨内凹齿 （b）交错斜磨内凹齿
（c）直磨齿与交错斜磨内凹齿的组合齿
（d）直磨齿和梯形齿的组合齿 （e）单面斜磨齿

1.5 其他切削及其刀具

1.5.1 钻削及钻头

钻削是用旋转的钻头沿轴向进给进行木材切削的一种切削方法。钻削主要用来加工各种通孔和盲孔。

根据钻削方向相对纤维长度方向的不同，钻削有纵向钻削和横向钻削之分。横向钻削时进给运动方向与纤维长度方向垂直，钻头端面的沉割刃先割断纤维，垂直于钻头轴线的主刃横向切削孔底面，最后形成通孔或盲孔，如图1-27（a）所示。纵向钻削时进给运动方向与纤维长度方向平行，两对称主刃与钻头轴线成一定夹角（30°），主刃为横端向切削孔内的木材，如图1-27（b）所示。

钻头主要由尾部（尾柄、钻舌）、颈部和工作部分这三大部分组成。尾柄有圆柱形、模式锥度柄和螺纹形。圆柱形尾柄用卡爪装夹；模式锥度尾柄直接插入主轴孔中；螺纹形尾柄首先拧在卡头上，再将卡头插入主轴孔中。

钻头的切削部分是圆柱体，在圆柱体上可开直槽、螺旋槽和蜗旋槽，槽的端部为切削刃，槽棱边起导向作用。

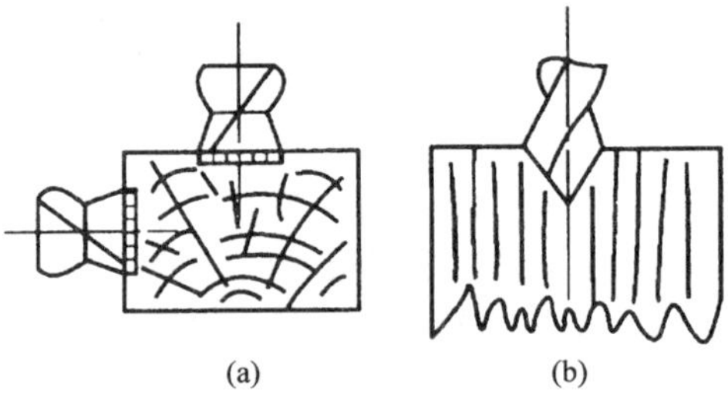

图1-27 不同方向的钻削

（a）横向钻削 （b）纵向钻削

钻头的种类众多，常用的钻头如图1-28所示。其中：图1-28（a）为横向螺旋钻，尾柄1用于装夹，在刀体切削部分开有两条螺旋槽2，端部有沉割刃4、钻尖5和主刃3；钻尖5用于定位，沉割刃4先于主刃切断纤维，主刃3切削孔底的木材。这种钻头常用于横向钻削直径较小的孔。图1-28（b）为纵向螺旋钻，两条对称的主刃3相交形成钻尖，用于纵向钻削孔。图1-28（c）为圆柱头中心钻，用于横向钻削直径较大的孔。图1-28（d）为组合式

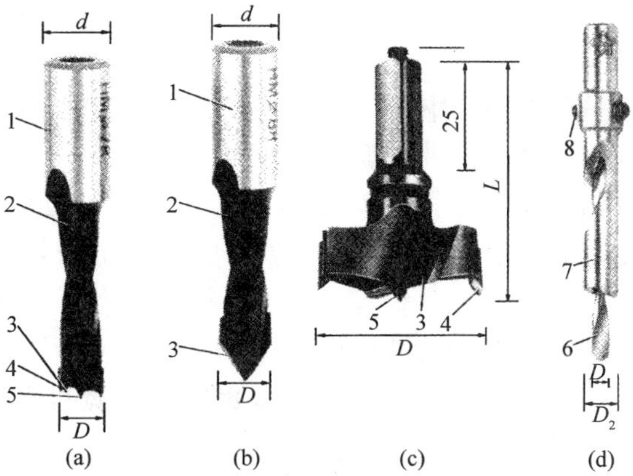

图 1-28 常用钻头外形图

（a）横向螺旋钻 （b）纵向螺旋钻 （c）圆柱头中心钻 （d）组合式扩孔钻

1. 尾柄 2. 螺旋槽 3. 主刃 4. 沉割刃 5. 钻尖 6. 内钻头 7. 外钻套 8. 螺栓

扩孔钻，内钻头 6 先于外钻套 7 钻出中心孔，外钻套 7 再将孔扩大为阶梯孔，外钻套用螺栓 8 与内钻头固连；安装时要将内外钻头的螺旋槽对齐，以利于排屑。

为了提高钻头的耐用度、减少刃磨次数，常在直径较大的钻头切削刃处焊接硬质合金。

钻头的刃磨质量对钻削精度及钻头的工作能力有很大的影响。一般采用砂轮机和工具磨床刃磨。砂轮机刃磨时，对工人的刃磨技术要求高；工具磨床刃磨时，应调整好砂轮的角度和位置，使之与钻头的参数相适应，利用机床的精度可以保证刃磨质量。刃磨钻头时，要求相同刃口的长度，刃口相对钻头轴线的倾角对称一致；钻头横刃为一条直线并对称于轴线。

1.5.2 榫槽切削及刀具

木制品连接用榫槽常用的有三种：长方形榫槽、长半圆形榫槽和圆棒榫眼。长半圆形榫槽和圆棒榫眼可以很容易地在铣床和钻床上用柄铣刀和钻头加工出来。长方形榫槽主要用机用钻凿加工。

机用钻凿外形如图 1-29 所示。它由方凿和钻芯两部分组成。钻芯套装在方凿内圆孔中，并与钻凿打眼机的主轴连接在一起，由主轴带动旋转切削木材。方凿中心孔的里端部刃磨成锥孔，侧面开有排屑孔，尾部固连在主轴套上。当主轴套随主轴一起向下压向工件时，突出方凿的中心钻头切碎木材；在方凿内锥面的挤压下，周边的木材挤向钻头，被钻头切碎，由螺旋槽通过方凿上的排屑孔排出，这样就加工出一个正方形的孔；经过几次这样的加工，最后加工出一个长方形榫槽。

机用钻凿有 8mm、9.5mm、11mm、12.5mm、14mm、16mm、19mm、22mm 和 25mm 等规格，钻凿和钻芯是配套使用的。方凿端部切削部分的外形为正方形，内侧顶角为 50°～60°的锥面，钻芯为螺旋体钻头。

安装机用钻凿时，钻头的刃口伸出方凿方角 0.75～1.2mm，钻头与方凿内表面间隙为 0.3～0.5mm，以保证钻头能自由地转动。

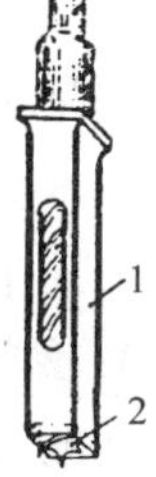

图 1-29 机用钻凿外形图

1. 方凿 2. 钻芯

1.5.3　旋切与旋刀

用旋切方法获得单板是单板制造中广泛使用的方法。用这种方法生产单板，不仅生产效率和出材率高，而且能获得连续单板带。旋切单板时，木段被两端的卡轴卡紧并带动旋转，旋刀垂直于木段作直线进给运动。木段的旋转运动与旋刀的垂直运动保持严格的运动学关系：即木段旋转一圈，旋刀的进给量正好等于单板厚度，因而从木段上连续地切下等厚的单板带。

旋刀用螺栓固定连接在刀床上，其结构如图 1-30 所示。旋刀的刀体上开有槽，用于将旋刀固定在机床刀架上；旋刀的长度为 900 ~ 2 800mm，宽度为 150 ~ 180mm，厚度有 15mm、17mm 两种规格，楔角 $\beta = 20° \pm 2°$；刃口部分常用 T9、9SiCr 等刀具材料，以提高刃口的耐用度。

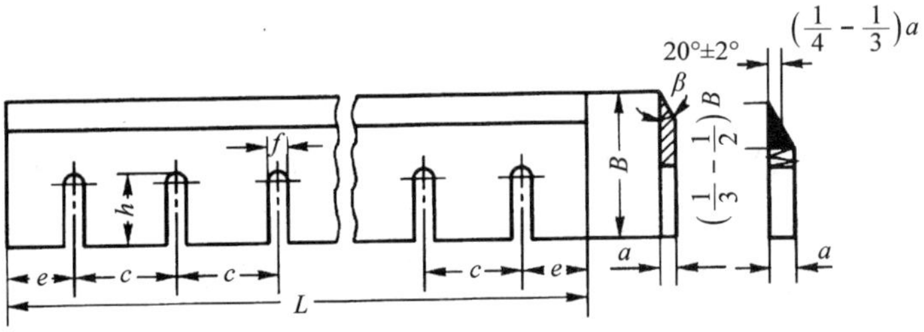

图 1-30　旋刀的结构

L. 旋刀长度　*B*. 宽度　*a*. 厚度　*c*. 两槽间距　*h*. 槽深

旋刀的安装需满足两个要求：一是装刀高度要符合工艺要求；二是要有合理的主刃初始后角和终止后角。装刀时，先将刀片用两个螺栓轻拧在刀床上，然后拧动调刀螺栓调整装刀高度，并用对旋刀检验。达到要求后，从旋刀的中间向两边交替拧紧每个螺栓。然后再检查一遍，检查完毕则装刀成功。一般情况下，旋刀的中间刃口要高出两端 0. 1mm。

旋刀使用一段时间后必须刃磨，旋切削刃磨的主要要求是：旋切削刃磨后楔角不变，切削刃在一条直线上；刃口锋利，没有折卷或剥落；刀片的刃磨面上没有发蓝和磨削裂缝。刃磨必须在专用磨刀机上进行，刃磨时砂轮的速度为 8 ~ 12m/s，进给速度为 9 ~ 15mm/min；最初的背吃刀量为 0. 02mm，最终为 0. 001 ~ 0. 005mm；最后在背吃刀量为 0 时，磨头来回空磨 2 ~ 3 个行程，以彻底磨平磨削面。

1.5.4　磨削与磨具

磨削是利用附着在砂布、砂轮上的磨粒从木材表面磨去一层很薄的木材，从而获得高质量表面的木材切削方法。磨削加工属于精加工，随着对产品表面质量要求的不断提高，磨削在木材加工中应用越来越广泛。

(1) 磨削的刀具

磨削的刀具称磨具，主要是砂纸、砂布和砂轮。木材加工中砂纸、砂布使用广泛。砂纸和砂布是将一定粒度的磨料用黏结剂粘在纸质或布质基体上构成的，称为涂附磨具；它包括砂布、砂纸、砂带、砂盘及砂圈。砂轮则是用黏结剂将磨粒黏合成的多孔体，如图 1-31

所示。

磨料　是直接负担磨削工作的。木材磨削常用的磨料是刚玉系［棕刚玉 A（GE）、白刚玉 WA（GB）和单晶刚玉（GD）等］具有较高的硬度、耐热性和适当的韧性。

磨粒粒度　磨料的大小常用粒度表示；粒度号越大，磨料的尺寸就越小。磨料的粒度有三类：磨粒、磨粉和微粉。粒度号为 8～80 号的磨料颗粒的尺寸为 3 150～160μm，称为磨粒；粒度号为 100～250 号的磨料颗粒的尺寸为 160～40μm，称为磨粉；微粉的粒度号为 W40～W0.5，颗粒尺寸为 40～0.5μm 或更细。粒度号小，磨料单位面积上的磨粒多，每个磨粒的切削量小，磨削后获得工件表面越平滑。

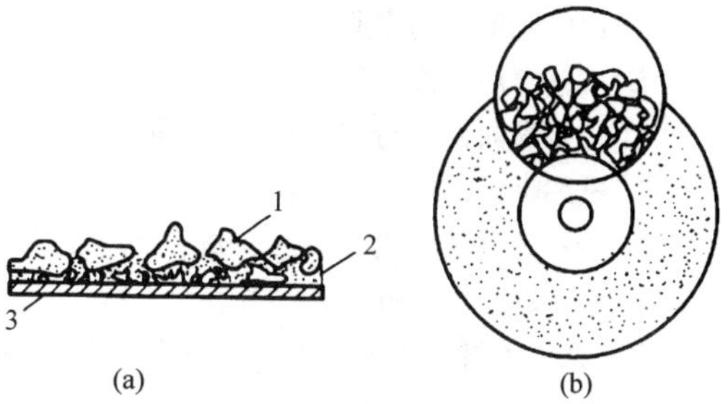

图 1-31　砂纸、砂布和砂轮的构造

（a）砂布或砂纸　（b）砂轮

1. 磨粒　2. 黏结剂　3. 基底

（2）磨削过程

木材的磨削过程不同于其他切削，它是靠数目很多、形状极不规则的磨粒来切削木材的。每个与工件接触的磨粒都相当于一把切刀，这些磨粒在切削木材时的切削厚度、切刃的角度等均不相同。因此，磨削过程是在外力的作用下，有的磨粒切入木材较深，切削厚度较大；有的磨粒切入木材较浅，切削厚度小；有的磨粒只划过工件表面，在工件表面留下一条划痕；有些磨粒根本接触不到木材。由于磨粒本身的形状大小不一，木材构造又不均匀，因此每个磨粒的作用也不会始终如一。开始锋利的磨粒随着切削的进行会变钝，变钝的磨粒破碎或脱落后又有锋利的磨粒露出参加切削；那些开始切削厚度小或根本切不到木材的磨粒行走一段距离后将开始切削木材，切削厚度逐渐变大；没有被前面磨粒切着的木材会被后面的磨粒切削。总之磨削过程既有切削，又有刻划；既有挤压、摩擦，又有“搓碎”的过程，是一个比其他切削更为复杂的过程。磨削就是在这种复杂的切削过程中最终将工件表面上的毛刺、不平去掉，从而获得光滑平整的工件表面。

（3）磨具的选用原则及保管

木材磨削中主要使用砂布和砂纸。其形状有页状（代号 Y）、卷状（J）、带状（D）和盘状（P），并有干磨和湿磨之分。干磨砂布用 BG 表示；干磨砂纸用 ZG 表示；耐水砂纸用 ZN 表示；耐水砂布用 BN 表示。

选择磨具的基本原则是：先根据加工对象和机床结构确定磨具的形状及尺寸，再根据加工工序和质量要求确定磨料和粒度，并遵循粗磨粒度号小、精磨粒度号大的原则，最后确定干磨或湿磨、用砂布或砂纸。

涂附磨具的保管：干磨涂附磨具由于使用的黏结剂和基材受潮后容易破坏，因此应保存在干燥的地方。若使用前发现受潮，应去掉潮气后再使用。在搬运过程中要轻拿轻放，防止折叠。

思考与练习

1. 木材切削需要哪些基本运动？说明实现木材切削的基本要素。
2. 刀具角度有哪些参数？分析各角度参数在切削过程中所起的作用。
3. 木材切削有哪几种基本类型，各有什么特点？

4. 说明铣削的基本原理并分析影响铣削质量的因素。
5. 试述常用铣刀的种类、用途及刃磨要求。
6. 分析纵向锯切与横向锯切的异同点，并说明出现夹锯的原因和防止夹锯现象措施。
7. 试述带锯的制作过程和修磨带锯条的方法。
8. 表示圆锯片的主要参数有哪几个？硬质合金圆锯片有什么特点？
9. 常用的钻头有哪几种，各有什么特点？刃磨钻头的要求是什么？
10. 试述木材的磨削过程并说明磨具的选用原则。

技能训练 1　常见木工刀具的识别及合金锯片刃磨实训

实训目标

学会对常见的木工刀具进行识别，掌握刀具的主要角度参数和刃磨方法。

实训场所与组织

学校实验室。以组为单位（每组 10 人左右），由实训教师进行现场讲解，安排学生实际进行识别和刃磨操作。

实训设备和材料

（1）设备

合金锯片刃磨机。

（2）材料

合金锯片、普通柄铣刀、精密柄铣刀、组合铣刀（梳齿榫铣刀）、机用钻凿。

实训内容和方法

（1）现场讲解

由实训教师讲解各种刀具的特点、识别方法和刀具各个角度参数的认识，并说明各种刀具的刃磨方法。示范合金锯片的刃磨操作方法，学生通过边听边看学会识别刀具并懂得初步的刃磨方法。

（2）分组识别和操作

以小组为单位对相关的刀具进行识别；各组轮流对合金锯片进行刃磨训练。

（3）分组讨论

各刀具的主要特点、角度参数的识别、合金锯片的刃磨要点。

考核标准

考核评分标准见表 1-5。

表 1-5　常见的木工刀具识别技能考核评分标准

实习地点：　　　　系部：　　　　班级：　　　　姓名：　　　　组号：

考核项目	指标分值	考核标准	成绩分档及权重				得分	考核方式
			A	B	C	D		
			1	0.8	0.6	0.4		
理论应知部分	40	各种木工刀具的类型及特点（10 分）						现场口试
		各种木工刀具的切削原理（20 分）						
		各种木工刀具的结构特点（10 分）						
技能操作	40	识别刀具的熟练程度（10 分）						现场操作
		各种木工刀具的装卸（10 分）						
		典型刀具的加工过程（10 分）						
		合金锯片刃磨的正确、熟练程度（10 分）						
实训报告	20	字迹是否工整，文字表达是否完整、清晰，语言是否通顺、简练（6 分）						书面形式
		内容是否齐全（7 分）						
		分析是否正确（7 分）						
得分								
教师签字								

技能训练 2 带锯条的制作

实训目标

了解制作带锯条的材料，掌握带锯条的制作过程。

实训场所与组织

校内实训场所。以组为单位（每组 5 人左右），由实训指导老师进行讲解和示范，安排学生实际操作。

实训设备和材料

（1）设备

冲齿机、焊接机、辊压、压锯料、磨锯机。

（2）材料

钢带。

实训内容和方法

（1）现场讲解

由实训教师讲解带锯条材料的选择和制作带锯条的方法，学生通过边听边看来基本懂得带锯条制作方法。

（2）分组操作

以小组为单位轮流对各道制造工序进行操作：开齿→接锯→平整锯身→锯条的适张度→修整拨压锯料→刃磨

（3）分组讨论

在操作过程中各小组对制作的工艺和质量进行讨论，最后对锯条的质量进行评价。

考核标准

考核评分标准见表 1-6。

表 1-6 带锯条制作操作技能考核评分标准

实习地点： 系部： 班级： 姓名： 组号：

考核项目	指标分值	考核标准	成绩分档及权重					考核方式
			A	B	C	D	得分	
			1	0.8	0.6	0.4		
理论应知部分	20	制作带锯条材料的选择（6 分）						现场口试
		带锯条的结构特点（6 分）						
		带锯条的制作要求（8 分）						
技能操作	40	新锯条的开齿、接锯（10 分）						现场操作
		平整锯身与适张度的修整（10 分）						
		拨、压锯料（10 分）						
		带锯条刃磨的正确、熟练程度（10 分）						
制作质量	20	对所制作锯条质量进行评价（20 分）						现场测试
实训报告	20	字迹是否工整，文字表达是否完整、清晰，语言是否通顺、简练（6 分）						书面形式
		内容是否齐全（7 分）						
		分析是否正确（7 分）						
得分								
教师签字								

第2章 锯　　机

本章学习目标

理论知识　了解锯机的种类、特性和用途；掌握原木带锯机、普通圆锯机的结构和工作原理；熟悉锯机操作的基本方法和要点；掌握锯机常见故障产生的原因和处理方法。

实践技能　掌握原木带锯机的操作规程及操作要点；学会带锯条、圆锯片的刃磨和修整方法；懂得带锯机常见故障的检测和排除。

制材车间

锯机是木材加工中广泛使用的一种设备，用于将原木、板方材锯切成一定规格尺寸的成品锯材，或将锯材及人造板锯切成各种规格的毛料或净料，是制材及家具生产的主要设备之一。

常用的锯机有带锯机、圆锯机和排锯机三大类，本章主要介绍锯机的种类、特点和用途，重点介绍原木锯机的结构和工作原理。

2.1 带锯机

带锯机是以安装、张紧在两个锯轮上的环状无端状锯条为切削刀具，使其朝一个方向连续运行来锯切木材的机床。

带锯机按用途可分为原木带锯机［见图 2-1(a)、(b)］，主要用于将原木锯解成方材或板材；再剖带锯机［见图 2-1(c)、(d)、(e)］，主要用于将毛方、厚板材、厚板皮等再剖成薄板材；细木工带锯机［见图 2-1(f)］，主要用于较小部件的加工或外形为曲线部件的加工。带锯机按锯轮直径可分为重型（$D \geqslant 1\ 500$mm）、中型（$D = 1\ 000 \sim 1\ 375$mm）和轻型（$D \leqslant 1\ 000$mm）三种，一般重型和中型用于原木剖分和板、方材的再剖。按锯轮布置的位置不同带锯机有立式和卧式之分；一般立式占多数，卧式常用于锯解厚板皮或贵重原木，特别是锯解板皮比较方便，锯切质量也较好。

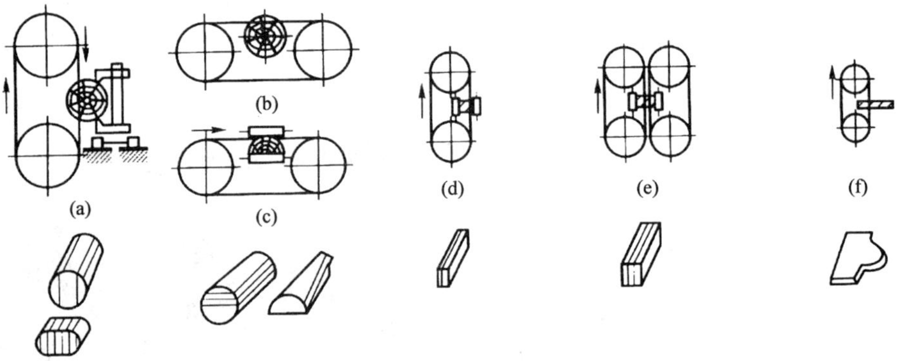

图 2-1 带锯机的分类示意图

（a）原木带锯机 （b）原木卧式带锯机 （c）再剖卧式带锯机 （d）再剖带锯机 （e）双联再剖式带锯机 （f）细木工带锯机

带锯机的特点是切削速度快，所用的锯条薄，可以实现看材下锯，有利于提高锯材质量和出材率，所以带锯机是目前应用最广泛的一种锯机，也是我国制材工业、家具生产中的主要机械设备之一。

2.1.1 原木带锯机

原木带锯机一般为重型或中型锯机，立式居多，根据车间的工艺布置不同，它又有左右之分，即站在进锯方向观看，锯轮按顺时针方向回转为右式带锯机，反之则为左式。一般不作特别说明的为右式带锯机。

原木带锯机通常由两大部分组成：完成切削原木主运动的主机和夹持原木并完成进给运

动的跑车。在先进的原木带锯机上还带有原木检测、上木、翻木以及板材输送等辅助装置。

原木带锯机的主要优点是：主切削速度快（45～60m/s），使用的锯条较其他锯机如框锯机、圆锯机要薄，因此锯路窄，木材损耗小；属于开式制材，易实现看材下锯，有利于提高出材率和锯材质量。其缺点是：由于锯条较薄，自由长度较大，因而锯切时刚性较弱，易产生振动，影响加工质量，对操作工人的熟练程度和修锯技术要求较高等。

(1) 主机

原木带锯机主机结构如图 2-2 所示。主机主要由床身、上下锯轮、锯轮升降及倾斜装置、锯条张紧装置、锯卡及其升降机构、制动装置、防护罩等组成。

床身（又称锯身） 床身 1 通常由机座和机身组成，主要用于支撑安装上下锯轮以及其他零部件，常用优质铸铁或铸钢铸造而成；其结构除有分段式外也可采用整体式，床身通

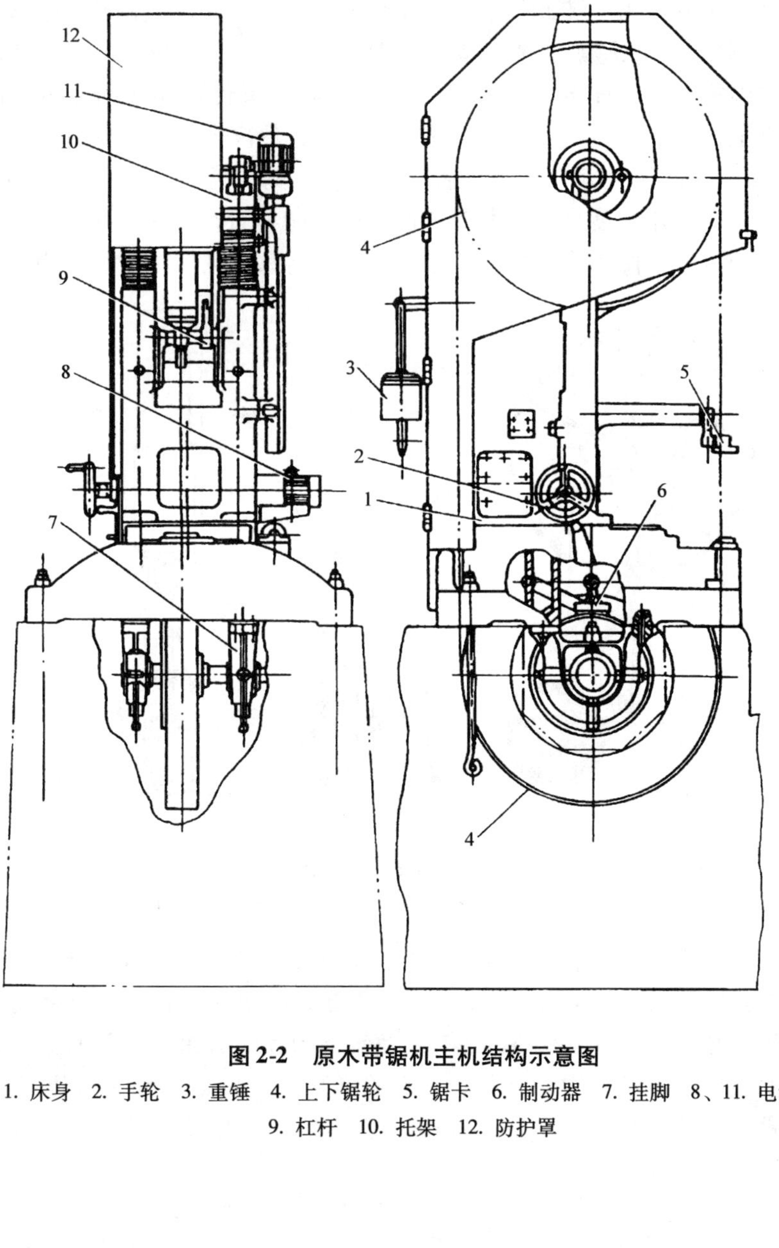

图 2-2 原木带锯机主机结构示意图

1. 床身 2. 手轮 3. 重锤 4. 上下锯轮 5. 锯卡 6. 制动器 7. 挂脚 8、11. 电动机
9. 杠杆 10. 托架 12. 防护罩

过机座安装在混凝土基础上。

锯轮　上下锯轮 4 用于安装带锯条，是实现切削原木主运动的主要部件。下锯轮为主动轮，由电动机通过三角带传动来驱动；其质量一般为上锯轮的 2.5 ~5 倍，目的是增加转动惯量，起飞轮作用，以调节锯切时由于原木的材性不匀而引起的速度变化及缓和锯条焊缝处与锯轮的摩擦所引起的冲击。下锯轮由轴通过轴承装于挂脚 7 上，挂脚 7 安装于机座下面，轴的一端装有三角带轮，另一端装有制动器 6。下锯轮常采用整体式铸铁或铸钢圆盘，且经过静、动平衡试验，如图 2-2 中所示。

上锯轮为从动轮，由带锯条带动其转动，所以上锯轮的质量应尽量小，以便降低因速度变化产生的惯性对切削过程的影响。上锯轮常采用辐条式结构，这种结构的锯轮质量小，加工容易；但空耗大、噪声大、刚度较低。在一些先进的锯机上为了获得更大的刚度，同时减小空耗和噪声也常采用薄钢板将轮缘和轮毂焊接成一体的辐板式结构。

锯轮升降及倾斜装置　为了装卸挂在上下锯轮上的锯条，并使上锯轮向前倾斜的角度可调，主机上设有上锯轮升降及倾斜调整装置，如图 2-3 所示。上锯轮升降时，转动手轮 8 使手轮轴 9 转动，并经蜗轮 4 蜗杆 5、6 使丝杆 3 转动，经螺母使托架 2 沿床身上的导轨上下运动来实现。调整上锯轮的倾斜角度时先将手轮 8 拉出，使离合器 7 与蜗杆 5 脱开；转动手轮 8，蜗杆 6 转动，经蜗轮 4 带动右侧的丝杆 3 转动使右侧的托架上升一个微小的高度，从而使上锯轮前倾 1° ~4°，用角度规测量其具体值，调整完毕后，将手轮 8 推入即可。进行上锯轮倾斜角度调整的目的是使高速运动的锯条在工作时不致因锯切木材所受阻力而脱落。

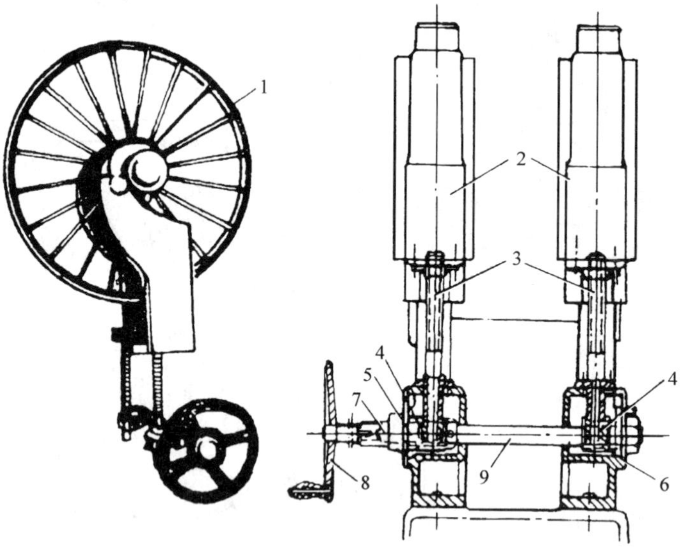

图 2-3　上锯轮升降及倾斜装置结构示意图

1. 上锯轮　2. 托架　3. 丝杆　4. 蜗轮　5、6. 蜗杆　7. 离合器　8. 手轮　9. 手轮轴

锯条张紧装置　锯条在锯切木材时会出现由于摩擦发热伸长，原木径级不一致而引起锯路高度变化，材质软硬不均或节子大小不相等都会引起切削阻力变化，另外锯屑粘在锯轮的边缘上引起锯条张力的不稳定造成锯条的窜动，使锯条的板面弯曲，甚至使锯条脱落或断裂等。因此为了使锯条在锯切过程中始终保持一定的张紧力，带锯机都装有锯条自动张紧装置。带锯条的张紧装置有多种形式，图 2-4 所示为应用最普遍的机械式杠杆重锤锯条张紧装

置。当锯条张紧力增大时，锯轮绕销轴6向下摆动，撑杆5下压转轴3，由于撑杆的作用点偏离转轴3的刀棱支撑点一定距离，而使其转动，带动固连在转轴上的杠杆2上摆，使重锤1提起，从而保证锯条的张紧力不变；当张紧力变小，在重锤1的作用下，使转轴3转动，通过杠杆2使上锯轮上升，保证张紧力不变。此外，也有采用气压或液压张紧装置的情况，其性能比机械式杆杠要好。

改变重锤1的质量可以调整带锯条张紧力的大小，而张紧力的大小又随锯条有效宽度（不含锯齿）和厚度而变化。锯条厚度越大，有效宽度越宽，则需要的张紧力也越大。一般同一带锯机常用同厚度的锯条，而有效宽度会随锯条的刃磨而变小，所以要根据锯条有效宽度按机床说明书上的要求及时调整重锤的质量。

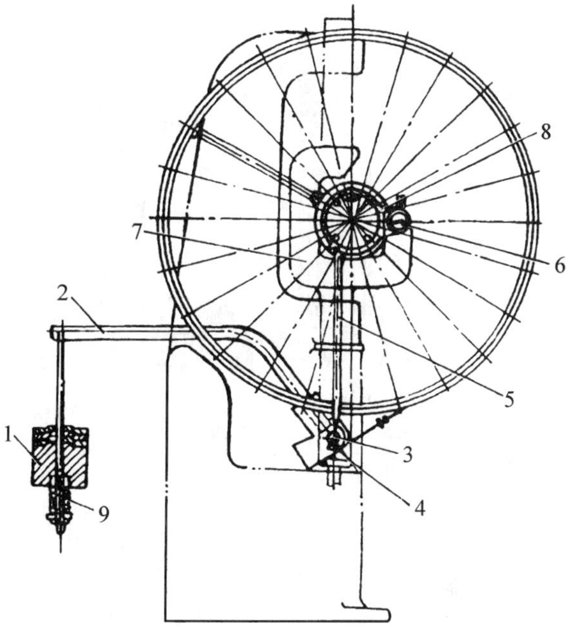

图2-4 锯条张紧装置结构示意图

1. 重锤 2. 杠杆 3. 转轴 4. 刀棱 5. 撑杆 6. 销轴 7. 托架 8. 轴承壳 9. 弹簧

锯卡 为了保持锯路平直，防止锯条振动，提高锯条的侧向刚度，在锯条锯切边缘设置有上、下锯卡装置。下锯卡固定在机座上，上锯卡则安装在可沿导轨垂直升降的锯卡臂上。锯卡臂由电动机经减速、丝杆螺母机构驱动，可沿垂直导轨上下移动，用以调节锯卡的高度。

此外，为了缩短更换锯条所需辅助时间，或在遇意外事故时能迅速停机，一般在机座上端设置有制动装置，如图2-2中6所示。在锯机上还装有黄铜刮板，用以清除上下锯轮上粘附的锯屑。防护罩用于防止出现锯条断裂或脱落等情况发生时引起的工伤或机械事故。

（2）跑车

跑车又称送材车，是用来承载、定位、进给原木的装置，图2-5所示为MJ3215型带锯液压跑车结构示意图。跑车主要由车架、车桩、侧向进给装置（摇尺机构）、自动退避装置（车摆）以及翻料、卸料等辅助装置组成。

车架及其行走系统 跑车的车架是安装跑车各零部件的主体，采用型钢焊接而成，其长度一般为6~8m。车架下面有4~6对车轮支撑，靠近锯条一侧的车轮为平面型；而另一侧的车轮起导向作用的是“V”形槽轮，分别置于两条与锯切平面平行的导轨上；导轨固装在地基上，平轮置于外侧平轨上，“V”形槽轮置于内侧的“V”形轨道上，起导向作用，以保证进给时跑车作纵向直线运动，跑车和导轨一起构成行走系统。

锯解原木时，跑车沿导轨的行走运动为进给运动，进给速度要根据原木直径和材质随时调整跑车速度，返回时要快速返回，因此跑车的运动要能实现无级调速。

跑车的纵向行走一般采用钢绳辊筒来实现，在车架的两端连接着绕在钢绳辊筒上的一根钢绳，当辊筒转动时通过钢绳拖动跑车实现往复纵向运动。为了实现跑车的无级变速运动，

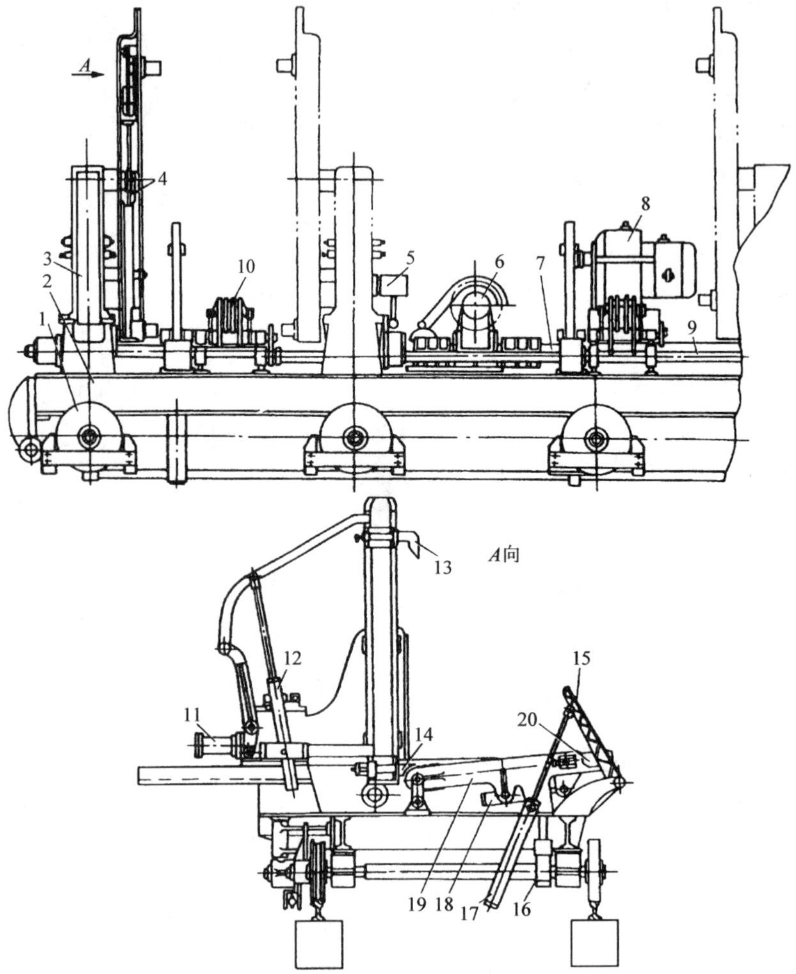

图 2-5 MJ3215 型带锯液压跑车结构示意图

1. 车轮 2. 车架 3. 立桩 4. 杠杆机构 5. 摇尺机构 6. 摇尺减速器 7、9. 长轴 8. 翻料减速箱 10. 翻料链条 11. 车桩微调油缸 12. 卡钩油缸 13. 上卡钩 14. 下卡钩 15. 卸料臂 16. 翻料臂油缸 17. 卸料油缸 18. 翻料小臂油缸 19. 翻料臂 20. 翻料小臂

钢绳辊筒就必须实现无级变速的转动。实现辊筒无级变速的方法有多种，常用的有机械摩擦轮式，晶闸管直流电动机调整和液压马达调整等。机械摩擦轮式无级变速器结构庞大，工人的劳动强度大，常用于简易跑车上；液压马达驱动式调速方便、结构紧凑，可以在液压跑车中使用；晶闸管直流电动机调速式性能可与液压马达驱动式相媲美。

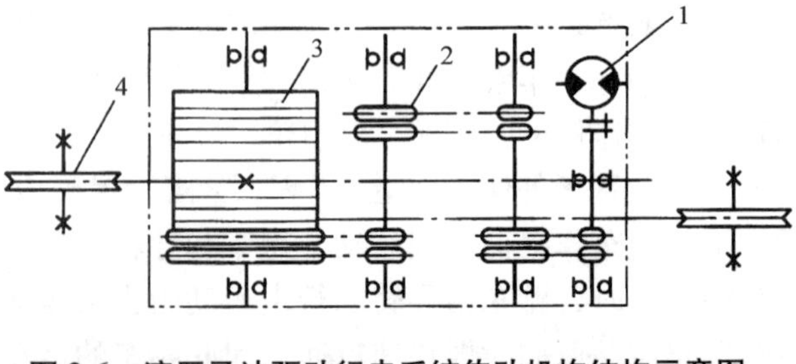

图 2-6 液压马达驱动行走系统传动机构结构示意图

1. 液压马达 2. 三级链传动 3. 钢绳滚筒 4. 滑轮

图2-6为液压马达驱动行走系统传动机构结构示意图。液压马达1经三级链传动2减速，驱动钢绳滚筒3转动，钢绳滚筒上的钢绳绕过滑轮4拖动跑车行走。调节控制液压马达的调速阀，可轻松地实现马达的无级变速，以满足跑车对行走速度的要求；通过换向阀可方便地实现马达的正、反转，从而实现跑车的往返运动。

将上图中的液压马达换为直流调整电动机就变为了晶闸管直流调整行走系统。

车桩　如图2-5所示，车桩（又称立桩）3，由夹紧和立桩微调装置组成，用于原木的夹紧、定位、微调和侧向进给，其数量根据需要可设置3～5组。车桩用燕尾导轨与车架上的燕尾槽相连，由摇尺驱动，实现前后进退运动。原木夹紧可为手工操作，但劳动强度大辅助时间长，而且工人需在跑车上操作有不安全性；目前大部分已改用机械、液压或气压方式。图2-5中上卡钩13伸出的距离和原木的卡紧是采用液压方式。图中12为卡钩油缸；11为车桩微调油缸，即某一立桩相对于其他立桩作位置的移动，以适应原木的形状或工艺上的需要。

侧向进给装置　原木侧向进给装置（又称摇尺机构）是跑车的关键机构，原木锯切的尺寸精度在很大程度上是由它决定的。在老式跑车上是由人工扳动摇尺来实现的，目前几乎完全被机械传动所代替。

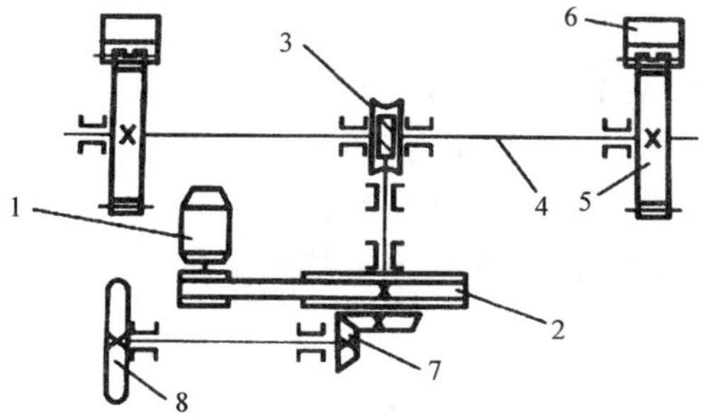

图2-7　侧向进给装置传动系统结构示意图
1. 电动机　2. 传动带　3. 减速器　4. 长轴
5. 齿轮　6. 齿条　7. 锥齿轮副　8. 手轮

MJ3215型带锯机跑车上侧向进给一般由电动机，经传动带、蜗轮蜗杆副减速，通过长轴上的四个齿轮，带动立桩下的齿条，实现使跑车上各组车桩同步侧向进给或后退。图2-7所示为典型的侧向进给装置传动系统结构示意图。由电动机1，经传动带2、减速器3，驱动长轴4旋转，靠长轴上的齿轮5通过车桩下面的齿条6带动车桩前后进退；手轮8和锥齿轮副7用于手动调节进尺量。在传动系统中设有制动装置，以减少因惯性产生的进尺误差，进尺距离可在表面上反映出来。在一些先进的跑车上用滚珠丝杆副代替齿轮传动。

若将电动机1换为液压马达、步进电动机，则可与计算机连接实现数字和模拟控制；若采用双速和三速电动机，则可在进给初期实现快速进给，达到规定值时采用低速进给，以减少惯性对侧向进给精度的影响。上述方法都能大大提高侧向进给精度。

侧向进给的控制方式很多，除我国常用的手动控制和自整角机控制外，还有电阻模拟控制、光电脉冲计数控制、双电动机差动机构控制、气动步进控制和计算机控制等，这些控制方式都可以提高摇尺精度；但由于结构较为复杂，对环境要求较高，在我国使用不广泛。

自动退避装置　自动退避装置（又称车摆装置）。其作用在于当跑车刚开始返程时，能使车架相对于锯条横向移动（退避）一个小距离（一般在8～25 mm之间），避免跑车返回时带锯条因和原木锯切表面摩擦、碰撞而造成损坏或脱落等事故的发生。当跑车重新进入工作行程时，该装置又可使车架自动反向横移（前进），以补偿上述退避的距离。因此，车摆装置是跑车上的特殊装置，它常被安装在跑车下面两端的车轴上，并用连杆相连，以保证该两组车摆动作同步。车摆的结构形式有多种，常见的有斜齿啮合式、丝杆螺母式，以及液压、气压等形式。

车上翻木装置　为了满足原木外形和加工工艺的要求，原木需在跑车上作一定的翻转。MJ3215 型带锯液压跑车上是采用大小翻料臂的链条式翻料器（见图 2-5），该翻料器共有三组，分别安装在四个卡木桩之间，由翻料臂 19、翻料小臂 20 和翻料链条 10 组成。小臂和翻料臂是铰接的，它们在翻料臂油缸 16、翻料小臂油缸 18 的推动下，既能单独动作又能同时动作，以适应各种翻料的需要。车上翻料装置除上述链条式外，还有滚轮式和齿圈式等。

卸料装置用于锯切结束、卡钩放松后能顺利地推下最后一块板皮（或板材）。MJ3215 型带锯液压跑车上采用的卸料装置是由卸料油缸 17 推动卸料臂 15 来实现的。

2.1.2 再剖带锯机

再剖带锯机主要用于将方材、厚板或厚板皮锯切成较薄的板材，一般为中型或轻型锯机，有立式和卧式两种，立式的应用较为普遍。再剖带锯机主机的基本结构与原木带锯机基本相同，只是锯轮直径稍小，有些机构略有不同，而区别较大的是其进给机构。

图 2-8 为常用再剖带锯机的结构示意图。

工作台 5 为铸造平台，水平地安装在机座上以支承被加工板方材；为减轻进料时的摩擦力，在工作台的前后各装有一个滚筒 6，工作台中间有一燕尾插板，可供装卸带锯条之用。工作台上装有可移动的导板 3，以便于调整再剖板材的厚度规格。

与原木带锯机主机相比，再剖带锯机仅多了一个工作台，并采用了刺滚筒进料。

目前，国产的再剖带锯机中，采用手工式进给者仍占相当比例。手工进给对加工工艺变化的适应性强；但工人的劳动强度高，易得职业病，故应尽可能采用机械进给的方式。卧式再剖带锯机既可用于原木锯切，也可用于再剖锯切，其中后者应用较多。特别是在板皮加工中，它以已锯切平面作为基准面，锯切平稳，加工质量较好。

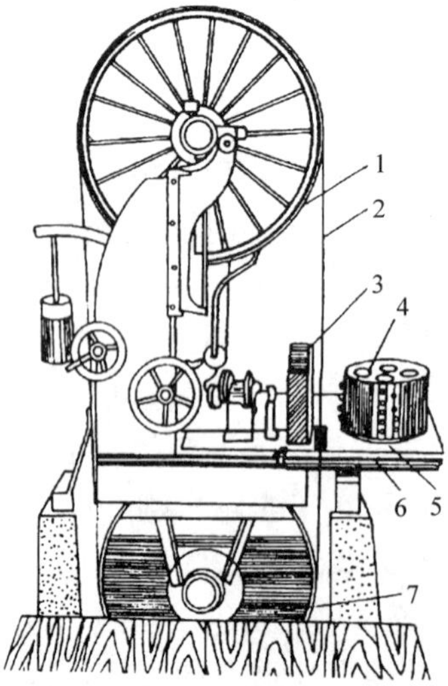

图 2-8　再剖带锯机的结构示意图

1. 上锯轮　2. 带锯条　3. 导板　4. 进料滚筒　5. 工作台　6. 滚筒　7. 下锯机

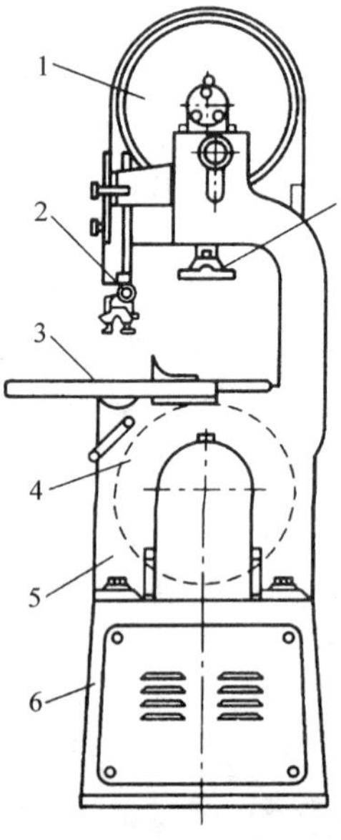

图 2-9　MJ344 型细木工带锯机结构示意图

1. 上锯轮　2. 锯卡　3. 工作台　4. 下锯轮　5. 床身　6. 机座　7. 手轮

2.1.3 细木工带锯机

细木工带锯机是一种轻型带锯机，主要用于锯切板、方材的直线、曲线及小于30°~40°的斜面，广泛应用于细木工配料及木模等车间。这类锯机结构较简单，大部分采用手工进料方式。对于大批量生产则可采用自动进料器或改装为机械进料。

图2-9所示为国产MJ344型细木工带锯机结构示意图。它在结构上与再剖带锯机明显不同的是上锯轮的张紧，锯条一般采用弹簧式张紧结构。上锯轮可上下移动，改变两锯轮之中心距，以适应不同长度锯条以及锯条张紧的需要，也可调节其倾斜度。其次，细木工带锯机的工作台一般都可以作倾斜度在0°~40°之间的调节。

2.1.4 带锯机的操作技术

（1）开机前的准备工作

带锯机的检查　检查上下锯轮是否平直，有无歪斜；制动装置是否良好，制动是否可靠；立桩和搁凳的工作面是否成直角，卡钩的升降、伸缩是否灵活；车摆动作是否灵活、准确、协调等。检查车轮与导轨接触情况和导轨的平直度；各摩擦部位、轴承等润滑是否充分。发现问题要及时处理，处理不了的要向维修人员报告，及时进行维修。

装挂锯条

a. 根据带锯机的规格选择锯条的号数；

b. 检查锯条的齿形、锯齿锐利程度、锯料、适张度等情况；

c. 检查锯条的裂缝是否已超过规定限度，锯齿是否已伸出轮缘10~15mm；

d. 锯条初步张紧后，用手拉动锯条，使锯轮转动，观察锯条是否前后窜动和打滑。

调整重锤　目前锯条张紧通常采用机械式杠杆重锤装置，重锤的质量大小直接影响锯条的使用寿命和锯材质量。重锤过重，则锯条张紧力大，虽然锯条运转平稳，但易断裂；重锤过轻，则锯条的张紧力不足，锯条运转时会前后窜动、摇摆、打滑等，为此，开机前应调整重锤质量。调整时，根据锯条宽度和厚度，先确定张紧力的大小，然后根据张紧机构结构，按照说明书中的计算公式计算出重锤质量，将锤挂在杠杆上。在先进的带锯机上也采用液压或气压张紧装置。

调整锯卡与锯条的间隙　锯卡与锯条的间隙要适中，一般在0.10~0.20mm之间。如果间隙过小，会使锯条发生摩擦而发热膨胀，造成适张度减弱，甚至会使适张度消失；如果间隙过大，不起作用，锯条在运动中晃动，造成锯路弯曲，锯材质量下降。调整时张紧锯条，松开锯卡夹板上的螺母，轻轻推动夹板，并用塞尺检查间隙，当间隙达到规定值时，重新锁紧螺母即可。

调整导板　由于锯条的厚度不一样，每换一次锯条都要调整一次导板。活动导板的调整，一是将导板靠近锯条；二是用标准木方，使指针标尺与标准木方放在导板与锯条之间，调好后对导板加以固定。最后将锯机的保护装置关好，开车试运转，检查锯机是否有振动和异常声音。如果无异常现象，待锯机运转正常后即可进行锯解。

（2）带锯机的操作

原木带锯机的操作　原木装上跑车之前，应先仔细检查是否有铁钉或夹有石块，以免锯解时损坏锯条和锯齿。对于锯解有妨碍的树包、枝丫或凸出的节子等应预先用斧子砍掉。

对液（气）－机电结合的机械化程度较高的跑车带锯机，从原木上车、翻木、卡木、车桩微调、摇尺、锯卡升降、进锯等均由一人集中在控制台上操作，虽然劳动强度不大，但要求操作人员必须在熟悉锯机性能的基础上，熟练地掌握操作技术，思想集中，有条不紊地正确按动控制电钮，将原木按预定的要求锯解成合格的锯材。

对老式手工操作的跑车带锯机，由于操作人员多，劳动强度大，因此应请注意原木上车、翻木、卡木、调梢、摇尺、进锯、卸料等工序的密切配合，并由招车工协调完成上述各项工序。即上料工将原木装入跑车，并翻转到适当位置；卡木工将上下卡钩卡紧原木，并调梢；摇尺工根据原木径级和缺陷情况进行摇尺，最后由招车工开动跑车进锯。进锯时应先慢后快，遇有大节子时应减慢速度。

跑车倒车时，应注意木料与带锯条之间的位置，以免碰撞带锯条而发生事故。跑车须待摇尺后再进锯，不允许边摇尺边进锯，以防木料带落带锯条。锯割过程中，如出现带锯条有嗒嗒异声，一般为带锯条开裂的迹象，则应立即停车检查。待机停车时须扳动制动装置，或任其自然停转。

再剖带锯机的操作　再剖带锯机无论是手工进料，还是滚筒进料（跑车除外），一般均由四人协调工作，有上下锯手、调整导板、上料堆放等。其操作技术是：上锯手目视锯口，端平木料，步子迈稳走正，水平推料进锯待木料前端伸出工作台后，下锯手接料，同上锯手协同一致地进料。上锯手推料至锯条500mm处即可松手，由下锯手拉料进锯结束。手工进料的由人工返回木料，而辊筒进给的可操纵滚筒反转退回木料。上下锯手须紧密配合，以免锯切时，左右摆动而造成锯路弯曲。

细木工带锯机的操作　细木工带锯机在锯解小木料的工件时，一般是一人操作，只有加工大而长的工件时才由上下锯手两人操作。操作者要面对锯条，站在锯机的工作台中心线偏左的位置，其操作方法如下：

a. 注意应根据锯解木料的厚度，随时调节锯卡的高度，以距离被加工材料表面8mm为宜；

b. 按照画线锯解工件，要留有少量的余量，以便砂光修正；

c. 锯解时，通常是左手引导工件，右手施压推动工件进锯，注意进料速度要慢；

d. 开机后，待锯机运转至全速后，方能进料锯解。

2.1.5 带锯机常见故障及其排除（见表2-1）

表2-1 带锯机常见故障及其排除

故障名称	观察方法	产生原因	防止和排除方法
锯机晃动	锯机用手推有移动感其上部有明显的晃动	1. 基础不牢固 2. 机座与基础、机身与机座、下锯轮与机座等的地角螺栓、连接螺栓松动，接合不紧密 3. 上下锯轮静、动平衡达不到要求 4. 上下锯轮径向、端面跳动超过精度范围 5. 锯轮轴承损坏	1. 加固基础 2. 检修结合面，紧固地角螺栓和结合螺栓 3. 进行上下轮检修，达到平衡要求 4. 车磨锯轮径向和端面使其精度达到精度要求 5. 更换轴承

（续）

故障名称	观察方法	产生原因	防止和排除方法
锯轴过热	轴承正常温度一般不高于40℃，最高温不得超过80℃用手触摸检查	1. 轴承安装不正确，磨损发热 2. 注油不足，注油不及时，油质变质 3. 锯轴弯曲变形	1. 清洗检查，若是磨损则更换轴承并正确安装 2. 停机注油，按时注油清洗，更换油脂 3. 校直或更换锯轴
锯条断裂	观察时会发现锯条前后窜动，转动锯机会听到有破裂声或碰打刮刀的感觉	一、锯机的原因 1. 锯机的振动 2. 张紧装置失灵，重锤过重 3. 锯轮轮缘不平 4. 上下锯轮偏斜 5. 锯轴弯曲变形 6. 锯轮径向跳动过大 二、锯条本身原因 1. 锯条材质硬脆，韧性小 2. 锯条使用时间过长、变钝 3. 锯条修正不好，适张度不均匀 4. 锯条接头多，焊接不好 5. 锯条厚，刚性大 三、操作方面原因 1. 进料速度过快，遇节不减速 2. 卡木不牢，锯解时木料转动或横压锯条 3. 锯轮轮缘表面沾有树脂，锯屑过多	1. 加固基础，紧固螺栓更换轴承 2. 检修张紧装置，检修重锤 3. 检修车平轮缘面 4. 调整锯轮 5. 校直或更换锯轴 6. 检修车磨锯轮外径，使其径向跳动符合标准 1. 重新热处理锯条 2. 及时更换修磨锯齿 3. 重新修整锯条和适张度 4. 更换锯条 5. 按锯轮直径重新选锯条 1. 根据材质选择。软质快些，硬质慢些，冬季慢些，遇节减速 2. 注意卡紧木料，防止转动或移动 3. 及时将树脂锯屑刮掉
锯条窜动与掉条	在锯机正常运转中，锯条在轮面上前后窜动或突然脱落下来	一、锯机方面的原因 1. 张紧装置不灵，重锤过轻 2. 锯轮磨损不平，锥度过大 3. 上锯轮升降圆柱导轨的导键或蜗轮键松动 二、锯条方面的原因 1. 张紧装置不适应锯轮 三、操作方面的原因 1. 木料尾端超过锯背，回料时撞掉锯条 2. 木材出现劈裂回料时拉掉锯条	1. 检修张紧装置，重新调整重锤 2. 车磨锯轮轮缘平面 3. 修配上锯轮升降圆柱导轨、导键和蜗轮键 1. 按锯轮要求重新修整锯条 1. 木料接近锯完时，放慢进料速度，使尾端不超过锯背，即退车为500mm时，再令车摆起作用后再倒车 2. 注意出现缺陷，停车处理
锯路弯曲	锯出的木料几何精度和尺寸精度较差	一、带锯机方面的原因 1. 锯条张紧不够，重锤过轻 2. 跑车梯形轨道弯曲，槽轮磨损，跑车横向摆动 3. 工作台面不平，滚筒磨损不圆 4. 导板安装不当 二、锯条方面的原因 1. 齿形不正确，齿室过小 2. 张紧度不均匀，锯口过小 3. 锯条接头过多，修理不当 4. 锯料不对称，压偏、锯路过窄	1. 加重重锤，调整张紧力适中 2. 校直梯形导轨，更换跑车轨道 3. 修平工作台面，更换进料滚筒 4. 调整导板，使与其锯条平行 1. 纠正齿形，加大齿室 2. 重新修整锯条张紧度 3. 减少接头 4. 调整压料机，加宽锯路

（续）

故障名称	观察方法	产生原因	防止和排除方法
锯路弯曲	锯出的木料几何精度和尺寸精度较差	三、操作方面的原因 1. 锯卡过松、过紧或装偏 2. 进给速度过快或不均匀 3. 上、下锯手接送料不一致 4. 锯齿粘有锯屑、树脂	1. 调整锯卡与锯条间隙，装正锯卡 2. 保持进给速度均匀一致 3. 上、下锯手接送料要协调一致 4. 要及时清理树脂、锯屑

2.1.6 新型带锯机

近年来，随着科学技术的发展，以提高生产率、出材率和锯材质量为目的，在传统的带锯机上采用了先进的结构和控制系统，发展了气压或液压张紧装置及压力锯卡装置的薄锯条高张力带锯机，锯条沿气体曲线导轨运动的带锯机等。

（1）高张力带锯机

高张力带锯机的张紧力比普通带锯机高2~8倍，有的甚至更大，高张力带锯机可增加锯条的稳定性，采用较薄的锯条以达到减少锯路、提高出材率和锯材质量的目的。

国外采用强度和疲劳极限高的金属制造带锯条，使锯条厚度减小30%。瑞典产的高张力带锯机，在54m/min的进料速度下，其锯切误差从通常的±0.5mm下降到±0.18mm。

高张力带锯机是采用了气缸式低摩擦力的空气隔膜或囊用气体施加张紧力的装置，具有内在的减振和缓冲作用，张紧负荷相当于上锯轮质量的10倍，为了适应高张力带锯机的要求，将悬臂式支承的上、下锯轮轴均作成不旋转的静轴，以提高锯轴的刚度。

高张力带锯机的进料速度快，一般为40~100m/min，普遍采用压力锯卡，以增加锯条的刚度和抵抗侧向摆动的能力，拉紧锯条的松弛部分，保持切削区内锯条的平直度，锯切速度快，成材质量好。

（2）锯条沿气体静压曲线导轨运动的带锯机

锯条沿气体静压曲线导轨运动的带锯机与传统带锯机的根本区别是带锯条不是在锯轮上运动，而是沿着不回转的半圆形导轨运动，半圆形导轨与锯条之间采用空气静压支承，锯条由一对摩擦轮夹紧驱动。

这种带锯机与传统有锯轮的带锯机相比，具有以下特点：因锯条自由端长度缩短若干倍，增加了锯条的稳定性；因曲线导轨的半径加大以及张紧力的减小，增加了锯条的寿命；可以使用镶有硬质合金锯齿的锯条；因无锯轮摆动与惯性的作用，增加了锯条工作的可靠性；锯机的外形尺寸与材料用量降低；锯机的制造简单。

2.2 圆锯机

圆锯机是以圆锯片为刀具，可完成锯切原木或成材的木工机床。其结构较简单，效率较高，类型众多，应用广泛，是木材加工中最基本的设备之一。

2.2.1 圆锯机的种类

圆锯机的结构简单，其主运动一般由电动机通过传动带带动主轴上的锯片回转来实现。

按切削刀具的加工特征，圆锯机可分为：纵锯圆锯机、横截圆锯机、万能圆锯机和人造板圆锯机四种。万能圆锯机可以实现纵横锯，人造板圆锯机用于人造板的裁边及裁板等。按锯片数量圆锯机又可分单锯片圆锯机、双锯片和多锯片圆锯机三种。按进给运动方式不同，圆锯机还可以分为人工进给和机械进给两大类。

2.2.2 纵锯圆锯机

纵锯圆锯机用来将大方材、宽板顺着木材纤维方向，按照要求的规格、尺寸锯解成两块以上的窄板或小方。常用的有单锯片或多锯片圆锯机，多锯片圆锯机主要用于大批量的生产中。

纵锯圆锯机有手工进给和机械进给两种，如图 2-10 所示。

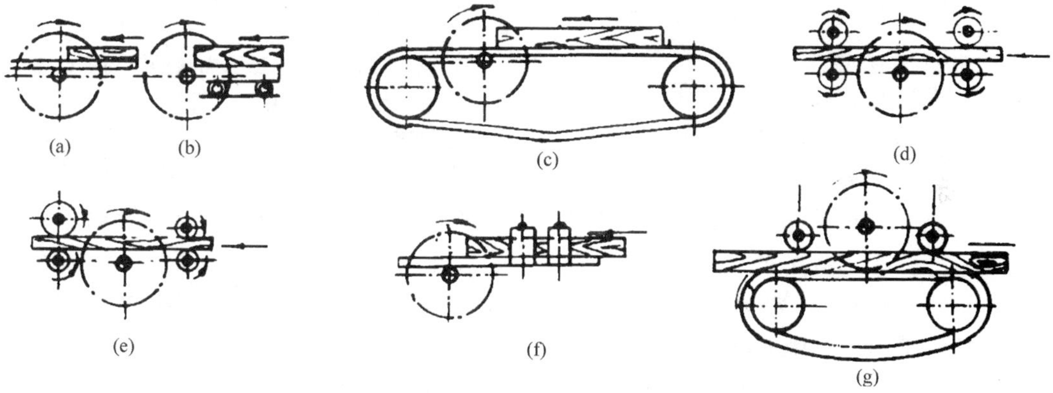

图 2-10 纵锯圆锯机的进给方式结构示意图

（a）手工进给 （b）手工小车进给 （c）履带进给 （d）卧式滚筒进给
（e）齿盘、滚筒进给 （f）立式滚筒进给 （g）履带进给滚筒压紧

（1）MJ104 型手工进给纵锯圆锯机

主要用于对板材、拼板或方材进行纵向或横向锯解。图 2-11 为 MJ104 型手工进给圆锯机外观图。

机床由铸铁制成的整体箱形截面床身 1，工作台 2 与装在垂直溜板上的圆弧形滑座相组合，并通过转动手轮 10，蜗轮副、丝杠螺母带动溜板沿床身 1 侧面垂直导轨使工作台 2 升降，以适应不同厚度板方材的加工。为适应不同斜面的锯解，工作台可沿圆形滑座转动 0°～45°范围调节。装于工作台 2 上的导向尺 3 通过转动手轮 11 调整与锯片 4 的距离，以适应不同宽度板材的锯解。此外机床还设有导向刀 5、排屑罩 7 和保护罩 6 等。主传动由装在摆动板上的电动机 8 通过三角带使装在锯轴上的锯片 4 旋转，进行锯解。

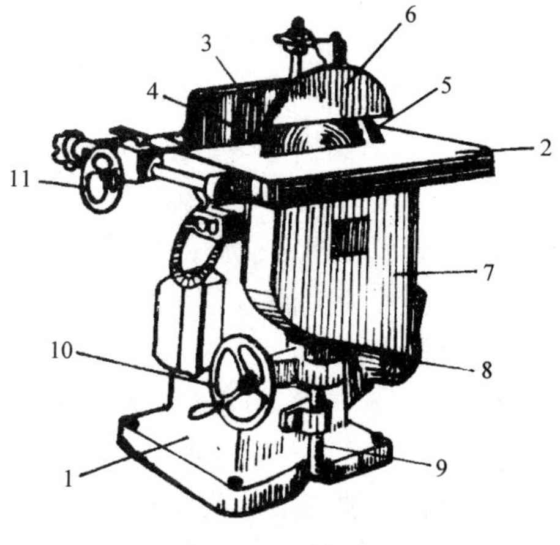

图 2-11 MJ104 型手工进给圆锯机外观图

1. 床身 2. 工作台 3. 导向尺 4. 锯片
5. 导向刀 6. 保护罩 7. 排屑罩 8. 电动机
9. 丝杠 10、11. 手轮

（2）MJ154 型履带进给纵锯圆锯机

用于大批量纵向锯解板方材的 MJ154 型履带进给纵锯圆锯机的结构如图 2-12 所示。

机床由床身 1、工作台 2、锯片 3、履带进给机构 4 和压紧滚筒 5 等部分组成。

床身由铸铁制成，其上有导轨，履带沿导轨运动，床身上装有工作台、锯架的立柱和进给机构等。

电动机与锯架连为一体安装在立柱上，并可转动手轮 9 沿立柱升降，对任何直径的锯片，都能使锯齿伸入履带槽内 2 ~ 3mm。电动机有一特制的长轴，其轴端装有锯片。

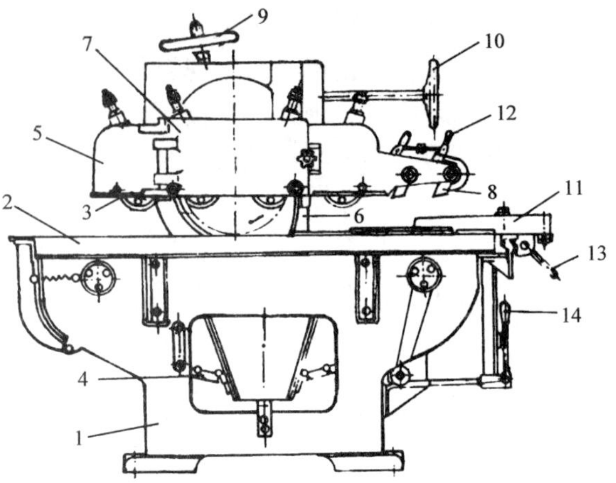

图 2-12　MJ154 型履带进给纵锯圆锯机的结构示意图

1. 床身　2. 工作台　3. 锯片　4. 履带进给机构
5. 上压紧滚筒　6. 立柱　7. 支架　8. 止逆器
9、10. 手轮　11. 导向尺　12、13、14. 手柄

除了锯架外，在床身 1 的立柱 6 上还装有上压紧滚筒 5 的支架 7，可通过转动手轮 10、锥齿轮副、丝杠螺母使支架 7 沿立柱 6 升降，以适应不同厚度的板、方材进给。滚筒是由弹簧压紧，滚筒架前端装有两排止逆器 8，防止被加工材料弹回，起安全保护作用。如果需要从机床中将料抽出，可用手柄 12 将止逆器抬起即可。手柄 13 用于进给履带变速。

工作台前端装有导向尺 11，可以根据锯解板材的宽度，利用手柄 14 快速调整定位。

（3）多锯片圆锯机

履带进给多锯片圆锯机采用硬质合金圆锯片，用于纵剖已干燥的板、方材和对人造板进行规格配料，加工精度较高，加工表面可以达到铣削的质量，在木材加工工业应用广泛。

图 2-13（a）所示为履带进给多锯片圆锯机结构示意图。床身 1 采用铸造或钢板焊接结构，床身上安装有工作台 2，工作台上安装有进给履带 3。被锯工件在履带的牵引下沿工作台和导板 17 向锯片作进给运动，由进给电动机经传动带分离锥轮无级变速器变速，齿轮减速后驱动链轮转动，带动履带运动实现进给。进给履带的速度由手轮 21 调节，其变速范围为 6 ~ 48m/min。圆锯片 8 由主电动机经传动带带动旋转，实现主运动。前、后压紧板 5、10 和前、后压紧滚筒 4、11 压紧工件，防止锯切时工件跳动。手轮 14 用于调节压紧装置的压紧力，以使压紧装置对被锯件有适宜的压紧力。止逆器 15、20、22 用于防止锯切时被工件反弹，止逆器可用手柄 13 抬起，以便退出未加工完的工件。吸尘器 7、挡屑板 9 用于锯屑的排除。导板 17 固定于导板滑块 19 上，松开锁紧手柄 18，使导板可在宽度方向调节。套筒座 12 用于锯片与套筒间的装卸，手轮 6 用于锯轴升降，以便更换锯片或退出未加工完的工件。

锯切时，被加工工件紧靠导板置于履带上，在压紧装置的压紧下，履带带动工件向前送进，高速旋转的锯片组对被工件进行剖分，以获得要求的产品。

在木材加工企业中，除履带进给多锯片圆锯机外，还大量使用滚筒进给的多锯片圆锯机纵向锯解板材、毛边板材及等规格配料。这类圆锯机的切削机构与上述圆锯机切削机构相似，由主电动机经传动带驱动旋转，但一般安装在工作台下面；进料装置靠上下对置的滚筒

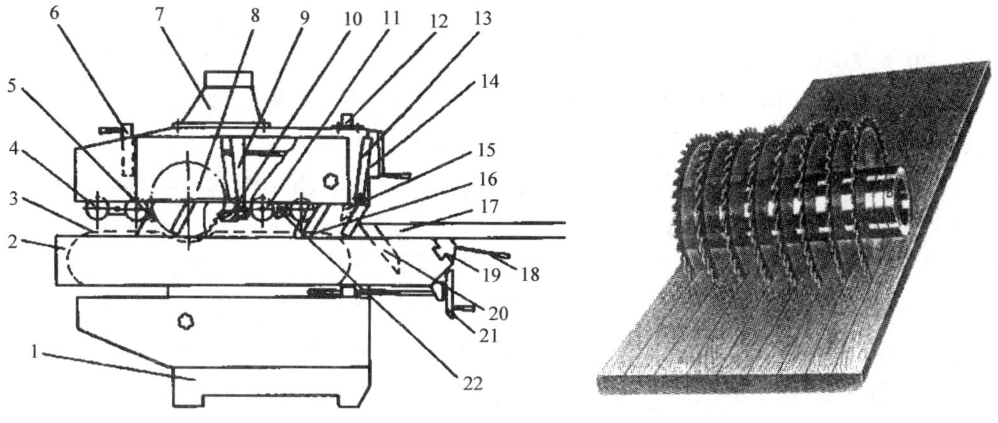

(a) (b)

图 2-13 履带进给多锯片圆锯机结构示意图

(a) 圆锯机结构示意图 (b) 多锯片锯切过程示意图

1. 床身 2. 工作台 3. 进给履带 4、11. 前、后压紧滚筒 5、10. 前、后压紧板 6、14、21. 手轮 7. 吸尘器 8. 圆锯片 9. 挡屑板 12. 套筒座 13. 手柄 15、20、22. 止逆器 16. 防护罩 17. 导板 18. 锁紧手柄 19. 导板滑块

组产生的摩擦力和咬合力带动工件运行而实现进料。

图 2-13（b）所示为锯切过程示意图，多锯片一次可将板、方材剖分为同规格的多块板材。

2.2.3 横截圆锯机

横截圆锯机用于对各种规格板方材或毛料的横向截断。它分为单锯片和多锯片，手工进给和机械进给，加工工件进给和刀具进给，刀具作圆弧运动进给和直线运动进给等多种类型，如图 2-14 所示。图 2-14（a）、(b)、(c)、(d) 所示的四种是被加工工件进给，其中图 2-14（a）、(b) 所示为手工进给，图 2-14（c）、(d) 所示为机械进给；图 2-14（e）、(f) 所示的两种是锯架带动刀具作圆弧运动进给，图 2-14（g）所示是锯架带动刀具作直线运动进给。

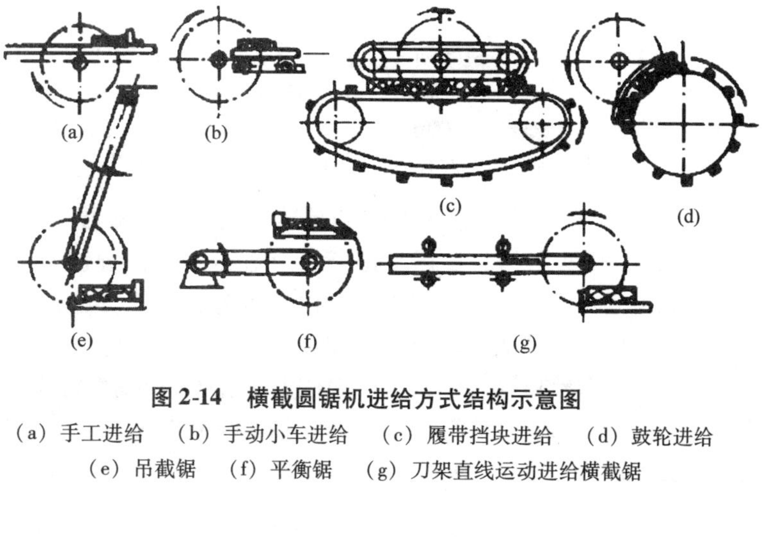

图 2-14 横截圆锯机进给方式结构示意图

(a) 手工进给 (b) 手动小车进给 (c) 履带挡块进给 (d) 鼓轮进给

(e) 吊截锯 (f) 平衡锯 (g) 刀架直线运动进给横截锯

（1）工件进给的横截圆锯机

手动小车进给的横截圆锯机　分为单锯片和多锯片。单锯片的如图2-15（a）所示。它由小车1、小车上支撑横梁6、导板7、导轨2和固定锯片9等组成。小车上放置有若干块被加工工件8，用手推动小车沿轨道向前移动，经回转的固定锯片9进行横向截头。操作时要将工件紧靠支撑横梁6，支撑横梁6要紧靠导板。多锯片的如图2-15（b）所示。小车1的数量为（$n-1$）个（n为锯片数），其端部用连接轴5连为一体，保证同步移动。导轨2可沿调整轴3调节，调好后可用螺钉4固定。小车上有支撑横梁6和导板7为加工工件定位基准。在锯轴上安装有固定锯片9和可移动锯片10，可移动锯片可根据加工工件的长度用套筒调整。锯解时，首先将电动机启动，通过锯轴11带动锯片回转，待达到正常转数时，推动小车同步移动，沿着导轨借助于滚轮向前推动进给，通过锯片被锯成（$n-1$）块短材。此种锯机一般用于批量大的箱板厂。

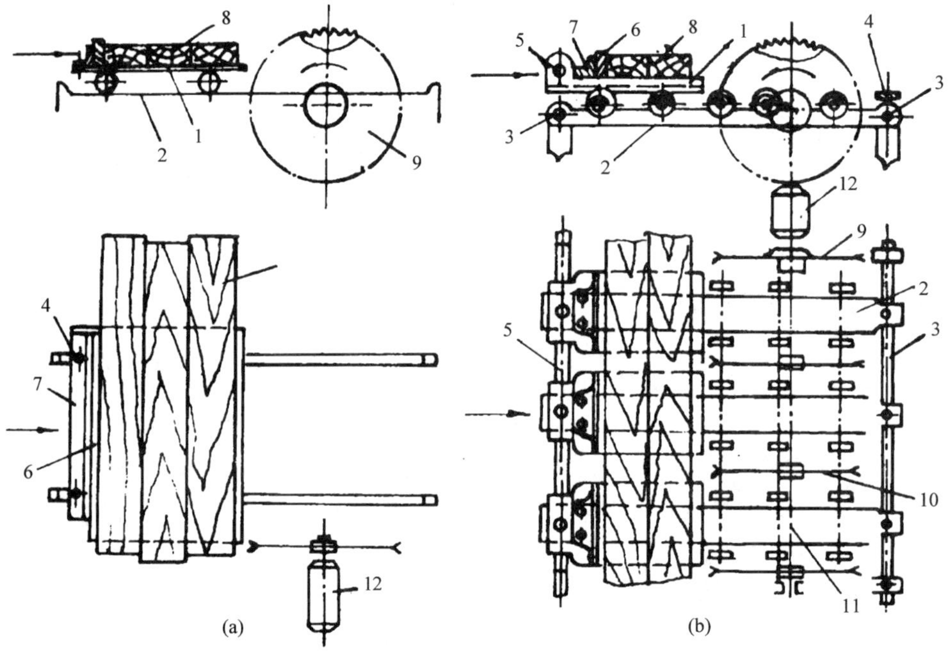

图2-15　手动小车进给横截圆锯机的工作原理结构示意图

（a）单锯片　（b）多锯片

1. 小车　2. 导轨　3. 调整轴　4. 螺钉　5. 连接轴　6. 支撑横梁　7. 导板　8. 工件　9. 固定锯片　10. 可移动锯片　11. 锯轴　12. 电动机

机械进给横截圆锯机　机械进给较为普遍的是链条挡块式的横截圆锯机，它有双锯片和多锯片两种。图2-16（a）所示的为双锯片链条挡块进给的横截圆锯机。它由锯解机构、进给机构、压紧装置和料仓等组成。锯解机构分别由两台电动机带动固定锯片1和可移动锯片2回转，进行锯解。可移动锯片的电动机装在溜板11上，通过转动手轮14、丝杠副13带动溜板11沿导轨12移动，调整可移动锯片2相对固定锯片1间的距离，以适应不同长度工件的横截。进给机构是由电动机9、减速箱10、通过轴8带动主轴链轮7、链条5及链条上的挡块6推动工件3实现进给。端部挡块16用于正确定位工件。压紧装置15用于锯解时压

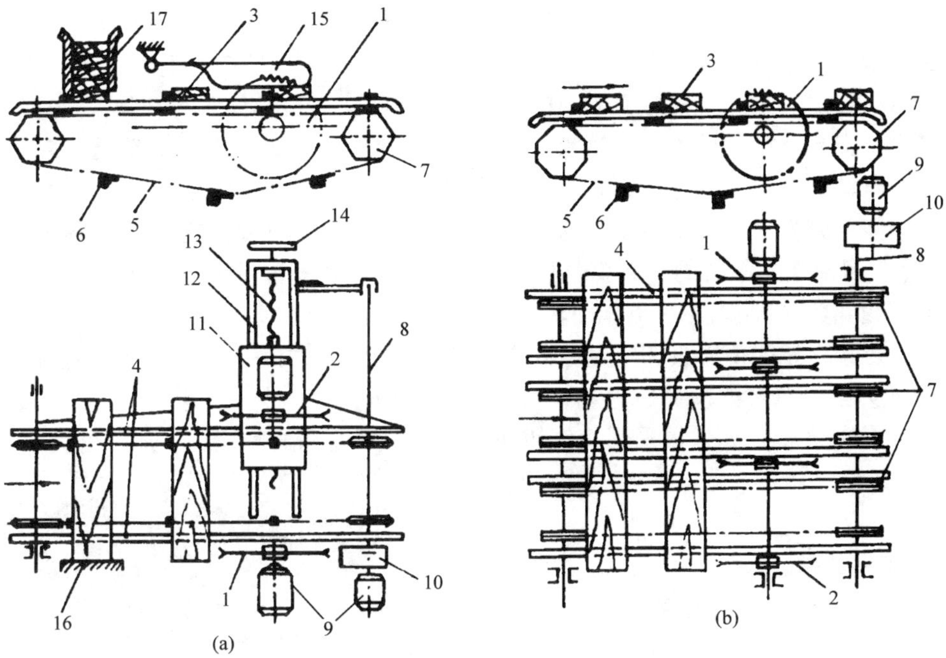

图 2-16　链条挡块进给的横截圆锯机工作原理结构示意图

（a）双锯片链条挡块进给的横截圆锯机　（b）多锯片链条挡块进给的横截圆锯机

1. 固定锯片　2. 可移动锯片　3. 工件　4、12. 导轨　5. 链条　6. 挡块　7. 主轴链轮　8. 轴　9. 电动机　10. 减速箱　11. 溜板　13. 丝杠副　14. 手轮　15. 压紧装置　16. 端部挡块　17. 料仓

紧工件，防止跳动，以保证锯解质量。该锯机把待加工工件装入料仓 17，实现自动进料。

图 2-16（b）所示的为多锯片链条挡块进给的横截圆锯机。主要是用于将长的板材横截成一定规格尺寸的短板材，多用于木箱制作。锯片数一般为 3 ~ 6 片，固定锯片为靠近电动机的轴端，其余的为可移动锯片，根据锯解工件的长度用套筒调节锯片间的距离。对有 n 个锯片的锯机，其进给链条数为 2（$n-1$）条。

2.2.4　万能圆锯机

万能圆锯机的用途较广，但一般用作小批量的生产。对工件既可以进行纵向锯解，也可以进行横向锯解，还能对工件进行成角度的锯解。除此而外，在电机的主轴上安装铣刀、钻头和砂轮等，还可以完成其他形式的切削加工，如图 2-17 所示。

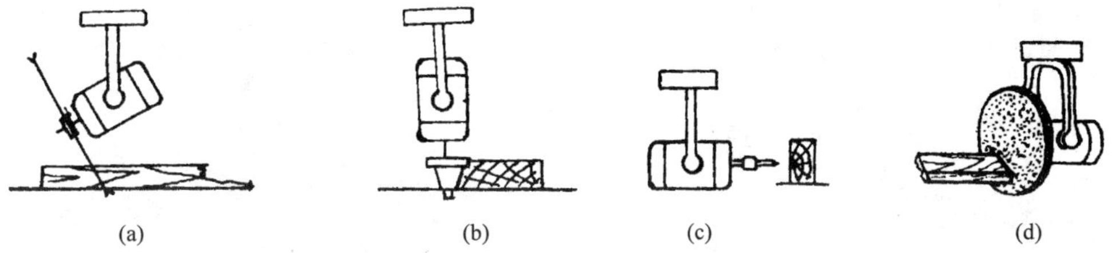

图 2-17　万能圆锯机完成的加工项目示意图

（a）成角度的锯解　（b）铣削加工　（c）钻削加工　（d）磨削加工

图 2-18 所示为 MJ224 型万能圆锯机的结构和外形示意图。锯身 1 是由铸铁或型钢焊制而成，工作台 2 为铸铁制成。在锯身上安装有套筒 3，立柱 5 装在套筒内，并可用转动手轮 8、丝杠副 6，通过立柱 5，使悬臂梁 10、复式刀架 9，带动锯架 12 的升降，以适应不同直径锯片需要，安装调好后用手柄 4 锁紧。锯片 13 安装在电动机轴上，电动机安装在锯架 12 上，锯片由电动机带动回转进行锯解。悬臂梁 10 安装在立柱 5 的上部，可绕立柱轴线在水平面内，按需要调整成与工作台 2 上的导向尺成 30°、45°、90°或任意角度，调好后用手柄 7 锁紧。复式刀架 9 上吊装的锯架 12 可回转 360°，作任意角度的调节如图 2-19 所示；安装在锯架 12 上的电动机连同锯片可作回转 0°～90°的角度调整，如图 2-20 所示。

因此，复式刀架能使刀具在三度空间内转动，两度空间内移动，锯解时，用手拉动拉手 11 带动复式刀架沿悬臂梁内导轨移动，对工件进行加工。该种锯机用圆锯片工作，可完成 12 种不同工艺的加工，如果再采用其他切削刀具，其用途和加工范围更加广泛。

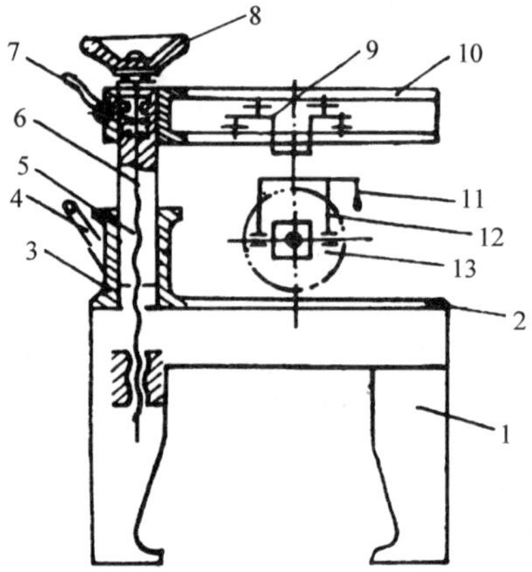

(a)

(b)

图 2-18 MJ224 型万能圆锯机结构和外形示意图

（a）结构图 （b）外形图

1. 锯身 2. 工作台 3. 套筒 4、7. 手柄 5. 立柱 6. 丝杠副 8. 转动手轮 9. 复式刀架 10. 悬臂梁 11. 拉手 12. 锯架 13. 锯片

图 2-19 主轴水平回转 0°～360°外形图

图 2-20 主轴对工作台回转 0°～90°外形图

2.2.5 新型圆锯机

新型圆锯机发展的主要方向是减小锯片厚度，提高锯片稳定性，以缩小锯路宽度，提高锯切精度。

（1）双轴锯片圆锯机

随着制材工业的发展，20 世纪 70 年代出现了带有硬质合金锯齿的双轴多锯片圆锯机，目前在北美及欧洲的制材企业中应用广泛，它几乎可以发展成为各种企业的高生产率再剖锯机，其主要优点是：锯口高度由两个锯片分担，因而锯路小；锯片直径为大型锯片的一半，因而锯材尺寸稳定，锯材具有很高的材面质量；生产率高，进料速度可达 60m/min，出材率高，特别是微型计算机进行最佳下锯图设计后，使出材率大大提高，可与削片设备相连形成削片-制材联合机，特别适合中小径材的加工。

双轴多锯片圆锯机与普通圆锯机不同之处就是由上、下两根锯轴代替普通的单轴，以上、下两组小直径的锯片取代一组大直径的锯。上、下主电机分驱动上、下锯轴回转，带动圆锯片旋转，实现对加工木料的锯割。锯轴直径通常大于 110mm，视所加工材料的大小而定。转速可调整，最高可达 3 600r/min。每一锯轴有单独的主电动机驱动，电动机功率为 100kW 以上，最大可达 250kW。上、下锯片的直径可以相同，但目前常采用不同直径的锯片，即上面的锯片直径比下面锯片大一些。例如：加工 100mm 厚度以下的材料时，上锯片直径为 450mm，下锯片为 300mm；而加工略厚的材料，如厚度为 160mm 左右时，上锯片直径为 400mm，下锯片为 350mm。

双轴多锯圆锯机通常带有锯卡，锯轴为花键轴，锯片直接安装在花键锯轴上，每片圆锯都有一付锯卡夹持，锯卡安装后，在机身两端有二副气动压紧装置，一旦充气后可保证锯卡压紧在锯片上。同时，调两端压紧装置，可以使锯卡带着锯片在轴上左右移动，以保证上下轴的锯片在同一个锯口上锯割木材，而使成品不会形成或尽可能少形成板接缝。由于锯卡的作用，锯片的稳定性大大提高，因此有条件采用薄锯片。

（2）远红外热控适张度圆锯机

远红外热控适张度圆锯机是 20 世纪 80 年代初才出现的新型圆锯机。普通圆锯机要想提高锯片稳定性，以缩小锯路损失，提高锯切精度，首先要求锯片具有良好的张度，一般依靠传统的手工经验，不可能得到适合锯切条件的最佳适张度，同时手工锻锤也难以得到均匀的适张度，因而锯片运行的稳定性不好保证。采用远红外加热方法，锯片不用经过辊压，直接在圆锯机上采用远红外加热，使锯片获得适张度。这样可省去一道工序，并且可在锯机上调整出最佳适张度。

1984 年我国自行研制了远红外加热器并应用在普通圆锯机上。这种远红加热器是以红外线碳化硅板为辐射元件，当其通电后产生红外线电磁波，红外线辐射到锯片中部涂黑部分时，产生分子共振，近似黑体的涂漆部位温度升高，中部加热后，热量很快向边缘低温带传导，由于物体固有的热阻作用，边缘总比中部温度低一些，这就造成了温差，使锯片受到温度应力而变形，空转时，呈弧形断面，出现了适张度。

另外，在圆锯机控制方面，微型计算机处理和数显数控装置在圆锯机上的应用也日益广泛，德国、意大利的板料圆锯机均采用了计算机输入下料长度、宽度、数量等数据，使板料锯切朝自动化方向发展。在数显方面如德国 Bauerle 公司的电子自动调宽双头圆锯机就有一个五位数、十位数的数显装置，其刻度值为0.1mm，使用它可以提高工人的工作效率。在新技术、新材料的应用方面德国Kalin公司采用的激光定向技术，可以推广到其他设备上；铝合金、塑料等高温材料代替了沉重的钢铁床身或工作台，这些在圆锯机上的使用也逐渐普遍，滑动摩擦件被滚轮等代替，机床变得轻巧平衡；聚晶金刚石在锯片上的应用，提高了锯片的寿命。这些方面的改进，使圆锯机朝着高效率、自动化、高精度的方向发展。

2.2.6　圆锯机的操作

（1）圆锯机的操作规程

① 圆锯机操作有时一人，有时二人，若是二人操作时，一般分为上、下锯手。上、下锯手应密切配合，协调动作，用力均匀，进料速度一致。首先上锯手双手拿料，紧靠导板向前推送进行锯解，推料加工剩至300mm左右时，即可松手，下锯手接料继续拉料进给，待锯解结束，由下锯手将料离开锯片返回。

② 进给速度大小，操作者应看木材材质情况灵活掌握，遇节、硬木进料速度要慢，反之可快些。过快会增加电机负荷，甚至卡住锯片。

③ 圆锯机工作或锯片回转时，禁止用手清理台面上的树皮、木块等杂物，以免出现事故。如果不清除会影响锯解工作，解决方法一是停锯清理；二是用长的木棍将其拨出。

④ 锯解小料时，进料速度一定要慢。若是纵向锯解小料，应用推杆将料向前送进。

⑤ 开锯时，待锯机达到正常转数，才能进料。

⑥ 操作吊截圆锯机时应按操作规程要求进行。操作者站在右侧，用左手拉锯，这样即可防止锯片破碎和木块飞出伤人。拉锯不要过猛，要轻送放锯，防止锯架摆动，以便取放工件。

⑦ 操作者应注意观察锯片在工作中是否有异常情况和声音，如电动机发热、冒烟或有破碎声时，应立即停车检查。待检查完毕排除故障后，才可重新开锯。

⑧ 操作锯解时，精神要集中，切勿四处张望、闲谈，以免发生事故。

⑨ 工作结束后，要关闭电源，待锯停止后方可离开。

（2）圆锯机锯解出现的缺陷及处理方法

纵向锯解常见缺陷及消除方法　见表2-2。

横向锯解常见缺陷及消除方法　见表2-3。

圆锯机常见故障及排除方法　见表2-4。

表2-2　纵向锯解常见缺陷及消除方法

缺陷名称	原　因	消除方法
锯路不齐，边部撕裂	轴承有轴向和径向间隙，锯片夹盘磨损	更换轴承，把夹盘在车床重新车削
锯路不平行	导板安装不正确	调整导板，固定侧面螺钉
锯路成波纹	锯片摆动，适张度不正确	重新修锯
锯路起毛，锯解质量差	锯齿磨钝，换锯不及时	更换锯片，调整锯轴
进料困难	锯片厚度与拨料量不符，即锯片厚，料量小，锯片不平	更换锯片，修锯

表 2-3 横向锯解常见缺陷及消除方法

缺陷名称	原　因	消除方法
横截断面锯路倾斜	锯片与工作台面不垂直，导板平面与锯面不平（即与工作台面不垂直）	检查锯轴并调整与工作台平行度，调整导板
端面沿板宽倾斜	导板沿长度方向不平行锯面	调整导板
端部撕裂	锯钝，刃磨不锋利，弯曲	校正锯齿，修磨锯片

表 2-4 圆锯机常见故障及排除方法

故障名称	原　因	排除方法
传动带打滑或脱落	传动带张紧度不够，进料速度太快，锯齿磨钝	调整传动带张紧度，降低进料速度，修磨锯齿
滚珠轴承发热	传动带张紧力过大，没有润滑油或润滑油不足	减小传动带张紧力，保证良好润滑，清洗轴承，更换润滑油，更换密封
电动机发出嗡鸣声	电动机超负载工作	修锯减小负载

思考与练习

1. 带锯机按其工艺用途可分为哪几种？简述其各自作用。
2. 普通圆锯机由哪几部分组成？简述其各部分的结构组成和作用。
3. 为什么带锯机锯条在锯解的时候要保持适当张紧力，可通过什么机构来实现？
4. 分析带锯机锯切木材时产生下列故障的原因和排除方法。
   （1）锯条窜动　（2）锯路弯曲
5. 简述细木工带锯机的功能和结构组成。
6. 说明履带进给多锯片圆锯机的结构特点和工艺用途。
7. 万能圆锯机与普通圆锯机有何不同？其主要用途是什么？
8. 圆锯机纵向锯解过程中出现下列缺陷的原因是什么？如何消除？
   （1）锯路不平　（2）锯路起毛，锯解质量差　（3）进料困难

本章推荐阅读书目

[1] 木工机械．南京林业大学．中国林业出版社，1987.
[2] 木材加工机械．姚秉辉．中国林业出版社，1998.
[3] 木工机床结构．李志仁．东北林业大学出版社，1990.

技能训练3 原木带锯机的操作与故障排除

实训目标

了解带锯机的结构和工作原理，掌握带锯机的操作规程和安全操作技术。

实训场所与组织

实习工厂或制材厂。以组为单位（每组10人左右），由老师或工厂技术人员进行现场讲解和示范。有条件的学校可安排学生实际操作。

实训设备和材料

（1）设备

原木带锯机。

（2）材料

原木。

实训和形式

（1）实训内容

①原木带锯机开机前的准备工作。

a. 带锯机机况的检查；

b. 锯条的装挂；

c. 锯卡与锯条之间间隙的调整。

②原木带锯机的操作。

a. 演示内容：主机及跑车的启动与工作配合；

b. 实作内容：原木的翻转；原木侧向进给（摇尺）。

（2）实训形式

①现场讲解。老师或技术人员在原木带锯机旁边讲解主机和跑车的结构，说明其工作原理，边示范操作方法，学生通过边听边看来实现对原木带锯机的结构、工作原理和操作规程的认识和理解。

②分组讨论。分小组进行，对带锯机的类型、结构及操作过程进行观摩和讨论。

③对操作部分需在老师或技术人员的指导下进行，确保学生安全。

考核标准

考核评分标准见表2-5。

表2-5 原木带锯机的操作技能考核评分标准

实习地点：　　　　系部：　　　　班级：　　　　姓名：　　　　组号：

考核项目	指标分值	考核标准	成绩分档及权重					考核方式
			A	B	C	D	得分	
			1	0.8	0.6	0.4		
理论应知部分	20	带锯机的类型及特点（6分）						现场口试
		带锯机的组成及工作原理（6分）						
		各部分结构特点（8分）						
技能操作	40	锯解原木前的准备工作（10分）						现场操作
		带锯机的调试（10分）						
		原木锯解过程是否正确（10分）						
		带锯条的修磨是否正确、熟练（10分）						
锯解质量	20	对锯解木材的质量等级进行评价（10分）						现场测试
		对原木出材率进行评价（10分）						

（续）

考核项目	指标分值	考核标准	成绩分档及权重					考核方式
			A	B	C	D	得分	
			1	0.8	0.6	0.4		
实训报告	20	字迹是否工整，文字表达是否完整、清晰，语言是否通顺、简练（6分）						书面形式
		内容是否齐全（7分）						
		分析是否正确（7分）						
得分								
教师签字								

技能训练4　普通圆锯机的调整与操作调整与操作

实训目标

了解普通圆锯机的构成和工作原理，学会调整方法，掌握基本操作技能。

实训场所与组织

校内实训场所或者家具厂。以组为单位(每组5人左右)，由实训指导老师进行讲解和示范，安排学生实际操作。

实训设备和材料

（1）设备

普通圆锯机一台。

（2）材料

半成品锯材、小径级原木。

实训内容和方法

（1）实训内容

① 普通圆锯机开机前的检查。

a. 普通圆锯机机况的检查；

b. 圆锯片的固定是否牢固。

② 普通圆锯机的操作。

a. 演示内容：上下锯手的配合、进给速度的确定；

b. 实作内容：锯材的再分；小径级原木的纵向锯解。

（2）实训形式

① 现场讲解。技术人员在普通圆锯机旁边讲解机床结构，说明其工作原理，由上下锯手演示操作方法，学生通过边听边看来实现对普通圆锯机的结构、工作原理和操作规程的认识和理解。

② 分组讨论。分小组进行，对普通圆锯机的类型、结构及操作过程进行观摩和讨论。

③ 对实际操作部分需在老师或技术人员的指导下进行，确保学生安全。

考核标准

考核评分标准见表2-6。

表2-6 普通圆锯机的操作技能考核评分标准

实习地点： 系部： 班级： 姓名： 组号：

考核项目	指标分值	考核标准	成绩分档及权重					考核方式
			A	B	C	D	得分	
			1	0.8	0.6	0.4		
理论应知部分	20	普通圆锯机的类型及特点（6分）						现场口试
		普通圆锯机的组成及工作原理（6分）						
		机身各部分结构特点（8分）						
技能操作	40	锯解半成品前的准备工作（10分）						现场操作
		普通圆锯机的调试（10分）						
		锯解过程的配合是否正确、协调（10分）						
		圆锯片的刃磨是否正确、熟练（10分）						
锯解质量	20	对锯解木材的质量等级进行评价（10分）						现场测试
		对锯解产生的缺陷进行分析（10分）						
实训报告	20	字迹是否工整，文字表达是否完整、清晰，语言是否通顺、简练（6分）						书面形式
		内容是否齐全（7分）						
		分析是否正确（7分）						
得分								
教师签字								

第3章 木工刨床

本章学习目标

理论知识 了解木工刨床的种类、特点及应用范围；掌握木工刨床的工作原理和基本构成；熟悉木工刨床的调整步骤和安全操作要求。

实践技能 学会木工刨床的操作方法和步骤；掌握木工刨床的调整方法；熟练掌握单面压刨床的作业操作。

双面刨床

木工刨床用于对木制品零件进行表面或型面加工，使其获得光滑平整、尺寸精确、达到要求的截面形状。这类机床刀具的运动形式多为回转运动，因此多为铣削，只有少数的刀具作直线往复运动，属于刨削类机床。

根据不同的工艺用途，刨床可分为平刨床、压刨床、四面刨床等各种类型，本章介绍常见刨床的结构、调整和操作方法。

3.1 平刨床

平刨床用来将粗糙不平的工件毛料表面，加工成光滑平整的平面，使该平面作为后续加工的基准面；还可以配合使用导板，将基准的相邻面加工成与基面成特定角度的平面。

平刨床的种类较多，按进给的方式分手工进给和机械进给两种，按刀轴的数目分单轴和双轴两类，双轴平刨床的两个刀轴，彼此垂直安装，这种平刨床可以同时加工相互垂直的两个平面，工作效率高；按其加工工件宽度分为轻型（刨削宽度为 200 ~ 400mm）、中型（刨削宽度为 500 ~ 700mm）、重型（刨削宽度为 800 ~ 900mm）三种。

平刨床目前多数是手动进给，只有在批量生产中采用机械进给。手工进给时一般进给速度为 6 ~ 12m/min，机械进给的速度一般为 18 ~ 24m/min。

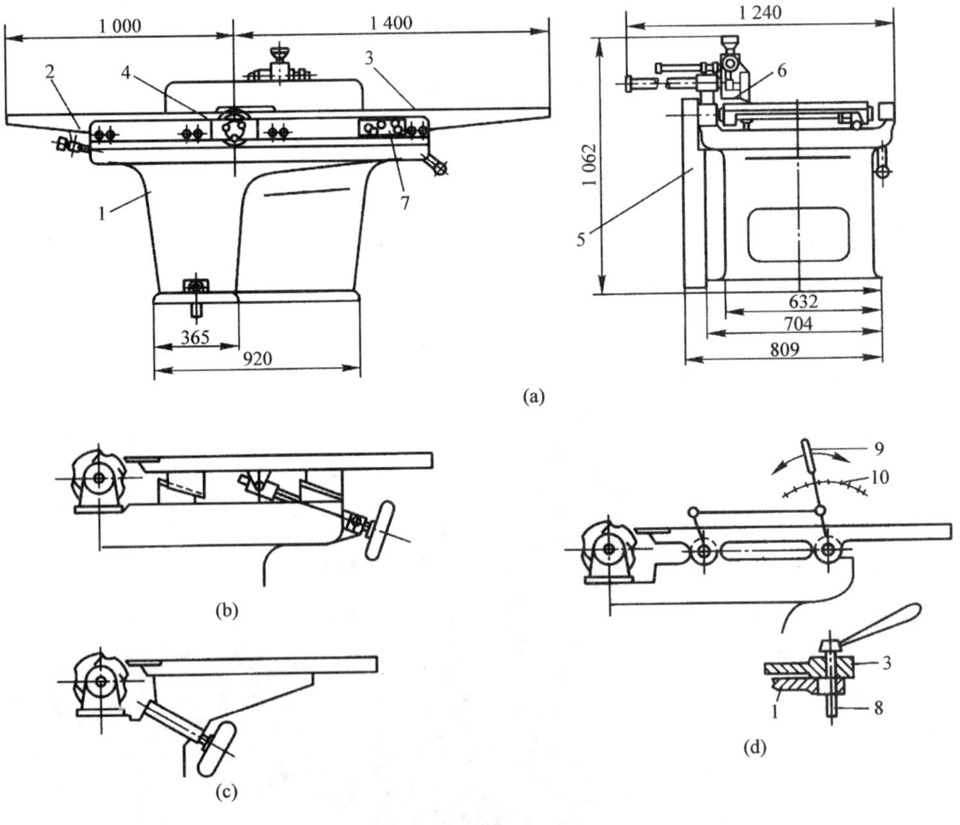

图 3-1 平刨床结构示意图和工作台调节示意图

(a) 平刨床结构示意图 (b)、(c)、(d) 工作台升降调节机构示意图

1. 床身 2. 后工作台 3. 前工作台 4. 主轴 5. 驱动装置 6. 导板 7. 电气控制装置 8. 偏心轴 9. 手柄 10. 标尺

3.1.1 平刨床的结构

图3-1（a）所示为国产MB506B型木工平刨床结构示意图。

床身是平刨床各部件的支撑体，它应有足够的强度和刚度，以满足机床防振的要求。工作台是被刨削工件的加工基准，它应具有足够的刚度，表面要求光滑，一般都用铸铁（也有采用钢板的）铸造，工作台宽度取决于被加工毛料的宽度，一般在200～800mm之间。前工作台对毛料获得精确的平面影响较大，所以其长度比后工作台要长，一般前工作台长为1 250～1 500mm，后工作台长为1 000～1 500mm。

前后工作台靠近刀轴的端头各镶有一块钢板，钢板靠近刀轴一边加工成一定的楔角，以减小前后工作台与刀轴之间的缝隙，便于磨损后更换。钢板经过精加工，用以支持毛料通过刀轴，同时起到断屑作用，防止木材撕裂，以降压加工表面的粗糙度；有些在其钢板上加工有消声槽，以降低度机床工作时的噪声。调整前后工作台位置时，前工作台要比刀轴切削圆上母线低一次铣削的厚度。后工作台在生产中调整在刀轴切削圆上母线同高的位置最好是略低（约0.04mm）的位置。

图3-1（b）、（c）、（d）是工作台升降调节机构的示意图。图3-1（b）、（c）是通过丝杆螺母沿楔形导轨调节的升降机构；图3-1（d）是杠杆－偏心轴调节机构。当手柄9按标尺10的指示值调节时，由床身1支承的偏心轴8使前工作台3在偏心距范围内移动，调节高度因工艺要求而定，一般在铣削深度为2～3mm时，偏心轴调整高度范围为10～20mm。

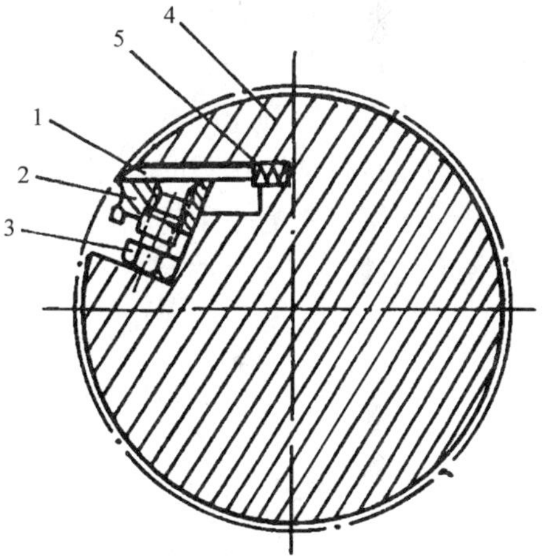

图3-2 切削刀轴结构示意图

1. 刀片 2. 楔形压条 3. 紧固螺钉 4. 刀轴 5. 弹簧

切削刀轴一般为圆柱形，如图3-2所示，其长度比工作台宽度大10～20mm，直径为125mm左右。在刀轴上安装刀片一般为2～4片。手工进给的平刨床进给速度一般不高于6～12m/min，机械进给的速度也不超过18～24m/min。刀轴转速一般为3 000～7 500r/min，由电动机通过V带带动，电动机安装在摆动的底板上，传动带张紧力一般用弹簧调节。

导板6用来引导毛料，并可作左右移动和倾斜一定角度的调整。

3.1.2 平刨床的安全保护装置

手工进给平刨床的生产率低，但加工质量能满足工艺要求，其主要缺点是劳动强度大，操作安全性差以及噪声高，直接影响工人的安全生产和身体健康。手工进给加工毛料时，操作人员的的手总是要通过高速旋转的刀轴，手指被切削的危险性极大，导致工伤事故甚多，目前国内已采用了多种安全防护装置。例如：采用自动安全防护板，在毛料未靠近刀轴时，防护板通过弹簧光电（或电磁）机械装置自动罩住刀轴，罩板打开的宽度与毛料的宽度一致；采用双层的防护罩壳结构，当手指接近刨刀轴切削区时，保证手指先触及防护罩并通过防护罩将刨刀轴切削区围护，使手指与刨刀隔离，起到安全保护作用；采用快速制动装置，当操作人员的手靠近刀轴达到一定距离时，利用人体对控制器的影响，高灵敏电子控制系统使机械保护部件启动，将高速旋转的刀瞬时制动。上述装置在生产中虽有一定效果，但还有一定的缺点，需要进一步研究解决。装设这些安全装置总是消极的，因为操作人员的手还是要通过刀轴，积极的办法是采用机械进给机构，这样既可减速轻劳动强度、提高生产率，又可保证人身安全。

图 3-3 所示为滚筒式自动进料器结构示意图。进给滚筒直径为 95mm，长度为 50mm，由功率为 0. 75kW 的电动机驱动，其进给速度为 10m/min、15m/min、20m/min三挡。滚筒位置可根据需要通过相应手轮 2、3 获得高低、左右位置的调节，进给滚筒并可绕套筒 9 的轴线在水平面内回转任意角度。调整时应注意相应手柄和螺钉的放松与锁紧。这种进料器适用于大量生产的断面为方形的长料和板料的自动送料。

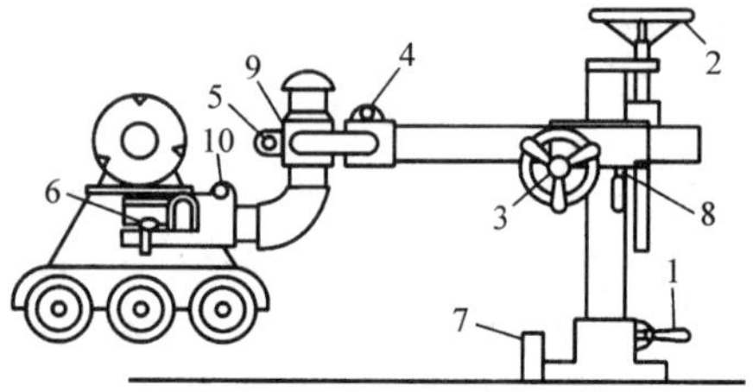

图 3-3　滚筒式自动进料器结构示意图

1、4、8、10. 锁紧手柄　2、3. 手轮　5. 锁紧螺钉　6. 电动机位置调节螺钉　7. 机座固定平面　9. 套筒

图 3-4 所示为斜滚式自动进料器结构示意图。这种单滚轮进料器结构轻巧，使用方便。进给橡胶滚轮 1 与水平成 45°安装，直径为 200mm，由带减速器的双速微型电动机 5 直接驱动，进给速度分别为 13m/min、30m/min。橡胶滚轮可通过手轮 2、丝杆螺母机构、溜板 4 作垂直或左右移动。送料时，橡胶滚轮 1 可同时在水平和垂直面上压紧工件。如若不用时，可将进料器绕座底的小手轮轴向左翻转 ，并顺时针方向转动 90°即可。调整时注意拔出或插入有关定位销。

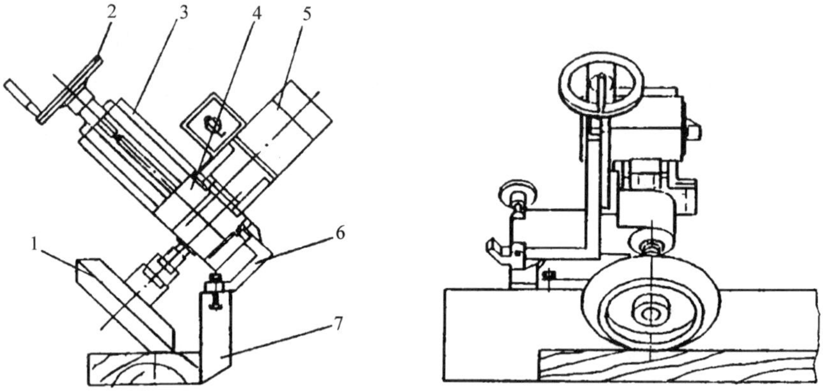

图 3-4　斜滚式自动进料器结构示意图

1. 橡胶滚轮　2. 手轮　3. 导轨　4. 溜板　5. 微型电动机　6. 支架　7. 导板

图 3-5 所示为履带式自动进料器结构示意图。在履带 1 上装有带弹性的进给销 2，弹簧 3 使销子紧压在工件上。履带由电动机 4，通过蜗轮蜗杆副 5、圆柱齿轮副 6 来传动。用丝杆 7 和手轮 8 来调节进料器的高度。自动进料器装在立柱 9 上，用螺栓 10 把立柱底座固定在工作台。该自动进料器的最大宽度为 200mm，进料厚度为 20 ~ 100mm，进料最小长度为 350mm，进给速度分别为 8m/min、12m/min、16m/min、24m/min，电动机功率为 0. 6kW，

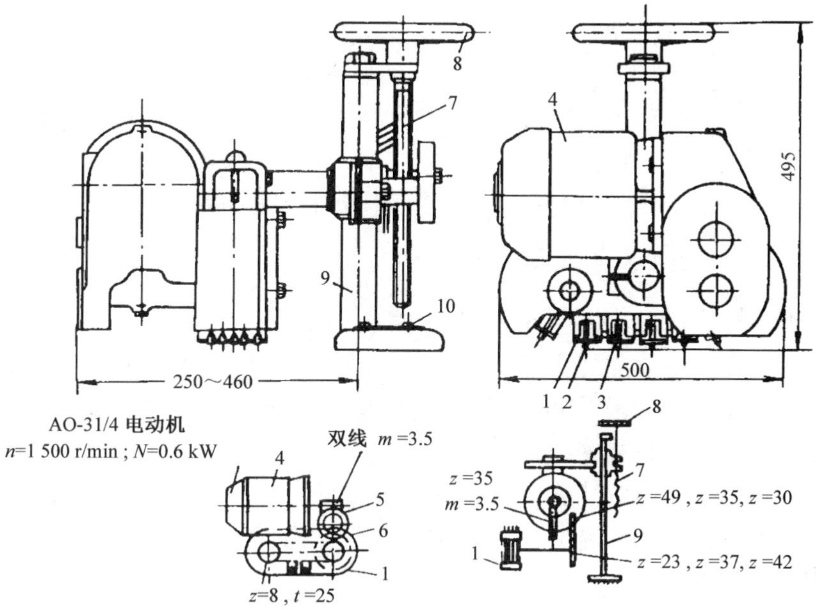

图 3-5 履带式自动进料器结构示意图

1. 履带 2. 进给销 3. 弹簧 4. 电动机 5. 蜗轮蜗杆副 6. 圆柱齿轮副 7. 丝杆 8. 手轮 9. 立柱 10. 螺栓

质量为 74.6kg。

平刨床噪声较大，主要是空气动力性噪声。目前国内外都在积极研制并采用了各种降噪技术，主要是从减少噪声源，控制噪声传播途径以及接受者的防护等方面着手。例如研制低噪声的刀轴制造和提高装配精度，采用精密轴承，工作台钢板上开消声槽，机床上合理设置减振元件，采取吸声和隔声措施等。以上各种降噪技术都已取得一定的效果。

近年来国内运用电磁力直接驱动以及机械共振原理研制成功的新型木工电磁振动刨，使刨刀作定向直线振动来切削木材，工件由手工进给。由于刨刀的振幅可以控制在既小于人手所允许的弹性变形范围，而又大于木材所允许的弹性范围，所以可以做到只刨削木材而不切削手指，保证了操作者的安全。该机床的切削噪声低于 50dB（A），但目前仅适用于松椴等软材。其最大刨削宽度为 100mm，最大刨削深度为 1.3mm，其技术指标有待进一步研究改进。

3.1.3 平刨床常见刨削缺陷及排除方法

平刨床常见刨削缺陷、产生原因及排除方法详见表 3-1。

表 3-1 平刨床常见刨削缺陷、产生原因及排除方法

缺 陷 名 称	产 生 原 因	排 除 方 法
表面不平	刀轴滚动轴承径向间隙大机器振动	消除间隙，更换轴承
表面有缺口和凹陷	刨削层厚度大	减小刨削层厚度，相应升高工作台面
表面起毛有沟痕	切削刃钝，切削刃有豁口等	磨刀消除豁口，使刃口锐利
表面有不同长度波浪	切削刃口不在同一回转圆柱表面，伸出量不一致，安装不正确，刀轴轴承径向间隙大	调节刀片伸出量，并正确安装刀片，更换轴承

3.2　压刨床

压刨床分为两种，一种是单面压刨床，另一种为双面压刨床。单面压刨床用于刨削平刨床已加工表面相对的表面，将工件刨成有一定厚度、宽度和较低表面粗糙度的平行平面。单面压刨床的刀轴安装在工作台的上面，工件沿工作台面向前进给，通过刀轴将工件刨削成一定厚度。

3.2.1　单面压刨床

单面压刨床按其加工宽度可分为：窄型，加工宽度为 250 ~ 350mm，用于小尺寸工件的刨削；中型，加工宽度为 400 ~700mm；宽型，加工宽度在 800 ~1 200mm，用于加工板材或框形零件；特宽型，加工宽度可达 1 800mm。

窄型单面压刨床结构简单，价格便宜，生产率较低，因此只适合于小型企业使用。中型压刨床用于加工各种中等宽度的工件，同样只适用于小批量生产。宽型和专用压刨床适用于专门化的大批量生产。

（1）单面压刨床的工作原理

图 3-6 所示为单面压刨床典型结构示意图。图中 1 是被加工工件，在工作台 2 上装有两个空转滚筒 3，在空转滚筒 3 的上方装有前进给滚筒 4 和后进给滚筒 5。有些压刨床的上、下滚筒都装有驱动滚筒，因此进给牵引力较大。前进给滚筒 4 是带槽纹的，后进给滚筒 5 因为要和被加工过的工件表面接触，所以做成光滑的。为了使进给滚筒压向工件产生牵引力，采用压紧弹簧 6。在刀轴 7 前、后有压紧元件，前压紧器 8 一般做成板形的，有时做成可绕销轴 9 转动的罩形结构。挡板 11 用于防止切屑从上面落到后压紧器和后进给滚筒之间的已加工表面上。否则，刨花会经后进给滚筒在已加工表面上压出压痕，影响加工表面加工质量。

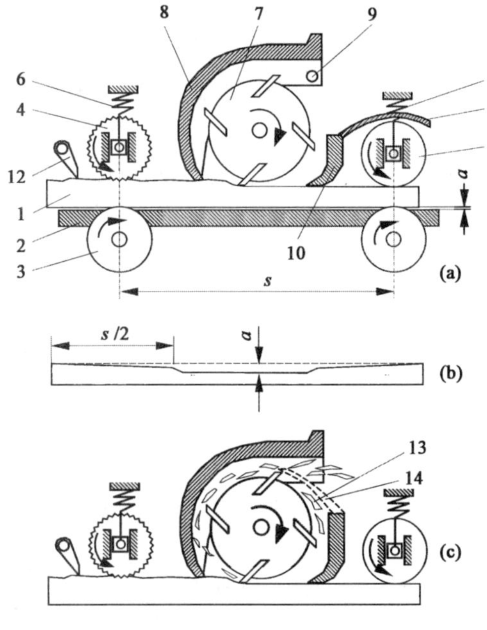

图 3-6　单面压刨床典型结构示意图

1. 工件　2. 工作台　3. 空转滚筒　4. 前进给滚筒　5. 后进给滚筒　6. 压紧弹簧　7. 刀轴　8. 前压紧器　9. 销轴　10. 后压紧器　11. 挡板　12. 止逆器　13. 切屑（刨花）　14. 挡屑挡板

刀轴铣削深度一般控制在 1 ~ 5mm，正常情况为 2 ~ 3mm。切削深度大小对工件厚度尺寸精度影响很大。

下滚筒必须适当高出工作台面，以减小工件和台面的摩擦阻力。如果下滚筒高出量过大，而工件又有较大的刚度，则被加工过的工件表面就会形成图 3-6（b）所示形状，而达不到平面精度要求。工件的两头将比中间高出滚筒凸出台面的高度 a，而较厚端头的长度是两下滚筒距离的一半（$s/2$）。此外，过高的凸出量还会使工件在加工时产生振动，影响加工质量。

切屑落到旋转刀轴和后压紧之间也会破坏加工表面，如图 3-6（c）所示。旋转切刀带动切屑（刨花）13 压向已加工表面，使表面产生压痕。因此，有些机床上安装有挡屑挡板 14。为了保证良好的加工质量和较低的表面粗糙度，还应该正确选定工件进给速度、刀片刃磨质量以及压紧元件的压紧力，使工件在加工过程中处于稳定状态。

为了防止工件在进给方向反弹，压刨术必须设有止逆器 12，起安全保护作用。

（2）单面压刨床的组成

单面压刨床由床身、工作台及其升降机构、切削机构、进给机构、传动机构、床身和操作机构等组成。

床身　床身一般用铸铁制成整体式箱形截面，主要用于安装和连接机床零部件。该床身要求具有一定强度、刚性、稳定性要好。

工作台及其升降机构　机床工作台宽度是机床重要参数之一，一般为 800 ~ 1 400mm。工作台一般为整体铸铁件。为了减小工件和工作台之间的摩擦力，一般在工作台上开有两个长方形孔，以便安装下滚筒使其凸出台面。为了适应不同厚度工件的加工，工作台设有垂升降机构，可以沿一对或两对垂直导轨调节，升降工作台可以采用丝杆螺母机构，也可以是移动楔块式机构，在某些新型压刨床上，也有采用一个丝杆螺母以及圆柱和垂直复合导轨导向的结构。

图 3-7（a）所示为手动丝杆螺母传动工作台升降机械结构示意图，在工作台 1 的两侧，

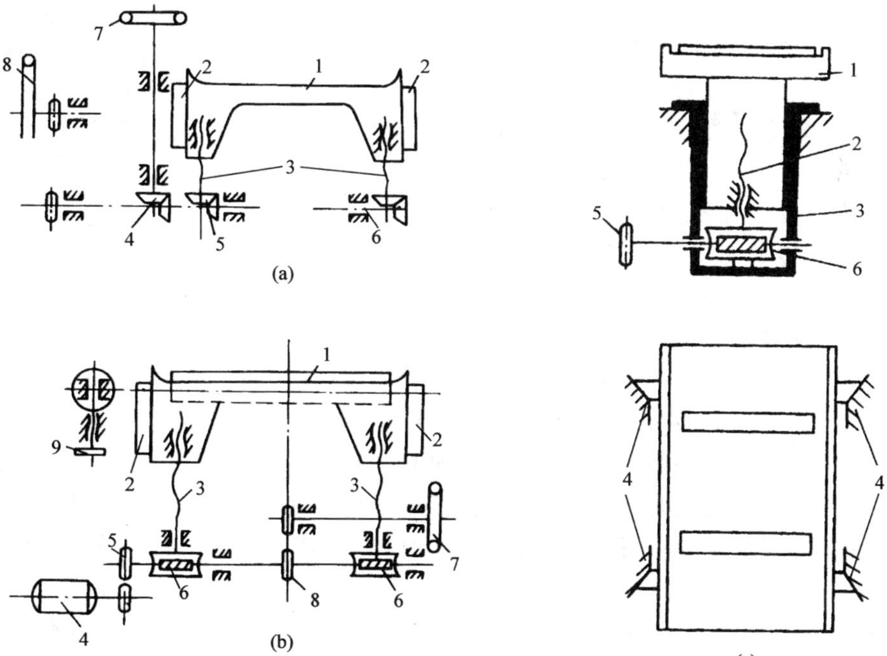

图 3-7　压刨床工作台升降机械结构示意图

（a）手动丝杆螺母传动　1. 工作台　2. 导轨　3. 丝杆　4. 锥齿轮　5、6. 传动轴　7、8. 手轮
（b）机动丝杆螺母传动　1. 工作台　2. 导轨　3. 丝杆　4. 电动机　5、8. 链条传动　6. 蜗杆蜗轮副　7、9. 手轮
（c）圆柱形导轨及单丝杆螺母传动　1. 工作台　2. 丝杆螺母机构　3. 圆柱导轨　4. 垂直导轨　5. 链条传动　6. 蜗杆蜗轮副

安装有一对导轨 2，转动手轮 7（或者手轮 8 通过链条传动）经锥齿轮 4 传动轴 5、6，使丝杆 3 转动，丝杆使工作台垂直移动。图 3-7（b）所示为机动丝杆螺母工作台升降机械结构示意图。工作台两侧，安置有两对垂直导轨 2，丝杆 3 由专用电动机 4 经链条传动 5、蜗杆蜗轮副 6 传动带动，实现工作台快速升降调整。手轮 7 通过链条传动 8、蜗杆蜗轮副 6 带动丝杆 3 转动，实现慢速精确调整。除上述采用两根丝杆支承形式外，亦有采用四根丝杆来升降工作台的。图 3-7（c）所示为圆柱形导轨及单丝杆螺母传动的工作台升降机械结构示意图。工作台 1 在丝杆螺母机构 2 的带动下，可以沿圆柱导轨 3 和在工作台两侧的四个垂直导轨 4 作上下移动。丝杆螺母机构 2 由专用升降电动机通过变速箱、链条传动 5 和蜗轮蜗杆副 6 传动。这种结构既紧凑又能保证工作台有较好的刚度和稳定性，使机床具有较高的加工精度。楔形导轨工作台调整机构一般用于重型或新式中型压刨床上。

某些压刨床设置有两个工作台。图 3-8 所示 2 为主工作台，5 为辅助工作台。两个工作台都能分别调整。辅助工作台上可以加工板材的侧面，扩大了压刨床的加工范围。

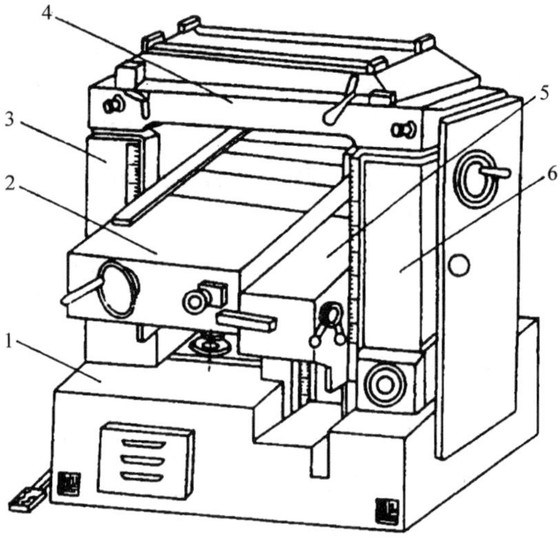

图 3-8 两个工作台的压刨床结构示意图

1. 床身 2. 主工作台 3. 左立柱 4. 刨刀轴与进料辊 5. 辅助工作台 6. 右立柱

工作台高度调整控制装置的精度直接影响刨削工件的精确厚度。有三种调整方式：采用标尺显示，工人可根据读数来调整和固定工作台，调整精度主要决定于操作者的视觉，误差相应较大；采用预调计数器自动调整工作台的位置，根据工件所需的刨削厚度把工作台调整到预定的位置；更为先进的是计算机控制的工作台升降装置控制系统可将所需的切削厚度的数据输入到控制板或由无线电遥控的指令板上，计算机储存有多种不同和工作台调整数据，按照简单的指令即可自动调整到所需厚度。后面两种的调整精度较高。

切削机构　圆柱形刀轴长度应和机床工作台宽度相适应，一般为 300 ~ 1 800mm。工作台宽度在 600mm 以下，刀轴直径为 180 ~ 130mm；工作台宽度在 1 200mm，刀轴直径为 160mm；对更宽的压刨床，刀轴直径为 180 ~ 200mm。刀轴上装刀数量一般为 2 ~ 6 片。刀轴由电动机通过三角带带动旋转，其转速为 3 000 ~ 7 500r/min。少数压刨床上使用螺旋刨刀轴，它具有切削平稳、噪声低、表面粗糙度低等优点。但刀轴的加工成本高，工艺复杂，刃磨和安装都不方便，故还未广泛使用。

压紧装置

a. 前压紧器（见图 3-6 中 8）。按其加压方式右以分为重荷式和弹簧式两种，按其唇口结构又可分为整体式和分段式两种。前压紧器的作用是：在切刀离开木材处壅积刨花，防止木材超前开裂；压紧工件防止其跳动；抵消木材铣削时的分力；引导切屑以向操作人员相反方向排出，起切削刀轴的护罩作用。压紧器的唇口对木材的线压力一般为 9. 81 ~ 24. 50N/cm。

b. 后压紧器（见图 3-6 中 10）。用以压紧工件并防止木屑落到已加工表面压入后进给滚筒，以免影响加工表面质量。因后压紧器压向工件时，工件已具有均匀的厚度，所以后压紧器一般均用整体式，并由弹簧来调节对工件的压紧力。

在一些压刨床上，为了避免前后压紧器唇口因工件厚度的变化而跳动，导致与高速旋转的切刀碰撞，故将前后压紧器作成和刀轴同轴转动式的结构。

进给机构 压刨床的进给机构一般是采用滚筒进给，即在刀轴前后各安装一个进给滚筒。前上进给滚筒带有网纹或沟槽，目的是为了增加牵引力。为了避免破坏已加工表面，后上进给滚筒则为光滑的圆柱体。有些压刨床为了加大牵引力，在出料处加设了一个出料滚。下面的滚筒则为支承滚筒。但某些压刨床则不设支承滚筒，而利用工作台面支承工件，此时进给阻力虽然大些，但基准面精度高，使加工质量随之提高。目前，国外亦有采用橡胶带进给机构，使被进给的工件完全与输送带接触，不但可以允许很高的进给速度，而且对湿材或树脂含量高的木材也可以有很高的生产率。

压刨床的前进给滚筒有整体式和分段式两种。整体进给滚筒最多能同时送进两根工件。为了同时送进具有一定厚度误差的、两根以上的工件，提高机床生产率，广泛采用分段式前上进给滚筒。

分段式滚筒结构主要由滚筒轴、带齿槽的外圈各弹性体等组成。滚筒轴和外圈间的弹性体可以是几个小弹簧或几个橡皮圈。当同时送进的几块工件中，若某块较厚时，可使小弹簧或橡皮圈压缩变形，滚筒抬起让工件顺利通过。

压刨床的进给运动，一般有两种不同的传动形式：一种是直接从刀轴的一端，通过齿轮、链轮传动使前后进给滚筒旋转，国产 MB103 压刨床就是采用这种方式；另一种是由专门的电动机通过变速机构、链轮－链条传动使进给滚筒旋转（如国产 MB106 压刨床）。前者一般进给速度不变或变速或级数很少，多用在小型压刨床上。后者一般用在中型或宽型压刨床上。变速机构分为有级变速和无级变速两种形式。具有变速机构的压刨床，其进给速度一般在 5～30m/min 范围内。有级变速通常采用拉键（如 MB106）、滑块齿轮机构（如 MB1 065等）或电动机变速等方式实现。变速的级数通常采用 2～4 级。无级变速采用锥盘式、带式无级变速器等多种结构形式，调整范围一般为 5～20m/min 或 7～32m/min（如 MB106A）。

3.2.2 MB106A 型单面木工压刨床

该压刨床用于木制品、建筑、车厢、木模等车间，将方材、板材加工成具有一定厚度和表面粗糙度符合要求的表面。

图 3-9 所示为国产 MB106A 型单面木工压刨床结构示意图，主要由床身、工作台及其升降机构、切削机构、断屑器和压紧器、进给装置、传动装置、止逆器和电气控制装置等组成。

床身 1 为整体封闭的框式铸件结构，机身稳重坚实，刚性好。工作台 2 横向穿过床身垂直窗口，下面由两个丝杆支承并作升降运动，由床身上的导轨导向，保证升降运动精度，它是通过电动机来实现工作台的升降调节或者用工作台升降微调手轮 10 实现精确微量调节，工作台升降锁紧手柄 12 用于将工作台 2 锁紧在调节的高度位置上，以保证批量生产条件下加工厚度的一致性。为使工件顺利通过刀轴，工作台 2 上安装有两个工作台上调节滚筒高度手轮 17 来调节其高出工作台的高度。主电动机安装在床身内腔的右侧下方，主轴传动机构 6 使刀轴获得 41m/s 的切削速度。在床身左侧壁腔内，无级变速箱 3 通过链传动传给进给滚筒 4，使工件获得 7～32m/min 的进料速度。目前的改进型如 MB106D 型，已改为晶闸管无级调速系统。

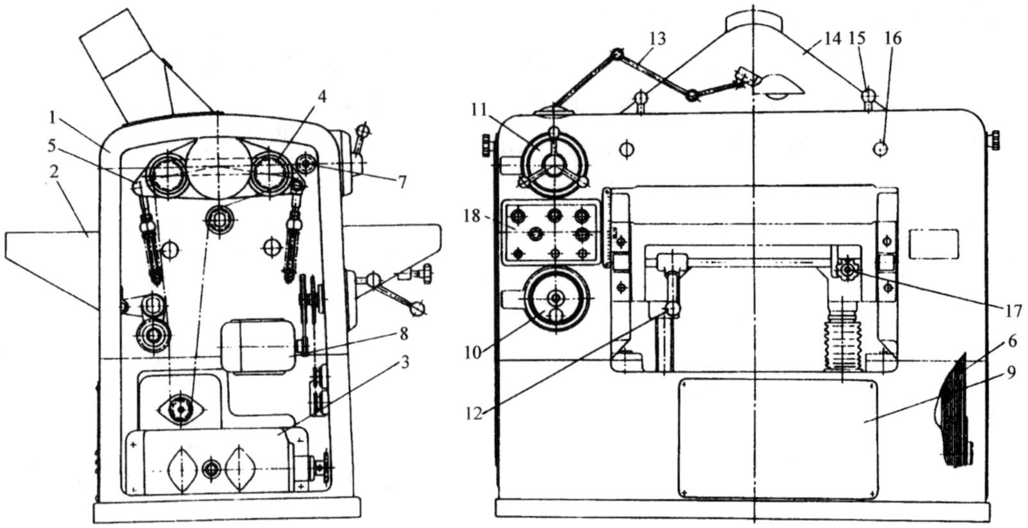

图 3-9　MB106A 型单面木工压刨床结构示意图

1. 床身　2. 工作台　3. 无级变速箱　4. 进给滚筒　5. 进给滚筒调压装置　6. 主轴传动机构　7. 止逆器　8. 工作台升降电动机　9. 电器箱　10. 工作台升降微调手轮　11. 进给速度调节手轮　12. 工作台升降锁紧手柄　13. 照明设备　14. 排屑罩　15. 防护罩抬起手柄　16. 止逆爪抬起手柄　17. 工作台上调节滚筒高度手轮　18. 电器按钮控制板

图 3-10 所示为 MB106A 型单面木工压刨床的传动系统结构示意图，主要由主切削传动、进给传动系统和工作台升降传动系统三部分组成。主电动机 1 通过三角带传动 2 驱动刀轴 3 转动，实现切削运动：进给电动机依次通过链式无级变速器 5、圆柱齿轮传动 6、链条传动 7 带动前进给滚筒 8 和后进给滚筒 9，实现进给运动；工作台升降电动机 10，经三角带传动 11、链条传动 12、蜗轮蜗杆副 13 带动工作台 15 的升降丝杆 14 转动，实现工作台的快速升降运动。转动手轮 16 通过链条传动 12、蜗轮蜗杆副 13 传动使升降丝杆 14 转动，实现工作台高度的精确调节。

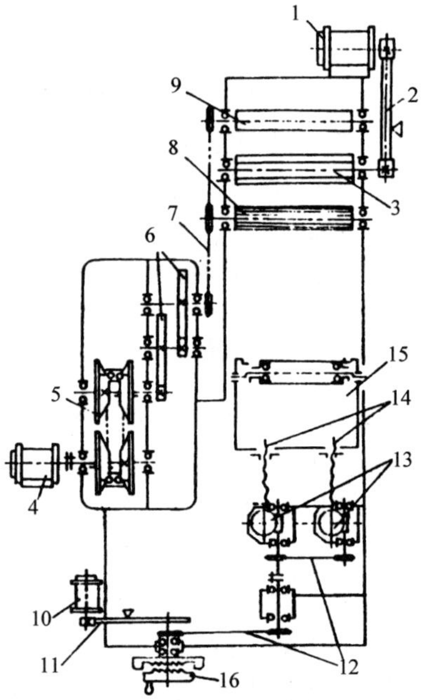

图 3-10　MB106A 型单面木工压刨床传动系统结构示意图

1. 主电动机　2、11. V 角带传动　3. 刀轴　4. 进给电动机　5. 无级变速器　6. 圆柱齿轮传动　7、12. 链条传动　8、9. 前、后进给滚筒　10. 工作台升降电动机　13. 蜗轮蜗杆副　14. 升降丝杆　15. 工作台　16. 转动手轮

图 3-11 所示为 MB106A 型单面木工压刨床切削刀轴、进给滚筒结构示意图。切刀轴 1 为整体式结构，其两端分别由两个装有双列向心球面轴承座套 2、3 所支承，轴承座套分别安装在床身两侧壁的圆孔内。V 带轮 4 将运动和动力传至切削刀轴，刀轴直径为 125mm，动平衡要求 φ125mm 外径上受力不得超过 0. 25N，刀轴上装有 4 把刀片，装刀后的切削圆直径为 128mm。

前进给滚筒 5 为分段式的，每一段内均装有扁

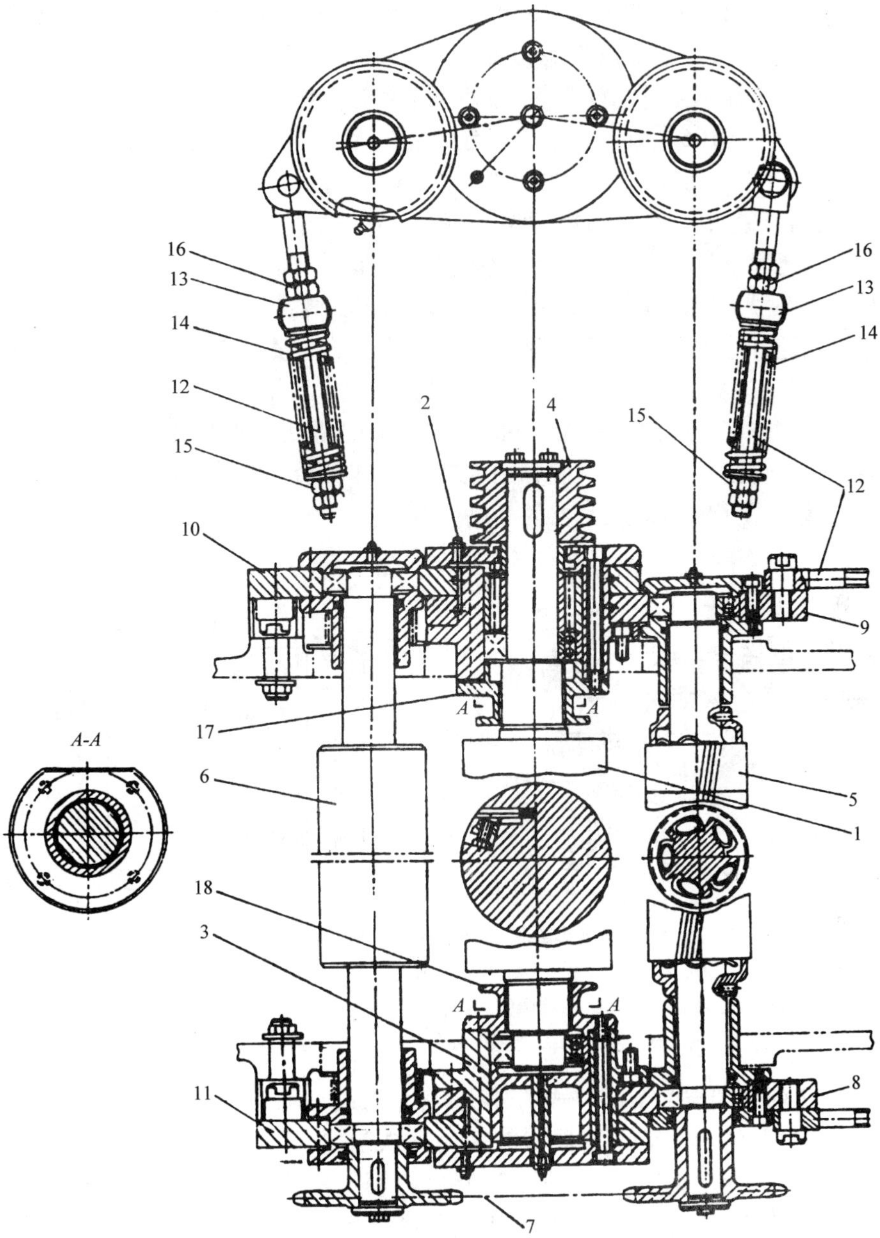

图 3-11 MB106A 型单面木工压刨床切削刀轴、进给滚筒结构示意图

1. 刀轴 2、3. 轴承座套 4. V 带轮 5. 前进给滚筒 6. 后进给滚筒 7. 链条传动 8、9、10、11. 轴承板 12. 长螺栓 13. 支承小轴 14. 弹簧 15、16. 螺母 17、18. 轴承盖

圆形弹簧装置，分段式滚筒表面带有倾角为 7°的齿槽。这种结构的优点是，在允许的范围内能使不同厚度的工件同时进作加工。后进给滚筒 6 则为整体式的光滑圆柱形的滚筒。前、后进给滚筒由同一链条传动 7 驱动。每个滚筒的两端分别由四块轴承板 8、9、10、11 所支承，轴承板 9、10 套装在主轴承座套 2 上，轴承板 8、11 套装在主轴承座套 3 上，这种结构允许滚筒部件绕刀轴轴心线回转，滚筒升降灵活、调节方便。前、后进给滚筒的调位调压装置安装在每一个轴承板端部。长螺栓 12 的上部用螺钉与轴承板铰接，并穿过装在床身侧壁

的支承小轴 13，弹簧 14 和调节螺母 15 装在长螺栓 12 的下部。调节螺母 15 可调整弹簧 14 的压缩量，由弹簧 14 秘产生的反作用力将作用在长螺栓 12 上，由于力臂关系使前、后进给滚筒以更大的压力来压紧工件。螺母 16 用于调节各进给滚筒的高度位置。

图 3-12 所示为 MB106A 型单面木工压刨床前、后压紧器结构示意图。左右两个支架 1（图中只表示出一个）用螺钉 2 与盖板 3 构成门式刚性结构，支架 1 的一端通过横轴 4 安装着 14 个分段式前压紧器 5，另一端分别与装在床身侧壁上的弹簧支承成铰接。这种结构不仅保证了整个前压紧器可以绕弹簧支承 6 轴心线转动。横轴 4 的两端分别用销子与支架 1 固定。前压紧器 5 一般采用铸铁制造，要求有一定的耐磨性。14 个双头螺栓 7 穿过盖板 3 与前压紧器上部相连，用螺母 8 来精确调节前压紧器 5 的高度位置；14 个压缩弹簧 9 一端支承在前压紧器的凹穴内，另一端被盖板 3 上特制螺钉 10 套住用螺母 11 分别调节压缩弹簧 9 的压缩量，也就调节了分段前压紧器 5 对加工工件的压紧力，此外，在左右两个支架 1 的端部还分别装有两个特制螺钉 12，它们分别挂装着拉伸弹簧 13，借螺栓 14 穿过床身台肩上。调节螺钉 16，就调节了整个前压紧器的高度位置。

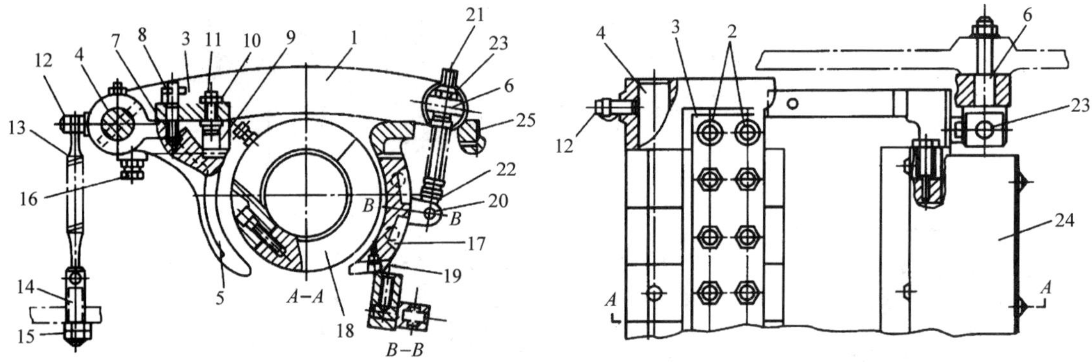

图 3-12　MB106A 型单面木工压刨床前、后压紧器结构示意图

1. 支架　2、16. 螺钉　3. 盖板　4. 横轴　5. 前压紧器　6. 弹簧支承　7. 双头螺栓
8、11、15、23. 螺母　9、22. 压缩弹簧　10、12. 特制螺钉　13. 拉伸弹簧　14、21. 螺栓
17. 后压紧器　18. 轴瓦　19. 镶条　20. 支承叉　24. 刮屑板架　25. 黄铜刮板

后压紧器 17 的两端与两个部分式的轴瓦 18 相联结，轴瓦 18 套装在主轴承座套的轴承盖上（图 3-11 中 17、18）。后压紧器一般采用铸铁制造，其头部采用可拆式镶条结构，镶条 19 用螺钉与后硬度紧器固定。支承叉 20 用螺钉固定在轴瓦 18 上，螺栓 21 下端与支承叉 20 成铰接，中间套装压缩弹簧 22，螺栓 21 上部穿过弹簧支承 6，用螺母 23 来调节后压紧器的高度位置和对加工工件的压紧力。在后压紧器 17 上还安装有刮屑板架 24。黄铜刮板 25 用以刮去后进给滚筒表面上的残留积屑。

3.2.3　双面压刨床

双面压刨床具有两个刀轴可以同时对工件相对应的两面进行加工。在生产中这种机床适合加工宽度较大的板材，而窄的方材可以在四面刨床上加工。该机床生产效率高，可以保证工件获得要求的厚度。双面压刨床具有平刨床和压刨床的双重作用。

双面压刨床刀轴分布位置有两种：一种是按平压刨床（即先平刨后压刨）工艺系统，另一种是按压平刨床（即先压刨后平刨）工艺系统。

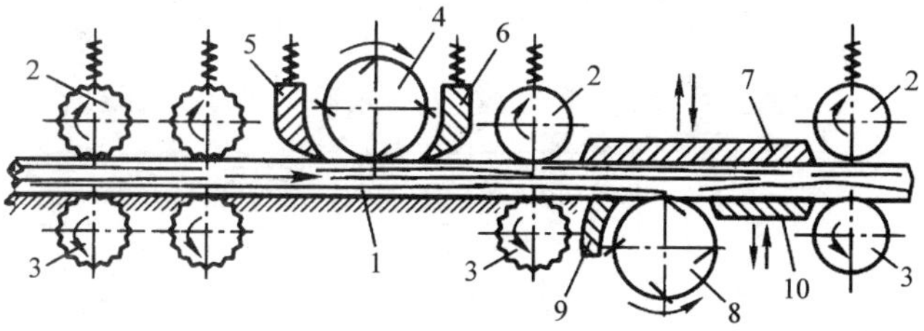

图 3-13 MB206 型双面压刨床的工艺系统结构示意图

1. 工作台 2. 上进给滚筒 3. 下进给滚筒 4. 上刀轴 5. 分段式断屑器 6. 压紧器 7. 上基准板 8. 下刀轴 9. 整体式断屑器 10. 后压板

（1）先压后平的工艺系统

图 3-13 所示为先压后平的 MB206 型双面压刨床的工艺系统结构示意图。

工作台 1 可通过丝杠螺母机构或楔形导轨在垂直方向升降移动，下刀轴 8 和下进给滚筒 3 一起随工作台移动，以适应不同厚度工件的刨削。工件是由下上相对应的八个滚筒（即上下各四个滚筒）实现进给的。刨削时，工件在上、下进给滚筒 2、3 的驱动下，先经过上刀轴四加工工件的上表面，然后再经过下刀轴 8 加工工件的下表面，将工件加工成一定厚度和表面光洁度。

滚筒进给机构的八个滚筒中上下各面四个。上面四个中，在上刀轴前两个滚筒是分段式的，表面带有沟纹，下面四个滚筒中前三个是整体式的，表面带有沟纹，剩下的三个滚筒均为整体式光滑表面。

分段式断屑器 5 是分段式的，压紧器 6 是整体式的，在下刀轴 8 的对面装有可以垂直升降的上基准板 7，工件在到达下刀轴 8 前被整体式断屑器 9 压向上基准板 7。在下刀轴 8 后设后压板 10 处，后压板 10 可以制成有弹性的或非弹性的。下刀轴 8 和后压板 10 均设有垂直升降装置。

（2）先平后压的工艺系统

图3-14（a）、（b）所示为先平后压双面压刨床的工艺系统结构示意图，其中图（a）为滚筒进给，图（b）为履带－滚筒进给。履带－滚筒进给使工件变形小，加工质量好。

工作台 1 根据工件的厚度，可以作垂直调整，前工作台 2 的垂直移动是用以调节刨削层的厚度。安置于下刀轴 3 上面的压紧滚轮 4 是用于防止刨削时工件跳动。上进给滚筒 6 是分段式沟纹滚筒。下进给滚筒 7 是整体式进给滚筒。断屑器 9 为分段式的，压紧器 10 为整体式的，光进给滚筒 11 为光滑整体式进给滚筒。

机床的其他结构与单面刨床基本相同。在有的单面压刨床和双面压刨床上，还装有自动磨刀装置和电气制动装置等。

图 3-15 所示为双面床的结构示意图，其主要由床身、切削、进给机构、工作台、压紧机构、机架升降机构等组成。

双面刨床的床身 16 可采用铸造件或型钢焊接结构。

双面刨床的切削机构由上刀架 2 和下刀架 15 组成。下刀架 15 由刀轴、刀头及等组成，刀轴一端装有弹性橡胶联轴器，由电动机 9 经带传动、联轴带动刀轴旋转。床身 16 侧面装有带滚筒的托架 17，以供下刀架换刀时从床身上拉出。上刀架由刀轴、刀头、前后压紧器、防护罩及轴承等组成，刀轴由电动机经带传动作高速旋转。

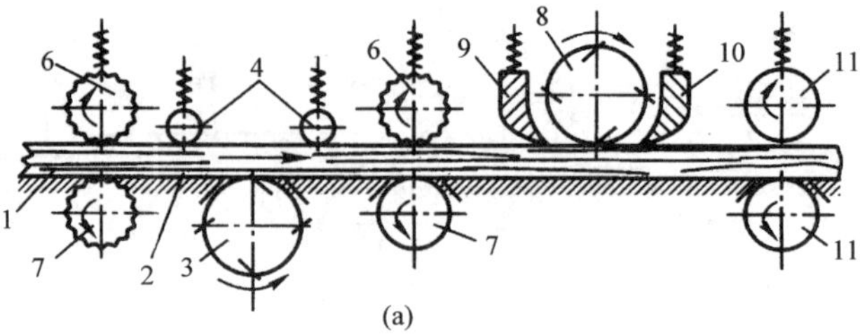

(a)

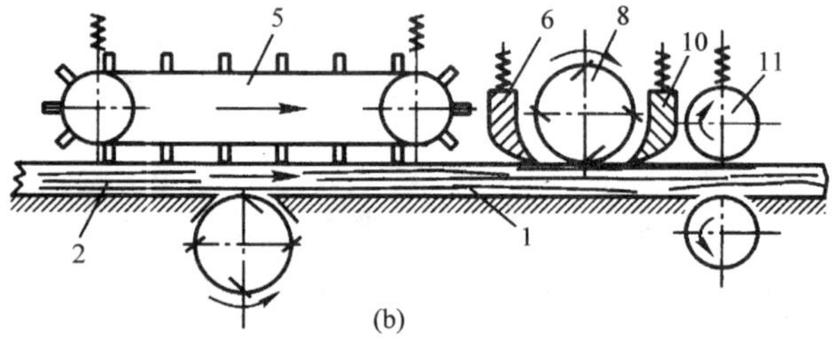

(b)

图 3-14 先平后压式双面压刨床的工艺系统结构示意图

（a）滚筒进给 （b）履带 – 滚筒进给

1. 工作台 2. 前工作台 3. 下刀轴 4. 压紧滚轮 5. 进给履带 6. 上进给滚筒 7. 下进给滚筒 8. 上刀轴 9. 断屑器 10. 压紧器 11. 光进给滚筒

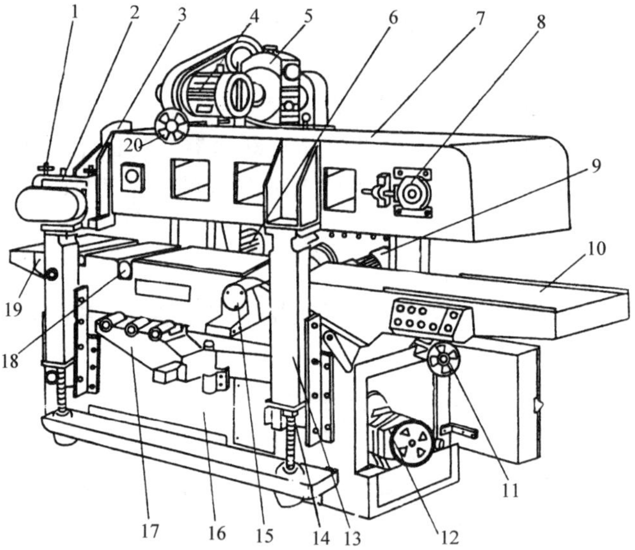

图 3-15 双面刨床结构示意图

1. 后上进给滚筒 2. 上刀架 3. 前上进给滚筒 4、6、9、12. 电动机 5. 无级变速器 7. 上机架 8. 带进给销的运输带 10. 前工作台 11、20. 手轮 13. 立柱 14. 丝杆螺母副 15. 下刀架 16. 床身 17. 托架 18. 支撑滚筒 19. 后工作台

双面刨床进给机构，采用带进给销的输送带 – 滚筒进给形式，由电动机 4 经无级变速器 5 实现，这种机构可以减少在滚进给下工件被压弯的现象，它能得到较好的加工质量。

双面刨床机架升降机构是机床的重要部件，用以满足加工工件厚度变化的需要。上机架 7 由四个立柱 13 支撑，并可沿机床导轨垂直同步滑动。由电动机 12 经蜗轮蜗杆减速器链轮链条、丝杆（四根）螺母机构带动上机架升降。为了防止上机架调整时超出行程范围，导轨上安装有限位开关，当上机架升降碰到任一端的限位开关时，升降电动机停止。

3.2.4　压刨床的调整

机床加工质量的好坏、生产率的高低，与机床的制造精度、工作稳定性、刀轴转数、进给速度、刀具磨损情况、机床的日常维护等因素有关，同时机床是否已正确调整，对提高工件的加工质量也是非常重要的。

（1）工作台调整

工作台调整时首先将工作台降至规定的加工尺寸之下，然后启动工作台上升电动机或转动升降手轮，使工作台由下上升，当指针或读数器接近规定值（50mm）时，通过微调手轮调整到规定的值，该值就是工作台要达到的尺寸，调好后用锁紧装置锁紧。

工作台面歪斜的调整，首先用水平尺检查工作台水平度，如果歪斜，应调整升降丝杠。

（2）断屑器、压紧器、进给滚筒与刀轴位置的调整

前进给滚筒和断屑器应比刀轴切削平面低 1 ~ 2mm；后进给滚筒和压紧器应比刀轴切削平面低 0.5 ~ 1.0mm；下支撑滚筒凸出工作台面的高度视情况而定；工件的下表面已加工完毕，下滚筒凸出工作台面的高度，一般在 0.1 ~ 0.2mm，工件的下表面未刨削过，下滚筒凸出工作台面的高度为 0.3 ~ 0.4mm 或再大些，如图 3-16 所示。松开定位螺钉的锁紧螺母，拧松定位螺栓，并用卡尺测量其位置，调整到规定的位置后拧紧定位螺栓后再拧紧锁紧螺母。

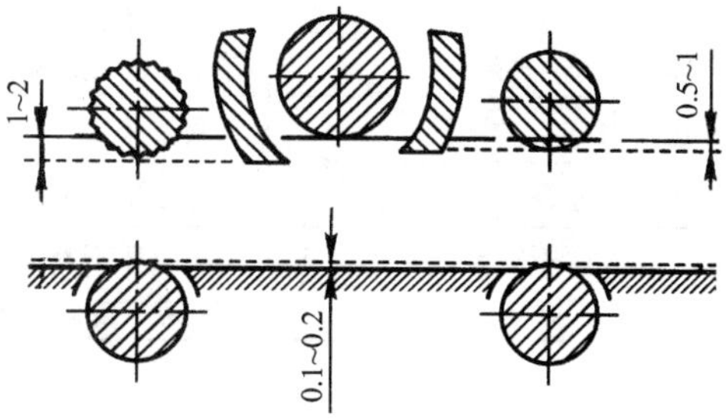

图 3-16　压刨床调整示意图

（3）刀片在刀轴上安装与调整

刀片安装时切削刃的伸出量要一致，并平行于刀轴的轴线，刀轴的轴线要平行于工作台的台面，通常用校准板检查，将校准板放在工作台面上，升起工作台直至校准板与一个刀片尺口轻轻接触，然后用手转动刀轴观察与校准板接触情况，这一调整应在刀轴两端进行，调好后将刀征固定。也可用千分表检查。

（4）断屑器、压紧器和前后进给滚筒压紧程度的调整

断屑器和压紧器的压紧力是通过调节弹簧来调节。压紧力要适中，过大，则磨擦阻力大，进料困难，过轻时刨削会使工件产生跳动，影响加工质量。压紧力的大小最好用测力仪检测。

进给滚筒的压紧力可用试验法进行，即用试件测试进给情况，如果工件打滑，说明压紧力不够，适当加大压紧力再测试，直到能顺利地驱动工件进给即可。

（5）进料速度的调整

进料速度可视被加工材料的软硬、含水率、表面粗糙度的要求而决定。如果工件是硬杂材，经过干燥，刨削宽的拼板，表面粗糙度要求较严，进给速度可以慢些，反之可以快些。

3.2.5 压刨床加工常见缺陷和排除方法（见表3-1）

表3-1 常见缺陷、产生原因和排除方法

缺陷名称	产生原因	排除方法
工件表面不平	刀轴轴承径向间隙大，机床振动	消除间隙，更换轴承，平衡回转部件和刀轴
工件在宽度方向上	刀片在刀轴长度方向上伸出量不一致	正确安装刀片
厚度不一样	刃口不平行工作台，工作台松动和歪斜	校准调整工作台，消除间隙调整工作台，清理研磨工作台
沿工件长度方向上加工厚度不一致： 工件啃尾（撕裂） 工件啃头（撕裂）	 工作台后支撑滚筒调的过高 工作台前支撑滚筒调的过高	 重新调整滚筒 重新调整滚筒
工件表面不平，有波纹	工作台上滚筒凸出过大，断屑器和压紧器调得过低，刀轴轴承径向间隙过大	调整滚筒 调整断屑器和压紧器的位置，更换轴承
刨削平面有凹痕	进给滚筒的压紧力过大	升高进给滚筒，使其低于切平面小于1mm
进给困难	压紧器低	调整压紧器
工件不进给	工件弯曲度和起度大于5mm	这种材料工件，不允许在机床上加工
工件表面不完全加工已加工表面有压痕	刨花清理不及时，落在已加工表面上，被后进料滚筒压入表面，排屑结构不好	更换排屑装置，防止刨花落入压紧器和后进给滚筒之间

3.3 四面刨床

四面刨床最少有四个刀头，其中两个是水平安装刀头，两个是垂直安装刀头。利用四个刀头一次可以同时加工工件的四个表面，即按着平面或成型面加工板、方材。四面刨床都是机械进给，生产效率高，适用于大批量生产。这种机床用于调整琐碎费时，不适于小批量的生产。

3.3.1 四面刨床的分类

四面刨床的刀头最少是四个，最多有八个，其中以四至五个刀头应用最多。

四面刨床按刀头的数量、加工工件的外形尺寸、进给速度、机床功率、机床重量一般分为轻型、中型和重型三种。图3-17所示为四面刨床分类结构示意图。

（1）轻型四面刨床

图3-17（a）所示为轻型四面刨床，有四五根刀轴，采用滚筒进给。加工工件宽度为80～300mm。在四轴刨床上装有工件底面的下水平刀轴（一般是毛料进给中的第一根刀轴），一根上水平刀轴以及两根加工侧面的垂直刀轴（左面和右面）。在结构简单的四面刨床上，毛料进给中的第二根刀轴是水平刀轴，两根垂直刀轴则被相对地安置在机床的出料部分（如国产MB403型），在成型加工结构复杂的四面刨床上，上水平刀轴安置在最前面，垂直刀轴则安置在刨床的中部，并且可以有一定的互相位移的调整。

（2）中型四面刨床

图3-17（b）所示为中型四面刨床，一般有五根刀轴。加工工件宽度为250～300mm。

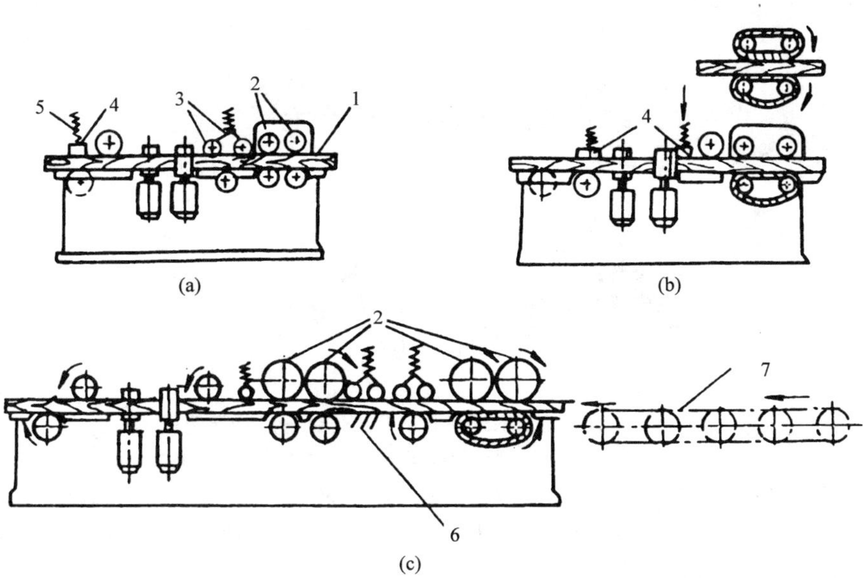

图 3-17 四面刨床分类结构示意图

（a）轻型四面刨床 （b）中型四面刨床 （c）重型四面刨床

1. 工件 2. 滚筒 3. 压辊 4. 压块 5. 弹簧 6. 刮刀 7. 供料台

五轴四面刨床的第五根刀轴用于成型加工，通常安装在刨床末端的下水平刀轴。

（3）重型四面刨床

图 3-17（c）所示为重型四面刨床，有 4 ~ 8 根刀轴。加工工件宽度为 350mm，厚度为 150mm，这类刨床适用于机械化程度高的大批量成材加工，机械的进料速度可在 100m/min 以上。八刀轴保证毛料在高速度进给中具有良好的基准面和精确的成型截面。刨床有两套机械进给装置，在某些重型四面刨床上还装有刮光刀箱，特别适用于没有疖子的软材加工，以获得精确的刮削表面，有的也可采用提高刀轴转速（7 800 ~ 9 000r/min）的办法来获得精确的加工表面。故这类刨床有强力四面刨床之称，由于刨床生产率高，在刨床前后必须安置机械化的供料、装料及卸料装置。

3.3.2 四面刨床的工艺过程

选择四面刨床的刀轴数目和各刀轴之间的相对位置，应根据可能加工工件的形状、毛料进给时的导向定位、加工基准和通过刀轴的方便性等因素决定。

在某些专用半自动四面刨床上，也有采用液压传动装置的，毛料由液压顶针卡紧自动进给。刀轴安装在摆刀架上，可以沿靠模装置摆动。

（1）平压工艺系统四面刨床

图 3-18 所示的为平压式工艺系统布局的四面刨床工作部分结构示意图。加工工件 1，能升降移动的前工作台 2，固定工作台 3，沟槽式的进给滚筒 4，压在工件上，一个接一个地实现工件的进给。弹簧压紧元件 6 将工件压向侧向基准导板 5，保证工件进给时直线前进，下水平刀头 7 的切削厚度，根据工件的加工余量，调整前工作台 2；在下水平刀头上面的弹簧压紧滚轮 8，用于防止工件刨削时产生跳动。右垂直刀头 9 的刨削深度，决定于侧向基准导板 5 与 10 的相对位置的差值。左垂直刀头 11 前边的断屑器 12，同时将工件的加工基准紧

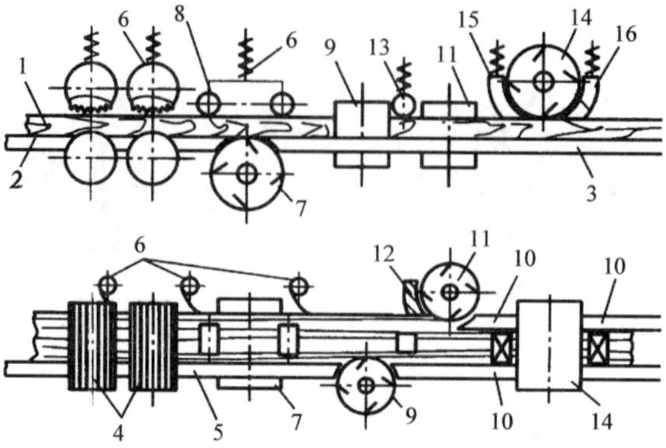

图 3-18　平压工艺系统四面刨床工作部分结构示意图

1. 工件　2. 前工作台　3. 固定工作台　4. 进给滚筒　5、10. 基准导板
6. 弹簧压紧元件　7. 下水平刀头　8、13. 压紧滚轮　9. 右垂直刀头　11. 左垂直刀头
12、15. 断屑器　14. 上水平刀头　16. 压紧器

贴在基准导板 10 的基准面上，也防止了工件的跳动。压紧滚轮 13 安装于左右垂直刀头之间，用于斜工件压向固定工作台 3。这样工件在导向、压紧、驱动进给滚筒的作用下，通过上水平刀头 14 进行刨削，上水平刀头 14 的前断屑器 15 和后边的压紧器 16 的作用同压刨床一样。

由上述可见，下水平刀头 7 和右垂直刀头 9 如同平刨加工工艺，左垂直刀头 11 和 14 如同压刨加工工艺，所以这种工艺布局的四面刨床，称为平压工艺系统四面刨床。其优点是：工件通过刀头下水平 7 和右垂直刀头 9 后，可将毛基准面加工成光基准面，保证左垂直刀头 11 和上水平刀头 14 对工件进行型面加工的精度。其缺点是：当工件的加工余量不够时，工件表面会再现不完全刨削；工件毛坯有中凹时，还会出现卡住现象。

（2）压平工艺系统四面刨床

图 3-19 是水平刀头按压平工艺系统、垂直刀头按平压工艺系统布局的四面刨床工作部分结构示意图。

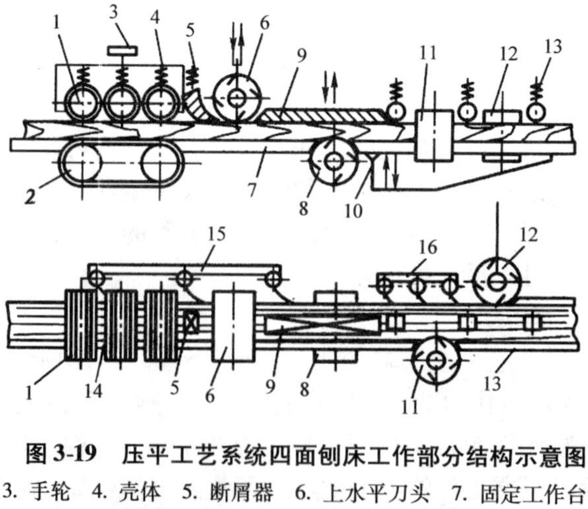

图 3-19　压平工艺系统四面刨床工作部分结构示意图

1. 上进给滚筒　2. 履带　3. 手轮　4. 壳体　5. 断屑器　6. 上水平刀头　7. 固定工作台　8. 下水平刀头　9. 基准板
10. 后工作台　11. 右垂直刀头　12. 左垂直刀头　13. 压紧滚轮　14. 侧向基准导板　15、16. 压紧元件

刨床的进给装置是滚筒－履带式的，即三个上进给滚筒 1 和履带 2 组成的。沟槽滚筒具有单独的升降调整装置，用手轮、丝杠机构，通过壳体带动滚筒升降，来调节对工件的压力，断屑器 5 也随壳体 4 一起升降移动。上水平刀头具有独立的垂直移动机构，机床有固定工作台 7。下水平刀头 8，基准板 9，后工作台 10 等都有垂直移动调节装置。左右垂直刀头 12、11 还可以立平移动，为保证工件加工质量，防止工件加工时跳动，在后工件台上还有压紧滚轮 13。此外，机床还装有侧向基准导板，以及弹簧压紧元件等。

用这种刨床加工工件开始时的基准面为固定工作台 7 和侧向基准导板 14，当工件进给经过上水平刀头后，加工基准立刻就移到上基准板 9 上，这种工艺具有压刨工艺特征，在这种刨床加工工件，不但能保证质量，进给还不易卡死，进给速度能达到 30m/min。

3.3.3　四面刨床结构

四面刨床主要由切削机构、进给机构、导向装置、断屑器、压紧装置、升降机构、工作台和床身等组成，其外形如图 3-20 所示。

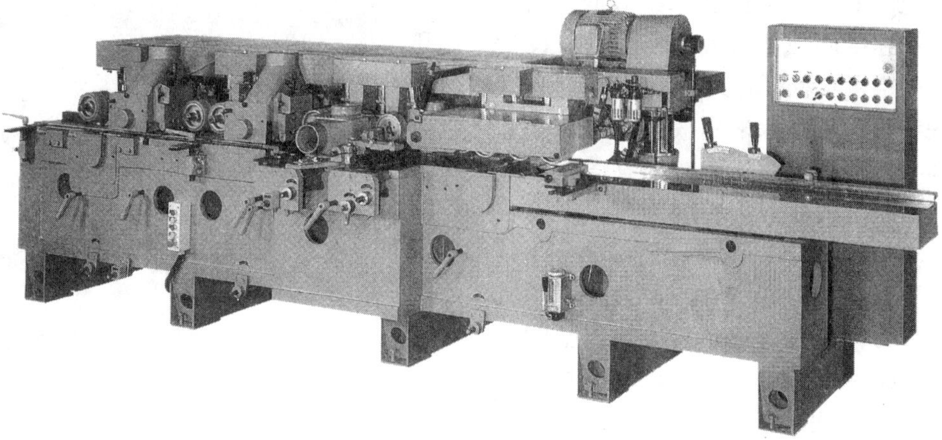

图 3-20　四面刨床外形图

（1）切削机构

四面刨床切削机构应用最普遍的为 6～7 根刀轴，其刀轴布局有多种形式。图 3-21 所示为四面刨床典型刀轴分布示意图。

图 3-21 中 1 为附加下水平刀头用于加工出辅助基准面（亦称预平刨刀头），此基准面不是平面而是齿槽表面，铣刀把工件表面加工出槽口，再以此为基准进行加工。图 3-21 中 2

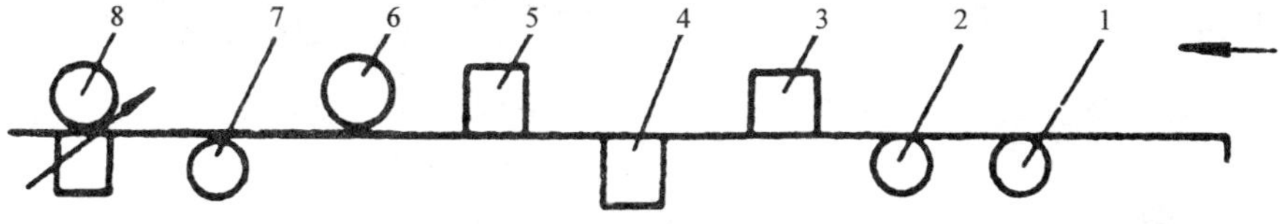

图 3-21　四面刨床典型刀轴分布示意图

1. 附加下水平刀头　2. 下水平刀头　3. 第一右垂直刀头　4. 左垂直刀头　5. 第二右垂直刀头　6. 上水平刀头　7. 第二下水平刀头　8. 万能刀头

为下水平刀头，位于附加下水平刀头之后，以带槽表面为预基准面，加工出精度较高的基准面。图 3-21 中 3 为第一右垂直刀头，用于加工工件右侧基准面，故亦称边刨刀头。工件经刀头 2、3 后，即获得互相垂直的基准面，以下工序即可以以此两个基准面加工出所要求的高质量的精确零件。图 3-21 中 4 为左垂直刀头，经过这个刀头工件可得到一定的宽度或加工成型表面。当加工特别宽的门窗零件时，它可以降至工作台以下，第一右垂直刀头则作为铣刀用。图中 5 为第二右垂直刀头，可加工右侧面的成型表面。图 3-21 中 6 为上水平刀头，它是按压刨方式加工的，亦称压刨刀头。通过该刀头加工出一定厚度的工件或者工件的上成型表面。图 3-21 中 7 为第二下水平刀头，用于加工下成型表面或者修正下表面。图 3-21 中 8 为万能刀头，它可以安装铣刀或是锯片，可作为辅助的上刀头、下刀头或左刀头使用，并可在 90°范围内倾斜，加工斜面或企口等。

四面刨床切削机构的刀头是由电动机通过带传动来驱动的，转速一般为 6 000r/min 左右。刀头的形状有圆刀头、方刀头及成型铣刀等。一般水平刀头为圆刀头，垂直刀头为方刀头，如图 3-22 所示。平刨刀轴能作垂直方向的调整，其余各轴均可在垂直方向及水平方向也可作位移调整。为了快速准确地更换刀片，还专门设计了用于直刀或成型铣刀安装用的安装器。

图 3-22　四面刨床上水平刀头外形图

某些新型四面刨床采用液压夹紧刀头，可以完全消除轴与孔间的间隙，同时配有适应这种刀头的特殊磨刀设备，可使刀头切削圆与刀轴同心度误差保持在 0. 005mm 以下；计算机技术的应用，可根据不同的切削模式，调定所有的刀头和进给机构，既经济、又省力，可大大减少刨床的调整时间；数显装置可将刀头位置和进给速度用数字显示出来，既直观、又精确，如图 3-23 所示。

图 3-23　数显装置机构外形图

图 3-24　进料机构压力设定外形图

（2）进给机构

四面刨床的进给机构一般有下列几种形式，即：上滚筒进给；上、下均为滚筒进给；上滚筒进给、下履带进给。一般轻型四面刨床只有进料滚筒，靠前面的工件推动后面的工件。有些中、重型四面刨床除了进给滚筒外，在后面刀头处常有附加滚筒，在出料台处还安装有出料滚筒。进料机构的传动可以是机械传动，变速可以是有级或无级的，进给速度一般为6～60m/min，甚至高达100m/min，进给滚筒的压紧力可采用弹簧加压，也可气压压紧，这种装置既可保证有足够的压紧力，又能保证厚度有差异的工件顺利通过，如图3-24所示。

（3）压紧机构

四面刨床的压紧机构，主要是指采用弹簧或气压压紧的进给滚筒，上压紧滚轮，侧向压紧滚轮，压板装置，前压紧器器等。上压紧滚轮保证进给滚筒之间有足够的压紧力；侧向压紧滚轮保证工件沿着导向板进料；压板装置，在上水平刀轴之后既起压紧又起导向作用。前压紧器，每个刀头都装防护罩和吸尘口，上水平刀头及左垂直刀头前面装有压紧块，起压紧和断屑作用。

（4）工作台

四面刨床的工作台分前工作台（进料工作台）、后工作台（当只有一个平刨刀头时，也为出料工作台）及出料工作台。为了保证平刨精度，前工作台都加长2～2.5m，并可垂直调整。将预平刨和平刨刀头之间的工作台做成槽形，则工作台既起支承作用又起导向作用。工作台右侧面装有导板，工件侧面以此面为导向，它可以在水平方向调整。在机床的出口处上水平刀头后面安装有出料工作台，它一般不需调整。在右边装有后导板，在侧向压紧器作用下，工件总是紧靠导板，以此为导向，能加工高精度的工件，如图3-25所示。

图3-25 四面刨床前工作台外形图

除此之外，四面刨床还设有电气设备、操纵设备、吸尘部件以及其他部件。

3.3.4 四面刨床的调整

为了保证木制品的制作质量，必须保证工件的加工质量，因此，刨床在工作之前应该按工件的技术要求、截面形状、几何尺寸等进行调整。

①按照加工零件的几何尺寸、截面形状、技术要求，选择铣刀类型。

②四面刨床各刀轴调整时，必须根据工件的正常加工余量进行：工件下表面不大于1.5mm；工件的右表面不大于2mm；工件上表面不大于3mm；工件的左面不大于6mm。

③根据工件下表面的加工余量，调整前工作台的位置。

④根据上表面的加工余量，调整进给滚筒、上水平刀轴、断屑器、压紧器、压紧滚轮的位置和压紧力。进给滚筒和断屑器低于毛坯厚度2～3 mm。

⑤根据工件右面的加工余量，调整右垂直刀轴的位置和两个基准导板的位置差值。

⑥根据工件的左面的加工余量，调整左垂直刀轴和断屑器、压紧元件的工作位置。

调好后，要用样板进行检查或试刨工件，以检查机床各部位的调整情况，直到符合图样和技术条件要求为上。

思考与练习

1. 刨床有哪些种类，各有什么用途？
2. 作图说明平刨床基本结构及各部分名称。
3. 平刨床加工过程中出现如下缺陷的原因是什么？如何排除？
   （1）表面不平　（2）表面起毛有沟痕
4. 说明压刨床工作台升降机构作用及工作原理。
5. 作图说明单面压刨床工作原理，并分析断屑器的作用。
6. 平刨床如何调整？有哪几种安全保护装置，各有何特点？
7. 双面压刨床平压工艺系统与压平工艺系统有何特点？生产上常采用哪一种？
8. 说明压刨床加工过程中产生下列缺陷的原因及排除方法
   （1）沿工件长度方向上加工厚度不一致　（2）刨削平面有凹痕
9. 四面刨床主要由哪几部分组成？说明开机前四面刨床的调整过程。

本章推荐阅读书目

[1] 木工机床结构 . 李志仁 . 东北林业大学出版社，1990.
[2] 细木工工艺学 . 吴悦琦 . 东北林业大学出版社，1992.

技能训练5　木工刨床的认知实训

实训目标

掌握木工刨床的组成、结构和工作原理，了解刨床的操作规程和安全操作技术。

实训场所与组织

实习工厂或家具厂。以组为单位（每组10人左右），由老师或者工厂技术人员进行现场讲解和示范。有条件的学校可安排学生实际操作。

实训设备和材料

设备

平刨床、压刨床和四面刨床。

实训内容和方法

（1）现场讲解

老师或者技术人员在每台机床旁边讲解机床的结构，说明其工作原理，边示范操作方法，学生通过边听边看来实现对木工刨床的结构，工作原理和操作规程的认识和理解。

（2）分组讨论

分小组进行，对木工刨床的类型、结构及操作过程进行观摩和讨论。

考核标准

考核评分标准见表3-2。

表3-2　木工刨床识别技能考核评分标准

实习地点：　　　　系部：　　　　班级：　　　　姓名：　　　　组号：

考核项目	指标分值	考核标准	成绩分档及权重					考核方式
			A	B	C	D	得分	
			1	0.8	0.6	0.4		
理论应知部分	20	各种木工刨床类型及特点（6分）						现场口试
		木工刨床的组成及工作原理（6分）						
		四面刨床的结构特点（8分）						
技能操作	60	迅速识别各种木工刨床（20分）						现场操作
		能调整各部件相应功能（20分）						
		能更换刨刀（20分）						
实训报告	20	字迹是否工整，文字表达是否完整、清晰，语言是否通顺、简练（6分）						书面形式
		内容是否齐全（7分）						
		分析是否正确（7分）						
得分								
教师签字								

技能训练6 平刨床的调整与操作

实训目标

了解平刨床的组成、结构，掌握平刨床的操作规程和安全操作技术。

实训场所与组织

校内实训场所。以组为单位（每组5人左右），由实训指导老师进行讲解和示范，安排学生实际操作。

实训设备和材料

设备

平刨床。

实训内容和方法

（1）操作步骤

① 开机前的准备：开机前首先检查刨刀片是否锋利，夹紧螺钉是否紧固，并根据情况更换夹紧刀片，前工作台的位置是否满足切削厚度的要求，并清理刨床周围的杂物，准备好需加工的原料。

② 开机：启动电动机，仔细听机床的声音，观察机床的振动，若没有异常可以开始加工工件。

③ 作业操作：首先对被加工件进行观察，确定操作方法。送料时右手握住工件尾部，左手按压工件中部，紧贴导板向前推送，当右手距刨口100 mm时，即应抬起右手靠左手推送。在操作中应随着工件的移动，调换双手。当遇到疖疤、纹理不顺、材质坚硬、刨刀不锋利时，会因刨刀冲击，使工件产生振动，操作员一定要特别注意，应减慢进料速度或更换刨刀，尽量顺纹刨削，防止发生危险。一般情况下，平刨床的进料速度应控制在4～12m/min。在加工长400mm、厚20mm以下的薄板时，应用推板推送。长度在300mm以下的工件应采用倍数长度毛料来加工，以免发生事故。

作业完毕切断电源，待刀轴停止转动后清理刨床及周边的刨花和杂物，整理堆放好已加工工件。

（2）操作平刨床时必须严格遵守安全操作规程：

① 平刨床工作台镶有尖角的钢板处与切削刃的回转圆柱表面间隙不应大于3～5mm。

② 保护罩（指扇形保护罩）在平刨床不工作时应将刀轴全部遮盖住。加工工件时应按工件的宽度打开，其余部分仍应继续盖住。

③ 在刨削长度小于400mm，宽度小于50mm，厚度小于30mm的工件时应该使用有把的推板进给。

④ 在刨削曲面形的工件时，应该采用专用的样板加工。

⑤ 在平刨床上采用自动进料器，对被加工工件实现进给。

⑥ 刀片在刀轴上要固定牢靠，最好开楔形压条固定。切削刃伸出长度不大于3mm。

⑦ 在平刨床上不允许加工成型表面和开企口。

考核标准

考核评分标准见表3-3。

表 3-3　木工刨床技能考核评分标准

实习地点：　　　　　　系部：　　　　　　班级：　　　　　　姓名：　　　　　　组号：

考核项目	指标分值	考核标准	成绩分档及权重					考核方式
			A	B	C	D	得分	
			1	0.8	0.6	0.4		
理论应知部分	20	平刨床的作用及特点（6 分）						现场口试
		平刨床的组成及工作原理（6 分）						
		平刨床的结构特点（8 分）						
技能操作	40	加工前的准备工作（10 分）						现场操作
		切削加工操作（20 分）						
		刨刀的更换及刃磨（10 分）						
质量评定	20	加工质量的评定（含加工缺陷分析）（20 分）						现场测试
实训报告	20	字迹是否工整，文字表达是否完整、清晰，语言是否通顺、简练（6 分）						书面形式
		内容是否齐全（7 分）						
		分析是否正确（7 分）						
得分								
教师签字								

技能训练 7　单面压刨床的调整与操作

实训目标

通过实训掌握单面压刨床的调整内容、调整方法，熟练掌握操作方法和操作规程。

实训场所与组织

实习车间或实习工厂。分小组进行，每组 3～6 人，由老师或者技术人员指导，学生亲自动手调整和操作机床。

实训设备和材料

（1）设备

单面压刨床。

（2）材料

50mm×50mm×500mm 两相对垂直面在平刨床刨光的木方，调整机床用的工具。

实训内容和方法

（1）机床的调整

① 工作台调整：

a. 工作台调整的顺序、驱动机构；

b. 粗调、微调方法及锁紧装置；

c. 工作台面歪斜的调整。

② 断屑器、压紧器、进给滚筒与刀轴位置的调整：

a. 前进给滚筒和断屑器应比刀轴切削平面低 1～2mm；

b. 后进给滚筒和压紧器应比刀轴切削平面低 0.5～1.0mm；

c. 下支撑滚筒突出工作台的高度视情况而定；

d. 调整机构位置的检测和锁紧方法。

③ 刀片在刀轴上安装与调整：

a. 切削刃的伸出量的调整；

b. 刀轴的轴线与工作台台面平行度的调整与检测。

④ 断屑器、压紧器和前后进给滚筒压紧程度的调整：

a. 断屑器和压紧器的压紧力大小的调节装置；

b. 断屑器和压紧器的压紧力大小的调整；

c. 断屑器和压紧器的压紧力的检测；

d. 进给滚筒压紧力大小的测试方法。

⑤ 进料速度的调整。

(2) 作业操作

机床调整好后，开始操作实习，实习时两人一组，机床前后各一人，前面的人负责进料，后面的人负责接料。

① 开机前的准备工作：检查调整机床用的工具是否全部备好，以防将工具掉在机床内；检查电源开关是否在关停位置；要加工的工件是否放在规定的地方。

② 启动主电动机和进给电动机。

③ 待机床运行平稳后，前面的学生开始送料，后面的学生将加工好的工件接下来放在规定的地方。每组加工 3 ~5 根。

④ 检查加工工件的尺寸和表面粗糙度。合格的放在一边，不合格的找出原因，根据原因重新调整机床。

老师根据学生的调整和加工工件的质量给学生评分。

考核标准

考核评分标准见表 3-4。

表 3-4　木工单面压刨床技能考核评分标准

实习地点：　　　　系部：　　　　班级：　　　　姓名：　　　　组号：

考核项目	指标分值	考核标准	成绩分档及权重					考核方式
			A	B	C	D	得分	
			1	0.8	0.6	0.4		
理论应知部分	20	木工单面压刨床的作用及特点（6 分）						现场口试
		木工单面压刨床的组成及工作原理（6 分）						
		木工单面压刨床的结构特点（8 分）						
技能操作	40	木工单面压刨床的调整（20 分）						现场操作
		木工单面压刨床的调整的操作（20 分）						
质量评定	20	加工质量分析（含加工缺陷分析）（20 分）						现场测试
实训报告	20	字迹是否工整，文字表达是否完整、清晰，语言是否通顺、简练（6 分）						书面形式
		内容是否齐全（7 分）						
		分析是否正确（7 分）						
得分								
教师签字								

技能训练8 四面刨床的调整与操作

实训目标

通过实训学会四面刨床的调整内容、调整方法，熟练掌握操作方法和操作规程。

实训场所与组织

实习工厂。分小组进行，每组3~6人，由老师或者技术人员指导，学生亲自动手调整和操作机床。

实训设备和材料

(1) 设备

四面刨床。

(2) 材料

实木地板条毛料，调整机床专用工具。

实训内容和方法

(1) 机床的调整

① 刀具的安装和调整。

a. 上下刨刀的装对与调整。四面刨床的上下刨刀一般都在刨床上装对，也可把刀头合下来利用特定架装对。下刨刀装对应比后台面高0.2~0.5mm，调整下刨刀前台面偏心轴，使前台面低于下刨刀头1~2mm。转动上刀头调节手轮，让它的切削刃外圆距台面的高度等于产品断面的厚度，左侧有标尺可以检视。

b. 左右立刨刀的装对与调整。左右立铣刀的装对，可采用机外对刀，即在专门的对刀平台上进行，也可直接在机床的刀轴上装对。铣刀上好后，把刀具装到刀轴上，调整到合适高度。

② 导板的调整。左立刀前面的导板一般固定不动，右立刀调整时以它的一侧为标准。需要调整的是立刀后的导板，它必须根据已刨削工件的宽度调整到所需要的位置，并要和前面的导板保持平行。导板对面有弹簧夹紧装置，导板对好后，根据产品的断面宽度调整好弹簧夹紧装置，并把它固定在台面上。

③ 压紧器的调整。压紧器一定要在进给工件的正上方，使其对木材有一定的压紧力，保证加工质量。

下刨刀上面压紧器的调整：先松开固定螺栓，把压力轮在轴上滑动到工件的正上方，并加以固定。松开左右限位器上的固定螺栓，把它放到所需要的最低位置上，拧紧螺栓加以固定。转动压紧螺母压紧弹簧。

左、右立刀之间压紧器的调整：如果要使压力板上升，可先松开四根丝杠上压紧手轮，转动四角限位手轮到需要的高度，然后转动四角上部压紧手轮，给弹簧以一定的压紧力。如果需要下降压力板，可先把四角限位手轮调整到所需的高度，然后转动四角压紧手轮把弹簧压紧。如果四角压力不平衡，可进行个别调整。

④ 进给机构的调整。包括上下滚筒之间的距离和选择适当的进给速度。下滚筒只能进行小量的调整，一般可高出台面0.5~0.8mm，上滚筒是用升降手轮来调整的。其离台面的高度应小于毛料的厚度，由弹簧给木料施加一定的压力，以便上下挤着木料前进或后退。

(2) 加工操作与维护保养

开车前应详细检查各部构件是否安全可靠，确认没有问题后，方可开车生产。操作时操作工人上下手应站在机器两侧，不要接近刀具和机器的转动部分，以免碰伤。校正规格、机器加油、清扫木屑，均应停车进行，防止发生意外事故。各旋转刀头在开车前必须紧固，注意刀头螺钉不能上的过紧或过松，过紧容易引起断丝和滑丝，过松容易飞刀。

机器台面和滑道应经常保持清洁，轴承滑道、齿轮等摩擦部分应经常进行润滑。一般每班应加注两次机油，轴承部位应三个月换一次黄油，最长不超过半年，可视具体转动时间而定。

(3) 作业操作

根据加工工件的几何尺寸、截面形状、技术要求，进行铣刀选择。待刨床调整好后，开始操作实习，实习时两人一组，机床前后各一人，前面的人负责进料，后面的人负责接料。

① 开机前的准备工作。开机前检查调整机床用的工具是否全部备好，以防将工具掉在机床内；检查电源开关是否在关停位置；要加工的工件是否放在规定的地方。

② 启动主电动机和进给电动机，待刨床运行平稳后，进行试生产。前面的学生开始送料，后面的学生对加工好的工件进行检查，检查加工工件的尺才、截面形状和表面粗糙度是否达到要求，待调整合格后进行正式生产，每组加工 3～5 根，合格的放在一边，不合格的找出原因。

老师根据学生的调整和加工工件的质量给学生评分。

考核标准

考核评分标准见表 3-5。

表 3-5 四面刨床技能考核评分标准

实习地点： 系部： 班级： 姓名： 组号：

考核项目	指标分值	考核标准	成绩分档及权重					考核方式
			A	B	C	D	得分	
			1	0.8	0.6	0.4		
理论应知部分	20	四面刨床的作用及特点（6 分）						现场口试
		四面刨床的结构组成（6 分）						
		四面刨床的工作原理（8 分）						
技能操作	40	四面刨床的调整（20 分）						现场操作
		四面刨床的操作（20 分）						
质量评定	20	加工质量分析（含加工缺陷分析）（20 分）						现场测试
实训报告	20	字迹是否工整，文字表达是否完整、清晰，语言是否通顺、简练（6 分）						书面形式
		内容是否齐全（7 分）						
		分析是否正确（7 分）						
得分								
教师签字								

第4章
铣床和开榫机

本章学习目标

理论知识 了解木工铣床、开榫机的种类、特点；了解木工铣床、开榫机的基本构成和工作原理；掌握数控木工铣床的工作原理；熟悉木工铣床、开榫机的调整步骤和安全操作要求。

实践技能 学会木工铣床的操作方法和步骤；掌握木工铣床的调整方法；熟练掌握梳齿榫开榫机的作业操作。

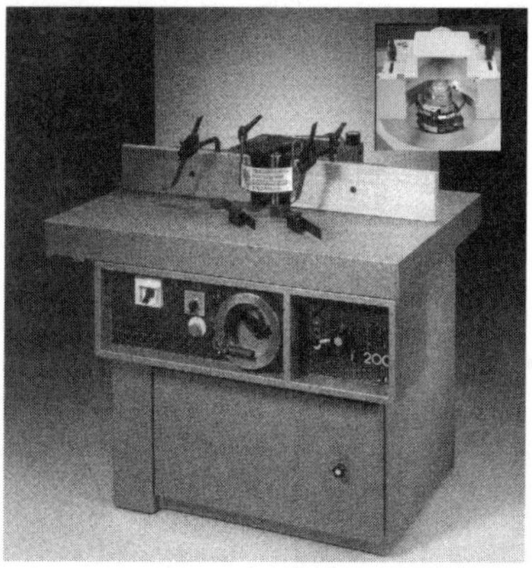

单轴木工铣床

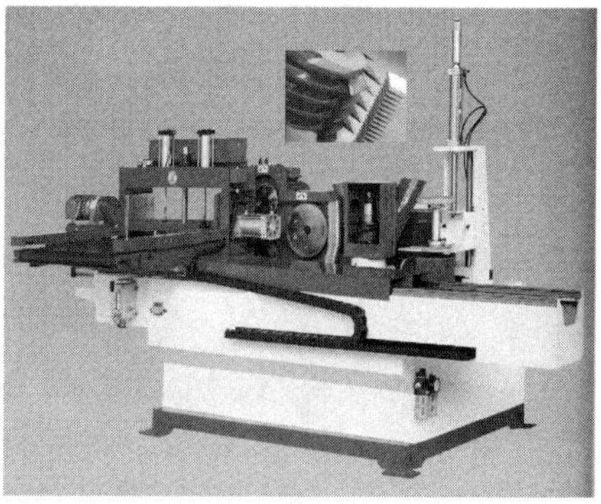

梳齿榫开榫机

4.1　木工铣床

木工铣床是一种多功能木材切削加工设备，在铣床上可以完成各种不同的加工。主要对工件进行平面、直线、曲线外轮廓、成型、仿型等铣削加工，此外，还可以进行锯解、开榫、裁口等加工。

木工铣床分类，按进给方式分手工进给和机械进给铣床；按主轴数目分单轴和双轴铣床；按主轴位置分上轴和下轴、立式和卧式铣床；按机床质量分有轻型、中型、重型等。

木工铣床中以单轴立式下轴木工铣床应用较为广泛，除用手工进给方式外，也采用机械进给方式。

4.1.1　手工进给立式木工铣床

这类木工铣床有单轴和双轴两种，其中单轴式使用普遍。MX5110 型立式单轴木工铣床以其加工范围广、性能优良被广泛应用于各木材加工企业。

图 4-1 所示为 MX5110 型单轴立式木工铣床的结构示意图。这种铣床主要用于加工工件的各种沟槽、平面和曲线外形，又可应用于方材的端头开榫头、拼板的榫槽、榫簧的加工、木框外缘型面加工等。

(1) MX5110 型立式单轴木工铣床结构

床身　床身 1 是用铸铁制成的整体箱式结构，用于安装机床零部件。

工作台　工作台 2 为整体铸铁矩形平板，固定在床身上。台面上装有导板 10，安全护

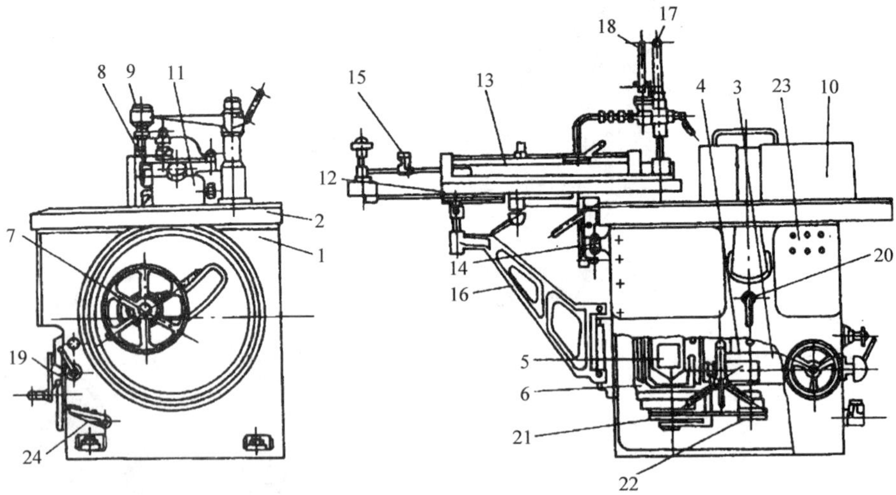

图 4-1　MX5110 型单轴立式木工铣床结构示意图

1. 床身　2. 工作台　3. 主轴　4. 主轴套筒　5. 双速电动机　6. 张紧机构　7. 升降手轮　8. 套轴　9. 主轴支架　10. 导板　11. 安全护罩　12. 活动工作台　13. 靠板　14. 导轨　15. 限位器　16. 托架　17. 压紧器　18. 侧向夹紧器　19. 主轴倾斜手轮　20. 主轴制动机构　21、22. 传动带塔轮　23. 电气按钮　24. 刹车踏板

罩 11，用以调节铣削深度和兼做木屑吸出器；此外，还装有带有可拆卸轴承的主轴支架 9，轴承套装于主轴伸出的套装柄端部，使主轴在重型加工时运转平稳，能承受较大的侧向压力。床身上部与工作台中心相对应处开有长圆形孔，以便主轴套装柄伸出于工作台面上，主轴与床身的长圆孔之间用可伸缩的帆布罩封住，这样即使主轴调整至倾斜位置时，杂物和切屑等不能落入床身内。

主轴的升降与倾斜　主轴 3 用轴承套装在主轴套筒 4 内，主轴套筒 4 套装在主轴托架的座孔内，其外圆上的梯形螺纹与座孔内的带有锥齿圈的螺母相配合。升降时，放松升降锁紧手柄，转动升降手轮 7，经锥齿轮传动，使带有锥齿圈的螺母转动，主轴套筒 4 在主轴托架的座孔内上下移动，实现主轴的升降。需倾斜时，主轴托架上部通过半圆形的“V”形导槽，扣装在与床身固连的圆弧导轨上，下部通过丝杠螺母机构与主轴倾斜手轮 19 相连。转动主轴倾斜手轮 19，通过丝杠螺母机构推动主轴托架沿圆弧导轨转动，从而调节主轴的倾角。其角度值可在刻度盘上读出，调整好后用锁紧手柄锁紧。

主轴的传动　双速电动机 5 用支座安装在主轴套筒 4 的下端，其上的传动带塔轮 21 与主轴尾端传动带塔轮 22 构成传动带塔轮变速机构，使机床获得六种速度（2 880、3 880、4 860、5 760、7 760、9 612r/min），以适应不同加工工艺的需要。张紧机构 6 用于张紧传动带并实现变速。

活动工作台　活动工作台用于板材、方材端头的开榫，其结构如图 4-2 所示。

活动工作台在托架 23 的支承下，可沿圆柱导轨 16 水平移动。活动工作台上装有零件侧向基准的导向板 8、压紧器 10、侧向压紧器 9 和零件长度尺寸的限位器 4。活动工作台末

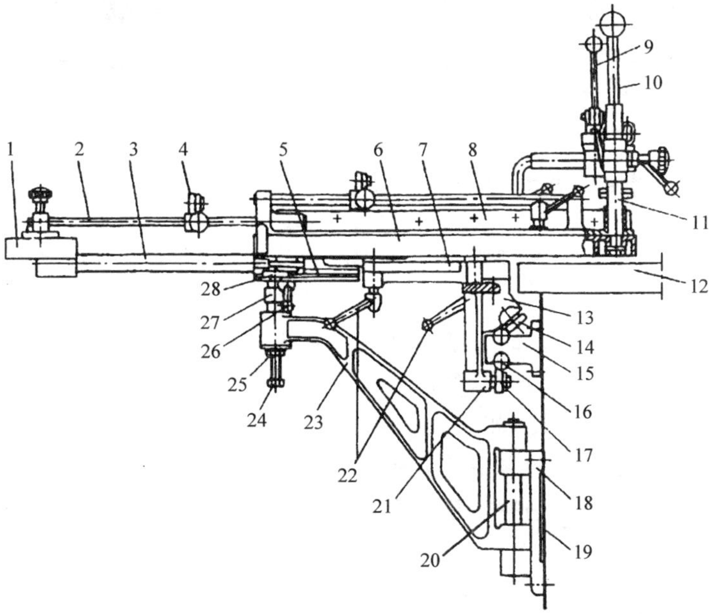

图 4-2　MX519 型立式单轴木工铣床活动工作台结构示意图

1. 后托板　2. 圆柱形导轨　3. 支架轴　4. 限位器　5. 导轨　6. 活动工作台　7. 底架　8. 导向板　9. 侧向压紧器　10. 压紧器　11. 导柱　12. 固定工作台　13. 轴承座　14. 上轴承滚轮　15. 导轨支座　16. 圆柱导轨　17. 下轴承滚轮　18. 支座　19. 座身　20. 销轴　21. 下滚轮支架　22. 锁紧手柄　23. 托架　24. 锁紧螺钉　25. 螺母　26. 支架轴锁紧手柄　27. 支承轴　28. 滚轮

端装有两根支架轴 3 和后托板 1，用于加工长零件之用，保证加工质量。

底架 7 背面的右端装有两个轴承座 13。每个轴承座上以偏心套安装两个单列向心轴承，这两个轴承的轴心线的夹角为 90°，并以其外圈作为支承滚轮安装在上圆柱导轨上。固装在底架 7 上的下滚轮支架 21 装有下轴承滚轮 17，安装在圆柱导轨 16 的下方，这种结构避免了活动工作台向上移动或脱轨，并能保证工作台移动轻快。底架 7 的左端是由托架 23 支承的，托架通过销轴 20 和支座 18 联结于床身上。支承轴 27 的上部安装两个滚轮 28，从左右卡在底架的导轨 5 上。支承轴 27 与托架 23 采用滚动轴承配合结构，用螺母 25 调整支承轴 27 的高度即可调整活动工作台的水平度。

安装时要求活动工作台相对固定工作台工作面的平行度在 1m 长度上不大于 0. 30mm（包括沿着导轨方向的平行度和垂直导轨方向的平行度）。

MX5110 型立式单轴木工铣床也可在工作台上安装自动进料器，从而实现机械进给。

（2）双轴铣床

木工铣床除立式单轴铣床外，还有立式双轴铣床，其中以固定的双轴铣床应用较多，图 4-3 所示为手工进给的立式双轴木工铣床结构与外形图。

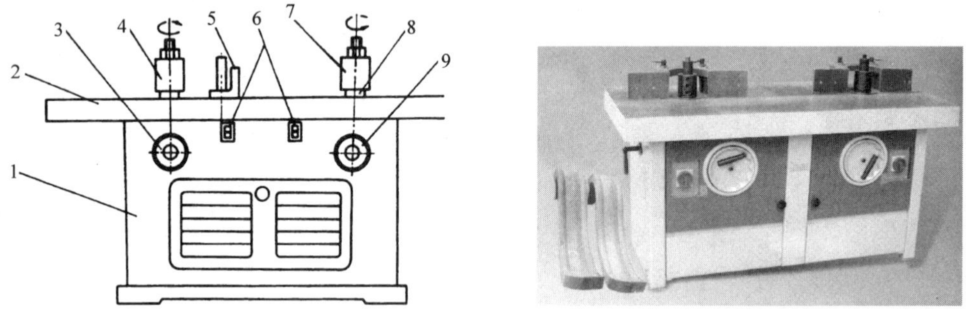

（a）　　（b）

图 4-3　手工进给立式双轴木工铣床结构示意图与外形图

（a）结构示意图　（b）外观图

1. 床身　2. 工作台　3、9. 手轮　4. 左旋刀轴　5. 导板　6. 开关　7. 右旋刀轴　8. 挡环

机床具有两个中心距不可调的刀轴，其中刀轴 4 为左旋刀轴，而刀轴 7 则为右旋刀轴。加工时，手持装夹有工件的样板，紧靠挡环 8，首先通过右旋刀轴 7 铣削工件的前端，此时为逆向铣削；当加工工件接近尾端时，可迅速转移至左旋刀轴 4 继续进行铣削加工，此时为顺向铣削，有效地防止了工件两端在铣削加工中出现的崩裂现象，保证了较高的加工质量。此外，该机床还可在工作台滑槽中安装导板 5，导板可沿滑槽左右移动调节，用做单刀轴纵向铣削时的工件导向。

4. 1. 2　机械进给木工铣床

手工进给木工铣床不仅生产率低、工人的劳动强度大，而且也不安全，仅适用于单件或批量较小时的生产。对成批生产应采用机械进给的专用木工铣床。

机械进给木工铣床有自动进料器、链条进给装置和回转工作台进给装置等形式。选择何种形式，主要依据是工件的外形和加工尺寸。对直线形工件且沿着导轨进给的工件，一般选用滚筒、滚轮或履带自动进料器，从工件上面、侧面或端部压紧实现进给。对于加工单面曲线工件或双面曲线工件，可以采用单滚轮装在单轴铣床上，或双滚轮装在双轴铣床上。这两种进给装置都采用单独电动机，通过减速器驱动工件运动实现进给。

（1）自动进给器进给

采用自动进料器时，可以是履带自动进料器，也可以是滚筒或滚轮自动进料器。图 4-4 为橡胶滚轮式自动进料器结构示意图，有三个滚轮 10，由单独的电动机 2，通过减速器带动滚轮 10 回转，将工件 9 压向导板 7，并沿着导向尺和工作台 8 进给经铣刀进行加工。

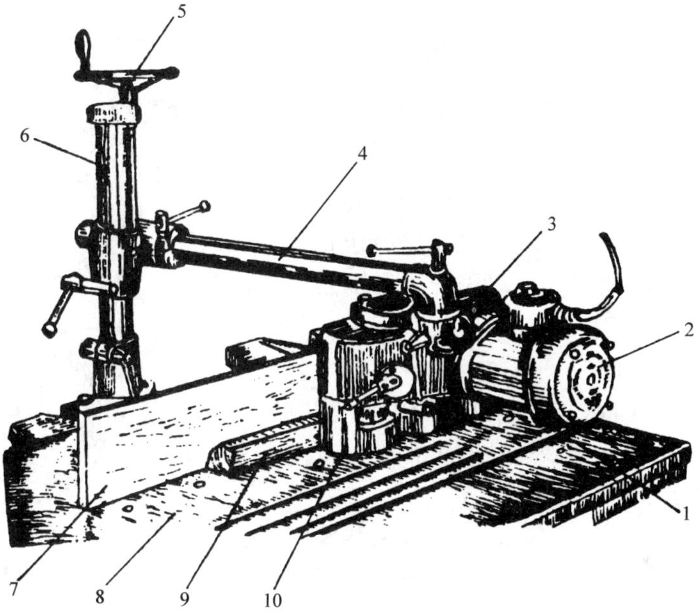

图 4-4 橡胶滚轮式自动进料器结构示意图

1. 外壳 2. 电动机 3. 减速器 4. 支撑杆 5. 手轮 6. 立柱 7. 导板 8. 工作台 9. 工件 10. 滚轮

该进料器可加工工件厚度为 10 ~ 100mm，宽度为 30mm，进料速度为 18 ~ 25m/min，电动机功率为 0.8kW，质量为 500 ~ 750kg。

（2）链条进给装置

图 4-5 所示为链条进给装置的木工铣床结构图，主要用于模板仿型加工。链条进给装置由链轮及传动系统、链条、压紧轮和压紧弹簧组成，进给速度为 5 ~ 15m/min，由单独电动机驱动。

电动机 1 经减速器 2、齿轮和链条传动，驱动与主轴同心的链轮 3 旋转；弹簧将压紧滚轮 4 紧靠样板 6 的表面，使链轮 3 与样板 6 外围上的链条始终相啮合。由于样板 6 被压紧滚轮 4 压紧，当链轮 3 转动时，就带动安装在样板上面的工件通过刀轴 7 实现机械进给。利用踏板使压紧滚轮 4 放松，则样板 6 与链轮 3 脱开，机构便停止进给。

（3）回转工作台进给装置

如图 4-6 所示为回转工作台进给铣床工作原理图。在回转工作台 1 上固定样板 2，工件 3 安放在样板上；刀轴 4 和支承挡环 5 装在滑枕 6 的前端，滑枕在压紧机构作用下，使支承挡环 5 紧靠样板 2 的曲线外缘上，随着工作台的回转，工件被铣削加工。工作台上分加工区

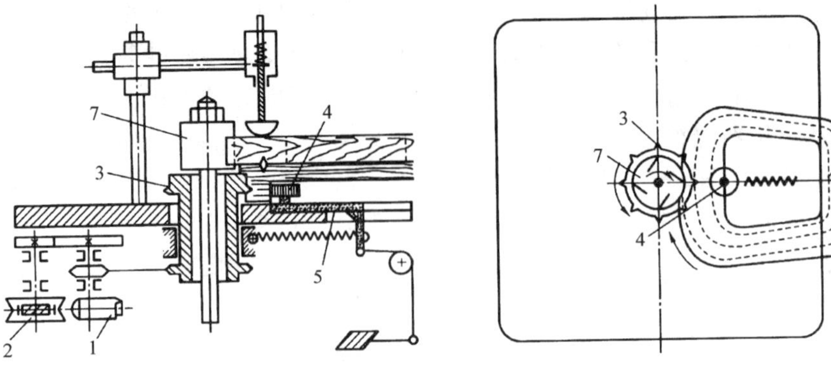

图 4-5　具有链条进给装置的木工铣床结构图

1. 电动机　2. 减速器　3. 链轮　4. 压紧滚轮　5. 活动架　6. 样板　7. 刀轴

和非加工区，在非加工区装卸工件。由于回转工作台 1 上可以安装各种样板，所以这种木工铣床也属于仿型加工设备。这种木工铣床有单铣刀轴、双铣刀轴和双铣刀轴与砂磨刀架相组合等多种形式。

（4）铣床的安全操作

① 铣床的保护罩距离刀轴不能小于 10mm；

② 铣削复杂截面时，需要采用压紧装置，要沿着导板和工作台用推板压紧工件进给；

③ 主轴支架固定要安全可靠，不允许突然松动；

④ 刀轴安装固定，不能偏摆。要随时检查，发现偏摆时要停车调整固定。刀轴下面不允许加垫；

⑤ 操作者在主轴没有完全停止转动时，不许离开机床。机床要用专门的刹车装置制动；

⑥ 在铣削曲线形工件时要用样板，并将工件与之固定为一体。

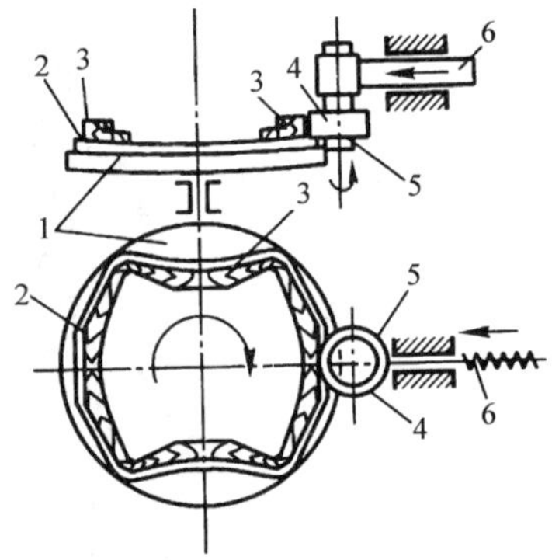

图 4-6　回转工作台进给铣床工作原理图

1. 回转工作台　2. 样板　3. 工件　4. 刀轴　5. 支承挡环　6. 滑枕

4.1.3　木工镂铣床

木工镂铣床又称上轴式木工铣床，主要用于铣平面、曲线表面，开各种腰鼓形的榫槽，可以钻孔和扩孔等。当具有专用夹具时，还可用于零件外形曲线、内部仿型铣削，花纹雕刻、浮雕等艺术性铣削加工。

图 4-7 所示为国产 MX705 型立式上轴木工镂铣床的结构与外形图。该铣床主要由床身、工作台、主轴刀头、工作台升降机构、电气控制等部分组成。

（1）工作台

工作台 8 由铸铁制成，固连在床身 1 上，工作台上装有伸出高度达 6mm 的导向销 9，以供靠模沿其移动而进行仿型铣削加工。

工作台高度由手轮 6，通过锥齿轮副、丝杠螺母机构使之升降，调整完毕后用手柄 7 锁紧。工作台的升起可通过大踏脚板 4 和杠杆机构实现，通过调节螺栓 3，控制大踏脚板的回转角度，从而使工作台升至预调的作业高度。工作台高度位置的保持由与小踏脚板 5 相连的

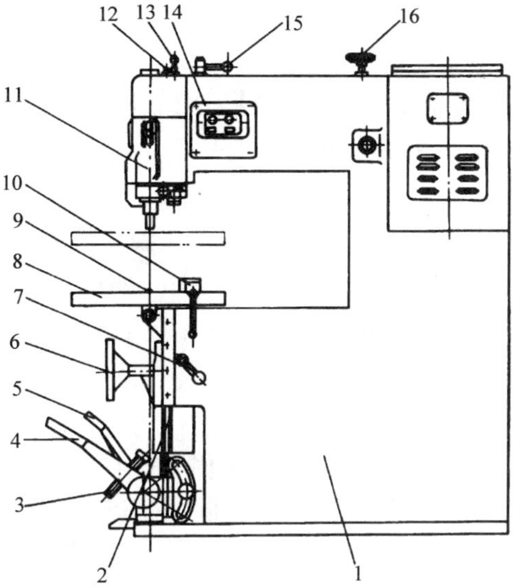

(a)

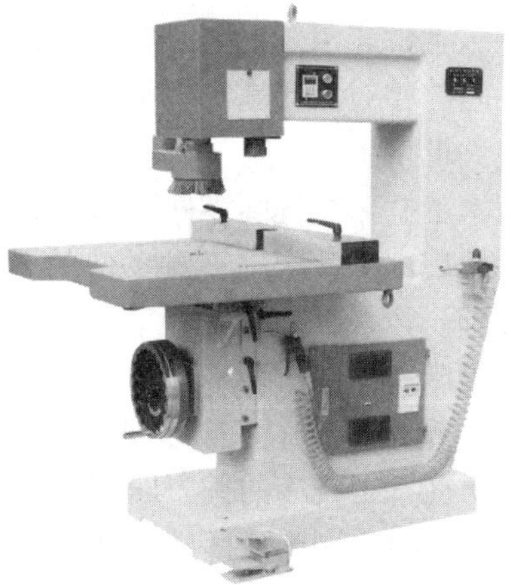

(b)

图 4-7 国产 MX705 型立式上轴木工铣床结构示意图与外观图

（a）结构示意图 （b）外观图

1. 床身 2. 升降机构 3. 螺栓 4. 大踏脚板 5. 小踏脚板 6、16. 手轮 7、15. 手柄 8. 工作台 9. 导向销 10. 导板 11. 主轴动力头 12、13. 螺钉 14. 电气控制部分

弹性碰头和装于圆弧槽内的碰块来实现。当大踏脚板 4 使工作台向上升起时，弹性碰头斜面在挡块作用下，克服弹簧力缩回，通过挡块后，在弹簧作用下立即复位伸出，此时，即使放松了大踏脚板，由于弹性碰头被挡块挡住，工作台不能下落，保持预调作业高度。当工作台需要下降时，可踏动小踏脚板 5，弹性碰头缩回并与挡块脱开，工作台在自身重力作用下返至原位，调节圆弧槽内挡块位置，即可控制工作台的停留高度。

（2）主轴传动

镂铣床主轴由电动机经传动带驱动旋转，转速高达 16 800r/min，采用强制循环润滑系统对主轴轴承进行润滑。为了确保安全和提高生产率，机床主轴电动机除采用电气制动外，还设置有手动制动（刹车）装置。当顺时针转动手柄 15 时，通过拉杆带动摩擦块，电动机轴上大带轮轮缘将受到摩擦力的作用，使主轴受到双重制动而迅速停止。手轮 16 用以调节电动机轴上大带轮的上、下位置，使大、小带轮的鼓形中心保持一致。在主轴动力头床身一侧的手轮，通过蜗轮蜗杆、丝杠螺母机构，使与电动机座相连的导轨产生移动，用以调整高速环形带的张紧度。

主轴外部床身上装有主轴锁栓，更换刀轴时，将其插入主轴动力头 11 的孔内，以防止装刀轴时主轴转动。安装结束后必须将其拉出。

20 世纪 80 年代以来，随着工业和科学技术的发展，木工镂铣床的自动化程度、加工精度、操作性能、效率等都得到进一步的提高。例如国外生产的光电跟踪木工镂铣床，用于生产时无需编制控制程序，仅用墨笔绘出所需加工工件形状的图样，就能自动跟踪控制刀具中心的运动路线，跟踪精度达 ±0.025 4mm。

4.1.4 仿型木工铣床

仿型木工铣床用于铣削复杂型面的成型木制品零部件，主要利用靠模（或样板）由铣刀与工件间的相对运动来实现仿型铣削加工，故又称为靠模机，是一种专用型木工铣床，适宜中等或大批量生产。

仿型木工铣床按铣削零件形状的不同，可分为立体仿型木工铣床和表面仿型木工铣床两类。立体仿型木工铣床用于对零件的外表面或内表面的仿型铣削加工，如鞋楦、脚型（弯脚、海螺脚）以及假肢（假手、假脚）等外表面零件的铣削。按铣削的方向又可分为横向仿型木工铣床和纵向仿型木工铣床两种。

（1）仿型木工铣床工作原理

横向仿型木工铣床的铣刀回转运动时轴线与工件回转运动轴线相平行。加工时工件和靠模都绕自身轴线作同步的回转运动，而安装在仿型刀架上的铣刀，除主切削运动外，还有仿型刀架的纵向和横向（即沿工件的轴线方向和半径方向）的进给运动。沿工件轴线方向的进给运动是另外由纵向的传动系统而产生，如果加工工件长度与铣刀宽度相等，则不需沿工件轴线方向的进给运动。沿工件半径方向的进给运动，是由靠模和压紧滚轮的接触产生。靠模的形状和尺寸与制品相同，它与被加工毛坯同步旋转，并由压紧滚轮压紧在靠模上。因此，旋转的靠模以其接触点形状的变化推动压紧滚轮摆动，与滚轮同步移动的铣刀也一起摆动，在此径向进给与轴向进给的配合下，便可将毛坯加工成与靠模形状相同的制品。铣床上铣刀的铣削速度应大于工件的回转速度，沿工件回转半径方向的进给速度也应大于沿工件轴线方向的进给速度。

纵向仿型木工铣床的铣刀回转运动轴线与工件回转运动轴线垂直，其工作原理与横向仿型木工铣床基本类似。

表面仿型木工铣床的加工质量，取决于靠模的制造精度，刀具与工件之间复合的相对运动是否协调。生产率则决定于机床的自动化程度及同时加工工件的数量。

在我国家具生产中，普遍采用了具有纵向进给的横向仿型木工铣床，机床的一般技术参数有：铣刀转速为 3 000 ~ 6 000r/min，铣刀直径为 15 ~ 250mm，加工工件直径为 75 ~ 250mm，加工工件长度为 150 ~ 750mm，工件转速为 15 ~ 60r/min，铣削功率为 1kW，质量在 800 ~ 1 500kg 之间。

（2）弯脚仿型木工铣床

结构组成　图 4-8 所示为其结构示意图。该机床主要由床身、主轴齿轮箱、刀架机构、上料机构、尾架以及液压装置等部分组成。主轴齿轮箱 2 由电动机 12 直接带动，变换主轴齿轮箱手柄 A、B 的相互位置可使主轴获得六种不同的转速。可根据弯脚、靠模的不同长度，来调节主轴齿轮箱 2 和尾架 5 的距离，并由靠模主轴顶尖 7 和靠模夹紧顶尖 8 将靠模固定。工件则固定在四个工件主轴顶尖 9 和工件夹紧顶尖 10 之间。刀轴机构 3 由四个直径为 100mm 或 130mm 的铣刀头 11 组成，每个铣刀头上安装三只杯形铣刀，其刃口圆弧直径为 26mm 或 40mm。刀轴由电动机 13 通过传动带传动，转速为 5 000 ~ 8 000r/min。

机床的操作　首先应调整好靠模与工件之间相互回转位置，并用顶尖固定，然后主轴齿轮箱运转使工件和靠模同步回转，杯形铣刀高速绕刀轴回转，并沿工件回转半径方向进给，即实现横向进给；与此同时，刀轴机构 3 还沿工件长度方向移动，进行仿型铣削。当加工完

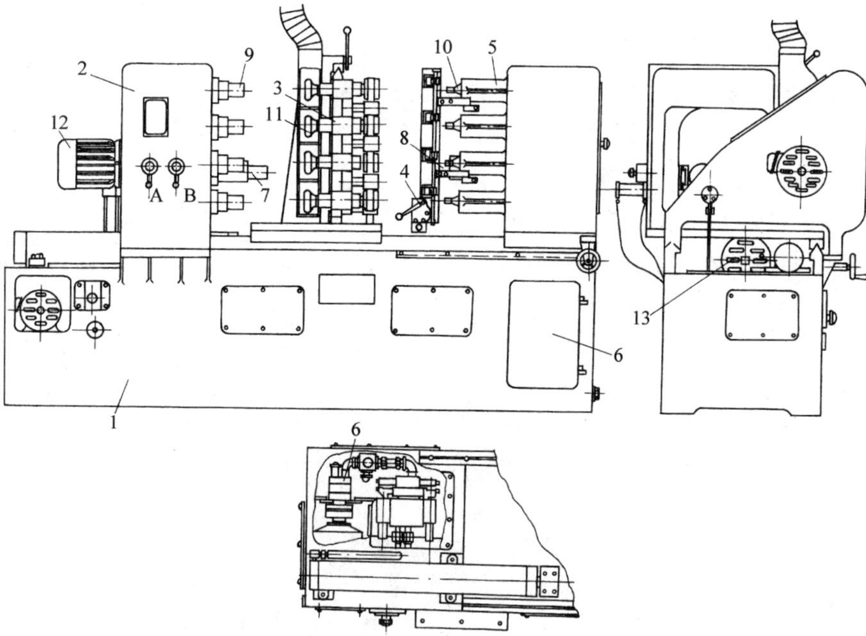

图 4-8 弯脚仿型木工铣床结构示意图

1. 床身 2. 主轴齿轮箱 3. 刀轴机构 4. 上料机构 5. 尾架 6. 液压装置 7. 靠模主轴顶尖 8. 靠模夹紧顶尖 9. 工件主轴顶尖 10. 工件夹紧顶尖 11. 铣刀头 12、13. 电动机 A、B. 手柄

毕，则纵向与横向先后复位，然后夹紧顶尖退回，将工件取下。

国产 MX7416×10 型四轴仿型木工铣床，其工作原理与弯脚仿型木工铣床相似，但它是集铣削和砂光为一体、同步作业的半自动化机床。通过气动系统与电气控制系统来实现仿型运动和加工自动循环，其生产效率较高，操作较简便。

国外也有将直接装夹有刀头的高频电动机（4~6 台）安装在一框架上，框架借助于滚轮可在导轨上轻便地移动，并可绕某轴灵活地转动，由一名工人手工操作，按靠模一次可以铣削加工出与其花纹图案完全相同的 4~6 块工件，生产率较高。

直线进给的仿型木工铣床，可以加工长板条状曲线轮廓。该仿型机床有一个长机座，纵向溜板上有一支架，支架上装有几个气缸夹紧头，纵向溜板由油缸推动实现纵向直线运动；中部有三个横向溜板，上设四个仿型铣刀轴和两个砂光头，可分别加工工件的两面，由靠模及液压装置使刀架作横向仿型进给，一次可以完成两侧面的仿型加工。这种铣床只需要一块模板，占地面积小，装夹可用手工或通过料仓进行，自动完成工作循环，具有省工、省时，占地面积小等特点。

4.2 开榫机

在木制品生产中，零部结合方式以榫结合较为普遍。榫的结合形式分为木框榫、直角箱榫、燕尾榫、指接榫等，各种形式的榫一般都可以利用木工铣床来加工，在大批量生产中，可采用专用的开榫机来进行加工。

4.2.1　开榫机的种类和用途

按照机床的用途或榫头形状的不同，开榫机可分为：

① 木框榫开榫机，用于加工平面木框；

② 箱榫开榫机，用于加工箱结榫，使箱板、拼合板等组装成箱体；

③ 指接榫开榫机，用于加工指接榫，使方材或板条纵向平面接合或接长；

④ 长圆弧榫开榫机，用于加工圆弧木框直榫和圆榫，使方材或板材能组装成框架结构木构件；

⑤ 圆棒榫加工机床（亦称圆棒机），用于加工圆榫，常用于板式家具的部件组装成产品。

(a)

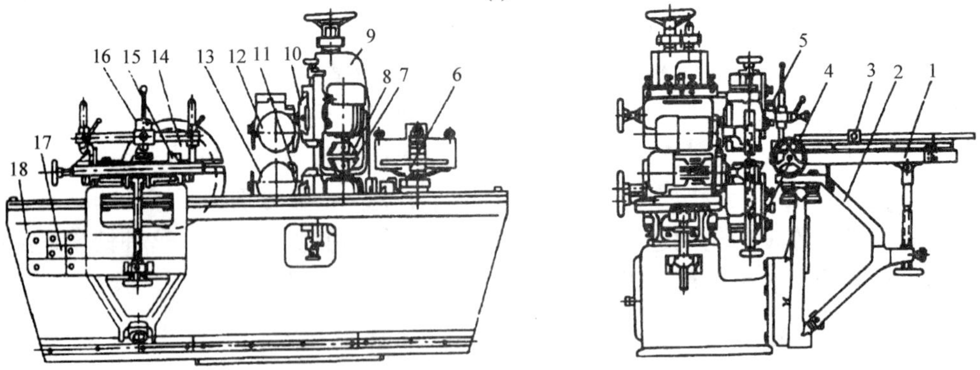

(b)

图 4-9　MX2116A 型单面木框榫开榫机结构示意图与外观图

（a）外观图　（b）结构图

1. 活动工作台　2. 托架　3. 靠板　4. 下垂直刀架　5. 上垂直刀架　6. 中槽盘铣刀　7. 下垂直刀轴　8. 上垂直刀轴　9. 立柱　10. 上水平刀架　11. 下水平刀架　12. 上水平刀轴　13. 下水平刀轴　14. 截头圆锯　15. 侧向压紧器　16. 偏心垂直压紧器　17. 电气按钮板　18. 导轨支座

4.2.2 木框榫开榫机

（1）木框榫开榫机的种类

木框榫开榫机即直角榫开榫机，可分为单面开榫机和双面开榫机两类。单面木框榫开榫机按加工零件的进给方式又可分为手工进给和机械进给两种。双面开榫机都是机械进给的。木框零件在开榫机上开榫时，通常是顺序地通过几个刀头，完成榫头的榫颊、榫肩和榫槽的加工。

下面以生产中较为常用的国产 MX2116A 型单面木框榫开榫机为例，说明其组成和工作原理。

（2）国产 MX2116A 型单面木框榫开榫机

图 4-9 所示为 MX2116A 型单面木框榫开榫机结构示意图与外观图

机床结构　开榫机机座的前部装有截头圆锯 14，在机座的后部装立柱 9，其前面装有上下水平刀架与刀轴 10、11、12、13，上下垂直刀架和刀轴 5、4、8、7；且后面装有中槽盘铣刀 6，共六个刀架。这六个刀架是按照木框榫开榫的加工程序来安装的，并通过各自的刀架安装在机座和立柱上，组成一个完整的开榫工序。

机床的机座左侧固定有支撑托架工作台的导轨支座 18，活动工作台 1、压紧机构和托架 2。导轨支座 18 上部和下部各有一根导轨，用以支撑托架 2，而托架上下部均装有单列向心滚动轴承组成的滚轮组，使托架和工作台轻快地沿导轨移动。活动工作台 1 背面右端与托架 2 之间由丝杆来支撑，转动手轮，可调节工作台的倾斜度（0°～30°），并有螺钉紧固，这样便可在工件端部加工呈倾斜的榫头或斜截头。工作台上装有偏心垂直压紧器 16、侧向压紧器 15 和靠板 3 等，用以正确安放和夹紧工件，使工件在加工过程中不发生移动，保证工件加工精度。

机床传动系统　图 4-10 所示为 MX2116A 型单面木框榫开榫机刀头配置和传动系统结构图。

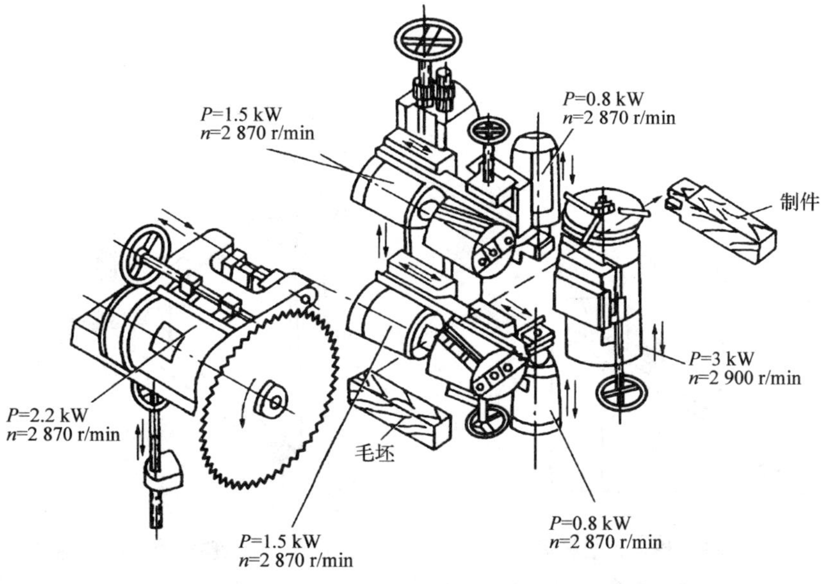

图 4-10　MX2116A 型单面木框榫开榫机刀头配置和传动系统结构图

六个切削刀头分别安装在六台专用电动机的加长轴上直接驱动，可由按钮板集中控制。

工件放在工作台上，并紧贴基准导板和端面挡板，用偏心加紧器从上面将工件压向工作台，再侧向压紧在导板上，用手推动工作台依次经过截头圆锯、上下水平刀头、上下垂直刀头，最后经过中槽圆盘铣刀进行切削加工，从而得到需要的榫头。

机床的调整

a. 截头圆锯的调整。截头圆锯用来截齐工件端面，锯片要根据工件厚度上下移动，如图 4-10 所示，调整时转动手轮，通过丝杠螺母使电动机同锯片一起升降。锯片水平移动调整，可通过转动水平调整手轮进行。调好后用相应的手柄锁紧。

b. 上下水平刀头调整。如图 4-11 所示，上下水平刀头调整时，要依据榫头厚度，转动手轮 1、齿轮副 3、丝杠 4、螺母 2、5 带动两个刀头上下移动，也可以单独调整，即将手轮取下装在另一根丝杠上，或把手轮上提至键以上转动 90°，齿轮下端面的半圆槽与键配合，就可以单独调整。上下水平刀头的水平移动调整应根据榫头长度，转动相应手轮进行。

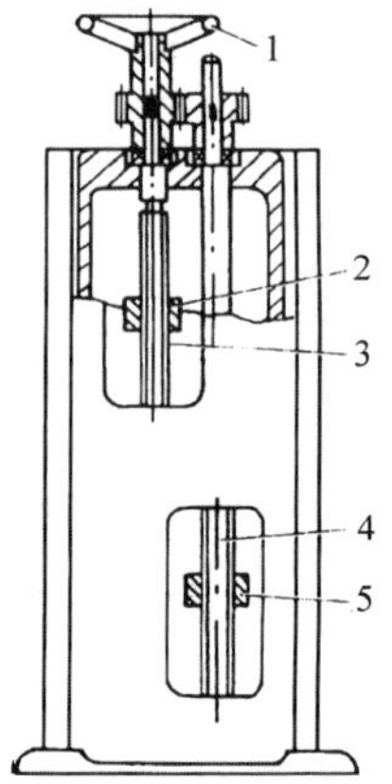

图 4-11　上下水平刀架调整

1. 手轮　2、5. 螺母
3. 齿轮副　4. 丝杆

c. 水平刀头与垂直刀头的对刀。水平刀头靠近工作台端装有两把齿形立刀（又称勒刀）用于切断榫头根部木材纤维，获得光滑平整的榫肩。齿形立刀的伸出量应一样，其回转半径略大于平刀刃口的回转半径（≤1mm）。水平刀头的两把平刀是对称地装在刀头斜槽口中，因此，平刀刃磨时，在刀的长度方向上应磨出一定弧度，其弧度应与刀头斜槽口相适应。

加工平肩榫头，上下水平刀头的齿形立刀应在同一平面内；加工高低肩榫头，应按要求的尺寸分别调整。

加工带角度榫肩的榫头，上下垂直刀头端面的切削刃和水平刀头平切削刃回转母线在同一个水平面上。

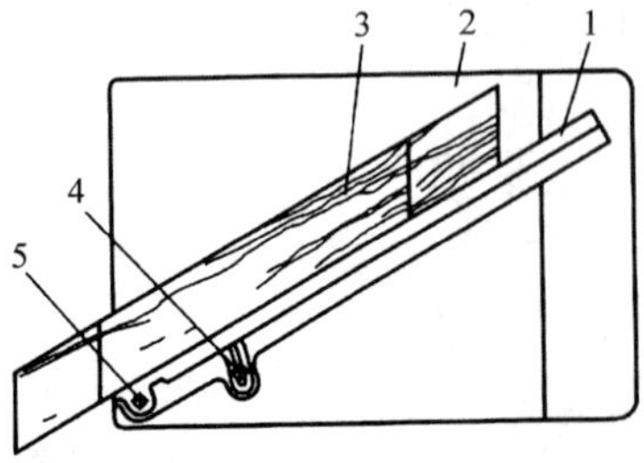

图 4-12　加工直榫斜肩工作台导板的调整

1. 导板　2. 工作台　3. 工件　4. 螺栓　5. 轴

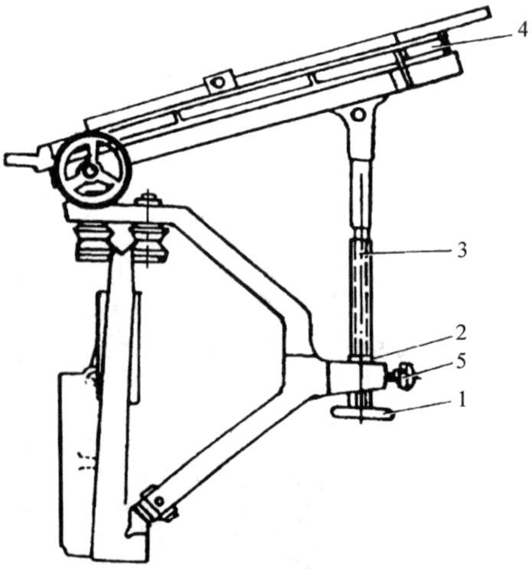

图 4-13　加工斜榫时工作台的调整

1. 手轮　2. 螺母　3. 丝杠　4. 工作台　5. 网纹滚花螺钉

d. 垂直刀头和中槽铣刀的调整。两个垂直刀头和中槽铣刀的升降和水平移动的调整，应根据需要，转动相应的手轮进行。

e. 开斜肩榫或斜榫时工作台的调整。加工直榫斜肩，先将螺栓4松开，工作台上的导板1绕轴5转动，使其斜度与工件3斜度一致即可，然后将螺栓4拧紧，如图4-12所示。

斜榫加工时，转动手轮1使丝杠3转动，调节工作台4倾斜，达到要求的角度后，用网纹滚花螺钉5锁紧，如图4-13所示。

机床加工时工件出现的缺陷及其排除方法　见表4-1。

表4-1　加工缺陷、产生原因及排除方法

缺陷名称	产生原因	排除方法
工件长短不一致	工作台端板安装不正确	重新安装挡板
工件断面不垂直台面	锯面不平	校正锯架位置
榫头在长度方向有斜度	水平刀头不水平	校正水平刀架并锁紧
榫宽方向有斜度	工件在工作台上不牢靠	调整压紧器压紧
榫厚不符合规定	一面或两面水平刀头发生位移	检查刀头位置，相应调整刀架位置，调好后要锁紧
榫颊长度不一样	一面水平刀头产生位移	刀架位置进行调整并锁紧
榫沟与榫不平行	中槽铣刀偏斜，不在水平面内	调整中槽铣刀刀架
双榫榫厚不一致	中槽铣刀垂直高度调整不准确	重新调整中槽铣刀，调好后固定

4.2.3　箱结榫开榫机

箱结榫开榫机按照进给方式分为手工进给和机械进给两种；按照主轴数目分为单轴、双轴和多轴；按主轴位置分为立式和卧式；按照箱结榫的类型和形状又可分为直角箱结榫和燕尾形箱结榫开榫机等，实际生产中直角箱结榫开榫机使用较为普遍。

直角箱结榫开榫机的刀具多采用圆盘铣刀，分为周期式径向进给和连续式切向进给两种。前者加工质量高，但生产率低。切向进给的直角箱结榫开榫机又分单面和双面两类。

图4-14所示为抽屉直角榫开榫机结构示意图。

机床结构　主要由床身、导轨、推架、主轴和传动机构等主要部分组成。

a. 床身：床身1由铸铁或钢板焊接而成。

b. 主轴：主轴6外有铸铁防护罩，主轴上可以根据加工直角榫的数目安装组合圆盘铣刀8。主轴是由电动机10通过三角带直接带动旋转，通过主轴下面的蜗轮蜗杆、齿轮齿条机构，实现主轴的升降，即可调节刀具相对于工件的位置。调节完毕，将主轴用手柄7锁紧。

c. 工作台：移动工作台5的上面放置一组工件，紧靠导板9并可根据加工榫头的长度，用手轮14移动，以调节切削刃相对导板工作面的位置。移动工作台的进给是由电动机13通过三角带传动，以减速箱11、由链条12带动，使其沿导轨2移动。当按下手柄3，将插销插入链条时，移动工作台随即自动前进，加工完毕时，工作台撞上限位开关，电动机停止工作，手柄反方向回转，退出插销，用手将工作台拉回，卸下已加工工件，完成了一个工作周期。

工件被夹紧固定在两个互相垂直的工作台上，夹紧是由四根手柄通过偏心夹紧轴实现

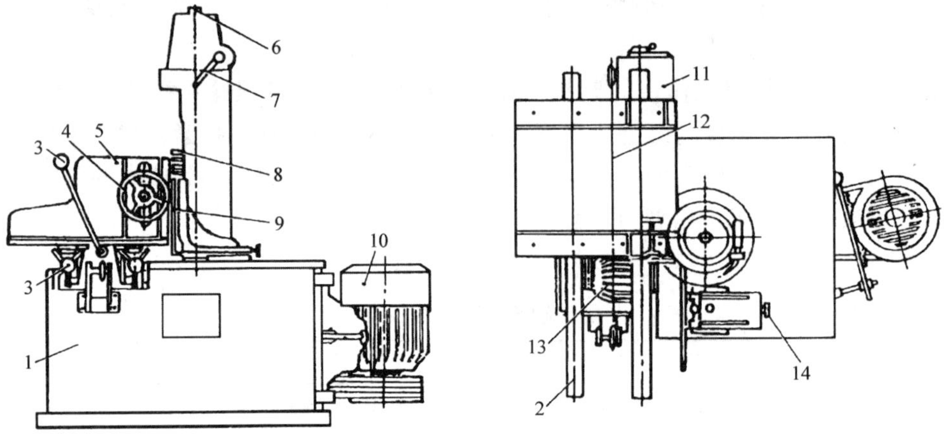

图 4-14　抽屉直角榫开榫机结构示意图

1. 床身　2. 导轨　3、7. 手柄　4、14. 手轮　5. 移动工作台
6. 主轴　8. 组合圆盘铣刀　9. 导板　10、13. 电动机　11. 减速箱　12. 链条

的。此外，机床上还有刀轴作往复合成运动时的定位靠模、标尺、工件导板等器件。

这种开榫机能正反双向行程加工，无空行程，调节范围大，可加工 1 ~ 13 个榫头。因有两把端铣刀，故可同时铣削加工两组（每组两块）工件，其生产效率高，适用于中、小批生产。

机床的调整与操作

a. 首先按工件榫的厚度，调节组合圆盘铣刀 8 之间的距离；

b. 根据榫长，转动手轮 4，调节主轴切削刃相对工作台的位置；

c. 根据工件的厚度，调整工件，卡紧偏心轴与工作台面间的距离；

d. 根据工件的宽度，调节导板和行程开头的位置；

e. 开车前使工作台来回移动一次，观察其与切削刃的相对位置。

4.2.4　梳齿榫开榫机

梳齿榫开榫机（又称指形机）用于将小规格板材按纵向平面接长，以做到短材长用，小材大用，提高木材的利用率。梳榫机主要分铣榫式开榫机、锯榫式开榫机两种类型，铣榫机因其加工质量好、精度高等特点而被广泛使用。下面介绍在实际生产中常用的 MXB3510 型半自动梳齿榫开榫机。

图 4-15 所示为 MXB3510 型半自动梳齿榫开榫机结构示意图。这种铣榫式开榫机是集成材生产线上的主要设备之一，其特点是机床结构简单、操作容易、加工精度高。

MXB3510 型半自动梳齿桦开榫机由床身 1、直线滚动导轨 2、工作台夹紧及其移动机构 3、工件夹紧机构 10、截头锯 4、铣榫刀刀架 5、退料机构 6、液压传动装置 7、气压传动装置 8 和电气装置 9 等组成。

（1）机床结构

床身　用型钢和钢板焊接而成，用于安装连接机床零部件，并用地角螺钉固定在基础上。

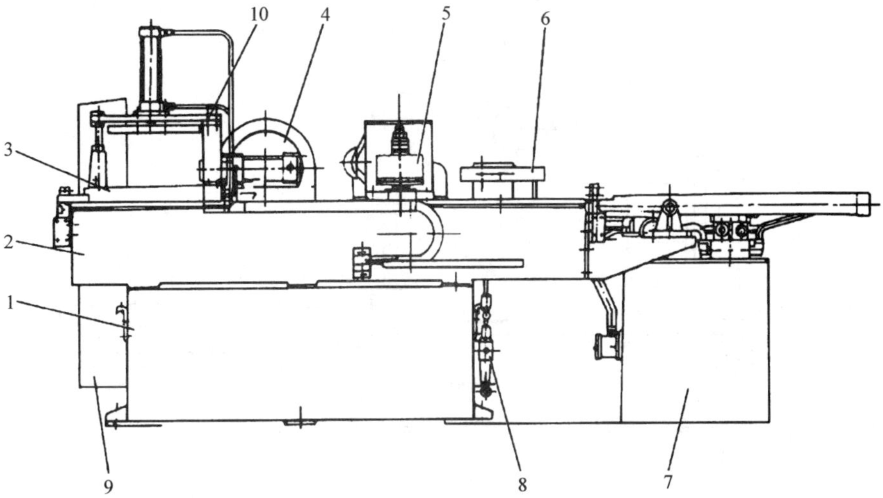

图 4-15 MXB3510 型半自动梳齿榫开榫机结构示意图

1. 床身 2. 直线滚动导轨 3. 工作台、夹紧及行走机构 4. 截头锯 5. 铣榫刀刀架 6. 退料机构 7. 液压传动装置 8. 气压传动装置 9. 电气装置 10. 工件夹紧机构

工作台 用铸铁制成，其底部与床身通过直线滚动导轨副联结（采用精密机床载荷型直线滚动导轨），具有精度高、摩擦因数小、运动灵活、寿命长等特点。工作台由液压传动驱动，实现工件进给的往复运动，无爬行现象。工作台上面设置有上面和侧面夹紧工件的气动夹紧装置。

截头锯 它将带有截头粉碎的复合型硬质合金刨削圆锯片，直接安装在电动机主轴上，用沉头螺钉紧固。使用这种锯片，工件的高度可超过轴中心线。在锯片上带有粉碎片，可将截头直接粉碎同锯屑一起被吸尘装置吸走，以保持车间清洁和防止污染空气。电动机安装在可沿导向链前后移动的滑板上。这样转动手轮通过丝杠、螺母使锯片与工作台运动方向相垂直的水平方向微调，其调节量可通过与其相连的百分表中读出。

铣榫刀刀架 它由电动机、主轴、支撑套及升降丝杠螺母机构等构成。主轴通过单列向心推力球轴承、单列向心球轴承安装在支撑套中，支撑套安装在机床侧面的卡套上，并由丝杆锁住。当主轴需要垂直微调时，先将锁紧丝杠松开，然后转动手轮使丝杆带动螺母达到主轴垂直上下微调，使边刀处于工件的最佳位置，主轴通过传动带由电动机带动回转。

（2）机床的传动系统

横截锯 带有截头粉碎片的硬质合金刨削圆锯片 2，直接安装在横截锯电动机 1 的主轴上，由电动机直接带动回转进行截头，如图 4-16 所示。

铣刀的主运动 是由铣刀电动机 3，通过平带传动装置 4 带动主轴 5 连同铣刀 6 回转，进行梳齿榫加工。

工作台的进给运动 工作台载工件的进给运动是由液压传动实现的，其工作原理如图 4-17 所示。当电动机启动带动液压泵 3 工作，将油从油箱 1 经滤油器 2 吸入并排出压力油，经单向阀 4，此时换向阀 7 右电磁铁线圈得电换向，压力油经换向阀右边工作位置，单向节流阀组 5 中的单向阀、接口 B 进入油缸 8 有活塞杆腔推动活塞及活塞杆带动工作台及其上的工件作进给运动，经截锯截头，再经铣刀加工出梳齿榫。油缸 8 无活塞杆腔的油经接口 A、

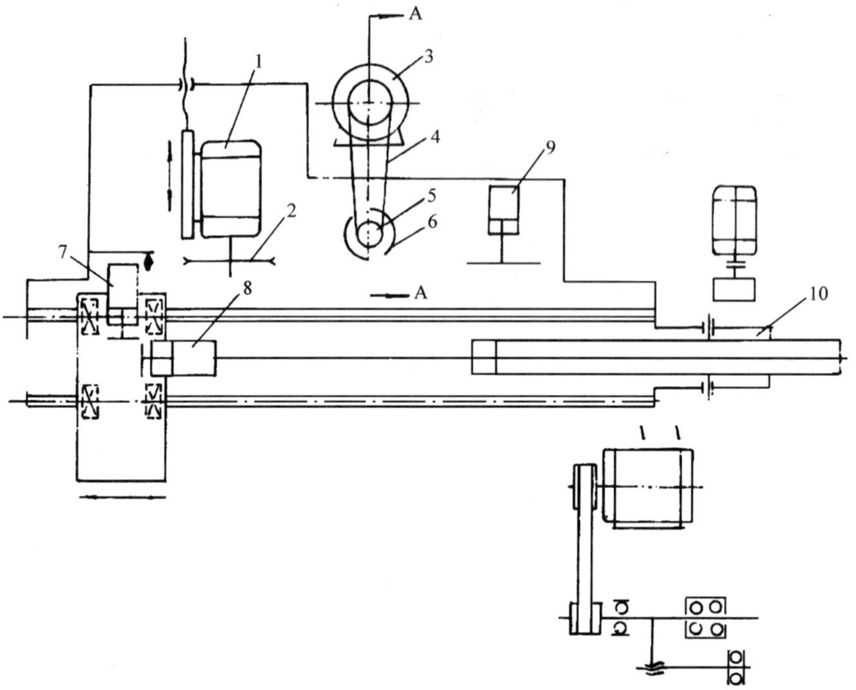

图 4-16　MX3510 型半自动梳榫铣榫机传动系统结构图

1. 横截锯电动机　2. 刨削圆锯片　3. 铣刀电动机　4. 平带传动装置　5. 主轴　6. 铣刀　7. 上夹紧气缸　8. 侧向夹紧气缸　9. 退料气缸　10. 工作台移动液压缸

单向节流阀组 6 中的节流阀，换向阀 7 反回油箱。当进给结束碰撞行程控制开关 13 时，换向阀 7 右电磁铁线圈失电而左电磁铁线圈得电换向，此时压力油经换向阀 7 左工作位置，再经单向节流阀组 6 中的单向阀、接口 A 进入油缸无活塞杆腔，推动活塞及活塞杆带动工作台返回原位置。油缸 8 有活塞杆腔的油经单向节流阀组 5 中的节流阀、换向阀 7 返回油箱。当工作台返原位后，碰撞行程控制开关 12，左电磁铁线圈失电，换向阀 7 处于中间位置，完成一个工作循环。溢流阀 9 是用控制液压系统的压力，压力表 10 用以观察系统调整压力。

夹紧工件和退料　工件的夹紧和退料均用气动装置实现。

（3）机床的调整

机床在开机前，要依据榫槽铣削深度，调整定位靠板、截头锯、铣刀之间的相互位置。定位靠板调整时，依据榫槽深度移动定位靠板，调好后固定。

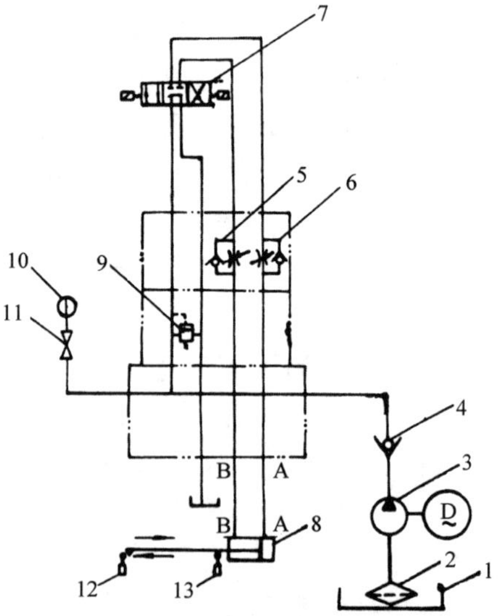

图 4-17　工作台进给运动液压传动工作原理

1. 油箱　2. 滤油器　3. 液压泵　4. 单向阀　5、6. 单向节流阀组　7. 换向阀　8. 油缸　9. 溢流阀　10. 压力表　11. 截止阀　12、13. 行程控制开关截头锯可通过转动手把带动丝杆螺母使滑板沿导向键前后移动微调，调好后用螺钉固定。

开榫铣刀的调整。在加工不同高度的工件时，除了增减刀垫外，为使边刀处于最佳位置，可通过调整铣刀升降丝杠来实现。调整时首先松开床身侧面卡套上的锁紧螺钉，然后转动手轮通过丝杆螺母，使主轴上下微动，调好后必须将卡套用螺钉锁紧。

工作台（即工件进给）移动速度，可通过调整液压系统中的节流阀来实现。

(4) 机床的操作

开车前首先检查锯片紧固螺钉、铣刀轴螺母是否有松动；检查液压系统、气装置是否有泄漏，各元件动作是否灵活、有无异常，油箱油位是否达到要求油位。各润滑部位是否润滑。

开车后待各部运行达到正常，无异常情况，方可进料进行加工。加工时机床自动工作循环如下：

按启动按钮→工件上、侧面夹紧→工作台（即工件）进给→截头锯→铣榫→工作台终端停止→解除工件夹紧→退料→上压、侧压→工作台返回→工作台至原位置→解除上侧压至此完成一个工作循环。

思考与练习

1. 什么是木工铣床？其主轴在结构上有何特点？
2. 说明 MX5112 型木工铣床的基本组成，并分析如何调节铣刀伸出量和倾斜度。
3. 试述木工镂铣床的基本组成和工作原理。
4. 试分析仿型木工铣床工作原理。
5. 如何调整 MD2116A 型手工进给木框榫开榫机的各刀头（说明调整依据）。
6. 梳齿榫开榫机的主要作用是什么？说明半自动梳齿榫开榫的结构及工作过程。

本章推荐阅读书目

[1] 木工机床结构．李志仁．东北林业大学出版社，1990.
[2] 细木工工艺学．吴悦琦．东北林业大学出版社，1992.

技能训练9 手工进给铣床的调整与操作

实训目标

掌握木工铣床的结构和工作原理，学会手工进给铣床的调整。

实训场所与组织

实习工厂或家具厂。以组为单位（每组10人左右），由老师或者工厂技术人员进行现场讲解和示范。有条件的学校可安排学生实际操作。

实训设备和材料

设备

手工进给单轴立式铣床。

实训内容和方法

（1）现场讲解

老师或者技术人员讲解铣床的基本结构，说明其工作原理，边示范边调整机床，学生通过边听边看来实现对铣床的结构、工作原理的了解并学会调整单轴立式铣床。

（2）现场调整内容

① 活动工作台与固定工作台沿导轨方向平行度、垂直度的调整；

② 主轴升降和倾向度的调整；

③ 主轴转速的调整。

（3）安全操作注意事项

① 保护罩的位置；

② 工件的压紧与进给速度；

③ 铣削曲线形工件时样板的使用。

考核标准

考核评分标准见表4-2。

表4-2 木工铣床技能考核评分标准

实习地点： 系部： 班级： 姓名： 组号：

考核项目	指标分值	考核标准	成绩分档及权重					考核方式
			A	B	C	D	得分	
			1	0.8	0.6	0.4		
理论应知部分	20	各种木工铣床类型及特点（6分）						现场口试
		手工进给铣床组成及工作原理（6分）						
		手工进给铣床用途（8分）						
技能操作	60	固定工作台、活动工作台的调整（20分）						现场操作
		主轴的升降与倾斜（20分）						
		手工进给铣床的操作（20分）						
实训报告	20	字迹是否工整，文字表达是否完整、清晰，语言是否通顺、简练（6分）						书面形式
		内容是否齐全（7分）						
		分析是否正确（7分）						
得分								
教师签字								

技能训练10　MX2116A型单面木框榫开榫机的调整与缺陷排除

实训目标

了解MX2116A型单面木框榫开榫机结构，掌握机床的调整与缺陷排除。

实训场所与组织

校内实训场所或者校外实训基地。以组为单位（每组5人左右），由实训指导老师进行讲解和示范，安排学生进行机床调整。

实训设备和材料

设备

MX2116A型单面木框榫开榫机。

实训内容和方法

（1）刀具位置

截头圆锯、上下水平刀头、上下垂直刀头，中槽圆盘铣刀六个刀架的排列和加工顺序。

（2）机床调整要点

①截头圆锯的调整；

②上下水平刀头调整；

③水平刀头与垂直刀头的对刀；

④垂直刀头和中槽铣刀的调整。

（3）常见缺陷排除

①榫沟与榫不平行；

②榫厚不符合规定；

③榫头在长度方向有斜度。

考核标准

考核评分标准见表4-3。

表4-3　MX2116A型单面木框榫开榫机技能考核评分标准

实习地点：　　系部：　　班级：　　姓名：　　组号：

考核项目	指标分值	考核标准	成绩分档及权重				得分	考核方式
			A	B	C	D		
			1	0.8	0.6	0.4		
理论应知部分	20	MX2116A型单面木框榫开榫机的用途（10分）						现场口试
		MX2116A型单面木框榫开榫机组成及工作原理（10分）						
技能操作	40	MX2116A型单面木框榫开榫机结构认知（10分）						现场操作
		机床的调整与操作（10分）						
		常见加工缺陷产生原因和排除能力（20分）						
质量评定	20	木框榫加工质量评定（20分）						现场测试
实训报告	20	字迹是否工整，文字表达是否完整、清晰，语言是否通顺、简练（6分）						书面形式
		内容是否齐全（7分）						
		分析是否正确（7分）						
得分								
教师签字								

技能训练11 MXB3510型半自动梳齿榫开榫机调整与操作

实训目标

了解MXB3510型半自动梳齿榫开榫机结构，掌握机床的调整与操作。

实训场所与组织

校内实训场所或者集成材生产厂。以组为单位（每组5人左右），由实训指导老师进行讲解和示范，安排学生实际操作。

实训设备和材料

设备

MXB3510型半自动梳齿榫开榫机。

实训内容和方法

（1）讲解重点

① 截头锯结构特点；

② 铣榫刀刀架微调；

③ 工作台进给运动传动原理。

（2）机床调整要点

① 榫槽铣削深度、定位靠板、截头锯、铣刀之间相互位置的调整；

② 开榫铣刀的调整；

③ 工件进给速度的调整。

（3）操作要点

① 开机前的环机检查；

② 开机后各部运行情况检查，从听、看、查几方面进行检查；

③ 按操作要点完成一个工作循环。

考核标准

考核评分标准见表4-4。

表4-4 MXB3510型半自动梳齿榫开榫机技能考核评分标准

实习地点： 系部： 班级： 姓名： 组号：

考核项目	指标分值	考核标准	成绩分档及权重					考核方式
			A	B	C	D	得分	
			1	0.8	0.6	0.4		
理论应知部分	20	MXB3510型半自动梳齿榫开榫机功用（6分）						现场口试
		MXB3510型半自动梳齿榫开榫机结构（6分）						
		MXB3510型半自动梳齿榫开榫机工作原理（8分）						
技能操作	40	机床各部件的认知（10分）						现场操作
		各功能部件的调整（20分）						
		机床的操作（10分）						
加工质量	20	梳齿榫加工质量评定（20分）						现场测试
实训报告	20	字迹是否工整，文字表达是否完整、清晰，语言是否通顺、简练（6分）						书面形式
		内容是否齐全（7分）						
		分析是否正确（7分）						
得分								
教师签字								

第5章 木工钻床和榫槽机

本章学习目标

理论知识 了解木工钻床和榫槽机的种类、特点及应用范围；掌握木工钻床和榫槽机的工作原理和基本构成；熟悉木工钻床和榫槽机的调整及步骤和安全操作要求。

实践技能 学会木工钻床和榫槽机的操作方法和步骤；掌握木工钻床和榫槽机的调整方法；熟练掌握木工钻床和榫槽机的作业操作。

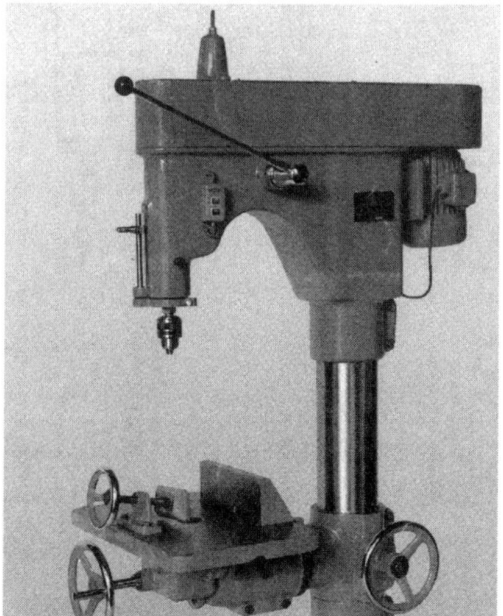

立式单轴钻床外形图

气动榫槽机外形图

木工钻床和榫槽机是木材加工中用于钻孔和加工各种榫槽的机床，本章将以常见的单轴木工钻床和榫槽机为例，介绍木工钻床和榫槽机的工作原理、结构和使用维护等方面的知识，多轴钻床将在第 8 章板式部件加工设备中作详细介绍。

5.1 木工钻床

5.1.1 木工钻床的种类、用途

钻床按钻轴的位置分为立式、卧式和组合式三种类型；按钻轴的数目分为单轴和多轴两种（多轴的又分为单排的、双排的和多排的）；按进给方式分为手动和机械两种。

木工钻床主要应用于以下几个方面：用于圆榫结合，其孔径一般为 8 ~ 20mm，孔深为 15 ~ 60mm；用于穿螺栓，为贯通孔，其孔径一般为 12 ~ 20mm；用于金属缔固物固定、拧木螺钉的圆孔，这种孔起导向作用，孔径一般为 3 ~ 5mm；用于除去木材缺陷（疖子）和填补木塞用的圆孔，由于疖子大小不一样，孔径通常为 15 ~ 35mm，加工孔的深度为 15 ~ 20mm；作为其他用途的圆孔其孔径最大可达 57mm。

5.1.2 立式钻床

图 5-1 为立式单轴木工钻床的结构示意图，其主轴是垂直安装的，用于对木材、宽板材侧面孔的加工。立式钻床的主轴除了作回转的主运动外，还作进给运动。主运动的传动方式

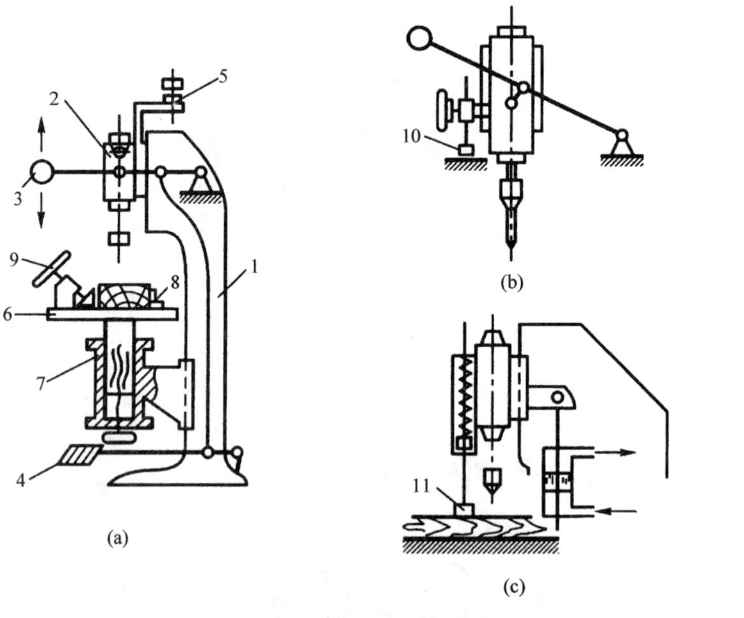

图 5-1 手动进给立式单轴钻床结构示意图

(a) 木工立式单轴钻床 (b) 主轴采用变速电动机驱动 (c) 刀架采用液压自动进给装置

1. 床身 2. 电动机 3. 手柄 4. 踏板 5. 挡块 6. 工作台 7. 升降机构 8. 导板

9. 手轮 10. 行程限位器 11. 弹簧压紧装置

有两种，一种是电动机直接带轴转动，另一种是由电动机通过三角带带动主轴转动，多为两级。转速为3 000～4 350r/min的立式钻床进给有手动和机械两种。手动进给是通过搬动手柄或脚踏板通过杠杆机构来实现。机械进给有的通过主轴向工件进给，也有钻床的主轴支架不动，带工件的工作台向主轴移动来实现进给。目前新式钻床多采用液压传动进给装置，并用行程控制开关控制孔的深度。立式钻床的工作台有固定不动和可升降移动两种。为适应加工工艺的要求，钻床工作台能水平转动一定角度，倾斜一定角度，同时工作台还具有纵向和横向的水平移动功能以适应长方形和圆弧形长孔的加工。此外，机床的工作台还装有工件的夹紧装置。

（1）MZ515型手动进给单轴立式钻床

图5-2所示为手动进给单轴立式钻床结构示意图，它根据主轴所安装刀具的不同，可以加工圆孔、方孔和长槽孔。

机床的结构　由床身、工作台、工作台升降和移动机构、工件夹紧装置、主轴、主轴进给和主传动、制动器等组成。床身由机座1、安装在机座上的立柱2和装在立柱上部的机头9组成。工作台5通过溜板安装在工作台悬臂支座4上，转动手轮3通过蜗轮副、齿轮齿条机构调节工作台的高度，调好后用相应的手柄锁紧；工作台可以根据需要绕悬臂支座的轴线回转一定角度，用于斜孔的钻削，调好后用相应的手柄锁紧；可转动手轮13，通过齿轮齿条机构、溜板使工作台作横向移动，以满足不同孔距的圆孔或长方形榫孔的加工。机头9上

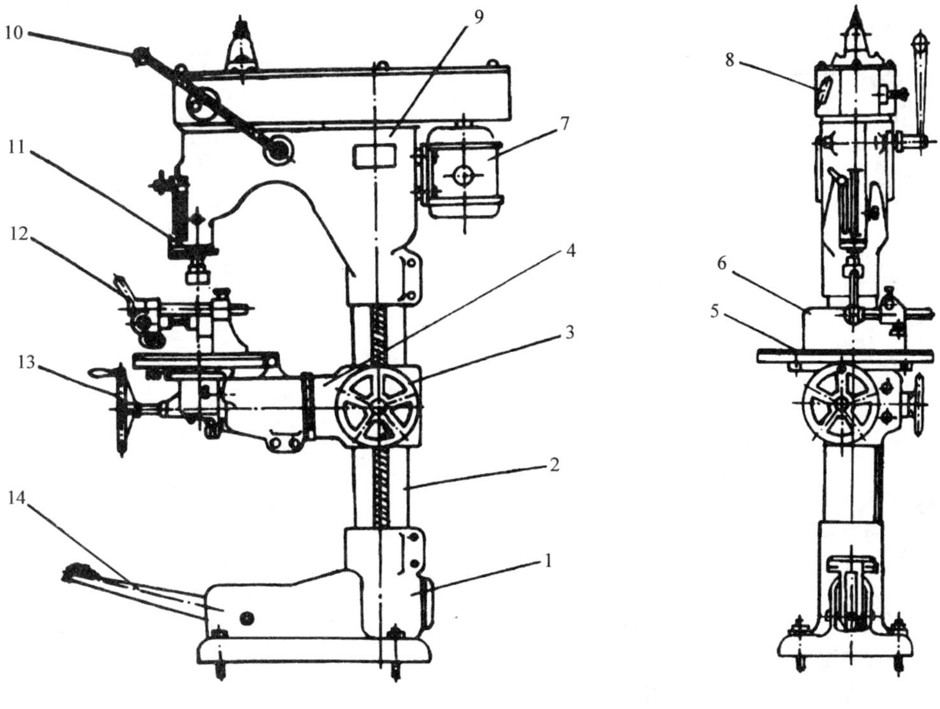

图5-2　MZ515型单轴立式钻床结构示意图

1. 机座　2. 立柱　3、13. 手轮　4. 工作台悬臂支座　5. 工作台　6. 导板　7. 电动机　8. 制动器手柄　9. 机头　10. 主轴垂直进给手柄　11. 主轴　12. 加紧装置　14. 脚踏板

装有电动机 7、制动器手柄 8、主轴 11 和主轴垂直进给手柄 10。

机床的传动系统　图 5-3 所示为 MZ515 型单轴立式钻床的传动系统结构示意图。其主运动传动过程：主轴 7 由电动机 1、两级传动带塔轮带动旋转。主轴进给可通过两种方式实现：搬动手柄 5，通过杠杆 6、连杆 4 带动主轴 7 作垂直进给；也可以踏下脚踏板 9，通过拉杆 8、杠杆 6、连杆 4 实现主轴的垂直进给，松开时主轴通过拉伸弹簧 3 返回。

机床的调整

a. 工作台的升降调节是根据工件的不同厚度或钻孔深度，按要求尺寸调节工作台高度。调节时转动手轮 3（见图 5-2），通过蜗轮副、齿轮齿条机构使工作台的悬臂支座沿床身立柱 2 升降，调节工作台的高度，调好后用相应手柄锁紧。

b. 加工圆弧长孔或长方形榫孔时，工作台水平横向移动量的调整。根据孔的长度尺寸，在工作台靠近床身的一面，调节工作台水平横向移动量限位螺钉，使其螺钉间距符合孔长尺寸要求即可，如图 5-4 所示。加工时转动工作台横向移动手轮，即可加工出符合要求的长孔。

c. 加工不贯通深孔的调节，是根据孔深尺寸进行，如图 5-5 所示。调节时，先将手柄 4 松开，按孔深尺寸沿导杆 2 上下移动指示器 3，对准固定在床身的标尺 1 的相应刻度，然后

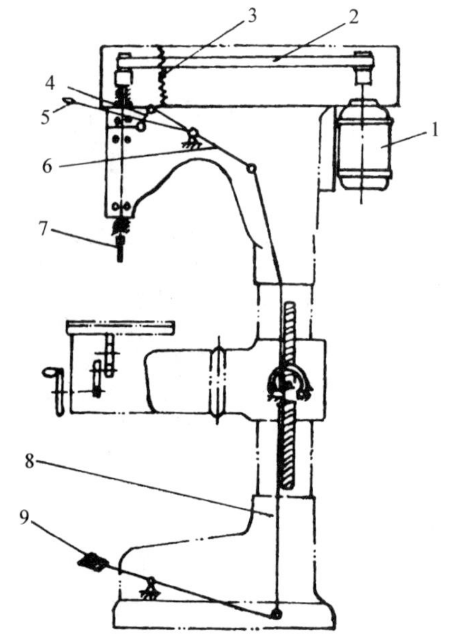

图 5-3　MZ515 型单轴立式钻床的传动系统结构示意图

1. 电动机　2. 带传动　3. 弹簧　4. 连杆　5. 手柄　6. 杠杆　7. 主轴　8. 拉杆　9. 脚踏板

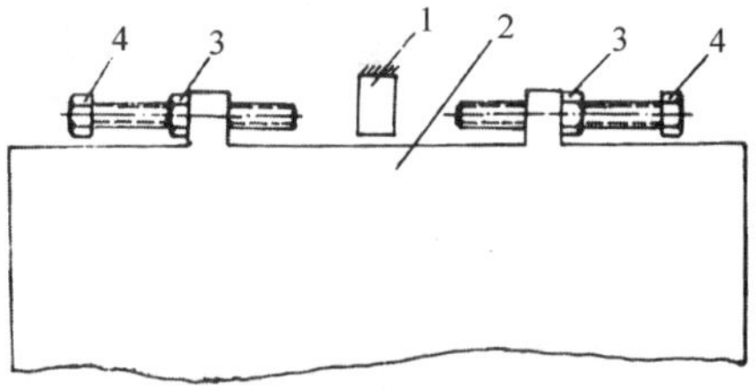

图 5-4　加工长形孔时工作台水平移动调节示意图

1. 挡块　2. 工作台　3. 螺母　4. 调节螺钉

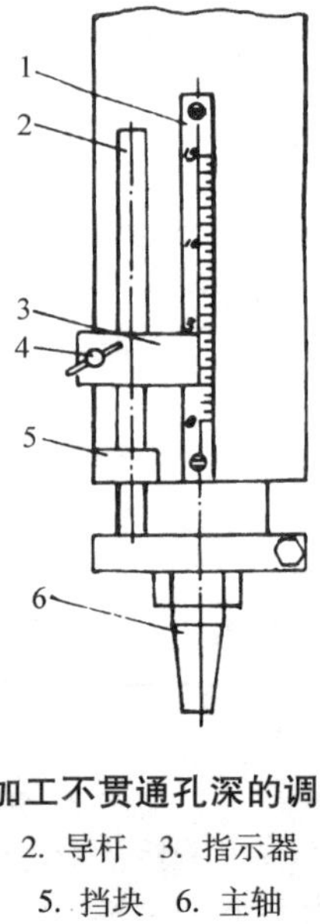

图 5-5　加工不贯通孔深的调整示意图

1. 标尺　2. 导杆　3. 指示器　4. 手柄　5. 挡块　6. 主轴

再用手柄4将指示器3固定住。工作时，指示器和导杆一起随主轴套筒移动下降，当指示器3碰到挡块5时，主轴下降停止。与此同时，工作台的高度也要作相应的调整，使其满足工作要求，开车加工，保证孔深尺寸。

机床的操作

a. 钻卡的装卸。向主轴装卡时，先使钻卡1张开到最大限度后，装到主轴的下端，用螺钉拧紧固定，使钻卡压向主轴并连为一体；卸卡时，将钻卡张开到最大程度，拧下螺钉，旋转螺母4将钻卡压下即可，如图5-6所示。

b. 机床的操作。机床启动后，待主轴达到正常转数且工件夹紧后，方可进行操作。操作时，左手转动工作台下方手轮，待工件对准钻头时，右手搬动手柄缓慢下降主轴进给进行钻削，加工圆孔时，松开手柄，主轴在拉伸弹簧作用下复位，加工圆弧形长孔或长方榫孔时，左手转动手轮移动工作台，右手搬动手柄反复几次主轴下降进给。加工硬木或疤节木材时主轴下降，进给速度要慢。工作结束时，应按下停止按钮，待主轴和电动机停止转动后，卸下刀具方可离开。

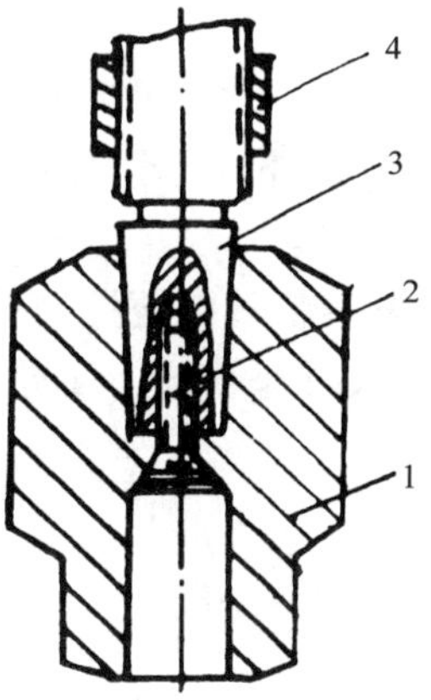

图5-6 钻卡在主轴上的装卸结构示意图

1. 钻卡 2. 螺钉 3. 主轴 4. 螺母

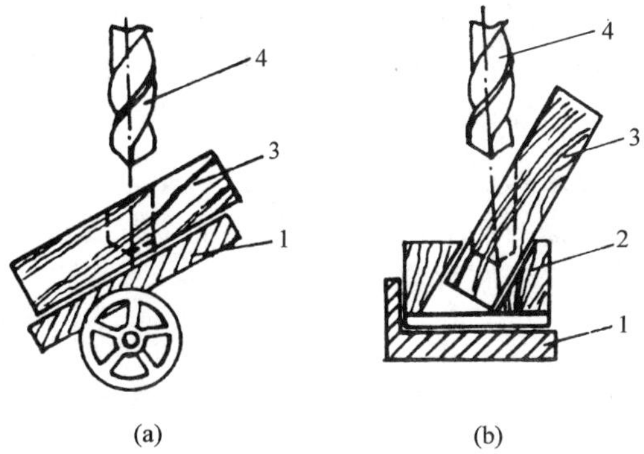

图5-7 钻削斜孔的加工方法示意图

（a）工作台转动倾斜加工斜孔

（b）利用倾斜的模具夹紧工件加工斜孔

1. 工作台 2. 模具 3. 工件 4. 钻头

c. 斜孔的钻法。一般有两种：一是将工作台转动倾斜至要求的角度，锁紧后将工件夹紧在工作台，慢慢下降主轴进行加工，如图5-7（a）所示；另一种是用两块带有相同倾斜度的模具夹紧工件进行加工，如图5-7（b）所示。

5.1.3 卧式钻床

卧式钻床分为单轴和多轴两种。多轴卧式钻床较单轴卧式钻床生产效率高，适用于大批量生产。

图5-8所示为单轴卧式钻床结构示意图。根据电动机主轴安装的刀具不同，该钻床可以加工圆孔或圆弧长孔，为手动进给。机床由三大部分组成，即床身、刀架、工作台及其悬臂支座。床身1由铸铁制成，其上部通过导轨安装有可移动刀架8溜板，刀架上装有电动机7，钻头6通过钻卡装在电机轴上，搬动手柄5使刀架溜板沿床身水平导轨移动，实现刀具轴向进给。床身前面装有工作台悬臂支座12，可移动工作台9安装在悬臂支座的导轨2上，

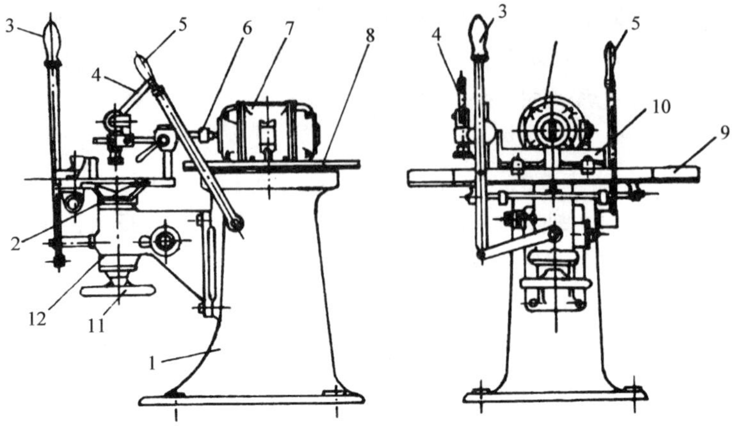

图 5-8 单轴卧式钻床结构

1. 床身 2. 导轨 3、5. 手柄 4. 偏心夹具 6. 钻头 7. 电动机
8. 刀架 9. 工作台 10. 挡板 11. 手轮 12. 悬臂支座

被加工工件用偏心夹具 4 和挡板 10 夹紧定位在工作台上。加工圆孔时，只要搬手柄 5 移动刀架溜板进给即可。在加工圆弧长孔时，除了钻头作轴向移动进给外，还要用手柄 3 使工作台横向移动进给。

刀架和工作台进给时的移动量，可以用限位器（挡块）来控制，以便控制孔的加工深度和榫槽的加工长度。限位器的位置要按孔深尺寸和槽孔长度尺寸来确定。手轮 11 用于工作台高度的调节。

5.2 榫槽机

5.2.1 榫槽机的用途、种类

榫槽机也称打眼机，用于对方材、木框等零件或组件进行方形或矩形榫槽加工。

这类机床的主要特点是切削刀具使用了复合刀具，该刀具由钻头和方凿组合而成，钻头装在空心方凿内。加工时在钻头转动的同时空心方凿也作往复直线进给运动，从而加工出所需的方形或矩形榫槽。当加工矩形榫槽时，除了空心方凿作往复直线进给运动外，工件还必须作左右横向移动。这种机床加工榫槽的宽度为 6 ~ 30mm，与其相对应的钻头直径为 4 ~ 24mm，榫槽的深度为 90 ~ 150mm。

榫槽机的种类较多，按主轴数量有单轴和多轴之分；按主轴位置有立式与卧式之分。目前应用较多的是单轴立式榫槽机。按进给方式有手动进给、机械进给和液压进给等多种形式。手动进给的榫槽机靠人力实现进给运动及工件夹紧，因为工人的劳动强度大，机床结构简单，在一些中小型企业使用较多；机械进给和液压进给的榫槽机，工人劳动强度小，生产效率高，使用广泛。

5.2.2 常用榫槽机的结构、工作原理、操作与维护

图 5-9 所示为 MS3626 型立式单轴榫槽机的结构示意图，该机的最大特点是利用液压传

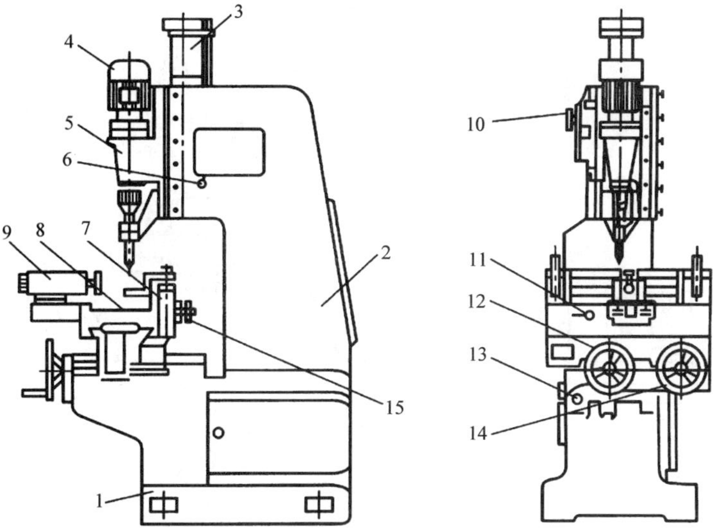

图 5-9 MS3626 型立式单轴榫槽机结构示意图

1. 机座 2. 机身 3. 升降油缸 4. 主电动机 5. 主轴架滑板 6. 阀杆 7. 压紧油缸 8. 工作台 9. 夹紧油缸 10. 节流阀调节手柄 11. 转阀手柄 12、14. 手轮 13. 启停阀 15. 关闭阀手柄

动实现主轴溜板的垂直往复运动和工件的夹紧。

(1) 机床的结构

机床由床身、工作台、主轴架滑板进给、工件夹紧和液压传动系统及控制系统等组成。

床身由机座 1 和机身 2 组合而成。机身安装在机座上，用于安装工作台、主轴架滑板和液压系统各元件及其他零部件。床身要有足够的强度、刚度和稳定性。

主轴架滑板 5 装在机身 2 上部垂直导轨上，其上安有主电动机 4、主轴和钻架钻头等。它与主油缸相连，可沿导轨上、下移动实现刀具的进给。

工作台 8 通过复式滑板安装在机座 1 上。工作台的纵向移动通过转动手轮 12，经丝杠螺母机构传动实现；横向移动通过转动手轮 14，经锥齿轮副、圆柱齿轮副、丝杠螺母机构传动实现。工件的夹紧、压紧则由安装在其上的夹紧油缸 9、压紧油缸 7 实现。

(2) 机床的液压传动系统工作原理示意图

图 5-10 所示为 MS3626 型立式单轴榫槽机液压传动系统工作原理示意图，它主要由油箱、滤油器、液压泵、转阀、启停阀、机液换向阀、油缸（F、C、D）、溢流阀、节流阀、单向阀等组成。

液压传动系统工作原理如图示位置：启动液压泵 3 的电动机，液压泵将油液从油箱 1 经滤油器 2 吸入并产生压力油排出。当用手转动三位六通转阀 25 时，压力油进入夹紧油缸 C 和压紧油缸 D 将工件夹紧在工作台上。用手转动开停阀（启闭阀）28 至开的位置，压力油由主油管 4→换向阀 B→控制油管 9→换向阀 A→控制油管 11、15→单向阀 19 进入换向阀 B 阀芯左端，推动换向阀 B 阀芯向右运动。右端油液经控制油管 14、12→换向阀 A→控制油管 23→油箱。主油路的压力油经主油管 4→换向阀 B→主油管 5→主油缸 F 下腔，推动活塞连同活塞杆带动主轴架滑板上移，主油缸 F 上腔回油→主油管 6→换向阀 B→控制油管 8→换向阀 A→主油管 24→节流阀 32→单向阀 33→油箱。调节节流阀 32 可调节刀具运动速度，

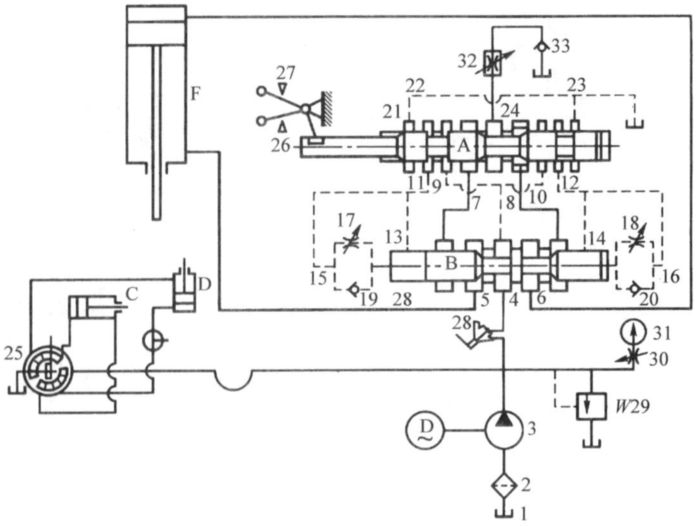

图 5-10　MS3626 型立式单轴榫槽机液压传动系统工作原理示意图

1. 油箱　2. 滤油器　3. 液压泵　4～7、10、24. 主油管
8、9、11～16、21～23. 控制油管　17、18. 节流口　19、20、33. 单向阀　25. 三位六通转阀
26、27. 撞块　28. 开停阀　29. 溢流阀　30、32. 节流阀　31. 压力表
A、B. 换向阀　C. 夹紧油缸　D. 压紧油缸　F. 主油缸

单向阀 33，可使刀具运动平稳。

主轴架滑板带动撞块 26 运动到一定位置后，拨动杠杆，使换向阀 A（先导阀）的阀芯向左移动。当其右端环形槽使主油管 10 和控制油管 12 连通时，控制油液自换向阀 B→主油管 10→换向阀 A→油管控制 12→控制油管 16→单向阀 20→换向阀 B 的右端，使换向阀 B 的阀芯向左移动。同时换向阀 B 左端回油→控制油管 13、11→换向阀 A→控制油管 21、22 流回油箱。换向阀 A 阀芯将控制油管 13 管口堵死，油液→节流口 17→控制油管 15、11→换向阀 A→控制油管 21、22→油箱。此时换向阀 B 阀芯慢速移动，以免换向阀产生冲击。与此同时，换向阀 B 阀芯将主油管 4、5、6 接通，换向阀 A 阀芯将主油管 7、控制油管 8 的回油口封闭，主油缸 F 上下油腔互通，主轴架滑板运动停止。当换向阀 B 的阀芯继续左移时，主油管 4、6 接通，压力油由主油管 4→换向阀 B→主油管 6→主油缸 F 上腔，同时主油管 5、7 连通，主油缸 F 下腔油液→主油管 5→换向阀 B→主油管 7→换向阀 A→主油管 24→节流阀 32→单向阀 33→油箱，主轴架滑板下移（即实现刀具进给）。主轴架滑板向下移动时，撞块 27 拨动换向阀 A 阀芯杠杆，将换向阀 A 的阀芯推向右端换向，则换向阀 B 亦换向，使主轴缸 F 换向带动主轴架滑板上移，实现刀具返程。

（3）机床的操作与维护

① 安装刀具。先将空心方凿用螺钉固定在主轴架滑板的下端，然后把蜗旋钻头或螺旋钻头通过空心方凿用钻卡装在主轴上。钻头的刃尖要伸出空心方凿外 0.75～1.2 mm，钻头与空心方凿的内表面间的间隙为 0.3～0.5 mm，以保证钻头能自由转动。

② 撞块位置的调整。开车前应根据所加工工件槽孔深度调整主轴架滑板上两个撞块的位置，调整好后固定。

③ 工作前和工作中的检查。启动液压泵电动机，检查液压系统有无渗漏现象；开启开

停阀，检查各液压元件的工作情况。转动三位六通转阀，检查夹紧、压紧工件油缸的工作情况。如发现有泄漏或元件动作失灵，应停机排除故障，再启动电动机检查，直到工作正常为止。

④ 主轴运转时，禁止装卸工件、清洁钻屑，以保安全。

⑤ 工作前应按说明书检查各构件紧固情况，并按规定进行机床的润滑。

⑥ 工作结束时，应清洁机床及周围环境，切断电源后方可离开。

思考与练习

1. 试述木工钻床的用途与种类。
2. 简述 MZ515 型立式单轴钻床的调整与操作。
3. 试述 MS3626 型立式单轴榫槽机的结构及工作原理。榫槽机操作中应注意哪些事项？

本章推荐阅读书目

[1] 木工机床结构．李志仁．东北林业大学出版社，1990.
[2] 细木工工艺学．吴悦琦．东北林业大学出版社，1992.

技能训练 12 用 MZ515 型立式单轴钻床加工不贯通圆弧长孔

实训目标

掌握 MZ515 型立式单轴钻床结构和操作方法，学会应用该机床加工不贯通圆弧长孔。

实训场所与组织

实习工厂。以组为单位（每组 5 人左右），由实训教师进行现场讲解和示范并安排学生实际操作。

实训设备和材料

设备

MZ515 型立式单轴钻床。

实训内容和方法

（1）现场讲解

实训教师讲解 MZ515 型立式单轴钻床的基本结构，说明其工作原理，边示范边操作机床，学生通过边听边看来实现对钻床的结构、工作原理的了解并学会如何应用该机床加工不贯通圆弧长孔。

（2）现场实作要点

① 根据工件的规格调整工作台位置；

② 根据圆弧长孔长度调整工作台水平横向移动量并用限位螺钉固定；

③ 根据孔深调整导杆的上下移动指示器，以控制孔深。

（3）安全操作注意事项

① 根据主轴进给速度的确定；

② 主轴运转时，禁止装卸工件、清洁钻屑，以保安全；

③ 工作结束时，应按下停止按钮，待主轴和电动机停止转动后，卸下刀具方可离开。

考核标准

考核评分标准见表 5-1。

表 5-1 普通木工钻床技能考核评分标准

实习地点： 系部： 班级： 姓名： 组号：

考核项目	指标分值	考核标准	成绩分档及权重					考核方式
			A	B	C	D	得分	
			1	0.8	0.6	0.4		
理论应知部分	20	立式单轴钻床的结构特点（6 分）						现场口试
		立式单轴钻床的组成及工作原理（6 分）						
		立式单轴钻床的传动系统（8 分）						
技能操作	60	工作台的调整（20 分）						现场操作
		水平横向限位螺钉固定（20 分）						
		主轴进给速度的确定及操作规范性（20 分）						
实训报告	20	字迹是否工整，文字表达是否完整、清晰，语言是否通顺、简练（6 分）						书面形式
		内容是否齐全（7 分）						
		分析是否正确（7 分）						
得分								
教师签字								

技能训练13　用MS3626型立式单轴榫槽机加工矩形榫槽

实训目标

了解MS3626型单轴立式榫槽机，学会应用该机床加工不贯通圆弧长孔。

实训场所与组织

实习工厂或实木家具厂。以组为单位（每组6人左右），由实训教师进行现场讲解和示范并安排学生实际操作。

实训设备和材料

设备

MS3626型立式单轴榫槽机。

实训内容和方法

（1）现场讲解

实训教师讲解MS3626型立式单轴榫槽机的基本结构，说明其工作原理。讲解重点为：

① 刀具空心方凿的结构；

② 机床的液压传动系统工作原理。

（2）现场实作要点

① 刀具空心方凿的安装；

② 空心方凿钻头的刃尖伸量的调整，空心方凿的内表面间的间隙量的调整；

③ 撞块位置的调整。

（3）安全操作注意事项

① 工作前和工作中的检查；

② 主轴运转时，禁止装卸工件、清洁钻屑，以保安全；

③ 工作前应按说明书检查各构件紧固情况，并按规定进行机床的润滑；

④ 工作结束，应清洁机床及周围环境，切断电源后方可离开。

考核标准

考核评分标准见表5-2。

表5-2　技能考核评分标准

实习地点：　　　　系部：　　　　班级：　　　　姓名：　　　　组号：

考核项目	指标分值	考核标准	成绩分档及权重					考核方式
			A	B	C	D	得分	
			1	0.8	0.6	0.4		
理论应知部分	20	榫槽机刀具特点（6分）						现场口试
		榫槽机组成及工作原理（6分）						
		榫槽机传动系统分析（8分）						
技能操作	60	刀具空心方凿的安装及调整（20分）						现场操作
		撞块位置的调整（20分）						
		主轴进给速度的确定和操作熟练程度（20分）						
实训报告	20	字迹是否工整，文字表达是否完整、清晰，语言是否通顺、简练（6分）						书面形式
		内容是否齐全（7分）						
		分析是否正确（7分）						
得分								
教师签字								

第6章
车床与圆棒机

本章学习目标

理论知识 了解车床与圆棒机的种类和特点；掌握车床与圆棒机的工作原理和基本组成；熟悉车床与圆棒机的调整步骤和安全操作要求。

实践技能 学会木工车床与圆棒机调整的基本步骤并能完成相关的操作。

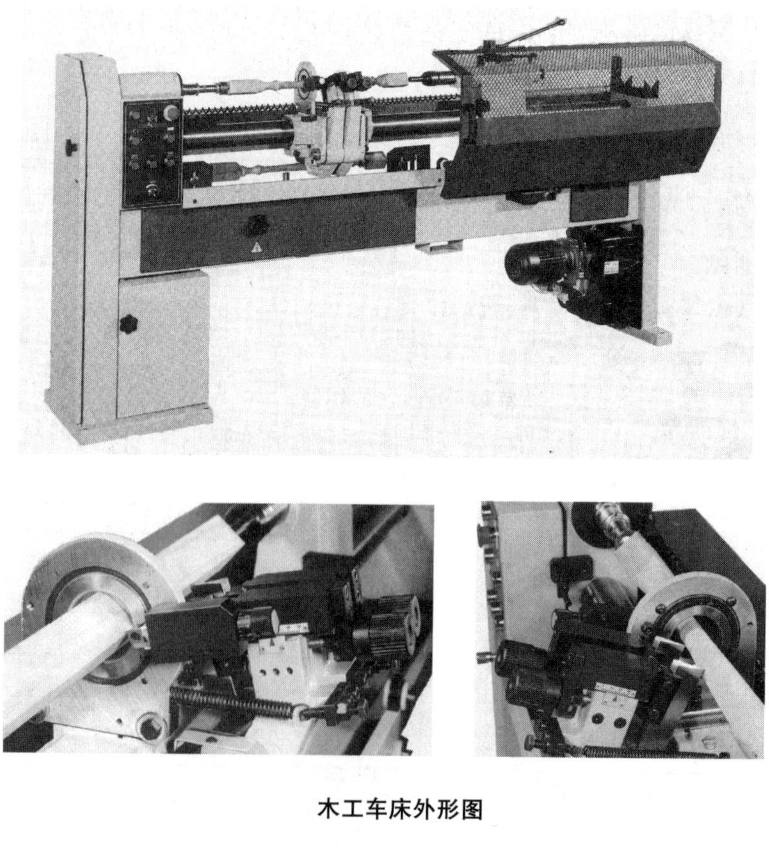

木工车床外形图

木制品中的旋转体圆柱表面、异型表面以及端面都是通过旋转运动和直线运动合成的，而木工车床和圆棒机就是根据它们表面成型运动原理来工作的。木工车床主要用于加工圆柱或圆柱成型表面的工件，圆棒机是把断面为方形的坯料连续不断地通过高速回转的空心刀头，加工出圆柱形表面的工件。车床与圆棒机的不同之处：在车床上加工工件时，工件作回转的主运动，刀具作直线进给运动如图6-1（a）所示；在圆棒机上加工回转体工件时，刀头作高速回转运动，工件作直线进给运动如图6-1（b）所示。木工车床能车削工件的外表面和端面，而圆棒机只能铣削圆棒，而不能完成其他工件的加工。

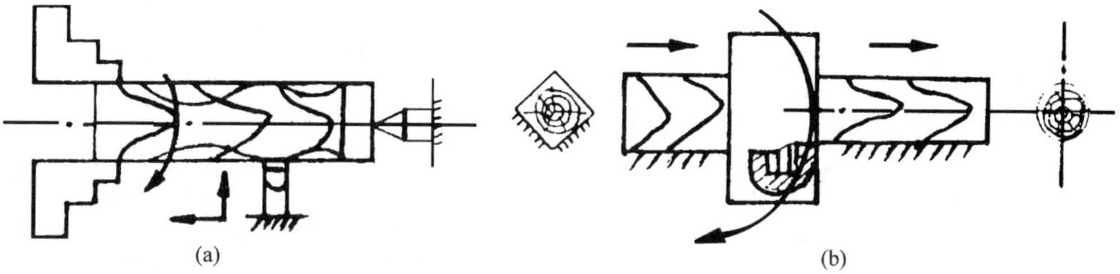

图6-1 旋转表面零件加工机床的工作原理示意图

（a）车床工作原理简图 （b）圆棒机工作原理简图

6.1 木工车床

6.1.1 木工车床的种类和用途

木工车床类型较多，但基本可以归纳为普通木工车床、端面木工车床、仿型木工车床和专用木工车床等四种。

图6-2为木工车床的分类结构示意图。图6-2（a）、（b）、（c）、（d）为普通木工车床结构示意图，这类车床结构简单，主轴由电动机经传动带、齿轮等传动副带动旋转，工件装夹在主轴卡盘或主轴顶尖与尾座顶尖之间，用手调车刀或滑板刀架进行工件内、外圆和端面的加工。图6-2（e）为端面木工车床，其床身中心较高，主轴上装有端面花盘，工件装夹在花盘端面上由花盘带动旋转，车刀装于可进行纵横向进给的刀架上进行纵横向进给，对工件进行车削加工。图6-2（f）、（g）、（h）为仿型木工车床，采用靠模或模板，利用机械、液压或电气等控制方法，自动或半自动加工工件复杂的外形面，也可采用单刀或组合成型车刀进行加工。图6-2（i）为多刀木工车床，采用多刀的专用刀架手工或机械进给，有专门的装料机构和控制机构，适用于大批量生产。

6.1.2 木工车床使用的刀具

木工车床使用的刀具（车刀）近似于木工用的凿子，凿身长而柄较短，图6-3所示是几种常用的木工车刀外形图。

圆刀 如图6-3（a）所示，用途最广，任何构件均可先用圆刀粗车，旋至近似于净尺寸时再加精车，其刃口为椭圆形，曲面圆滑，斜面平直，使用此刀时不能经常垂直于工件进行加工，应稍许摆动，使全部刃口都能与构件接触，避免磨钝某一点。

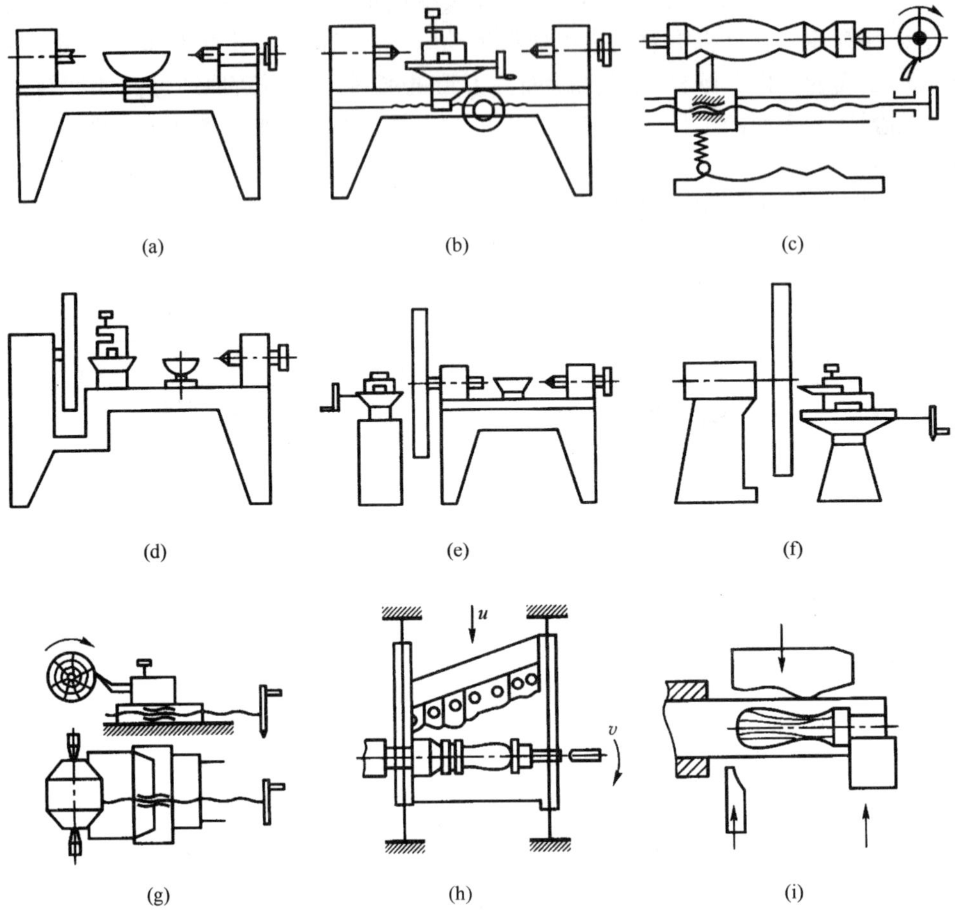

图 6-2　木工车床的分类结构示意图

方刀　如图 6-3（b）所示，宽为 7～20mm，厚为 3～5mm，可用来车削方槽或凹进的平直部分及直角等。

分割刀　如图 6-3（c）所示，构件已经精车完毕的部分需与其他部分划清界限时，或工件有深凹的部分尚须精车时，可用分割刀车削。

平刀　如图 6-3（d）所示，有大、中、小平刀三种规格。大平刀宽 45mm，厚 6mm，在圆刀粗车后，用大平刀精车，以获得平直的圆柱形表面；中平刀宽 35mm，厚 5mm；小平刀宽 16mm，厚 4mm，其作用与方刀及分割刀类似。

斜刀　如图 6-3（e）所示，该刀为细削车刀，凡构件表面呈圆柱形的均可先用圆刀粗车，呈近似尺寸后再用斜刀细车，刀口略呈斜面。这是为了便于车削构件上的深凹之处，使用车刀时，如沿刀架自右向左移动车削时，则刃口须向左倾斜约 45°，反之则向右倾斜约 45°，刃口较短的一边应紧靠刀架，较长的一边则略抬高，以免刀尖嵌入构件中而使表面受损。

圆头刀　如图 6-3（f）所示，可用来车削大小圆槽，其尺寸与方头刀相仿。

尖头刀　如图 6-3（g）所示，用来车削两边倾斜的凹槽，或在工件表面起线以代替撇

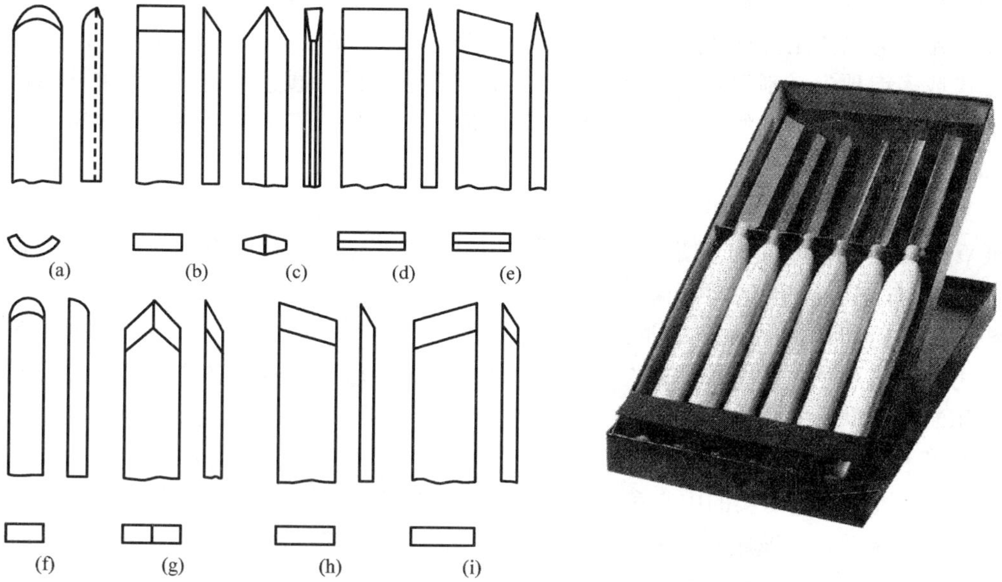

图 6-3 几种常用的木工车刀及车刀外形图

刀工作，其两边各倾斜45°，刀宽约为12mm，厚约5mm。

右撇刀 如图6-3（h）所示，用于车削工件左边的纵面或右边的圆角。

左撇刀 如图6-3（i）所示，其用途与右撇刀相反，左右撇刀的宽度一般为12～20mm，厚为5～7mm，根据构件的大小及木材软硬确定。

6.1.3 普通木工车床

（1）MC614型普通木工车床

MC614型普通木工车床的结构较简单，操作及其方便，适用于各种木制品厂和木模车间加工各种回转体工件。

图6-4所示为MC614型普通木工车床的结构示意图。该车床主要由床身、主轴（装有三齿或多齿顶尖）、尾座、刀架和主轴箱等组成。

主轴箱内装有塔形带轮和主轴；主轴伸出主轴箱，其前端的三齿或多齿顶尖，可与尾座顶尖配合，由端面顶紧工件。传动机构由电动机直接用传动带带动，可获得四种不同的转速。变换转速时，可将电动机座前的踏板踏下，改变传动带在塔轮上的位置，即可达到要求的各种速度。主轴的制动靠扳动主轴箱前的手动制动器来实现。尾架及刀架可

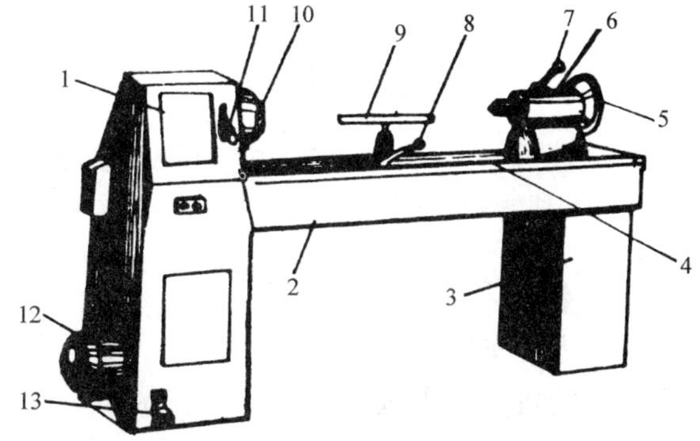

图 6-4 MC614普通木工车床结构示意图

1. 床头箱 2. 床身 3. 尾座 4. 导轨 5. 手轮 6. 尾架 7、8. 手柄 9. 刀架 10. 主轴 11. 制动手柄 12. 电动机 13. 脚踏板

在导轴上按照工件长度任意移动，并可用手柄固定在床面的任意工件位置上。

床头箱1的箱体是铸铁制成的，其内装有主轴10，主轴上装有传动带塔轮，主轴前端装有三齿或多齿顶尖或制动装置。床头箱的下部装有电动机，通过传动带带动主轴回转。

床身2是由铸铁制成的，安放在床头箱和机座上。床身上安装有可沿床身导轨移动的刀架9和尾架6。

尾架6是由铸铁制成的尾架座，装在尾架座内的套筒，套筒的锥孔内装有顶尖，可用转动手轮5通过丝杠螺母机构，使套筒连同顶尖相对尾架座伸缩移动，将工件紧压在尾架和主轴10之间，并用手柄7、8将套筒锁紧。

机床的主传动是由电动机12通过传动带塔轮变速装置带动主轴10回转，当主轴需要变速时，可将踏板踏下，改变传动带在塔轮的位置，实现主轴的变速。在主轴工作中需要停车时，可用制动手柄迅速将主轴制动。

（2）机械进给刀架的中心车床

图6-5为机械进给刀架的中心车床结构示意图。机床主轴1由双速电动机经三角带传动和三级变速箱带动，变速箱装在前床头箱之内，主轴转速为2 500r/min。纵向刀架5由装在主轴上的带轮，经传动带传动的、变速箱组成，轴8由齿带传动和齿条9带动。刀架有四种进给速度。此外，刀架可以通过手轮7移动。切削刀具固定在持刀器2上。持刀器是可转动的结构，并且由横向刀架4和辅助纵向刀架3借助手轮6带动作横向和纵向运动。

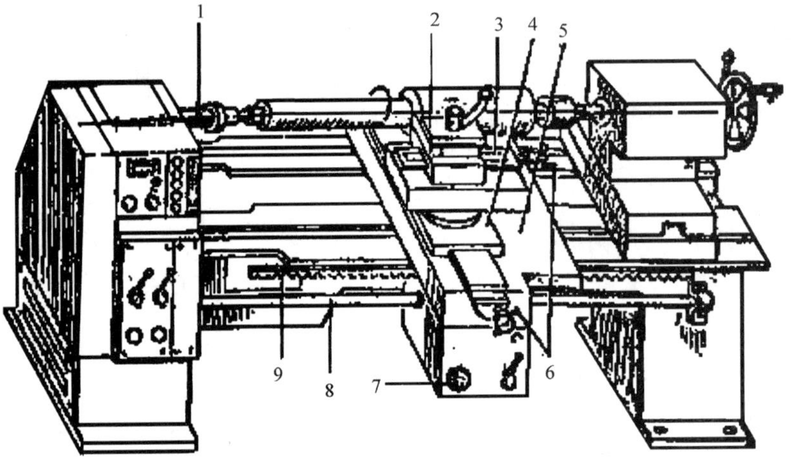

图6-5 机械进给刀架的中心车床结构示意图

1. 主轴 2. 持刀器 3. 辅助纵向刀架 4. 横向刀架 5. 纵向刀架 6、7. 手轮 8. 轴 9. 齿条

（3）仿型木工车床

仿型木工车床是采用靠模或模板，引用机械、液压或电气等控制仿型的方法，加工复杂外形工件的机床。机械仿型是最早被采用、结构最简单的方式：普通回转体工件只要用靠模，刀架和丝杆螺母副传动作纵向进给，靠重锤或弹簧使刀架跟随靠模作横向进给，即可实现仿型车削；也可采用成型刀加工，立体异型轮廓加工。靠模要制成与工件实体相同，并和工件同步回转，这样就可以加工与实样相同的工件（如椅托、桌子腿等）或与实样左右对称的工件。图6-6为MC3024机械仿型木工车床外形图。该仿型木工车床的技术参数为：最

图 6-6 MC3024 机械仿型木工车床外形图

大车削直径 240mm，最大车削长度 1 450mm，主轴转速 750. 217 0r/min，安装功率 2. 2kW。

机械仿型由于受到升角的限制，因而车削效率较低，且车削工件形状不能太复杂。液压仿型由于采用液压随动系统装置，克服了机械仿型的缺点，因而可以车削形状复杂的工件，且控制系统稳定，加工精度高，目前应用较为广泛。

6.1.4 木工车床的调整、操作与维护

(1) 木工车床的调整

工件的定位　在车床上车削工件时，首先要做好定位工作。先将工件用斧、刨制成粗略的形状，四周留相应的余量，然后在两端划上对角线，以准确决定工件的中心位置。如果是硬质木材，则可在其一端按对角线锯出两条线缝，在另一端对角线的交点处用小钻头钻一个中心孔；然后将工件装在车床上，有锯缝的一端插入主轴上的三齿顶尖，圆孔的一端插入尾架上的顶尖，将工件夹紧；最后转动手柄，锁紧尾顶尖，这样就完成了工件的定位。

车刀的调整与使用　使用车刀时，需根据车削工件的大小对刀架的高低进行随时调整。车削直径在 50mm 以上的工件时，车刀在刀架上的高度应与工件的中心轴线保持水平。车削比较大的工件时，车刀在刀架上的高度应高于工件的中心线，因为如果车刀位置过低，则车削时将会有阻止工件回转的现象，甚至使工件从车床上飞出去。车刀在刀架上左右前后移动车削时，应注意不要使它随工件带动而向下倾斜，为此，工作时应用整个右手握住刀架上的车刀，或以食指及中指托于刀架的下方，用拇指紧压车刀，右手握紧车刀柄，并时时向下加以压力，引导车削的整个运动。

车床切削速度，每转进给量和主轴转速的调整　车床的切削速度取决于工件直径的大小，一般不能超过 30m/s，因为当切削速度接近 45m/s 时，离心力可能会将工件撕裂或甩离飞出去。通常采用的切削速度为 8 ~ 15m/s。当加工直径很大的工件时，切削速度只能限于 3m/s 左右。

粗车（使用半圆车刀）时，切削速度要小，这是因为刚开始加工时，工件的凸出棱角会使车削不匀，车刀振动大；将棱角车削后，切削速度即可增加。粗车时，每转进给量一般为 2 ~ 5mm。精车（使用平面车刀）时，平面车刀切削角在 35° ~ 45°之间、导入角为 45°时，每转进给量应不大于 0. 8mm，所用刀具如图 6-3 所示。

主轴转速可根据工件直径大小来调整，一般情况下，工件直径越大，长度越长，主轴转速应越低；反之，主轴转速应越高。

(2) 木工车床的操作

开机前的准备工作

a. 开始车削零件前，必须检查毛料形状及尺寸，留出加工余量，然后清除杂物、划出端面中心，将齿形顶尖、尾架顶尖对准零件中心；夹牢工件既不要太紧也要不太松，同时锁紧尾架，及时润滑顶尖。

b. 根据工件直径、长度选择主轴转速和走刀量。常用切削速度为8～15m/min，加工大直径时切削速度为3m/s左右；第一刀进刀量要小，因为毛料有棱角和凹凸不平，会使车刀受力不均和冲击，产生振动；车圆后可增加进刀量，进刀量（纵向进给）一般为2～5mm/r；精车时进刀量要小，进刀量为0.8mm/r。

c. 检查调整车刀高度。机动进给时，车刀高度应根据工件直径来确定，刀尖应略高于工件中心线水平面；手工进给时应检查调整端面刀架或托架，使其高度略低于工件的中心线水平面，端面刀架或托架应尽量靠近工件，以缩短车刀的伸出量。

工件车削加工操作

a. 手工操作进给。粗车时右手握住大圆刀的刀柄，左手握住托板上的车刀或用食指和中指托于托架的下方，用拇指压住车刀自右向左移动车刀；切削刃不要垂直于工件，应少许左右摆动使全部切削刃均能与工件接触；反复几次粗车，直至接近净尺寸，即可换刀；再用大平刀细车，以获得平滑表面；最后用斜刀精车，精车时切削刃口须向右倾斜45°角，自右向左慢慢进行车削，此时刀架应尽量靠近工件，其间隙为3～5mm。

b. 机动进给操作。开车工作时，应使端面刀架尽量靠近工件，车刀伸出量应尽量短些；粗车时进刀量要小，车圆后进刀量可大些。可用大平刀加工平直圆柱表面，最后高速车削，加工出表面粗糙度符合要求的工件。

c. 工件表面砂光时用手握砂纸进行。砂光时，手握砂纸沿工件长度方向均匀移动，以保证质量，砂纸压力不宜过大，以防灼伤手指。

d. 操作时必须衣袖紧扣，严禁带手套操作。

(3) 木工车床的维修与保养

木工车床的维修与保养有如下内容：

① 检查各部分手柄位置是否准确；

② 检查顶尖安装是否牢固；

③ 检查尾座及刀架下面是否有木屑，以免移动刀架或尾座时加快床面的磨损；

④ 每班工作以前应按润滑要求进行润滑；工作结束后应清除木屑灰尘，在导轨表面上涂上润滑油；

⑤ 机床启动后，检查各运动部件是否有异常声响或噪声。

6.2　木工圆棒机

圆棒机是用于将方形毛料，通过高速回转的刀头中间孔，加工成圆柱形表面的工件，加工时，被加工的方料通过高速旋转刀头的中心孔，靠旋转的刀头将方料切削成圆棒。高速回转的刀头为主运动，被加工工件的直线运动为进给运动，二者同时运动完成工件的加工。

6.2.1 圆棒机的分类

（1）按用途分类

① 加工直线圆柱表面的圆棒机，如图6-7(a)所示。

② 加工具有一定曲率半径的圆柱表面的圆棒机，如图6-7(b)所示。

③ 将工件端部加工成锥体的圆棒机，如图6-7(c)所示。

④ 将工件端部加工成半圆形的圆棒机，如图6-7(d)所示。

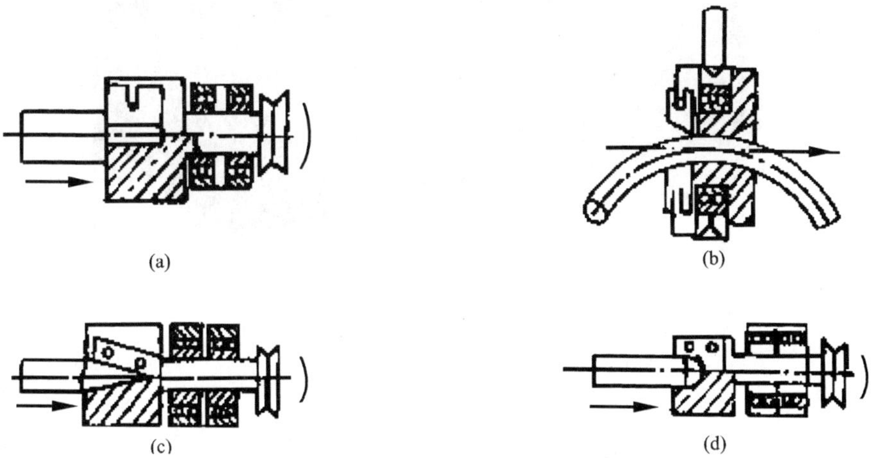

图6-7 圆棒机的种类结构示意图

（2）按进给方式分类

一般分为两种类型：一是手工进给的圆棒机，这类圆棒机生产效率低，劳动强度大；另一类圆棒机是由机械进给，它克服了手工进给圆棒机的缺点，提高了生产效率。

（3）按刀头的结构形式分类

圆棒机按刀头结构形式分为两种：一种是刀头的刀片为固定式圆棒机；另一种是刀头的刀片是可调节式圆棒机。固定式圆棒机的刀头安装1~4把刀片，一般先安装其中一把刀片的刀头，以便于适应工件加工直径。可调节式刀头的安装可根据圆棒直径大小调节刀片在刀头上的位置，调节时刀片同时移动，非常方便。

6.2.2 圆棒机的结构

图6-8为CF-60S木工圆棒机的外形图，该机适用于家具制造、建筑装修、木制工艺品等行业旋制实木圆棒。

图6-9是圆棒机结构示意图。在机床床身1上安装有带刀头8的空心主轴7，主轴7上装有轴承。主轴由电动机2通过传动带传动作旋转运动，转速为3 500r/min，沿主轴轴线方向装有前进给锥辊9和具有半圆形工作表面的后进给辊4，每个前进给辊都由两个锥体13组成，在两锥体之间装有相应毛坯断面尺寸大小的套筒12，进给辊的锥面作成槽条形，后进给辊可以更换并可根据工件直径 D 进行调整。

上进给滚筒装在轴6上，借弹簧5压向工件并可上下跳动。下进给辊由电动机2经传动

图 6-8　CF-60S 木工圆棒机外形图

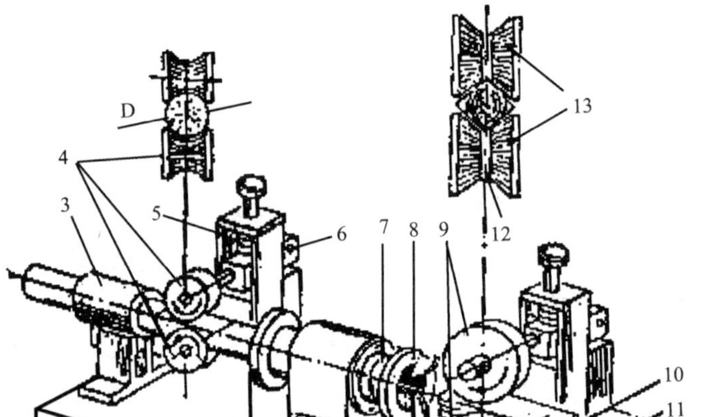

图 6-9　圆棒机结构示意图

1. 床身　2. 电动机　3. 导向套　4. 后进给辊　5. 弹簧　6. 轴　7. 主轴　8. 刀头　9. 前进给锥辊　10. 工件　11. 带 V 形槽的毛坯托板　12. 套筒　13. 锥体

带和蜗轮蜗杆（在图上未表示）传动带动。在刀头和前进给辊之前装有带 V 形槽的毛坯托板 11，用于方形断面工件 10 的预基准。在后进给辊之后装有导向套 3，导向套的内孔直径要和被加工的圆棒直径相适应。刀头上的刀片可以拆卸，其径向位置可以调节。机床上还装有用于在圆棒表面滚压槽纹的专用刀头。

6.2.3 圆棒机的使用与维护

① 根据加工圆棒的直径调节或安装好刀片，使其符合圆棒加工直径的要求；
② 调整前、后进给滚轮组的夹紧力，使毛料加工时不发生转动；
③ 检查各连接部件的紧固情况和各传动副、滑动副润滑情况，并及时加注润滑油脂；
④ 启动各电动机，待机床运行平稳后，进给方料开始加工；
⑤ 工作结束后清洁机床及周围的切屑和杂物。

思考与练习

1. 简述木工车床和木工磨光机加工原理的异同。
2. 简述木工车床的种类和用途。
3. 木工车床常用的车刀有哪些？在生产中各起什么作用？
4. MC164 型普通木工车床有哪些部分组成？简述其工作过程。
5. 简述机械进给刀架中心车床的加工过程。
6. 简述木工车床的调整和操作过程。
7. 木工圆棒按用途有哪些类型？简述其各自的作用。
8. 简述木工圆棒机的结构和加工原理。
9. 简述木工圆棒机的使用和维护要点。

本章推荐阅读书目

[1] 木工机械．吴金柱．高等教育出版社，2002.
[2] 木工机械．赵焕甲．中国林业出版社，1998.
[3] 木工机床结构．李志仁．东北林业大学出版社，1994.
[4] 木工机械理论与设计计算．傅有保．中国林业出版社，1985.

技能训练14　木工车床的调整与操作

实训目标

了解木工车床的组成、结构和工作原理，掌握木工车床的调整和操作规程。

实训场地与组织

实习工厂或木材加工厂。以组为单位（每组5人左右），由实训指导老师进行讲解和示范，并安排学生进行实际操作。

实训设备和材料

（1）设备

木工车床。

（2）材料

100mm×100mm方材。

实训内容和方法

（1）木工车床操作前的调整

① 工件的定位：在工件两端画上对角线，以准确决定工件的中心位置，然后将工件装在车床上，其中一端插入主轴上的三齿顶尖，另一端插入尾座上的顶尖，将工件夹紧（具体情况视工件材质的软硬程度灵活掌握），转动手柄，锁紧尾顶尖，这样就完成了工件的定位。

② 车刀的调整与使用：

a. 使用车刀时，需根据车削工件的大小对刀架的高低随时进行调整，车削直径在50mm以上的工件时，车刀在刀架上的高度应与工件的中心轴线呈水平；

b. 工作时应用整个右手握住刀架上的车刀，或以食指及中指托于刀架的下方，用拇指紧压车刀，右手握紧车刀柄，并随时向下加以压力，引导车削的整个运动。

③ 车床切削速度、每转进给量和主轴转速的调整：

a. 根据工件直径的大小来选择车床的切削速度，工件直径越大则切削速度越低；

b. 粗车吃刀量要小，车圆后方可增加吃刀量；精车吃刀量和走刀量均小；

c. 根据工件直径大小对主轴转速进行调整。

（2）木工车床的操作：

① 手工操作进给：

a. 粗车时车刀的选择和握刀车削方式；

b. 精车时车刀的选择及车削方式。

② 机动进给操作：

a. 木工车床的基本操作过程。开车工作时，应使端面刀架尽量靠近工件，车刀伸出量应尽量短些；粗车时进刀量要小些，车圆后进刀量可大些。可用大平刀加工平直圆柱表面，最后高速车削，加工出表面粗糙度符合要求的工件。

b. 工件表面的砂光处理。

（3）木工车床的操作注意事项：

① 操作前应检查工件表面上是否有钉子等杂物，以免打坏车刀。

② 操作时应戴防护眼镜，以防木屑伤害眼睛；衣袖要扎紧，不能戴手套。

③ 胶合的工件，必须干燥后才能进行车削。

④ 车床启动后，不要立即进行车削，应先空转一段时间，待各部分运转正常后，方可开始车削。

⑤ 测量工件的尺寸或作其他辅助工作时，必须在停车后进行。工件转动时，不可用手去摸拭；刚停车但主轴还在转动时，不可用手去制动，以免发生事故。

⑥ 操作时，要经常用卡钳测量尺寸，直至达到所要求的规格为止。一般车削时要留有0.3mm的砂光量。

考核标准

考核评分标准见表6-1。

表6-1 木工车床操作技能考核评分标准

实习地点： 系部： 班级： 姓名： 组号：

考核项目	指标分值	考核标准	成绩分档及权重					考核方式
			A	B	C	D	得分	
			1	0.8	0.6	0.4		
理论应知部分	20	木工车床的类型及特点（6分）						现场口试
		木工车床的组成及工作原理（6分）						
		各部分结构特点（8分）						
技能操作	40	车削方材前的准备工作（10分）						现场操作
		木工车床的调试（10分）						
		方材车削过程是否正确（10分）						
		车刀的修磨是否正确、熟练（10分）						
车削质量	20	对车削方材的质量等级进行评价（10分）						现场测试
		对车削的完成情况进行评价（10分）						
实训报告	20	字迹是否工整，文字表达是否完整、清晰，语言是否通顺、简练（6分）						书面形式
		内容是否齐全（7分）						
		分析是否正确（7分）						
得分								
教师签字								

第 7 章
木工磨光机

本章学习目标

理论知识　了解木工磨光机的种类和特点；掌握木工磨光机的工作原理和基本组成；熟悉木工磨光机的调整步骤和安全操作要求。

实践技能　学会磨光机的操作方法和步骤；熟练掌握磨光机的调整方法；掌握磨光机故障分析的基本方法。

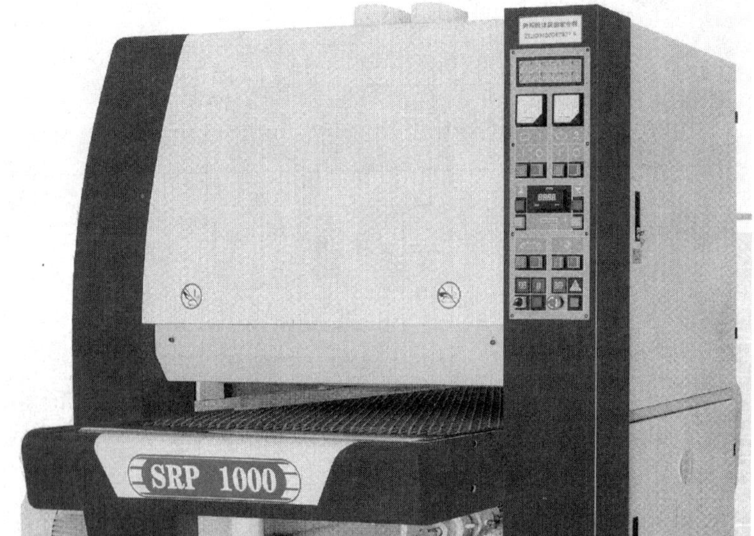

宽带磨光机外形图

磨光机又称砂光机，是用磨具（通常用砂布或砂纸）对各种人造板、木制品构件和木制零件的已加工表面进行精加工（磨光或抛光）的一类机床，是木制品零件或组件的最后一道切削加工工序。

7.1　磨光机的种类及用途

磨削是木材切削加工中广泛采用的工序之一。磨削可用来消除前道工序在木制品零件表面留下的波纹、毛刺、沟痕等缺陷，使零件表面获得较低的表面粗糙度和必要的平直度，为后续的装饰工序建立良好的基面。

根据磨具的形式和使用方法，磨光机可分为盘式磨光机、带式磨光机、辊式磨光机、刷式磨光机和轮式磨光机等类型。

7.1.1　盘式磨光机

盘式磨削是利用表面贴有砂纸（布）的旋转圆盘来磨削木材工件。盘式磨光机可分立式、卧式和可移动式三种（见图 7-1）。

盘式磨削可用于零件表面的平面磨削或角磨箱子、框架等工件加工。这种磨削结构简单，但因磨盘不同直径上各点的圆周速度不同，所以零件表面会受到不均匀的磨削，砂纸（布）也会产生不均匀的磨损；磨盘除绕本身轴线旋转外，还可平面移动，以磨削较大的平面，如图 7-1（c）。

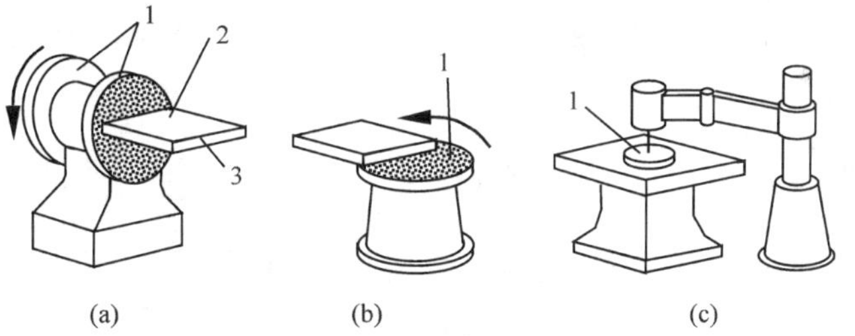

图 7-1　盘式磨光机外形图

（a）立式　（b）卧式　（c）可移动式

1. 磨盘　2. 工件　3. 工作台

7.1.2　带式磨光机

带式磨削是由一条封闭无端的砂带，绕在带轮上对木材工件进行磨削，按砂带的宽窄可分为窄带和宽带磨削两种。窄砂带可用于平面、曲面和成型面磨削，见图 7-2（a）、（b）、（c）、（d）；宽砂带则用于大平面磨削，见图 7-2（e）。带式磨削因砂带长，散热条件好，故不仅能精磨，亦能粗磨。通常，粗磨时采用接触辊式磨削方式，允许磨削层厚度较大；精度时采用压垫式磨削方式，允许磨削层厚度较小。

带式磨光机由于种类多、磨光效率高、精度高、可实现自动化生产，是应用最多的磨削机床。特别是宽带磨光机不但用于人造板生产，也可大量用于木制品的门扇、地板等产品的磨削。

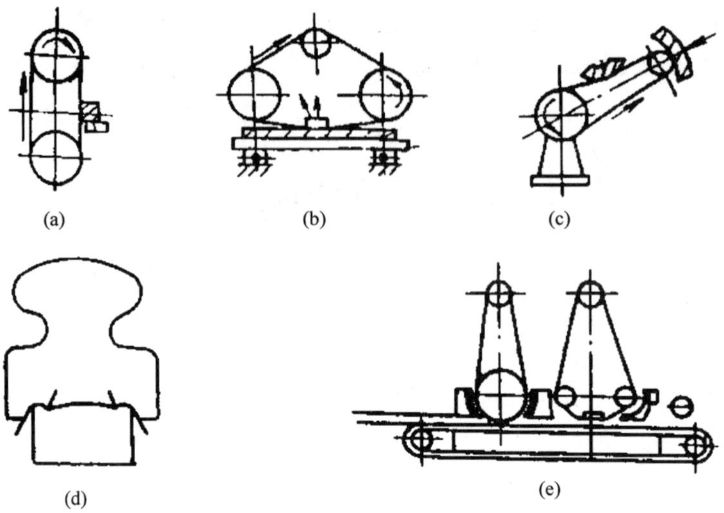

图 7-2　带式磨光机结构示意图

（a）立式窄带磨削　（b）卧式窄带磨削　（c）摇臂式曲面磨削
（d）成型面磨削　（e）宽带砂光机平面磨削

7.1.3　辊式磨光机

辊式磨光机分单辊式和多辊式磨光机两种。单辊磨光机用于平面和曲面加工，见图 7-3（a）；多辊磨光机用于磨削拼板、框架等木制品工件，在门窗、地板等木制品生产中使用较多，见图 7-3（b）。磨削时，磨削辊除了作旋转运动外，还需作轴向移动，以提高加工质量。

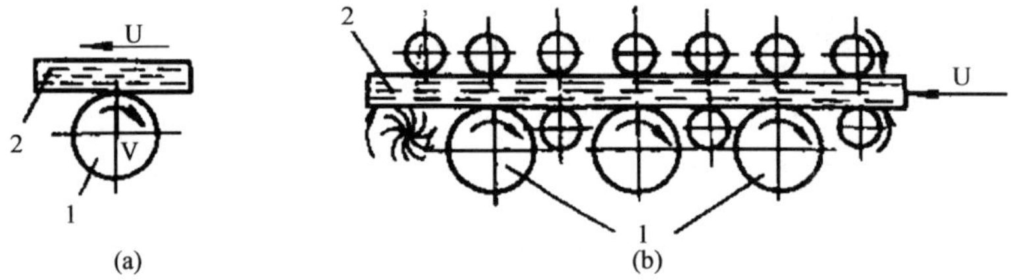

图 7-3　辊式磨光机工作示意图

（a）单辊磨光机　（b）多辊磨光机　1. 磨削辊　2. 工件

7.1.4　刷式磨光机

刷式磨削适合于磨削具有复杂型面的成型零件。磨刷上的毛束装成几列，当磨刷头旋转时，零件靠紧磨刷头。由于毛束是弹性体，故能产生一定的压力，使砂带紧贴在工件上，从而磨削复杂的成型表面，如图 7-4（a）所示。切成条状的砂带绕在磨刷头的内筒上，通过外筒的槽伸出。随着砂带的磨损，可从磨刷头内拉出砂带，截去磨损的部分。

另一种刷式磨光机将砂带条粘在一薄圆环上，在作回转运动的滚筒上叠压若干个这样的薄圆环，在滚筒作回转运动的同时，滚筒还要在轴向上作振动，砂带条即可对木材工件的表面进行磨削。此种形式的磨削适合于平面成型板件的磨削加工，见图 7-4（b）。

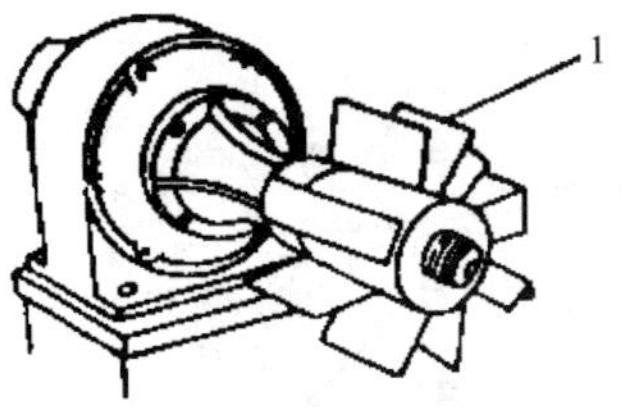

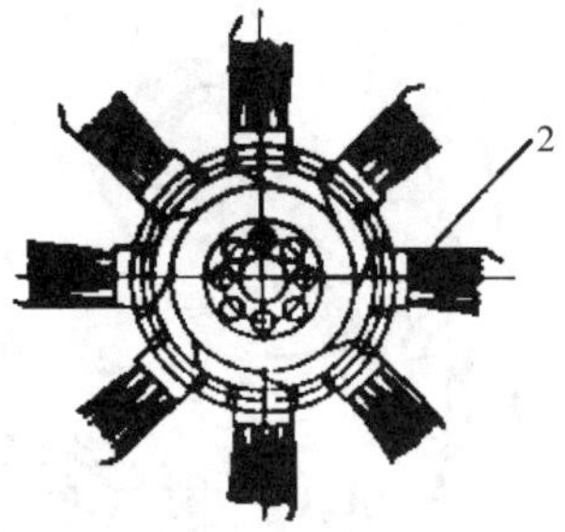

图 7-4 刷式磨光机结构示意图

(a) 束型刷式磨削 (b) 环型刷式磨削

1. 磨削束形刷 2. 磨削环形刷

7.1.5 轮式磨光机

轮式磨光在木材加工中的应用是近十余年才发展起来的。砂轮可用于木制品零件表面的精磨，亦可用于将毛坯加工成规定的形状和尺寸。砂轮的特点是使用寿命长、成本低，制造简单，更换砂轮比砂带方便。但因砂轮散热条件差，易发热而导致木材烧灼。

此外在木材加工工业中应用的磨削加工方式，还有滚辗磨光和喷砂磨光两种。滚辗磨光主要用于木质小零件的精磨加工，如螺钉旋具手柄、短小的圆榫等。滚辗磨光是将磨料(浮石)、木质工件一起放入一个可转动的大圆筒内（圆筒转速 20 ~ 30r/min)，靠圆筒的转动和同时产生的纵向振动，使工件得到充分的辗磨；喷砂磨光用于砂磨压花的刨花板表面和实木雕刻工件的表面，喷砂原理是利用高压空气进行工作的，但其磨削效率和质量受空气压力、喷嘴形状、喷射角度和砂粒种类等因素的影响。

7.2 磨光机

7.2.1 窄带式磨光机

窄带式磨光机是采用不宽的无端砂带作为磨削刀具，带宽一般为 80 ~ 300mm，砂带张紧在两个带轮上。砂带又可分为平面部分、圆弧部分或带轮部分，其中每个部分都可成为工作部分，即可以全部表面或部分工作表面和被加工工件相接触加工。

根据砂带和工件接触的特点不同，窄带式磨光机分为：能加工曲线工件的自由砂带磨光机；工作台为机动而压紧头为手动的窄带磨光机；具有接触梁和输送带进给的窄磨光机，用于加工侧边的窄带磨光机。

(1) 具有活动工作台和压头的带式磨光机

此类磨光机用于板式工件加工，图 7-5（a）为带式磨光机的结构示意图。机床床身是由两个床头箱 1 构成，在其上装有工作台装置 2，它可以借助手轮作上下调整。工作台 3 可在辊子上横向沿圆形导轨手动移动。圆形导轨固定在工作台装置 2 上。在工作台上方装有砂带 6。砂带张紧在主动轮 5 和被动轮 8 上。为了张紧砂带和调整砂带跑偏，设有带气缸 9 的丝杠装置。

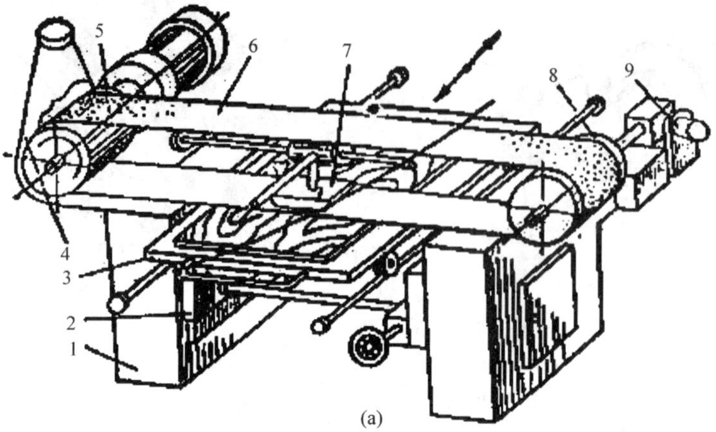

(a)

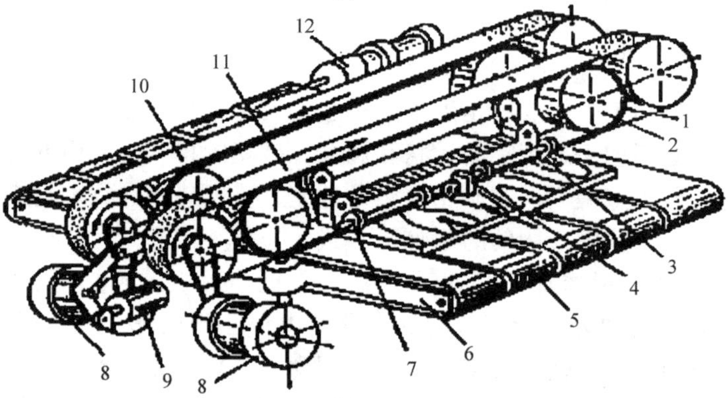

(b)

图7-5 窄带砂光机结构示意图

(a) 具有可动工作台和短压头的窄带砂光机

1. 床头箱 2. 工作台装置 3. 工作台 4. 吸尘器 5. 主动轮 6. 砂带 7. 短压头 8. 被动轮 9. 气缸

(b) 具有长压头输送带进给的窄带砂光机

1. 中间转动带 2. 带轮 3. 压紧梁(长压头) 4. 行程开关 5. 输送带 6. 工作台 7. 辊子 8. 电机 9. 抬起装置 10、11. 窄砂带 12. 传动装置

在工作台作横向运动和短压头7作纵向移动时，机床进行磨削加工，短压头7将砂带压向工件。在砂光时所产生的砂屑，由吸尘器4吸走，吸尘器和排尘系统相连接。在这类机床上工作，工人劳动强度大且生产率低，尽管如此，这类机床在生产中应用还是相当广泛，因为它能保证板面很高的砂光质量。

(2) 具有输送带进给和长压梁的磨光机

这类机床结构较完善，生产率也比较高，是较为先进的机床如图7-5（b）所示。机床有两条或更多的窄砂光带10和11，它们以12m/s或24m/s的速度作相反方向运动。带轮由单独电机8通过三角带传动。压紧梁3保证了砂带和工件接触区的压力持续存在。在压紧梁和砂带之间装有中间转动带1，它被张紧在两个带轮2上。中间转动带带1用于减少压紧梁的磨损，改善砂屑的排除以及切削区产生热量的排出。工件由输送带5进给，输送带装在工作台6上，由单独的传动装置12传动。辊子7将工件压向工作台。为了预防待加工工件表面端部的过量磨削，压头在加工的初始和结束处装有抬起装置9。在磨削开始前，磨压头处于抬起位置。工件在通向砂带时压下行程开关4，发出指令，磨压头抬起。当工件进给到砂带时，磨压头落下。同样的原理，在加工终端时，有另一行程开关发出信号，使磨压头抬起。长形磨压头做成分段式的，安装在纵向横梁上。纵向横梁靠气缸抬起或下降。除此之外，每一个分段可以手动或机动地单独松开或压紧砂带，这样可以允许有选择性地砂光面积不大的表面，当所有的分段都工作时，同时磨削板材的整个表面。

（3）立式窄带磨光机

该种类型的窄带磨光机适用于家具制做、装饰、装潢、工艺品等边缘的精细抛光，且操作简单、维修方便，一般采用手动进给。

图7-6为SVO1000型立式磨光机。机床主要由床身、工作台、带轮、传动部分、砂带等组成。床身为钢板焊接而成；主动带轮直接由电动机通过联轴节带动，并有调节砂带张紧度及调整两直立带轮不平行度的手柄。

图7-6 SVO1000型立式磨光机外形图

（4）立式窄带磨光机操作与维护

磨削工件前要调节砂带的张紧度、平行度及工作台的高度。调节后锁紧并按机床规定部位进行润滑和各项紧固检查工作。

开车后，待砂带正常运转并确认机床各部运转正常后方可开始进行磨削加工。加工时，手持压板手柄沿导向轴移动，使压板将砂带压向工件表面。压板对工件的压力和沿导向轴的移动速度要均匀一致；视工件的宽度，纵向移动工作台，使砂带对工件的全长和全宽磨削均匀一致。操作时压力不能时轻时重，以免磨削表面出现凹凸不平。

开机前要对机床上的齿轮副、蜗轮副、丝杠螺母机构、导轨副进行润滑；当班工作完毕后要清除机床上及周围的杂物和粉尘。每三个月对各轴承加注润滑脂一次。

这种磨光机的特点是结构简单、制造维护、操作方便，因而获得广泛运用。

7.2.2 宽带式磨光机

随着人造板工业和板式家具的兴起和发展，宽带式磨光机也获得了广泛地使用。宽带式磨光机是目前国内外在木制品生产，尤其是家具和人造板生产中应用最普遍的一种磨削设备。这种类型磨光机由于冷却、除尘效果好，砂粒的空隙不易堵塞，磨粒自动脱落性好，因此具有生产效率高，磨削表面质量好，磨削幅面宽（650～1 200mm），工件进给速度快（18～90m/min），磨削深度大（最大可达1.77mm），厚度公差小（一般为±0.127mm），且砂带还有使用寿命长，更换砂带方便、省时等优点。宽带磨光机几乎代替了其他类型的磨光机，常用于人造板和大幅面工件的磨削制作。

（1）宽带式磨光机的分类

宽带式磨光机按砂架结构形式的不同，分为接触辊式和压垫式两种形式；按照接触辊的硬度又可分为软辊和硬辊两种形式；按照压垫不同的结构形式又可以将压垫式分为整体压垫式、气囊压垫式和分段压垫式三种形式。

磨光机按照砂架的布置形式不同，可分为单面上砂架式、单面下砂架式和上下双面对砂式三种形式。在木制品生产中一般使用单面磨光机，双面磨光机则常用于人造板的表面磨光。

按照磨光机上砂架数量的不同，宽带式磨光机又可分为单砂架、双砂架和多砂架等形式。

按照砂架相对工件的磨削的方向不同，宽带式磨光机可分为纵向磨削式和纵横磨削式两种形式。

（2）宽带式磨光机的砂架组合形式

根据生产工艺和对工件表面质量的不同要求，宽带式磨光机砂架的数量和配置均有不同。可以是单砂架、双砂架、多砂架，也可以采用多个相同的砂架组成。实际生产中，经常使用的是同时具有定厚和定量砂架的砂光机，而且还可以根据需要设有两个定厚磨削砂架或两个定量磨削砂带架的不同组合形式。宽带式磨光机常见的砂架组合形式如图 7-7 所示。

（3）宽带式磨光机的结构与工作原理

如图 7-8 所示为 CSB2 – 1300 型宽带磨光机外形，它属于履带进给的宽带磨光机，适用于对各种人造板，板式家具零部件以及窗框等工件的磨削加工。

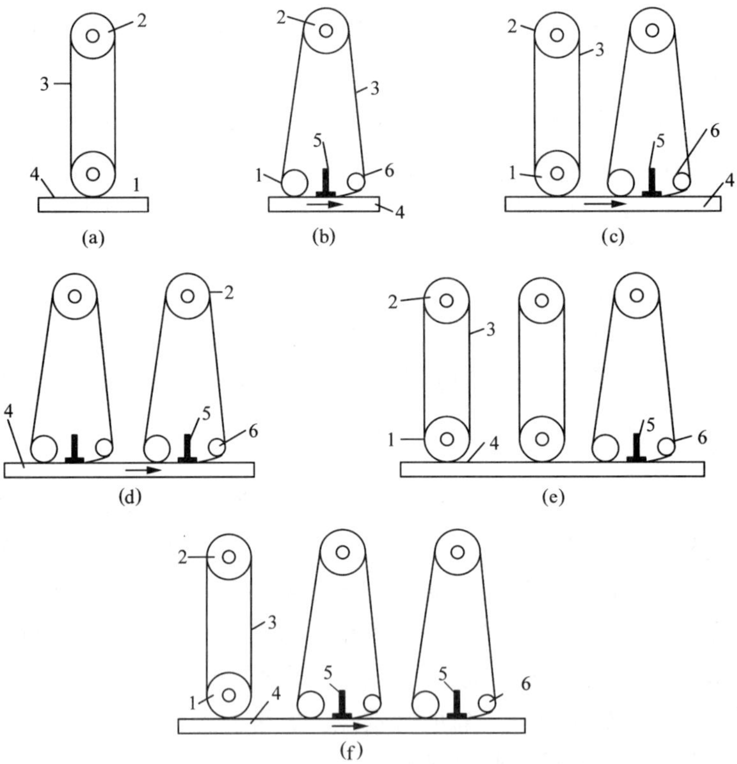

图 7-7　宽带式磨光机砂架的不同组合形式示意图

（a）单砂架定厚砂光机　（b）单砂架定厚定量砂光机　（c）双砂架定厚定量砂光机
（d）双砂架定量砂光机　（e）三砂架定厚定量砂光机　（f）砂架定厚定量砂光机
1. 接触辊　2. 张紧辊　3. 砂带　4. 工件　5. 压垫　6. 导向辊

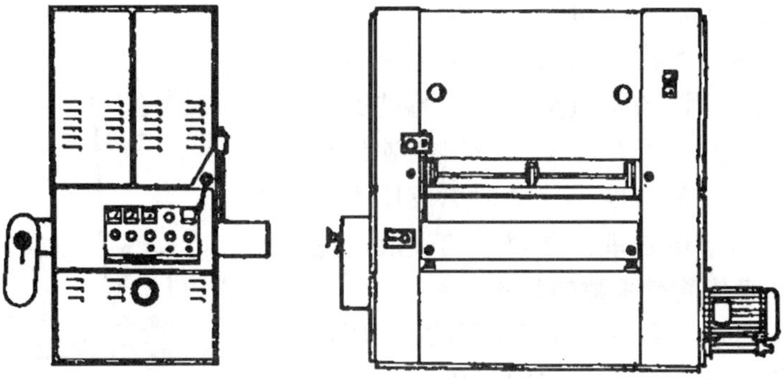

图 7-8 CSB2－1300 型宽带磨光机外形图

CSB2－1300 型宽带磨光机有两个砂架配置在机床的上部，第一个砂架为接触辊式，用以粗砂；第二个砂架为压带式，用于精磨工件的表面。该砂光机可以进行两种工作，其一是按调整好的厚度进行定厚砂光（校准尺寸），此外也可进行表层的修整砂光，前者可使同批工件取得相同的厚度，后者则不要求达到均一的厚度，只是降低工件的表面粗糙度。

图 7-9 所示为 CSB2－1300 型磨光机结构示意图，它由下列主要部分组成：用以砂光工件上表面的 1 号、2 号两个砂架 1 和 2 与前、中、后三个压力规尺 10、11、12 通过电动机 6 和 7 带动。砂带 3 由张紧辊 4 张紧，其张紧力可由改变空气压力来进行调节。工作时，砂带由接触辊和压带器 5 压到工件表面上进行砂光。工件被置于工作台 8 上，由循环运行的进给履带 9 使其实现进给运动。当工作台调好高度或处于浮动状态时，工件被压向规尺，按照规尺下表面与砂带的相对高度来限定加工余量的大小。工作台安装在四根丝杠上，利用工作台升降电动机 13 或手轮来调节它的高度。磨下来的木材粉屑被吸尘管 14 吸走。

砂架 由 1 号和 2 号两个砂架构成磨削机构。1 号砂架为辊式砂架，用于定厚粗砂，所以又称为粗砂架，一般采用 60～100 号的砂带。2 号砂架为压带式砂架，用于精砂，一般采用 120～160 号的砂带。

1 号砂架由接触辊和张紧辊 4 组成，砂带套装在接触辊（主动辊）和张紧辊上。2 号砂架由两个主动辊、一个张紧辊和压带器 5 构成，砂带套装在三个辊筒上。两个砂架的砂带的张紧，分别由气动张紧装置通过张紧辊实现，并保持张紧力不变。

1 号砂架的接触辊 1 是钢制的圆筒，表面包覆有硬橡胶，并沿 45°螺旋角开有螺纹槽沟，用以冷却砂带。橡胶的硬度取决于砂光要求的质量和产量。磨削过程中的木尘从前

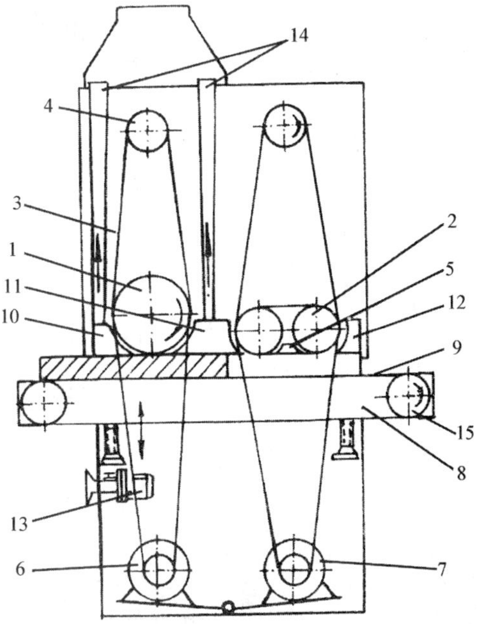

图 7-9 CSB2－1300 型磨光机结构示意图

1. 1 号砂架 2. 2 号砂架 3. 砂带 4. 张紧辊 5. 压带器 6、7. 电动机 8. 工作台 9. 进给履带 10、11、12. 前、中、后压力规尺 13. 工作台升降电动机 14. 吸尘管 15. 进给履带传动装置

压力规尺2上的吸尘口排出，如图7-10所示。

精砂架中的压带器5由铝制长条平板包覆石墨带制成。压带器被安装在可调的垂直支架上，通过手柄和偏心轴可调节压带器5的高度。由于压带器使砂带与工件有较宽的接触面积，砂带粒度小，磨削单位压力小，磨削量也小，所以可消除粗砂带粗砂留下的残痕，以达到精砂要求和使工件表面光滑平整的目的。

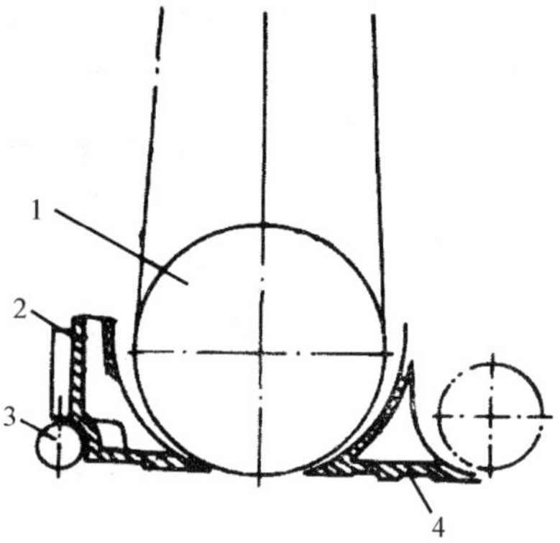

图7-10 接触辊结构示意图

1. 接触辊 2. 前压力规尺
3. 引导辊 4. 中间规尺

压力规尺 压力规尺共有三个，如图7-11所示。前压力规尺1的高度是可调的，它与中间压力规尺2的高度差，即为磨削层的厚度。后压力规尺3与中间压力规尺2安装在同一高度的水平面上，而接触辊6略低于中间压力规尺2（0.05～0.2mm），目的是使工件从压力规尺2、3通过。前压力规尺1可以固定在某一高度上，也可以浮动。前后压力规尺1和3分别配有前引导辊4、后引导辊5。各压力规尺兼作吸尘口，将砂带砂下的木尘吸走排出。

工作台及其升降机构 工作台1通常为铸铁件，由四根丝杠5支撑，可以根据磨削工件的厚度调节其高度。调节时可以手动，也可以机动。当工件修整砂光要求等厚时（即一定厚度），把工作台调整到相应高度后固定；当工件修整砂光不要求等厚时，工作台可调在浮动状态，即将手轮12（每侧各一个）完全放松。工作台1的浮动范围为3mm。放松手轮12即放松导轨3上的挡块，导轨3和横梁7即可相对移动，而工作台在自重和荷重作用下，通过转臂4、横梁7压在弹簧14上。弹簧的拉力大小可用手轮13调节。如果将手轮12拧紧，锁紧导轨3与横梁7，即可消除工作台的浮动，如图7-12所示。

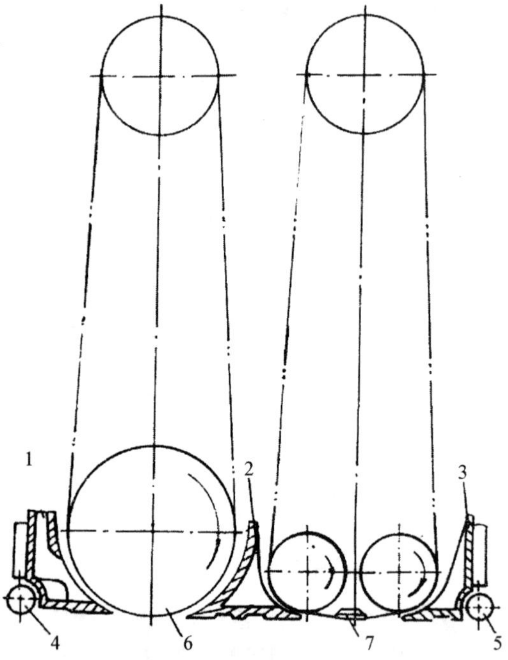

图7-11 压力规尺结构示意图

1. 前压力规尺 2. 中间压力规尺 3. 后压力规尺
4. 前引导辊 5. 后引导辊 6. 接触辊 7. 压带器

工作台的升降。机动时将手轮8脱开（即离合器脱开），启动电动机10，通过蜗轮副9、链传动11、丝杠螺母5（链轮本身即为螺母，螺母转动丝杠移动）来实现，以满足板材不同厚度的要求；手动微调时，则将离合器闭合，转动手轮8即可。

进给传动装置 图7-13所示为进给传动装置结构示意图。其由单独电动机1、无级摩擦变速机构2、减速箱3带动进给履带主动辊4，使履带沿工作台面滑行，实现工件的进给。进给速度可用变速手轮5调节，调好后用锁紧手柄6锁紧。

砂带轴向窜动控制装置 图7-14所示为砂带轴向窜动气动控制装置结构示意图。砂带除了作等速的回转运动外，还要沿辊筒轴

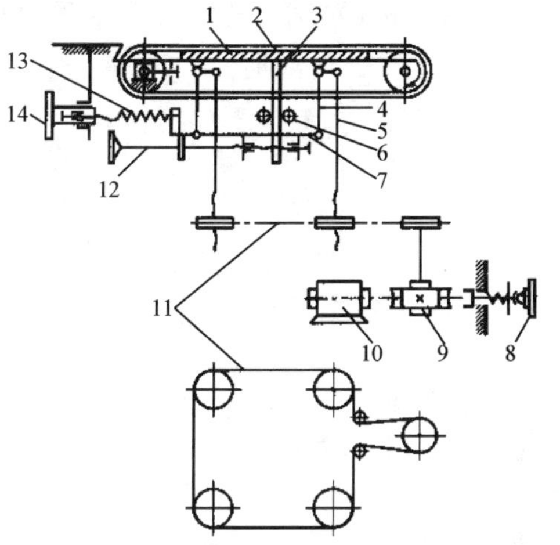

图7-12 工作台及其升降传动装置原理示意图

1. 工作台 2. 履带 3. 导轨 4. 转臂 5. 丝杠螺母 6. 导向轮 7. 横梁 8、12、13. 手轮 9. 蜗轮副 10. 电动机 11. 链传动 14. 弹簧

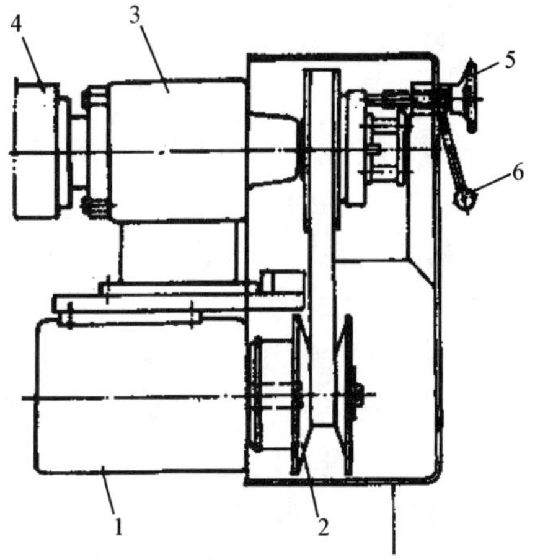

图7-13 进给传动装置结构示意图

1. 电动机 2. 无机摩擦变速机构 3. 减速箱 4. 主动辊 5. 变速手轮 6. 锁紧手柄

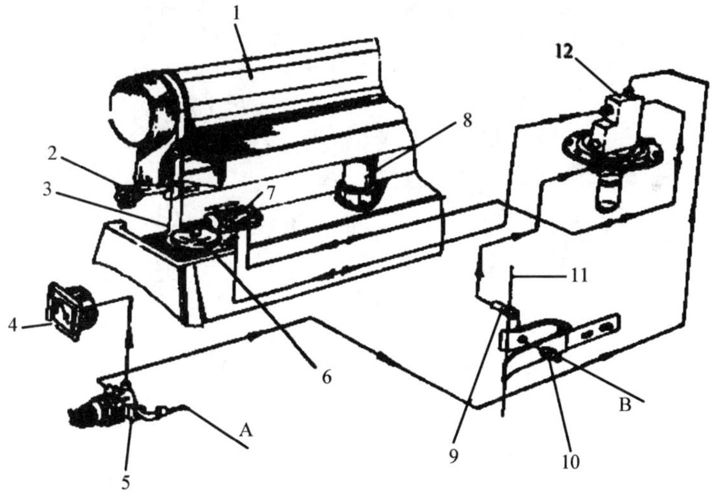

图7-14 砂带轴向窜动气动控制装置结构示意图

A. 主气路 B. 气路

1. 张紧辊 2. 手柄 3. 偏心轴 4. 压力表 5. 减压阀 6. 圆盘 7、8. 气缸 9. 接受器 10. 传送器 11. 砂带 12. 换向阀

线作轴向窜动，以减少或消除磨削表面的残留划痕，使工件表面光滑平整，还可防止砂带跑偏滑脱。如图所示位置，即砂带11处于左边位置，来自气路B的控制气流，由传送器10到接受器9的通路接通，气流进入换向阀12，此时主气路A的气流（压力为0.45MPa）经减压阀5（压力为0.3MPa即压力表4指示数值）、换向阀12，进入气缸7的右腔，活塞杆向左移动，推动圆盘6转动，通过偏心轴3带动张紧辊1摆动，砂带此时向右窜动。当砂带边缘将传送器10和接受器9的通路阻断，则换向阀12失去气压作用，主气路A的气流换向，

进入气缸 7 的左腔，活塞杆向右移动。圆盘 6 反转，张紧辊 1 由偏心轴 3 带动摆，砂带向左窜动。如此周而复始，完成砂带的轴向窜动。手柄 2 用于调整砂带轴向窜动量，调好后锁紧。

制动机构　粗砂架的接触辊和精砂架的主动辊都装有制动机构，用以紧急刹车。两个砂架的刹车机构基本相同，刹车鼓与传动带轮制成一体，安装在主动辊筒轴上。通过气缸、杠杆带动凸轮转动一角度，使闸瓦胀开，借助摩擦片刹住制动鼓来停车。松开则利用弹簧来实现。

（4）其他几种常见的宽带磨光机

单砂架宽带磨光机　图 7-15 为单砂架宽带磨光机的外形图。

该种类型磨光机采用组合砂光头进行磨削加工，适用于木制家具板方材、地板块、短小料木制品零件的定厚磨削和表面磨光。单砂架宽带磨光机主要由床身、工作台、砂架及主传动机构、砂带机械张紧和轴向窜动控制机构、进给机构等组成。

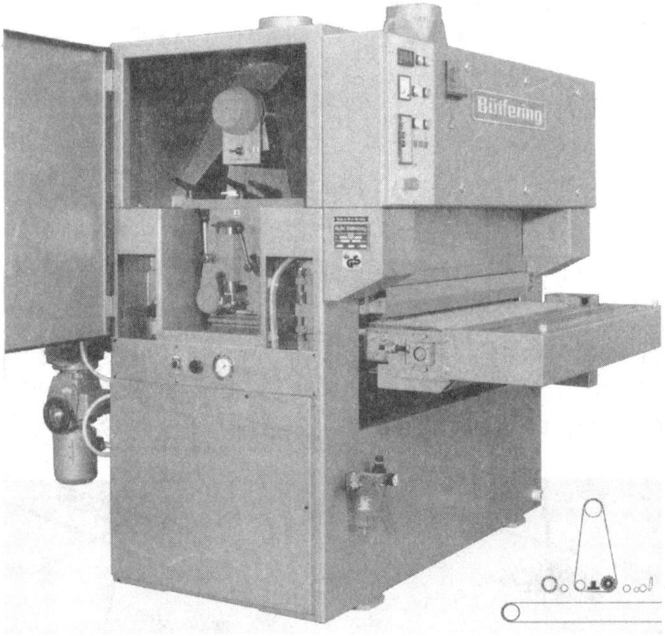

图 7-15　单砂架宽带磨光机的外形图

双砂架双面宽带磨光机　图 7-16 为 BSG2613A 型双砂架双面宽带磨光机的外形图。它主要适用于砂光各种刨花板、中密度纤维板、胶合板、竹材和非木质人造板等板材加工，可获得较精确厚度尺寸的成品板和人造板二次加工前均匀光洁的表面，同时具有较高的工作效率和加工质量。

该种类型磨光机有两个复合砂头，不仅能定厚砂光，而且砂磨垫对表面进行修整，因此该机的表面加工质量较好。机床的砂辊均经过严格热处理，精确校正动平衡，保证使用性能，经久耐用。砂辊表面设有大螺旋沟槽，以减少加工接触面积对板面散发的切削热量。机床的调整环节比较多，通过调节，可获得板料上下面的等砂削量和较高的砂削精度，并可通过调整补偿方式，可长久保持精度。采用变频无级调速，可在满足制件精度的前提下，提高机床的生产率。

图 7-16　BSG2613A 型双砂架双面宽带磨光机外形图

图 7-17　BSG2312A 型三砂架单面宽带磨光机外形图

三砂架单面宽带磨光机　图 7-17 为 BSG2312A 型三砂架单面宽带磨光机外形图。

该机床主要用于胶合板、刨花板、细木工板等各种人造板以及板式家具的表面砂光加工。它有三个砂架，一号砂架为辊式砂架，其作磨削量大的粗磨用，起定厚磨削作用；二号、三号砂架为压带式砂架，二号砂架用于校准工件厚度和消除划痕，三号砂架用于精砂。该机床具有结构刚性好、工作平稳、生产效率高、被砂光后的工件表面粗糙度低等优点，机床的砂辊均经过严格热处理、精确校正动平衡后，能保证使用性能、经久耐用。砂辊表面设计了大螺旋角沟槽，增加了砂辊对砂带的曳引力，当砂削最大宽度的工件时单位宽度仍有较大的砂光功率（0.3kW/cm），因此该机具有很高的生产效率。

该机床支撑工件的气动下托辊，是用六个专门设计的气缸支撑，因此工件基本上是在恒定的背压力下进行砂削工作，工作时根据不同的工件和具体工艺要求，可以非常方便的调整被砂工件的背压力，从而得到满意的砂光质量。它的送料装置是由变频电动机驱动，具有较大的调速范围，工作中调整一下电动机频率就可在16~90m/s之间选择任何速度。

四砂架双面宽带磨光机 图7-18为BSG2713Q型四砂架双面宽带磨光机外形图。

四砂架双面宽带磨光机主要用于人造板的定厚磨削（粗砂）和光整磨削（精砂）的加工。

该机有如下优点：精度高（磨削后工件厚度公差在±0.1mm之内）；加工质量好（只要合理地选择砂带，即可得到满意的表面粗糙度）；生产效率高（四个砂架，两个粗砂架上、下对顶布置，两个组合砂架上、下错开布置）；一次通过即可完成双面定厚磨削和光整磨削工作；大功率主电动机的配置，可对工件实现高效强力磨削。

图7-18 BSG2713Q型四砂架双面宽带磨光机外形图

螺旋刀头刨木宽带磨光机 该种类型磨光机融合了刨木及砂光功能，加工效率很高，适合于细木工板、薄木板等板材的加工，如图7-19所示。

图7-19（b）为砂带和刨刀头外形示意图。该结构第一部分为刨刀头，第二部分为滚轮式砂光头，第三部分为压板式砂光头。

图7-19（c）为螺旋刀头外形示意图。螺旋刀头具有高强度、低噪声、重切削、质量轻、寿命长等优点。切削中若有杂质损坏部分刀口，可转至其他三面使用，省时又经济。更换刀片时，不需将刀头取出，即可直接更换，方便、快速。

（5）宽带磨光机的操作

① 根据工件的厚度尺寸，调节工作台的高度。若为定厚磨光，工作台调好后固定；若为不定厚磨光，工作台调好后应处于浮动状态。

② 按程序张紧砂带，砂带张紧度要适中。注意控制张紧辊的位置和压缩空气的压力。

③ 根据磨光余量调节压尺和接触辊的高度，接触辊要低于中间压尺0.05~0.2mm。

(a)

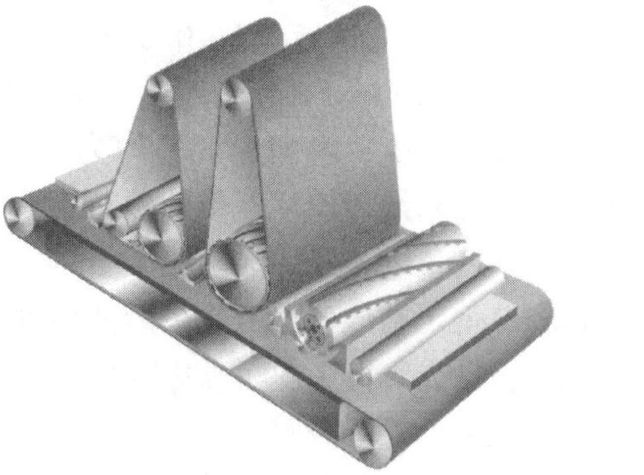

(b)

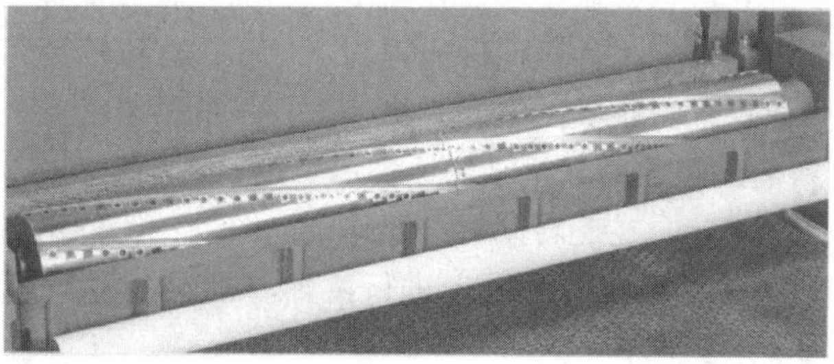

(c)

图 7-19 螺旋刀头刨木宽带磨光机外形示意图

(a) 外形图 (b) 砂带和刨刀头外形图 (c) 螺旋刀头外形示意图

④ 开机前应仔细检查各部紧固情况并按规定加以润滑。

⑤ 开机后待砂辊达到正常运转并确认其他各机构运转正常后，即可进给工件进行试磨光。应检查磨光是否符合技术要求，如不符合，应根据实际情况调节相应部位，直到合格为止。

7.2.3 辊式磨光机

(1) 概述

辊式磨光机又称为鼓式磨光机。它是将砂带缠绕在圆柱辊筒的表面上，并通过其回转对工件进行磨削加工。按砂辊的数目分为单辊和多辊磨光机；按加工工艺不同分为单面磨削和双面磨削磨光机；按进给方式分为手工进给和机械进给磨光机。

单砂辊磨光机一般都是手工进给的，它又分为立式和卧式两种，多用于磨削边缘部分和不规则的曲面工件。其砂辊直径较小，一般为 50 ~ 150mm，高出台面 150mm，除了作回转运动，不作轴向往复窜动。砂辊有金属制成的，也有木材或橡胶制成的。

多辊磨光机以三砂辊为主，一般用于大幅面工件的磨光，如胶合板、细木工板、拼板和平面框架组件等。多辊磨光机都是机械进给的，进给方式有辊筒或履带两种。砂辊可以安装在工作台上面，也可以安装在工作台下面，或者工作台上下两面均安装。

三砂辊磨光机的三个砂辊：粗砂辊、细砂辊、精砂辊，所以缠绕砂带粒度由粗到细。三砂辊式磨光机磨削工件的过程分为三个阶段：粗磨阶段，即磨削被加工件的粗糙表面，所用砂带粒度较粗，磨削辊筒高于基准面的数值较大，辊筒的压紧力较大，磨削厚度平均为0.2～0.3mm，通常为0.1～0.6mm；细磨阶段，磨掉零件表面微小的不平度（粗砂后留下的沟痕、小凹坑等），砂带粒度要细（属中硬性），磨削辊筒高于基准面的数值在减少，压紧力也相应减少，磨削厚度平均为0.1～0.15mm，通常为0.05～0.2mm左右；精磨阶段，对工件表面精细加工，砂带的砂粒度更细，磨削厚度平均为0.05～0.1mm。

图7-20为砂辊安装在工作台下面，辊筒进料的三辊式磨光机结构示意图。工件在固定工作台2上定基准。在工作台的凹槽处放置了下进给辊筒1。辊筒高出工作台面的凸出量可以调节。砂光辊筒7由单独电动机带动作旋转运动，转速为1 500r/min，同时，辊筒还作轴向摆动运动，摆动频率为100次/min，摆幅为6～10min。三个辊筒上各与一个偏心机构相连，三个偏心机构装在通轴5上。由电动机4通过蜗杆蜗轮传至通轴5而实现辊筒的摆动运动。每一个辊筒通过手轮6可直接调正辊筒在高度方向的位置以保证磨削掉所要求的加工余量。上进给辊筒3保证进给并把工件压向砂光辊筒7，起进给和压紧作用。进给辊筒安装在框架上，框架可以升降以保证有足够的空间来更换磨损了的砂带。

图7-21为履带进料的三辊式磨光机结构原理示意图，磨削辊9、10、11外面包覆砂布，并由电动机经传动带带动旋转，在旋转同时，还作轴向窜动；工件由履带6压紧送进，并由一组弹簧和压紧辊5压紧在工作台的平面上进行磨削。刷辊12用于清除工件表面的粉尘。工作台的升降靠偏心轴8来实现。

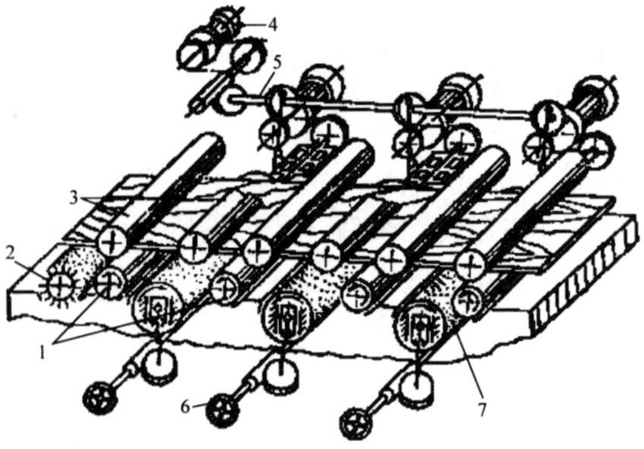

图7-20 辊筒进给三砂辊磨光机结构示意图

1. 下进给滚筒 2. 工作台 3. 上进给滚筒 4. 电动机 5. 通轴 6. 手轮 7. 砂光辊筒

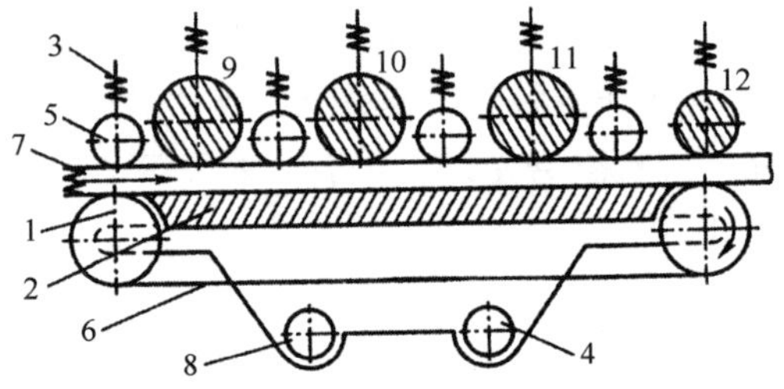

图7-21 履带进给三砂辊磨光机结构原理示意图

1. 履带驱动辊 2. 工作台 3. 弹簧 4、8. 偏心轴 5. 压紧辊 6. 履带 7. 工作 9、10、11. 磨削辊 12. 刷辊

（2）辊式磨光机的调整与操作

辊式磨光机的调整

a. 砂辊到工作台方向距离的调整。磨光机的三个砂辊的升降是通过操作机身前下方排列在一根轴上的三个手轮进行的。三个砂辊高出工作台面的高度各不相同，一辊（靠进料一边）为0.2～0.5mm；二辊为0.5～0.8mm；三辊为0.8～1.0mm。

b. 高速磨光时砂带的旋绕和紧固。三辊筒磨光机上使用的砂辊外围有一层丝毛织品，长条形的砂带以螺旋状旋绕在砂辊上，螺旋方向与砂辊旋转方向相反。当将砂带裁好绕在砂辊上时，应该将一头用砂辊上的钢带箍紧，将弹性盘向砂辊转动方向移动并插上插销，再将另一头用钢带箍紧；然后取出销钉，一面用手转动砂辊，一面用手顺砂带旋绕方向搓拍，直至弹性盘自动将砂带拉紧为止。

辊式磨光机的操作

a. 分别启动三个砂辊的电动机；

b. 待砂辊达到正常转速后，方可使砂辊作轴向移动；

c. 工件进给时，前端边缘应与砂辊轴线的垂线呈 10° ~ 15°倾角，这样，既不会损坏砂带，还可以保证工件边缘不致磨成料棱；

d. 砂光面积较小的工件时，应沿宽度排满工件，并连续进给，因为任何停顿或不连续，都会使工件表面出现波纹状的磨痕；

e. 进给速度的快慢，应根据工件材质的软硬程度，材质软的进给速度要快，材质硬的可以慢些；

f. 操作时，遇工件厚度不均或翘曲而被挤住出现故障时，应立即停止进给，并将上进给辊筒和压紧辊升起，取出工件并作好清理工作，以免损坏砂带。

7.2.4 抛光机

手工抛光是十分繁重的体力劳动，而采用机械抛光不仅可以大大减轻体力劳动强度，且大大地提高抛光效率。机械抛光是使用各种类型的抛光机抛光，有盘式，辊式，带式的，也有固定和手提式的。目前我国除少数用多辊式抛光机外，大多数用单辊式抛光机，这种抛光机的结构与单辊式磨光机相似，不同之处在于抛光机的抛光构件是一软辊，软辊的中心是一根能转动的轴。将许多层剪成同样直径的圆形绒布或化纤织品（如涤绵）套在轴上，两端用端盖和压紧螺母固紧在轴上，由电动机带动其回转。当布轮随轴转动时，在离心力作用下，形成规则的圆形辊筒式抛光辊。抛光工件时，要适时地将抛光膏（多用固体块状）擦在软辊上；当工件接触抛光软辊时，由于摩擦而对工件进行抛光，从而降低工件的表面粗糙度或提高油漆表面的光亮度。图 7-22 为 MQ50 抛光机的外形图，其主要技术参数为，抛光轮直径尺寸为 155 ~ 500mm，升降行程为 400mm，电机功率为 3.55kW。

图 7-22 MQ50 抛光机的外形图

思考与练习

1. 简述磨光机的作用、类型及其特点。
2. 简述宽带式磨光机的特点及分类。
3. 宽带式磨光机的砂架组合形式有哪些?
4. 简述 CSB2 - 1300 型宽带磨光机的结构及工作原理。
5. 宽带式磨光机有哪些类型? 各自加工特点是什么?
6. 简述宽带式磨光机的操作。
7. 简述辊式磨光机的类型及各自特点。
8. 简述辊式磨光机的调整与操作。

本章推荐阅读书目

[1] 木工机械. 吴金柱. 高等教育出版社, 2002.
[2] 木工机械. 赵焕甲. 中国林业出版社, 1998.
[3] 木工机械. 南京林业大学. 中国林业出版社, 1984.
[4] 木材工业实用大全(木制品卷). 王恺. 中国林业出版社, 2003.
[5] 木工机械理论与设计计算. 傅有保. 中国林业出版社, 1988.

技能训练 15　宽带磨光机的调整与操作

实训目标

了解宽带磨光机的组成、结构和工作原理；掌握宽带磨光机及其他相关仪器设备的使用方法；掌握宽带磨光机的调整和操作规程。

实训场地与组织

人造板厂或木材加工厂。以组为单位（每组 5 人左右），在实训指导教师带领下，先进行现场讲解宽带式磨光机的基本构造，观摩宽带式磨光机的调整和工作过程；在实训教师的指导下，学生独立进行宽带式磨光机的调整，并能完成相应的加工操作。

实训设备和材料

（1）设备

木工宽带磨光机。

（2）材料

人造板多块及相关工具若干。

实训内容和方法

①操作前装好砂带。根据两轮间的距离将砂带截断，并将两头浸泡在水中，刮去上面的磨料（每头刮去约 30mm），然后涂上水胶，把两头搭接在一起，用两块平板紧压两面，待干后即装在两轮面上，然后将砂带张紧到适当的程度，把工件放在工作台上，将工作台升到所需高度，并在滚筒左右头装好防护罩。

②上砂带必须将砂带头顺着圆轴转动方向，接砂带必须使斜角垂直，不得弯曲，阴雨天砂带易反潮，容易松动；使用前应检查和干燥。

③入料前先检查待加工料，如有钉子、活疖，要立即去掉。入料时，应注意顺着纹理加工。磨削量：硬木料不得超过 0.25mm，软木料不超过 0.5mm。

④操作中，材料要放平、放稳，压托要拿稳、用力均匀，如需推动台面，手必须放在台面底下。操作人员应面向回转方向，以防粉尘迷眼。

（5）工作中应经常清扫粉尘，特别是电动机、电闸要经常打扫。若发现砂带损坏，应立即停车更换，严禁在砂带上修磨金属物品，以免发生火灾。

考核标准

考核评分标准见表 7-1。

表 7-1　木工宽带磨光机操作技能考核评分标准

实习地点：　　　　系部：　　　　班级：　　　　姓名：　　　　组号：

考核项目	指标分值	考核标准	成绩分档及权重					考核方式
			A	B	C	D	得分	
			1	0.8	0.6	0.4		
理论应知部分	20	宽带磨光机的类型及特点（6 分）						现场口试
		宽带磨光机的组成及工作原理（6 分）						
		宽带磨光机各部分结构特点（8 分）						
技能操作	40	磨光前的准备工作（10 分）						现场操作
		宽带磨光机的调试（10 分）						
		磨削过程的操作是否正确（10 分）						
		砂带的安装、更换是否正确、熟练（10 分）						

（续）

考核项目	指标分值	考核标准	成绩分档及权重				得分	考核方式
			A	B	C	D		
			1	0.8	0.6	0.4		
磨削质量	20	对人造板的质量等级进行评价（10分）						现场测试
		对磨削加工的完成情况进行评价（10分）						
实训报告	20	字迹是否工整，文字表达是否完整、清晰，语言是否通顺、简练（6分）						书面形式
		内容是否齐全（7分）						
		分析是否正确（7分）						
得分								
教师签字								

技能训练16 辊式磨光机的调整与操作

实训目标

了解辊式磨光机的组成、结构和工作原理；掌握辊式磨光机及其他相关仪器设备的使用方法；掌握辊式磨光机的调整和操作规程。

实训场地与组织

实习工厂或木材加工厂。以组为单位（每组5人左右），在实训指导教师带领下，先进行现场讲解辊式磨光机的基本构造，观摩辊式磨光机的调整和工作过程；在实训教师的指导下，学生独立进行辊式磨光机的调整，并能完成相应的加工操作。

实训设备和材料

(1) 设备

木工辊式磨光机。

(2) 材料

人造板多块及相关工具若干。

实训内容和方法

(1) 辊式磨光机加工前的检查与调整

① 检查砂辊螺钉是否紧固，砂辊是否灵活，砂粒是否锋利，检查台面升降及传动部位是否灵活；

② 根据板面的加工质量，调好砂辊的高度和辊筒的压力，通过试磨面、三块板面，再进行检查，合乎要求后方可正常生产，工作中要随时保持电流稳定。

(2) 机床的操作

① 进板时操作人员思想要集中，一块一块地进给，不得重叠，遇到破损要迅速处理，以免损坏加工件；

② 工作中遇到停电或机器发生故障时，要立即停车，并用手转动台面升降轮，将板面撤出，防止板面弹出将人打伤；

③ 接板人思想要集中，防止板面落下砸伤脚；

④ 工作完毕，变速挡位应归零，并做好机器清理工作。

考核标准

考核评分标准见表7-2。

表 7-2　木工辊式磨光机操作技能考核评分标准

实习地点：　　　　系部：　　　　班级：　　　　姓名：　　　　组号：

考核项目	指标分值	考核标准	成绩分档及权重					考核方式
			A	B	C	D	得分	
			1	0.8	0.6	0.4		
理论应知部分	20	辊式磨光机的类型及特点（6 分）						现场口试
		辊式磨光机的组成及工作原理（6 分）						
		辊式磨光机各部分结构特点（8 分）						
技能操作	40	磨光前的准备工作（10 分）						现场操作
		辊式磨光机的调试（10 分）						
		磨削过程操作是否正确（10 分）						
		砂辊的高度和辊筒的压力的调整是否正确、熟练（10 分）						
磨削质量	20	对人造板的磨削的质量等级进行评价（10 分）						现场测试
		对磨削加工的完成情况进行评价（10 分）						
实训报告	20	字迹是否工整，文字表达是否完整、清晰，语言是否通顺、简练（6 分）						书面形式
		内容是否齐全（7 分）						
		分析是否正确（7 分）						
得分								
教师签字								

第 8 章

板式部件加工设备

本章学习目标

理论知识 了解板式部件加工设备——裁板锯、封边机、多轴钻床的种类、特点及其应用范围；掌握其工作原理和基本构成；熟悉常用的板式部件加工设备的调整步骤和安全操作要求。

实践技能 学会常用的板式加工设备的机床调整方法和操作步骤；熟练掌握精密推台裁板锯、直线直面封边机、多轴木工钻床的作业操作。

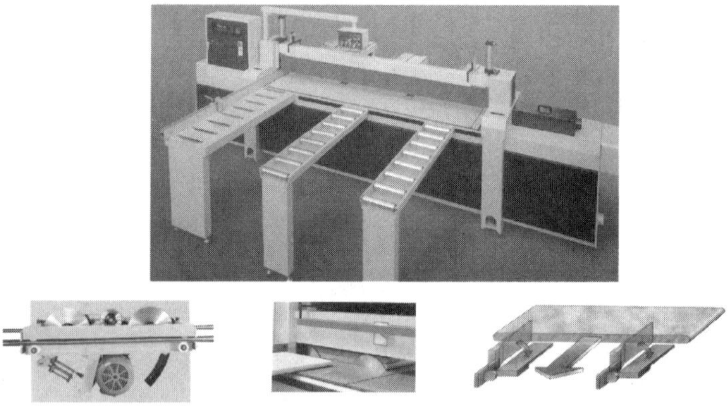

锯片往复式裁板锯外形图

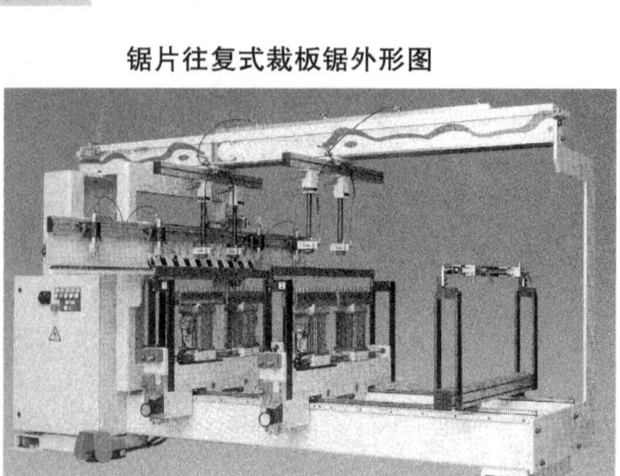

排钻外形图

板式部件作为板式家具的主体，是构成家具最主要的组成部分。现已广泛应用于橱柜以及桌台类家具的生产上。板式部件的加工一般有板材的锯截、封边、排孔等工序，而板式部件的加工设备是板式部件生产加工质量的保证。

8.1 裁板锯

随着加工工艺技术的进步，人造板作为加工基材的大量应用，尤其是板式家具生产技术的迅速发展，传统的通用型圆锯机无论是加工精度、结构形式还是生产效率等都已不能满足生产的要求，因此，各式专门用于板材下料的圆锯机-裁板锯获得了迅速的发展。从生产率较低的手工进给或机械进给的中小型裁板锯，到生产率和自动化程度均很高的、带有数字程序控制器或由微机优化，并配以自动装卸料机构的各种大型的纵横裁板系统，机床的品种、规格繁多，设计、制造也在不断地进步。但不论是哪种形式的裁板锯，其主要用途都是将大幅面的板材（基材）锯切成符合一定尺寸规格及精度要求的各种板式部件。

裁板锯按用途可分为锯片往复运动式裁板锯、精密推台裁板锯两种。前者锯片除作主运动外，还作进给运动；后者锯片固定作回转主运动而工件作进给运动。裁板锯依结构形式可分为立式和卧式两种。立式结构裁板锯体积小，结构紧凑，占地面积小，自动化程度高，操作使用性能好，便于除尘、维修和保养；卧式裁板锯生产效率高，适于大批量板材的裁截。

裁板锯结构的主要特点：同一般圆锯机不同的是它有两个圆锯片，一个为主锯片，另一个为划线锯片，两者均采用镶有硬质合金锯齿的锯片，其中划线锯片安装在前，主锯片安装在后。锯解时，划线锯片先在工件底面锯出深为 1 ~ 2mm，锯路比主锯片锯路宽 0.1 ~ 0.2mm 的槽沟，目的是保证主锯片锯解时，锯路边缘不产生撕裂，以获得良好的锯路质量。划线锯片直径小，转速高，可达 9 000r/min；主锯片直径大，转速相对低，一般为 3 000 ~ 6 000r/min。

8.1.1 锯片往复式裁板机

锯片往复式裁板机具有通用性强、生产率高、原材料综合利用率高、锯切质量好、精度高、易于实现自动化和计算机控制，可用两台或数台机床进行组合，并可纳入板件自动生产线等优点。

裁板机以最大加工长度作为主参数，其范围在 1 500 ~ 6 500mm 之间；裁板机的操作和控制包括装卸和工件进给等，有手工方式、机械方式及利用电子程序装置和微机控制等方式；裁板机机切削速度较高，并设有主锯片、副锯片，实行预裁口，有较高的锯切精度，一般锯切面的直线度为 0.1 ~ 0.5mm。裁板机允许多块板材叠合锯切。单机使用时常同时对两块或多块基材进行叠合锯切。裁板机进给速度也较快，因此其生产率比立式裁板机和精密推台裁板机高得多。

（1）裁板机的结构组成和工作原理

图 8-1 所示为锯片往复式裁板机的结构示意图，主要由床身 7、主工作台 8、切削机构、进给机构、压紧机构 2、气动定位器 4 和机械定位器 10 以及电气控制系统组成。

切削机构与进给机构　图 8-2 为典型切削机构结构原理示意图。切削机构常安装在小车上，主、副锯片 2、4 由各自的电动机 7、3 单独驱动，副锯架 5 可绕支座 6 摆动，以调节副

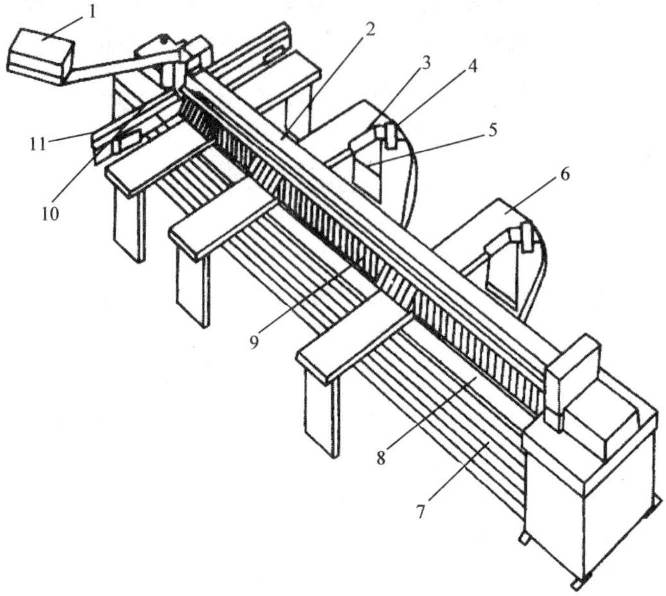

图8-1 锯片往复式裁板机结构示意图

1. 按钮盒 2. 压紧机构 3. 延伸挡板 4. 气动定位器 5. 导槽 6. 支撑工作台 7. 床身 8. 主工作台 9. 片状栅栏 10. 机械定位器 11. 靠板

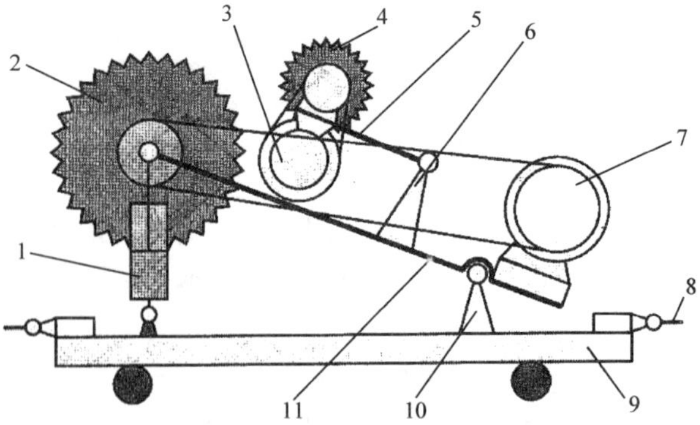

图8-2 锯片往复式裁板机切削机构的结构原理示意图

1. 气缸 2. 主锯片 3. 副锯电动机 4. 副锯片 5. 副锯架 6、10. 支座 7. 主电动机 8. 链条 9. 小车 11. 主锯架

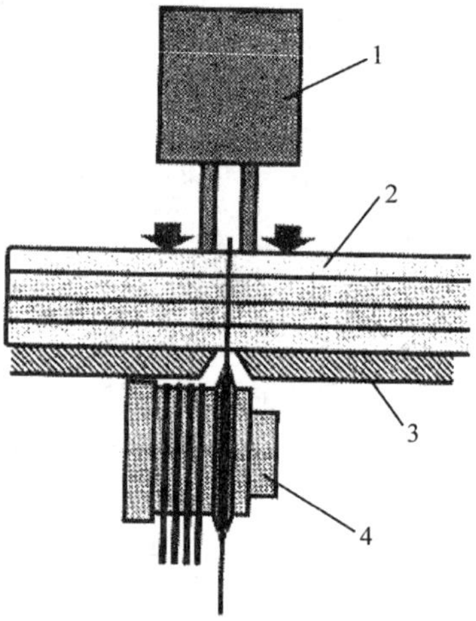

图8-3 压梁压紧工件结构示意图

1. 压梁 2. 工件 3. 工作台 4. 锯轴

锯片高度，主锯架11可绕支座10摆动，由气缸1实现升降。小车9进给时，锯片露出工作台面进行锯切；小车返回时下落。小车9置于床身导轨上，由进给电动机经减（变）速装置拖动链条8实现进给，依靠电动机反转返回。电动机功率一般为0.75～1.5kW，重型机床则需2.5～3kW。主锯片直径通常在300～500mm之间。

压紧与定位机构 压梁1可在压紧气缸的作用下，在锯切全长上从锯路两侧压紧工件，如图8-3所示。

工件定位如图8-1所示，气动定位器4装在支撑工作台6侧面的导槽5中，用作纵向锯切的工件定位。当所裁板条较窄，定位器不能伸入主工作台区域时，可装上延伸挡板3。此外气动定位器还有单杆、指状等形式。机械定位器10固定于靠板11上方的导槽内，用于横切定位。

气动系统 图8-4为锯片往复式裁板机的典型气动系统原理示意图。换向阀9控制锯架升降气缸8驱动锯架升降，压力由调节阀11调节；换向阀5控制压紧气缸7驱动压梁升降，两单向节流阀6分别调节压梁升降速度，压力由调节阀3调节；多个定位气缸13可根据需要任意选用，不用者应关闭相应的截止阀14；定位气缸13动作由换向阀15控制；10为压力继电器，保证只有当气压达到规定数值时，机床主电动机才能启动。

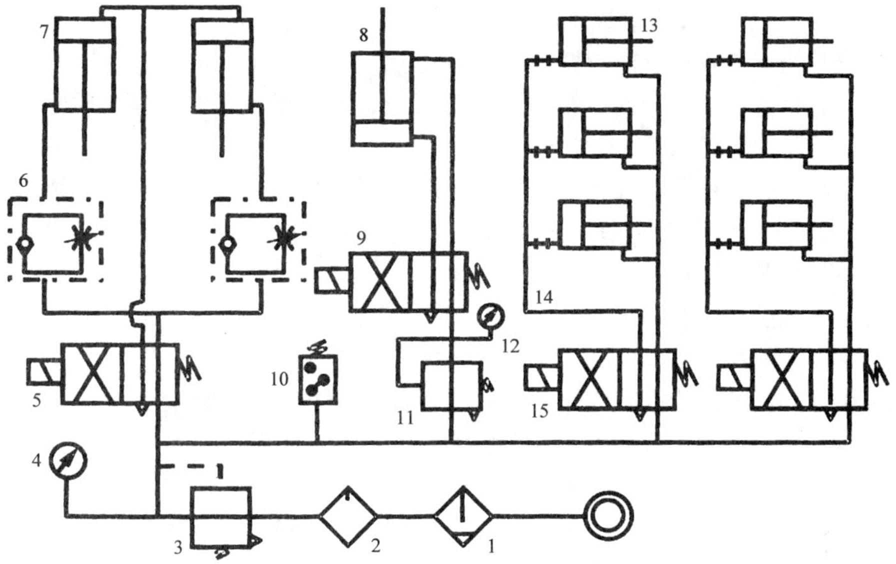

图8-4 锯片往复式裁板机的典型气动系统原理示意图

1. 分水滤气器 2. 油雾器 3、11. 调压阀 4、12. 压力表
5、9、15. 换向阀 6. 单向节流阀 7. 压紧气缸 8. 锯架升降气缸
10. 压力继电器 13. 定位气缸 14. 截止阀

安全防护 为保障人身和设备安全，设计与选用锯片往复式裁板机时要注意机床安全防护方面的性能。除常规的电气过载及短路保护外，通常还应设置以下联锁保护功能：

a. 压缩空气压力小于规定数值时（如0.4MPa）机床不能启动，以免气压不足造成事故或影响加工质量。

b. 进给电动机作进给运转时，压紧气缸不能放松，即使误按下压紧气缸的放松按钮，也不应放开。

c. 进给电动机反转，小车返回时，锯架只能处于下位，以保证锯片切削圆锯位于工作台面之下。

d. 进给电动机正反转相互联锁。

e. 在压梁的两侧应悬挂片状栅栏，如图8-5所示，可在锯切过程中护围切割区域，防止手意外伸入而造成伤害事故。

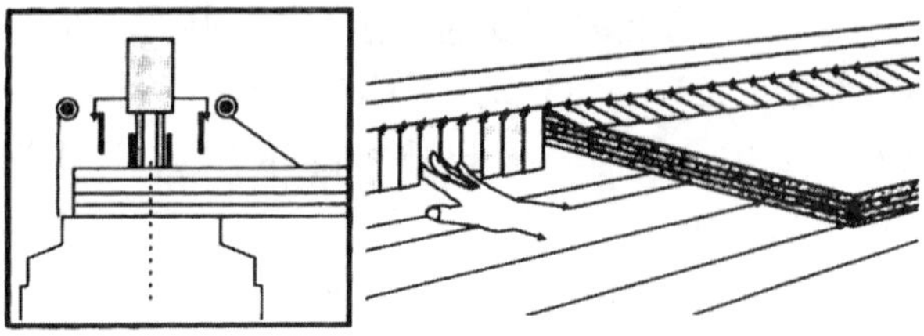

图 8-5　片状栅栏防护装置结构示意图

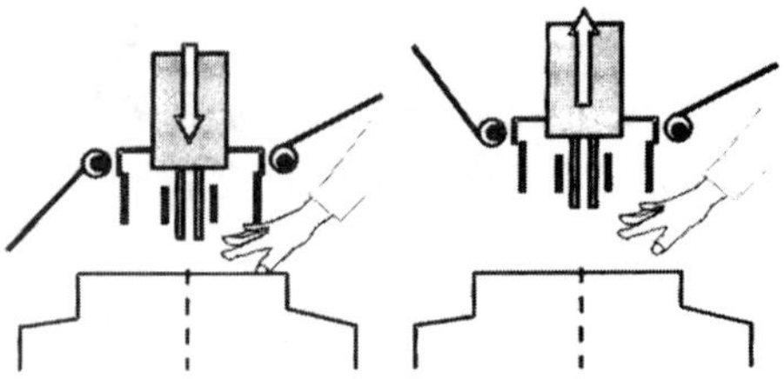

图 8-6　安全挡杆装置结构示意图

f. 压梁两侧应装有安全挡杆，如图 8-6 所示。停机时压梁处上位，手可伸入切削区，这时若意外启动机床，则压梁下降，安全挡杆首先触及人手，触动开关，可使机床立即停止运行，压梁升至上位，避免发生事故。

g. 设置锯片固定装置，以便更换锯片时的安全。

h. 锯切通道两侧的工作台面应镶嵌有塑料板条，以防锯片未对准通道时运行碰到工作台造成损伤且可有效地避免产生危险的火花。

i. 电气箱处应设置联锁，只允许电源断开时才可以打开箱盖，或电气箱盖打开时电源自动切断。控制板应设有急停按钮，遇事故时，按下急停按钮，锯机立即停止工作，锯架下降到工作台之下，压梁升至上位。

（2）机床的调试与调整

机床的调试　在进行操作前要对机床进行以下调试：

a. 保证机床周围的停放空间应大于 1m，以利于工件的加工和转移；

b. 机床定位后，调整机架下部的四个螺栓使主工作台水平；

c. 主工作台面的直线度为 0. 3mm。

机床的调整　机床调试完毕后，根据加工的需要对各个部位进行调整，具体如下：

a. 集尘器的连接：用吸尘软管将锯片往复式裁板机的吸尘口与吸尘器连接起来，并且操作时先启动吸尘器再启动锯片往复式裁板机。

b. 锯片往复式裁板机在出厂前已经做了全面的调整，一般情况下主锯轴与槽锯轴无需调整，以免影响加工精度。但应根据工作需要适时更换主锯片和槽锯片，更换主锯片和槽锯片时，一定要用机械厂家所配带的专用工具。

c. 主锯片的更换：松开锁紧螺母，取下锯夹，将主锯片拆下后，找到与之相同规格型号的主锯片换上。安装时，先安装主锯片，再安装锯片夹并用锁紧螺母锁紧即可。

d. 槽锯片的更换：松开内六角螺栓，取下锯片夹，将槽锯片拆下后，用相同规格型号的槽锯片换上。安装时，先安装锯片，再安装锯片夹并用内六角螺栓锁紧即可。

e. 在加工过程中，主锯片的厚度中心和槽锯片的厚度中心一定要在同一条直线上。如不在同一直线上，则要对其进行调整。

f. 行程开关的调整：把内六角螺栓松开，移动行程开关支座在行程支撑架上的位置，调整完后锁紧内六角螺栓即可。

g. 附台定位靠尺的调整：把加工的工件放在工作台上进行定位，用定位板顶住要加工的工件，看标尺上的读数，如果需要微调，则松开可调手柄，转动微调螺栓进行调整，调整完毕后锁紧可调手柄即可。

h. 工作台定位靠尺的调整：松开可调手柄后，将定位座整体移动，当显示在标尺上的数值符合要求后，锁紧可调手柄即可。

（3）加工操作与维修保养

启动前检查各部件是否正常，并弄清锯轴的旋转方向，正确选用锯片，所使用锯片不得有裂缝，详细检查确认没有问题后，启动机床，当机床空转一次达到额定转速时，方可开始操作生产。

操作时操作位置要求光线明亮，无阴影；操作过程中操作员的手指应不触及机床的旋转部件，以免碰伤。校正规格、机器加油、清扫木屑时，均应停车进行，防止发生意外事故。

每班工作之前应对机床所有相对位移的零件、V形导轨加注润滑油以保证正常工作，并依据实际情况给气源三联件的气缸供油及排除滤杯内的水分。锯片往复式裁板机所用轴承一般都是双重密封的，使用时无需加油润滑，但在机床工作4 000h后建议将其更换。在每天工作完成时，应对机床进行全面的清理，清除所有木屑，保持机器台面和滑道的清洁与润滑，并将机床工作时所用护罩关掉，以减少对机床产生的伤害，延长机床使用寿命提高机床的加工精度。

（4）作业操作

开机前的准备工作：开机前检查锯片是否松动；气压是否处于0.4~0.6MPa之间；吸尘器是否启动；工作台面上（以及工作区域）有无异物，如有立即清理干净。

启动机床空转一次，看机床是否能正常运转。

机床一切正常后，前面的学生开始送料，后面的学生将加工好的工件接下来放在规定的地方。每组按要求加工3~5块板件。

加工完毕后将所有的按钮归位。

8.1.2 精密推台裁板锯

精密推台裁板锯采用硬质合金圆锯片，不仅适用于实木、人造板、复合板材纵切横截或成角度的锯切，同时还可用于各种塑料板、绝缘板、薄铝板和铝型材等的切割。有的机床还附设有铣削刀轴，可进行宽度在30~50mm之内的沟槽或企口的加工。该机床具有加工精度高、表面质量好，切削表面不再需要进行精加工等优点，因此，在中小型板式家具厂、橱柜厂应用较为广泛。

该机床规格已成系列，主参数为最大锯切加工长度，一般范围在2 000~5 000mm之间。国产的精密推台裁板锯主要有三种规格：2 000mm、2 500mm、3 100mm。

（1）裁板锯的结构组成和工作原理

图8-7为精密推台裁板锯的典型布局结构和外形示意图。机床主要由床身1、固定工作台4、纵向、横向移动工作台7、9、锯切机构6、导向靠板3、8、防护及吸尘装置5等组成。

床身 床身大多采用5~6mm钢板焊接而成，稳固美观，能保证加工中不产生倾斜或扭曲变形。固定工作台固定于床身顶部，大多采用铸造件。工作台上设有纵向导板及其调节机构。

切削机构 切削机构通常包括锯座及其倾斜调整机构、主锯片、划线锯片及其升降机构、锯片调速等机构。图8-8为锯轴可作45°倾斜调整的切削机构结构原理示意图。

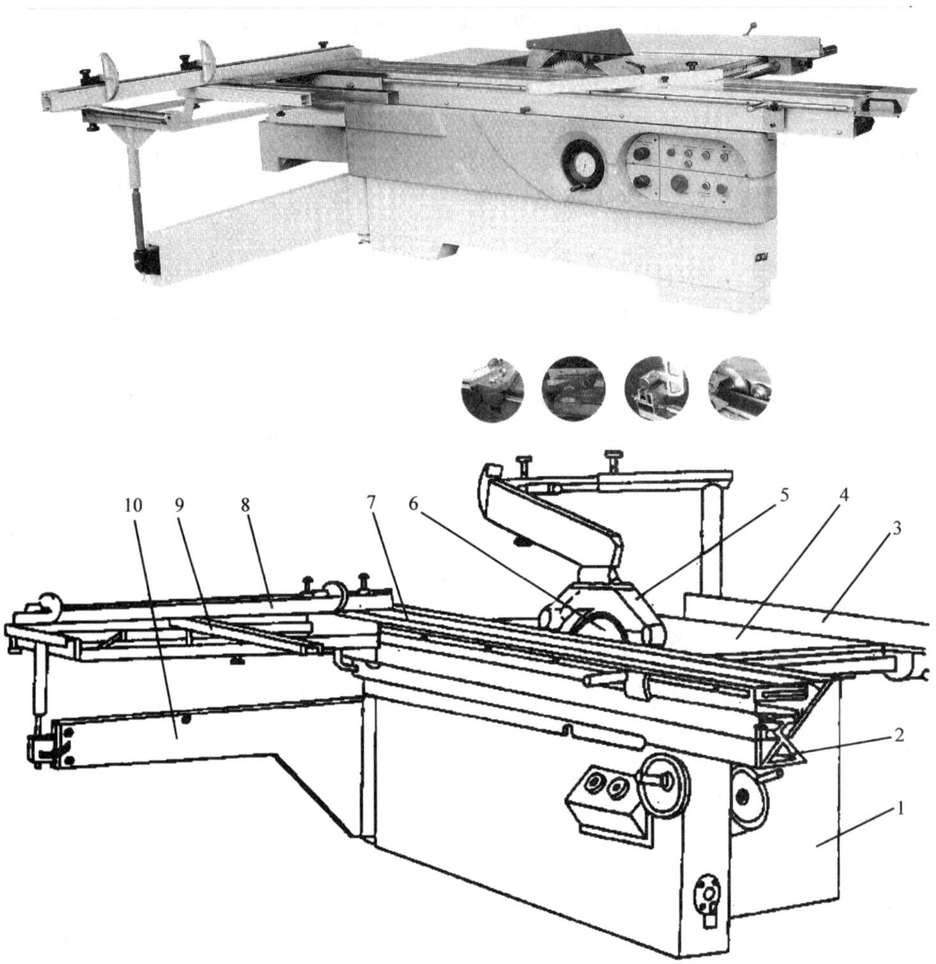

图 8-7　精密推台裁板锯的典型布局结构和外形示意图

1. 床身　2. 支承座　3、8. 导向靠板　4. 固定工作台　5. 防护及吸尘装置
6. 锯切机构　7. 纵向移动工作台　9. 横向移动工作台　10. 伸缩臂

主锯片及其调节机构如图 8-8（a）所示。装有主锯片 8 的主轴被置于主锯架 7 的轴承座内，主锯架与锯座板 12 为销轴连接，操纵手轮 2 经丝杠螺母机构，可使主锯架绕 c 点摆动，实现主锯片的升降调节，以满足工件切削厚度变化的需要；四杆机构可保证锯架 7 作平面运动。主锯片的直径一般在 315 ~ 400mm 之间，由主电动机 11 通过三角带传动，根据锯片直径和工件材种的不同，主锯片可应用塔轮 13 进行变速，塔轮变速结构简单，属于恒功率输出，较符合机床加工的实际需要。主电动机功率一般为 4 ~ 9kW。为使调速简便采用专用三角带，以保证单根带就能满足所需功率的传递，此外，还能起到过载保护的作用。主锯片采用逆向锯切工件，切削速度一般在 50 ~ 100m/s 内变动。为防止纵锯时产生夹锯现象，主锯片后带有分离劈刀。

划线锯片及其调节机构如图 8-8（a）所示，划线锯片 5 装于可绕锯座板 a 点摆动的锯架 4 上，用手轮 3 作升降调节。弹簧 6 可保持划线锯片调整和工作平稳。划线锯片的作用是先于主锯片锯切开板材的表层，通常仅露出工作台面 1 ~ 3mm，采用顺向锯切时在主锯锯切之前应先将工件底面表层锯开，以免在主锯片锯切时造成工件底面锯口处起毛或爆边。划线锯片直径较小，通常在120mm左右，由单独电动机1经高速绵纶带升速传动，转速在9 000r/min左右，其切削速度一般在56～60m/s之间。划线锯片可以采用单片或两片对合，间距可调的形式，其厚度应与主锯片厚度相等或略厚（一般比主锯片厚0.05～0.2mm），其锯齿锯切平面应与主锯片锯齿锯切平面处于同一平面内。划线锯片的传动带常靠划线电动机1及其支座14的自重来张紧。主锯片与划线锯片之间的距离一般为100mm。

锯座及其调节机构如图8-8（b），锯座由锯座板12和固定在其两端的半圆形滑块10等组成。半圆形滑块10放置在床身的半圆形导轨15中，并由压轮16使其贴紧。操纵手轮20，通过锥齿轮19、丝杠17、螺母18、连杆21，使锯座滑块在床身半圆形导轨内滑动，从而使整个锯座，包括安置在其上的主锯和划线锯一起旋转，倾斜调节的范围在0°～45°之间。

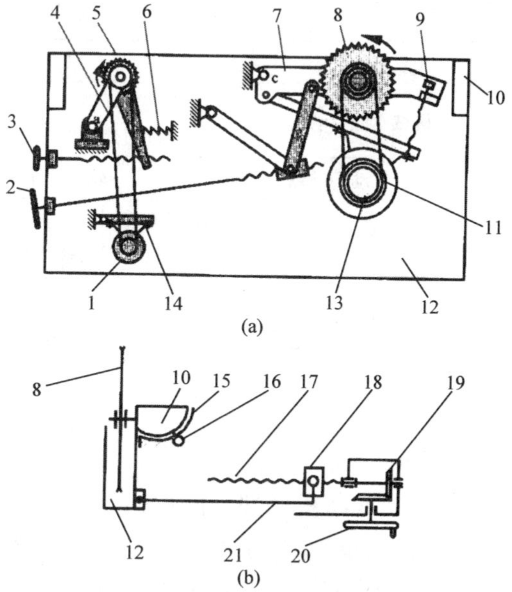

图8-8 精密推台裁板锯切削机构结构原理示意图

（a）锯片及其调节机构 （b）锯座及其调节机构
1. 划线电动机 2、3、20. 手轮 4、7. 锯架 5. 划线锯片 6. 弹簧 8. 主锯片 9、17. 丝杠 10. 半圆形滑块 11. 主电动机 12. 锯座板 13. 塔轮 14. 支座 15. 半圆形导轨 16. 压轮 18. 螺母 19. 锥齿轮 21. 连杆

工作台 移动工作台主要由双滚轮式纵向移动工作台7、横向移动工作台9和伸缩臂10等组成（图8-7），这部分是机床的进给机构，滑台及安置其上的靠板是被锯切板材的定位基面。滑台移动时的运动精度是保证锯板质量的关键。因此，要求滑台导轨有较高的平直度，以保证加工质量。一般在精密的带移动工作台锯板机上作纵向锯切时，每2m切割长度上，锯切面的直线度可达±0.2mm，国家标准规定每1m长度上为0.15mm。

其他机构 锯片上部常设有防护装置，罩住锯片露出工作台面部分，以防止事故。简单的防护仅罩住锯片上部的不切削部分，较为完善的防护装置常做成带压紧滚轮、能给工件以适当压力的防护及吸尘装置，如图8-7中5所示。

机床的床身上都设有排屑口，通过管道可以接到车间的吸尘系统或单独设置的吸尘器上，有的机床在锯片防护罩上部也设置排屑口，并用管道接入吸尘系统，使机床除尘效果更好。

（2）精密推台圆锯的操作

锯切时，将工件置于工作台上，调整靠板和挡块的位置，使工件紧靠靠板和挡块，转动锯轴升降手轮将锯片调整到适当的高度；启动主电动机和划线锯电动机，当锯片旋转平稳后，用手按住工件，推动活动工作台实现进给。

（3）故障现象、原因及排除方法（见表8-1）

表 8-1　精密推台裁板机的常见故障现象、原因及排除方法

故障现象	原　因	排除方法
机械不能启动	1. 电线未通电 2. 电动机烧坏	1. 检查电路 2. 维修或更换电动机
工作台推动不顺畅	导轨有屑木粉尘	清洁推台导轨
崩边	1. 没有使用划线锯片 2. 主锯片或划线锯片不锋利	1. 使用划线锯片 2. 更换或磨利锯片
锯切无力	1. 锯片钝了 2. 电动机传动带太松	1. 更换或磨利锯片 2. 张紧传动带

8.2　封边机

封边机是将板式部件的周边，用封边材料（单板条、薄木条、浸渍纸层压条、塑料封边带等）在加热加压条件下，快速牢固地胶贴在一起，然后截去多余的封边材料，并对其边沿进行修饰的多工序的联合加工设备，封边机外观及各工序如图 8-9 所示。

封边机按操作方式分为手动、机械和自动三种；按加热方式分为电阻加热式、低电压加热式和高频加热式；按板式部件边沿的形状分为直线平面封边机、直线曲面封边机（异型封边机）、旋转式圆弧封边机；按封边面数分为单面封边机、双面封边机等。

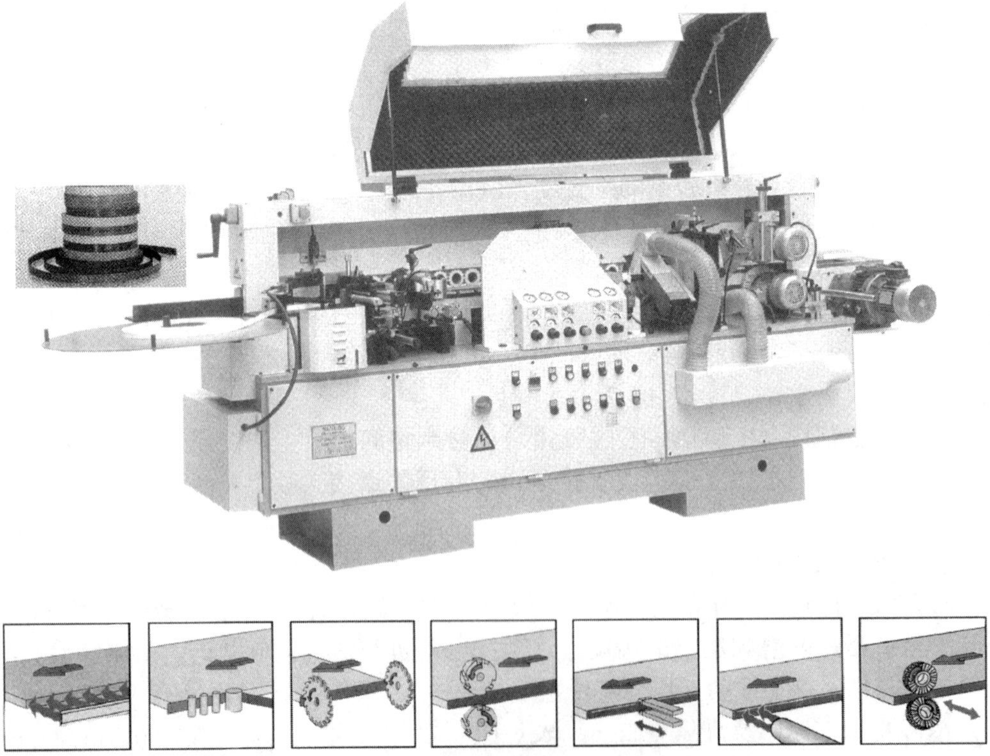

图 8-9　封边机外观及各工序示意图及外形图

8.2.1 直线曲面封边机

直线曲面封边机也称异型封边机。它既可以封直线直面也可以封各种形状的曲面。图8-10是荷马公司生产的KLO78E型异型封边机结构示意图，其结构主要由基本功能和用户自选功能两部分构成。

基本功能部分由送料、预切、涂胶、封边压合、截头、沿口修饰等部分构成；为了扩大机器的功能，机床的后部1 600mm的空间为自选功能部分，可选配布轮抛光、精细修边、砂光、多用铣头等部件。用户可根据产品种类、质量及工艺要求选择自选功能部分。

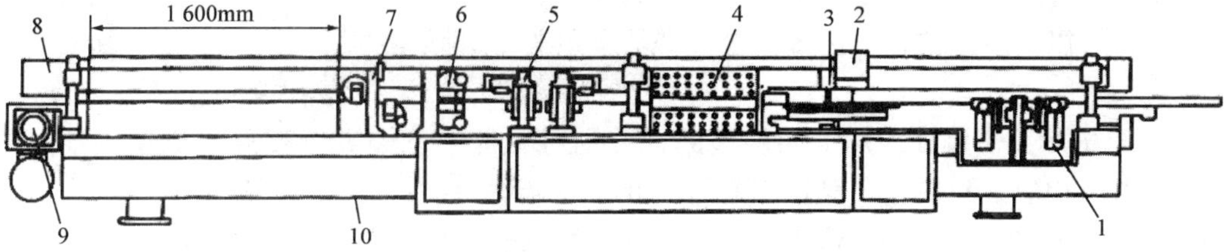

图8-10 KLO78E型异型封边机结构示意图

1. 万能预加工机构 2. 电控面板 3. 涂胶及封边条压合装置 4. 万能成型加压机构 5. 前后截头机构 6. 上下边粗铣机构 7. 上下倒棱机构 8. 上压紧机构 9. 进给机构 10. 床身

(1) 机床结构和工作原理

机床主要由床身10、万能预加工机构1、电控面板2、涂胶及封边条压合装置3、万能成型加压机构4、前后截头机构5、上下边粗铣机构6、上下倒棱机构7、上压紧机构8、进给机构9等部分构成。

基本机构

a. 万能预加工机构。由两个铣削机构组成，分别装在支架的两边，铣刀直接装在高频电动机轴上，都有垂直和水平调整机构。第一个铣刀头进行逆向铣削，并设有电-气动中断加工控制机构，以防止工件头撕裂；第二个刀头采用顺向铣削。

b. 热熔胶软边机构（封贴机构）。该机构采用热熔胶胶合技术。具有一个10 L的胶容器，胶辊施胶，胶辊直径为40mm，可正反转动。直缘封边时，将胶施在工件上；加工异型边缘时，将胶施在封边带上。具有电子温度控制和有带料或卷状封边条料仓和切断装置。当缺封边条时，能自动停止进给。胶料加热器功率约为5kW。设有封边料与工件同步进给机构和预压合装置。后者由一个主压辊和若干个辅助压辊组成，以保证直角和异型边的预封贴作业。

c. 万能加压机构。它由很多不同形状的压辊组成，全部压辊分为四组，分别装在可转动的转轴四边。每边压辊的安排都适用于一个特别的型面压合，即不改变压辊排列，只靠转动压辊组就可以满足四种型面压合作业。

d. 前后截头机构。其结构和平面封边机相似，用于对封边材料前后头倾斜或垂直截断。可适应封边料最大厚度14mm，异型面封边深度最大为20mm。每台电动机功率为1kW，转速为18 000r/min。

e. 上、下边粗铣机构。用于铣削超出工件上、下表面的封边料多余部分。该机构设有垂直限位装置，具有上下各一个能正反转的硬质合金铣刀头。

f. 上下铣棱机构。用于塑料或木质封边料的工件上、下边纵向修整倒棱或圆化（$r=2\sim6$mm）。设有垂直和水平导向辊，保证铣刀头能对工件进行精确修整。铣刀机构能作 30°以内的转动调整。

任选修整加工机构

a. 上成型修饰机构。它由两个从上部修饰加工前、后横头封边条端头的铣刀切削机构组成。为使铣刀头作仿型运动，每个铣刀头在作切削运动的同时还受控于一个能沿工件端头形状作仿型运动的靠环一起运动，并设有刀具快速更换装置。

b. 万能修整机构。由装在专用支架两边的铣削机构组成，两个铣刀直接装在电动机轴上，用于在工件上加工贯通或不贯通凹槽或钝棱，由改变转动方向的正反向开关实现顺铣或逆铣。铣刀可以调成上位、下位或倒位完成不同的作业。该机构还可附装一个中断修整加工控制装置。

c. 刮光机构。由装在专用支架两边的，分别对工件上下棱进行直接或成型刮削的机构组成。刮刀由相应的限位导向盘控制并可作相应的调整。

d. 带式砂光机构。用于对单板或实木条封贴面进行砂光。电－气控的砂光垫可以防止工件两头砂圆或过量砂削。进料停止时，砂垫自动抬起。砂带除进行切削运动外还有侧向摆动，用数控调整对不同厚度封边条的加工。

e. 成型带式砂光机构。用于对宽度不超过 60mm 的直缘和异型面砂光。最小允许外圆弧半径为 4mm。由于该机构有较大的转动角度（向下可转 10°，向上可转 60°），并且倾斜带辊和砂垫之间距离很大，所以砂光机构对封贴面形状变化的适应性较强。可以用气压进行无级调整，在工件停止时，砂垫受电－气控制自动抬起。

f. 上、下倒棱带式砂光机构。用于上或下边倒棱或加工圆化（圆化半径达 12mm），设有一个快速夹紧系统，不用工具能快速转换砂垫位置。

g. 抛光机构。是采用两个层状砂布或其他材料做成的轮子对封贴面上、下棱角抛光的机构。抛光角度可以调整。

h. 镶嵌封面加工机构。该机构由划痕锯片、清理铣刀和带有圆刀片的成型压辊等组成。可完成使包贴表现包覆封边材料后具有与工件上下表面等高的预加工作业。

8.2.2　双面自动封边机

先进的板式部件封边机都是按多工位、通过式原则构成的自动联合机。在这种机床上集中了多种加工工序，使板件顺序通过各道工序，即可完成一系列的封边和板件边部修整工序。如双面自动封边机可完成封边材料的胶贴、两端多余部分的锯割、板件厚度方向上封边材料的锐削，棱角加工和封边材料表面的砂光等。

（1）双面自动封边机的机构

图 8-11 是双面自动封边机的结构示意图。机床主要由床身部分、封边条进给、涂胶、剪切和压合系统、封边条截头机构、上、下铣边机构及砂光机构所组成。

床身　封边机床身部分由床身导轨、固定支架、活动支架、履带链板、传动装置、压紧机构、工件靠板及电气控制装置等组成。活动支架可以沿床身导轨根据板件的宽度进行调整。调整运动用机械传动或手动实现。链式输送机构沿链条导向装置运动，链式履带板由抗摩擦尼龙制成。压紧机构由三角带和齿形塑料辊轮制成。

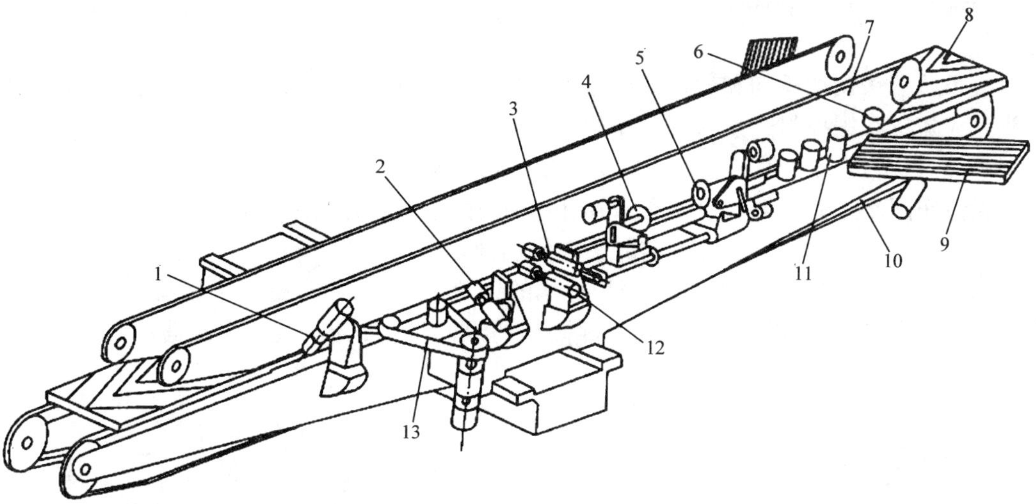

图 8-11 双面自动封边机结构示意图

1、2. 倒棱机构 3、12. 上、下水平铣刀 4、5. 锯架
6. 涂胶装置 7. 上压紧机构 8. 板件 9. 封边条料仓 10. 双链挡块 11. 热压辊 13. 砂架

封边条送进、涂胶、剪切和压合系统 涂胶系统主要由胶罐、胶辊、胶量调节装置、加热装置等组成。在采用热熔胶工艺封边机上，胶罐采用电加热使胶熔化，其温度由电子遥控温度计控制。当达到所需温度时，机器方可运转。电动机经链传动使胶辊转动。热熔胶可沿胶辊上升并可均布于表面。胶辗后面装有加热管可防止胶辊上的胶液冷却，影响胶合效果，并设有相应的手柄调节涂胶量。

剪切装置如图 8-12 所示，主要由封边材料进给、封边材料宽度限制和剪切等装置组成。封边条进给主要由针辊 3 和辅助进料压紧器 5 实现。针辊使封边条 4 和工件 2 同步进给。剪切器上的切刀 6 由气缸的活塞杆带动作往复运动。

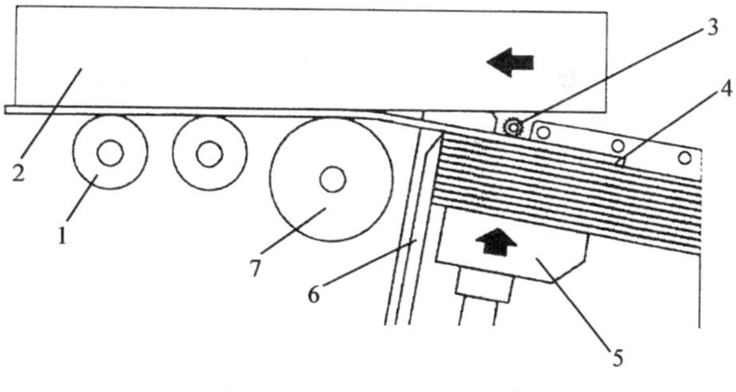

图 8-12 封边进给和压合系统结构示意图

1. 辅助压力辊 2. 工件 3. 针辊 4. 封边条
5. 辅助进料压紧器 6. 切刀 7. 主压力辊

压合系统主要由一只主压力辊 7 和数只辅助压力辊 1 组成。其作用在于把工件涂胶的边缘和封边条压紧胶合。主压力辊直径较辅助压根直径大，一般由驱动履带的电动机通过链传动使之回转，其加压和放松由专用气缸实现，气缸由微动开关控制工作。主压力辊的位置通过调节手轮调节。辅助压辊一般无动力驱动，其压力分别由气缸控制。

封边条前后端锯切机构 封边条长度方向两端多余量锯切机构的结构多种多样。在通过式连续直线封边机上一般都采用随动式刀架，如图 8-13（a）所示，当工件按 u 向运动并顶上上支辊 9 时，基板 3 和锯架 4 一起沿导轨 2 和工件同步运动，同时锯架 4 借导辊 6 和导轨 5 沿箭头 $P.X$ 作横向移动，锯片 12 将封边条端部多余部分 11 锯掉。在横向移动行程结束时导辊 6 从导轨 5 中滚出，锯架 4 在气缸 13 作用下按 $X.X$ 方向相对基板 3 运动，回到初始位置。当撞辊 8 和撞块 7 相撞时，上支辊 9 离开工件，基板 3 和锯架 4 在气缸 1 作用下，按 uX 方向复位。

封边条后端头锯切机构和前述结构基本相似，只是由气缸推动锯切机构使靠辊靠向工件的后头完成随机和锯掉封边条后回头作业。

图 8-13（b）是另一种封边条前后端余量锯切机构。锯架 4a 和 4b 工作时，沿纵向圆导轨 2 和工件作同步运动，并且在气缸 14a 和 14b 作用下，实现沿导轨 17a 和 17b 作横向运动，锯片 12a 和 12b 分别将工件的前后头余量锯掉。

如图 8-13（c）所示，前后余头锯切机构的锯片 12 在工作时有三个运动：由气缸 24 带动基板 23、锯架 18 沿纵导轨 22 作和工件同步的纵向运动，借气缸 20 使锯片 12 沿导轨 17

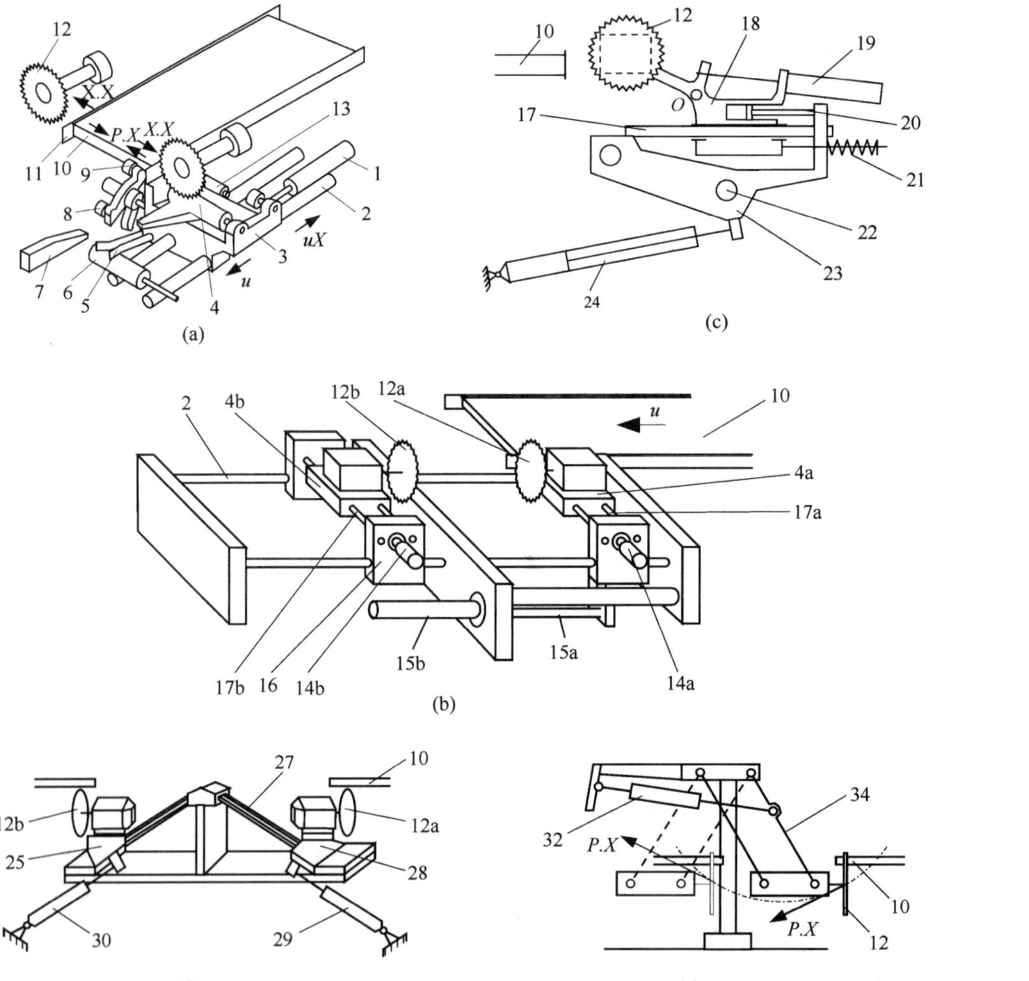

图 8-13　封边条前后端锯切机构结构示意图

（a）导轨和导辊横向移动　（b）气缸推动侧向移动　（c）气缸推动摆动刀架横向移动

（d）垂直面倾斜导轨机构　（e）四连杆机构

1、13、14a、14b、19、20、24、29、30、32. 气缸　2、5、17、17a、17b、22、27. 导轨　3、23. 基板

4、4a、4b、18、25、28. 锯架　6. 导车　7. 撞块　8. 撞辊

9. 上支辊　10、11. 封边条多余部分　12、12a、12b. 锯片　21. 弹簧　34. 连杆系统

作横向靠近工件运动，同时，气缸 19 使锯片绕轴 O 摆动实现对封边条余头的锯切。弹簧 21 用于锯架 18 的复位。

图 8-13（d）是一种倾斜导轨式封边条前后余头锯切机构示意图。锯片 12a 和 12b 分别用于对封边条前头和后头的锯切。气缸 29 推动锯架 28 沿导轨 27 作自下而上运动时锯切前端余头，气缸 30 推动锯架 25 自上而下运动时锯切后端余头。在有些封边机结构中，前后两倾斜导轨作“V”字形布置，其运动原理相似，只是前后锯架运动方向与此相反。

图 8-13（e）是一种四连杆封边条前后余头锯切机构示意图。连杆系统 34 在气缸 32 带动下进行摆动，在 P、X 方向摆动时，锯片 12 实现对封边条 10 前端余头锯切，摆至虚线位置时，对封边条 10 的后端余头锯切。在有些封边机上，前后封边条余头分别由两个四连杆摆动式机构锯割。

上、下铣边机构 图 8-14 所示是一种上下铣边或倒棱机构结构原理示意图。上铣边机构和下铣边机构分别装在立柱 5 的右上方和左下方。上下铣边刀架结构相似，但基本构件相互处于反对称位置。上铣边机构由直接安装铣刀头 9 的高频电动机 1，可转溜板 4，水平溜板 6，水平浮动溜板 3，垂直溜板 2，上侧锥导轮 7 和上靠轮 10 组成。电动机底板与可转溜板 4 为燕尾导轨配合，用手轮 17 单独调节铣刀头 9 的水平位置。可转滑板 4 沿水平溜板 6 的圆弧导轨转动，可调整刀头的倾斜角度，加工不同的倒棱。水平溜板 6 和水平滑板 4 为燕尾导轨配合，在水平溜板 6 上装上侧锥导轮 7 和可沿导轨 14 借手轮 11 垂直调节的上靠轮 10。通过手轮 16 可同时调节铣刀、侧锥导轮和上靠轮 10 的水平位置。为使上侧锥导轨 7 始终靠近工件 8，在水平浮动溜板 3 和垂直溜板 2 间设有两根圆柱导轨和压缩弹簧 15，两者可作相对水平浮动。上靠轮 10 借刀架的自重始终靠向工件上表面。上铣边机构的垂直位置可通过手轮 12 沿圆导轨 13 调节。

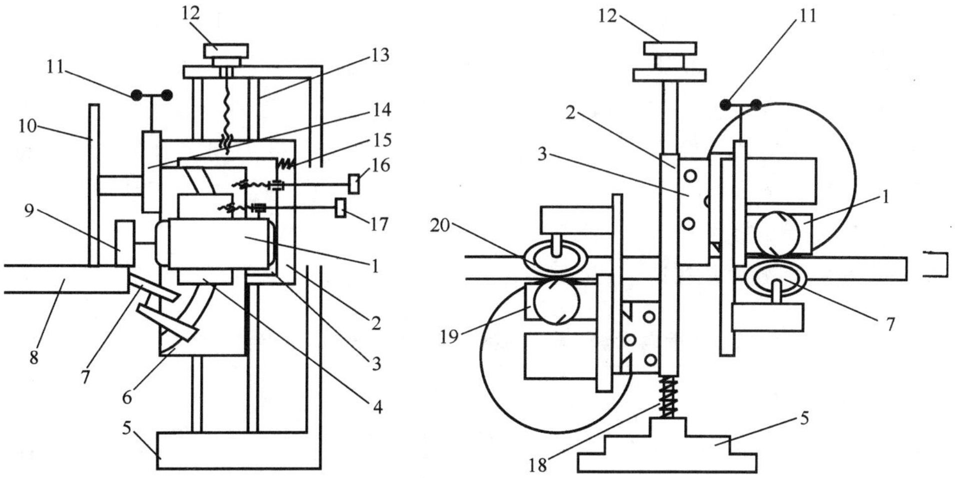

图 8-14 上、下铣边或倒棱机构结构原理示意图

1、19. 电动机 2. 垂直溜板 3. 水平浮动溜板 4. 可转溜板 5. 立柱 6. 水平溜板 7、20. 上侧锥导轮 8. 工件 9. 铣刀头 10. 上靠轮 11、12、16、17. 手轮 13、14. 导轨 15、18. 压缩弹簧因为工件下基准平面固定不变，故下铣边机构不必设置垂直调节装置。为保证下靠轮能始终靠向工件下表面并能浮动，在下铣边刀架垂直溜板与立柱底间装有压缩弹簧 18，使下铣边刀架始终处在上限位置。

砂光机构　图 8-15 所示是一种带式砂光机构结构示意图，用于对封边表面砂光。它由底座 1、砂带主动轮 8、砂带从动轮 3、压带垫 2、上下窜动机构、砂架倾斜机构和张紧机构等组成。砂光机构通过底座 1 安装在床身上，砂带安装在主动轮 8 和一对砂带从动轮 3 上。砂带张紧由气缸 7 带动主动轮支架和砂带主动轮 8 实现。工作时由气缸 4 将压带垫 2 压向工件侧面将其砂光。为了改善砂光质量和提高砂磨效率，砂带还作上下窜动。砂带上下窜动由气缸 6 带动砂架沿固定的平板 11 上的 3 根圆柱导轨 5 实现。使用弧形导轨 12 沿溜板 13 移动可调整砂带倾斜角度。

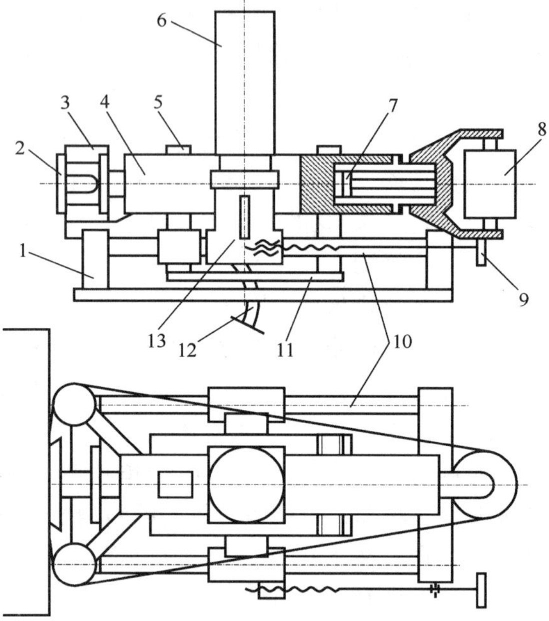

图 8-15　带式砂光机构结构示意图

1. 底座　2. 压带垫　3. 砂带从动轮　4、6、7. 气缸　5. 圆柱导轨　8. 砂带主动轮　9. 手轮　10. 导轨　11. 平板　12. 弧形导轨　13. 溜板

（2）双面自动封边机的工作原理

双面自动封边机的工作原理如图 8-11 所示。板件 8 由双链挡块 10 进给，经定位基准后由上压紧机构 7 压紧。真空吸盘或推送器等专门装置，从封边条料仓 9 中将最外边的一块封边条随板料同时推出，并经过涂胶装置 6 涂胶，然后使之和板件边缘挤压叠合。根据被加工板材、封边材料和胶粘剂的品种可以进行涂胶量的调整。热压辊 11 对封边材料加热加压，使之和板件牢固结合，之后板件在进给过程中完成以下工序：锯架 4 和 5 对板件封边条进行前后齐头，由上水平铣刀 3 和下水平铣刀 12 对板件厚度方向多余的封边条铣削，倒棱机构 1 和 2 对封边条进行上下棱角加工，砂架 13 对封边条表面进行磨削加工。有些封边机可以用卷状封边带对板件边缘进行封边。

（3）封边机常见故障及排除（见表 8-2）

表 8-2　双面自动封边机常见故障现象、产生原因及排除方法

机器部位	故障现象	产生原因	排除方法
板送料区	板后端无胶	板引入时不正确	使板与送料导轨接触
涂胶系统	1. 胶不达到加工温度 2. 板出现溢胶 3. 封边不牢固 4. 封边不牢固 5. 封边不牢固 6. 胶液炭化 7. 切割刀不工作	1. 加热元件烧坏 2. 胶量过多 3. 胶不足 4. 压力不足 5. 板太湿 6. 调整温度过高 7. 开关定位不正确	1. 更换加热元件 2. 调整所应用胶量 3. 调整胶量 4. 调整滚轮压力 5. 更换板 6. 重调温度 7. 调整开关定位

（续）

机器部位	故障现象	产生原因	排除方法
前后修单元	1. 修效果差 2. 修效果差 3. 电动机没升到所修位置 4. 斜修效果不好	1. 余胶粘贴刀具 2. 刀具差 3. 加工压力不合适 4. 没选择斜修功能	1. 清除胶残渣 2. 更换刀具 3. 调整加工压力 4. 选择斜修功能
上下修单元	1. 修不平 2. 板前端修效果差 3. 出现崩边 4. 修得粗糙 5. 修单元振动大	1. 仿型单元与板跟踪不好 2. 仿型单元行程不正确 3. 刀具损坏 4. 刀具使用不正确 5. 刀具安装不正确或不平衡	1. 上升仿型压力 2. 调整仿型单元位置 3. 磨利或更换刀具 4. 更换或调平刀具 5. 调整刀具的安装及平衡
刮刀单元	1. 刮效果不好 2. 刮不平	1. 刮刀位置调得过多 2. 仿型单元位置不正确	1. 更换刀具 2. 调整板上仿型单元
抛光单元	抛光差	抛光轮磨损	更换抛光轮
开关	开关不亮	1. 开关没开起 2. 急停启动 3. 没有连接气动系统 4. 压缩空气处于关闭位置	1. 将主开关调到“1”位置 2. 将急停开关复位 3. 连接压缩气动系统 4. 将压缩空气调到开设起位置
	开关不能一直开通	气动压力太低而不能启动操作压力开关	提高气动压力
电动机	电动机不启动	变频器不开启	将变频器开关转到开起位置
输送带	输送带不启动	1. 启动开关未开起 2. 噪声或胶应用系统保护程序打开	1. 启动开关 2. 关闭保护开关并启动输送带

8.3 多轴木工钻床

随着板式家具生产工艺的发展，圆榫和五金连接件应用越来越广泛，在工件上钻取孔径和孔位精确的各种孔，已成为保证产品质量的重要工序。为了满足工艺的要求，尤其是板式家具大量生产和流水作业的需要，新型钻床不断涌现。排钻就是适应这些需要发展起来的精密高效木工钻床。在多数国家木制品结构中，连接孔中心距大多采用32mm 的模数，因此排钻轴的相邻两钻轴的中心距为32mm。

8.3.1 单排多轴木工钻床

如图 8-16 所示，单排多轴木工钻床通常只有一个钻削头，其钻轴处于垂直位置，对处于水平位置的工件进行钻削加工。钻削头相对于工作台的位置布局常见有两种方式：一种为上置式，钻削头在工作台之上，其优点是便于观察加工情况，缺点是排屑条件差；另一种为下置式，钻削头置于工作台之下，其优点是机床结构紧凑、排屑条件好，但对加工情况的观察没有前者方便。

单排钻床结构紧凑，体积小，人工上料操作方便灵活，主要用于生产批量较小和工件较小的场合。

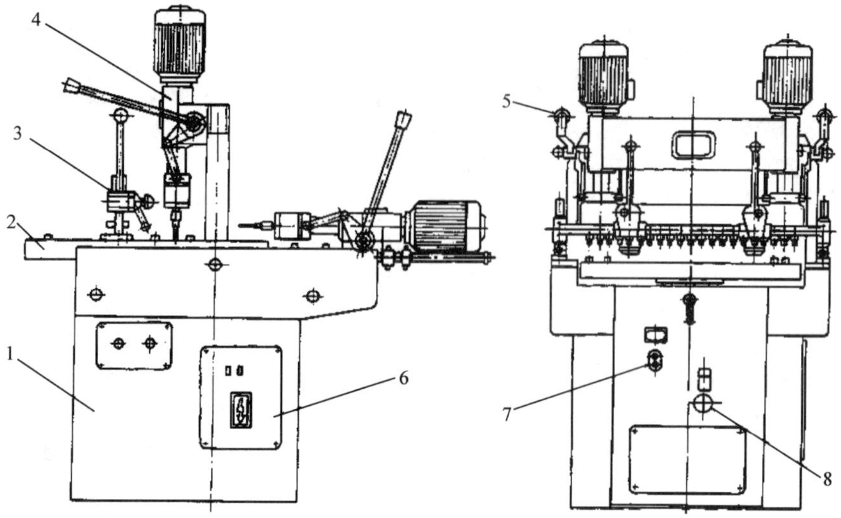

图 8-16　单排多轴木工钻床结构示意图

1. 床身　2. 工作台　3. 压紧机构　4. 钻削头　5. 钻削头进给手柄　6. 电气控制箱
7. 钻削头翻转丝杠　8. 工作台升降调节丝杠

单排钻以最多轴数作为主参数，且已形成系列，国际上通行的主轴数系列为 21、25、29 和 39。

（1）主要部件的结构和工作原理

单排多轴木工钻床如图 8-16 所示，主要由床身、切削机构、钻削头、钻削头回转装置、进给装置、工作台、压紧机构以及气电控制系统等组成。

床身　大多用钢板焊接成箱体结构，其内部合理地布有横隔板或加强筋，以保证床身的刚度，部分操作、调整机构以及电气元件等均放在床身内，以保证结构紧凑、外形美观。

钻削动力头　其传动主要有两种形式：齿轮传动和链传动，如图 8-17 所示为单排钻的传动结构原理示意图，其钻削头属齿轮传动式，动力由电动机 1 带动，齿轮 6 相互啮合，使主轴获得相同的转速，但相邻齿轮转向相反，故需要两种旋向的钻头。由于多齿轮高速啮合传动噪声大，大多数多排钻采用钢制齿轮与尼龙齿轮相间啮合的结构方式，既利于降噪声又利于润滑。

图 8-17 中主轴箱 7 的进给是依靠手工板动操纵手柄 5，通过连杆使整个钻削头与电动机一起沿翻转架 3 中的导轨作往复移动，并由定位螺栓 4 限制其行程，对钻削深度起定位调节作用。在主轴箱处于垂直位置时，机床设有弹簧 2，用以平衡钻削头的质量并使其自动复位（处于最上位置）；在作水平钻削加工时，该弹簧松开，以免增加进给阻力。

图 8-18 为链传动式钻削机构传动结构原理示意图。电动机 2 利用链传动副 5 带动主轴 4。各主轴转速转向均相同，仅需一种旋向的钻头，更为简便。图中主轴箱 6 的进给是利用气动方式，压缩空气经二位五通脚踏换向阀 7 和单向节流阀 8 进入进给气缸 1 之下腔，推动整个钻削头沿翻转架 3 上的导轨移动实现进给。

翻转架机构　如图 8-17 所示为机械传动式翻转机构，整个钻削头装在翻转架 3 上，翻转机构丝杆 12，可使翻转架绕轴线。通过轴线可由垂直位置转成倾斜 45°或水平位置，机床

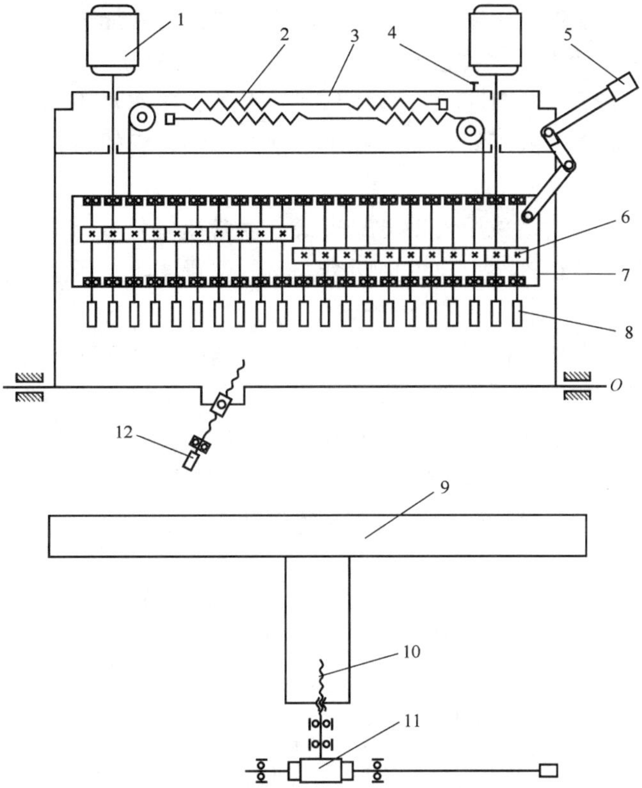

图 8-17 单排多轴木工钻床传动结构原理示意图

1. 电动机 2. 弹簧 3. 翻转架 4. 定位螺栓 5. 操纵手柄 6. 齿轮 7. 主轴箱 8. 主轴 9. 工作台 10. 丝杠 11. 蜗杆蜗轮机构 12. 翻转机构丝杠

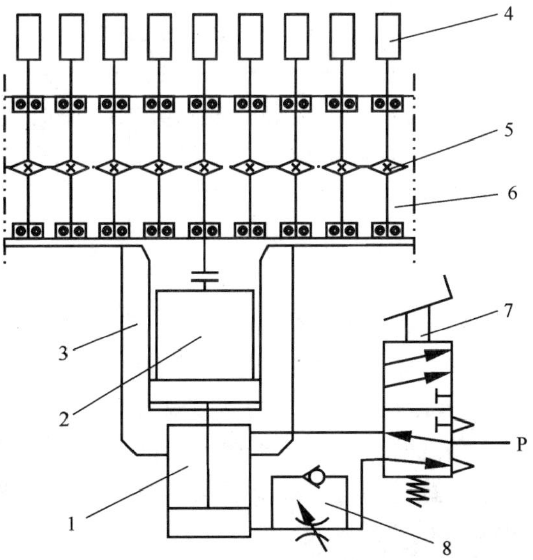

图 8-18 单排多轴木工钻床链传动钻削机构传动结构原理示意图

1. 进给气缸 2. 电动机 3. 翻转架 4. 主轴 5. 链传动副 6. 主轴箱 7. 二位五通脚踏换向阀 8. 单向节流阀

设有限位和固定螺钉，能保证主轴处在这三个位置时进行正常加工。

工作台　工作台支承工件，并设有定位块，可使工件准确定位。具体结构随各机床而异。有些机床要求工作台能上下调节，如图8-17所示。在作水平钻削时，根据板件厚度、需加工孔中心线离基面高度的不同，通过专用手把调节蜗杆蜗轮机构11，使丝杠10带动工作台9作上下调节。

压紧机构　压紧机构大多采用气动方式进行。通常压紧气缸（通常可有3~5个）安装在支架上，并可根据需要在该架上作纵横两个方向的位置调整。压紧机构也可采用简单的手动偏心式压紧器。

气动系统　目前大多数单排多轴钻床的进给、压紧以及某些调整都采用气动方式。如图8-19所示为国产单排钻的气动系统结构原理示意图。图中脚踏换向阀2控制压紧气缸3和进给气缸5，手动换向阀13控制工作台前后调整工作台移动缸11和翻转架垂直、倾斜和水平位置的调整翻转气缸7，其中进给与翻转调整的速度由单向节流阀4和6调节，倾45°和90°处可以限位。工作台后退与翻转架倾斜调节为顺序动作。

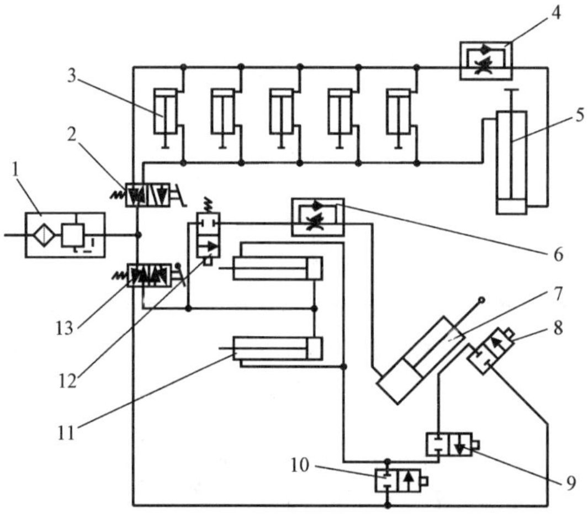

图8-19　单排钻气动系统结构原理示意图

1. 气动三连件　2. 脚踏换向阀　3. 压紧气缸　4、6. 单向节流阀
5. 进给气缸　7. 翻转气缸　8、9、10、12. 二位二通滑阀
11. 工作台移动气缸　13. 手动换向阀

（2）机床的调整

钻孔深度调整　首先将钻头1装在快换夹头2上，并调整螺钉4，使每个钻头和快换夹头调整成与游标卡尺上的尺寸一致，然后旋紧紧固螺钉3，如图8-20（a）所示。旋下蝶形螺母3，取下护罩5，然后旋转限程盘4，即可实现钻孔深度的调整。

钻削进给速度的调整　钻削时，由于加工材料和材质的不同，进给速度也不一样。钻轴进给速度的调整由调节进给气缸进出气口的节流阀实现，即调节图8-20（b）中的单向节流阀调节螺栓1、2，以获得满意的进给速度。

工作台的调整

a. 工作台高度的调整。为了满足工件的加工要求，工作台高度可随时调整。调整时首先将锁紧手柄松开，然后搬动扳手转动蜗杆，使蜗轮转动，从而使丝杠螺母带动圆柱导轨沿导向套上下移动，调整工作台的高度，调好后将锁紧手柄锁紧，以免工作时工作台因振动而下降。

b. 工作台面水平度的调整。调整时松开螺钉，调整螺钉，即可实现工作台面水平度的调整。

上夹紧器的调整　首先根据进料方向，将上夹紧器调到要求的位置，并用螺栓固定。再根据加工工件的不同厚度，松开手柄将压紧板调到适当位置，然后锁紧星形手柄，最后再松开星形手柄，将夹紧气缸沿工作台宽度方向，调到要求位置，调好后将星形手柄锁紧。

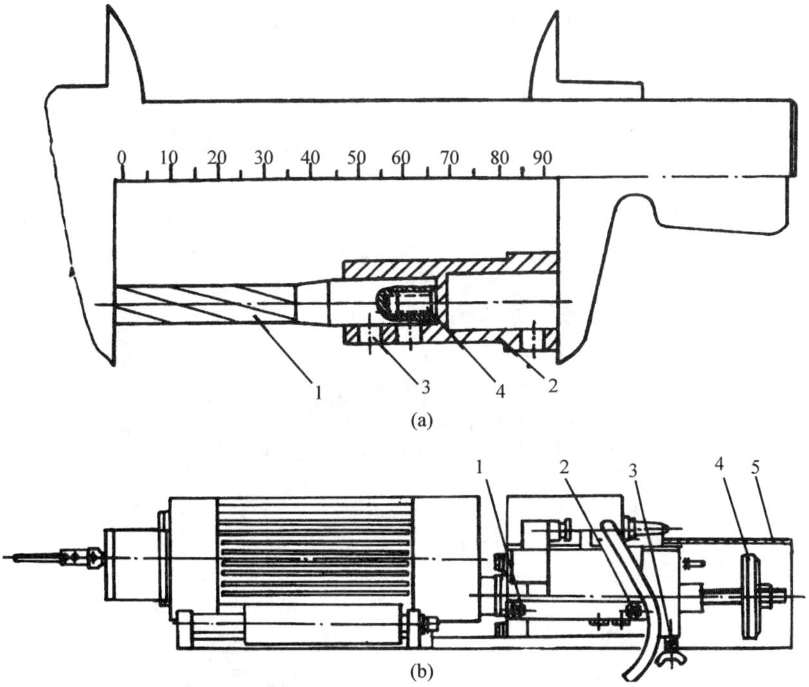

图 8-20　钻孔深度及进给速度的调整结构示意图

（a）钻孔尺寸定位、钻孔装夹

1. 钻头　2. 快换夹头　3. 紧固螺钉　4. 调整螺钉

（b）钻孔深度调整

1、2. 单向节流阀调节螺栓　3. 蝶形螺母　4. 限程盘　5. 护罩

主轴箱的回转调整　通过转动丝杆，可使翻转架绕轴线旋转。通过轴线可由垂直位置转成倾斜 45°或水平位置，当将主轴箱由垂直位置转到水平位置工作时，通过限位和固定螺钉可将调整位置固定，能保证主轴处在这三个位置时进行正常加工。当主轴箱断电时，特别是主轴箱在垂直位置时断电，一般可通过弹簧将主轴箱拉回到进给前的初始位置。

(3) 机床的操作

① 开车前检查机床各固定部位的螺钉是否有松动现象，若有松动，应及时拧紧固定；对机床各润滑部位按要求进行润滑。

② 按加工工件的工艺技术要求，调整机床，待准备工作做好后方可开机。

③ 开机时首先接通电源和气源，待气压达到 0.6～0.7MPa 后，启动主轴（钻轴）电动机。待主轴达到正常转速时，踏下脚踏开关，机床将按下述工序完成一次钻削加工：工件夹

紧→主轴进给→钻孔→主轴返回→松开卸下工件。

④ 机床在工作中出现意外情况，必须立即按下急停按钮，待机床各部件停止运动后进行检查。故障排除后，方可重新开机。

8.3.2　多排多轴钻床

在现代板式家具生产中，为提高生产效益和加工精度，广泛采用多排多轴钻床。采用较多的有三排多轴钻、四排多轴钻、六排多轴钻等，其中以三排多轴钻、六排多轴钻应用得较为广泛。现以 MZ7321 型多排木工钻床来说明多排多轴钻床的基本结构和工作原理及使用与维护方面的知识。

MZ7321 型多排木工钻床一次可在工件上的三个面加工出六排孔，在板式家具生产中应用广泛。图 8-21 所示为 MZ7321 型多排木工钻床外观和结构示意图，主要用于板式部件表面

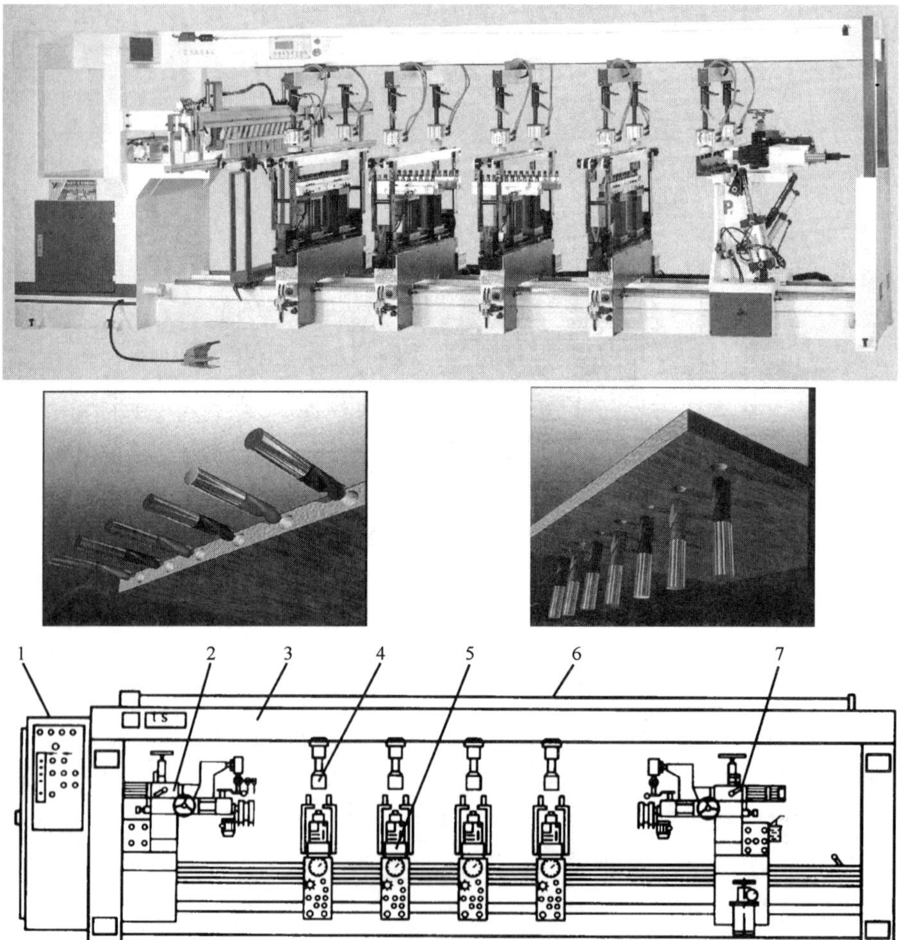

图 8-21　MZ7321 型多排木工钻床外形和结构示意图

1. 电气控制箱　2. 水平固定钻排　3. 机架　4. 压紧装置　5. 垂直钻排
6. 停止开关拉线　7. 水平移动钻排

和侧面钻孔，以供圆榫装配和五金件连接之用。该种钻床由机架、固定和移动水平钻排，下置垂直钻排、压紧装置、输送带装置，电器控制箱等组成。

机架3采用钢板焊接制成，由左右立柱、上下横梁组成龙门式结构，用于钻排等零部件的连接。机床左面安装有水平固定钻排2，其上排列有21根钻轴；右面的水平移动钻排7可沿机架下横梁上的导轨左右水平移动，以适应不同长度工件加工的需要，其上亦排列有21根钻轴。下置的四组垂直钻排5均安装在机架下横梁上面的导轨上，用套筒手柄可使其沿导轨左右移动，以调节钻排之间的距离；每个钻排上均排列有20根钻轴，所以机床的钻轴总数为122根。工件压紧由气动压紧装置4实现，压紧装置根据加工需要可在上横梁上左右移动。操作时只需人工将工件放置在输送带上，工件的输送、定位、压紧、钻孔、松夹、后挡板的抬起、输送带重新启动、工件输出，均自动进行。

为确保操作安全，一旦机床出现故障，只要拉动停止开关拉线6，整个机床将迅速停止工作。

该机床的各部件通用性强，组合性灵活、方便，如去掉输送装置即为半自动多排多轴木工钻床；装上圆棒涂胶装入机还能组成钻孔-涂胶-圆榫装入联合机。

（1）水平固定钻排的结构

图8-22所示为水平固定钻排的结构示意图。钻轴箱1安装有21根钻轴，由电动机6通过花键轴、联轴器使一根主动钻轴旋转，然后通过齿轮分别驱动各钻轴旋转。由于采用外啮合齿轮传动，故各相邻钻轴的旋转方向相反，而相间钻轴旋转方向则相同。因此所使用的钻头有左旋、右旋之分，通常涂上红、黑色以示区分，安装时不能装错。钻轴箱水平方向的进给由气缸11来实现。

钻削深度可通过旋钮7调节：当转动旋钮时，与旋钮连在一起的限位圆柱可在气缸活塞杆上移动，使气缸的行程改变，从而控制钻削深度（其值由玻璃罩10内的标尺上示出）。钻轴箱的进给速度可通过控制板上的节流阀的调节旋钮调节。限位开关5的作用：一是钻削行程结束时，控制气动换向阀换向；二是通过时间继电器，控制钻轴箱返回到原位的时间。转动手轮3，通过丝杠螺母机构带动钻轴箱沿两根圆柱形导轨8垂直升降，钻轴箱1高度的

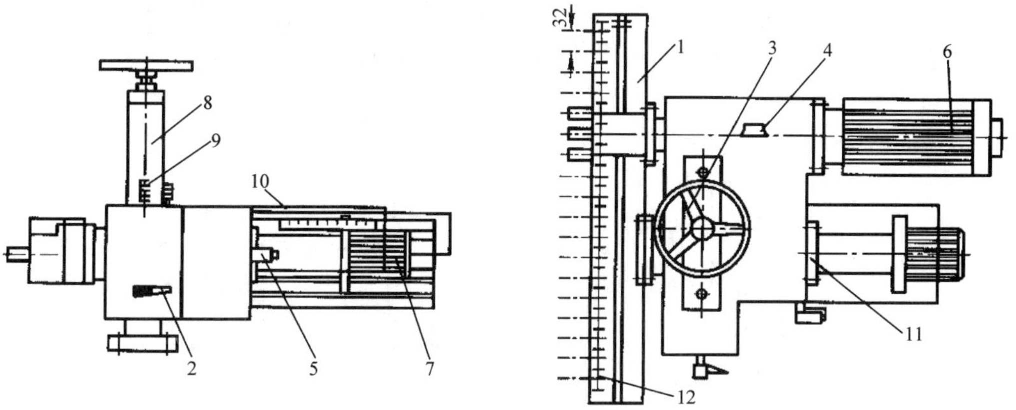

图8-22　水平固定钻排结构示意图

1. 钻轴箱　2. 锁紧手柄　3. 手轮　4. 支座　5. 限位开关　6. 电动机　7. 旋钮
8. 圆柱形导轨　9. 标尺　10. 玻璃罩　11. 气缸　12. 传动系统

升降值可由标尺 9 示出，调整时可先松开锁紧手柄 2，调好后再锁紧。

（2）水平移动钻排的结构

图 8-23 所示为水平移动钻排的结构示意图。水平移动钻排钻轴箱高度位置的调整和钻削深度的调整均与水平固定钻排相同，左右横向移动由电动机 18，通过蜗杆蜗轮副减速驱动小齿轮 11 旋转，小齿轮 11 与机床前面导轨上的齿条相啮合来实现。当小齿轮回转时，带动水平移动钻排沿机床下面的导轨移动，移动距离可由计数器 10 读出。手轮 19 用于精确调整，调整精度为 0.1mm。进行左右水平移动调整时，必须先松开锁紧装置气缸 12，调好后再锁紧。手动泵 17 用于移动时导轨的润滑。

水平移动钻排中设有侧向定位压紧装置，如图 8-23 所示。安装在支架 1 内的两个水平气缸 16 可推动左侧梳齿板水平左右移动，使工件压紧在右侧固定基准梳齿板上精确定位。前、后的定位与压紧，分别由安装在两个气缸 5 上的后挡块和两个气缸 7 上的前推头实现。后挡块气缸安装在可沿导轨移动的滑块上，滑块位置可由手柄通过丝杠调整。当工件由输送带送进碰到前面一个微动开关时，输送带停止运行，工件靠惯性继续运行到后挡块处，并接触后一个微动开关，此时前面带推头的气缸动作，将工件定位和压紧。气缸 7 活塞杆上的推头只允许工件正向通过，故不影响下一块工件的送进。钻孔完毕，两个后挡块抬起，输送带运转，将工件送出。两个微动开关安装在右侧气缸滑座的导轨上，后一个微动开关控制工作循环的启动，安装时必须距后挡板约 80mm。

为保证工件准确定位和压紧，在左、右梳齿板的上方设有垂直压紧板，每边上压板分别由两个气缸 21 带动上下移动。当工件左右长度尺寸较小时，直接使用这两块上压板即可；当加工工件尺寸长度较大时，可根据需要在上横梁下面增设气动压紧块，压紧气缸的气管可直接装于上横梁的预置接头上。为防止加工大幅面板件的变形，在每组下置垂直钻排钻轴箱两侧均可安装支撑杆。这样当气动压紧块压紧时，使工件下面获得必要的支撑。

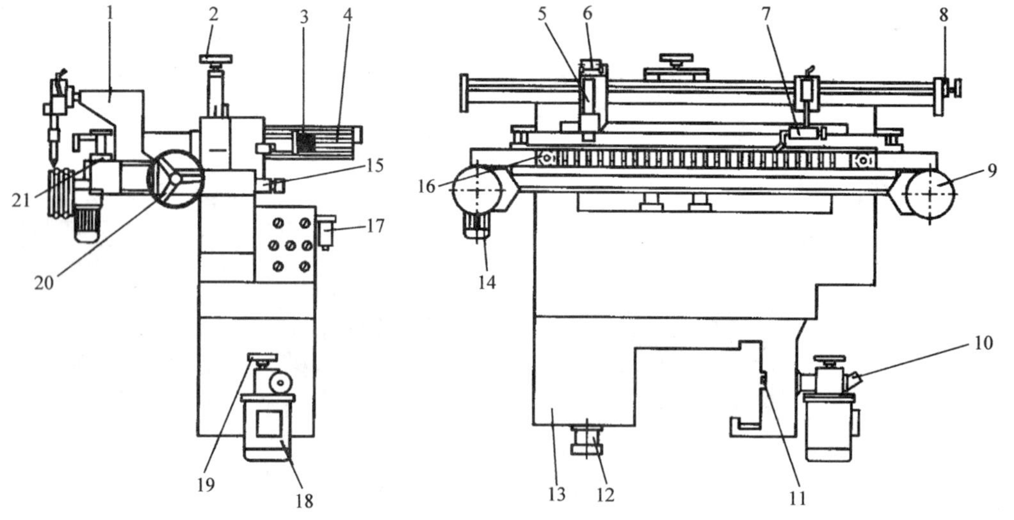

图 8-23　水平移动钻排的结构示意图

1. 支架　2、19、20. 手轮　3. 旋钮　4、14、18. 电动机　5、6、7、12、15、16、21. 气缸　8、10. 计数器　9. 输送带带轮　11. 小齿轮　13. 钻削动力头底座　17. 手动泵

输送带分别装于左右水平钻轴箱上，每边的输送带由三段组成。前后两段使用时可升起与中段成一平面，不用时可放下。输送带运行速度为57m/min，三段输送带由同一电动机14经蜗杆蜗轮减速后带动。中段输送带由两根三角带组成，三角带下面与支撑板间安装四个带圆柱销的弹簧装置，使输送带在运送工件时，三角带表面略高于工作台面（梳齿板平面）。当上面气动压紧装置压紧时，弹簧压缩，三角带下降，使工件下表面与工作台支撑杆接触，以减小工件变形。每边输送带均可进行水平左右位置的调整，在松开锁紧手柄后，转动手轮20，轴上的齿轮使齿条产生移动，致使与齿条相连的输送带一起移动。输送带支架通过销轴安装在方形导轨上表面的槽中，如将转动轴和离合器分开，并由气缸推动输送带支架销轴回转90°，此时带轮轴线由水平转至垂直位置，可保证下置垂直钻排能移至水平钻排下面，使两排水平钻排之间调至最小距离。

（3）垂直钻排的结构

图8-24所示为分段式垂直钻排结构示意图。后钻轴箱1和前钻轴箱2分别由电动机3、9驱动。钻轴箱底座需左右移动调整时，可用手柄插入孔内，通过齿轮齿条机构来实现，调整值可由计数器示出。调整结束后，需用气缸7锁紧。导轨间隙调整块5可用螺钉调整。支架10用于安装支撑杆。垂直钻排的升降由一个气缸实现。随着切削深度的变化，钻削阻力也相应变化，因此，在进给气缸侧面装有阻尼气缸。开始钻削时，由于阻尼气缸未起作用，故钻削速度较快。当钻入一定深度时，阻尼气缸起作用，使进给速度适当减慢，以满足钻削要求。

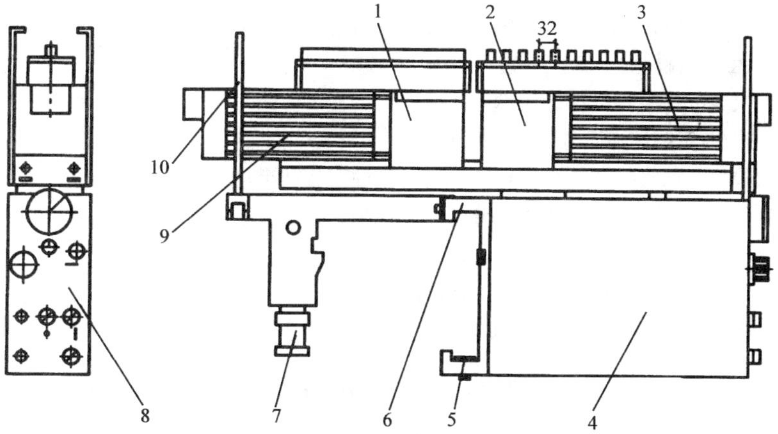

图8-24 分段式垂直钻排的结构示意图

1. 后钻轴箱 2. 前钻轴箱 3、9. 电动机 4. 底座 5. 导轨间隙调整块 6. 上导轨槽盖板 7. 气缸 8. 控制板 10. 支架

MZ7321型多排木工钻床有四组下置垂直钻排，其中两边的钻轴箱为整体式结构，钻轴数量各为20根，均由一台电动机驱动。垂直钻轴箱之间的距离根据需要可以调整，同时还可以绕其本身钻轴在水平面内作旋转调整。中间两组的钻轴齿轮箱为分段式结构。

机床左侧设置有电器控制箱，箱内装有机床必须的电气元件和所有操作按钮。

MZ7321型多排木工钻床的主要技术参数是：钻削能力为20～30块/min；左右水平钻排之间加工最大宽度为3 200mm；最小加工宽度为180mm；两垂直钻轴箱之间最小加工宽度为

150mm；相邻两钻轴标准中心距为 32mm；运输带电动机功率为 0.33kW；运输带速度为 57m/min；左右机头支架电动机功率为 0.33kW；压缩空气压力为 0.6 ~ 0.7MPa。

8.3.3　数控多排多轴木工钻床

数控多排多轴木工钻床主要指可在 *X*、*Y* 或 *Z* 方向对钻轴进行数字控制的机床。这种钻床不仅可进行钻削加工，也可以是钻削与其他方式的组合。如意大利维塔普（Vitap）公司生产 Multiprograml 31 型大型多轴多排数控木工钻床可配置 7 ~ 10 组钻排，并有微处理机控制的多程序系统，可控制水平、上置垂直、右水平钻排移动；还附加有中心运输带，便于工件输送；当机床出现故障时还能及时显示故障发生部位。

某些数控钻床的数控系统还配有屏幕显示装置和键盘输入装置，并且有编辑功能，操作者可以随时校正、删除或替换程序数据，调整和使用十分方便。

另外，根据工艺需要还可以将钻排与其他形式的动力头进行组合，成为数控组合机床，使工件在一次装夹后即可完成铣削、成型、锯切和钻孔等作业，工件的运输大为减少，加工精度和劳动生产率大大提高，特别适应小批量、多品种家具生产的需要。

思考与练习

1. 裁板锯有哪些种类，各有什么用途？目前家具生产企业常用的有哪些？
2. 试述锯片往复式裁板机的结构、组成及工作原理。
3. 说明推台裁板锯的切削机构的组成及工作原理。
4. 分析精密推台裁板锯出现下列故障的原因和排除方法。
   （1）工作台推动不顺畅　（2）崩边
5. 封边机的种类有哪些？各有什么用途？
6. 试述曲直封边机的结构、组成及工作原理。
7. 双面自动封边机如何进行调整与操作？操作时应注意哪些事项？
8. 分析双面自动封边机下述常见故障现象的产生原因、排除方法。
   （1）封边不牢固　（2）修的效果差　（3）修的粗糙
9. 说明单排多轴木工钻床的结构组成及工作原理。
10. 说明多排多轴木工钻床在结构和功能上的特点。

本章推荐阅读书目

[1] 木工机床结构．李志仁．东北林业大学出版社，1990.
[2] 细木工工艺学．吴悦琦．东北林业大学出版社，1992.
[3] 现代家具生产工艺与设备．宋魁彦．黑龙江科学技术出版社，2001.

技能训练 17　板式部件加工设备的认知实训

实训目标

熟悉板式部件加工设备的种类，掌握板式部件生产用裁板机、封边机、钻床等设备的组成、结构和工作原理，并了解其操作规程和安全操作技术。

实训场所与组织

校内实训场所或板式家具生产企业。以组为单位（每组 10 人左右），由老师或者工厂技术人员进行现场讲解和示范。

实训设备和材料

（1）设备

锯片往复式裁板机、精密推台裁板锯、直线直面封边机、双面自动封边机、曲直两用的半自动封边机、多轴钻床等板式部件生产用设备。

（2）材料

一定量的板材。

实训内容和方法

（1）现场讲解

老师或者技术人员在每台机床旁边讲解机床的结构，说明其工作原理，并示范操作方法，学生通过边听边看来实现对板式部件加工设备的结构，工作原理和操作规程的认识和理解。

（2）分组讨论

分小组进行，对板式部件加工设备的类型、结构及操作过程进行观摩和讨论。

（3）撰写实训报告

每人撰写一份实训报告。

老师可依据学生的实训报告进行打分。

考核标准

考核评分标准见表 8-3。

表 8-3　板式部件加工设备认知技能考核评分标准

实习地点：　　　　系部：　　　　班级：　　　　姓名：　　　　组号：

考核项目	指标分值	考核标准	成绩分档及权重					考核方式
			A	B	C	D	得分	
			1	0.8	0.6	0.4		
理论应知部分	20	各种板式部件加工设备的特点和用途（10 分）						现场口试
		各种设备的基本组成及工作原理（10 分）						
技能操作	60	能迅速识别各种板式加工设备（20 分）						现场操作
		能基本掌握各设备的调整方法（20 分）						
		基本掌握各设备的操作规程（20 分）						
实训报告	20	字迹是否工整，文字表达是否完整、清晰，语言是否通顺、简练（6 分）						书面形式
		内容是否齐全（7 分）						
		分析是否正确（7 分）						
得分								
教师签字								

技能训练 18　锯片往复式裁板机的调整及操作

实训目标

了解锯片往复式裁板机的组成、结构，掌握锯片往复式裁板机的操作规程和安全操作技术。

实训场所与组织

校内实训场所或家具生产企业。以组为单位（每组 2 人左右），由实训指导老师或家具生产企业技术人员进行讲解和示范操作，安排学生实际操作。

实训设备和材料

（1）设备

锯片往复式裁板机。

（2）材料

一定数量的人造板板材，调整机床专用工具。

实训内容和方法

（1）机床的调试与调整

① 机床的调试：

a. 机床周围空间应大于 1m，以利于工件的加工和转移；

b. 调整机架下部的四个螺栓使主工作台水平；

c. 调整主工作台面的直线度。

② 机床的调整：机床调试完毕后，根据加工的需要对各个部位进行调整，具体操作如下：

a. 集尘器的连接；

b. 主锯片和槽锯片的更换；

c. 台车板升降高度的调整；

d. 主锯片的厚度中心和槽锯片的厚度中心线的调整；

e. 传送带的更换；

f. 行程开关的调整；

g. 附台定位靠尺的调整工作台定位靠尺的调整。

（2）加工操作与维修保养

操作锯片往复式裁板机必须在老师或技术人员的指导之下进行，根据操作标准进行。每班工作之前应对机床相关部位进行保养，以延长机床使用寿命提高机床的加工精度。

（3）作业操作

机床调整好后，在老师或技术人员的指导之下开始操作实习。实习时两人一组，机床前后各一人，前面的人负责进料，后面的人负责接料。

① 操作步骤：

a. 开机前的准备工作。开机前检查锯片是否松动；气压是否介于 0.4 ~ 0.6MPa 之间。吸尘器是否能启动；工作台面（以及工作区域）有无异物，如有立即清理干净。

b. 接通三相电源，并且保证接地线接地。

c. 顺时针（按钮标志箭头）旋转急停按钮，电源指示灯亮。

d. 根据自己需求选择合适的操作方式。

e. 启动机床空转一次，看机床是否能正常运转。

f. 机床一切正常后，前面的学生开始送料，后面的学生将加工好的工件接下来放在规定的地方。每组按要求加工 3 ~ 5 块板件。

g. 加工完毕后将所有的按钮归位。

h. 在停机一段时间后，重新开机时，必须先空转一次。

i. 停机时机床完全停机后操作人员方可离开。

② 老师根据学生的调整和加工工件的质

量给学生评分。

考核评分标准见表8-4。

考核标准

表8-4 锯片往复式裁板机技能考核评分标准

实习地点： 系部： 班级： 姓名： 组号：

考核项目	指标分值	考核标准	成绩分档及权重					考核方式
			A	B	C	D	得分	
			1	0.8	0.6	0.4		
理论应知部分	20	锯片往复式裁板机用途及特点（10分）						现场口试
		锯片往复式裁板机的组成及工作原理（10分）						
技能操作	40	锯片往复式裁板机的调整（20分）						现场操作
		锯片往复式裁板机的基本操作（20分）						
质量评定	20	板材锯解质量评定（20分）						现场测试
实训报告	20	字迹是否工整，文字表达是否完整、清晰，语言是否通顺、简练（6分）						书面形式
		内容是否齐全（7分）						
		分析是否正确（7分）						
得分								
教师签字								

技能训练19 直线直面封边机的调整与操作

实训目标

了解直线直面封边机的组成、结构及机床的调整内容和操作规程，熟练掌握直线直面封边机调整和操作方法。

实训场所与组织

校内实训场所或家具生产企业。分小组进行（每组2人），学生在老师或者技术人员的指导下进行调整和操作机床。

实训设备和材料

(1) 设备

直线直面封边机。

(2) 材料

一定数量的规格为25mm×50mm×500mm的防火板，调整机床用的工具（随机式工具）。

实训内容和方法

(1) 机床的调整

① 后托料装置调整。后托料装置主要用于大工件封边的支撑，它可以根据工件的宽度作相应调整。调整时松开调节手柄，然后用手托住将其移至适当的位置，最后通过调节手柄锁紧即可。

② 送料压梁装置的调整。送料压梁装置的高低主要根据工件的厚度来进行调整。调整时根据工件厚度确定调整量的大小，用随机附件带套筒摇手柄套入调整杆，并转动至数字

表，显示出的数字与所需的工件厚度一致即可。

③ 熔胶涂胶装置的调整。熔胶涂胶装置的调整包括涂胶量的调整和熔胶涂胶温度的调整。调整涂胶量时按标签面板标注调整方向，用手拧转调整手柄，调到所需的胶量即可，而熔胶涂胶温度的调整则按温控器操作键说明进行。

④ 工件封边料伸出量调整。松开手柄，按封边料形式及标签板示意图，对卷式封边料，行程开关连接板移到最右端位置，对木条封边料，行程开关连接板移动到最左端位置，调定后，拧紧手柄。

⑤ 封边料安装、调整及自动进料切断装置。封边料材料主要有胶边、薄木板（单板）、卷材、木条等，不同封边料的安装、调试有所不同，具体如下。

a. 卷式封边料的安装及调试：

● 0.4～1mm 厚度卷式封边料的安装与调试。将卷式封边料放在封边料转盘上，并将封边料依次通过薄边拉料汽缸，防止后退装置，用小切刀切断；调整防止后退装置有适当的弹力；根据崩边料高度，调整封边料高度固定棒位置，注意棒最低位置与封边料保留一定的间隙；插入封边料大选择杆，封边料小选择杆；根据封边料调整高度，调整封边料高度导向装置，注意要与封边料保持一定的间隙；电气控制面板封边料形式选择开关拨到“3”位，封边料卷式选择开关拨到“0”位。

● 1～3mm 厚度卷式封边料的安装与调试。调整方法基本与 0.4～1mm 厚度卷式封边料的调整方法相同，不同之处是 用大切刀切断，调整大切刀压力表指针到 4～6bar（1bar = 10^5Pa），装上送料轮；电气控制面板封边料形式选择开关拨到“1”位，封边料卷式选择开关拨到“1”位；拔去封边料大选择杆与封边料小选择杆。

b. 木条封边料的安装与调整：

● 小于 1mm 薄木条封边料的安装与调试。先把薄边拉料汽缸、防止后退装置、送料轮拆去；把薄木条放在台面上；松开内六角螺钉。将出料挡板调整装置，调到只能出一条木料；根据封边料高度，调整封边料高度固定棒位置，注意要和木条保留一定的间隙；根据封边料高度导向装置位置，主要和木条保留一定间隙；拨去封边料大选择杆，插入封边料小选择杆；木条封边料长度下料尺寸大约是工件长度再增加 30 mm；电气控制面板封边料形式选择开关拨到“2”位，封边料卷式选择式选择开关拨到“0”。

● 大于 1mm 厚木条封边料的安装与调试。调整方法基本上与小于 1mm 薄木条封边料相同，不同之处是：电气控制面板封边料形式选择开关到“1”位，封边料选择开关拨“导”位；拨去封边料大选择杆，封边料小选择杆。

⑥封边材料黏合及压紧装置的调整。

⑦前自动切边装置的调整：

a. 当封边料厚度不大于 1mm 时。松开封边料厚度调整紧定手柄，通过封边料厚度调整紧定手柄，将之移到腰形孔最外端极限位置，拧紧封边料厚度调整紧定手柄；松开工件前端封边料加工量调整紧定手柄，按标签面板标注调节方向，用扳手转动调整螺杆使工件前端封边料加工量合适，再拧紧手柄。

b. 当封边料厚度为 1～15mm 时。松开封边料厚度调整紧定手柄，通过封边料厚度调整紧定手柄，将之移到腰形孔最里端极限位置，拧紧封边料厚度调整紧定手柄；松开工件前端封边料加工量调整紧定手柄，按标签面板标注调整方向，用手版转动调整螺杆使工件前端封边料加工量合适，再拧紧手柄。

⑧ 后自动切边装置的调整。

⑨ 上下粗修自动修边装置的调整。使用上下粗修自动修边装置，调整手柄不要动，如果不使用上下粗修自动修边装置，就要根据封边料厚度，用手旋转调整手柄使之后移，后移量至少为封边料厚度数值；按标签面板标注调整方向，用手旋转调整手柄，使之上下边封边

料加工量合适。

⑩ 上下精修自动修边装置的调整：

a. 厚封边料的调整。封边料厚度大于或等于3mm时根据封边料厚度，用手拧转调整手柄，使刻度线显示数值就是封边料厚度即可；按标签面板标注调整方向，用手旋转调整手柄，使工件上下边封边料加工量合适；用$R3$或$R3$以下圆弧刀具，仿型轮调整手柄一般不作调整。

b. 薄封边料的调整。封边厚度小于3mm：用手拧转调整手柄，使刻度线显示数值是3mm；松开紧定手柄，根据封边料厚度，上下精修薄封边料调整垫块朝外移动，在调整垫块与调节挡块见加一件厚度为封边料厚垫块，稍微拧紧调整手柄，取下垫块，再拧紧紧定手柄；按标签面板标注调整方向，用手旋转调整手柄，使工件上下边封边料加工量合适；用$R3$或$R3$以下圆弧刀具，仿型轮调整手柄，一般不作调整。

⑪ 上下刮刀自动修边装置的调整。根据封边料厚度，用手拧转调整手柄，使刻度线显示的数值就是封边料厚度即可；按标签面板标注调整方向，用手旋转调整手柄，使工件上下边封边料刮刀量合适；对用$R3$或$R3$以下圆弧刀具，仿型调整手柄，一般不作调整。

⑫ 抛光装置的调整。抛光装置的调整包括上下抛光前后及上下位置的调整，其中进行前后位置调整时松开内六角圆柱头螺钉，移动电动机进退到合适的位置再用内六角板手拧紧螺钉即可；进行上下位置调整时松开内六角圆柱头螺钉，转动手柄，通过螺杆带动电动机上下移动到合适位置后用内六角板手拧紧螺钉即可。

⑬ 输送带速度的调整。

(2) 作业操作

机床调整好后，开始操作实习，直线直面封边机的操作实习必须在老师或技术人员的指导之下进行。实习时两人一组，机床前后各一人，前面的人负责进料，后面的人负责接料。

① 操作步骤：

a. 开机前的准备工作。开机前检查调整机床用的工具是否全部准备好，以防将工具掉在机床内；检查电气开关是否在关停位置；要加工的工件是否放在规定的地方。

b. 直线直面封边机的启动。将电源总开关旋转到“ON”位，电源打开，电源指示灯亮；加温选择开关拨到“1”位，调整温控器；温控器显示温度值达到设定的工作温度时才按下输送带运行启动按钮，输送带开始运行；根据工件封边料规格大小，将封边料形式选择开关，封边料卷条选择开关拨到一定的位置，安装封边料；调定检查气压控制系统中各气压；根据实际需要，将各工作单元选择卡拨到“1”位，选择按下抛光启动按钮；按下变频器启动按钮。

c. 待机床运行平稳后进行板件的封边生产，前面的学生开始送料，后面的学生将加工好的工件接下来放在规定的地方。每组完成5~10块板件的封边。

d. 直线直面封边机的关停。完成生产确定输送带上无工件后按下变频器停止按钮，等各工件单元高频电动机完全停下来时按下抛光停止按钮，将各工件单元选择开关按钮拨到“0”位，同时将加温选择开关拨到“0”位，当熔胶煲温度低于报警温度时输送带自动停止。最后将电源总开关旋转到“OFF”位，电源指示灯熄，机器处于关机状态。

② 评分：老师根据学生的调整和加工工件的质量给学生评分。

考核标准

考核评分标准见表8-5。

8-5　直线直面封边机操作技能考核评分标准

实习地点：　　　　　　系部：　　　　　　班级：　　　　　　姓名：　　　　　　组号：

考核项目	指标分值	考核标准	成绩分档及权重					考核方式
			A	B	C	D	得分	
			1	0.8	0.6	0.4		
理论应知部分	20	直线直面封边机特点及用途（10 分）						现场口试
		直线直面封边机组成及工作原理（10 分）						
技能操作	40	直线直面封边机开机前的准备工作（20 分）						现场操作
		直线直面封边机各工作部件的调整及操作（20 分）						
质量评价	20	对封边质量进行评价（20 分）						现场测试
实训报告	20	字迹是否工整，文字表达是否完整、清晰，语言是否通顺、简练（6 分）						书面形式
		内容是否齐全（7 分）						
		分析是否正确（7 分）						
得分								
教师签字								

技能训练 20　曲直线封边机的调整与操作

实训目标

了解曲直线封边机的组成、结构及机床的调整内容和操作规程，熟练掌握曲直线封边机调整和操作方法。

实训场所与组织

校内实训场所或家具生产企业。分小组进行（每组 5 人），学生老师或者技术人员的指导下进行调整和操作机床。

实训设备和材料

（1）设备

曲直线封边机。

（2）材料

一定数量的规格为 25mm × 50mm × 500mm 的防火板，调整机床用的工具（随机式工具）。

实训内容和方法

（1）机床的调整

① 上、下轴修边量的调整。把上轴或下轴的仿型靠辊的安装台架固定螺丝调松，用上轴或下轴的修边量调整螺栓进行修边量的调整：扣紧→修边量小，扣松→修边量大；然后将上轴或下轴的仿型靠辊安装台架固定螺栓钮紧。

② 斜对边修边量的调整。上轴移动 80m/m（前后 40m/m）的边可以修曲面边。按照工作的倾斜上轴修边头用手柄向前后移动可以修边，用头部上下滑动手柄按照工作调整高度。

③ 直线边修边方式的调整。用曲线仿型靠辊换成两点式仿型靠辊就可以修直线封边，用求心轴（标准工具）求上、下轴的中心线。

（2）作业操作

机床调整好后，每个学生在老师或技术人员的指导之下开始操作实习。

① 操作步骤：

a. 开机前的准备工作。开机前检查调整机床用的工具是否全部清好，以防止将工具掉在机床内；检查电气开关是否在关停位置；要加工的工件是否放在规定的地方。

b. 打开上、下轴的运转开关。

c. 操作者面向机床从右侧开始加工工件，一端压着仿型靠辊，保持其压住时，向前推动使之既接触又移动。每人完成曲、直各2件板件的封边。

d. 完成作业后关闭机床电源。

② 评分：老师根据学生的调整和工件的封边质量给学生评分。

考核标准

考核评分标准见表8-6。

表8-6 曲直线封边机操作技能考核评分标准

实习地点：　　　　系部：　　　　班级：　　　　姓名：　　　　组号：

<table>
<tr><th rowspan="3">考核项目</th><th rowspan="3">指标分值</th><th rowspan="3">考核标准</th><th colspan="5">成绩分档及权重</th><th rowspan="3">考核方式</th></tr>
<tr><th>A</th><th>B</th><th>C</th><th>D</th><th rowspan="2">得分</th></tr>
<tr><th>1</th><th>0.8</th><th>0.6</th><th>0.4</th></tr>
<tr><td rowspan="2">理论应知部分</td><td rowspan="2">20</td><td>曲直线封边机特点及用途（10分）</td><td></td><td></td><td></td><td></td><td></td><td rowspan="2">现场口试</td></tr>
<tr><td>曲直线封边机的组成及工作原理（10分）</td><td></td><td></td><td></td><td></td><td></td></tr>
<tr><td rowspan="2">技能操作</td><td rowspan="2">40</td><td>曲直线封边机开机前的准备（20分）</td><td></td><td></td><td></td><td></td><td></td><td rowspan="2">现场操作</td></tr>
<tr><td>各功能部件的调整及封边操作（20分）</td><td></td><td></td><td></td><td></td><td></td></tr>
<tr><td>质量评价</td><td>20</td><td>封边质量评价（20分）</td><td></td><td></td><td></td><td></td><td></td><td>现场测试</td></tr>
<tr><td rowspan="3">实训报告</td><td rowspan="3">20</td><td>字迹是否工整，文字表达是否完整、清晰，语言是否通顺、简练（6分）</td><td></td><td></td><td></td><td></td><td></td><td rowspan="3">书面形式</td></tr>
<tr><td>内容是否齐全（7分）</td><td></td><td></td><td></td><td></td><td></td></tr>
<tr><td>分析是否正确（7分）</td><td></td><td></td><td></td><td></td><td></td></tr>
<tr><td>得分</td><td colspan="8"></td></tr>
<tr><td>教师签字</td><td colspan="8"></td></tr>
</table>

第9章 削片、刨片、再碎机

本章学习目标

理论知识 了解削片、刨片、再碎机的种类、特点及应用；掌握削片、刨片、再碎机的工作原理和基本构成；熟悉削片、刨片、再碎机的调整、步骤和安全操作要求。

实践技能 学会削片、刨片、再碎机的操作方法和步骤；掌握削片、刨片、再碎机的调整方法；熟练掌握盘式削片机的作业操作。

盘式削片机外形图

鼓式刨片机外形图

削片机、刨片机和打磨机是生产各种纤维板、刨花板的主要原料加工设备。这些设备的结构、性能和制造质量直接影响到成品板的质量和生产成本，其属于备料设备，是纤维板和刨花板生产的重要机械设备之一。

9.1 削片机

削片机是将原木、小径木、枝丫材、板皮、板条和碎单板等采伐和加工剩余物加工成适合生产纤维板、刨花板原料（一定规格的木片）的设备。其获得的木片规格为：生产纤维板所用的木片长度为20～25mm，生产刨花板所用的木片长度一般为30～40mm。

9.1.1 削片机的类型和特点

削片机的类型很多，由于削片机的类型不同，其性能也就不一样。因而对其加工的木片质量以及原材料的需求也是不一样的。

削片机按切削机构的不同可分为盘式削片机和鼓式削片机两大类。盘式削片机按其刀盘工作端面的形状不同分为平刀盘式和螺旋面盘式。螺旋面盘式削片机切出的木片规格较一致，获得的木片质量较好，但设备结构较复杂，目前使用得不普遍。按在刀盘上安装飞刀的多少可分为普通盘式削片机和多刀盘式削片机，普通盘式削片机一般安装3～5片飞刀，而多刀盘式削片机的刀盘上安装有10片以上的飞刀，从而实现连续切削，切削过程平稳。鼓式削片机按其刀鼓的形状分为圆柱形和圆锥形，其中圆柱形刀鼓削片机使用普遍。

盘式削片机的切削机构是一个刀盘，在刀盘平面上装若干飞刀。切削时，飞刀运动轨迹是平面，切削平面是固定不变的。在切削过程中，飞刀与底刀能较好的形成剪切作用，削片时木片跳动小，故切出的木片质量较好，碎料少，生产率高，适于切削原木、小径木等。盘式削片机主要用于生产规模较大的人造板企业和造纸企业。

9.1.2 盘式削片机

（1）盘式削片机的结构

图9-1所示为普通盘式削片机的结构示意图。盘式削片机主要由刀盘、进料槽、排料口、制动器、传动装置和机壳等组成。

刀盘 刀盘7通过夹键套装在主轴5上，主轴由两个装在前后轴承座10、2中的轴承支承，由电动机通过三角带传动，或经联轴器直接驱动。刀盘为钢铸圆盘，直径一般为900～4 200mm。刀盘很重，除作为切削机构还起飞轮作用，以便飞刀在间断切削时，速度波动不大。普通盘式削片机的刀盘上一般安装3～5把飞刀。飞刀刃口相对刀盘半径沿转动方向成辐射状向前倾8°～15°。在安装每把飞刀下面的刀盘上，沿刃口方向开有一条宽度为100mm左右的窄缝，可使被切下的木片通过窄缝达到刀盘的另一面。为了增加刀盘平面的耐磨性，在刀盘的表面装有防磨铸钢板，磨损后可以更换。

如图9-2所示为普通盘式削片机的刀盘结构示意图。飞刀1和楔型垫块2用螺栓固定在刀盘3上。垫块的作用是保证飞刀具有一定的后角，一般为5°左右。

飞刀的材料一般采用高速钢（铬-镍合金工具钢）或优质碳素工具钢制成，飞刀的刃磨角（楔角）取30°～40°，切削冻材、硬材时取较大值。在刀盘上安装飞刀时，必须保证所

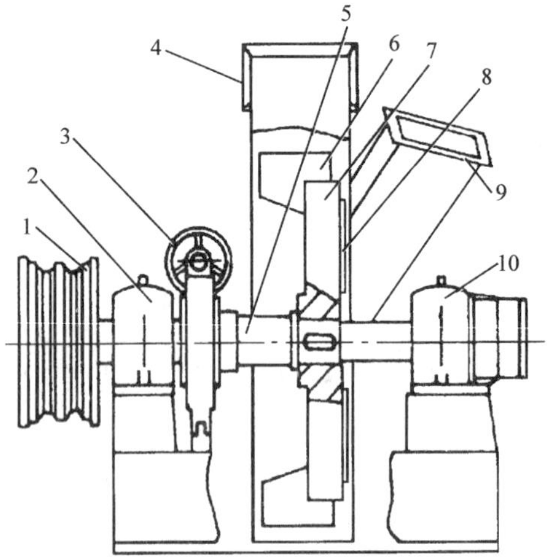

图 9-1 普通盘式削片机的结构示意图

1. 带轮 2. 后轴承座 3. 制动器 4. 出料口 5. 主轴 6. 叶片 7. 刀盘 8. 飞刀 9. 进料槽 10. 前轴承座

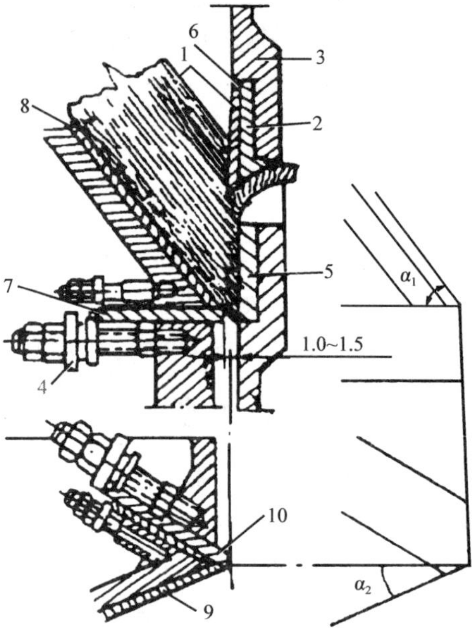

图 9-2 普通盘式削片机的刀盘结构示意图

1. 飞刀 2. 楔型垫块 3. 刀盘 4. 调节螺栓 5. 护板 6. 铅条 7、10. 底刀 8、9. 料槽保护板

α_1. 进料槽倾斜角，其值为45°~52°

α_2. 偏角，其值为20°~30°

有飞刀刃口的伸出量相同。飞刀要经常地更换、刃磨，以保持刃口的锋利。飞刀刃磨后，需重新调整刃口的伸出量，方法是采用重新浇注铅条6定位，其目的是防止飞刀在切削过程中，因切削阻力或离心力作用产生位移。

在刀盘外圆周上装6~8个叶片，用于将削出的木片沿刀盘的切向方向从上排料口排出。

进料槽 盘式削片机的进料槽有水平式和倾斜式两种。前者用于加工长原木，后者用于加工长度在2m以内的短原木或其他原料。进料槽的截面形状多为方形，是用钢板焊接而成。进料槽的中心线与水平线间的倾斜角 α_1 一般为45°~52°；进料槽中心线在水平面的投影与刀盘轴线间的偏角 α_2 一般为20°~30°。倾斜角和偏角的大小对木片的切口面积、长度、厚度以及削片机的动力消耗都有影响。

进料槽下方装有底刀7和旁底刀，它们与安装在刀盘上的飞刀一起形成剪切机构。为防止切削时产生的较大冲击力损坏刃口，底刀的楔角较大，一般为85°~90°，也有的大于90°。底刀与飞刀的间隙是靠移动底刀座调整，底刀和飞刀的间隙通过调节螺栓4的螺母调节。旁底刀的楔角一般为60°~65°，它与偏角 α_2 有关。

排料口 盘式削片机的排料口设置分为上排料口和下排料口两种形式。上排料是在刀盘的外缘上安装6~8个叶片，它在刀盘转动时产生气流，把削出的木片沿刀盘的切向从上排料口排出或经排料管送到旋风分离器，落入木片料仓。当叶片的速度为27~28m/s时，木片的抛出高度可达4~5m。下排料是在刀盘的转速较高或直径较大而使刀盘线速度较大时，为防止过度打碎木片，减小削片机的动力消耗，在刀盘上不装叶片，削出的木片由下部开口的机壳直接落到传动带运输机上排出。

制动器　制动器除用于紧急刹车外，还用于在换刀时将刀盘锁住，以保证人身安全。换刀时，每换完一把飞刀后，转动一次刀盘。中小型盘式削片机换刀时可用手转动刀盘；大型削片机换刀时用棘轮装置转动刀盘。

（2）盘式削片机的工作原理

盘式削片机的飞刀在运转过程中形成的切削平面是固定不变的，在每一切削层的切削过程中，基本上始终通过底切削刃口，飞刀和底刀可以很好地形成剪切机构，这也使得盘式削片机比鼓式削片机的削片质量好。

盘式削片机工作时，被加工原料送入进料槽中，被回转刀盘上的飞刀和进料槽底部的底刀、旁底刀所构成的切削机构剪切成大木片，大木片沿刀盘上飞刀下面的窄缝穿过，由于切削刃角的压力作用，大木片被分裂成一定厚度的小木片。小木片到达刀盘另一侧后，落到机壳的底部或被刀盘上回转的叶片形成的较大的风压、风量的气流推动，沿切线方向的排料口排出。

（3）多刀盘式削片机

普通盘式削片机由于安装的飞刀数量较少，飞刀对木料的切削是间歇进行的，这不仅使木料在切削过程中容易跳动，影响木片质量，而且削片机的生产率低，电动机的负荷也不稳定。为了改善这种情况，可采用盘式削片机进行连续切削。所谓连续切削，即是在切削过程中，木料一直在一把或一把以上的飞刀进行切削的状态，也就是第一把飞刀尚未离开木料时，下一把飞刀已切入木料进行切削，木料连续不断地受到飞刀牵引力的作用。

多刀盘式削片机与普通盘式削片机相比较，其优点是：由于实现了连续切削，减少了木料的跳动，所以削片质量好；由于飞刀数量增加和刀盘转速的提高，使其生产能力比普通盘式削片机提高 50% ~100%；电动机的负荷较稳定；刀盘的转速高，能蓄存较多的能量，单位生产能力的装机容量较小，可采用电动机直接传动。多刀盘式削片机的刀盘转速高，使得木片易被击碎，故应采用下排料方式。

（4）盘式削片机的调整

飞刀的更换与调整　飞刀通常 4 ~8h 或每班刃磨一次，发现大缺口或变钝时应立即刃磨，所有飞刀应同时刃磨，刃磨量要相等。当飞刀磨钝需要换刀时，打开前、后换刀窗口，固定住刀盘使其不能转动；从后窗口松开飞刀压紧螺栓上的螺母，用木锤敲击飞刀螺栓及压刀块，使压刀块松开，取出飞刀。

将刃磨后的飞刀放入调刀装置中，调节飞刀尾部的调整螺钉，使其与调刀装置中的定位螺栓头部相触，拧紧固紧螺母，飞刀调整完成。再清理干净飞刀部位的木屑等杂物，然后将已调整好的飞刀装入刀座并用木锤轻击刃口，使飞刀尾部调节螺钉头靠紧刀座里的定位螺栓。从后窗口拧紧固紧螺母并达到规定的紧固力矩。在需要调整木片长度时，可调整飞切削刃口的伸出量。若是少量调整，可直接调节尾部调节螺钉来调节飞切削刃口的伸出量；若调整的范围超过 3mm 时，可调整浇注铅条的大小（见图 9-2）或移动刀片后部的齿，使飞切削刃口的伸出量满足要求。在调整飞切削刃口的伸出量时，必须相应调整底刀及旁底刀的位量，保证它们与飞刀的间隙在 0.5 ~1.0mm 之间。另外，飞刀螺栓在紧固时还应注意同一压刀块上的几个螺栓紧固的先后次序及力量的平均。如有三个螺栓，则应先紧中间一个，再紧两边两个，而且不应一次到位，这样才能保证飞刀及压刀块受力均匀，以免在切削时受到较大切削力产生螺栓松动。

底刀的更换与调整 一般情况下，底刀和旁底刀每 60h 更换刃口或拆下刃磨。更换底刀时，先松开装在机座与刀门之间的固紧安全销的螺母，拔出安全销，打开刀门，松开底刀和旁底刀的紧固螺栓，再取出底刀和旁底刀，清理装刀位置的杂物。然后按拆装相反的顺序装上底刀和旁底刀并调整好与飞刀的间隙。紧固螺栓到位前要检查底刀、旁底刀与飞刀间的间隙，达到 0.5 ~ 1.0mm 后，把螺栓紧固到使用说明书所需紧固力矩。反转刀盘一周以上，检查底刀与飞刀是否相碰，全部正常后关闭刀门。还有一种调隙方法，即直接调节底刀上的调节螺栓 4（见图 9-2）的螺母。

（5）盘式削片机的安全操作

开机前的准备工作 开机前首先检查设备的关键紧固件是否有松动现象。尤其是飞刀、底刀和旁底刀的紧固，如有松动须马上紧固，否则会出现机毁人亡事故。设备的紧固件检查合格后，检查飞切削刃口的伸出量是否一致，飞刀与底、旁底刀的间隙是否合格。底刀与旁底刀的刃口应在同一平面上，该平面与飞刀旋转产生的刃迹平面应平行，其间隙为 0.5 ~ 1mm。间隙检查合格后，检查在动态时飞刀与底刀、旁底刀是否有相互干涉现象。由于在动态时可能产生轴向窜动引起底刀与飞刀的摩擦相撞，所以此检查工序不能省掉。方法是反转刀盘数周，不应有擦碰声。切记转动时刀盘转向应逆切削转向，以免擦碰时损坏飞刀。上述各项检查合格后，再检查机内、外是否有遗留工具等物品，飞刀与罩壳间隙是否过小，传动带松紧是否适中，电气线路有无异常等。

运行操作 上述检查完全正常后进行空运转操作，以确定设备在运转中各种配套件是否正常。空转操作时，启动主电动机看刀盘转向是否正确，听声音是否正常，是否有擦碰声等异常声响。如无异常现象则可正常启动。设备正常运转后，应注意机身有无明显振动，如振动大则需停机检查，并予以排除。检查轴承温升是否正常，一般情况下轴承温升在开机 30 ~ 60 min 内会基本稳定在某一数值上。如在规定时间内温升超过 35℃ 则需要停车检查，正常后才能进行负载运行。

空运转一切正常后就可以进行负荷运转操作。首先按木片生产工艺流程的逆向顺序逐台启动木片运输机、磁选器、筛选器、再碎机，开始进料。切削时应注意盘式削片机电流峰值不能超过额定电流的 1.5 倍，轴承温升不高于 35℃ 等问题，发现不进料、反弹等现象时应立即停车处理。工作结束后，按原料运输机、喂料辊、削片机、其他机器的顺序停机。

（6）盘式削片机的保养和维修

加强保养和维修是延长盘式削片机的使用寿命、减少故障率的有效方法。盘式削片机保养、维修的内容是：喂料辊、操作手轮和手柄轴等需每班加一次润滑油。进料机构齿轮箱连续工作 2 000h 后换油一次。主轴滚动轴承每隔六个月加一次润滑脂。工作 500h 后，需检查底刀、旁底刀磨损的情况，检查压刀块、耐磨衬板磨损情况，检查 V 形带松紧情况等，如不合格，应进行更换。工作 4 000h 后，需检查上罩壳、下罩壳和叶片磨损情况。下罩壳磨损严重时，可在罩壳外表面局部加钢板覆盖焊接；若大面积磨损则应更换下罩壳。叶片磨损严重时，也应更换。飞刀、底刀和旁底刀的紧固螺栓必须更换。

（7）盘式削片机的常见故障及排除方法

盘式削片机的常见故障及排除方法见表 9-1。

表 9-1 盘式削片机的常见故障原因及排除方法

故障现象	故障原因	排 除 方 法
进料不畅	1. 飞刀已钝，不锋利 2. 飞切削刃角不对 3. 刀盘上刀槽被堵塞	1. 拆下刃磨 2. 检查切削刃，重新刃磨 3. 清理刀槽，去除槽边凸出处
削出木片中碎屑过多	1. 飞刀已钝，不锋利 2. 木材含水率偏低 3. 出料管安装不当	1. 拆下刃磨 2. 增湿木材 3. 检查出料管弯头、接头是否合适、有无堵塞
木片尺寸过大	1. 飞刀伸出量过大 2. 飞刀与底刀、侧刀间隙过大 3. 刀盘表面耐磨板严重磨损	1. 减小伸出量 2. 减小间隙 3. 更换耐磨板
空运转时机器振动大	刀盘不平衡	检查飞刀、压刀块等是否分别等重，予以调整，直到平衡

9.1.3 鼓式削片机

鼓式削片机主要用于直径较小的枝丫材、板皮、板条和废单板等采伐和加工剩余物，所以在纤维板和刨花板等生产中应用较广。

(1) 鼓式削片机的结构

图 9-3 所示为鼓式削片机的结构示意图，主要由机座 1、切削机构 2、进料机构（上进料辊部件 3 和下进料辊部件 4)、进料部分 5、底刀座 6 和液压系统 7 等组成。

机座　机座由高强度钢板焊接而成，主轴的轴承座用螺栓紧固在机座上。底刀座 6 的支承与机座焊接成一体，底刀座可以从机座侧壁上的孔抽出，以便更换底刀。木片经过筛网后从机座的底部开口排出。

切削机构　切削机构（见图 9-4）由装有飞刀的刀鼓 1 和装有底刀的底刀座 11 组成。刀鼓由主电动机通过三角带驱动，刀鼓上装有的两把飞刀 4，被压刀板 2 用螺栓 3 紧固在刀

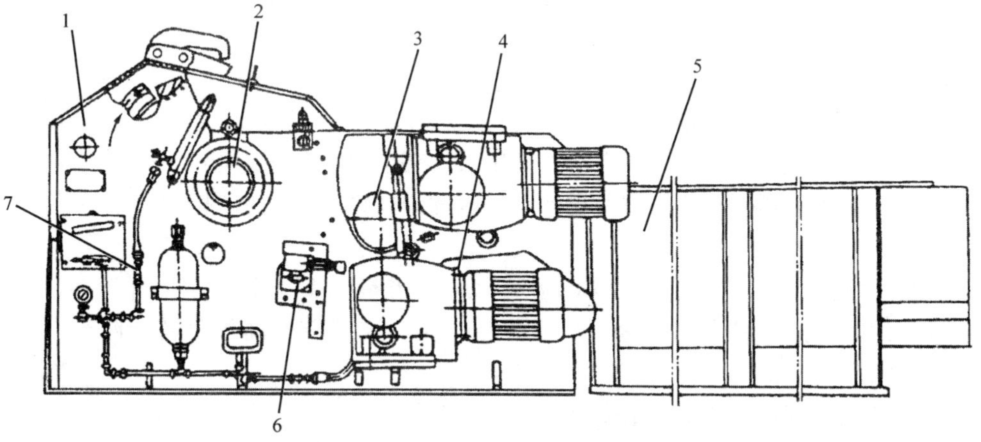

图 9-3 鼓式削片机结构示意图

1. 机座 2. 切削机构 3. 上进料辊部件 4. 下进料辊部件
5. 进料部分 6. 底刀座 7. 液压系统

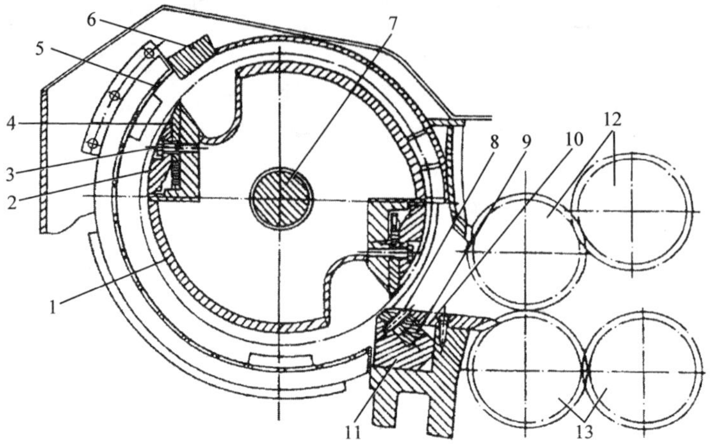

图 9-4 切削机构结构示意图

1. 刀鼓 2. 压刀板 3. 螺栓 4. 飞刀 5. 筛网 6. 碎料杆 7. 主轴 8. 专用螺栓 9. 底刀 10. 压板 11. 底刀座 12. 上进料辊 13. 下进料辊

鼓的装刀槽内。每把飞刀前面均有排料槽，削下的木片从料槽排出；底刀 9 用专用螺栓 8 通过压板 10 固定在底刀座 11 上。由飞刀和底刀切下的木片，经筛网 5 上的孔排出，从机座的底口落下；过大的木片留在里面，由碎料杆 6 打碎。飞刀的楔角为 32°，后角为 8°。

进料装置　进料装置由两个上进料辊和两个下进料辊组成。前面的一个上进料辊由带减速器的电动机直接带动，另一个通过链传动带动同向转动。下进料辊的结构和传动与上进料辊相同。进料辊的上、下摆动由液压油控制。

安全保护装置　机床各电动机线路上设有热保护装置，当过载运转时能自动切断电路。主电动机发生瞬时过载时，警报器发出警报，此时应使进料机构停止并倒转，减少进料量后再启动进料机构，继续供料。

在机座的罩盖上有限位开关，罩盖打开时主电动机不能启动。在上进料辊的转臂上也设有限位开关，当进料高度超过 180mm 时，进料电动机的电路被切断，停止进料。

（2）鼓式削片机的工作原理

鼓式削片机是由装在刀鼓上的飞刀和装在底刀座上的底刀组成切削机构。切削时，飞刀的切削平面随飞刀的运动而变化，在每一切削层的切削过程中只可能有一点的切削平面通过底刀的刃口，因此不能很好地形成剪切作用。因此鼓式削片机主要用于加工厚度较小或径级不大的原料。

鼓式削片机工作时，原料由运输机送入上、下进料辊 12、13 之间，在转向相反的上、下进料辊作用下，把原料强制送进并压向刀鼓。原料被刀鼓上高速旋转的两把飞刀刨成刨花，刨花经筛网的孔排出，从机座的底口落下。

（3）鼓式削片机的调整、操作与养护

飞刀、底刀的拆装与调整

a. 飞刀的更换与调整。飞刀一般 1 ~ 2 个班次刃磨一次，发现大缺口或变钝时应立即刃磨，所有飞刀应同时刃磨，刃磨量要相等。当飞刀和底刀磨钝需要换刀时，完全停机后，打开机座上罩盖；从机座侧面的孔中插入刀辊固定插销，锁住刀辊；清洁压刀块上飞刀螺栓头部周围孔槽；松开飞刀螺栓，抽出飞刀。将已磨好的飞刀放入飞刀调整装置中，调节飞刀尾部的两个调节螺钉，使螺钉头部与调整装置上的螺栓头部相碰，以确定飞刀位置；清洁刀辊上飞刀座的平面，将已调好的飞刀装在刀辊的飞刀座平面上，先将两端两个固定螺栓轻轻拧紧，用木锤轻击刃口，使飞刀尾部的两个调节螺钉头部与刀辊飞刀座上的两个定位螺钉头部靠实；转动刀辊，检查两把飞刀刃口的回转半径是否一致，若其差值超过飞刀与底刀之间的允许间隙范围（0.5~1.0mm）时，可通过增加或减少垫片来保证；用随机所带的增扭器和扭力扳手拧紧飞刀螺栓，并使紧固力矩达到规定值。

b. 底刀的更换与调整。底刀通常每周更换一次刃口，待所有刃口磨损后，更换底刀，在发现严重磨损时要立即更换。更换底刀时，将随机附件底刀拆卸托架固定在底刀座支承侧面；松开和取下机座两侧的夹键，拉出底刀座；松开底刀螺栓，将底刀压板和底刀取下，将已磨好的底刀擦净后放入底刀座，拧紧底刀螺栓，将底刀座放入底刀调整装置中，调节底刀座上的调节螺钉，使底刀接触定位螺钉，达到调节尺寸；用扭力扳手拧紧底刀螺栓，紧固力矩按设备说明书规定；将已擦净的底刀座推入机座上的底刀座支承里，用塞尺检查飞切削刃口与底切削刃口之间间隙是否在0.5~1.0mm 的范围内；将两夹键的斜面涂油后，分别装上底刀座支承，两边同时或交替拧紧螺栓。

鼓式削片机的操作 开机前应检查原料尺寸，如果原料直径和最大原料截面超过允许切削范围，应先锯开；原料长度一般不超过 2m。检查、调整飞刀和底刀间隙是否在 0.5~1.0mm 范围内；检查和锁紧底刀刀座及各处螺栓；检查减速器油位和各润滑部分的润滑情况，清除进料系统和机内金属杂物；检查液压系统有无漏油现象及大油缸的预充油压是否达到规定的预充压力。

在切削过程中，应注意观察机内有无异常声音，机座有无异常振动，紧固件有无松动；上喂料辊下落时有无撞击现象，若有应及时调整油、气压，观察电流负荷是否超过额定值（允许瞬时过载）；检查轴承温升（超过35°时应修理）；检查木片尺寸是否符合工艺要求。

鼓式削片机养护 鼓式削片机连续工作一个月后应检查液压系统蓄能器的充气压力，如不足应及时补充氮气；检查并紧固各连接部分螺栓，检查和调整三角带的松紧度。连续工作半年（约 2 000h）应进行全部保养，清洗液压管路元件，检查油缸密封情况，更换损坏的元件。连续工作 1 年（约 4 000h）应检查喂料辊齿、筛网、底刀压板、飞刀压刀块、飞刀座堆焊层和飞刀螺栓孔的磨损情况，修理或更换磨损严重者；检查和固紧锁紧装置的连接；更换全部飞刀螺栓和底刀螺栓。

9.2 刨片机

刨片机是将原木、小径木、削片机削出的木片或木材加工剩余物中的小块碎料等原料刨切成薄片刨花的设备。

9.2.1 刨片机的类型和特点

刨片机通常按结构分为鼓式刨片机、盘式刨片机和环式刨片机，如图 9-5 所示。

鼓式刨片机分为轴型和筒型，大多数为轴型；盘式刨片机按其刀盘的布置分为立式和卧式；环式刨片机按其刀环的形状分为鼓轮型（圆柱形）和锥轮型（锥形）；按刀环是否旋转

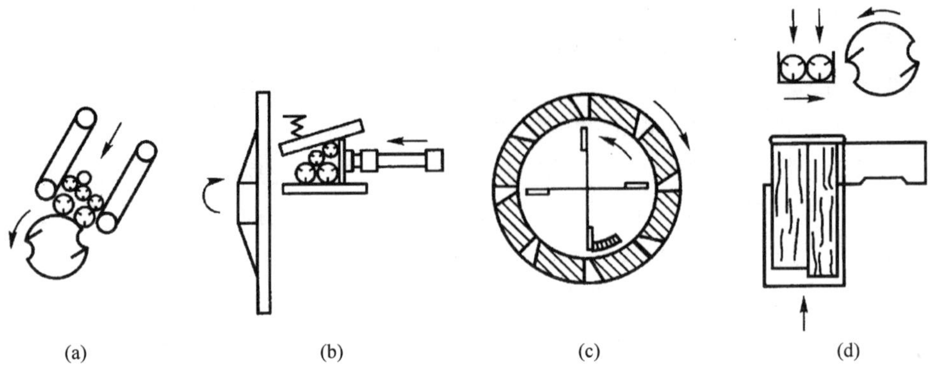

图9-5 刨片机的类型结构示意图

（a）单鼓轮鼓式刨片机 （b）盘式刨片机 （c）环式刨片机 （d）长材鼓式刨片机

分为单鼓轮型、双鼓轮型和双锥轮型，单鼓轮型的刀环不转，双鼓轮型和双锥轮型的刀环旋转。

鼓式和盘式刨片机均采用强制进料，分为连续进给和间歇进给，连续进给的大多采用带齿的链条进料。

盘式刨片机又可分为盘式木段刨片机和盘式木片刨片机。木段刨片机是将木段直接刨切为合格的刨花，其结构与盘式削片机相似，区别在于盘式木段刨片机采用横向切削。这种刨片机刨切出的刨花厚度均匀一致、表面光滑、质量较好；其缺点是生产率低、刀盘加工困难，必须将长原木先锯成短木段后才能进入刨片机。盘式木片刨片机的切削机构是一水平放置的刀盘，沿径向安装4～8把飞刀，顶部有两个进料筒，中间各有一活塞，靠油压缸将喂入的木片抵压在刀盘上，当刀盘旋转时将木片刨切成刨花。这种刨片机的优点是刨切出的刨花质量高于环式刨片机，尤其适用于碎单板刨切；缺点是结构复杂，设备造价高。

9.2.2 鼓式刨片机

鼓式刨片机与鼓式削片机的切削特征虽然不同，但均为铣削。刀鼓直径越大，木料厚度越小，刨花厚度的均匀性越好。刨花的长度由采用的梳齿刀的刀齿宽度或相邻两割刀间距的大小决定。

鼓式刨片机按切削机构分为：单鼓轮鼓式刨片机（短材鼓式刨片机）和长材鼓式刨片机两种，如图9-5中（a）、（d）所示。单鼓轮鼓式刨片机切削机构为一刀鼓，其上安有12～16把呈梳齿形的刀片，齿宽为刨花长度，采用横向切削直接从木段刨切出合格的刨花。这种刨片机适于木芯和小径木刨切，缺点是木段常在进料机构中被卡住。长材鼓式刨片机的切削机构为一刀轴，刀轴表面为双曲面，其上安有6～14把飞刀，高速旋转的刀轴将周期性横向送进的原木刨切成刨花，该机适用于加工原木，小径木等，刨花质量较好，产量高，常用于大中型刨花板厂。

9.2.3 环式刨片机

环式刨片机是指用来将削片机削出的木片或木材加工剩余物中的小块碎料加工成刨花的设备。它加工的刨花质量虽不如鼓式刨片机和盘式刨片机的好，但由于环式刨片机对原料要求低、生产率高且价格低廉而被广泛应用。

(1) 环式刨片机的结构

图9-6所示为环式刨片机结构示意图。环式刨片机主要由进料装置、切削机构(主要包括叶轮和刀环)、机座、传动系统及液压系统等部分组成。

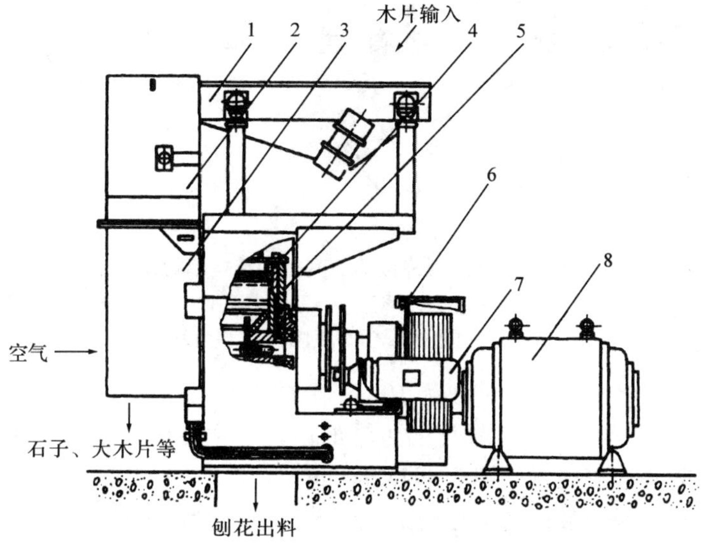

图9-6 环式刨片机结构示意图

1. 振动给料器 2. 磁选装置 3. 重物分离器 4. 叶轮 5. 刀环 6. 轮罩 7. 减速电动机 8. 主电动机

进料装置 安装在料斗两侧板上的振动电动机使弹性安装的供料槽振动,落入槽内的木片均匀地流入下面的磁选装置2。通过调节振动电动机的振幅获得不同的进料量。磁选装置用来有效地清除混入木片中的铁质杂物。在磁选装置的转动磁选滚筒内部,沿圆周某一范围的固定位置装有永久磁铁,使铁质杂物被吸附在辊筒的半圆周表面上。当被吸附的铁质杂物转过永久磁铁的磁力范围之外时,便落入专用的抽屉内,定期排出。磁铁的位置可根据要求进行调整。

在进料斗内磁选辊筒的下面设有重物分离装置,其作用是将混入木片中的石子、土块和大木片等清理出来,以保证飞刀等不受损伤。它是利用不同密度的材料在交叉气流作用下产生的分离效应,使质量较轻的木片随气流被吸入刨片机内,质量较重的杂物从下面的排料口排出。

切削机构 环式刨片机的切削机构主要包括刀环和叶轮,如图9-7所示。

a. 刀环。在该机的刀环上,有28把飞刀分别装在28个支承座(弓形件)的安装面上,飞刀是用优质碳素工具钢或合金工具钢(6CrW2Si)制成的,飞刀楔角为36°,飞切削刃口的伸出量可在0.3~0.7mm的范围内调整;背压板装在与飞刀相对的另一支承座上,在支承座的内表面有耐磨垫板,形成刀环的圆柱形内表面;支承座用螺栓固定在两个法兰盘之间构成刀环,用4个螺栓紧固在空心套轴的法兰盘上。由减速电动机经链传动带动刀环慢速旋转,转速为50r/min。

当飞刀磨损后,可利用专门的液压缸将刀环卸下,换上备用的新刀环。这样可以大大减

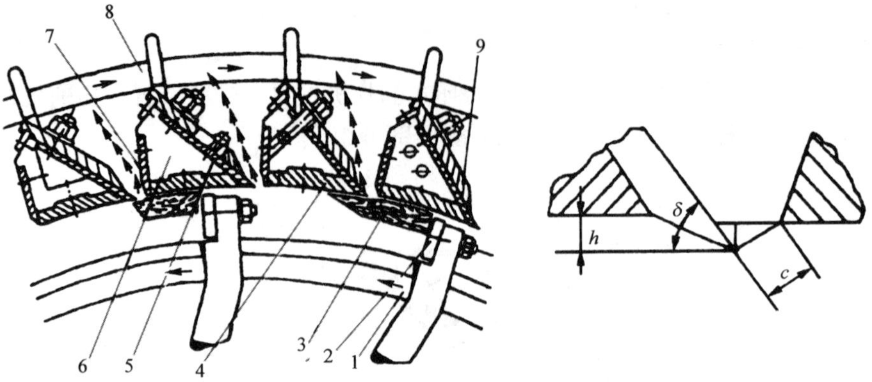

图 9-7　环式刨片机的切削机构结构示意图

1. 叶轮　2. 叶片　3. 木片　4. 耐磨垫板　5. 飞刀　6. 飞刀支承座　7. 背压板　8. 刀环　9. 压刀板
h. 飞刀伸出量　*c*. 刀门间隙　*δ*. 切削角

少换刀的辅助时间，更换刀环的时间仅为 10min 左右。

b. 叶轮。叶轮直接装在空心套轴里的主轴的前端。主轴的后端装有带轮，电动机通过三角带传动带动叶轮高速旋转，转速为 1 480r/min。

大部分叶轮的叶片是直装的，但也有的是斜装的，即叶片的刃部与叶轮的轴线呈一定的倾斜角度。斜装的叶片在切削过程中，木片从一个叶片滑向另一个叶片，形成锯齿运动，延长了木片的运动行程，从而提高了生产效率，降低了切削阻力和动力消耗。

排料　刨出的刨花从机座下面排出。排料可采用气力输送或机械输送。

（2）环式刨片机的工作原理

环式刨片机的切削机构由高速反向旋转的刀环（刀轮）和叶轮组成，刀环上安有很多飞刀，工作时高速旋转的叶轮使落下的木片，靠离心力和气流的作用贴紧刀环内表面，并被反向旋转的刀环刨切成刨花。该机适于将削片机削出的木片或木材加工剩余物中的小块碎料，加工成刨花，这种刨片机加工出的刨花质量虽不如前两种，但基本能满足工艺要求。

环式刨片机工作时，木片由振动给料器输出，经磁选装置和重物分离器后进入切削室，在叶轮高速旋转所产生的强大气流和离心力的作用下，使木片紧贴刀环内表面。在叶轮与刀环作反向运转中，使木片在叶片和飞刀的相对运动中作纵横向切削形成刨花，刨花在气流的作用下从刀门间隙中排出，从底部出料口落下送至料仓。

（3）环式刨片机的调整

飞刀刃口伸出量的调整　飞刀刃口伸出量决定了刨花的厚度。安装飞刀时要按要求调整好飞刀刃口的伸出量，飞刀刃口伸出量 h 与刨花厚度 S_P 之间的关系为：$S_P = 0.767h + 0.054$mm。耐磨垫板磨损后，会改变飞刀刃口的伸出量，也应重新调整飞刀刃口的伸出量。

飞刀刃口伸出量的调整方法：待机器完全停止后，打开机座门，拉开刀环，松开飞刀支承座上的螺栓，从支承座上抽出飞刀组件，松开压刀板上的螺栓，取出飞刀，然后刃磨飞刀。飞刀一般工作 4 ~6h 刃磨一次，把磨好后的飞刀及压刀板的结合面擦洗干净，轻轻拧上两颗螺栓，把刀组放在调刀装置的调节板上。将调刀装置上的定位盘卡在压刀板的槽中，踩下调刀装置的脚踏开关，两个气缸的活塞杆紧紧抵住飞刀背部使刀刃紧靠前面挡铁，调刀装置上的两个信号灯亮了说明飞刀定位正确。用扭力扳手将压刀板上的螺栓拧紧，取下飞刀组件，再换另一组飞刀组件进行调整，把经过调刀装置调整过的飞刀组件再次装上刀环。检查刀环上各耐磨垫板的圆弧面，若基本处于同一圆周上，也就是符合环式刨片机通用技术要求中所规定的公差值0.6mm，就可保证飞切削刃口伸出量基本一致。

每隔一个月根据检查的实际飞刀刃口伸出量，用适当的调整垫片调整（按表9-2确定）。

表9-2 飞刀刃口伸出量与调整垫片厚度关系

飞切削刃口伸出量 h（mm）	调整垫片厚度厚度（mm）	飞切削刃口伸出量 h（mm）	调整垫片厚度厚度（mm）	飞切削刃口伸出量 h（mm）	调整垫片厚度厚度（mm）
0	0	0.5	0.707	1.0	1.414
0.1	0.141	0.6	0.848	1.1	1.556
0.2	0.283	0.7	0.990	1.2	1.697
0.3	0.424	0.8	1.131	1.3	1.838
0.4	0.566	0.9	1.273	1.4	1.980

刀门间隙的调整　飞刀刀刃与背压板之间的间隙，称作刀门间隙。刀门间隙 c 是刨花排出的通道，也是影响刨花形状和质量的一个因素。若刀门间隙过大，环式刨片机工作过程中刨切木片的残留部分从刀门间隙中排出机会较多，影响刨花质量。若刀门间隙过小，由于刨花排出不畅，这时如果飞刀不够锋利，不仅会发生堵料现象，甚至会发生闷车以致损坏机器。刀门间隙 c 可按经验公式选定：$c = S_P +$（1.5～1.8）mm。

环式刨片机在工作过程中，由于叶轮的高速旋转，木片在离心力的作用下紧紧贴附于耐磨垫板的圆弧表面，在叶片的推动下造成相对摩擦，其结果使耐磨垫板圆弧面及背压板底面逐渐磨损，刀门间隙也随之增大，此时需调整背压板使刀门间隙达到要求。调整方法如下：拧开飞刀组件的螺栓，抽出飞刀组件；拧开背压板紧固螺栓，取出背压板，按要求刃磨背压板斜侧面或底面，使底面宽度达到要求；将背压板装到刀片支承座处，使其底面低于耐磨垫板圆弧面0.2mm，将紧固螺栓轻轻带紧；用量块把刀门间隙调节成沿全长上均匀一致；拧紧背压板紧固螺栓，装上飞刀组件并拧紧螺栓即可。

飞刀刃口伸出量和刀门间隙的测量方法如图9-8所示。

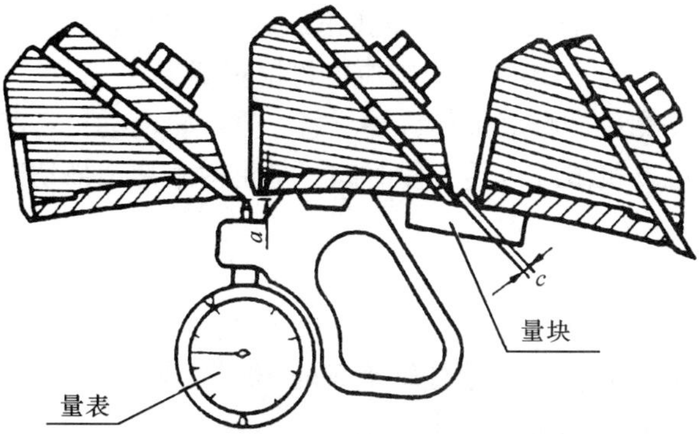

图9-8 飞刀刃口伸出量和刀门间隙的测量方法示意图

刀片刃口与叶片顶端间隙的调整 叶轮外径与刀环切削圆之间的间隙为1.0～1.5mm。此值若过大，木片在刨切结束时剩下来的残留部分厚度偏大，影响刨花质量；如过小，刨花过于细碎也不理想。若叶轮半径经测量不符合要求，就要将叶片调节装置上的调节垫片增加或减少，用以保证叶轮外径和刀环切削圆内径之间的间隙要求。一般叶片刃口磨损到圆弧半径 $R=1.0\sim1.5$mm 时就必须更换刃具或拆下刃磨。

(4) 环式刨片机的安全操作

开机前的准备工作 环式刨片机开机前应检查以下内容：

a. 按说明书要求正确安装和检查机器各部分和电气系统；

b. 检查和排除机器内部的木片及杂物，用木棒拨动刀环和叶轮转动时应无障碍；

c. 检查 V 带张紧度是否适中，所有连接螺栓是否有松动（特别注意刀环、叶轮的螺栓是否松动）；

d. 检查飞切削刃口的实际伸出量是否满足要求；

e. 机座门是否关牢；

f. 各润滑点是否缺油；

g. 检查制动蹄片的磨损情况，如磨损严重应及时更换。

运行操作 开机前的检查一切正常后，进行空运转操作。分别启动振动进料器、磁选滚筒、刀环电动机和叶轮电动机，检查电气设备是否正常；若正常，启动机床，检查各传动部位运转是否平稳、有无异常响声、机器有无显著振动；紧固件有无松动现象，主轴的轴承温度应不超过35℃。

空运行正常后即可进行负荷运转操作。按顺序启动出料系统电动机、刀环电动机、叶轮电动机、磁选滚筒电动机，振动给料器电动机和进料系统，开始正常工作。工作中应随时注意机器各部位运转有无异常声音或振动；检查轴承温度（应不超过35℃）。注意主电动机的电流，如果主电动机电流达到峰值，要停机检查。检查飞切削刃口磨损是否严重，进料量是否偏大，叶片外缘面与刀环切削刃切削圆间隙是否过小，逐一排除后重新启动机床。

机床正常运转后，取一定量的刨花检查分析，以确定刨花厚度是否符合要求。测定刨花厚度的方法有如下两种：第一种方法是用规定的筛网筛分刨花，留在网孔为 1.6 mm 筛网上的刨花为片状刨花，片状刨花占取样总量的百分比应不少于75%；第二种方法是取片状刨花约 5 g，测量刨花厚度，厚度在 0.30～0.70 mm 范围内刨花质量占取样片状刨花总质量的百分比应不少于60%。若不符合要求，则应找出原因，并对机床进行重新调整。重物分离器下排出的大木片量，应当大于20%，否则应停机检查调整。

停机时按与启动程序相反的顺序进行，并注意：当叶轮电动机切断后，刀环电动机不能立即切断，而应让刀环电动机继续运转一段时间，待机内木片全部切削成刨花并排出后再关闭刀环电动机。

(5) 环式刨片机的养护

环式刨片机的养护包括以下内容：

a. 前、后自动调心轴承及前、后滚柱轴承每隔 500～700 h（作业小时）注入 $3^{\#}$钙基润滑脂，注油量为前滚柱轴承 5～10g，其余 40g；

b. 机座门铰链、刀环支承辊每周加注适量普通润滑脂一次；

c. 门扣心轴也应定期加润滑油；

d. 驱动磁选滚筒的减速器内，应保证足够的润滑油，建议每周检查一次，如润滑油不足，要及时添加。当工作 5 000h 后更换润滑油；

e. 刨片机使用两年后，应用柴油或汽油清洗各滚动轴承，待干燥后，再加清洁油脂；

f. 每周检查一次制动系统；

g. 每隔 6 ~ 8 周检查耐磨垫板的磨损情况，若磨损严重，须修磨；

h. 至少每隔一个月检查一次飞刀刃口的实际伸出量，看其是否合格。

9.3 再碎机

再碎机是主要用于将削片机、刨片机等加工出的不合格的大木片或大刨花在宽度上再碎，以满足不同结构刨花板对不同规格原料需要的设备。

9.3.1 再碎机的类型和特点

再碎机按其结构的不同可分为：双鼓轮再碎机、齿盘式再碎机、锤式再碎机、筛环式再碎机等多种类型。

双鼓轮再碎机与双鼓轮刨片机的结构基本相似，但双鼓轮再碎机的刀环上装的不是飞刀，而是平直的钢条，刀环外边装有筛网。这种再碎机的工作原理是在叶轮的作用下，刨花高速向刀环的钢条冲击，并在钢条与叶片的作用下，使刨花受到撕裂、碾压等综合作用而被粉碎。

齿盘式再碎机由两个带齿纹磨片的大圆磨盘组成。工作时下磨盘旋转，上磨盘固定不动，调节磨盘间隙即可得到不同规格的刨花。这种再碎机打磨出的刨花形态较好，但生产率低，常用于将薄片刨花、机床刨花和小木片研磨成微型刨花，作为渐变形刨花板的表层材料。

锤式再碎机主要用于将不合格的木片、碎单板、小木块和刨花的再碎。锤式再碎机，由带有可旋转金属锤板的转子、机壳和筛网等组成，筛网固定在机壳上。当刨花或木片从进料口进入时，首先受到高速转动的锤板的打击，并在离心力作用下向筛网冲击，通过冲击和摩擦的作用再次被打碎。打磨好的刨花或木片在转子形成的气流带动下从网孔中抛出。改变网眼孔大小可以得到不同规格的刨花。

筛环式再碎机是在刨花板生产中应用较多的一种再碎设备，其再碎机构由叶轮和筛环组成。按筛环的结构形式及其是否转动又可分为下列形式：

①整个筛环是由筛网或筛板构成的筛筒。其中筛环固定不动的称为 PSK 型，反向旋转的称为 PPS 型。

②筛环沿宽度方向分成两段，一段装有齿纹磨片，另一段为筛网，刨花首先与齿纹磨片作用，然后横向流动，打磨好的刨花从筛孔排出。此种形式称为 UPF 型。

③筛环上沿圆周方向交替装有筛网和齿纹磨片，筛环固定不动的称为 PSKR 型，反向旋转的称为 PPSR 型。此种打磨机属于细磨打磨机。

④筛环沿宽度方向分成三段，中间一段装有齿纹磨片，外边两段为筛网。筛网固定的称为 PSKM 型，反向旋转的称为 PPSM 型。此种打磨机属于精细打磨机。

9.3.2　筛环式再碎机

国内目前使用的筛环式再碎机筛环多是固定不动的，齿纹磨块在筛环中间，属于 PSKM 型，常用于打磨干刨花，经打磨后的刨花可用做表层细刨花。

(1) 筛环式再碎机的结构

图 9-9 所示为 BX566 型筛环式再碎机的结构示意图，主要由进料装置、打磨机构和机壳等部分组成。

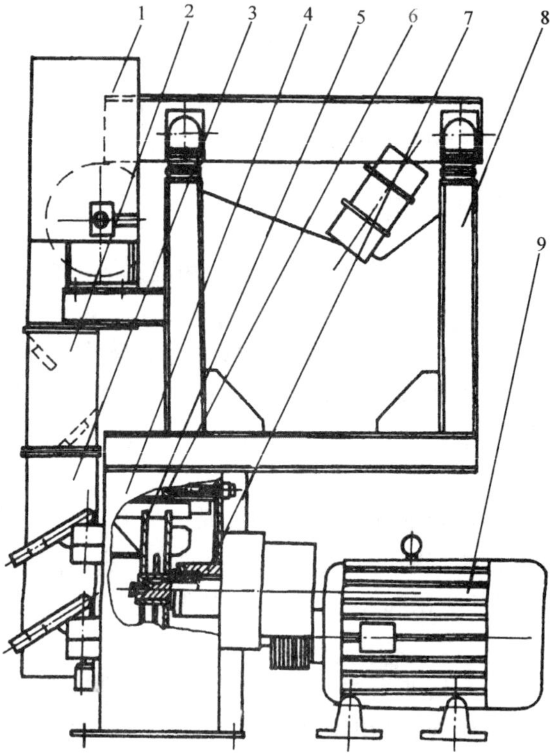

图 9-9　BX566 型筛环式再碎机结构示意图

1. 磁选滚筒　2. 磁选装置　3. 重物分离器　4. 机壳　5. 叶轮
6. 筛环　7. 轴　8. 振动给料器　9. 电动机

进料装置　进料装置由振动给料器 8、磁选装置 2 和重物分离器 3 组成。振动给料器能使其均匀地下料。磁选装置是由两个磁铁抽斗组成的方箱。重物分离器有两块角度可调的挡板，用来控制物料的流向。

打磨机构　打磨机构由叶轮 5 和筛环 6 组成。叶轮上有 20 片叶片，由电动机 9 经三角带传动带动其高速旋转，叶轮上的叶片可拆卸和更换。筛环装在叶轮的外部，固定在机壳 4 上。在筛环中段的内壁装有 42 片 V 形磨片（见图 9-10），也可以根据工艺要求来选用不同形状磨片和不同尺寸网眼，在其两侧装有孔径为 3mm 的筛网。

(2) 筛环式再碎机的工作原理

筛环式再碎机由叶轮和筛环组成再碎机构。被吸入的刨花首先从叶轮的竖井通过，高速抛向筛环中间的齿纹磨片被粉碎，打磨好的细刨花从通道两侧的筛孔排出。少数尺寸较大的

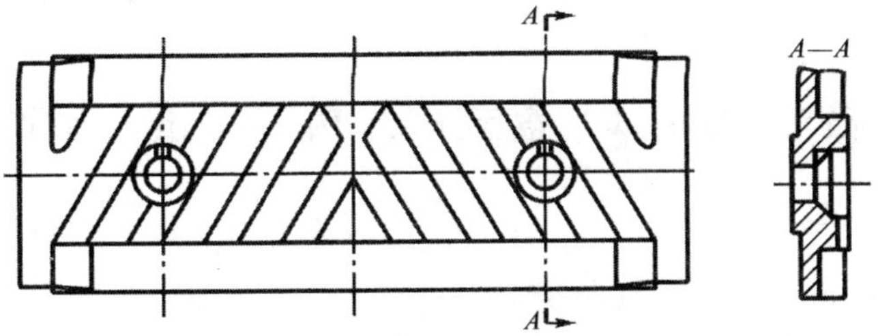

图 9-10 筛环式再碎机 V 形磨片结构示意图

刨花停留在叶轮板与筛环之间继续进行粉碎。由于大而重的刨花与粉碎通道的冲击力量比小而轻的刨花大，使细刨花不会更细，打磨后的刨花细度比较均匀。

工作时，由振动给料器均匀输出的刨花经过磁选装置时，刨花中夹杂的铁质物被吸入磁铁抽斗中。穿过磁选装置的刨花经过重物分离器时，质量较轻的料被叶轮产生的气流吸入打磨室，质量较大的料或砂石从排料口排出。吸入打磨室的刨花在高速旋转的叶轮和离心力的作用下，抛向筛环的内表面，刨花在筛环内的磨片和叶轮的相对运动下，打磨成所要求尺寸的刨花。打磨好的刨花从磨片两侧的筛网抛出，被鼓风机吸走，送到料仓或下道工序。

（3）筛环式再碎机的使用注意事项

① 按说明书要求正确安装和调试设备；

② 按下列程序开机、反程序停机：出料输送设备→叶轮电动机→振动电动机→进料输送设备；

③ 重物分离器挡板在任何情况下都不得关闭；

④ 必须成组更换叶片，保证各叶片等重，叶片和磨片的间隙应保持均匀一致且满足工艺要求。

思考与练习

1. 试比较鼓式削片机与盘式削片机结构和功能的异同点。
2. 试述盘式削片机的调整方法。
3. 说明鼓式削片机的结构和工作原理。
4. 常见的刨片机有哪些？各有什么特点？
5. 对于环式刨片机，如何根据刨花的厚度调整飞切削刃口伸出量？耐磨垫板磨损后，如何调整飞刀刃口伸出量？
6. 环式刨片机的刀门间隙的大小对刨花质量有什么影响？如何调整刀门间隙的大小？
7. 什么是再碎机？有哪些类型，各有什么特点。

本章推荐阅读书目

[1] 人造板机械设备．庞庆海．东北林业大学出版社，1997.
[2] 人造板机械．鲁明高．中国林业出版社，1989.
[3] 木工机械．吴金柱．高等教育出版社，2002.
[4] 木材加工实用大全·刨花板卷．汪华福．中国林业出版社，1998.

技能训练 21 盘式削片机的调试、操作与维护

实训目标

通过实训掌握盘式削片机的调整内容、调整方法，熟练掌握操作使用和维护方法。

实训场所与组织

实习工厂或人造板生产企业。分小组进行，每组 3 ~6 人，由老师或者技术人员指导，学生亲自动手调整和操作设备。

实训设备和材料

(1) 设备

盘式削片机。

(2) 材料

削片用小径木等原料，调整用工具。

实训内容和方法

(1) 盘式削片机的调整

① 飞刀的更换与调整；

② 底刀的更换与调整。

(2) 盘式削片机的安全操作

① 开机前的准备工作；

② 运行操作。

(3) 盘式削片机的保养和维修

考核标准

考核评分标准见表 9-2。

表 9-2 盘式削片机操作技能考核评分标准

实习地点： 系部： 班级： 姓名： 组号：

考核项目	指标分值	考核标准	成绩分档及权重					考核方式
			A	B	C	D	得分	
			1	0.8	0.6	0.4		
理论应知部分	20	盘式削片机特点及用途（10 分）						现场口试
		盘式削片机的组成及工作原理（10 分）						
技能操作	40	盘式削片机的调整（20 分）						现场操作
		操作与维护（20 分）						
质量评价	20	对盘式削片机削片质量进行评价（20 分）						现场测试
实训报告	20	字迹是否工整，文字表达是否完整、清晰，语言是否通顺、简练（6 分）						书面形式
		内容是否齐全（7 分）						
		分析是否正确（7 分）						
得分								
教师签字								

第 10 章
分 选 机

本章学习目标

理论知识 了解分选机的种类、特点及应用；掌握分选机的工作原理和基本构成；熟悉分选机的调整步骤和安全操作要求。

实践技能 学会分选机的操作方法和步骤；掌握分选机的调整方法；熟练掌握单级气流分选机的结构和作业操作。

气流分选机外形图

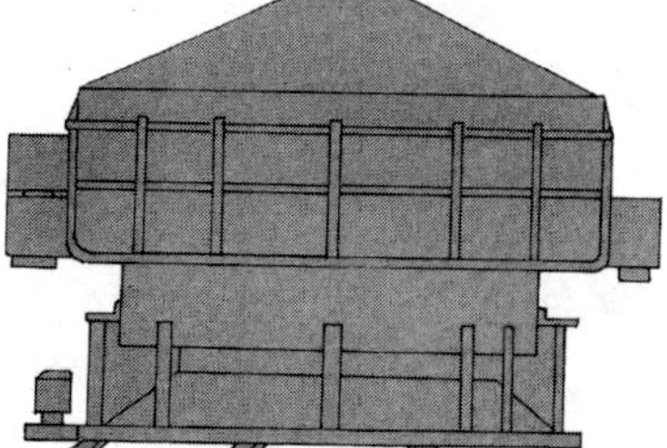

机械分选机外形图

在加工木片和刨花的过程中，由于受原料尺寸、含水率及刀具磨损等多种因素的影响，除了得到合格木片和刨花外，总会产生一部分不合格的木片和刨花。这些尺寸过大或过小的物料将影响下一道工序的加工和成品的质量。例如在纤维板生产中，过大的木片因得不到充分蒸煮而不能很好地分离成纤维；在刨花板生产中，大块刨花将影响板面质量，碎屑过多则会相应增加施胶量，并降低刨花板的强度。因此，必须将不合格的碎料除去，将合格的刨花按尺寸规格进行分级。分选机就是用于木片或刨花分选的设备。

10.1 分选机的类型、性能与用途

分选机按其分选原理的不同分为机械筛选机和气流分选机两类。机械筛选机主要用于刨花的筛选，也可用于木片的筛选。它是利用筛网在水平或垂直方向的振动或摆动，靠刨花的重力和惯性力，使小于筛网孔的刨花通过筛网，大于筛网孔的刨花则留于筛网上，以达到将刨花分级的目的。机械筛选机只能按刨花的长度和宽度尺寸分级，不能按刨花厚度分级。

机械筛选机按筛体运动状态分为平面筛、摆动筛和振动筛三种。平面筛筛选机是利用刨花的重力和水平方向的惯性力进行分选的，其特点是运动速度低、振幅较大、分选效果好，但工作效率低，目前已较少应用。振动筛筛选机是利用刨花的重力和垂直方向的惯性力进行分选的，其特点是振动频率较高、振幅较小，分选效果较差，但工作效率高，早期建设的刨花板厂使用较多。摆动筛筛选机吸收了平面筛和振动筛筛选机的优点，具有结构简单、分选效果好和产量高等优点，现代化刨花板厂常选用这类设备。

气流分选机是将刨花置于气流中，根据刨花的表面积与其质量的比例，将其分成两个或更多的等级。刨花在分选室中受到与刨花表面积成比例的气流上升力和重力的作用，在升力和重力的共同作用下，刨花处于上升、悬浮或下落状态。当气流的速度大于下降速度时刨花上升；反之则下降。因力的大小与刨花表面积、树种（木材密度）等因素有关，因而在原料树种和刨花长度、宽度较稳定的情况下，就可以将刨花按厚度分级。采用气流分选可以最大限度地得到厚度均匀的刨花，用这种方法分选出来的细刨花，可以生产表面细致平滑的刨花板。

气流分选机分为单级、双级和曲折型三种类型。单级气流分选机可将混合刨花分为合格刨花和不合格的过大刨花。这种分选机结构简单、动力消耗少，因此使用较多。双级气流分选机的分选过程可连续进行两次：第一次可将表层细刨花分选出来；第二次可将粗刨花分成芯层粗刨花和尺寸过大的粗刨花。此种类型气流分选机的空气可循环使用，循环使用的空气量约占 95%，排放量占得很少，因而可减少对空气的污染。此外，循环空气的湿度变化较小，特别对干燥后刨花的分选，可以保持干刨花含水率的稳定。曲折型气流分选机主要分选出芯层或表层中尺寸过大的刨花，分选范围为 0.1 ~ 10mm。

10.2 分选机的结构和工作原理

不同机械筛选机虽然结构不同，但它们都是利用筛网来分选刨花，其区别在于筛网的结构和运动方式的不同。不同的气流分选机结构也是不同的，但它们都是利用气流与刨花的自身质量和表面积进行分选。

10.2.1 圆形摆动筛筛选机

圆形摆动筛筛选机的结构

图 10－1 所示为圆形摆动筛筛选机的结构示意图。圆形摆动筛筛选机主要由机架、筛体、偏心装置及传动装置等构成。

机架　机架由型钢及钢板焊制而成，其作用是支承和连接全部机件，由六个地脚螺栓固定在基础上。主轴安装在机架上，其上端通过转动板、偏心板与偏心轴相连，下端安装有大带轮。

筛体　筛体为密封圆筒状结构，由钢板和型钢焊制而成。圆筒分为上筒、中筒和下筒三部分，中间用 12 根紧固螺栓连接，内部装有两层筛：上层筛做成 30mm×30mm 的方形网孔；下层筛做成 3mm×3mm 的方形网孔，均由铁丝编织而成，中心凸起约 20～30mm，使物料分散。此外为了防止网孔堵塞，在下层筛上设有一个拨料环。筛体上方有进料口，侧面有粗出料口 6 和细出料口 7 及窥视镜。筛体下部装有缓冲器与机架相连。

偏心装置　偏心装置用于实现筛体的摆动，由偏心轴、偏心板、转动板和平衡重块等零件组成，如图 10-2 所示。

偏心轴上端与筛体相连接，下端装在偏心板上。偏心轴与主轴间的偏心量 e 的调整范围为 20～40mm。偏心量的大小可影响筛网上物料平移速度的变化：偏心量大则摆动幅度大，物料的运动速度增加；偏心量小，则分选质量高。偏心量的大小决定于筛选速度和筛选质量。偏心量的调整是通过调整偏心距螺栓 4 来实现的。偏心板由螺栓与转动板连在一起，转动板一端装有平衡重块 3，底面与主轴相连。当筛体的平衡状态发生变化时，必须进行平衡重块的调整。平衡重块通过调整重块螺栓 2 来实现。

在偏心板与转动板的边部装有径向倾斜垫片和切向垫片。径向倾斜垫片是调整筛体对主轴轴心的径向倾斜度的。径向倾斜度一般为 1°～2°。径向倾角大时，筛体的垂直跳动量增

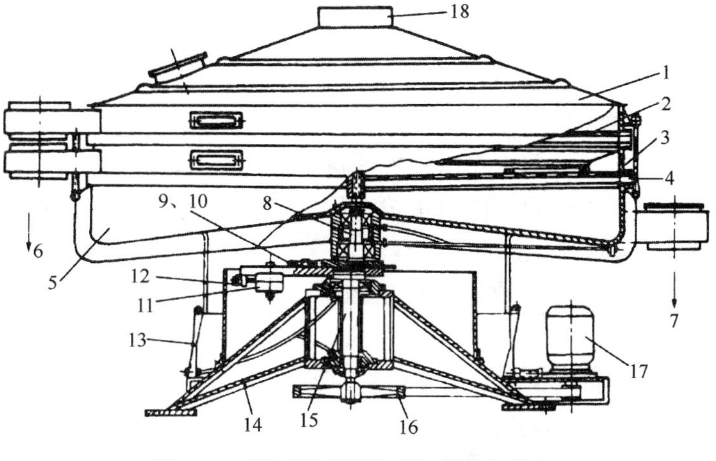

图 10-1　圆形摆动筛筛选机结构示意图

1. 上筒　2. 上层筛　3. 中筒　4. 下层筛　5. 下筒　6. 粗出料口　7. 细出料口　8. 偏心装置　9. 调偏螺栓　10. 垫铁　11. 平衡重块　12. 调整重块螺栓　13. 缓冲器　14. 机架　15. 主轴　16. 大带轮　17. 电动机　18. 进料口

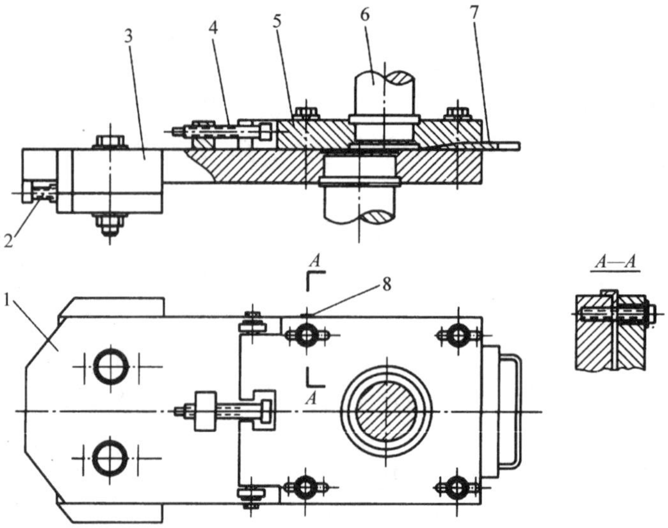

图 10-2 偏心装置结构示意图

1. 转动板 2. 调整重块螺栓 3. 平衡重块 4. 调整偏心距螺栓 5. 偏心板 6. 偏心轴 7. 径向倾斜垫片 8. 切向垫片

大，出料速度就加快。切向垫片是调节筛体对传动轴的切向倾斜度的，切向倾斜度大，意味着物料以较大的速度到达筛网外周。

传动装置 传动装置由电动机、小带轮和主传动轴上的大带轮等传动件构成。

（2）圆形摆动筛筛选机的工作原理

筛选机在工作时，电动机通过三角带传动带动主轴转动，再通过偏心板，将驱动力传给偏心轴。由于偏心装置、十一根缓冲器及筛体的倾斜度共同作用，迫使筛体不断转动，形成一个既有水平摆动，又有垂直跳动的比较复杂的复合运动，这种运动使刨花不断从中心移向外围出料口并高效地进行筛分。调整筛体主轴的偏心量和倾斜度，即可获得最佳出料速度和分选效果。

（3）圆形摆动筛的使用与维护

圆形摆动筛筛选机的使用注意事项

a. 试运转。试车前，平衡重块先预放在可调中间位置，认真检查平衡重块的固定螺钉、筛体夹紧螺栓等是否拧紧。然后，再用手拨动平衡重块，使主轴缓慢转动。如筛体正常摆动、各运动件无相互干涉现象，再开机试运转。

b. 如配有装料及卸料阀，必须先打开卸料阀，然后开动摆动筛，最后打开装料阀。停车时反之。

c. 筛体旋转方向从顶部向下看应为逆时针方向。

圆形摆动筛筛选机的维修保养

a. 经常润滑轴承，使轴承润滑良好。

b. 经常检查紧固件是否有松动或脱落现象。

c. 经常保持筛板筛孔或网孔清洁，防止网孔堵塞。

d. 经常检查悬挂装置，防止悬挂链条过紧或过松，影响下沉工作。

e. 检查偏心装置，使偏心量适当。

10.2.2 单级气流分选机

（1）单级气流分选机的结构

图 10-3 所示为单级气流分选机结构示意图。单级气流分选机主要由分选机、鼓风机、旋风分离器和进风排风管道组成。

分选机悬浮室由于鼓风机的抽吸作用，处于负压状态。由输送装置送来的待分选的物料，经旋转进料器 1 和下面的喂料管进入悬浮室 2 中心。拨料器 3 的转臂缓慢转动，能防止物料堆积并使物料均匀分布在上层筛板 4 的全表面上。气流从主风门 11 进入并通过导流板 10 及下层筛板 4a，使其均匀分布在整个悬浮室横截面上，在负压气流的作用下上层筛板上面的物料沸腾起来。悬浮状态的刨花随气流被送进旋风分离器 16 中分离出来。系统工作所需风量由鼓风机 15 提供，因进排风管循环连接，所以气流可循环使用。废气除 10% 排入大气或进入过滤器外，其余的通过回风管返回分选机继续使用。空气补给口可补充新鲜空气。不合格的粗料由转臂拨送到悬浮室侧面的粗料箱内，经旋转出料器排出，然后进行粉碎处理。

悬浮室上部还设置了旁通管，调节主风门与旁通管，就可调节向上气流的风量，获得筛分物料的最佳分布。悬浮室上部的负压值及负压差分别由压力表和压差计测定。当悬浮室上层筛板积料时，压差值上升。当超过一定范围时，蜂鸣器和红灯发出警报，操作人员应及时

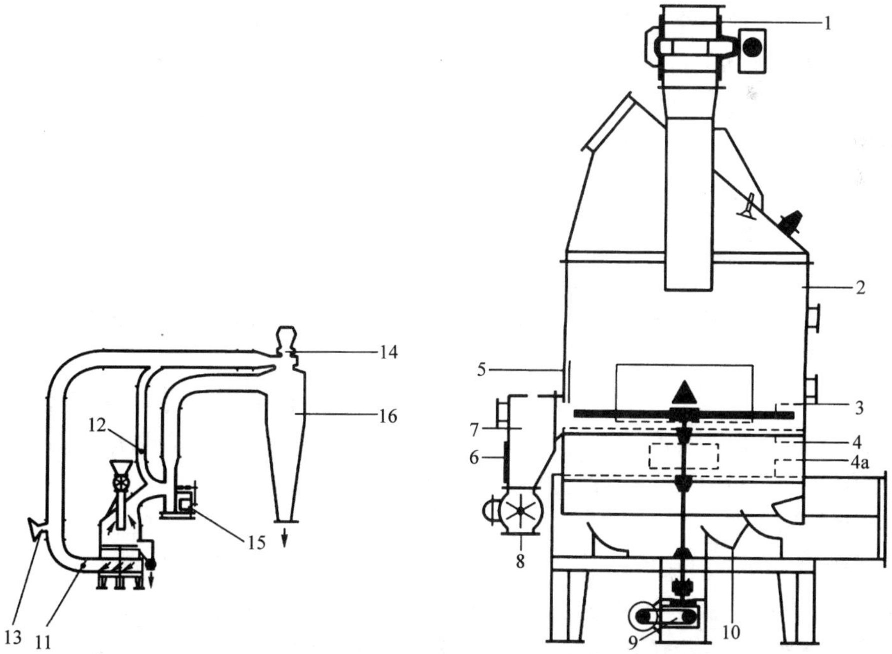

图 10-3 单级气流分选机结构示意图（左图为连接示意图）

1. 旋转进料器 2. 悬浮室 3. 拨料器 4. 上层筛板 4a. 下层筛板 5. 粗料挡板 6. 粗料再筛旁通管闸门 7. 粗料箱 8. 出料阀 9. 拨料器驱动装置（蜗轮减速器） 10. 导流板 11. 主风门 12. 旁通阀门 13. 一次空气进口 14. 旋风分离器调气阀 15. 鼓风机 16. 旋风分离器

打开清扫门清扫积料。

旋转进料器由摆线针轮减速器经链传动带动。拨料器由安装在底座下面的拨料器驱动装置 9 带动。分选机顶部附设有照明灯、窥视窗及灭火喷头、清洁喷头。

(2) 单级气流分选机的工作原理

在单级气流分选机中，当需要分选的物料与垂直向上的气流相遇时，有两个力作用在每一片碎料上，一是碎料的重力；二是气动力，它们的作用力方向相反，碎料将按合力的方向运动。如果气动力大于碎料的重力，碎料随气流向上运动；反之，碎料向下运动，因此两种规格的碎料得到了分离。合格的即细刨花进入芯层料仓，而不合格的即大刨花进入打磨机，经过打磨再粉碎成为表层原料进入表层料仓。

工作时，气流从下部侧面气流入口送入，并穿过导流板及筛板进入悬浮室。刨花由旋转进料器从上方刨花进料口进入悬浮室，在气流的作用下，细刨花随气流上升至旋风分离器，与空气分离后从出口由出料器排出。而粗刨花落在筛板上由拨料器转臂拨送到悬浮室侧面的粗料箱内，经旋转出料器排出，并进行再碎处理。

(3) 开机前的准备

开机前，要检查所有紧固件是否有松动现象，各清扫门应关闭并保证密封；检查并清除通风管道、风机及分选机内部的异杂物，保证正常运行；对照使用说明书，对各润滑点包括轴承减速器、链条等给予必要的润滑措施；检查和调整链条、三角带的张紧度；检查全部电气安装情况，尤其是电动机保护开关的熔体，调整热继电器镇定电流值；检查拨料器、旋转进出料器的旋转方向。

在打开照明灯之后，接通全部的驱动电动机，用真空表检查分选室的压力，其调整方法如下：主风门 11 开启 90°位置（全开）；旋风分离器调气阀 14 开启 45°；一次空气进口 13 开启 45°；旁通阀门 12 保持 0°（关紧）；打开粗料门盖，将标尺调为距上层筛板 100mm 左右；打开粗料再筛旁通管闸门 20 ~ 30mm；观察压力表及压差表，在不带物料时，分选机下部的压力为 −200 ~ −300 Pa。

(4) 带料运转操作

起动顺序：旋转出料器→风机→拨料器→旋转进料器。

停机顺序：旋转进料器→清料（在各阀门位置不变的情况下运转数分钟）→停止鼓风机运转→停止拨料器运转→停止旋转出料器运转。

在接通物料的进给系统完成进料后，仔细观察悬浮室压力表和压差表的变化情况，进料后悬浮室的压差值一般为 400 ~ 600 Pa。并通过窥视窗可直接观察刨花悬浮状态和流动情况，在达到所期望的工作能力之后，即可通过旁通阀门来调整筛选效果。

(5) 维修与保养

① 每周清扫上、下层筛板和导风板、底座，除去筛板上插入网孔的针状刨花，清扫分选机底座的砂粒、泥土和碎料，人踏上筛板时应垫木板，防止筛板变形。

② 定期检查拨料器转臂的固定状态，并检查转臂与上层筛板间的平行度。

③ 每月必须清理测压装置管道，防止灰尘进入管道和仪表。

④ 在正常情况下，每月检查一次旋转阀橡胶密封片的磨损情况，如磨损严重应及时更换。

⑤ 定期检查减速器润滑油面，随时检查三角带的张紧度，并加以调整。

⑥ 定期检查鼓风机轴承温度变化、三角带张紧情况及螺栓固定情况。

⑦ 定期检查鼓风机叶轮和外壳是否有木片堆积和嵌入，并小心地清除，以便消除运转时的噪声。叶轮使用一段时期会磨损，磨损严重后应及时予以更换。

⑧ 管道维护主要是检查漏气现象和注意转弯处是否磨穿。

⑨ 鼓风机轴承每月添注一次润滑脂，每年更换一次润滑脂；其余轴承运转 5 000 h，最迟不超过一年应更换一次润滑脂。更换润滑脂时，轴承应用煤油清洗，新油脂更换时只加至容油空腔的 1/3。

⑩ 减速器采用润滑油润滑。蜗轮减速器 2 ~ 3 个月更换一次润滑油；齿轮减速器第一次工作 100 h 后换油，以后每工作半年换油一次。

思考与练习

1. 分选机有哪些类型，各有什么特点和用途？
2. 试述圆形摆动筛筛选机的结构及工作原理。
3. 圆形摆动筛筛选机的使用注意事项和维护内容有哪些？
4. 试述单级气流分选机的结构及工作原理。
5. 单级气流分选机如何进行操作？
6. 单级气流分选机的维护保养内容有哪些？

本章推荐阅读书目

[1] 人造板机械设备. 庞庆海. 东北林业大学出版社，1997.
[2] 人造板机械. 鲁明高. 中国林业出版社，1989.
[3] 木工机械. 吴金柱. 高等教育出版社，2002.
[4] 木材加工实用大全·刨花板卷. 汪华福. 中国林业出版社，1998.

技能训练22　单级气流分选机的结构分析及操作

实训目标

通过实训，熟悉单级气流分选机的组成、结构，掌握单级气流分选机的调整内容、调整方法，熟练掌握单级气流分选机操作方法步骤和注意事项。

实训场所与组织

实验室或人造板实训基地。分小组进行，每组3～6人，由老师或者技术人员指导，学生亲自动手调整和操作设备。

实训设备和材料

(1) 设备

单级气流分选机。

(2) 材料

未经分选的刨花，调整用工具。

实训内容和方法

(1) 结构分析

由指导教师或者技术人员在分选机旁，边讲解设备的结构和工作原理，边示范操作方法，学生通过边听边看，实现对单级气流分选机的结构、工作原理和操作规程的理解和掌握。

(2) 开机前的检查

① 检查通风管道、鼓风机及分选机内部是否有异杂物。

② 检查和调整链条、三角带的张紧度。

③ 检查拨料器、旋转进出料器的旋转方向。

(3) 分选室的压力调整

① 用真空表检查分选室的压力。

② 各风（阀）门开启位置。

③ 观察压力表及压差表。

(4) 作业操作

①起动顺序。

②停机顺序。

考核标准

考核评分标准见表10－1。

表10－1　单级气流分选机操作技能考核评分标准

实习地点：　　　　　　系部：　　　　班级：　　　　　姓名：　　　　　组号：

考核项目	指标分值	考核标准	成绩分档及权重					考核方式
			A	B	C	D	得分	
			1	0.8	0.6	0.4		
理论应知部分	20	单级气流分选机的组成、结构（10分）						现场口试
		单级气流分选机的工作原理（10分）						
技能操作	40	单级气流分选机的调整（20分）						现场操作
		单级气流分选机的操作与维护（20分）						
质量评定	20	单级气流分选机的分选质量和效果进行评定（20分）						现场测试
实训报告	20	字迹是否工整，文字表达是否完整、清晰，语言是否通顺、简练（6分）						书面形式
		内容是否齐全（7分）						
		分析是否正确（7分）						
得分								
教师签字								

第11章 旋切机与刨切机

本章学习目标

理论知识 了解旋切机和刨切机的种类、特点及应用；掌握旋切机和刨切机的工作原理和基本构成；熟悉旋切机和刨切机的调整及步骤和安全操作要求。

实践技能 学会旋切机和刨切机的操作方法和步骤；掌握旋切机和刨切机的调整方法；熟练掌握旋切机和刨切机的作业操作。

单板刨切机外形图

单板旋切机外形图

旋切机是胶合板生产中的主要设备之一，它用于将原木旋切成单板。刨切机是用于人造板表面装饰加工的主要设备，它用于将毛方刨切成薄木。刨切薄木与旋切单板相比，不仅花纹美观、纹理清晰，具有较高的装饰价值，并能扩大珍贵优质木材的使用价值，且刨切薄木比旋切单板的横向抗拉强度高，制板后不易产生板面裂纹。但刨切单板的宽度窄，一般为 300mm 左右，且需要拼接，木材利用率低。旋切机和刨切机的结构、性能和操作对单板和成品的产量和质量有着密切的关系。

11.1　旋切机的类型与工作原理

11.1.1　旋切机的类型

按旋切木段的尺寸范围，旋切机可分为大型、中型和小型三种类型。大型旋切机可旋切木段长度为 2 000 ~ 2 700mm、直径达 1 600mm；中型旋切机旋切木段的长度为 1 350 ~ 1 950mm、直径为 200 ~ 800mm，小型旋切机旋切木段的长度一般在 1 000mm 以下、直径在 400mm 以下。

按主运动的驱动方式，旋切机又可分为主轴驱动型与外圆驱动型。主轴驱动型根据卡木结构不同又可分为机械卡木型与液压卡木型。机械卡轴旋切机为单卡轴旋切机，其结构简单、易维护保养，但操作劳动强度大、出板率低，在中小企业中使用较多。液压夹紧的卡轴有单卡轴和双卡轴之分。液压双卡轴旋切机自动化程度较高、操作方便、木芯直径小、出板率高、单板质量好，主要在大中型企业中使用。无卡轴旋切机中的木段是由摩擦辊定心并驱动，其木芯直径最小、出板率最高，主要用于木芯的再旋切。

按木段是否绕自身轴线旋转，旋切机可分为同心旋切和偏心旋切两类。在偏心旋切机中木段可由卡轴夹紧，或由卡梁夹紧。用偏心旋切机可获得美观的径向花纹，但生产率比同心旋切机低。目前，技术先进的旋切机采用恒线速切削，液压双卡轴及机械定心或激光定心等技术，使旋切机的旋切线速度达 3m/s；单板质量大大提高；旋切的最小单板厚度达 0.25mm，规格达 50 余种。

我国旋切机的产品规格见表 11 - 1。

表 11 - 1　我国旋切机产品规格尺寸　　mm

旋切木段最大长度	旋切木段最大直径	旋切刀片		卡轴直径不大于			左、右卡轴顶尖间距离变化范围	旋切单板厚度范围
		长度	宽度	单卡轴	双卡轴 外卡轴	双卡轴 内卡轴		
1 060	500	1 250	180 ~ 200	70	—	—	650 ~ 1 200	0.25 ~ 5.5
	650			85	150	75		
1 320	500	1 500		70	—	—	900 ~ 1 450	
	650			85	150	75		
	800			110	200	95		
	1 000							
	1 250			—	220	120		
	1 600							

（续）

旋切木段最大长度	旋切木段最大直径	旋切刀片		卡轴直径不大于			左、右卡轴顶尖间距离变化范围	旋切单板厚度范围
		长度	宽度	单卡轴	双卡轴			
					外卡轴	内卡轴		
2 000	650	2 150		85	150	75	1 500 ~ 2 100	
	800			130	200	100		
	1 000							
	1 600			—	220	120		
2 300	800	2 450		130	200	100	1 800 ~ 2 400	
	1 000							
	1 250			—	220	120		
	1 600							
2 600	800	2 750		130	200	100	2 100 ~ 2 700	
	1 000							
	1 250			—	220	120		
	1 600							

11.1.2 旋切机的工作原理

旋切机旋切时，为了获得一定厚度的单板，应使刀床的每转进给量保持不变，其进给量大小等于单板的名义厚度；改变这个进给量，就可获得不同厚度的单板。

旋切机的工作原理如图 11-1 所示。经过定心的木段 1 放入左、右卡轴 3、2 中间，被左、右卡轴轴向伸出夹紧；卡轴由主电动机 4 经三角带传动装置和齿轮副驱动，带动木段一起作回转运动。与此同时，安装在刀床 5 上的旋刀 6 和压尺 7，由右卡轴通过链传动 14、进给箱 9、两对锥齿轮副和丝杠 8 带动，向木段做匀速直线进给运动，使旋刀刃口在平行木材纤维方向作横向切削，从木段上旋切下厚度均匀一致的连续单板带。当木段直径接近卡轴直径时刀床后退，左、右卡轴后退放下木芯，一根木段旋切完毕。单板的厚度等于木段回转一周旋刀的进给量，改变进给主轴箱的

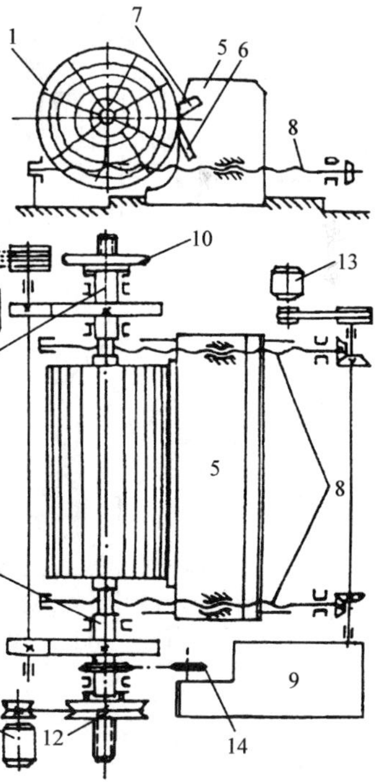

图 11-1 旋切机的工作原理结构示意图

1. 木段 2. 右卡轴 3. 左卡轴 4. 主电动机 5. 刀床 6. 旋刀 7. 压尺 8. 丝杠 9. 进给箱 10. 手轮 11. 电动机 12. 三角带传动 13. 刀床快速进退电动机 14. 链传动

传动比即可改变旋刀的每转进给量，从而获得不同厚度的单板。电动机 11 和刀床快速进退电动机 13 经三角带传动实现卡轴和刀床的快速进退，以提高机床的利用率。

11.2　旋切机的结构

图 11-2 所示为 BQ1626 型液压旋切机的结构示意图。该旋切机主要由机座 19、左、右卡轴箱、刀床、卡轴轴向伸缩液压缸、主传动系统和进给传动系统组成。左、右卡轴箱 5、16 用螺栓固连在机座 19 上，左、右卡轴 15、27 安装在主轴套内。主轴套用轴承支在左、右卡轴箱上，尾部与夹紧液压缸 2、4、17、18 的活塞相连，以实现卡轴轴向伸缩运动，达到卡紧木段的作用。刀架 13 通过两端的半月形凸耳与两端主滑块 7 上的半月形滑座扣结，使刀架可绕半月形滑座转动。主滑块 7 安装在卡轴箱水平的主滑道 6 上，使刀架沿主滑道作进给运动。刀架上安装的旋刀用来旋切木段，刀架的尾部通过两端的副滑块安置在与卡轴箱相连的副滑道 9 上。压尺架 11 安装在刀架 13 的上面，在压尺架上安装有压尺。压尺架的前端支承在刀架上，支承高度可调，用以调节刀门间隙；后端铰接在刀架上，通过翻转机构，可使压尺架以铰接轴为支点翻起，用以清理刀门和更换旋刀。机座 19 上安装有四条滚道 22，用于木段和木芯的装卸。

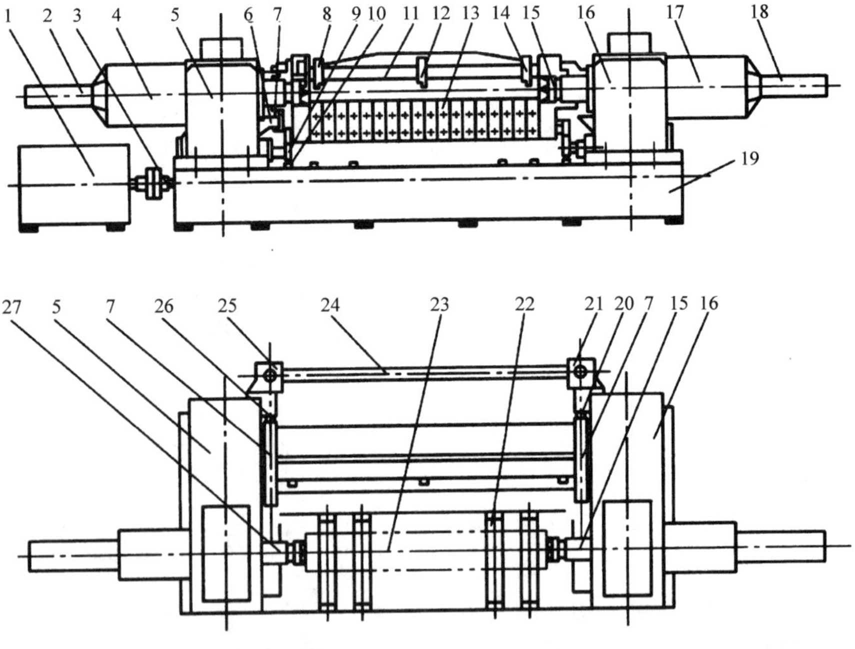

图 11-2　BQ1626 型液压旋切机的结构示意图

1. 主电动机　2、4、17、18. 夹紧液压缸　3、24. 长轴　5、16. 左右卡轴箱　6. 主滑道　7. 主滑块　8、12、14. 割刀　9. 副滑道　10. 螺钉　11. 压尺架　13. 刀架　15、27. 左、右卡轴　19. 机座　20、26. 丝杠　21、25. 锥齿轮副　22. 滚道　23. 木段

11.2.1　卡轴箱

卡轴箱是用来使卡轴作轴向移动卡紧木段，并带动木段作回转运动的机构。按卡轴轴向

移动的驱动方式不同，卡轴箱分为机械夹紧卡轴箱和液压夹紧卡轴箱两种。

(1) 机械卡轴箱

图 11-3 所示为 BQ1127/13 型旋切机机械卡轴箱的结构示意图。卡轴 6 装在轴套 18 内，用滑键联结；轴套与大斜齿轮 14 用平键连接，并通过两个双列向心短圆柱滚于轴承安装在箱体 3 的轴承座内。轴承座是剖分式的，其轴承座盖 15 可打开便于安装。主传动轴 2 由主电动机经主轴箱驱动。主传动轴经小斜齿轮 22、中间斜齿轮 23、大斜齿轮 14 以及轴套 18 带动卡轴旋转。直齿轮 1 把主传动轴的动力传给进给箱。

卡轴快速移动及初步夹紧木段由电动机 12 通过 V 带传动使螺母 7 旋转来实现。大带轮 10 用平键与螺母连接，并用锥端紧定螺钉固定，螺母用对开滑动轴承圈 8 与轴套相连。其轴向位置是固定的。因此当螺母旋转时，通过螺纹使其配合的卡轴作轴向移动，并初步夹紧木段。卡轴进一步夹紧木段需要较大的轴向力，因而由主电动机来驱动。此时，用制动钢带 9 刹住大带轮 10 的凸缘，限制螺母的转动，当主电动机驱动卡轴旋转时，卡轴慢速轴向运动，以较大的轴向力夹紧木段。

为了承受木段作用于卡轴上的轴向力，在后轴承座上设有单向推力球轴承。在卡轴尾端固定有一个带外锥面的套筒 5，在大带轮上固定有一个带内锥面的限位套 4，用来防止卡轴从螺母 7 中脱出。

卡轴箱箱体由铸铁制成，其上部设有箱盖 13，由螺栓连接。在卡轴箱的内侧有主滑道

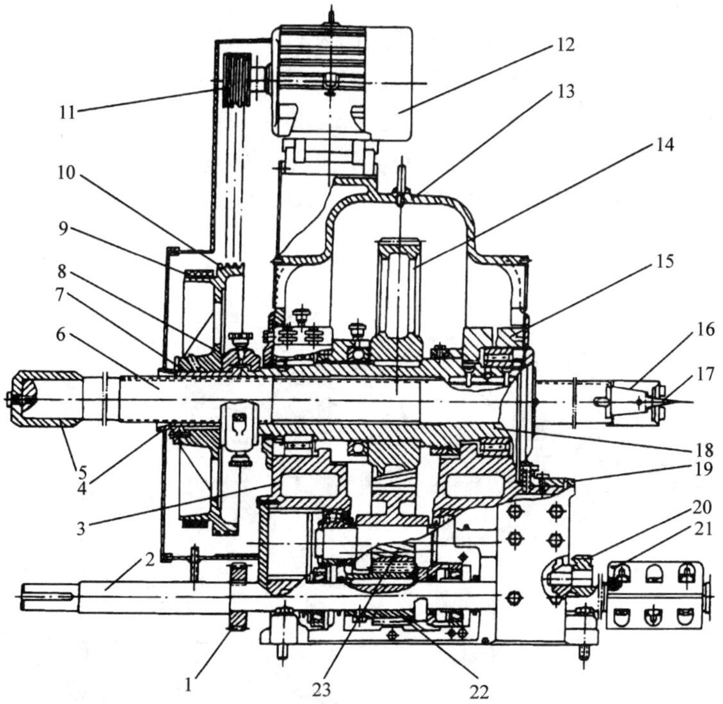

图 11-3 BQ1127/13 型旋切机卡轴箱结构示意图

1. 直齿轮 2. 主传动轴 3. 箱体 4. 限位套 5. 套筒 6. 卡轴 7. 螺母 8. 对开滑动轴承圈 9. 制动钢带 10. 大带轮 11. 带轮 12. 电动机 13. 箱盖 14. 大斜齿轮 15. 轴承座盖 16. 卡爪 17. 顶尖 18. 轴套 19. 主滑道 20. 副滑道 21. 联轴器 22. 小斜齿轮 23. 中间斜齿轮

19 和副滑道 20。主滑道用来支承刀床的主滑座，并对刀架的水平进给起导向作用。副滑道的一端用销轴与卡轴箱箱体连接，另一端搁置在螺钉上；调节螺钉高度即可改变副滑道的斜度，以改变旋刀在旋切过程中后角的变化率。主传动轴 2 通过两个双列向心球面滚子轴承安装在轴承座内。联轴器 21 用来把运动传递给另一个卡轴箱，使左、右卡轴同步运动。

由上可知，机械卡轴箱的卡轴是依靠螺母及卡轴螺纹的相对运动来实现轴向位移的，其结构虽然较简单，但每次夹紧木段时需人工刹车，劳动强度大，费时费力且夹紧力不易控制。若夹紧力太小，可引起卡头打滑不能传递旋切时所需的足够扭矩；若夹紧力太大，则容易损伤木材，还可能引起木段弯曲、影响单板质量。因此新型的旋切机都采用液压夹紧的卡轴箱。

（2）液压卡轴箱

液压卡轴箱有单卡轴和双卡轴两种，现代液压卡轴旋切机均采用液压双卡轴箱。

液压双卡轴箱由内、外卡轴等组成。通常小卡头的外径与内卡轴的直径相同，而大卡头的外径比外卡轴的直径大，内卡轴套装在外卡轴的中心孔内。旋切大直径的木段时，内、外卡轴同时夹紧木段并带动木段回转，此时输出的扭矩大；在木段旋切接近大卡头直径时，大卡头随外卡轴自动退回，木段继续由小卡轴带动回转旋切，直至旋切到小卡头直径（即木芯直径）为止。由于内卡轴直径比单卡轴的直径小得多，一般可达到 55 ~ 65mm，这就使具有液压双卡轴结构的旋切机不但满足了传递扭矩的要求，而且也满足了出板率的需要。

液压卡轴箱根据卡轴油缸的排列方式可分为串联油缸液压卡轴箱和并联油缸液压卡轴箱两种。

串联油缸液压卡轴箱的卡轴就是液压缸的活塞杆，活塞安装在卡轴尾端，内外卡轴油缸呈串接形式。这种结构的卡轴箱结构简单，但内、外卡轴和大、小油缸的同轴度要求高，因活塞杆而转动。由于油缸的密封较困难，油缸加工也困难，因此，使用较少。

并联油缸液压卡轴箱有双缸并联和三缸并联两种结构。如图 11-4 所示为三缸并联液压卡轴箱的结构示意图。输入轴 16 经两对齿轮把动力依次传递给轴套 12、外卡轴 6 和内卡轴

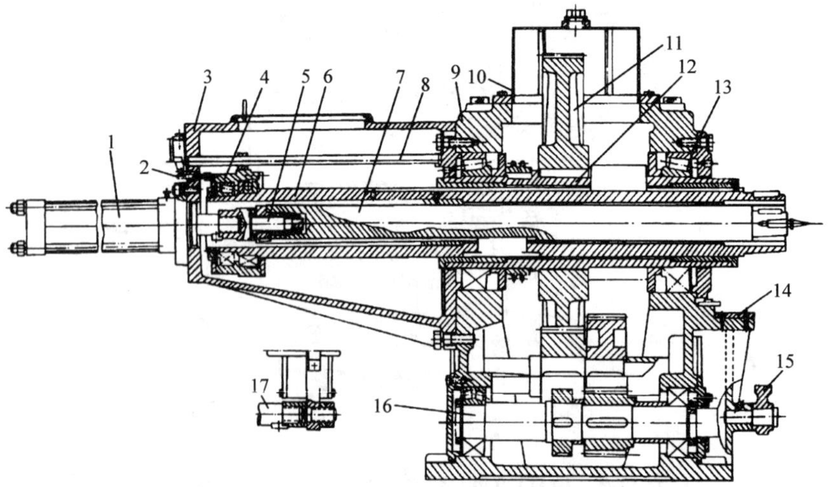

图 11-4　三缸并联液压卡轴箱的结构示意图

1. 内卡轴油缸　2. 限位开关　3. 油缸支座　4、5. 连接体　6. 外卡轴　7. 内卡轴　8. 导杆　9. 箱体　10. 箱盖　11. 大齿轮　12. 卡轴套　13. 调整垫圈　14. 主滑道　15. 副滑道　16. 输入轴　17. 外卡轴油缸活塞杆

7。内、外卡轴均由两个衬套支承和导向。内、外卡轴外表面开有长键槽，可沿键槽作轴向移动。内卡轴7通过连接体5与内卡轴油缸1相连。外卡轴6通过连接体4与外卡轴油缸活塞杆17相连。连接体4与5由圆锥滚子轴承、单向推力球轴承以及连接、固定零件等组成；这种连接方式可以传递轴向推力，而活塞杆不随卡轴旋转。导杆8起支承和导向作用。两个外卡轴油缸位于内卡轴油缸的两侧，并位于同一水平面上。它们通过油缸支座3固定在箱体9上。卡轴套12的两个单列圆锥滚子轴承的间隙由调整垫圈13调节。轴套上大齿轮一侧的双列链轮用来把动力传给进给系统。卡轴箱内的齿轮采用油池区飞溅润滑,卡轴主轴承用润滑脂润滑。内、外卡轴的伸缩运动均设置了限位开关,图中表示出了外卡轴缩回时的限位开关2。

双缸并联液压卡轴箱的内卡轴由同轴油缸驱动，其结构与三缸并联内卡轴油缸相似；外卡轴油缸铰接在箱体上，其活塞杆通过杠杆带动外卡轴运动。

对液压卡轴箱的液压传动系统的基本要求是：开始夹紧木段时应有较高的压力，旋切时压力应较低，一般高压为2.0～4.0MPa，旋切时压力通常为0.5～2.0MPa。上述数值的上限用于大型旋切机，下限用于小型旋切机。左、右、内、外卡轴能分别作轴向移动或同时作轴向移动，液压系统应保证其同步，以适应人工上木和机械上木，使木段夹持在中间位置。在旋切过程中，木段直径还逐渐减小，当接近大卡头直径时，液压系统要保证外卡轴及时退回，而内卡轴不松夹，继续带动木段作回转运动。卡轴的轴向移动应具有高、低两种速度：高速使卡轴迅速向木段靠近，并初步卡紧木段，或迅速退回；慢速用于进一步卡紧木段，这样可以减少装、卸木段的辅助时间，提高旋切机工作效率、降低功率消耗。

图11-5所示为日本V26型旋切机液压双卡轴箱液压系统工作原理结构示意图。

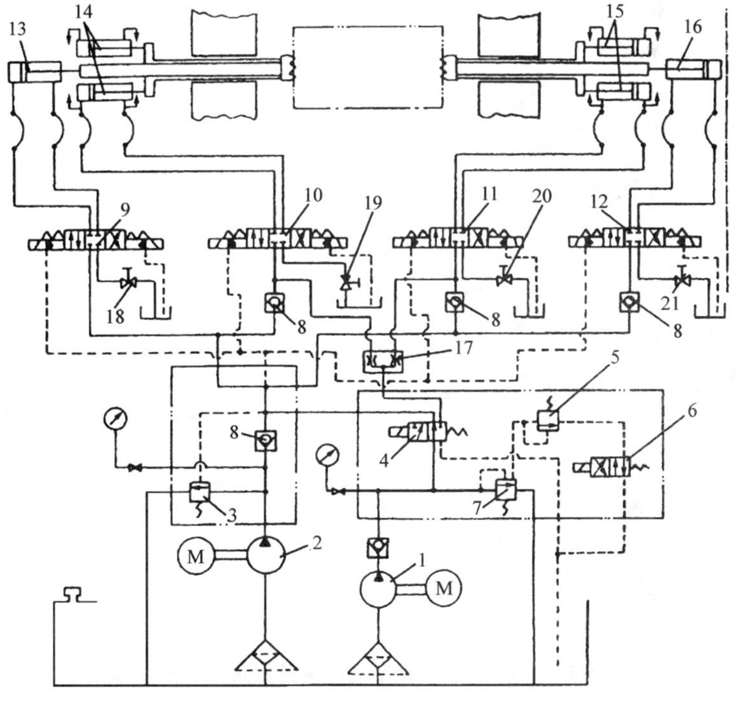

图11-5 V26型旋切机液压双卡轴箱液压系统工作原理结构示意图

1、2. 齿轮泵 3、5、7. 溢流阀 4、6. 电磁阀 8. 单向阀 9、10、11、12. 电液换向阀 13、14、15、16. 油缸 17. 分流阀 18、19、20、21. 截止阀

齿轮泵 2 用于卡轴的快速接近木段、初步夹紧木段及卡轴后退，其压力由溢流阀 3 调定，调定值为 3MPa，齿轮泵 1 用于卡轴对木段的高压夹紧，采用两种夹紧力，由两级调压回路实现。溢流阀 7 的调定值为 8MPa，用于旋切前对木段的高压夹紧，使卡爪卡入木段，以保证在旋切时提供足够的扭矩。溢流阀 5 的调定值为 5MPa，用于旋切时对木段的夹紧。降低压力的目的是防止轴向力过大而使木段弯曲。齿轮泵 1 的出口压力受电磁阀 6 的控制。

内、外卡轴受四个电液换向阀控制，可以实现对木段的夹紧、放松及调整木段的位置。电磁阀 4 用来控制齿轮泵 1 压力油的去向。当外卡轴后退时，为保证内卡轴有足够的压力夹紧木段继续进行旋切，这时电磁阀 4 线圈得电，使齿轮泵 2 的高压油进入内卡轴油缸。外卡轴的后退由齿轮泵 1 的低压油驱动。高、低压油路由单向阀切断，截止阀和分流阀用来保证左、右卡轴的同步运动。

11.2.2　旋切机的刀床

刀床是用于安装旋刀、压尺和调节旋刀后角和切削角及刀门的装置，因此，刀床部件的精度和刚性、刀床部件的调整是否恰当，对单板的质量有直接影响，所以刀床部件是旋切机的重要部件。

刀床由刀架和压尺架两大部分组成。刀架由刀梁、旋刀及夹紧装置和旋刀后角调整机构等组成。压尺架由压尺梁、压尺及压尺操纵机构等组成。刀床按压尺架的操纵方式不同可分为手动操纵刀床和机械操纵刀床两种。

图 11-6 所示为 BQ1127/13 型旋切机手动操纵压尺架的刀床结构示意图。

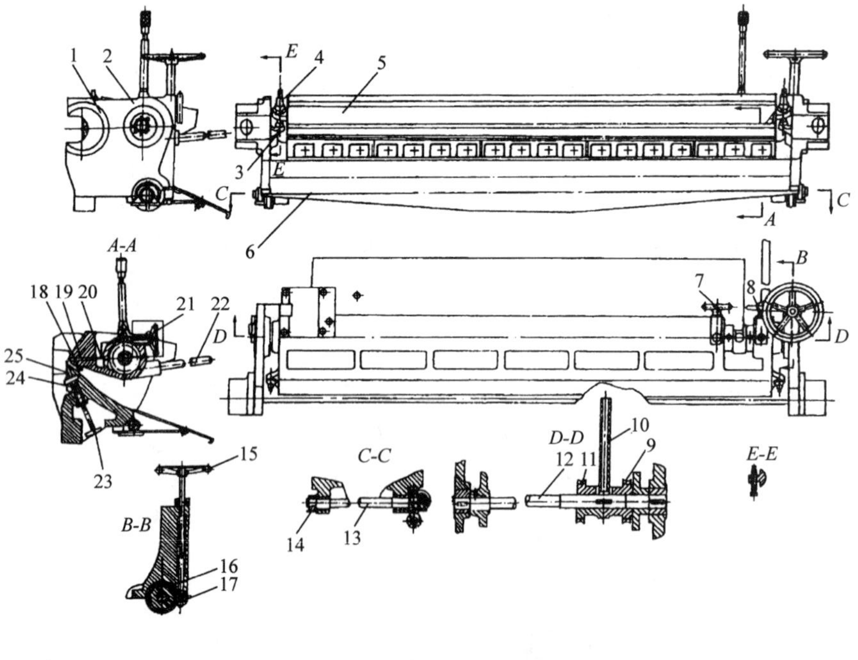

图 11-6　BQ1127/13 型旋切机手动操纵压尺架的刀床结构示意图

1. 半月形凸耳　2. 刀梁侧壁　3. 凸台　4. 螺钉　5. 压尺梁　6. 刀梁　7、8、15、21. 手轮　9、11、16. 蜗轮　10、22. 手柄　12、13. 偏心轴　14. 副滑座　17. 蜗杆　18. 压尺压板　19. 压尺　20. 压尺调节螺钉　23. 旋刀调节螺钉　24. 压板　25. 旋刀

(1) 刀架

刀架通过刀梁两端的半月形的凸耳和主滑块的半月形滑座扣结，主滑块安置在水平的主滑道上。刀梁的尾部安装在偏心轴13上，偏心轴的滑动轴承座，即辅助滑块安置在可调节倾斜度的辅助滑道上，辅助滑道通常前倾1°~2°。因此，当进刀丝杠带动刀床使主滑块沿主滑道作水平直线进给或后退运动时，同时绕主滑块半月形滑座的中心线作回转，使旋刀的后角随木段直径的变小而变小。初始后角是根据被旋切木段直径的大小来调节的，调节时，利用转动手轮15，通过轴、蜗杆17、蜗轮16可使刀架尾部的偏心轴13回转，使刀架绕主滑块半月形滑座中心线转动，调节至所需的初始后角（即切削角）。

旋刀25用双头螺栓通过压板24固定在刀梁上。旋刀的安装高度可用调节螺钉23调节，并承受其切削力。

(2) 压尺架

压尺架由压尺梁、压尺和刀门调节机构等组成。用一排螺钉通过压尺压板18将压尺19固定在压尺梁下部的槽内，槽的底部装有一排调节螺钉20，用于调节压尺伸出量的大小。

刀门调节机构用于快速调节刀门大小，以便清理刀门或木段旋圆之前需要加大刀门之用。调节刀门时，用手扳动手柄10；借助于偏心轴12两端的偏心轴套作用，使轴作偏心转动，带动压尺架及其上的压尺相对旋刀快速移动，从而调节刀门的大小。转动手轮21可微动调节压尺和旋刀的间隙大小，以保证旋切时所需的压榨力。由于蜗杆蜗轮的自锁性，故可以防止因旋切机工作时的振动引起偏心轴12自动回转，而导致压尺自行移动的现象发生，以保证单板的旋切质量。为了方便油刀和更换旋刀，可用手柄22将压尺架掀起，并用垫块支承住，以防发生事故。

压尺的作用是使单板在未切下之前外表面受到预先压缩，而内表面受到预先的伸展，以减小切下的单板向外弯曲发生裂纹；同时，压尺对木段的压挤，以预防旋切时由于旋刀的作用力使木材产生劈裂，造成超前裂缝，从而提高单板质量。

压尺有圆棱压尺、斜棱压尺和辊柱压尺三种类型，应用较多的为前两种。压尺安装在压尺架的压尺安装面上（图11-6）。压尺的伸出量由压尺后部的一排调节螺钉调整，并用螺钉和压板固定。

在压尺架的T形槽中固定有三把割刀，它们的位置可沿槽移动。割刀的作用是保证单板具有一定的宽度，两侧的割刀用来齐边，中间割刀在改变单板宽度时才使用。割刀的升降由油缸控制或手工操作。

在先进的旋切机上，刀门大小的调节和快速开启采取机械或液压装置来实现，因而使刀门的调节或开启迅速、准确，提高了旋切质量，减少了辅助时间。

11.2.3 旋切机的进给机构

(1) 进给箱

旋切机的进给箱将卡轴的运动经过变速后传给进刀座。由于要求旋切的单板厚度范围大、规格多，因此进给箱多由不同形式的变速机构组合而成，以达到变速范围大和变速级数多（变速级数最多可达60种）的目的。

(2) 进刀座

旋切机进刀座的作用是将进给箱正反旋转运动，变为刀床直线进退运动，以实现刀床的进给和退回运动。进刀座由定比传动齿轮、丝杠螺母机构和主滑块等组成（图 11-2）。进给箱中的运动经锥齿轮副 21、长轴 24 和锥齿轮副 25 驱动丝杠 20、26 转动，经丝杠螺母机构推动主滑座前后进退，从而实现刀床的进给运动和退回运动。

为了实现刀床的快速进退，用单独电动机驱动长轴 24 旋转来实现，此时，进给箱中离合器脱开，将进给运动链断开，且离合器与电动机的起动是互锁的。

11.2.4　旋切机的传动系统

旋切机的传动系统包括主传动系统、刀床工作进给及快速进退的传动系统和卡轴轴向伸缩的传动系统。

主传动系统是指从主电动机到卡轴的传动链，把动力传递给卡轴，使卡轴具有一定转速的系统。

刀床工作进给传动系统是指从卡轴到刀床的传动链。该传动系统要求传动比准确，以使旋切的单板厚度均匀。为了减少辅助时间，旋切前刀床应快速接近木段，旋完后刀床应快速退回。刀床的快速进退多数采用单独的可逆电动机驱动。为保证运动件的安全，刀床的工作进给和快速进退应能互锁，刀床和卡轴前、后极限位置应设置限位开关。

如图 11-7 所示为 BQ1127/13 型旋切机的传动系统结构示意图。卡轴的旋转由功率为 38kW、转速为 350 ~ 1 400r/min 的直流电动机 1 经变速箱 2 及传动轴 8 等实现，木段的转速范围为 16 ~ 96r/min。木段采用机械夹紧的方法，当要获得足够的夹紧力或进一步夹紧木段时，需扳动带闸，这时靠主电动机驱动，并通过卡轴 4 的位移来实现。卡轴 5 为支持卡轴，

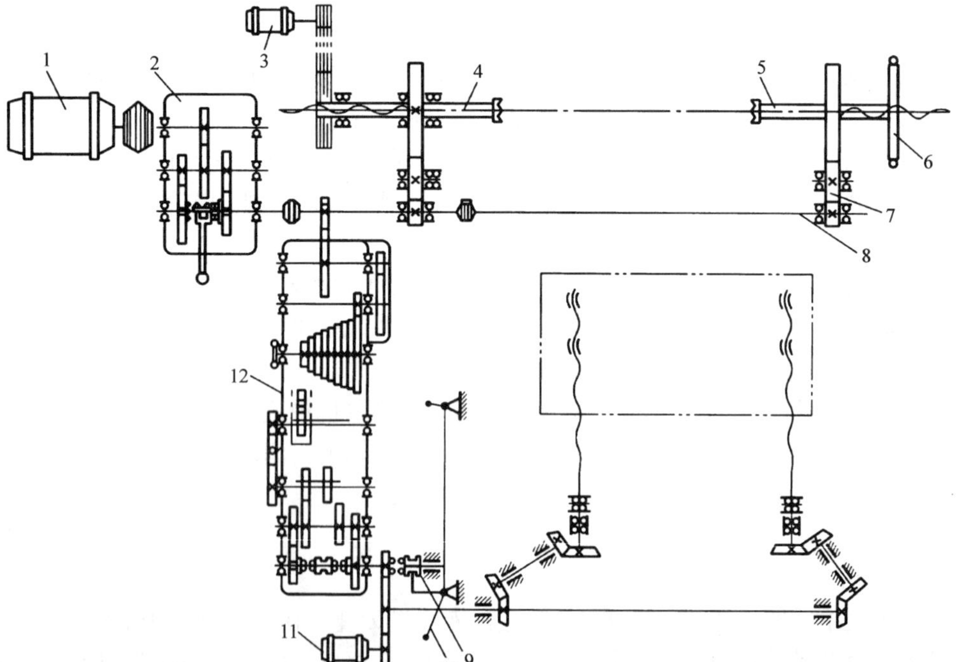

图 11-7　BQ1127/13 型旋切机的传动系统结构示意图

1. 直流电动机　2. 变速箱　3、11. 电动机　4、5. 卡轴　6. 手轮　7. 齿轮传动
8. 传动轴　9. 手动离合器　10. 离合器操纵手柄　12. 进给箱

通过手轮 6 实现轴向位移。卡轴 4 的快速移动由 5.5kW 的电动机实现，移动速度为 1.32m/min。

旋切机进给箱 12 采用塔轮、交换齿轮、滑移齿轮及离合器进行变速。旋切单板的厚度范围为 0.25 ~ 4.5mm。刀床的快速运动由 3kW 的电动机 11 驱动，移动速度为 1.74m/min。手动离合器 9 用来接通或切断进给箱输出轴与刀床传动轴的联系。

卡轴转速是决定生产率和影响单板质量的重要参数，旋切速度由卡轴转速和木段直径决定。为了获得优质单板及提高生产率，旋切速度应保持恒定，但是，如果卡轴转速不变，旋切过程中随木段直径的变小，旋切速度越来越低。因此，旋切机的主传动系统一般都采用变速传动。主传动系统常用的调速方法有：异步电动机和齿轮变速箱组合、多速异步电动机、异步电动机和链式无级变速器组合、整流子电动机、晶闸管整流器、直流电动机（SCR - D）系统和液压无级调速等。

11.2.5 旋切机加工中单板的常见质量缺陷

旋切机在旋切单板时，单板常见的质量缺陷、产生原因和排除方法见表 11 - 2。

表 11 - 2 单板常见的缺陷、产生原因和排除方法

缺陷名称	产生原因	排除方法
单板厚度超公差规定，即外圈厚、里圈薄	1. 装刀高度过高 2. 后角过大，对木段发生切入作用 3. 副滑道倾斜度大 4. 主滑道磨损呈马鞍形	1. 调整刀高在 -0.5 ~ +0.5mm 之间 2. 调整后角稍减少 3. 减少副滑道倾斜度 4. 修整主滑道成水平
单板出现松紧边	1. 压尺压棱不直或切削刃不平直致使单板不平直 2. 压尺中部压榨度过大，木段受力而弯曲，产生紧边 3. 刀钝，木段因摩擦受力产生紧边 4. 软材，卡轴卡得紧，造成单板外圈松里圈紧 5. 单板开始平整，后来出现松边 6. 油刀后产生紧边 7. 切削刃与卡轴中心线不平行，刀架偏斜，进刀螺杆磨损，锥齿轮磨损，单板出现扇形	1. 更换压尺或旋刀，研磨平直刀，将压尺按照平直，若无防弯压辊，切削刃中间调高 0.1mm 2. 稍稍减少中部压榨率 3. 稍加大后角或换刀 4. 稍减少卡紧力 5. 压尺两端压榨率太小 6. 开始旋切将后角略调大 7. 检修机床磨损部分
单板“鼓泡”，即两头厚、中间薄	1. 后角太小，旋到木芯时呈鼓形 2. 压尺的压榨率不一致，两端小中间大 3. 压尺的压榨率太大，木段推力出现弯曲 4. 木段温度高（超过 55℃），影响切削刃中间膨胀	1. 后角调大点 2. 调压尺的压榨率 3. 适当减少压榨率 4. 木段降到 55℃以下旋切
单板表面出现波浪形	1. 切削刃低，后角大，刀在木段压力作用下，产生循环变形与恢复，出现波浪形，节距8 ~ 12mm 2. 后角过小，旋制木芯时刀挤压木芯，木段弯曲，板面直起波浪状，节距 30 ~ 50mm 3. 硬材木段软化不够，近木段心部引起振动（跳刀）	1. 退刀，转动刻度盘，减少后角。如果刻度盘已转到最低，微调到头近木芯时仍有跳刀出现，调副滑道倾斜角，适当调升刀高 2. 稍调大后角，或减小副滑道倾斜度，或主滑道磨损应修整 3. 增加木段蒸煮时间，提高木芯温度

（续）

缺陷名称	产生原因	排除方法
板面有毛刺沟	1. 木段表面有泥砂，崩伤切削刃或卷刃 2. 刃口不锋利，油刀不够 3. 压尺安装不正确，压榨度不够 4. 木段软化程度不够	1. 修磨刃口或换刀 2. 仔细检查油刀或换刀 3. 调整压尺位置 4. 增长蒸煮时间（或提高温度）
板面起毛	1. 旋切软材，切削刃不锋利 2. 软材软化过度	1. 换刀或修磨旋刀 2. 降低温度或减少蒸煮时间，放冷木段
单板粗糙度高，背面裂隙大	1. 压尺在切削刃上的垂直位置不正确 h_0 偏高，不起压榨作用 2. 硬材、特硬材的木段软化不够 3. 刀门过大，超过单板厚度 4. 切削刃不锋利，油刀不够 5. 压尺压棱磨损严重，不起作用	1. 降低 h_0，使 h_0 = 1/4 ~ 1/3 刀门 2. 延长蒸煮时间，使木芯温度达 45℃以上 3. 调小刀门，使其符合单板厚度的压榨率 4. 更换修磨旋刀，水曲柳换两次刀，椴木换三次刀（每班） 5. 更换压尺
出现扇形单板	1. 刀和压尺安装不正确，一头高一头低 2. 卡轴轴套磨损，两卡轴不在同一中心线上	1. 调整刀和压尺，使高度一致 2. 检修轴套，调整卡轴使其中心线一致
单板表面出现凸棱	刀门被碎屑塞住	清理刀门碎屑

11.3　刨切机

刨切机是将一些珍贵树种的毛方，经蒸煮处理后刨切成一定厚度的薄木的设备，也能将多层单板胶合层压后的方木，再刨切成纹理较美的人造装饰薄木。

11.3.1　刨切机的分类与特点

刨切机的类型较多，结构也有不同，但其工作原理基本相同。按刨刀与木纹相对运动方向的不同，刨切机可分为横向刨切机和纵向刨切机：横向刨切时，切削方向基本上与木材纤维方向垂直；纵向刨切时，切削方向与木材纤维方向平行。横向刨切机又分为立式、卧式和倾斜式三种。立式刨切的切削平面垂直于水平面；卧式刨切的切削平面平行于水平面；而倾斜式刨切的切削平面与水平面成25°夹角。

图 11-8（a）为立式横向刨切机的工作原理结构示意图。毛方固定在滑床上，滑床在垂直方向作上下往复运动，刨刀在水平面作进给运动，当毛方向下运动（工作行程）时，刨刀不动，切下一片薄木；当毛方向上运动（空行程）回到初始位置时，刨刀在水平面向毛

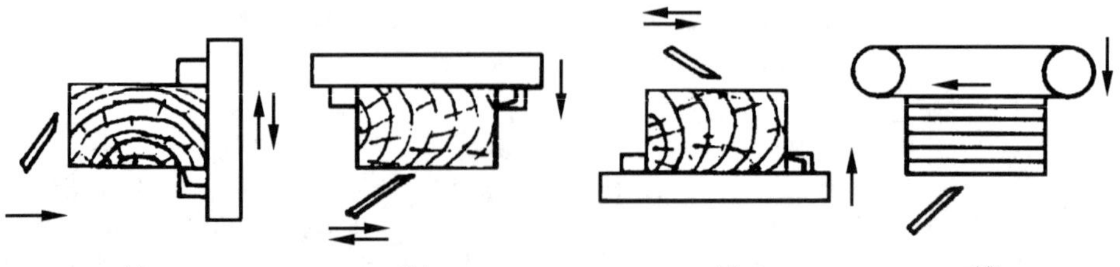

图 11-8　刨切机工作原理结构示意图

（a）立式横向刨切机　（b）仰卧式横向刨切机　（c）俯卧式横向刨切机　（d）纵向刨切机

方作进给运动，每次进给量即为刨切薄木的名义厚度。图 11-8（b）和（c）为仰卧式横向刨切机工作原理结构示意图，在仰卧式横向刨切机上，毛方固定在一个可升降的横梁或工作台上，其高度可根据毛方的厚度进行调整，刨切时，刨刀在水平面作直线往复运动，毛方在垂直方向作进给运动。仰卧式横向刨切机的特点是毛方在刨刀的上方或下方。图 11-8（d）为纵向刨切机的工作原理示意图，进料传动带带动毛方沿木材纤维方向水平运动，刨刀固定不动，切下的薄木从刨刀的下面排出，刨切一片薄木后，进料传动带反转，带动毛方返回，以便进行下一次刨切，这种刨切机刨切单板的厚度取决于刨切削刃相对工作台面的装刀高度。

横向刨切机采用横向切削，其主运动可以由木方实现，也可以由刀床实现；纵向刨切机的主运动和进给运动均由木方实现；主运动和进给运动为交替进行的直线运动。因此它们也有很多相同之处。

11.3.2 卧式刨切机的结构及工作原理

图 11-9 是国自行设计制造的 BB1120 型卧式横向刨切机结构示意图，其结构主要由机架、升降横梁（工作台）、刀床及传动机构等组成。机架由左右侧壁、前横梁和装有左右水平导轨 29 和底座 30 组成的一个刚性龙门形框架。装有卡木装置的升降横梁 20 可沿侧壁上的垂直导轨向下作进给运动，刀床每往复运动一次，横梁带着毛方下降一个薄木的距离。横梁通过快速升降电动机 22 驱动的快速升降机构实现。更换毛方时，先将待刨切的毛方放置在刀床 27 的台面上，并使刀床带着毛方移动到横梁的下方，然后起动快速升降电动机 22，使横梁下降并压在毛方上，再起动卡木装置的电动机 18，将毛方固定在横梁的下面，最后横梁快速上升到原位高度。横梁与刨刀之间装成 30°左右的夹角，以保证刨刀顺利地逐步切

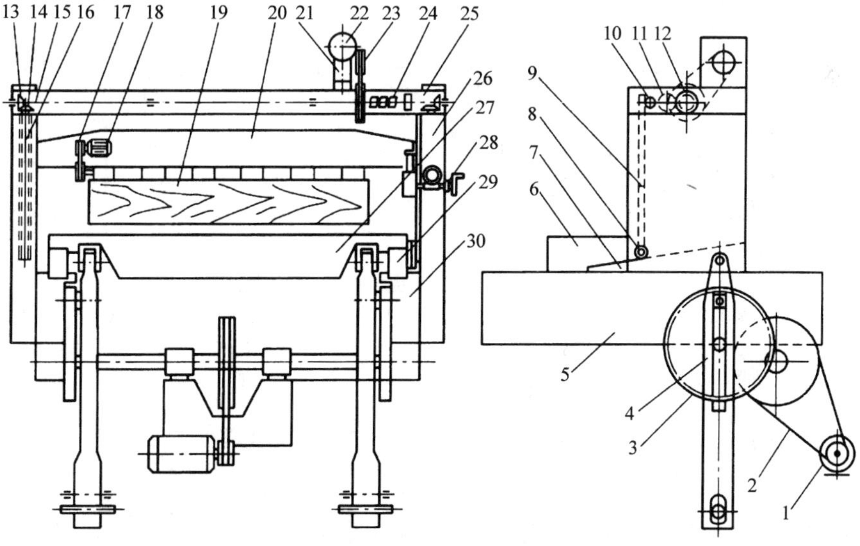

图 11-9 BB1120 型卧式横向刨切机的结构示意图

1. 直流电动机 2、17、23. 带传动装置 3. 齿轮副 4. 摆杆 5. 导轨 6. 刀床 7. 斜铁 8. 滚轮 9. 齿条 10、11、12. 齿轮 13、14. 圆锥齿轮 15. 传动轴 16. 丝杠 18、22. 电动机 19. 毛方 20. 升降横梁 21. 减速箱 24. 离合器 25. 横梁 26. 侧壁 27. 刀床 28. 刨切厚度调节手轮 29. 导轨 30. 底座

入毛方，减少刨刀的实际切削楔角，从而提高刨切薄木的质量。

刀床置于底座 30 的左右水平导轨上。刀床的直线往复运动为主运动，由直流电动机 1 通过带传动装置 2、齿轮副 3 以及摆杆 4 驱动刀床沿左右水平导轨作直线往复运动。刀床往复运动的频率可由直流电动机调节，调节范围一般为每分钟 22 ~ 40 次。

升降横梁的进给运动为周期性进给运动。当刀床空行程时，由固定在刀床上的斜铁 7 将滚轮 8 和齿条 9 顶起，使齿轮 10 转动。齿轮 10 的小轴通过棘轮机构、齿轮变速箱把运动传到齿轮 11、12，再经过传动轴 15、圆锥齿轮 13、14、丝杠 16，使升降横梁 20 带动毛方向下进给。转动刨切厚度调节手轮 28，调节齿条 9 的行程，从而调节刨切厚度。其厚度值可在刻度盘上读出。刀床在工作行程时，滚轮 8 和齿条 9 在自重的作用下沿斜铁下降，由于棘轮机构的作用只是使齿轮 10 转动而齿轮 11 不转，因此升降横梁不动。

横梁的快速升降是由可逆转的电动机 22 经减速箱 21、带传动装置 23、离合器 24 驱动传动轴 15 正向或反向转动来实现的。固定在升降梁上的电动机 18，经带传动装置 17、蜗杆蜗轮和丝杠螺母机构使毛方卡紧在升降横梁上。

刨刀的安装与调节结构如图 11-10 所示。装刀时，先将调节刨刀高低的螺栓 6 全部松开，用螺栓 4 将刨刀 5 初步固定，使刨刀两端与压尺 8 垂直距离相等；垂直距离不相等时，可调节螺栓 6，使之成为等距离；然后用螺栓 4 固定。刨切削刃口相对压尺高度的调整，可通过手轮 1、丝杠和斜铁 2 使刀架 3 连同刨刀 5 一起升降来实现。装刀高度的大小与刨切薄木的厚度有关，其值应等于薄木厚度减去压尺的压缩量。调整刨刀与压尺之间在水平方向的间隙时可松开压尺架两侧的固定螺栓的螺母 9，转动定位螺钉 7，将压尺架 10 前后移动，使刨刀与压尺的间隙达到要求值。调好后将压尺架的固定螺栓和螺母拧紧。

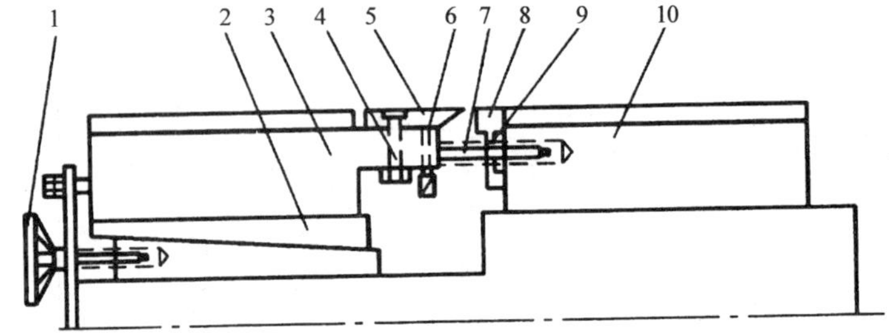

图 11-10　刨刀的安装及调整结构示意图

1. 手轮　2. 斜铁　3. 刀架　4、6. 螺栓　5. 刨刀　7. 定位螺栓　8. 压尺　9. 螺母　10. 压尺架

11.3.3　刨切机的操作与维护

刨刀安装调整后，可按薄木刨切厚度调整进给量，并用手动或电动方式检查各活动部件，检查各部位固定件是否紧固。

刨切工作前，机床先进行空转运行，在快慢不同的运动状态中检查、验听各传动部件有无不正常现象和杂音，确保无异常情况后方可进行刨切。

安装夹紧毛方时，先起动电动机进行夹紧。将工作台上升到一定位置后，再用手动扳手进一步卡紧，卡木工作完毕后，起动主电动机使刀床作往复运动，当达到正常速度后，开始进给刨刀。

当木方刨切至最薄厚度（刨刀至卡钩最小安全距离）时，脱开自动进给电磁离合器、开合升降电磁离合器、按快速升起按钮，使横梁升起到一定距离后停止。按主电动机点动按钮，让刀床移至横梁下方，然后下降横梁至剩余木方与刀床接触即可。松开卡木卡钩，再升起横梁，按主电动机点动按钮，使刀床退至最外端，取下剩余木方，则一块毛方刨切完毕，再安装上第二块刨切毛方进行下一次刨切。

运行过程中，要定时检查各部件润滑情况，凡有油杯处每班加一次油，水平导轨采用油泵连续润滑，须经常清理油槽中的悬浮物、沉积物等杂质，以防油路系统阻塞。

11.3.4 刨切机加工单板的常见质量缺陷

刨切机在刨切单板时，单板常见的质量缺陷、产生原因和排除方法见表11－3。

表11－3 刨切单板常见的缺陷、产生原因和排除方法

故障名称	产生原因	排除方法
刨切单板厚度不均	1. 支撑卡木工作台螺母、螺钉松动，自动进给装置有故障 2. 木方固定不牢 3. 木方有纵向开裂 4. 刀架两侧固定螺母松动 5. 刀门压榨率不均	1. 紧固松动螺母和螺钉，维修自动进给装置 2. 重新固定木方 3. 尺寸允许时除去开裂部分 4. 加固连接件 5. 重新调整刀具
单板表面粗糙不平	1. 刨刀磨钝 2. 压尺磨钝，不平直 3. 木方蒸煮时间不够，或温度太低	1. 修磨刨刀 2. 重新修磨压尺和校直 3. 停止刨切，重新蒸煮木方
单板破碎	压榨过度	调整压榨率
波浪形单板	木方中、端部的压榨率不一致	重新调整压榨率，使其一致
毛刺、沟痕	1. 刨刀有微小崩刃 2. 刨刀和压尺间有杂屑	1. 用油石修磨，严重时换刀修磨 2. 清除杂屑，如局部反复出杂屑，要检查切削刃是否有缺口，或压榨率不一致
工作进给时的噪声	1. 进给的齿轮齿条几何位置发生变化 2. 刀高调整不合理	1. 检修校对齿轮齿条几何位置 2. 重新调整刀高

思考与练习

1. 旋切机有哪些类型，各有什么特点？
2. 试述旋切机的基本构成和工作原理。
3. 旋切机的卡轴箱有哪几种？各有什么特点？
4. 旋切机的刀床由哪几部分组成？各起什么作用？
5. 旋切单板常见质量缺陷有哪些？产生的原因是什么？如何调整和排除？
6. 如何安装和调节旋切机的旋刀和压尺？
7. 刨切机有哪些类型？各有什么特点？
8. 试述单板刨切机的结构和工作原理。
9. 如何安装和调整刨切机的刨刀？

10. 如何操作与维护刨切机？

本章推荐阅读书目

[1] 人造板机械设备. 庞庆海. 东北林业大学出版社，1997.
[2] 人造板机械. 鲁明高. 中国林业出版社，1989.
[3] 木工机械. 吴金柱. 高等教育出版社，2002.

技能训练23 旋切机的使用与维护

实训目标

通过实训，熟悉旋切机的操作手柄与开关，掌握旋切机的组成、结构、调整内容、调整方法，熟练掌握操作使用和维护的方法。

实训场所与组织

实习车间或实习工厂。分小组进行，每组3~6人，由老师或者技术人员指导，学生亲自动手调整和操作设备。

实训设备和材料

(1) 设备

旋切机。

(2) 材料

与设备相应的旋切木段，调整设备用的工具。

实训内容和方法

(1) 旋切机的操作手柄与开关

旋切机的操作由手动操作开关、手轮式手柄和一些自动控制开关实现。

手动操作开关、手轮式手柄包括：主电动机至卡轴的离合器或电磁离合器的操纵手柄或按钮，钳制卡轴快速进、退的按钮，卡轴加速或减速按钮，刀床快速进、退刀的按钮，压尺快速进、退的按钮，钳制卡轴上螺母制动手柄，卡轴转速变换手柄，压尺压榨程度调节手柄，旋切后角调节手轮，支持卡轴轴向移动手轮。

自动控制开关包括：避免旋刀碰到卡轴的行程控制开关，刀架快速退刀的行程控制开关，卡轴轴向移动限位开关，防止刀架工作进刀和快速进刀的同时动作的保险装置。

(2) 旋刀与压尺的安装和调节

是机床操作、调节的主要环节。旋刀安装高度以卡轴中心水平高度为准，刀尖高度为0.1~0.2mm，刀的两端高度要一致。旋切软材、小径级、长木段时，刀的中部可高出，即在刀的中部填垫0.1~0.2mm厚的单板。刀高调好后，先将两端螺栓预先轻轻固定，然后从中间向两边逐个固定。旋刀高度调整应拧动顶杆，每个顶杆都必须与旋刀紧贴（以防旋刀变形）并承受一定的切削力。

调节旋切后角时，根据木段旋切直径的大小，转动后角调节手轮，使其在规定的范围内。后角应适当。后角过大时，切削刃颤动（称跳刀现象），不能顺利旋切，旋出的单板背面撕裂和产生波浪形，后角过小时，旋刀后面与木段表面的摩擦面增大，刀架挤压木段，在木段直径变小后会产生弯曲变形，切削阻力增加，刀架振动无法正常旋切，此时产生节距较大波浪形板面。

旋刀安装好后要及时调控刀门，即调节压尺和切削刃间距。使压尺的压榨线通过刀尖，刀门大小应适当，但不能大于单板厚度，否则不起压榨作用。刀门的测量一般用塞规。

(3) 旋切单板厚度的调整

旋刀调整完毕后，应根据旋切单板的厚度调整主轴箱、配换挂轮，并检查是否正确。

(4) 使用与维护的注意事项

① 旋切前，要起动电动机进行试运行，检查旋切机各部紧固螺钉是否有松动、各手柄是否有自行脱开现象、有无异常声音出现。

② 试运行正常后方可进行试旋切。试旋切时检查单板规格、质量是否符合技术要求，如果规格、质量不符合应立即停止旋切，退出刀床并检查、调整机床相关部位。调整检查合格后重新开机生产。

③ 在旋切生产过程中如发现电动机、各部位轴承温升超过规定温度应立即停机检查，找出原因并排除后方可重新开机。

④ 要经常检查各部件润滑情况，油杯是否有油，各相对转动表面、相对滑动表面是否润滑。

⑤ 旋切工作结束时，退出刀床，按下电动机停止按钮，使电动机停止运转。打扫清理旋切机周围环境，用棉纱擦净旋切机各部位的水渍、木屑和灰尘，在易生锈处薄涂上一层机油。

⑥ 定期检查机床运行情况，发现毛病和故障应立即修理。如发现主滑道、滑座、进刀丝杠、螺母、卡轴、空心套轴等有严重磨损时，应及时更换。

⑦ 检查所有自动控制开关安装是否牢固，工作是否正常，以确保安全生产。

⑧ 尽量少用或不使用大规格旋切机旋切小木段，否则会使旋切机受力不均、磨损不均，造成大旋切机精度下降。

考核标准

考核评分标准见表11－4。

表11－4 旋切机操作技能考核评分标准

实习地点： 系部： 班级： 姓名： 组号：

<table>
<tr><th rowspan="3">考核项目</th><th rowspan="3">指标分值</th><th rowspan="3">考核标准</th><th colspan="5">成绩分档及权重</th><th rowspan="3">考核方式</th></tr>
<tr><th>A</th><th>B</th><th>C</th><th>D</th><th rowspan="2">得分</th></tr>
<tr><th>1</th><th>0.8</th><th>0.6</th><th>0.4</th></tr>
<tr><td rowspan="3">理论应知部分</td><td rowspan="3">20</td><td>旋切机的类型及特点（6分）</td><td></td><td></td><td></td><td></td><td></td><td rowspan="3">现场口试</td></tr>
<tr><td>旋切机的组成及工作原理（6分）</td><td></td><td></td><td></td><td></td><td></td></tr>
<tr><td>旋切机工作过程分析（8分）</td><td></td><td></td><td></td><td></td><td></td></tr>
<tr><td rowspan="3">技能操作</td><td rowspan="3">40</td><td>旋切机操作前的调整（10分）</td><td></td><td></td><td></td><td></td><td></td><td rowspan="3">现场操作</td></tr>
<tr><td>旋切机的操作与维护（20分）</td><td></td><td></td><td></td><td></td><td></td></tr>
<tr><td>旋切机加工中单板的常见质量缺陷产生原因及调整方法（10分）</td><td></td><td></td><td></td><td></td><td></td></tr>
<tr><td>单板质量</td><td>20</td><td>对旋切单板质量进行评定（20分）</td><td></td><td></td><td></td><td></td><td></td><td>现场操作</td></tr>
<tr><td rowspan="3">实训报告</td><td rowspan="3">20</td><td>字迹是否工整，文字表达是否完整、清晰，语言是否通顺、简练（6分）</td><td></td><td></td><td></td><td></td><td></td><td rowspan="3">书面形式</td></tr>
<tr><td>内容是否齐全（7分）</td><td></td><td></td><td></td><td></td><td></td></tr>
<tr><td>分析是否正确（7分）</td><td></td><td></td><td></td><td></td><td></td></tr>
<tr><td>得分</td><td colspan="8"></td></tr>
<tr><td>教师签字</td><td colspan="8"></td></tr>
</table>

第12章 热 磨 机

本章学习目标

理论知识 了解纤维分离设备的种类和特点；掌握热磨机各组成部分的工艺要求、工作原理和基本组成；掌握进料装置和研磨装置的种类、工作原理和重点结构；熟悉热磨机的调整步骤和安全操作要求。

实践技能 学会热磨机的操作方法和操作步骤；掌握热磨机的调整方法；熟练热磨机的故障分析方法。

热磨机外形图

热磨车间外形图

热磨机是在高温高压条件下，将木片等植物原料研磨分离成纤维的一种连续式纤维分离设备，是纤维板制造的主要设备之一。本章主要介绍热磨机的工作原理、结构、操作与养护方面的知识。

12.1　热磨机的类型及特点

纤维板生产中采用的纤维分离设备主要有热磨机、精磨机和高速磨浆机三种。高速磨浆机是在常压下将预先软化处理的木片进行纤维分离，由于动力消耗大等原因，国内使用不多。精磨机用于粗纤维的进一步分离和精整，以改善纤维的性能和提高成品板的质量，其结构与热磨机的主体部分基本相同。热磨机是在高压高温条件下将木片等植物原料分离成纤维的一种连续式分离设备，此种设备所加工的纤维结构完整、损伤少、纤维得率高，动力消耗比较少，因此在国内外纤维板生产中使用较普遍。

目前，纤维板生产中使用的热磨机，结构和工作原理大同小异，主要由进料装置、预热蒸煮装置、研磨装置和排料装置四大部分组成，如图 12-1 所示。根据产量的要求和原料的不同，对这四部分进行适当的组合，即可得到不同类型的热磨机，常用的热磨机技术特性见表 12 - 1。

表 12 - 1　常用热磨机的技术特性

主要技术参数	S09 型	QM6 型	RT12 型	BW111 型
蒸汽压力（MPa）	0. 8 ~ 1. 2	0. 8 ~ 1. 2	0. 8 ~ 1. 2	0. 8 ~ 1. 2
蒸汽温度（℃）	170 ~ 190	170 ~ 190	170 ~ 190	170 ~ 190
蒸煮器有效容积（m^3）	—	—	—	1. 25
电力总耗量（kW）	140 ~ 180	—	340	—
螺旋进料器转速（r/min）	—	—	—	60/40/22
磨盘直径（mm）	600	600	800	905
磨盘转速（r/min）	600	730	740	1 500
磨盘最大压力（N）	—	—	—	2.6×10^4
主电机功率（kW）	—	—	560	—

近年来，在大型热磨机中普遍采用了可以控制料位高度，且蒸煮时间可调的大型立式预热蒸煮器，能调节木片等原料软化时间，以满足工艺的要求。在螺旋进料装置中采用了反应迅速、压力可调的气动止回阀，能迅速有效地防止“反喷”的发生，且使进料电动机的功率消耗减少。热磨机磨盘的直径越来越大、转速越来越高，因此生产能力增大。有的磨盘直径达 1 625mm、转速达 1 800r/min、动力消耗高达 9 000kW。如采用组合式磨盘，可使生产能力提高，分离纤维的质量更好。有些热磨机上还安装有磨盘间隙液压伺服控制装置，这种装置可用数字显示间隙的大小，以便精确地控制磨盘间隙。有的热磨机采用转动磨盘并将其安装于主轴的两支承轴承之间，改变了原来的悬伸结构，获得了较大的刚度和工作稳定性。排料装置多采用可调小孔式连续排料装置，因而减少了动力消耗和故障率。通过这些改进，使热磨机的性能得到了较大的提高。

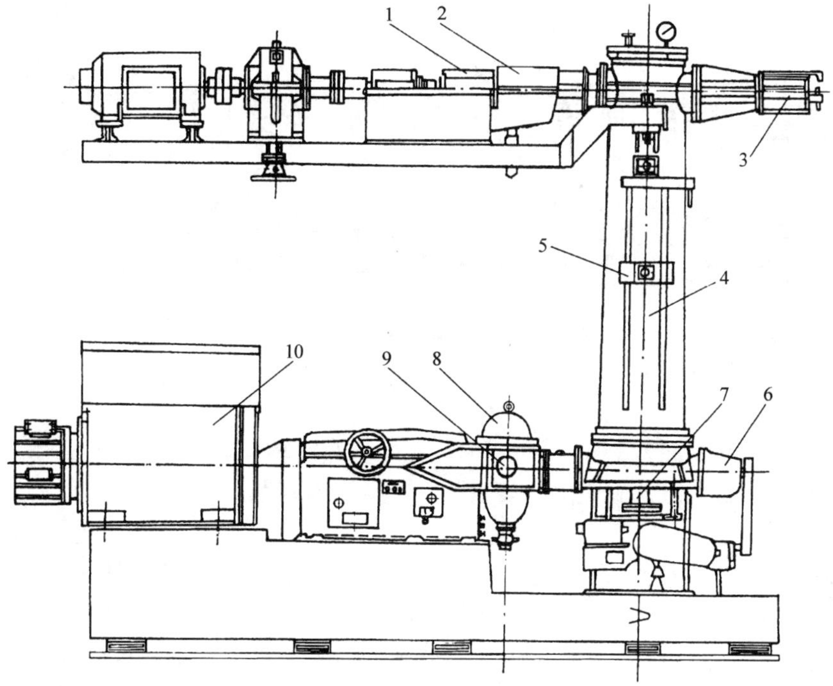

图 12-1 热磨机的结构示意图

1. 进料口 2. 螺旋进料装置 3. 反喷控制装置 4. 预热蒸煮缸 5. 料位控制器 6. 送料螺旋 7. 拨料器 8. 研磨装置 9. 施胶及排料装置 10. 主电动机

12.2 热磨机的结构

12.2.1 进料装置

热磨机进料装置的作用是将来自料仓的松散物料（木片）连续、均匀地送入预热蒸煮器中。进料装置根据结构有活塞式、螺旋式和回转式等类型，目前螺旋式进料装置采用较为普遍。

（1）螺旋式进料装置

螺旋式进料装置主要由机座、调速电动机、减速器、轴承箱、进料螺旋、螺旋管和外塞管组成，如图 12-2 所示。

电动机的运动经减速器减速后传到轴承箱的中间轴，中间轴与进料螺旋固定连接，驱动进料螺旋转动。从进料口落入到螺旋槽中的松散物料，在螺旋的推动下，沿螺旋管向前移动，在向前运动的过程中被逐渐压缩，在外塞孔处形成密实的料塞。料塞在进料螺旋的推动下，连续地被送到蒸煮器中。料塞可密封高压蒸汽，同时，又不妨碍物料送入蒸煮器中，可防止蒸汽从进料口喷出。

贮存料仓 热磨机都配备有两个木片料仓作为中间存贮和缓冲之用，料仓位于热磨机进料装置的上方，并通过一个振动式下料槽，与进料装置的木片入口相连接。料仓上设有振动器，用光电装置控制其开闭，当料仓能正常下料时，振动器不工作，可保证料仓中的物料

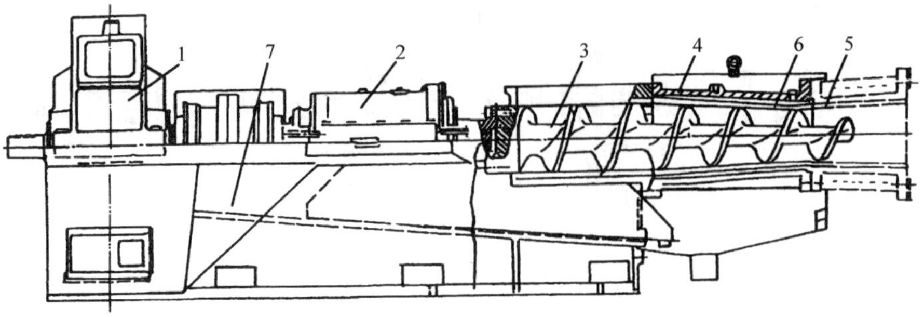

图 12-2 螺旋进料装置结构示意图

1. 减速器 2. 轴承箱 3. 进料螺旋 4. 螺旋管 5. 外塞管 6. 纵向肋条 7. 机座

不被振实。当料仓中的物料出现“搭桥”现象，不能连续供料时，光电控制装置使振动器打开，产生振动，使“桥”破坏。下料槽上的振动器设置成常开，可确保连续、均匀地下料。

螺旋式进料装置 螺旋式进料装置主要由螺旋 1、螺旋管 2、集水槽 3、外塞管 4、内塞管 5 等组成（图 12-3）。进料螺旋的作用是将木片均匀送入预热蒸煮装置。在输送过程中，进料螺旋不断对木片进行压缩并在外塞管处形成紧密的木塞，防止预热罐内的高压蒸汽通过木片之间的间隙逸出。螺旋的结构采用变距螺旋，因其输入端螺旋槽的容积大于输出端的容积，可以起到压缩木片的作用。同时为了防止输送过程中木片在螺旋管内“打滑”，即只打转，不前进。在螺旋管内壁上加工了若干纵向沟槽，以便增加木片周向运动的阻力，使木片沿纵向沟槽顺利前进。在螺旋管底部开有多排小孔，用于排出输送与压缩木片过程中产生的多余水分，排出的水分及水分带出的细木屑由集水槽 3 收集排放。

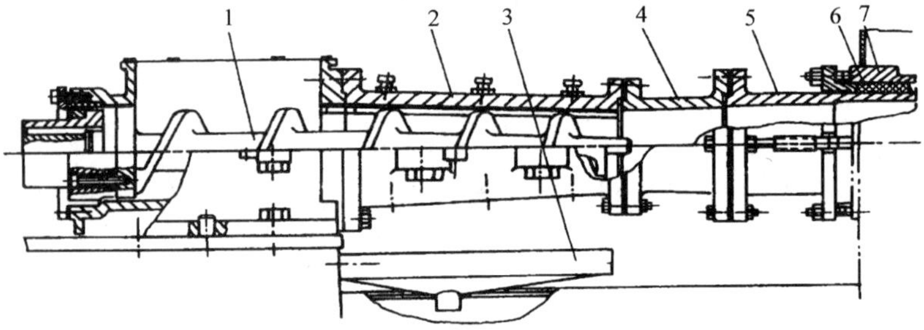

图 12-3 进料螺旋结构示意图

1. 螺旋 2. 螺旋管 3. 集水槽 4. 外塞管 5. 内塞管 6. 填料 7. 套管

进料螺旋 螺旋是这种进料装置中最主要的工作构件。螺旋的结构形式有以下几种类型：按螺距的不同，分为不等距螺旋和等距螺旋；按螺旋线的头数，可分为单头螺旋与双头螺旋；按螺旋的外形，可分为圆柱形螺旋、圆锥形螺旋和组合形螺旋。

目前，一般热磨机的进料螺旋都采用单头组合式进料螺旋，整个螺旋区分为前后两段，其中加料段采用等距圆柱形螺旋，压缩段采用不等距圆锥形螺旋，以达到进料均匀，逐渐压缩物料形成料塞的目的。螺旋头部通常具有圆柱状的端部伸出轴，这有利于引导物料向前移动，并有助于形成密度趋于一致的料塞，从而有利于防止高压蒸汽的反喷。由于螺旋端部是挤压和磨损最为剧烈之处，因此往往都将顶端最后半圈螺旋叶片逐渐向根部收缩，这样可使其中的一部分负荷由后续的螺旋叶片分担，从而延长其使用寿命。

螺旋管　螺旋管与进料螺旋配合，可实现对物料的输送与压缩。螺旋管呈圆锥筒状，通常用铸钢或高强度铸铁铸造而成。其构造为剖分式，上、下两部分用螺栓连接紧固为一体；螺旋管内壁开有纵向沟槽或者安装数根纵向肋条，以增加物料的切向摩擦阻力，防止物料随螺旋一起转动，出现“打滑”现象。“打滑”使物料随螺旋一起旋转，导致物料的前移运动被破坏，难以继续形成料塞。螺旋管下部开有若干滤水孔，以便使螺旋挤压物料时的水流顺利排出，防止“打滑”现象发生。螺旋管的末端是挤压、摩擦最剧烈的部位，最易磨损，因此该部位常用衬套结构（即塞圈），以便于磨损后更换。

外塞管　外塞管紧接于螺旋及螺旋管的末端并与蒸煮缸相连，用以形成密实的料塞，当其紧密度达到物料本身的密度时，就足以对高压蒸汽起到密封作用，防止蒸汽反喷。

其结构为衬套式，内孔形状有圆柱孔、圆锥孔和圆柱圆锥组合孔三种。外塞管的孔径和形状与形成料塞的密实度有关，且关系到进料机构的动力消耗。在保证料塞具有适当的密实度的前提下，锥形孔动力消耗最小，圆柱形孔最大。实验表明，物料为木片时，采用最合理的是组合内孔，草本植物原料宜采用圆柱孔。外塞管的管体一般用铸铁制成，衬套常用铸铁和不锈钢制造。

压缩比　为了有效地防止蒸汽反喷，进料螺旋在输送物料的过程中应能逐步将其压实。物料在螺旋管体内被压实的紧密程度，通常用压缩比来表示。进料螺旋在管体中，其始端一个螺旋槽和末端一个螺旋槽的实际容积之比，即为压缩比，热磨机的压缩比一般在1.6～2.2之间。

螺旋进料装置的调整　螺旋进料装置的进料量必须与热磨机的产量和物料的蒸煮时间等工艺条件相适应。螺旋进料装置的进料量随进料螺旋的转速改变而改变，在一定转速范围内随着转速增大，进料量也增大。驱动进料螺旋的调速电动机，可根据工艺要求自动或手动地实行调速，从而达到控制进料量的目的。螺旋轴的转速一般为10～80r/min。

（2）回转式进料装置

回转式进料装置最先出现于格林可连续式蒸煮设备中，因而也被称为格林式回转阀，简称为回转阀，后来才被逐渐用作热磨机的进料装置。与螺旋进料装置相比较，回转阀具有如下优点：原料进料时不受挤压，纤维不会损伤；回转阀的密封性好，不存在反喷现象；原料进料适应性强；在相同的设备能力下，动力消耗小。但回转式进料装置蒸汽耗量大、制造精度要求高，所以尚未被广泛应用。

图12-4所示为国产热磨机中应用的一种回转阀的结构示意图。它主要由转子2、阀体3和平衡管5等组成。转子安装在一个与其精密配合的阀体内。转子上有若干个空腔。工作时，当空腔转到上方时，原料从进料口落入空腔内。随着转子转动，装有原料的空腔转到下方。原料在自重的作用下落到蒸煮缸内，从而实现进料。

转子在长期工作中，与阀体有磨损，因而出现漏气。为了消除磨损所形成的间隙，转子与阀体采用锥孔配合，其锥度为1∶12～1∶20。当因磨损间隙增大而漏气时，通过手动间隙调整机构1，使传动轴带动转子相对阀体作轴向移动，恢复原配合间隙。

阀体为铸钢件，应具有较好的耐磨性，通常采用衬套式结构。阀体上除设有出料口和两侧设置的平衡管外，在相应处还开有排气管。进料口前的排气管6用于消除腔内残存的压力气体，以免影响进料。卸料位置前设置的进气口9，有助于卸料顺利。转子似叶轮状，由铸

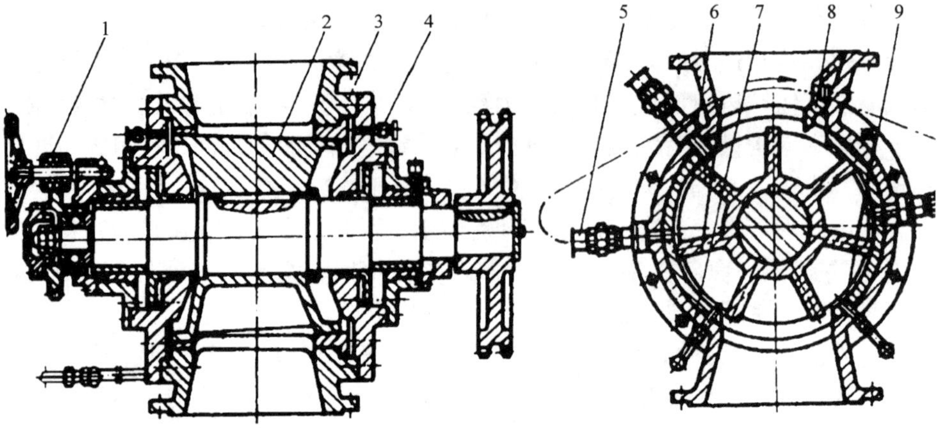

图 12-4 回转阀的结构示意图

1. 间隙调整机构 2. 转子 3. 阀体 4. 冷却水管 5. 平衡管 6. 排气管 7、9. 进气口 8. 刮刀

钢制成，沿周均分成数个空腔，一般在十个以内，大型设备中的转子其空腔数目也多。

回转阀的转速与进料量有一定的关系。回转阀的进料量在一定的范围内，随转子转速的提高而增大，但超过一定数值后，由于空腔内物料的填充系数变小，反而使进料量下降。通常所用的转速在 15 ~ 25r/min 范围内。

12.2.2 预热蒸煮装置

热磨机的预热蒸煮装置的作用是对木片等原料进行软化处理，使得纤维易于分离且损伤小，磨浆动力消耗减小。

由于原料采用高压蒸汽进行连续处理，因此预热蒸煮装置的结构特性除了必须与热磨机的产量要求相适应以外，还应满足蒸煮时间等工艺条件的要求，并且还需考虑设备的强度、耐磨性以及耐腐蚀性等。

预热蒸煮装置根据其预热罐主体的形式，有下列两大类型：一种是由水平罐加垂直罐的组合形式，由于其不易控制蒸煮时间，故逐步淘汰；另一种为立式蒸煮罐，可以很方便地通过对蒸煮罐内物料高度位置的监测，来实现对蒸煮时间的控制，目前应用广泛。

图 12-5 为热磨机的预热蒸煮装置结构示意图。该装置主要由立式预热罐、止回阀、料位控制器、卸料与进料机构等组成。

(1) 预热罐与蒸汽管

预热罐是预热蒸煮装置的主体部分，是利用高温高压蒸汽对原料进行软化的场所，所以罐体是由不锈钢制成的受压容器。并且为了适应高温高压的工作环境，罐体通常采用圆筒状结构，转折处均采用圆角过渡。

罐体共有四处蒸汽入口，其中一处安装在罐体的顶部（见图 12-5 中 1），另外三处均匀分布在罐体底部同一水平面的圆周位置上（见图 12-5 中 6），互成 120°角度安装。这种布局有利于蒸汽的穿透和渗入，使得物料软化更加均匀，同时可以防止物料在罐中“搭桥”。汽路系统中还设有减压阀、截止阀及安全阀等装置，以便调节蒸汽压力和流量，保证预热罐的安全。

预热蒸煮装置的罐体安装在弹性底座上，其目的是为了承受加热膨胀而引起的热应力，以及保证底盘的定位调整不受影响。

（2）止回阀

止回阀也称防反喷装置，一般安装在螺旋进料器内塞管出料口相对应的一侧。其作用是当进料螺旋所形成的料塞较松时，靠气缸的气压作用使锥形塞封住内塞管的出料口，防止“反喷”现象的发生。同时，对于螺旋式进料装置，可以利用止回阀在其出料口上施加一定阻力，保证其形成密实的料塞，也有利于在热磨机起动时，初始料塞的形成。

在预热蒸煮装置中，广泛采用了气动止回阀。这种止回阀反应迅速，密封性能好，能有效的防止反喷。如图 12-6 所示为止回阀的结构示意图。它主要由锥形塞 1、气缸 5 及支座 4 等组成。当压缩空气对活塞 6 作用时，由活塞杆 2 带动锥形塞作轴向运动。该装置是利用螺旋进料装置驱动电动机的负荷变化来实现动作控制的。工作时，若进料电动机的电流值明显下降，说明进料负荷小，料塞不密实。通过控制装置使电磁阀 8 工作，压缩空气推动活塞前移，活塞杆端部的锥形塞堵住内塞管的出料口或压紧料塞，起到防止蒸汽外喷的作用。而随着料塞紧密度的提高，进料负荷增加，即电动机电流值上升到一定值后，控制装置使锥形塞自动打开。进料电动机电流值的上、下限，在热磨机进行带料试车时确定。不同型号的热磨机及不同的原料，电流值的上、下限也不同，应根据料塞的紧密情况来进行调节。该防反喷装置也可通过手动的方式进行操作。

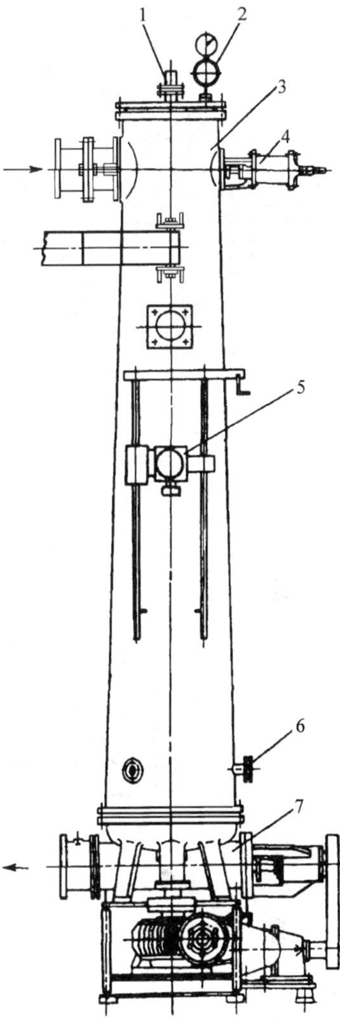

图 12-5 热磨机的预热蒸煮装置结构示意图

1. 蒸汽管 2. 压力表 3. 立式预热罐 4. 止回阀 5. 料位控制器 6. 蒸汽管 7. 卸料与进料机构

另一种热磨机防反喷装置的控制方式，是利用气压“浮动”的原理。它在止回阀气缸的一腔，始终保持有 0.2～0.3MPa 的压缩空气。当进料螺旋还没有形成料塞或料塞较松散时，锥形头始终堵住内塞管的出料口，防止蒸汽反喷；当料塞形成并达到一定的紧密程度后，在进料螺旋的推动下，才能顶开锥形头进入预热罐，同时锥形头在气压的作用下对排出的料塞能够起到一定的破碎作用，以便更好地对物料进行软化。

（3）卸料器与送料螺旋

卸料器与送料螺旋安装在预热罐的底盘上，如图 12-7 所示。其用于将蒸煮好的物料均匀、连续地供给热磨机的磨盘装置。

卸料器用于拨动罐内中堆积的物料，使物料不至于搭桥并均匀地落入缸底送料螺旋内，保证送料螺旋等体积地向磨盘供料。其主要结构是在一立轴的顶部安装的一对叶片，由不锈钢材料制成。这对叶片在电动机通过减速器的驱动下，在罐体内旋转，拨动物料。叶片的转

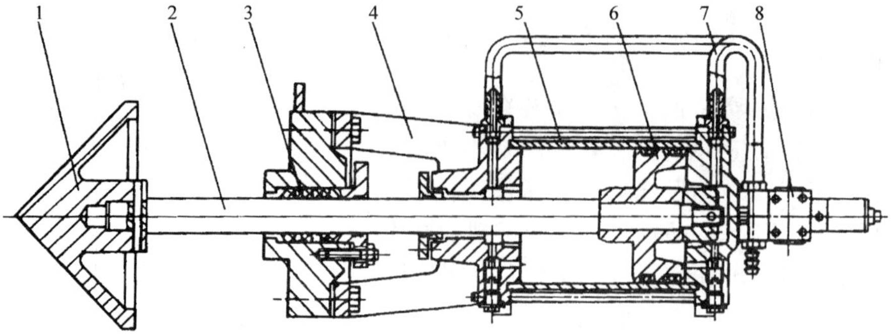

图 12-6　热磨机的防反喷装置结构示意图

1. 锥形塞　2. 活塞杆　3. 盘根　4. 支座　5. 气缸
6. 活塞　7. 进气管　8. 电磁阀

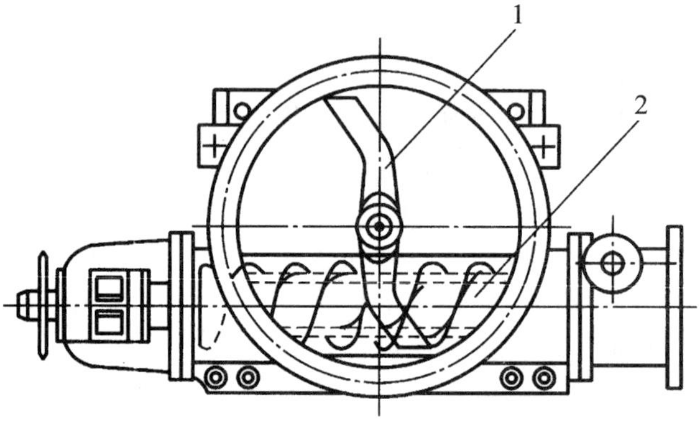

图 12-7　卸料器与送料螺旋结构示意图

1. 卸料器　2. 送料螺旋

速可以在一定范围内调节。卸料器管体往往与底盘铸为一体，内壁开有纵向沟槽或加装有纵向筋条，以防止物料随螺旋一起转动。管体的出口与研磨室的物料入口相连接。

送料螺旋又称内螺旋，它用于将预热蒸煮罐内软化好的物料均匀及时地输送到磨盘中。根据工作条件和工艺要求，送料螺旋常采用双头等距圆柱形，且顶端叶片向轴根收敛并加厚，以提高其使用寿命。送料螺旋由调速电动机经减速后驱动。在工作中，送料螺旋的转速与物料的蒸煮时间相匹配，并且根据工艺对产量、质量的不同要求进行调整。

（4）料位控制装置

料位控制装置用于监测预热蒸煮罐内物料的堆积高度，进而控制和调节螺旋进料器的起动、停止和转动，进而实现对蒸煮时间的自动控制。常用的料位控制器有电阻式料位控制器和 γ 射线料位控制器两种。

电阻式料位控制器的主要元件是一根金属探测棒，金属探测棒的长度可以更换。当探测棒尚未触及原料时，探测棒与预热蒸煮罐间的电阻很大；当堆积的原料高度达到探测棒端部且稳定接触时，探测棒与预热蒸煮罐之间的电阻很快变小，电控部分接收到探测棒电阻变化信号后，控制螺旋进料器的电动机停机，从而达到控制预热蒸煮罐内物料高度的目的。这种控制方式结构简单，但不能根据工艺条件的变化及时地控制料位高度，因而使用不广泛。

射线料位控制器由γ射线发射器、检测器及电控系统组成。射线发射器和检测器对置装在蒸煮罐的两侧，并可沿导轨上、下移动，以调整其位置。射线发射器中铯137或钴发射出的γ射线从一狭缝中射出，穿过预热蒸煮罐壁及罐中的物料可到达对面的接收器。当罐中的物料没有达到预定高度时，γ射线衰减少，接收器接收到的γ射线量大，产生的电信号大。当物料高度达到控制器所控制的料位高度时，由于木片等原料对γ射线的衰减强烈，使接收器接收到的γ射线少，产生的电信号弱。电控系统根据电信号的强弱控制螺旋进料电动机的起动、停止或减速，从而达到自动控制料位高度，控制预热蒸煮时间的目的。

料位控制器常配置两对：一对用于上限控制，另一对用于下限控制。当原料上升到上限位置时，仪表发出信号，以引起操作者注意，同时螺旋进料器速度降低。若料位继续上升，在一定时间内进料电动机便自动停机。当原料下降到下限位置时，仪表发出信号的同时电控系统起动进料电动机、螺旋进料器开始进料。控制进料螺旋和送料螺旋的速度在一定比例下运行，可使料位经常保持在上、下限位置之间正常工作。

使用射线料位控制器时，为了防止意外事故的发生，在使用过程中不允许拆卸及取出放射源。在射线孔开启的情况下不得用眼睛对准开启孔观看。若较长时间不用，应将射线发射孔关闭。

12.2.3 研磨装置

热磨机的研磨装置是热磨机的主体，其作用是将蒸煮软化后的木片置于研磨室的磨盘中，使其在压缩、拉伸、剪切、扭转、冲击、摩擦和水解等多次重复作用下，最终形成纤维的分离。

各种类型热磨机的研磨装置的基本结构大致相同。研磨装置是热磨机的主体，主要由机座、研磨室、主轴、主电动机及传动装置、加压装置、磨盘间隙微调及显示装置、密封与冷却装置、润滑装置等组成，如图12-8所示。

(1) 研磨室装置

研磨室装置主要由研磨室壳体、固定磨盘、转动磨盘、磨片及密封和冷却装置等组成。

研磨室壳体 研磨室壳体是采用铸钢制成的密封棱形扁球体结构，壳体的过渡曲面采用较大的曲率半径，可以改善应力条件，避免积料。壳体由上、下两部分组成，磨盘就固定安装在上下部分所形成的密封腔体中。上部是可拆卸的盖体，便于进行设备的安装、检修和磨盘的更换。下部称为磨室体，其左端的轴向孔，嵌入套管作为研磨室的进料口，蒸煮器的送料螺旋将物料通过套管将物料送入研磨室中磨盘的中心区。另一端的轴向孔口用于装配连接转动磨盘的主轴，通过轴套与密封冷却装置配合。在进料口的侧面还开有石蜡喷口，用于将石蜡泵供给的熔液状石蜡喷向物料，使石蜡与物料一起进入两磨盘之间与纤维充分混合，并均匀黏附在纤维上。壳体侧旁开有排料孔，排料孔与排料装置相连接，用以将分离好的纤维排出研磨室。壳体底部还开有排放阀22，用于排出冷凝水及其他沉积杂物。

磨盘与磨片 磨盘包括固定磨盘20和转动磨盘16。固定磨盘通过基准面用螺栓紧固于磨式壳体内，固定磨盘的中心孔与套管相配，是物料进入磨盘间隙的入口。转动磨盘通过锥面配合与键连接的方式安装在主轴端部，随着主轴一起做旋转运动，对物料进行研磨，并且可以随着主轴一起做轴向移动，以便调整两磨盘之间的间隙。动磨盘的中央安装有供料用的翼轮，以便物料能够均匀地送入两磨盘的间隙。

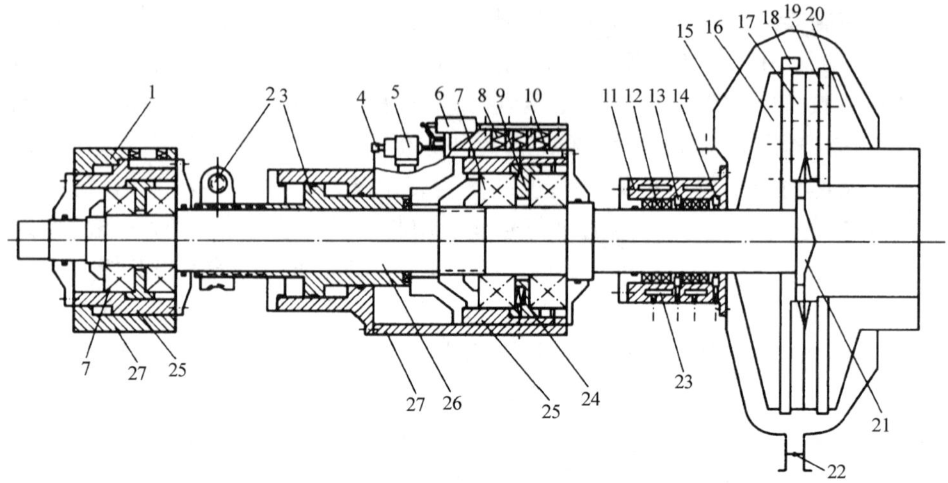

图 12-8　热磨机的研磨装置的结构示意图

1. 后轴承组　2. 蜗轮蜗杆调节装置　3. 磨盘加压装置　4. 磨盘间隙微调手柄　5. 控制油缸　6. 伺服阀　7. 前轴承组　8. 弹簧　9. 液压弹簧装置　10. 导向键　11. 冷却密封套　12. 密封圈　13. 水封环　14. 汽封环　15. 磨室体　16. 转动磨盘　17. 动磨片　18. 叶片　19. 定磨片　20. 固定磨盘　21. 供料翼轮　22. 排放阀　23. 冷却水套　24. 液压弹簧　25. 轴承套　26. 主轴　27. 轴承套座

转动磨盘用螺栓固定在转动磨盘 16 的端面上，动磨盘则采用冷压强制过盈配合固定在主轴 26 上。工作时，转动磨盘由电动机经主轴驱动旋转运动，主轴和动磨盘一起可作轴向移动，用于调整两磨盘间的间隙和施加研磨压力。动磨盘的中心部位装有供料翼轮 21，以便将原料均匀地送入两磨盘之间。动磨盘周边还装有叶片 18，以便于浆料的排出。两磨盘的相对面上分别用沉头螺栓固定着磨片 17 和 19。磨片是直接参与研磨的零件，其齿纹形状、结构对纤维分离效果、生产能力、动力消耗和磨片的使用寿命均有很大的影响。磨片有多种类型结构，根据磨片的齿形断面，可分为锯齿形磨片和条齿形磨片两种。锯齿形磨片易于切断纤维，但较易磨损，一般很少采用。条齿形磨片则可获得较好的帚化纤维，所以采用广泛。根据齿条的排列形式，磨片又可分为三种基本形式：径向放射式、切向放射式、人字式。磨片通常还可分为整体式磨片和组合式磨片两种，组合式磨片有单圈式和双圈式之分。一般大型热磨机都采用组合式磨片，其磨片数量为每圈 4 ~ 8 片或者更多，通常因磨盘的直径大小而异。国产 BW1111/115 型热磨机采用的是切向放射组合磨片，磨片数目为八片。动磨片 17 和定磨片 19 的构造基本一致，唯一的区别是定磨片周边为封口式，动磨片为开口式。

图 12-9 所示是目前国内常用的一种磨片结构示意图。它是一种齿宽不变的条齿形切向放射式组合磨片，其齿条的放射线与磨盘的径向线之间有一个不大的偏置角。磨片的齿面包括进料区和研磨区两部分。进料区本身又由里、外两区域组成，其中，里进料区只有分布很稀疏的数根齿条，单纯起供料作用；外进料区的齿条数目则与研磨区一致，工作中具有初步研磨作用。研磨区对物料进一步研磨，其径向宽度在 40 ~ 50mm 之间。对于双圈组合磨片，一般外圈起精磨作用，以便提高纤维的质量。

磨片是直接分离纤维的零件，必须用耐磨、耐腐蚀的材料制成。早期采用冷硬铸铁、合

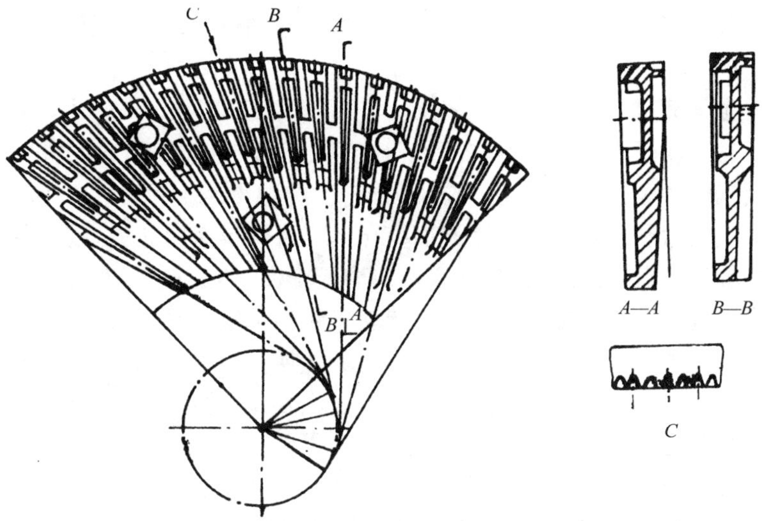

图 12-9 磨片的结构示意图

金铸铁制成。冷硬铸铁虽然成本低、制造简单，但脆性大且耐腐性差、使用寿命低因而较少采用。目前常用的不锈钢磨片硬度在 HRC45 ~ 55 之间，有较好的韧性和防腐蚀性能。磨片是易损件，为了节约贵重的合金金属，大型热磨机的磨片采用包层铸造工艺，磨片的表层为耐磨、耐腐蚀的不锈钢，承力层（底层）为普通碳素钢，并且三个磨区分别采用不同的材料。国外磨片的制造采用了渗铸磨片、熔铸磨片和热喷焊磨片等新工艺，提高了磨片寿命，节约了合金金属用量。

密封与冷却装置 为了防止研磨室内的蒸汽连同纤维一起挤出而造成泄漏，在研磨室壳体与主轴配合处设置有密封装置。热磨机的主轴密封采用高压水密封和填料密封两种方式组合。密封套为夹层式结构。

密封套体内的夹层空间称作冷却水环，通入 0.3MPa 的冷却水，以降低因主轴温度过高造成的磨损和对主轴运转精度的影响。

（2）研磨传动装置

研磨动力 热磨机主轴由电动机驱动，电动机与主轴之间采用齿轮联轴器相连接，该联轴器允许主轴与电动机轴有微小的不同轴度，并保证主轴作轴向移动。对于一些功率较大的热磨机，为了减小电动机体积，采用高压（6 000V）供电，而且要用冷却水冷却其绕组才能保证其正常工作。

主轴装置 主轴 26 主要用来安装转动磨盘和传递转矩，同时也承受纤维分离过程中所产生的轴向力。主轴的运动精度对纤维分离效果有很大影响，因此要求主轴必须具有较好的强度和刚度，故主轴采用优质钢材制成，常用材料为 40Cr 和 45 钢。

主轴前端伸入研磨室内，转动磨盘 16 套装其上，后端用联轴器与主电动机连接，如图 12-8 所示。主轴用前、后两组轴承组支承，前、后轴承组分别装在轴承套 25 内，轴承套则装在轴承套座 27 中，轴承套座与机座用螺栓连接在一起。主轴可随轴承套由导向键 10 导向在轴承套座 27 中作轴向移动，以满足调整磨盘间隙和研磨压力对主轴轴向移动的需要。前轴承组 7 由两个球面止推滚珠轴承组成。为了消除轴承的径向间隙，在两轴承之间装有液压弹簧装置 9；在该装置中的液压弹簧 24 和其腔内的液压油的共同作用下，使两轴承的外圈轴向两边胀开，从而消除轴承的径向间隙。为了消除导向键与轴承套之间的径向间隙，采用一组弹簧 8 来实现。

（3）研磨控制装置

磨盘加压装置　在研磨室中，物料受到磨盘的研磨，而磨盘也受到物料反力的作用，同时研磨室内高压蒸汽对磨盘也产生一定的作用力，二者的总称为研磨压力。研磨压力随物料的种类、进料量、蒸汽压力和预热时间等因素而变化。为了保证磨盘正常、稳定的工作，必须采用加压装置通过主轴给磨盘施加压力，以此平衡研磨压力，才能获得均匀一致的高质量纤维。

目前广泛采用液压传动的加压装置。加压装置包括油缸、活塞、活塞杆及其液压传动系统。油缸的前、后腔各有油路相通，通过换向阀的切换，可使来自液压泵的压力油分别与油缸的后腔或前腔相通，从而使活塞、空心活塞杆、主轴及磨盘一起实现轴向移动。转动磨盘的最大移动距离一般为 80 ~ 100mm，以便更换磨片及检修设备。

磨盘加压系统的油液压力由溢流阀调节，使油缸产生的作用力达到与研磨压力相平衡。并使磨盘加压处于“浮动”状态，以保证当磨盘之间万一有金属块或其他硬杂物进入时，能将磨盘推开，使硬杂物迅速排出，保证磨片免遭损坏。

磨盘间隙微调装置　热磨机磨盘间隙的大小直接影响到纤维的粗细及质量。因此精确调整磨盘的间隙，是在热磨机操作中最重要的环节之一。

图 12 – 8 中 2 所示为蜗轮蜗杆调节装置，加压活塞杆尾部的螺纹与蜗轮中心孔内的螺纹相啮合，蜗轮蜗杆机构与机座相固连。转动手轮，经蜗杆带动蜗轮转动，靠螺纹传动推动活塞杆带动主轴作轴向移动，从而调整、校准磨盘间隙。

操作时，先慢慢转动手轮，使主轴向前移动，当听到有金属摩擦声时，表示两磨盘已接触，磨盘间隙为零。这时再反向转动手轮，使动磨盘后退 0. 2 ~ 0. 3mm 的间隙，即可开始操作。然后根据磨出的纤维再加调整，直至达到理想的纤维质量。

在先进的热磨机中，安装有磨盘间隙显示和自动调节装置。磨盘间隙由传感器测量并显示，然后靠液压伺服控制系统调节磨盘间隙，使其保持在设定值上。间隙的设定调节靠图 12-8 中所示的磨盘间隙微调手柄 4 进行；间隙的保持靠图 12-8 中所示的伺服阀 6 控制。

图 12-10 所示为磨盘压力及间隙微调和控制原理结构示意图。它主要由液压系统、控制油缸、伺服阀等组成。控制油缸的缸体用连杆与前轴承套连接在一起，并可随主轴一起作轴向移动。磨盘间隙通过位置传感器测出主轴的位移：一方面由显示装置显示出间隙值；另一方面与伺服阀阀芯相连接，将位移信号传给伺服阀。伺服阀控制油缸的活塞伸缩，使加压油缸中的活塞随之一起前进或后退，从而保持间隙恒定不变。调节手柄 3 可调节间隙的大小。液压系统还通过压力表架上的控制阀向加压油缸 6 供油，调节并控制磨盘压力。液压系统还同时向前后轴承组供油，并对前后轴承组进行冷却和润滑。调节控制原理如下：

当换向阀 13 处于如图 12-10 所示的连通状态时，控制油路的压力油经此阀、液控单向阀 18、油管 D 进入控制缸的右腔，此控制活塞处于左端位置。主油路的压力油进入伺服阀的 P 口，并分别经阀芯与阀体间的节流口 Δ_{PA}进入加压缸的 A 腔和前轴承弹簧腔；还经伺服阀的节流口 Δ_{PB}进入加压缸的 B 腔。转动手柄 3，控制缸的活塞前移，推动伺服阀芯前移，使节流口 Δ_{PA}减小，Δ_{PB}增大，加压缸 B 腔的液压油压力大于 A 腔的压力（B 腔活塞有效面积比 A 腔大），加压缸推动前轴承套前移。当磨盘间隙达到规定值时，加压缸 A、B 腔的压力相等，主轴停止移动。当两磨盘间的压力变小，主轴前移时，带动伺服阀阀芯前移，Δ_{PA}

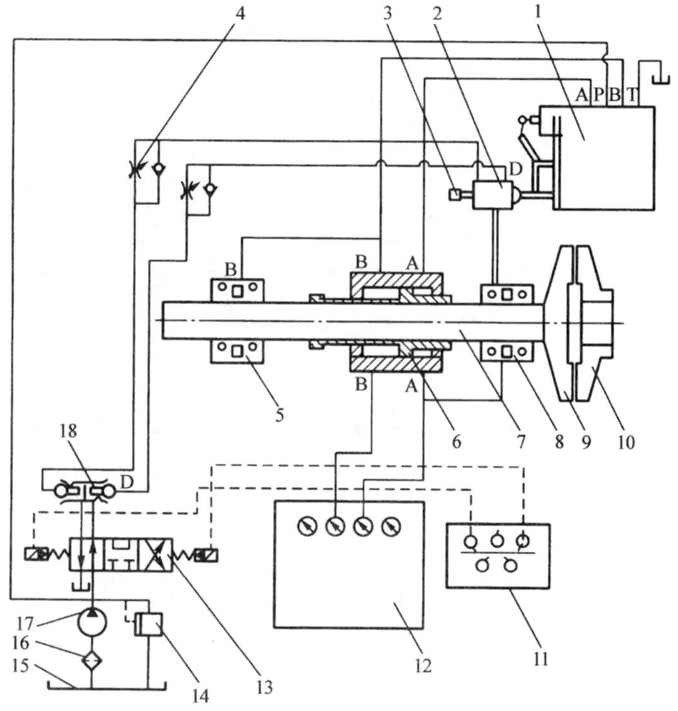

图 12-10　磨盘压力及间隙微调和控制原理结构示意图

1. 伺服阀　2. 控制油缸　3. 调节手柄　4. 单向节流阀　5. 后轴承组　6. 加压油缸　7. 主轴　8. 前轴承　9. 动磨盘　10. 定磨盘　11. 指示灯　12. 压力表架　13. 换向阀　14. 溢流阀　15. 油箱　16. 滤油器　17. 液压泵　18. 液控单向阀

增大，Δ_{PB}减小，加压油缸 A 腔压力大于 B 腔，主轴后退到规定值位置。当主轴因两磨盘间的压力变大后退时，带动伺服阀阀芯后移，Δ_{PA}减小，Δ_{PB}增大，主轴前移到设定位置，从而保持磨盘间隙不变。

12.2.4　排料装置

热磨机的排料装置与研磨室壳体上的排料口相连接，用于将分离的纤维排出研磨室而又不会将研磨室内的高压蒸汽放出。排料装置有周期式和连续式两种。周期式排料装置又称 *S* 管排料阀，由于其结构复杂、故障多、动力消耗大，已逐渐被连续式排料装置所取代。连续式排料装置采用可调式小孔结构，因结构简单、功率消耗少、噪声小、易于实现自动控制，现已被广泛采用。

图 12-11 所示为连续式排料装置的结构示意图。在研磨室的排料管中安装有一偏心衬套 6，其中心为排料孔。排料阀瓣 5 装在销轴 4 上，其经连杆 2 由气缸 1 驱动，紧贴在偏心衬套的端面摆动。通过控制气缸 1 活塞杆的伸出位置，调节排料阀瓣 5 的位置，从而调节排料孔流通面积的大小，以达到控制排料量的目的。调节排料阀瓣的位置可由标尺 3 显示。

有的排料阀上还设有喷胶口 8，胶液由胶泵定量从喷胶口喷入浆料中，混合后一起送入干燥机中干燥。为防止胶液高温固化，在喷胶口处设有水套，输入循环冷却水以冷却喷胶管及胶液。

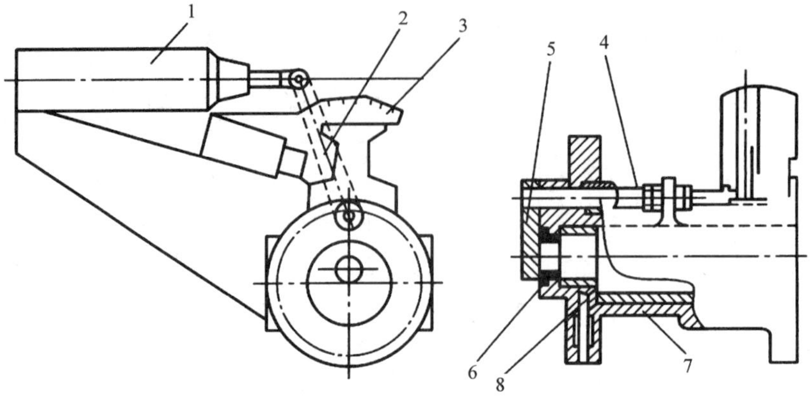

图 12-11　连续排料装置的结构示意图

1. 气缸　2. 连杆　3. 标尺　4. 销轴　5. 排料阀瓣　6. 偏心衬套　7. 阀体　8. 喷胶口

12.3　精磨机与高速磨浆机简介

12.3.1　精磨机

精磨机是和热磨机配套使用的设备，用于将热磨机制得的粗纤维浆料再次进行研磨，使浆料中的粗纤维和纤维束进一步分离，部分纤维帚化，并使浆料的滤水度趋于均匀一致，以改善纤维的性能和提高纤维板的质量。

精磨机的结构与热磨机的主体部分（研磨装置）基本相同，图 12-12 所示为精磨机的结构示意图，它由研磨室、传动及控制部分及机座等组成。

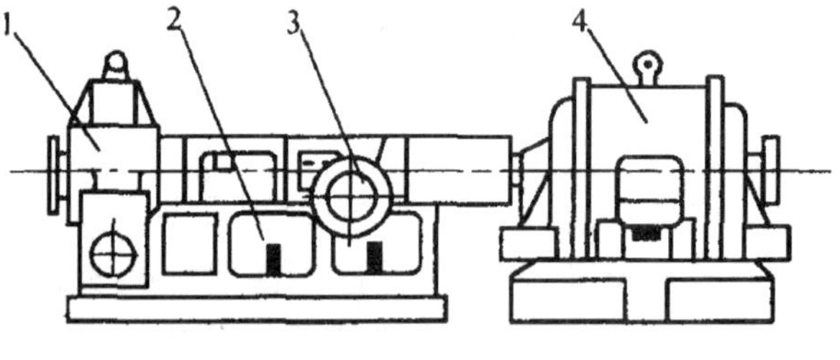

图 12-12　RR－70 型精磨机结构示意图

1. 研磨室　2. 机座　3. 传动及控制部分　4. 电动机

精磨机与热磨机相比较，由于加工的原料、工作条件和工艺要求不同而不同，因此它们在进料装置、研磨装置、排料装置及控制系统的结构和技术要求等方面也有不少区别，主要表现在：

①精磨机在常温常压的条件下工作，不存在对高温高压饱和蒸汽的密封问题。进料方式常见的有下面三种：a. 采用自流方式，浆料的浓度为 3%~ 4%；b. 用浆泵输入，浆料浓度为 7% 左右；c. 由热磨机出口直接进入精磨机，浆料浓度为 5%~ 10%。对于高浓度精磨，通常采用圆柱形等螺距的螺旋式进料装置强制进料。为了供料均匀和保证研磨质量，各种进

料方式都应使进入精磨机的浆料有稳定的压力。

②精磨机的磨片齿距较小，高浓度精磨的齿槽较深，以便排除研磨时产生的蒸汽。精磨机所需的研磨压力较小，两磨盘的工作间隙小，一般不应大于0.06mm。研磨室与主轴配合处不用高压水或高压蒸汽密封，也无需用水冷却，只需采用填料密封即可。

③精磨机一般利用磨室体的下口排料，亦不存在对高温高压饱和蒸汽的密封问题。

④精磨机比热磨机结构简单，技术要求低，故障少，操作简便。

近些年，瑞典首先推出了在原来热磨机基础上发展而成的一种新型热磨机，热磨后不需再进行精磨，即一次研磨成浆，其纤维分离程度就可以达到生产纤维板的工艺要求。经预热软化的木片，先经磨盘的粗磨区分离成粗纤维，然后在磨盘周边的精磨区进行精磨。由于物料一直保持在高温下连续软化，在精磨区很容易直接将粗纤维分离成比较完整的细纤维，因此细长纤维的得率高，浆料质量好。我国生产的BW119/15型热磨机就属于这种热磨机。

12.3.2 高速磨浆机

高速磨浆机又称盘磨机，常见的是双盘磨，主要由进料装置、研磨室、动力与控制装置等部分组成。研磨室内有两个磨盘，分别由两台电动机带动，互成相反方向旋转。木片经软化后（也可不经软化），由进料装置定量均匀地送入研磨室进行纤维分离。

高速磨浆机纤维分离的特点是：由于两个磨盘以相反方向等速旋转，如果设想原料形态为球形，则原料在磨盘间将处于相对静止状态。因为原料不呈球形，并在离心力的作用下，原料按螺旋线轨迹从磨盘中心向边缘移动。故原料在磨盘间的停留时间和所经的路线是比较长的（可达25~30m）。此外，因两磨盘互为反转，磨齿对原料的作用频率很高，为降低盘面压力提供了条件。

高速磨浆机分离纤维均匀，纤维损伤少，分离度较高。故其分离出的纤维一般无需精磨即可直接用于制板。

无论是针叶材或阔叶材，还是采伐、造材剩余物或加工剩余物，甚至是刨花、锯屑等都可用高速磨浆机解纤，故其对原料的适应性较大。

选择不同的预处理方法，如不同处理温度与时间、更换磨片齿型、调整磨盘间隙和压力等，就可用各种原料制出符合制品要求的纤维，在生产上有较大的灵活性。

高速磨浆机在常压下工作，故结构比热磨机简单，操作可靠，维修方便。

高速磨浆机的工作温度比热磨机低，纤维得率高、颜色浅，但因原料未充分软化，且使用两台电动机，故耗电量大。

12.4 热磨机的养护与故障分析

热磨机是一台由多个相对独立的装置组合而成的复杂机床。只有各个独立装置正常的工作，才能保证其生产效率的加工质量。因此，正确地使用和维护热磨机，对提高热磨机的使用寿命、产量和加工质量，降低故障和损耗有重要的意义。

12.4.1 机床的润滑（见表12－2）

表12－2 机床润滑

润滑部位	润滑方式	润滑周期	油的种类
主轴前后轴承	液压泵循环	连续式	10号和20号机油
蜗轮箱滑动架	导热面注油	每班一次	10号和20号机油
蜗轮箱	清洗交换	半年	锂基润滑脂
前、后轴承基座上的油	清洗交换	每周一次	钙基润滑脂
齿轮联轴节	定期注油	三周一次	锂基润滑脂
送料螺旋轴承	清洗更换	第一次半个月以后半年	锂基润滑脂
拨料轴上的衬套	注油器注油	连续式	20号机油
各减速箱	更换	半年	40号机油或HL－30齿轮油
进料螺旋轴承	更换	半年	40号机油或HL－30齿轮油
各油杯	定期注油	每周一次	锂基油脂

12.4.2 热磨机故障及其产生原因和排除方法（见表12－3）

表12－3 热磨机故障及其产生原因和排除方法

故障名称	产生原因	排除方法
反喷	1. 供料不均或供料间断 2. 木片含水率过高或排水孔堵塞 3. 料塞太松 4. 进料螺旋或螺旋管磨损	1. 保证正常供料 2. 保持排水孔畅通 3. 更换锥度大的塞管 4. 更换或修理
进料电动机超负荷	1. 木片过干 2. 内外塞管不同轴 3. 塞管锥度与木材性质不适合，料塞过硬	1. 提高木片含水率 2. 调整同轴度，重新安装 3. 更换锥度大的塞管
送料螺旋超负荷	1. 进料不均匀，木片在预热器内堆积 2. 送料螺旋磨损	1. 暂停进料 2. 检修或更换
主轴填料盒发热	1. 填料太紧，位置不正确 2. 耐磨套磨损 3. 纤维进入填料盒 4. 冷却水不足 5. 蒸汽压力过高	1. 检查调整填料 2. 检修更换 3. 调高水泵压力 4. 检查冷却水泵压力 5. 调整蒸汽压力
轴承发热	1. 润滑液压泵失灵，油管堵塞 2. 流量继电器失灵	1. 检修油路和液压泵 2. 检修或更换
加压油缸压力不足	1. 油路堵塞 2. 液压泵失灵 3. 溢流阀失灵	1. 检修油路 2. 检修或更换 3. 检修或更换

思考与练习

1. 试述纤维分离设备的种类及特点。
2. 热磨机的整机包括哪几部分？试述各部分的作用。
3. 说明螺旋进料装置包括哪几部分？试述各部分的结构。
4. 说明预热蒸煮装置的作用及组成结构。
5. 试述气动止回阀的工作原理。
6. 试述磨片种类及特点。
7. 热磨机的研磨装置由哪几个部分组成？各起什么作用？如何调整磨盘压力和磨盘间隙？
8. 试述精磨机与热磨机的比较。
9. 如何起动、停止热磨机？热磨机在运行过程中要注意哪些问题？

本章推荐阅读书目

[1] 木材工业使用大全—纤维板卷. 王天佑. 中国林业出版社，1998.
[2] 纤维板制造学. 陆仁书. 中国林业出版社，1993.
[3] 中密度纤维板制造. 许秀雯. 黑龙江科学技术出版社，1995.

技能训练24 热磨机的调整与操作

实训目标

了解热磨机的组成、结构和工作原理，掌握热磨机及其他相关仪器设备的使用方法；掌握热磨机的调整和操作规程；掌握纤维热磨的工艺操作。

实训场所与组织

实习工厂或木工厂。以组为单位（每组5人左右），由实训指导老师进行讲解和示范，安排学生实际操作。

实训设备和材料

（1）设备

小型热磨机。

（2）材料

木片、称量装置及工具若干。

实训内容和方法

（1）开机前的准备工作

检查各紧固件连接是否松动，各润滑部位是否有润滑材料，油箱油面是否符合标准，是否有渗漏；检查蒸汽管道、阀是否有漏气现象，蒸汽压力是否在规定的范围内。接通冷却水和水封阀，开动高压水泵，以防蒸汽和纤维泄露；料仓中的木片量是否足够，电气设备是否能正常起动，动磨盘是否处在最后位置。

（2）开机程序

① 起动空压机，检查气压是否能达到0.5 MPa；达到后，将止回阀的气压调整至所需压力，其正常值约为0.3 MPa。

② 起动热磨机的自备供电设备——高压柜，检查各装置是否正常，各仪表显示值是否正常。若正常，进行下一步操作。

③ 将料位控制器调整到所需的高度（高度依工艺要求而定）。打开射线发射器孔，检查射线接收器接收的信号是否正常。若正常，起动螺旋料器的电动机。检查各装置运行是否正常，若正常，起动料仓振动器，螺旋进料装置开始进料。

④ 打开热磨机上的所有排水阀，特别是研磨体底的阀门。

⑤ 开动润滑液压泵、加压液压泵、高压水泵及其他供水阀，使其压力达到规定值。润滑液压泵压力为0.3 MPa。加压液压泵压力为12～25 MPa。特别应指出的是，只有上述各值正常，才能进行下一步操作。

⑥ 打开冷却密封装置中的蒸汽密封环的进汽阀。

⑦ 打开预热蒸煮装置的蒸汽进汽阀，缓慢地输入蒸汽，使蒸汽压力逐渐升到0.8～1.2MPa。

⑧ 起动热磨机主电动机，待磨室体内冷凝水排除后关闭其下部的球阀。

⑨ 待预热蒸煮器的料位形成，将控制板上控制开关打到磨盘压力和间隙微调位置，转动间隙调整手轮和间隙微调旋钮，将磨盘间隙调到0.1mm并锁定。

⑩ 开动送料螺旋和拨料器，开始向磨盘内送料，进行纤维分离。打开排料装置，检查排料口纤维的质量。根据纤维质量和主电动机电流，同时调节排料阀门的开度及送料螺旋、拨料器和进料螺旋的转速，使主电动机电流在规定范围内，使纤维质量满足工艺要求。

（3）停机程序

① 停止进料螺旋和料仓磁力振动器。

② 当主电动机电流接近空载电流时，关停拨料器和送料螺旋。当磨盘发出轻微的金属摩擦声时，转动间隙调整手轮使主轴后退，使磨盘分离。

③ 关闭预热蒸煮罐等蒸汽进汽阀。当蒸煮器上压力表显示罐内无压力时，打开研磨室底部的球阀，排净冷凝水和室内的纤维等。

④ 关停主电动机。待主轴停止转动后，关闭高压密封水泵、冷却水泵、冷却润滑液压

泵和空压机。关闭冷却密封水阀、密封蒸汽阀及水源。

⑤ 切断所有电源，清理打扫周围的环境。

(4) 运行中的检查与调整

① 定时观察螺旋进料器木片供应是否均匀；若不均匀，应检查料仓木片是否集结。

② 定时观察螺旋排水孔是否堵塞，若堵塞应及时清除堵塞物。

③ 定时观察木片的含水率，使木片的含水率在规定的范围内。

④ 检查纤维滤水度，若过小，则说明纤维粗大，帚化不好。其原因主要是排料阀开口过大，或者磨盘间隙过大，或者木片软化不够。调整料位器高度、排料阀开口或磨盘间隙。

⑤ 主电动机、进料螺旋电动机的负荷不得超过规定值。

⑥ 检查各部分的运转情况，轴承温度，各水泵、液压泵的压力及蒸汽压力是否在规定的范围内，并随时进行调整。一旦发生故障，应及时向维修部门反映，并作好当班记录。

考核标准

考核评分标准见表11－4。

表11－4 热磨机操作技能考核评分标准

实习地点： 系部： 班级： 姓名： 组号：

考核项目	指标分值	考核标准	成绩分档及权重					考核方式
			A	B	C	D	得分	
			1	0.8	0.6	0.4		
理论应知部分	20	纤维分离设备的类型及特点（6分）						现场口试
		热磨机的组成及工作原理（6分）						
		各组成部分的结构（8分）						
技能操作	40	热磨机的调整是否正确、熟练（10分）						现场操作
		热磨机的操作步骤是否正确、熟练（10分）						
		热磨机的维护方式是否正确（10分）						
		热磨机的维修是否正确、熟练（10分）						
热磨质量	20	纤维得率是否符合工艺要求（10分）						现场测试
		纤维滤水度是否符合工艺要求（10分）						
实训报告	20	字迹是否工整，文字表达是否完整、清晰，语言是否通顺、简练（6分）						书面形式
		内容是否齐全（7分）						
		分析是否正确（7分）						
得分								
教师签字								

第13章 人造板干燥机与施胶机

本章学习目标

理论知识 了解人造板干燥机与施胶机的种类、特点及应用；掌握人造板干燥机与施胶机的工作原理和基本构成；熟悉人造板干燥机与施胶机的调整及步骤和安全操作要求。

实践技能 学会人造板干燥机与施胶机的操作方法和步骤；掌握人造板干燥机与施胶机的调整方法；熟练掌握人造板干燥机与施胶机的作业操作。

单板干燥机外形图

转子式刨花干燥机外形图

人造板干燥机是在人造板生产中用于干燥各种物料并使其含水率达到工艺要求的机械设备。人造板干燥机的种类众多，它们的工作原理、结构和技术性能与干燥工艺密切相关，所消耗的热能在人造板生产中占很大比例，干燥质量直接影响产品质量，因此干燥机是生产各种人造板的主要设备之一。

按干燥对象有单板干燥机、刨花干燥机和纤维干燥机之分；按作业方式有周期式干燥机和连续式干燥机；周期式干燥机采用装料、干燥、出料的作业方式并实行周期式作业，连续式干燥机采用从一端进料，干燥好的物料从另一端出料的连续式作业方式，生产效率高。

按加热介质有蒸汽加热干燥机、液体加热干燥机、热空气加热干燥机和炉气加热干燥机。蒸汽加热干燥机因工艺成熟、干燥效果好而使用广泛。热油、过热水加热干燥机因热效率高近年来使用较多；炉气加热干燥机可利用树皮等加工剩余物作燃料，且设备投资少，在一些小型企业中得到了广泛的应用。

人造板干燥机按干燥过程中物料与加热载体进行热交换的方式有接触传导加热、对流加热和混合加热等多种形式。按物料在干燥过程中的运动方式有机械式和气流输送式两种。

施胶机是在人造板生产中用于将一定量的胶粘剂均匀地涂布或拌和在物料（如单板、刨花、纤维等）的表面上的设备。根据产品的不同生产特点，使用的施胶设备也不一样，胶合板生产中使用的是涂胶机，刨花板和中密度纤维板生产中使用的是拌胶机。

13.1 单板干燥机

单板干燥机是用来干燥旋切和刨切单板的干燥机，是胶合板等生产企业的主要设备之一，其性能的好坏直接影响着产品的质量和成本。

13.1.1 单板干燥机的类型、特点和应用范围

单板干燥有天然干燥、干燥室干燥和干燥机干燥等三种，前两种单板干燥机在中小企业中使用较多，后一种为大中型企业采用。单板干燥机有两大类：周期式干燥机和连续式干燥机。周期式干燥机主要采用热压板压紧传热干燥，可以直接利用热压机完成，这种方法单板变形小、热效率较高、干燥质量好，但生产效率低，适用于中小企业；连续式单板干燥机产量大、生产效率高，在生产中被普遍采用。

单板干燥机的类型、特点和应用范围见表 13－1。

表 13－1 单板干燥机的种类、特点和应用范围

种类	热传导方式	热气流循环	进料方式	设备特点	应用范围
喷气式网带单板干燥机	蒸汽热交换器加热空气，温度 140～180℃	热空气垂直喷向单板板面，气流横向循环	横向进料	单板带连续进料，可采用先干后剪工艺，易于实现旋、干、剪连续化生产，单板损失少，生产效率较高，动力消耗大，蒸汽消耗大，单板变形较大	适用于大中型企业，干燥 0.5～2.5mm 单板带和碎单板
喷气式辊筒单板干燥机	蒸汽热交换器加热空气，温度 140～180℃	热空气垂直吹向单板板面，气流纵向或横向循环	纵向零片进料	单板平整度较好，生产效率高。采用先剪后干工艺，单板损失量大，动力消耗大。投资较大，碎单板难以干燥	适用于大中型企业，厚单板干燥

（续）

种类	热传导方式	热气流循环	进料方式	设备特点	应用范围
热压板式单板干燥机（周期式）	热压板接触传热	无	横向进料	靠热压板经网垫将热传递给单板，在加压下干燥，单板平整度最好，热效率高，产量低	适用于中小型企业或干燥易变形的单板

13.1.2 单板干燥机的工作原理和结构

连续式单板干燥机按单板运送方式有网带式和辊筒式两种，其中网带式适应性强而使用广泛。各种连续式干燥机虽然工作方式和原理有区别，但它们的基本构造大致相同，主要由干燥段和冷却段两大部分组成，干燥段主要用来对单板进行加热，通过介质循环，加速单板水分的排出；干燥段由于要求不同，可由若干个结构基本相同的分室组成，干燥段越长，单板运动速度越快，干燥效率就越高；冷却段的作用是使单板在保持压力的运动过程中，通过冷风进行冷却，一般由 1 ~ 2 个分室组成，连续式干燥机的工作层数常有 2 ~ 5 层，采用蒸汽加热时干燥温度为140 ~ 180℃。

（1）喷气式网带单板干燥机

喷气式网带单板干燥机的结构形式较多，归纳起来主要由机架、传动装置、加热装置、外壁、门和附属装置等几部分组成。下面以 BG1828 型横向循环喷气式网带单板干燥机（见图 13-1）为例，介绍这种单板干燥机的结构和工作原理（该机的工作层数为两层）。

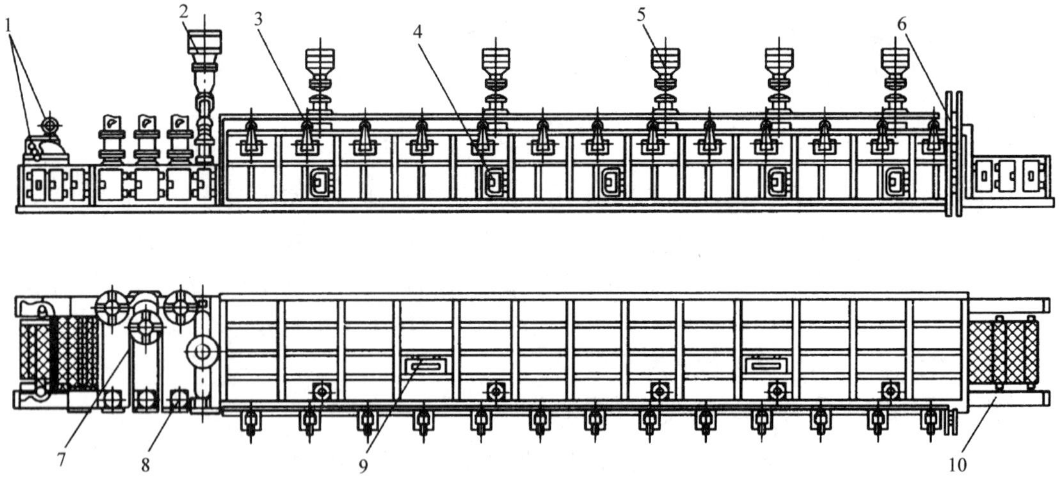

图 13-1 BG1828 型横向循环喷气式网带单板干燥机的结构示意图

1. 传动装置 2. 排气筒 3. 电动机 4、9. 小门 5. 排湿筒 6. 扶梯 7. 排风筒 8. 吸风筒 10. 网带

机架 机架主要用于安装传动装置、加热器、风机门及外壁等。机架按每个分室制作，一般采用型钢焊成框架式结构。多个分室用螺栓连接构成整机。干燥分室与冷却分室因安装的设备有区别而有所不同。不同类型的喷气式网带单板干燥机，由于采用的传动方式、加热装置不同而结构上有一定的差异，但差别不大。

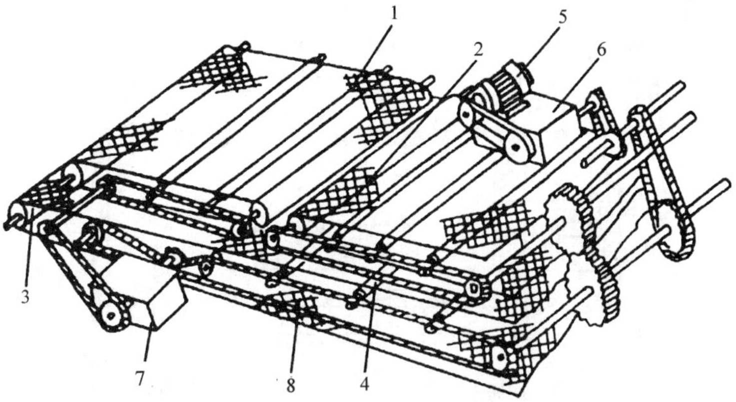

图 13-2 传动装置结构示意图

1. 前压网带 2. 后压网带 3. 带辊 4. 传动辊 5. 电动机 6、7. 变速器 8. 下托网带

传动装置 传动装置是用来传送单板的机构，主要由下托网带、上压网带、网带传动及张紧装置、调偏装置等组成，如图 13-2 所示。

喷气式网带单板干燥机干燥的单板多为单板带，且横向进给。为了减少单板在干燥过程中变形，采用上压网带、下托网带夹紧传送。又因为单板的弦向收缩大，为了防止在干燥过程中单板带因收缩变形而被撕断，上压网带分成两段。前压网带与下托网带的速度相同，后压网带的速度比前压网带的速度略低。

网带靠一组传动辊驱动。电动机 5 经变速器 6 及链条带动前压网带和下托网带传动辊旋转。前压网带和下托网带在传动辊的带动下同步运行；后压网带的运动由前压网带的运动经变速器 7 调速后驱动传动辊实现。放置于下托网带上的单板带在上压网带和下托网带的夹持下，从进料端向出料端运行，在运行过程中单板被干燥。下托网带的长度应适当，网带的松紧程度以相邻传动辊之间的下垂量以 15mm 为宜。

为了防止网带跑偏，在传动系统中设有调偏辊。调偏辊一端的轴承壳铰接在机架上，使调偏辊可在水平面内绕铰支点摆动；另一端的轴承壳可在机架上的导轨作前后移动，其移动可用手轮、电动机经丝杠螺母机构或气缸实现。若采用气压系统驱动，可以实现自动调偏。当网带向调偏辊的铰接边跑偏时，调偏辊的移动端向网带运行方向的反向移动，网带在张紧分力的作用下向调偏移动端移动，以达到调偏的目的。

加热及气流循环装置 加热及气流循环装置在加热段的各个分室内进行，各分室的结构相同。图 13-3 所示为分室结构和气流循环结构示意图。热交换器 5 将空气加热，离心式鼓风机 2 将热空气吹向分室体的压力风道侧，压向对置于单板上下表面的喷气箱，再经喷嘴垂直喷向单板表面。夹带湿气的湿热空气由喷嘴两侧的回气道流回至吸气边，再经加热后，被鼓风机重新吸入，这样就形成了热空气的循环。

当循环空气中温度过大时，打开压力风道侧上方的排气管 7，排出部分湿空气。新鲜空气由吸气道侧下方门上的百叶窗吸入。干燥机内各分室体的热量需求量是不相同的，因此热交换器组在各分室体的配置也是不相同的。进料口段，由于热量损失和加热湿单板要求热量大，因此热交换器组配置数最多。在随后的各分室体中，单板水分逐渐减少，热量需要逐渐减少，加热器组设置也减少。从而使干燥机内的温度基本保持一致。

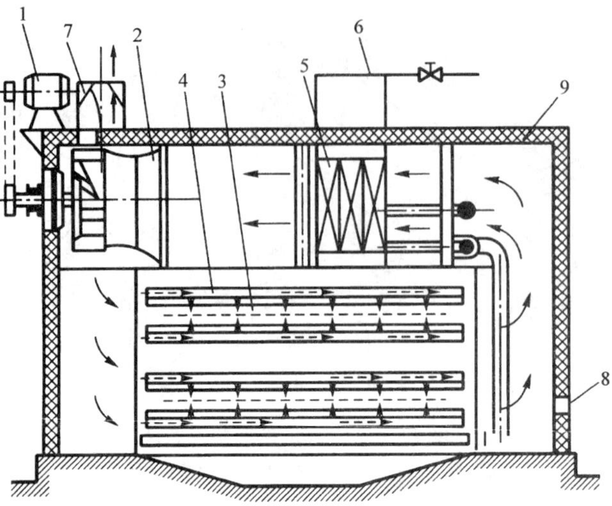

图 13-3　分室结构和气流循环结构示意图

1. 电动机　2. 离心式鼓风机　3. 单板　4. 上下对置喷气箱　5. 热交换器
6. 蒸汽管　7. 排气管　8. 新鲜空气入口　9. 外壳

热空气的循环方向和气流速度对单板的干燥速度影响很大。热空气的循环方向有纵向和横向两种。纵向循环因循环路径长，风速沿程损失大，因而使干燥机内的风速不均匀，所以干燥效果差。横向循环路径短，风速损失小，干燥机内风速均匀，因此干燥效果比纵向循环好。采用两面垂直气流喷射循环时，高热空气高速喷向单板的两表面，与单板进行强烈的热交换，从而提高了热交换率，干燥速度快，干燥效果好。

门及外壁　门及外壁是由装配件组合而成的，两侧和顶部都设有小门，以便检修与管理。为防止热损失和改善劳动强度，门及外壁均有保温层，使外壁的温度与室温差不大于 10℃。门和壁的厚度一般为 100 ~ 130mm，表面为 1.2mm 钢板，内衬石棉或玻璃纤维隔热材料，门板咬边均敷以石棉线，以减少热量损失。

附属装置　横向循环喷气式网带单板干燥机由于可实现单板带连续进料，因此在干燥机进口端设有自动松卷、单板卷贮存和空卷筒回送装置。在出口端设有与气动单板剪切机相连接的传送网带，可实现自动出料。

（2）横向循环喷气式辊筒单板干燥机

横向循环喷气式辊筒单板干燥机是人造板生产企业常用的单板干燥机之一。除单板传送采用辊筒组代替网带上下压紧单板实现单板在干燥机内运动外，其他结构与网带式干燥机基本相同，其工作原理如图 13-4 所示。单板 3 在上下驱动辊 2 的夹持下从干燥机的一端运动到另一端，上下对置的喷气箱 1 上的喷嘴将高热干燥空气吹向单板表面，加热干燥单板。这种干燥机只能采用纵向手工进出料，自动化程度较低，但结构较简单、紧凑，其工作层数可多达五层。

连续式单板干燥机中干燥单板含水率的控制主要通过调整干燥温度和单板运动速度来实现。当干燥温度一定时，单板最终含水率主要受单板运动速度影响，若单板运动速度慢，则单板在干燥机内滞留时间长，干燥时间长，单板最终含水率低。因此，通过无机变速调整网带或辊筒的速度就能控制单板的最终含水率。

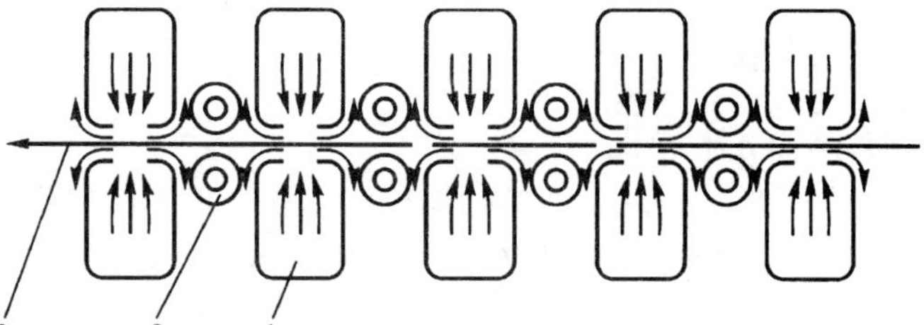

图 13-4 横向循环喷气式辊筒单板干燥机工作原理结构示意图

1. 喷气箱 2. 上下驱动辊 3. 单板

13.2 刨花干燥机

刨花干燥机是刨花板生产中的主要设备之一，主要用于刨花的干燥。

13.2.1 刨花干燥机的种类和性能

刨花干燥机常用的加热介质有蒸汽、热水、热空气和炉气等。蒸汽加热使用最早，炉气加热是靠燃烧燃料（天然气、液化气，汽油、煤和木材加工企业中的剩余物）产生的炉气加热刨花。刨花干燥机的种类和性能如表 13－2 所示。

表 13－2 刨花干燥机的种类和性能

类 型	热传导方式	气流循环方式	进出料装置	性能和特点	适用范围
接触加热回转圆筒式干燥机	蒸汽加热管道，接触传热	无强制气流循环	自动连续进料和出料	干燥速度快，生产效率较高，干燥质量较好，刨花与筒壁及加热管摩擦易生成粉尘，加热管容易损坏，维修困难，刨花含水率受刨花厚度不均匀的影响大	适用于刨花规格较均匀的生产企业
炉气加热回转圆筒式干燥机	炉气直接加热	部分干燥炉气可循环使用	自动连续进料和出料	炉气直接加热刨花，圆筒回转推动刨花前移；燃料来源广，可利用加工剩余物，生产成本较低；设备简单，维修容易	适用于刨花规格较均匀的生产企业
悬浮式气流干燥机	蒸汽或炉气加热空气，热空气传热	部分干燥炉气可循环使用	自动连续进料和出料	轻刨花被热气流吹起，在干燥室内快速干燥，经旋风分离器出料，重刨花在筛网上干燥后挑出。轻重刨花含水率均匀，干燥质量好；能同时实现刨花分类；生产率高；动力、热量消耗大	大中型刨花板生产企业
气流悬浮管道式干燥机	蒸汽或炉气加热空气，热空气传热	部分干燥炉气可循环使用	自动连续进料和出料	刨花在管道内随高速热气流流动，干燥速度快，轻、重刨花含水率均匀，干燥质量好，设备故障率低，能耗大	大中型刨花板生产企业

13.2.2　刨花干燥机的结构和工作原理

（1）接触加热回转圆筒式干燥机

接触加热回转圆筒式干燥机的结构　接触加热回转圆筒式干燥机的结构如图 13-5 所示。它主要由外壳、加热管组、进料口、出料口、排湿分离系统及传动装置等组成。

外壳是用钢板焊接而成的圆筒形壳体，在筒体一端中心处装有蒸汽进气管 1，并与圆筒内的加热管组 2 相连接，靠加热管加热圆筒内的空气和与之相接触的刨花而对刨花进行加热干燥；圆筒的另一端安装有排水管 3，用以排出冷凝水；前部上面装有刨花进料口，后部下面装有出料口。圆筒外壁上装有两个光滑支承环 6 和传动齿轮圈 8；光滑支承环 6 与机座上的转动滚轮相配合，在与传动齿轮圈 8 相啮合的小齿轮 9 的带动下，实现圆筒的回转，筒内的加热管固定不动。筒内壁安装的螺旋式导向叶片将刨花从圆筒的进料端推移到出料端，刨花与加热管和圆筒内的热空气进行接触传热，实现刨花干燥。圆筒的长度为 5 ~ 18m。圆筒的旋转由调速电动机 10 经传动带 18 传到减速器 11，经减速器减速后通过传动齿轮圈 8 和小齿轮 9 实现。若刨花含水率过高，调低电动机的转速，圆筒的转速随之变低，刨花在干燥机内滞留时间增加，含水率降低。圆筒的转速可在3.5 ~ 25r/min 范围内调节，刨花干燥时间一般为 10 ~ 15min。在圆筒的出料端装有排湿系统和出料口。圆筒内的湿空气，经旋风分离器 12 由离心式鼓风机 13 吸出。旋风分离器用于将细刨花与湿空气分离。大多数刨花由出料口 5 排出。

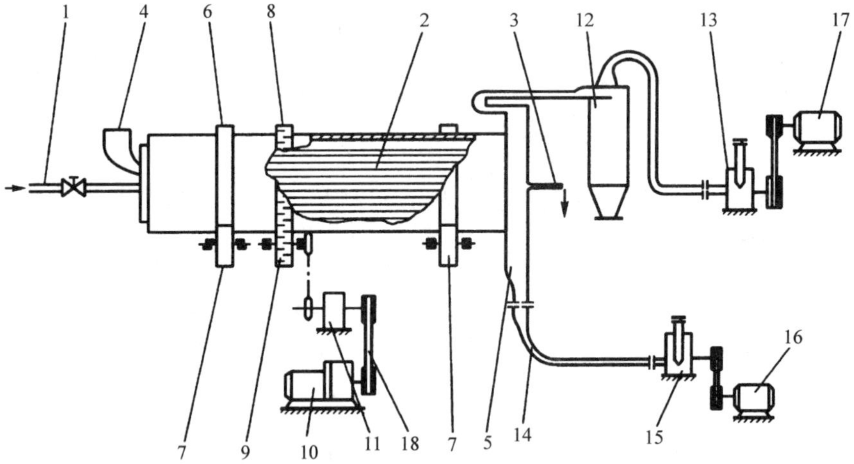

图 13-5　接触加热回转圆筒式干燥机的结构示意图

1. 蒸汽进气管　2. 加热管组　3. 排水管　4. 进料口　5. 出料口　6. 光滑支承环　7. 支承滚轮　8. 传动齿轮圈　9. 小齿轮　10. 调速电动机　11. 减速器　12. 旋风分离器　13、15. 离心式鼓风机　14. 出料斗　16、17. 电动机　18. 传动带

接触加热回转圆筒式干燥机的工作原理　工作时，电动机通过传动装置带动圆筒转动，湿刨花从进料口进入干燥筒内，筒体内壁上的导向叶片随筒体回转时，将刨花提升到上部并向下抛撒，使刨花与加热管组接触加热进行热交换。由于导向叶片与筒体轴线成一定的安装角度，所以当筒体回转时叶片对刨花又起推进作用，将刨花从圆筒的进料端推移到出料端。同时，筒体内还有速度为 1.5 ~ 2.5m/s 的热空气向出料端流动。在热风的作用下，轻而小

的刨花移动速度较快，重而大的刨花移动速度较慢，使干燥后刨花的终含水率比较均匀。当刨花运行至出料口时，即达到工艺要求，并经出料系统送至料仓。

该刨花干燥机的干燥质量较好，生产安全，不易发生火灾。但是由于筒体内装有较多的加热管，两端焊缝很多，容易开裂，一旦漏汽维修很困难；因为进、出气总管在两端，很难保证同轴，致使密封困难，容易漏气；另外，刨花与筒壁、加热管之间以及刨花之间的摩擦，容易使刨花破碎而产生粉尘。

（2）转子式刨花干燥机

转子式刨花干燥机的结构　转子式刨花干燥机是当前国内刨花板生产应用最广泛的一种刨花干燥设备，如图13-6为苏州林机厂制造的BG2327型蒸汽加热转子式刨花干燥机的结构示意图。该机的生产能力为1.4～1.8 t/h，可用于配套年产1.0万～1.5万m^3的刨花板生产线。这种刨花干燥机由机壳8、转子6及其驱动装置4、蒸汽管路2、预热器11、排湿装置7、回转阀式供料器1、排料装置12和灭火装置9等组成。

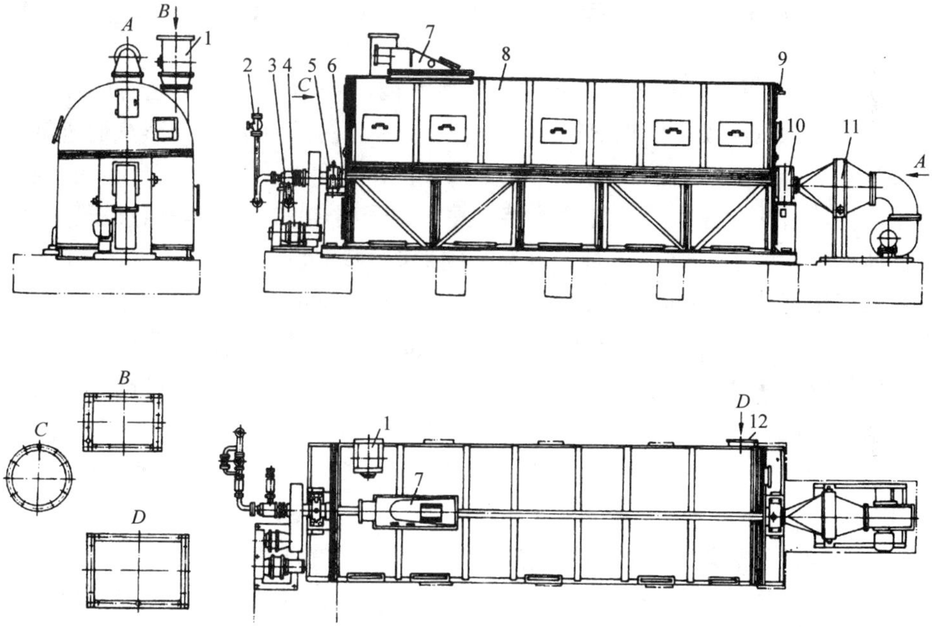

图13-6　转子式刨花干燥机的结构示意图

1. 回转阀式供料器　2. 蒸汽管路　3. 旋转接头　4. 驱动装置　5. 固定端轴承座　6. 转子　7. 排湿装置　8. 机壳　9. 灭火装置　10. 活动端轴承　11. 预热器　12. 排料装置

该干燥机的壳体由钢板和型钢焊接而成，长度为8 m，横断面呈腰形。上壳体沿长度方向设有一排观察口，顶部有排湿口。下壳体底部设有一排清料口，进料一侧的端板上有新鲜空气入口的调节窗。上壳体为对开式，用螺栓连接，便于检修。壳体和门的内部填充保温材料以隔热。

转子由主轴、管束和料铲组成，如图13-7所示。主轴上焊有呈放射状的22对支承槽钢1，用于支承22组管束，管束一端固定在槽钢上，另一端是浮动连接，每组管束均可拆卸。管束的外沿分布着料铲组，料铲组由进料铲2、直铲3和4、松料耙5、出料铲6组成。主轴9的两端各用一个调心轴承支承，靠进料一端为固定支承，靠出料一端可沿轴向浮动，以补偿热胀冷缩的影响，消除伸、缩时的变形应力。转子直径为2 740mm，长度为9 158mm，由电磁调速电动机驱动，经针摆减速器由一对链轮带动转子慢速回转，转子的转速可在2～8r/min范围内调整。

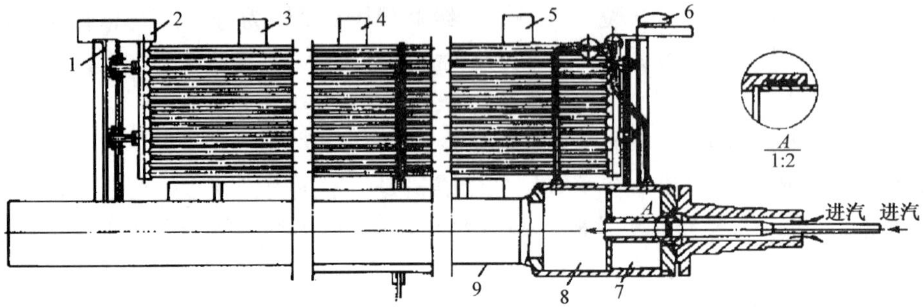

图13-7 转子结构示意图

1. 支承槽钢 2. 进料铲 3、4. 直铲 5. 松料耙 6. 出料铲 7. 回汽腔 8. 进汽腔 9. 主轴

如图13-8所示，蒸汽由进汽管6通过旋转接头内的剑形管3进入主轴，再由主轴进入各组管束，并在管束内流动，以加热刨花。经热交换后，从管束流回的蒸汽通过旋转接头的排汽腔由排汽管7排出。旋转接头由法兰盘1、球形活节管2、弹簧5、压套4、剑形管3和密封圈等组成。通过法兰盘与转子管颈连接，并与转子同步回转。弹簧通过压套，将球形活节管压紧在球形密封圈上，形成球面密封副。剑形管两端外圆处有O形密封圈密封。安装剑形管时左端应留有2.5～3mm的间隙，右端留有5～10mm的间隙。为使旋转接头获得良好的使用性能，球形密封圈和支承圈均不能发生扭曲变形，它们须经磨合后成对使用。为了控制干燥机内的温度，在进汽管路上设置了电动调节阀，当排湿口的温度高于设定值时，可自动调节阀门的开度，以调节蒸汽的供给量。该机的工作温度宜设定在90°左右。蒸汽加热系统的蒸汽压力为1.3～1.5 MPa，蒸汽入口温度约195℃，蒸汽出口温度约175℃，总耗热量5.23×10^9J/h。

为了提高干燥机的热效率，在干燥机的出料端装有空气预热器，新鲜空气经预热器加热后进入空心的主轴，再经轴体上的许多小孔进入干燥机中，以补充排湿装置排出的空气。预热器加热采用0.8～1.2 MPa的饱和蒸汽，在产量能满足生产要求的条件下，为节约能源，亦可采用管束排出的冷凝水。

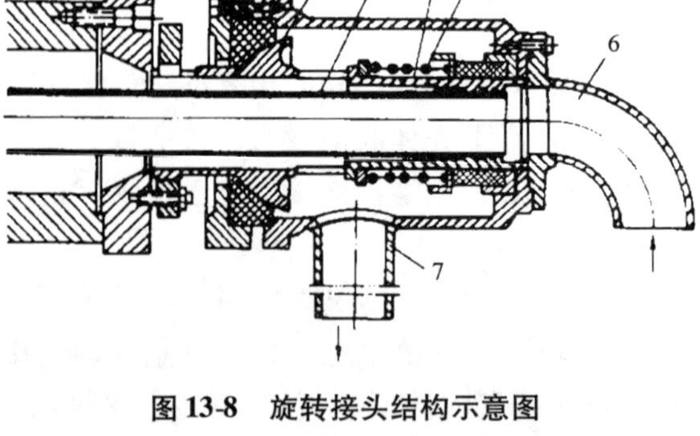

图13-8 旋转接头结构示意图

1. 法兰盘 2. 球形活节管 3. 剑形管 4. 压套 5. 弹簧 6. 进汽管 7. 排汽管

干燥机在连续生产中，当断料时间较长，排湿系统失灵或发生运行故障及操作不当引起堵塞时，热量将在干燥机内集聚，有自然起火的危险。为了防止火灾，在干燥机内设有防火装置。当排湿口处温度达到140℃时，报警器发出声响信号，喷水管路中的水液电磁阀打开，水由安装在壳体顶部的喷管喷出，同时关闭蒸汽阀和进料口回转阀式供料器，此时给料系统也应停止供料。当水液电磁阀失灵时，可以手动打开旁通管的截止阀进行喷水。

转子式刨花干燥机工作原理 转子式刨花干燥机工作时，湿刨花从壳体顶部回转阀式供料器进入壳体，在转子上料铲的作用下不断被翻动并向前输送，由于刨花不断被翻起和向下撒落，并与加热管接触，因此在热传导、辐射和对流的作用下，刨花被干燥，从出料口排出。湿空气由壳体上方的排湿口排出，经排湿管、排湿风机和旋风分离器排入大气，少量微小刨花和粉尘从旋风分离器下部落下。

这种干燥机干燥质量较好，适于干燥各种不同形态的刨花。由于转子上的管束一端固定，另一端浮动，因此焊缝不易开裂；其结构简单，易损件少，而且管束可拆卸，便于维修；采用较低的干燥温度，不易发生火灾；与回转圆筒式干燥机比较，生产能力较高。但是，由于回转的铲桨不断翻动刨花以及刨花与筒壁和蒸汽管等之间的摩擦，容易使刨花破碎产生粉末，而且该机的干燥能力和热效率仍然比较低。

（3）悬浮式气流干燥机

这类干燥机采用适当的气流速度，使刨花在高温气流中呈悬浮状态，这样刨花表面充分暴露在高温气流中进行干燥。有的干燥机对刨花还具有良好的分选效果。图13-9所示的单层悬浮式气流干燥机就属于这种类型。进料阀1将湿刨花经管道2送入干燥室内底部的筛网7上。空气进入加热器8中加热至185℃，热空气经节流阀9控制进入到干燥室下部，通过筛网以一定的速度向上吹起刨花，并同时与刨花进行快速的热交换来干燥刨花。空气的流速应使干燥的细小轻刨花都流过管道10，经旋风分离器11进行刨花与湿热气流分离，最后从旋风分离器的底部排出，并用运输机送到表层干刨花料仓。较大的刨花不能在空气中悬浮，落在筛网上，在搅拌器4的推动下向筛网7边部移动，最后进入管道口12，由出料阀13卸在运输带上，送往芯层干刨花料仓。

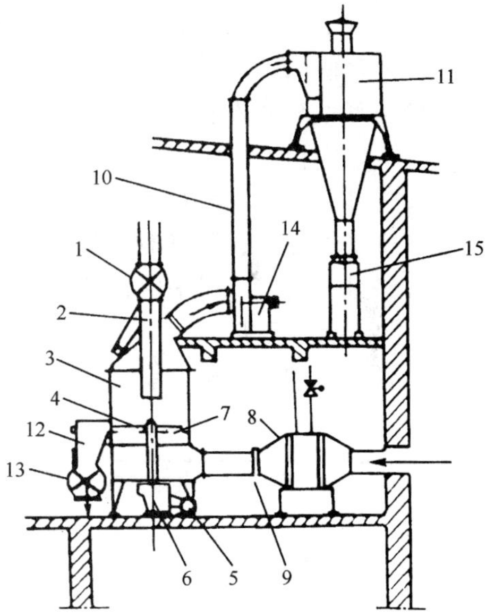

图13-9 单层悬浮式气流干燥机的结构示意图

1. 进料阀 2、10. 管道 3. 干燥室 4. 搅拌器 5. 电动机 6. 减速器 7. 筛网 8. 加热器 9. 节流阀 11. 旋风分离器 12. 管道口 13. 出料阀 14. 鼓风机 15. 控制阀

鼓风机14使干燥室内的空气流动。刨花的终含水率主要取决于进入干燥室内热空气的温度和进气量。只要控制热空气的温度和进气量，就能控制刨花的终含水率。

悬浮式气流干燥机除有单层结构外，还有双层结构。与单层结构相比，双层结构可对大、重刨花再进行干燥和分选，使刨花的含水率更加均匀，干燥质量更好。

13.3 纤维干燥机

纤维干燥机是纤维板生产中的主要设备之一，其性能的好坏对纤维板的质量和生产效率有重大影响。纤维干燥机所干燥的对象为纤维。根据纤维具有表面积大、横断面积小且具有热敏性、蓬松、易分散的特点，纤维干燥一般采用气流干燥。在干燥过程中，利用高温气流的冲击作用，使纤维分散并成悬浮状态，纤维表面全部暴露于热气流介质中。热气流介质又不断高速更新，使湿纤维与干燥介质进行强烈的热交换，湿纤维中的水分迅速汽化，最后被干燥介质带走，从而达到干燥纤维的目的。同时由于纤维和干燥介质一同运动，纤维中的水分汽化时，大量吸热，使干燥介质温度下降，使得纤维中心温度仍低于表面温度。纤维干燥机的干燥温度在 160 ~ 350℃之间，干燥时间为 4 ~ 6s。

13.3.1 纤维干燥机的种类和性能

纤维干燥机种类较多，现分类如下：

按干燥介质分为热空气和混合气两种 热空气是空气与加热源进行热交换获得的，是目前主要采用的干燥介质。混合气是燃烧的炉气与空气混合得来的，由于炉气来源广泛，且直接与空气混合使用，热量损失少，使用逐渐增多。

按结构形式可分为管道式和喷气式两类 管道式纤维干燥机结构简单、干燥效果好，但管道长、占地面积大；喷气式纤维干燥机结构紧凑、热效率高，但结构较复杂。

按工艺可分为一级纤维干燥机和二级纤维干燥机两种 一级纤维干燥机结构简单、干燥管道长、干燥温度高、干燥时间短、生产效率高，但火灾危险性大，适合大批量生产的需要，一级纤维干燥机一般采用直管式结构；二级纤维干燥机的结构较复杂，干燥温度较低，火灾隐患小，干燥质量好。

几种常见纤维干燥机性能见表 13 - 3。

表 13 - 3 几种常见纤维干燥机性能比较

类型	热传导方式	气流循环方式	进出料装置	性能和特点	适用范围
管道式纤维干燥机	蒸汽加热空气，热空气悬浮加热纤维	部分热空气循环加热，单向流动	湿纤维连续进料，旋风分离器出料	高温干燥空气冲击湿纤维热传导强烈，干燥速度快，一般为 4 ~ 6s，干燥温度最高可达到 350℃；产量高，干燥质量好，操作和控制容易；结构大、能耗高，易发生火灾	中大型企业纤维干燥
混合气流管道式纤维干燥机	炉气与空气混合悬浮加热	部分热空气循环加热，单向流动	湿纤维连续进料，旋风分离器出料	高温炉气与空气混合冲击加热湿纤维，干燥温度高，干燥时间短，干燥介质含氧量低，火灾危险性小；其他同上	中大型企业纤维干燥
喷气式纤维干燥机	蒸汽或混合气加热	热空气在干燥机内产生旋转气流	湿纤维连续进料，旋风分离器出料	进入干燥机内的湿纤维在高热旋转气流的带动下边干燥边旋转前移，最后从旋风分离器中出料；产量高、干燥质量高、结构紧凑、热效率高，能耗相对管道式少	纤维或刨花干燥

13.3.2 管道式纤维干燥机

管道式纤维干燥机是采用高温气流与纤维在管道内进行热交换的方式来干燥纤维，有一级管道式纤维干燥机和二级管道式纤维干燥机两种。生产中一级管道式纤维干燥机用得较多。二级管道式纤维干燥机由两组一级管道式纤维干燥机构成。

图 13-10 为国产 BG25110 一级管道式纤维干燥机的结构示意图。一级管道式纤维干燥机主要由干燥管道系统、加热系统和电气控制三大部分组成。

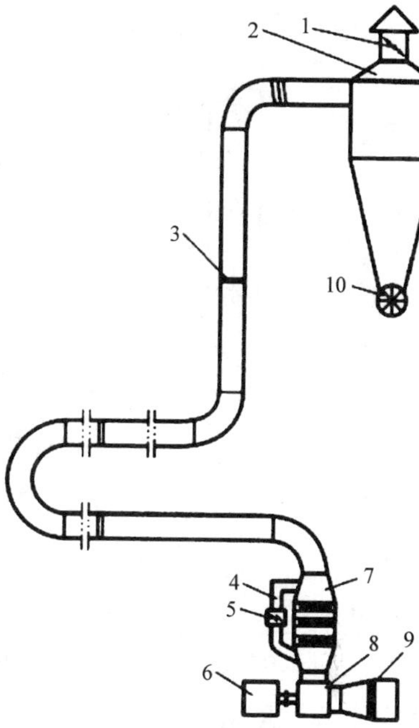

图 13-10 BG25110 一级管道式纤维干燥机的结构示意图

1. 排气控制阀 2. 旋风分离器 3. 管道 4. 旁通管 5. 控制阀 6. 电动机 7. 加热器 8. 鼓风机 9. 导流叶片阀 10. 出料阀

(1) 干燥管道系统

干燥管道系统主要由水平和垂直管道、旋风分离器、回转出料阀、湿气排出控制阀、鼓风机、电动机和导流叶片等组成。

电动机驱动鼓风机把加热过的气流和热磨机喷入的湿纤维一起送入水平及直立的干燥管道内，使湿纤维在管道内与热气流进行强烈的热交换，将湿纤维中的水分加热汽化，并随热气流一同进入旋风分离器，纤维从旋风分离器下部的回转式出料阀中排出，湿空气从旋风分离器顶部的排气口排出。

为了使纤维能在气流中悬浮流动，气流的速度应大于一定数值。研究表明：纤维干燥机的气流流速以大于 20 m/s 为宜。但速度也不能过大，速度过大，纤维在管道内的滞留时间过短，纤维含水率会增大。调节鼓风机进气口的导流叶片阀门，控制鼓风机的进气量来调节纤维气流的流速。

旋风分离器出口上安装有防爆门，当火灾突发时，可关闭此门进行灭火。底部的回转式排料阀由一台电动机经减速器驱动旋转，其结构与热磨机中的回转进料阀相似。干燥管道和旋风分离器管道常用钢管焊接而成。为了防止纤维黏附在管道内壁上，焊缝及转弯处要光滑过渡；为了防止管道因温度升高而变形伸长，在管道上设置有多处伸缩套；为了减少热量损失、提高热效率，干燥管道系统上都包覆有保温层。

常用的管道形式有三种：直管、脉冲管和套管，如图 13-11 所示。

直管　直管是指直径不变的干燥管道，如图 13-11（a）所示。它是气流干燥机中最简单的一种结构形式，直径可达 1 250mm，长度可达 100m。为了减少所占空间，常将管道做成水平管与垂直管的组合形式。其特点是：结构简单、加工容易、投资少；但干燥管道长、设备高度大、热效率较低。

脉冲管　脉冲管是指管径交替缩小与扩大的干燥管道，如图 13-11（b）所示。由于管道直径交替缩小和扩大，当纤维通过管道小直径处时，被加速；当加速结束时，干燥管道直径突然扩大，纤维的运动由于受空气阻力的作用不断减速；减速结束时，纤维气流通过缩小的管道又被加速；这样纤维气流的运动速度一会儿快，一会儿慢，使纤维与气流之间的相对运动速度和传热面积均增大，强化了传热过程，提高了干燥效果。特别是对体积不同的纤

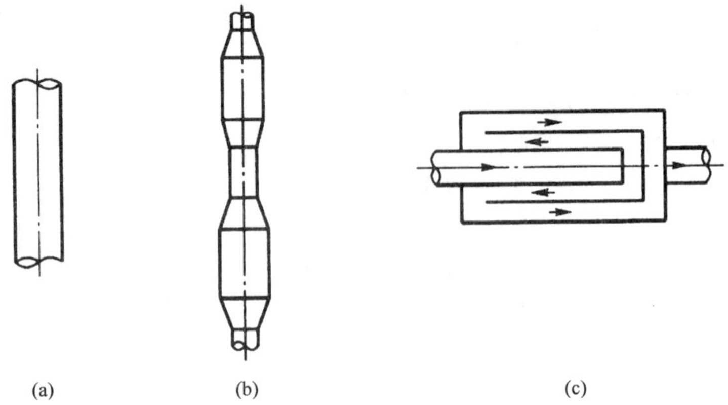

图 13-11　管道结构示意图

（a）直管　（b）脉冲管　（c）套管

维，干燥效果更好。这种结构形式管道长度短、结构紧凑、热效率高、设备所占空间小；但结构复杂、加工困难、内壁容易粘附纤维，目前国内应用较少。

套管　套管是指将直径不同的管道同轴套装在一起构成的干燥管道，如图 13-11（c）所示。这种结构多为卧式，其结构最紧凑，占地面积小，热效率高；但气流阻力大，动力消耗大，纤维容易挂附在管道上，目前使用不多。

（2）加热系统及控制

加热系统主要由加热室和安装在加热室内的热交换器组成。BG25110 型的两个加热室内装有三组六台蒸汽加热器，用于将经鼓风机吹出的空气加热到规定的温度后再送入干燥管道内。新鲜空气经第一组加热器加热后出口温度应为 38 ~ 55℃；第二组加热器的出口温度应为 110 ~ 120℃；第三组加热器的蒸汽进气管上装有流量控制阀，可以调节进入第三组的蒸汽流量，使其出口温度达到 170℃。横跨加热室的傍通管中，装有电动控制风门，用以控制干燥系统旋风分离器的排气口出口温度，旋风分离器的出口温度为 70 ~ 80℃。当出口温度过高时，开大傍通管中的控制风门，没经过加热的空气充入干燥管道内，使出口温度降低到规定值。

（3）管道纤维干燥机的操作与维护

管道式纤维干燥机的种类较多，工作原理也有区别。下面以 BG25110 型管道式纤维干燥机为例进行说明。

①开机前准备工作：

a. 新安装好的管道必须保证所规定的倾斜度要求，管道内壁必须光滑无毛刺；

b. 检查各项检修工作是否完成，是否有工具和零件遗忘在管道内；

c. 检查所有保护装置是否安装到位，是否处于完好状态；

d. 消防灭火设备是否完好；

e. 纤维喷入口、旋风分离器的入口、胀缩部件、过渡部件及其他管道内是否有纤维沉积，如有，必须清除干净；

f. 检查各门是否关好，加热室内及热交换器上是否有纤维和粉尘沉积，如有，必须清除干净；

g. 检查管道内、鼓风机内、旋风分离器内是否有积水，如有，必须清除干净；

h. 检查导流叶片阀门是否关好，各仪表及电动控制装置工作是否正常，各控制仪表的控制值是否调节到了规定值；

②开机：

a. 关闭导流叶片阀门；

b. 起动鼓风机，当运转正常后，打开导流叶片阀门；

c. 缓慢打开蒸汽控制总阀，使第三组热交换器出口温度升至100℃左右，预热20min后完全打开蒸汽阀；

d. 调整各组加热器的供气量。当室外空气温度为 -10 ~ +38℃时，第一组加热器的出口温度保持在38 ~55℃之间；第二组加热器出口温度在100 ~120℃之间；第三组加热器出口温度稳定在170℃左右；

e. 开动回转排料阀，打开湿纤维喷口，向干燥机内输送纤维。

f. 检查纤维含水率，若含水率过高，则提高加热器出口温度；若过低，则降低加热器出口温度，调整时每次温度调整量不大于5℃。

③停机：

a. 停止热磨机运输螺旋，将热磨机的纤维喷口通过分流阀转向废料旋风分离器，关闭施胶泵和施蜡泵；

b. 首先关闭第三组加热器蒸汽电动调节阀，然后关闭一、二组加热器的手动蒸汽阀，最后关闭蒸汽总阀；

c. 当旋风分离器温度降到40℃时关闭鼓风机；

d. 关闭导流叶片阀门，最后关闭回转排料阀；

e. 关机后要将干燥机周围的粉尘和纤维清除干净。

④运行中的操作：干燥机在运行过程中每隔20min进行一次下述检查：

a. 检查各热电阻所显示的温度是否正常；

b. 第三组热交换器的蒸汽电动调节阀及旁路风门电动执行机构工作是否正常；

c. 检查纤维含水率是否正常，若含水率发生变化要查出原因并及时调整各参数，使含水率正常；

d. 每班两次检查鼓风机轴承温度和振动是否正常，检查各运动部件的润滑情况，及时补足润滑油；

e. 每班检查一次鼓风机进气口过滤网是否堵塞，各高温部件上是否有纤维和灰尘，如有纤维和灰尘应清扫干净；

f. 作好值班记录，交班前将干燥机周围的积尘和纤维清除干净，交班时，要将值班中发现的问题交待清楚。

⑤ 常见故障及其排除方法：

a. 干燥管道内温度过高，报警信号响起。首先加大旁路控制阀的开启度，待温度下降，查明原因后按需要关小蒸汽总阀或采取其他措施。检查时，主要检查热磨机产量是否正常，温度控制器的设定值是否正确，第三组热交换器蒸汽电动控制阀的功能是否正常。若上述检查发现问题，应及时处理和上报。

b. 旋风分离器排气口出口温度过低，报警信号响起。检查与排除步骤为：

· 检查热磨机的纤维产量是否过大：调整热磨机的产量；
· 温度控制器的设定值是否正常：重新设定温度控制器的值；
· 第三组热交换器蒸汽电动控制阀的功能是否正常：修理或更换；
· 旁路风门的电动执行机构工作是否正常：修理或更换。

（4）喷气式纤维干燥机

喷气式纤维干燥机是一种卧式纤维干燥设备，其结构如图 13-12 所示。近年来这种设备开始在纤维板生产中使用，也可用于干燥刨花。

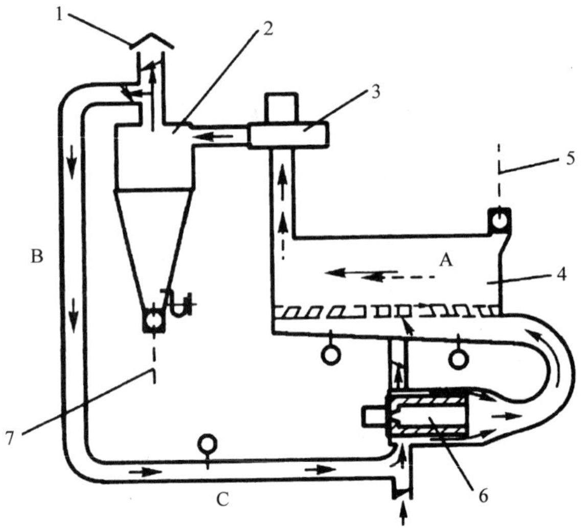

图 13-12　喷气式纤维干燥机结构示意图

1. 排气口　2. 旋风分离器　3. 鼓风机　4. 圆筒形干燥室　5. 进料阀
6. 热交换器　7. 干纤维出口

喷气式纤维干燥机是利用旋转流动层干燥原理进行工作的。湿纤维从圆筒形干燥室 4 一端上方的进料阀 5 中落入干燥室内。热空气经筒底纵向排列的缝隙切向吹入干燥室内，产生旋转气流，旋转气流带动湿纤维在干燥室内一边旋转，一边向前运动。筒内装有旋转齿耙，用以防止纤维集结。已干好的纤维经鼓风机 3 从旋风分离器 2 底部的回转排料中排出。湿热空气部分从旋风分离器的排气口排出，还有部分经回气管道 B、C 重新送入加热器中继续使用。调节回气管上和旋风分离器上的阀门，可控制回气量的大小。当热空气湿度大时，旋风分离器上的阀门开度加大，湿气排出多，回气减少，当热空气的湿度小时，回气量增加。这样热量大部分保存在干燥机内，使该设备的热效率大大提高。

这种干燥机靠控制进气口缝隙内的导流叶片来控制气流在筒内旋转的角度及向前运动的速度，从而控制干燥时间，以达到控制纤维终含水率的目的。在干燥圆筒内的前段，导流叶片向后倾斜，纤维很快通过；在中段，纤维中速向前运动；在出料口段，导流叶片前倾，为回流段。使用这种控制装置，可以根据纤维的粗细和终含水率的要求控制纤维在筒内的干燥时间。这种干燥机的加热介质还常用炉气与空气混合而成的混合气。采用混合气加热时，效果更好。

13.4 施胶机

13.4.1 单板涂胶机

在胶合板制造中，一般都使用辊式涂胶机。辊式涂胶机可分为双辊筒涂胶机和四辊筒涂胶机两种。

（1）双辊筒涂胶机

双辊筒涂胶机主要由上、下涂胶辊及胶槽等组成。下涂胶辊下部浸于胶槽内，上涂胶辊筒由下涂胶辊传递胶液。单板从双辊筒中间通过时，靠相互接触使两辊筒上的胶液涂在单板上下表面上。施胶量的大小主要靠调节上、下辊筒之间的间隙和上辊筒的压力。单板越厚、越窄，辊筒对单板的压力越大，涂胶量越小；反之，涂胶量就越大。此外，单板长度不能大于辊筒周长，否则单板上就会出现缺胶现象。辊筒上沟纹的形状和数量对施胶量也有影响。胶液液面高度以达到下辊筒直径的1/3为宜，过大或过小都影响施胶量。

双辊筒涂胶机结构简单，维修方便，但涂胶质量差，生产效率低，所以仅在一些小厂使用。

（2）四辊筒涂胶机

四辊筒涂胶机又称上方给胶涂胶机，它是在上、下涂胶辊旁各增加一个挤胶辊，以分别控制单板上、下表面的涂胶量。挤胶辊的线速度比涂胶辊低5%～20%，起着刮胶作用，且与涂胶辊的间隙是可调的，可以保证上、下涂胶层的均匀一致。上、下涂胶辊同时供胶，互不干涉，涂胶时不易产生跳动，是广泛应用的一种涂胶方式。

四辊筒涂胶机结构如图13-13所示。它主要由机架、上涂胶辊、下涂胶辊、上挤胶辊、下挤胶辊及调整机构、传动装置、清洗槽和供胶系统等组成。

机架　机架为铸造件或型钢及钢板焊制而成，为左右两部分，中间由钢横梁连接，其作用是支撑涂胶辊、挤胶辊、清洗槽及传动装置等机构，以保持其工作的稳定性。

在机架9上安装一对涂胶辊1、2及上涂胶辊升降机构，一对挤胶辊3、4及挤胶辊间隙调节装置。此外还有挡胶板、托板架、清洗槽、安装冷却水循环系统的水管接头、胶液输送装置、传动链条压紧装置、超越安全离合器、齿轮变速器、胶量调整装置及电动机等。

涂胶辊和挤胶辊　四辊筒涂胶机有上、下两个涂胶辊1、2及上、下两个挤胶辊3、4。上下涂胶辊在传送单板的同时将胶涂在单板的两个表面上。上、下涂胶辊均为铸铁辊，其结构基本相同，在涂胶辊的薄壁圆筒上制有直螺纹，并包覆两层硬质橡胶，内、外层橡胶厚度均为10mm，外层橡胶上有螺纹形沟纹。涂胶辊两端的轴颈安装在轴承内，下涂胶辊的轴承座固定在机架上，而上涂胶辊的轴承座则装在升降装置的滑板上。涂胶辊的一端装有链轮用来带动涂胶辊旋转，另一端装有齿轮用来带动挤胶辊运动。

在上、下涂胶辊的前后安装的挤胶辊3、4为铸铁制成，外表面镀铬。挤胶辊的线速度略低于涂胶辊，这样可起到刮胶的作用，用来控制涂胶量。

传动装置　上、下涂胶辊和挤胶辊均由一台双速电动机11经摆线针轮减速器10、二级变速滑移齿轮及链条传动系统带动旋转。为便于调整上涂胶辊位置，设有自动张紧装置来张紧传动链条。

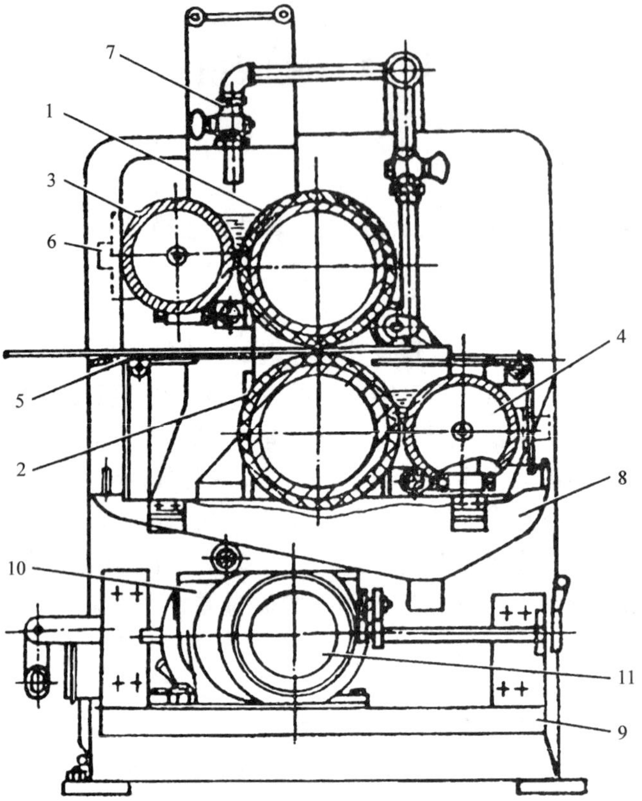

图 13-13　四辊筒涂胶机的结构示意图

1. 上涂胶辊　2. 下涂胶辊　3. 上挤胶辊　4. 下挤胶辊　5. 工作台　6. 胶量调整
7. 胶液输送装置　8. 清洗槽　9. 机架　10. 摆线针轮减速器　11. 双速电动机

挤胶辊由涂胶辊轴上的齿轮经两个小齿轮及装在挤胶辊轴端的大齿轮驱动，这就使挤胶辊的线速度低于涂胶辊的线速度，起到刮胶作用。两个中间小齿轮，其中一个是固定的，另一个用连杆与挤胶辊上的大齿轮相连，这样当改变挤胶辊位置时仍能保证正确的啮合。

上涂胶辊升降装置　上、下涂胶辊的间隙要根据单板厚度进行调整，并使单板所受压力在 0. 15 ~ 0. 25 MPa 之间。上涂胶辊可由手轮经过一对蜗轮蜗杆传动在滑槽中上、下移动，调整上、下两辊筒之间的间隙，最大间距可达 70mm。涂胶辊对单板的压力通过调整螺母改变弹簧的压力来进行调节。

挤胶辊调整装置　挤胶辊与涂胶辊之间的间隙大小，由丝杠螺母调节装置通过手轮加以调节。手轮上刻有刻度便于控制调整量。

挤胶辊的预紧力由弹簧来保证，其大小由螺母调整。当挤胶辊与涂胶辊挤靠过紧时，由于二辊紧碰，使挤胶辊超速过载，装在挤胶辊轴端部的超越安全离合器打滑，可避免传动滚子链条被损坏。

其他装置　胶液输送装置 7 设置在设备的上方，可以根据实际耗胶量的需要加以调整。胶液贮存在涂胶辊和挤胶辊之间的凹槽里，为了防止胶液从两端外流，在涂胶辊和挤胶辊的两端头均装有挡胶板，挡胶板是采用塑料或硬橡胶制成，弹簧压紧装置使挡胶板与胶辊端面紧贴。其贴紧程度可通过调节弹簧压紧装置来控制。

清洗槽 8 用钢板焊制而成，安装在下涂胶辊的下方，作为清洗胶辊后排除污水之用。设备前面的横梁上装有安全开关棒，当设备发生故障时，碰一下就能立即停车，以保证安全。

13.4.2 刨花拌胶机

刨花施胶一般采用刨花拌胶机。刨花拌胶机按拌胶过程可分周期式和连续式两类。

连续式拌胶机生产效率高、劳动强度低，目前使用较为普遍，主要有喷雾式连续拌胶机、环式拌胶机等。

(1) 喷雾式连续拌胶机

喷雾式连续拌胶机主要用于刨花板生产中的刨花拌胶，其结构如图 13-14 所示。它由机座、圆筒形壳体 1、喷头 4、针辊 5 及传动装置等组成。

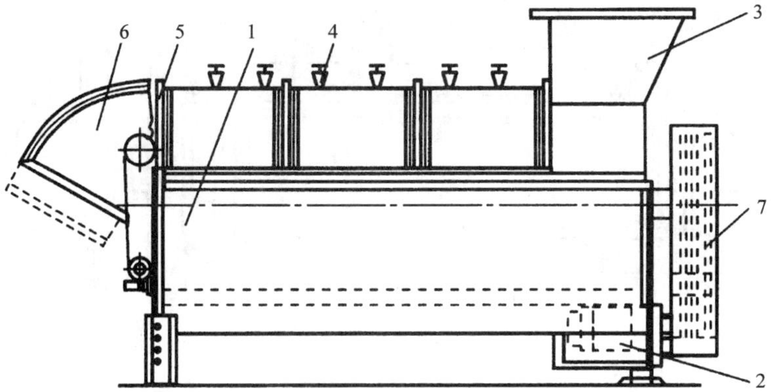

图 13-14 喷雾式连续拌胶机结构示意图

1. 圆筒形壳体 2. 电动机 3. 进料口 4. 喷头 5. 针辊 6. 出料口 7. 三角带传动

机座是用型钢焊接制成的，其上装有圆筒形壳体 1。圆筒形壳体是用钢板制成的剖分式结构，中间用螺栓连接。壳体前端上部为漏斗式进料口 3，上部装有 4 ~ 6 个胶液喷头，后端下部有出料口，在出料口处装有针辊，壳体内装有搅拌轴。针辊和搅拌轴各由一台电动机通过三角带传动带动旋转。

搅拌轴的轴上焊有钢筋（或钢片），钢筋上焊有成螺旋排列的叶片，以便在搅动刨花拌胶的同时推动刨花向前移动，从出料口排出。

喷雾式连续拌胶机的工作过程是：经定量的刨花连续不断地从进料口进入圆筒形壳体内，回转的搅拌轴搅动刨花使其呈悬浮状态。同时装在壳体上部的喷头将胶泵供给的胶液通过喷头喷嘴，在压缩空气的作用下，呈螺旋雾状喷到刨花表面上，再靠刨花间摩擦达到胶料与刨花的均匀混合。刨花从出料口经针辊耙松（防止拌胶刨花结团）送到下道工序。

(2) 高速环式拌胶机

图 13-15 为昆明人造板机器厂生产的 BS121 型外施胶高速拌胶机结构及外形图。它主要由搅拌筒（室）、搅拌轴、供胶装置、传动系统、冷却水循环系统和安全保护装置等组成。

搅拌室　搅拌室是由上、下筒组成的一个长圆筒，它们用铰链 16 连接，并用锁紧器 5 扣牢。上、下筒体均由内外两层组成，中间通冷却水。筒体内壁采用抗腐蚀耐磨的不锈钢板。上筒体后侧配有平衡重 15，使开关上筒体时比较轻便。

在平衡重的臂上设有限制它打开的安全开关 14。只有拔出安全开关使主电路断开后才

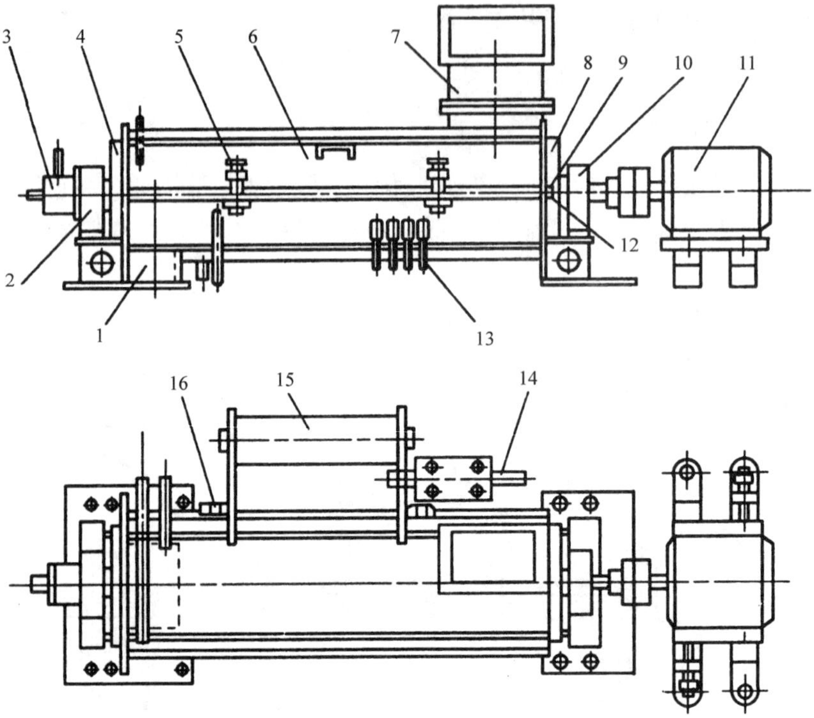

（a）

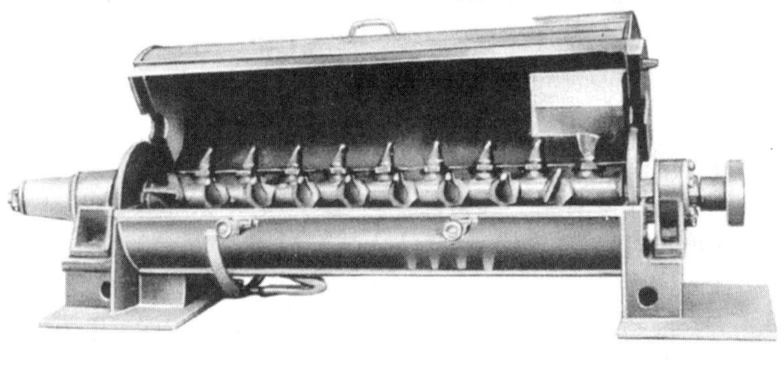

（b）

图 13-15　BS121 型高速环式拌胶机结构及外形图

（a）结构图　（b）外形图

1. 排料口　2、10. 轴承座　3. 水封套　4、8. 搅拌轴平衡盘外罩　5. 锁紧器　6. 上筒体　7. 进料口　9. 碰块　11. 电动机　12. 行程开关　13. 进胶管　14. 安全开关　15. 平衡重　16. 铰链

能打开上筒体。此外，在靠近电动机 11 一侧的下筒体上设有行程开关 12，在上筒体相对应的地方设有碰块 9，上筒体一经打开，碰块脱离行程开关，主电路即被切断，使转子不能转动，以确保操作人员在维修和清洗设备时的绝对安全。在上下筒体的切线方向分别装有进料口 7 和排料口 1。另外还装有进胶管 13 及进出冷却水管。

搅拌轴　搅拌轴的结构如图 13-16 所示，主要由主轴、搅拌器和平衡盘等组成。

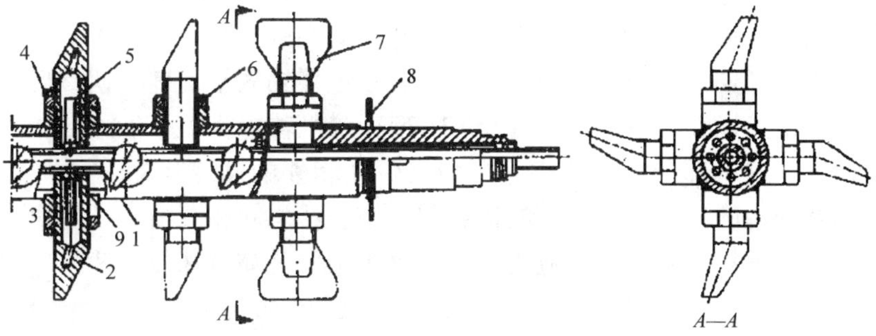

图 13-16 BS121 型搅拌机的搅拌轴结构示意图

1. 主轴 2、7. 桨 3. 底座 4. 螺钉 5. 喷水管 6、9. 螺母 8. 挡板

主轴 1 由套装在一起的两根空心管及端轴等焊接而成，在内部构成一个冷却水的通道。在外套管上焊有安装各种桨的底座 3。在内管上用螺纹固定喷水管 5，并用螺母锁紧。冷却水从内管的中心孔道经喷水管进入搅拌桨的内腔，然后经内外管间形成的环形通道排出，对搅拌桨及主轴进行冷却。冷却水的进出口均设在主轴的一端，另一端通过联轴器或 V 形带传动与主电动机相连。在主轴的两端装有挡板 8。搅拌轴通过轴承安装在搅拌机底座的轴承座内。

在主轴上共安装十八对桨。桨 2 靠螺钉拧入底座，用螺钉 4 及螺母 6 固紧，并用 O 型密封圈密封。刨花在搅拌筒内的施胶过程大致可分成进料、施胶、混和及排抖四个阶段，如图 13-17 所示。桨亦可相应地分成四组。各组桨的安装角 α 及桨的顶部与筒内壁的间距是不相同的。桨的角度决定着桨作用于刨花上的力的大小及方向，影响刨花在筒内的停留时间及旋转速度，因而影响刨花的施胶质量及产量。

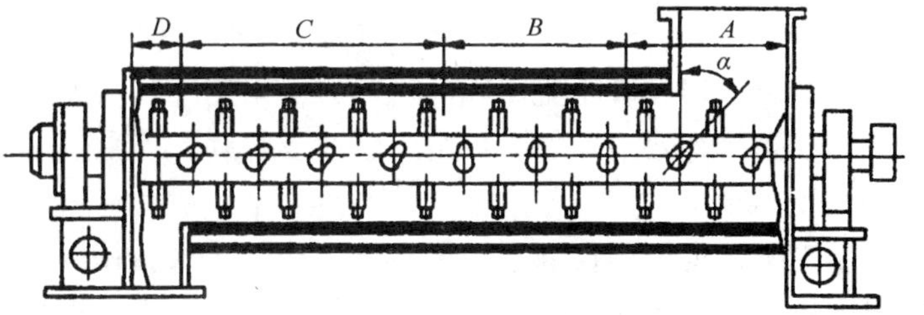

图 13-17 搅拌桨的安装结构示意图

A. 进料段 *B*. 施腔段 *C*. 混合段 *D*. 排料段

位于进料段的桨有四对，其作用是对物料加速，形成环状刨花流，并使其向施胶段推进，这组桨称为推进桨，桨的安装角（又称搅拌角）α 一般为 25°，最大可调到 40°，桨与筒壁间隙为 8 ~ 20 mm；施胶段设有五对桨，在这一段把胶液施在刨花上，并使它们初步地混合，这组桨的安装角为 0°，桨与筒壁间隙为 5 ~ 10mm；混合段有八对桨，桨的安装角 $\alpha \leq$ 25°，间隙为 5 ~ 10mm；最后一对桨用于排料。施胶段和混合段桨的结构形式相同，而且都起搅拌作用，因此可统称为搅拌桨。进料段和排料段桨的结构形式相同。

桨的安装角度可根据刨花的形态及对施胶质量和产量的要求进行调整。调整时要注意叶片的对称性，即应使它们的角度、间隙相同，保证工作时受力平衡，以防止搅拌轴高速旋转时产生剧烈振动。桨调整后应进行动平衡，为此在轴的两端装有平衡盘，并通过键与主轴相连。移动平衡盘上环形滑槽内滑块的位置即可调整搅拌轴的平衡度，调整后用顶丝固定。

高速拌胶机由于搅拌轴高速旋转（BS121 型拌胶机转速为 1 470 r/min），搅拌桨直接带动部分刨花运动，这一部分刨花依靠摩擦力又带动相邻的刨花运动，再加上静止筒壁的阻力，使环形刨花流中的刨花产生一定的速度差，使刨花之间相互滑动，从而使刨花上的胶液得到均匀分布，这种作用叫涂抹效应。高速拌胶机主要是靠涂抹效应使胶均匀分布的，拌胶的覆盖率可在 90% 以上，在 5 ~ 50 s 内即可实现施胶（而老式的慢速拌胶机则要 10 min 左右）。如果施胶时间长，较干的小料会因吸湿性大而吸收胶液，因而靠摩擦上胶较为困难。如果叶片的形状设计得好，高速拌胶机与慢速拌胶机相比并不会使刨花过多地产生破碎，而且大刨花主要沿纤维方向破裂，对板的抗弯强度影响不大。

供胶装置　调胶供胶系统送来胶液的流量由输胶泵控制，到该机的分配管后，经四根输胶管在施胶段的下部低压流入拌胶机内（如图 13-15 所示），要求供胶压力不低于0. 05 MPa。四根输胶管可分别使用，也可联合使用。如果石蜡单独加进去，可用一根管输蜡，其余几根管施胶。如果石蜡与胶液混在一起，则四根一同施胶。该形式的拌胶机也有的采用上部进胶，还有的把淋胶槽安装在筒体上部，装在其下的注胶管穿过腔壁进入机内。后一种注胶方式便于检查全部管子供胶的均匀性，甚至在操作期间，也能清理被堵塞的分配管孔。

除上述的注胶方法外，还有的采用喷胶方法，即在进料口处三个方向的不同位置，安装多个喷胶嘴，用0. 3 MPa 的压缩空气将胶液打成胶雾，喷向进料口处散落的物料上，这种方法胶液分布均匀，节省胶料，拌胶质量更好。

冷却水循环系统　冷却水循环系统由主轴水循环腔、上和下筒体水循环腔、水封套（旋转接头）、水压继电器、水温表和供水系统等组成。

冷却水循环系统分为串联和并联两种方式。串联方式由供水系统提供的冷却水首先进入上筒体，再由上筒体出水管经软管到下筒体，由下筒体出水管经软管输送到水封套，进入主轴进行循环，从水封套的出水口经管路流回制冷机。有的采用冷却水先进入搅拌轴，然后进入搅拌筒的串联方式。如果冷却效果不好，可由串联改成并联，即由供水系统分别进入搅拌轴和筒体，然后分别回到制冷机。

供水系统可以用制冷机，也可用自来水。用自来水冷却，水温较低，但耗水量大。用循环水冷却时，出水温度较高，但水可循环使用，比较经济。通常要求拌胶机的冷却水进口温度≤12℃，出口温度≤18℃，冷却水的压力为 0. 05 ~ 0. 2MPa，有的要求保持在 0. 1 ~ 0. 3MPa。由水压继电器控制，当冷却水系统没有冷却水或冷却水达不到额定压力时，主电机不能启动，以防烧坏水封机构。

搅拌轴、桨和筒体通入冷却水的目的：一是防止因桨与刨花的剧烈搅拌、摩擦产生的热量使胶提前固化；二是使桨和轴的表面及筒的内壁的温度低于露点，形成冷凝液，减少黏胶的机会。

思考与练习

1. 单板干燥机有哪几种类型，各有什么特点？

2. 喷气式网带单板干燥机由哪几部分组成，各起什么作用?
3. 如何调整喷气式网带单板干燥机的网带?
4. 喷气式网带单板干燥机在运行中要注意哪些问题?
5. 如何维护保养喷气式网带单板干燥机?
6. 刨花干燥机有哪些类型，各有什么特点?
7. 接触加热回转圆筒式干燥机由哪几部分组成，各起什么作用?
8. 试述接触加热回转圆筒式干燥机的工作原理
9. 转子式刨花干燥机由哪几部分组成? 各起什么作用?
10. 试述转子式刨花干燥机的工作原理。
11. 纤维干燥机有哪几种类型? 各有什么特点?
12. 试述纤维干燥机的工作原理。
13. 管道式纤维干燥机由哪几部分组成? 各起什么作用?
14. 试述管道式纤维干燥机的操作过程及运行中要注意的问题。
15. 单板涂胶机有哪几种类型? 各自有什么特点?
16. 简述辊式涂胶机的结构和各部分作用。
17. 简述喷雾式连续拌胶机的和工作原理。
18. 试述高速环式拌胶机的结构组成和各部分作用。

本章推荐阅读书目

[1] 人造板机械设备. 庞庆海. 东北林业大学出版社，1997.
[2] 人造板机械. 鲁明高. 中国林业出版社，1989.
[3] 木工机械. 吴金柱. 高等教育出版社，2002.
[4] 木材加工实用大全·刨花板卷. 汪华福. 中国林业出版社，1998.

技能训练 25　单板干燥机的调整与操作

实训目标

通过实训，熟悉单板干燥机的组成、结构；掌握单板干燥机的调整内容、调整方法；熟练掌握单板干燥机操作和使用注意事项。

实训场所与组织

实习工厂或者胶合板厂。分小组进行，每组 3 ~ 6 人，由老师或者技术人员指导，学生亲自动手调整和操作设备。

实训设备和材料

(1) 设备

单板干燥机。

(2) 材料

旋切单板，调整设备用的工具。

实训内容和方法

(1) 网带的调整

① 带辊的调整　带辊的主要作用是支撑张紧网带，保证网带有最适宜的松紧度。松紧度与下垂度有关，网带的下垂度一般以 12 ~ 15mm 为宜。带辊的水平距离，根据网带的长度和松紧程度来调整，使所有的带辊均与钢架侧面构成直角，同时保持彼此平行，同一环周网的带辊距离相等。

② 传动辊的调整　传动辊是否水平，对网带跑偏影响很大，带辊的位置一经确定，就要调整传动辊。应将所有的传动辊与钢架侧面构成直角，并保证水平。

③ 纠正网带跑偏的调整　网带跑偏的纠正可通过改变调偏辊的水平偏移角来实现。当网带向调偏辊的铰接边跑偏时，调偏辊的移动端向网带运行方向的反向移动，网带在张紧分力的作用下向调偏移动端移动，得到调整。反之，则向另一方向调整。

网带在纠偏时，最好是在工作的高温中进行。因为工作温度较高，金属网的膨胀性较大，对斜跑网带的纠偏效果就好一些。

网带如果跑偏较严重，采用上述方法调整不了时，需要考虑是否拆除金属网带，重新进行安装。

(2) 运行中的操作

① 定时测定干燥单板的含水率，根据含水率的高低调整网带或辊筒的速度。若含水率偏高则降低网带或辊筒的运行速度；反之，调高网带或辊筒的运行速度。

② 注意观察干燥单板有无撕裂情况，及时调整后压网的运行速度。

③ 注意观察干燥单板的变形情况，及时调整上、下网带的张紧度，使网带既能有效的夹紧单板，防止单板变形过大，又不至于影响单板干燥时的收缩而撕裂单板带。

④ 注意观察机壳和门是否有漏气现象，并及时进行修理，防止因漏气造成机内温度降低。

⑤ 注意观察网带运行情况，发现跑偏及时调整。

⑥ 随时观察机内的湿度，及时打开排湿孔排湿。

⑦ 按工艺要求认真做好运行记录，下班时及时将记录上交有关部门。

(3) 维护保养注意事项

① 安装网带时，机架两端支承网带的轴辊要保持平行，以防止网带跑偏；

② 开机前首先要放掉蒸汽管内冷凝水，防止蒸汽冲击、损坏管路和阀；

③ 开机前检查各运动部件的润滑情况，及时加注润滑油（以后也应定期检查和加注）；

④ 每周清除一次热交换器上的木屑和灰尘，以防影响加热效率；

⑤ 经常清除机内的碎片杂物和喷气箱内的木屑灰尘；

⑥ 经常检查鼓风机传动带的张紧度，防止打滑降低风量；

⑦定期检查机内的锈蚀情况，如有问题及时修理；

⑧定时检查疏水阀工作是否正常，各蒸汽阀有无漏气现象。

考核标准

考核评分标准见表13-4。

表13-4 单板干燥机操作技能考核评分标准

实习地点： 系部： 班级： 姓名： 组号：

考核项目	指标分值	考核标准	成绩分档及权重					考核方式
			A	B	C	D	得分	
			1	0.8	0.6	0.4		
理论应知部分	20	单板干燥机的组成、结构（10分）						现场口试
		单板干燥机的工作原理（10分）						
技能操作	40	单板干燥机网带的调整（10分）						现场操作
		运行中的操作和设备的维护保养（20分）						
		单板的质量检验（10分）						
质量评定	20	单板的质量检验（20分）						现场测试
实训报告	20	字迹是否工整，文字表达是否完整、清晰，语言是否通顺、简练（6分）						书面形式
		内容是否齐全（7分）						
		分析是否正确（7分）						
得分								
教师签字								

第14章 人造板铺装成型机

本章学习目标

理论知识 了解人造板铺装成型设备的种类和特点；掌握典型人造板铺装成型设备的工艺要求、工作原理和重点结构；熟悉人造板铺装成型设备的调整步骤和安全操作要求。

实践技能 学会人造板铺装成型机的操作方法和步骤；掌握人造板铺装成型机的调整方法；熟悉铺装成型机的故障分析方法。

刨花板铺装机外形图

铺装成型机用于将纤维或刨花按照规定的质量（重量）铺装成均匀的、松散的板坯，然后经热压将板坯压制成板。一般情况下，用于把刨花铺装成型制成板坯的设备统称为铺装机，用于把纤维成型制成板坯的设备统称为成型机。

本章主要介绍铺装成型设备的工作原理、结构及操作与养护方面的知识。

14.1 刨花铺装机

刨花铺装机是将刨花按工艺要求均匀撒铺在运输带上，形成具有一定结构、厚度和宽度板坯的设备。刨花铺装机是刨花板生产中的主要设备之一。

14.1.1 刨花铺装机的种类与特点

刨花铺装机的种类很多，按铺装方式不同可分为机械式、气流式和机械-气流组合式的刨花铺装机；按铺装板坯的结构不同可分为渐变结构、单层结构、多层结构和定向结构刨花板铺装机；按铺装过程是否连续可分为周期式和连续式铺装机。目前常用第一种方式对刨花铺装机分类，其特点如下：

机械式刨花铺装机　机械式刨花铺装机是利用匀速回转的刺辊或光辊，将质量大小不同的混合刨花呈抛物线抛出，依靠质量大小不同的刨花其惯性也不同的特性，使重刨花抛得远，轻刨花抛得近。因而只要选用合适的铺装头类型、直径、转速和安装高度，就可以铺出具有一定分选效果的、均匀的板坯。机械式刨花铺装机多在中小型刨花板生产企业中应用。

气流式刨花铺装机　气流式刨花铺装机是利用风选原理进行铺装的。即混合刨花在风力的作用下，粗大刨花水平速度小、沉降快，吹得近；细小刨花水平速度大、沉降慢、吹得远，从而将粗大和细小刨花分散撒在运输带不同的位置上，形成渐变结构刨花板坯。气流式铺装的特点是分选能力强，铺出的板坯表面细致。这种刨花铺装机多用于大中型刨花板生产企业。

机械气流组合式刨花铺装机　机械－气流组合式刨花铺装机是利用气流铺装头分选刨花效果好的特点，铺装刨花板坯的两个表面，利用机械铺装头铺装板坯的芯层。这种铺装机可以分别控制铺装规格、施胶量和含水率不同的刨花；铺装的板坯表面细致平整、密度均匀，生产出的刨花板质地优良，又具有较高的内结合强度，同时可以降低生产成本。由于这种铺装机生产能力大，适于大规模生产使用。

近年来，随着定向结构刨花板的发展，出现了多种形式的定向刨花铺装机。它将刨花按纤维方向铺装成基本上与板长方向一致或垂直的板坯。这种刨花铺装机有静电式、振动瓦楞式和流板式等多种结构形式。但目前均处于试验阶段，其结构和性能尚待进一步研究、完善。

14.1.2 机械式刨花铺装机

机械式刨花铺装机是利用铺装装置将“刨花流”松散，并改变其运动轨迹，使之按照一定的规律撒落在铺装运输带上进行铺装。

机械式刨花铺装机用于铺装三层结构刨花板或渐变结构刨花板。它有四个铺装头，其结构基本相同，但为了使易于结团的表面细刨花疏松，在表层铺装头上增加了一对疏松辊。

(1) 工作原理

图 14-1 是典型机械铺装机表层铺装头结构示意图。其工作原理是：拌胶刨花由料仓上部的往复式均布下料器 17 卸至小料仓 1 内。料仓中的刨花再由上料带 2 送出，上扫平辊 4 控制出料量，以获得第一次体积计量。随后，经断料辊 5 松散落入自动秤 3 中。自动秤 3 周期地对刨花称重（质量计量），称重后的刨花落入缓冲料斗 13，并由卸料辊 6 均匀卸至出料带 7。出料带 7 与下扫平辊 8 组成了第二次体积计量机构，以保证经质量（重量）计量的刨花以等体积的流量进入铺装区。出料带速度由装秤时间的长短变化控制，并由信号板 11 和干簧管 12 加以校正，以消除误差的积累。拨料辊 9 将出料带上刨花拨至一对疏松辊 10 上，使结团刨花得以疏散。然后，刨花由导流板 15 导向，均匀地落到抛射式铺装上的刨花与辊筒上的针刺相碰撞，在瞬间冲力作用下，刨花被加速并得以分选，即细小的刨花就近落下，构成板坯的表层，而粗大的刨花被远抛至板坯的芯层，由此形成一种渐变结构板坯。

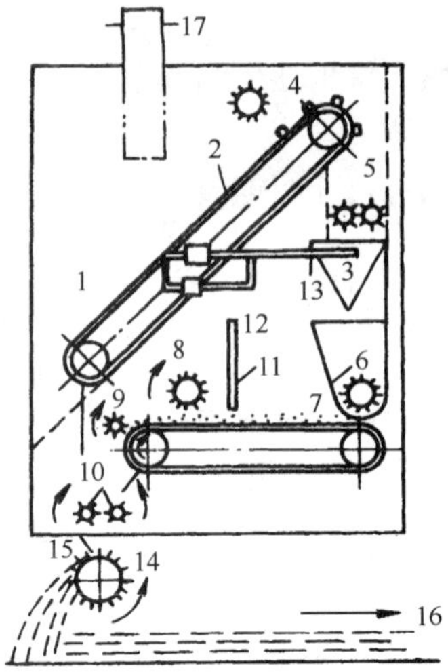

图 14-1 BP3213 型铺装机表层铺装头结构示意图

1. 小料仓 2. 上料带 3. 自动秤 4. 上扫平辊 5. 断料辊 6. 卸料辊 7. 出料带 8. 下扫平辊 9. 拨料辊 10. 疏松辊 11. 信号板 12. 干簧管 13. 缓冲料斗 14. 铺装辊（抛料辊） 15. 导流板 16. 输送带 17. 均布下料器

(2) 基本结构

由上述可以看出，该铺装头主要由料仓、计量系统、铺装装置（抛料辊）等部分组成。

料仓 料仓主要由铺装头侧壁和倾斜安装的上料带 2 等构成，接缝处采用橡胶带密封。料仓用以贮存拌胶刨花，但由于受胶粘剂活性期的限制，料仓容积不宜太大。

计量系统 使刨花均匀而稳定地流入铺装区，是保证板坯均衡铺装的必要前提。如果刨花计量系统设计不当或操作不合理，刨花在铺装过程中不易均匀分布，难以使板坯密度均匀、厚度相等、表面平整。因此，刨花板铺装机一般均需设置一套既有体积流量计量，又有质量（重量）计量的综合计量系统。

拨料辊和疏松辊 拨料辊 9 用于将出料带上的拌胶刨花均匀拨下，其针刺应尽可能靠近但不触及出料带，以便将粘附于出料带上的刨花卸除干净并均匀打散。表层细刨花拌胶量较大，极易黏结成团，这种成团的刨花落于板坯表面，不仅会影响刨花板的表面质量和密度均匀性，而且因其含水率较高，极易产生鼓泡缺陷。为此，表层铺装头的卸料辊和铺装辊之间增设了一对疏松辊 10，以使成团刨花在铺装之前再次得到疏理松散。

铺装装置 铺装装置是抛射式刺辊（又称抛料辊），固定不可调节。这种刺辊对下落的刨花产生瞬间冲击，在冲击力的作用下，刨花被加速，并沿圆周轨迹的切线方向运动，因空气阻力对粗厚刨花的作用比平薄刨花的作用小，且细小刨花与铺装辊针刺的碰撞机会也少，所受到的平均冲击力也小。因此，细刨花射程就小，抛得便近。这样，抛射式铺装辊在不改变刨花流“流量”的情况下，使细小的刨花就近落下，构成板坯的表层；而粗大的刨花抛得较远，构成板坯的芯层，完成了刨花的分选。在生产渐变结构板时，因粗细刨花是混合进

入铺装头的，因此铺装时可能有少部分粗刨花未能抛远而落至铺装板坯的表面，使板坯表面的质量不如气流铺装机的好。

14.1.3 气流式刨花铺装机

气流式铺装机是利用水平气流对刨花进行分选来完成板坯的铺装。与机械式铺装机相比，气流式铺装机的显著优点是板坯结构合理、物理力学性能稳定、密度误差小分选能力强、板坯表面细腻平整、生产效率高，是使用最多的刨花铺装设备。气流刨花铺装机的种类很多，但其基本工作原理相同，设备结构类似，都有一个定量供料装置、刨花分选成型箱和成型运输带，区别仅仅是刨花的分选方式不同。根据结构形式不同，气流刨花铺装机有对吹盒式气流刨花铺装机和排管式气流刨花铺装机两种，排管式气流刨花铺装机在刨花板生产企业中使用普遍。

气流式铺装机的结构形式主要有无管式和排管式（风栅式）两大类。无管式用于渐变结构和多层结构板坯的表面铺装，排管式一般只用于渐变结构板坯的铺装。

（1）无管式气流铺装机

图 14-2 所示为无管式气流铺装机的结构示意图。该机的结构主要由水平料仓和气流分选铺装室两大部分组成。

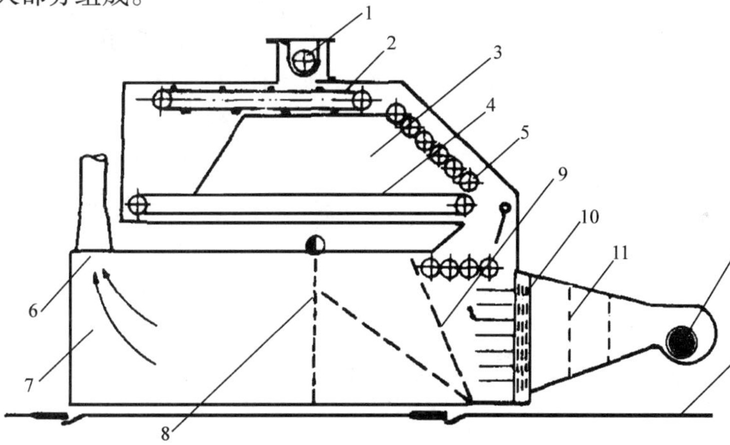

图 14-2 无管式气流铺装机结构示意图

1. 螺旋布料器 2. 刮板运输带 3. 料仓本体 4. 底部出料带 5. 排料辊 6. 抽气孔道 7. 气流分选铺装室 8. 筛网 9. 松料筛网 10. 调节器 11. 扩散器 12. 鼓风机 13. 铺装运输带

水平料仓（计量料仓） 水平料仓由螺旋布料器 1、刮板运输带 2、排料辊 5、底部出料带 4 以及料仓本体 3 等部分组成。刨花由螺旋布料器 1 卸入料仓本体 3。为使刨花在料仓的宽度方向分布均匀，达到堆积密度一致，布料器的螺旋槽底可以轴向移动。刮板运输带 2 将刨花刮向料仓的后侧分层堆存，每层厚度取决于螺旋布料器的送料能力或转速。料仓底部的出料带 4 构成料仓本体 3 的活动底，它被用于将料仓中堆积的刨花平行地向排料口方向移动，保证料仓中排出的刨花连续、均匀。

气流分选铺装室 由排料辊分层排出的刨花经导流板引导落到松散辊上，使板结成团的拌胶刨花疏散后，随之进入气流分选铺装室 7。刨花在气流分选铺装室中，主要受到气流推力、上升力、重力以及刨花之间相互摩擦、碰撞等作用力作用，运动状态极为复杂，既有平移，又有翻滚。但总的趋势是一定的，即在气流推力的作用下，细刨花由于质量小，获得的加速度大，水平运动速度也大，能被气流吹得较远下落而构成板坯的表层；粗刨花由于质量大，获得的加速度小，水平运动速度也小，只能就近落下而构成板坯的芯层。

气流分选铺装室采用半封闭的箱体式结构，水平气流由鼓风机 12 产生。由于鼓风机出口横截面积比铺装室横截面积小得多，为防止气流在扩散过程中出现涡流或激烈回流，造成各处的风速、风压及风向不同，影响板坯铺装密度的均匀性，在鼓风机与铺装室之间的连续管道中设置了两道扩散器 11 和一个调节器 10。扩散器采用均孔板结构，可使气流在整个横截面上均匀地扩散开来。调节器可在水平和垂直两个方向调节风速和风向。这样，最后进入铺装室的水平分选气流便能在高度和宽度上均匀一致。

为防止少量结团的刨花落入板坯内，在铺装室内设置了三道网孔大小不同的筛网 8 和松料筛网 9。在铺装线上相对设置两个这种形式的铺装头（水平气流方向相反），可以铺装渐变结构板坯。如果两个气流铺装头之间设置一至数个分选能力不大的机械式铺装头，便可铺装表面细腻的三层结构或多层结构板坯。

（2）排管式气流铺装机

图 14-3 为排管式气流刨花铺装机的结构示意图。这种刨花铺装机由铺装头、轨道及行走系统、成型运输钢带组成。铺装头通过下面的滚轮支承在两条轨道上，轨道下方是成型带 31。铺装头由料仓和成型室组成，料仓 1 置于成型室的上方，料仓底部的可调速出料带 3，由主动辊 4、从动辊 5 和出料带构成。在出料端装有卸料针辊 6。料仓内还装有三个同步旋转的计量耙辊 7、8、9。

成型室内部中间装有两组按一定距离相对设置的空气排管 10、11，其结构如图 14-4 所示。左面排管的孔口与右面排管孔口间隔相对。两组排管中，相邻两根排管之间的距离比排

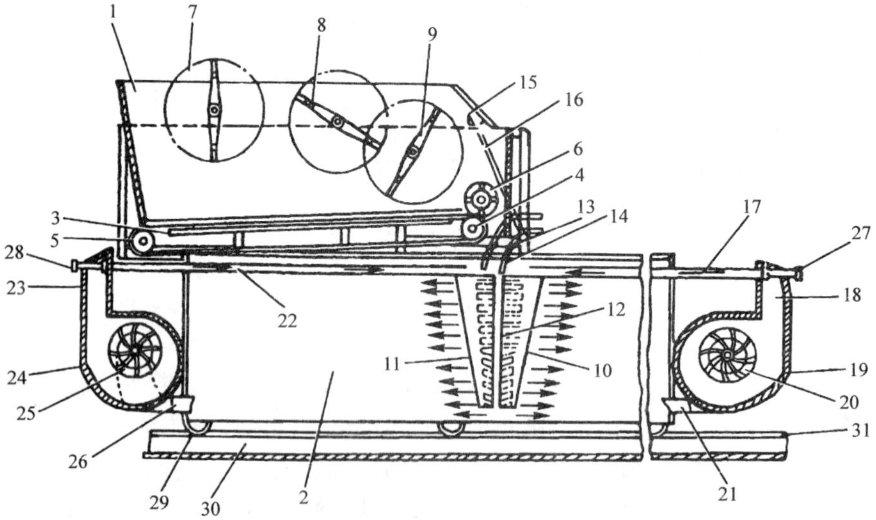

图 14-3　排管式气流刨花铺装机结构示意图

1. 料仓　2. 铺装头　3. 可调速出料带　4. 主动辊　5. 从动辊　6. 卸料针辊　7、8、9. 计量耙辊　10、11. 空气排管　12. 排管孔口　13. 支点　14. 挡板　15. 偏心轮　16. 拉杆　17、22. 总管　18、23. 集气管　19、24. 鼓风机外壳　20、25. 鼓风机　21、26. 吸风管道　27、28. 调节阀　29. 滚轮　30. 导轨　31. 成型带

管孔径略大，以避免相对流动的气流对冲。排管下面一部分空气管喷出的气流略向下偏斜以避免因气流高速流动在板坯表面产生负压区，防止表层细刨花掺入中层，造成表层刨花过粗。

给料装置在料仓的后部和成型室中部两组排管的上部，使供给的刨花降落在两组排气管中间。给料装置为一对相隔一定间距、可绕支点 13 摆动的挡板 14，并由偏心轮 15 和拉杆 16 带动而摆动。在成型室的两端分别安装有鼓风机 20 和 25，铺装机上部的左右总管 17 和 22 分别通过集气管和鼓风机的外壳 19、24 相通，两个空气排管 10 和 11 分别接在两总管上，鼓风机压出的风经两总管送入排管箱中，经排管吹出。调节调节阀 27、28 可控制每组排管的空气量，使整个成型宽度上的风速均匀一致。整个铺装机用滚轮支承在两条轨道上，并由驱动装置按一定的速度要求在两条轨道上移动，在轨道的下方是成型带 31。

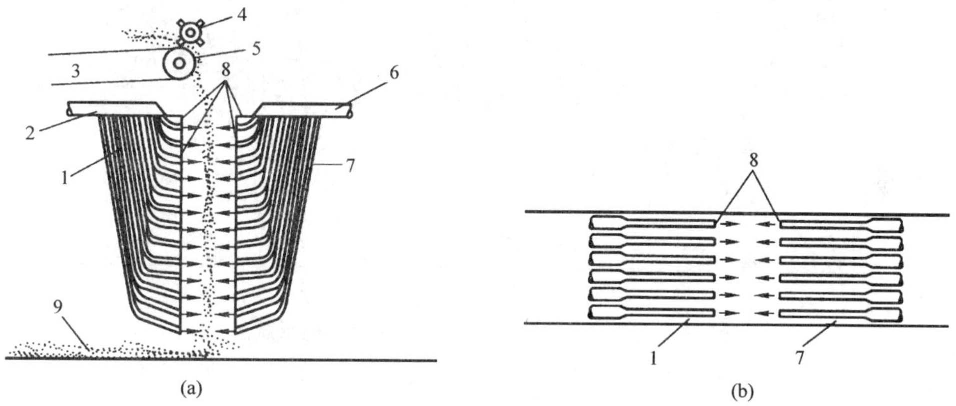

图 14-4　空气排管结构示意图

（a）空气排管相对位置　（b）空气排管俯视图

1. 左排管　2. 左空气总管　3. 出料带　4. 卸料针辊　5. 主动辊
6. 右空气总管　7. 右排管　8. 排管口　9. 成型带

铺装时，成型室在行走驱动系统的作用下以一定的速度沿轨道前行，进入料仓的刨花由耙辊打散，出料带运送的刨花由计量耙辊 9 限定刨花量，当刨花脱离出料带时，被卸料针辊 6 再次打散，经摆动的给料装置使刨花均匀地降落在成型室中部两组排管中间，并被两排管的气流分别吹向成型室的两侧。

空气排管 11 的喷气方向与成型室的运动方向相同，因此飘得远的细刨花首先落在成型带上，形成板坯的下表面；较粗的刨花吹得较近，落在细刨花上面，最粗的刨花落在最上面，形成在板坯厚度上由细变粗的渐变结构。空气排管 10 的喷气方向与成型室的运动方向相反，因此吹得近的粗刨花首先落在空气排管 11 铺装的最上层粗刨花上；较细的刨花吹得较远，落在粗刨花上面，最细的刨花随气流飘得最远，落在板坯的最上面，形成板坯的上表面，形成在板坯厚度上由粗变细的渐变结构。这样，相对置两组排管将粗细刨花吹撒在成型带上形成结构渐变的松散板坯。与此同时，成型室两端的鼓风机抽吸相对排管吹出的气流，经调节阀调节由集气总管送入左右排管中，从而加强刨花的分选作用。

计量耙辊 9 抬高，送入铺装头内的刨花量大，单位时间内撒铺在成型带上的刨花量大，板坯厚度也增大；降低成型室的运动速度，单位时间内铺在成型带上同一位置上的刨花量大，板坯厚度也增大。因此，调整计量耙辊 9 相对出料带的高度或成型室的行走速度可以获得不同厚度的板坯。铺装完毕，成型室退回原位，成型运输带将松散的板坯送入预压机中进行预压，铺装头再开始下一次铺装。

（3）机械－气流组合式刨花铺装机

机械－气流组合式刨花铺装机是由两个一样的气流铺装头和两个机械铺装头组合而成的铺装机。两个气流铺装头用于铺装板坯的表层，设置在铺装机的两端；两个机械铺装头用于铺装板坯的中间层，设置在铺装机的中间，如图 14-5 所示。

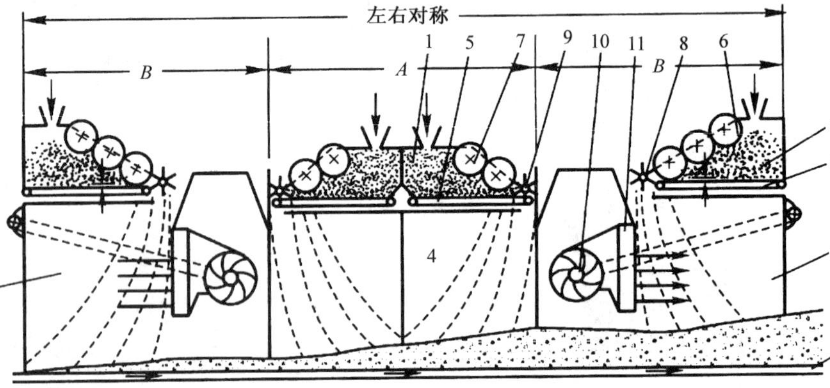

图 14-5　机械－气流联合刨花铺装机结构示意图

1. 料仓　2、3、4. 铺装成型室　5. 进料带　6、7. 计量耙辊　8. 卸料针辊
9. 抛料针辊　10. 鼓风机　11. 排风管　12. 成型带

设置在中间的机械铺装室内的两个机械铺装头结构相同，由进料带 5、计量耙辊 7 和抛料针辊 9 等组成。进料带 5 送出的刨花经计量耙辊 7 计量，由抛料针辊 9 抛撒向运输带。两个机械铺装头完成了对板坯芯层的铺装。设置在两端的两个气流铺装头由风机和定量送料装置等组成，工作原理与排管式气流刨花铺装机相同。鼓风机 10 产生的气流从排风管 11 中喷出，吹向由卸料针辊 8 抛落的细刨花，实现板坯表层的铺装。

14.2　纤维铺装成型机

纤维铺装成型机是将纤维按一定的工艺要求铺装在成型带上，形成具有一定结构、厚度和宽度松散板坯的设备。纤维铺装成型机是纤维板生产中的主要设备之一，它对产品的质量及原料消耗有很大的影响。

纤维板成型机的种类较多，工作原理不同，结构也各异。按照生产工艺，纤维成型机分为湿法成型机和干法成型机两大类。湿法成型机是浆料利用水作为载体来输送和成型的，这类成型设备在生产过程中产生大量的污水，污染严重，在我国人造板行业已被逐渐淘汰。而干法铺装成型机是利用空气作为介质输送和成型的。因避免了以水作为介质，故干法生产纤维板具有下述优点：用水量少，减少了对环境的污染；对原料适应性大，原料的利用率高；热压周期短，劳动生产率高；不仅可以生产单层结构纤维板，也可以生产多层结构两面光的纤维板等。所以近年来干法生产纤维板发展很快，尤其随着中密度纤维板的发展，干法生产纤维板更加普遍。因此本节主要介绍纤维板干法成型设备。

14.2.1 纤维铺装成型机的工艺要求、类型和特点

(1) 工艺要求

干法成型设备是将施胶后的干纤维铺撒在移动的成型带上形成纤维板的板坯。其主要工艺要求是：纤维在成型时散布均匀，不能使纤维絮聚、结团，有结团的要打散；纤维自然交织得好，铺装长度大，铺装角度小；铺装时应按照要求的原料配比均匀供料；板坯的密度、厚度及均匀性应符合规定要求，单位面积的质量（重量）差应小于 ±5%；铺装成型的板坯应尽量密实，使其具有一定的支撑和运输强度等。

(2) 纤维成型机的类型和特点

纤维干法成型设备按其成型原理分为机械式、气流式和气流－机械式三种类型。

机械式纤维成型机　机械式纤维成型机是利用机械的作用将经计量后的纤维松散开，主要靠纤维的自重均匀地铺撒沉降在成型带上成型为板坯。机械式纤维成型机主要有降雪式和隔网式等多种形式。

由于机械式纤维成型机依靠纤维自身的重力作用沉降铺坯，因而板坯十分蓬松，强度较差，生产中难以实现板坯的高运输，易出现塌边和板坯断裂现象。板坯的密度不够均匀且较小，预压困难，特别是生产厚度较大的产品预压更加困难。同时，纤维仅靠自重沉降，铺装成型速度慢，生产效率低。因此，现在这种成型机已较少使用。

气流式纤维成型机　气流式纤维成型机是借助气流的作用将经计量后均匀分散的纤维铺撒沉降在成型（网）带上而成型为板坯。气流式纤维成型机又分为普通气流式和真空气流式等多种形式的纤维成型机。普通气流式纤维成型机的工作原理和结构基本上与气流式刨花板铺装机相同，真空气流纤维成型机按其布料的方式可以分为喷射式、脉冲式和气桥式等多种类型。

近年来在纤维板干法生产中，较普遍地使用真空气流式铺装成型机。这类成型机依靠真空负压的作用使纤维沉降而铺装成板坯，因而成型后的板坯比较密实，具有一定的强度，便于板坯的运输和预压。由于板坯比较密实，预压时排出的空气量较少，不致损坏板坯，因而能适应各种厚度要求的板坯成型。在预压和热压时，随空气排出的细小纤维较少，对车间环境不致造成污染；同时，纤维的沉降是在真空负压作用下进行，纤维沉降速度快，可以采用较高的铺装成型速度，生产效率高，能适应提高产量的要求。但是，这种设备的动力消耗大；因影响气流参数的因素很多，且很敏感，故对工艺的控制和调整难度较大；技术要求高，要求设备具有灵敏度较高的自动控制系统，操作者应具有较高的技术水平。

气流－机械式纤维成型机　气流－机械式纤维成型机是借助气流和机械的综合作用将纤维成型为板坯。这种成型机有气流－刷辊式和负压式等多种类型。气流－机械式纤维成型机，一方面吸取了气流式成型机的主要优点，又基本上克服了它的缺点，如动力消耗减小，气流特性较之简单，调整也较方便。另外，纤维沉降时冲击力小，气流不会破坏已成型的板坯；纤维在沉降区的运动速度低，也易于实现纤维的定向。

14.2.2 机械式纤维成型机

降雪式成型机　图 14-6 为降雪式纤维成型机的示意图，这种机械式纤维成型机在干法

和半干法纤维板生产的初期应用比较普遍。

降雪式纤维成型机的上部为一个小型料仓 1，由倾斜安装的针带 2 将纤维提升至计量辊 3 进行体积计量。经体积计量后的纤维由松散辊 4 打散，卸至水平运输带 5 上。松散辊上的针刺插入针带上的针刺之间，可避免施过胶的纤维絮结成团地落至水平运输带上。卸料辊 6 将纤维甩向一组抛料辊 7，通过抛料辊的作用，纤维得到分选，并铺撒在成型板坯运输带 8 上。为使板坯表面平整和控制板坯厚度，在成型板坯运输带的上方，设置有扫平辊 9（又称均平辊）和纤维回收管 10。对称地设置两个纤维铺装成型室，可生产中间粗、两面细的板坯。

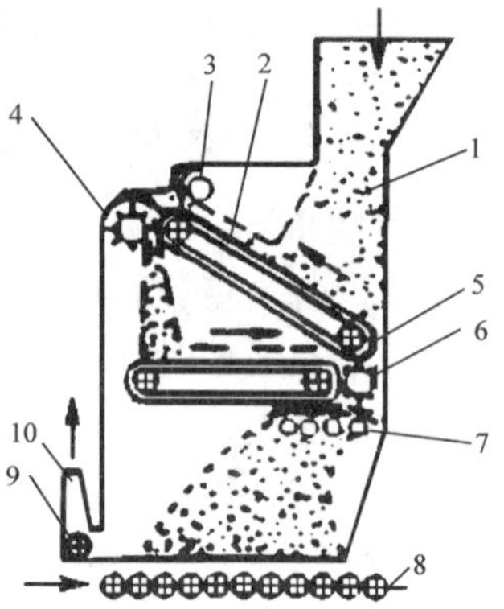

图 14-6　降雪式纤维成型机结构示意图

1. 料仓　2. 针带　3. 计量辊　4. 松散辊　5. 水平运输带　6. 卸料辊　7. 抛料辊　8. 成型板坯运输带　9. 扫平辊　10. 纤维回收管

多辊式成型机　图 14-7 为多辊式纤维成型机

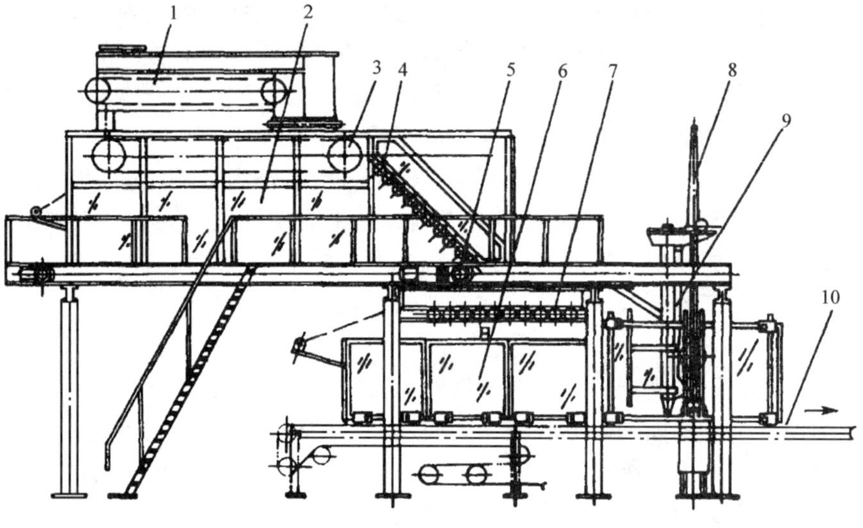

图 14-7　多辊式成型机结构示意图

1. 摆动式传动带运输机　2. 计量料仓　3. 均平料耙　4. 梳辊　5. 给料带　6. 成型室　7. 成型头（铺装辊）　8. 扫平装置　9. 回收装置　10. 成型运输带

的结构示意图。施胶后的干纤维由摆动式传动带运输机 1 沿横向均匀地输送到计量料仓 2 中，经带状均平料耙（刮板运输带）3 均平，使料仓中堆积的纤维保持一定高度，多余纤维向后输送，新送来的纤维分层堆存于料仓的后侧。整个料仓中的物料由其下面的给料带 5 不断向排料口运送，由排料口处的一排倾斜布置的梳辊 4 排出，并使纤维梳松。给料带可无级调速，成型板坯的厚度可以通过改变给料带的速度进行调整。从料仓的排料口撒落下的纤维落到成型头 7 中间两个反向旋转的铺装辊（又称抛料辊）上，由于右侧 5 个铺装辊均顺时针旋转，左侧 5 个铺装辊转向相反，因此使纤维向前、后抛撒，并经这些铺装辊铺撒在成型运输带 10 上形成板坯。成型的板坯再经可自动控制的扫平装置 8 均平，扫除的多余纤维由回收装置 9 送回干纤维料仓。

该机的成型头由 10 个带针刺的铺装辊、齿形带、齿形轮和无级变速电动机等组成，如图 14-8 所示。铺装辊的外径为 240 ~ 250mm，相邻两辊刺针之间的间距约为 5mm。图中辊 5、6 各配有单独的 1.1kW 电动机驱动；辊 2、4、7、9 分别由 1.1kW 电动机通过联轴器驱动，这些辊的另一端分别装有齿形轮，通过齿形带分别驱动辊 1、3、8、10 旋转。该成型头对纤维还能起到梳散的作用，但基本无分选作用。

这种成型机结构简单，铺装长度大，铺装角小，与降雪式机械式成型机相比，成型质量好，生产率高，因此，目前我国不少生产中密度板的中小企业采用这种设备。

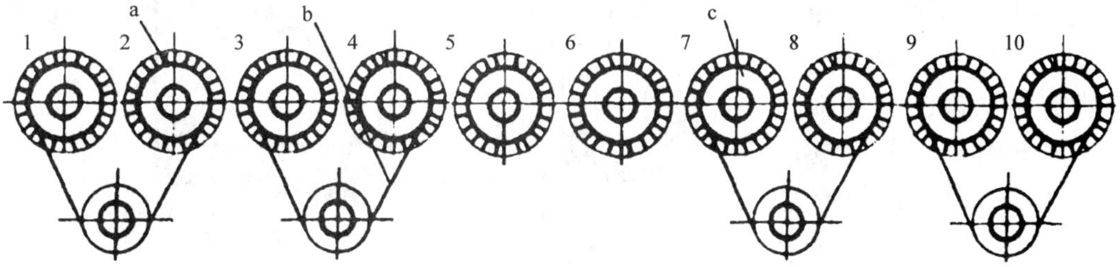

图 14-8　10 辊成型头结构示意图

a. 铺装辊（抛料辊）　b. 齿形带　c. 齿形轮

14.2.3　真空气流式成型机

（1）喷射式真空气流成型机

图 14-9 所示为喷射式真空气流成型机，利用高速气流直接向成型网带喷撒纤维的方法使纤维成型。纤维接近板坯表面时的速度约为 10m/s，因而铺装成型的生产能力高。

该成型机由两个表层成型头 3 和一个芯层成型头 4 组成，各成型头均有喷头 9。载有纤维的气流经摆动喷头（又称摆动喷嘴）将纤维高速地喷撒在成型网带 1 上。网带的下面装有真空箱 2，形成负压，防止高速气流吹散已经成型的板坯，并可提高板坯的密度。真空箱的真空度随着板坯厚度的增加而提高，一般为 33 ~ 46kPa（250 ~ 350mmHg）。空气由真空箱抽走，纤维则吸附在成型网带上。成型后的板坯经刷辊及纤维回收系统 6 扫平，以控制板坯

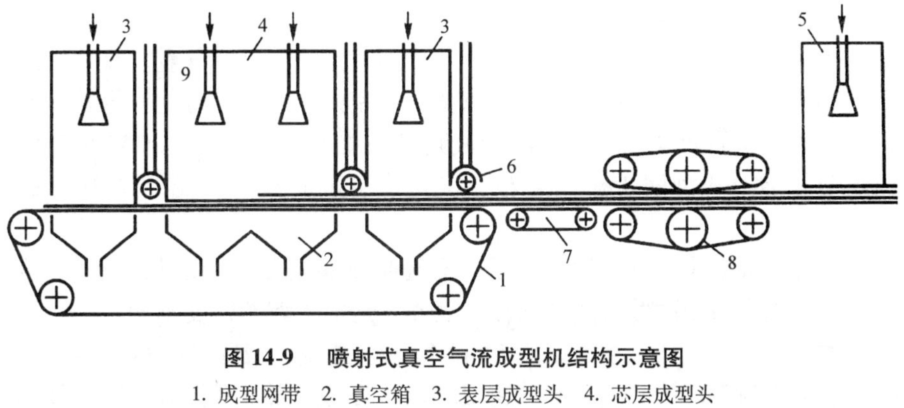

图 14-9　喷射式真空气流成型机结构示意图

1. 成型网带　2. 真空箱　3. 表层成型头　4. 芯层成型头

5. 精细纤维成型头　6. 刷辊及纤维回收系统　7. 自动传动带定量秤　8. 带式预压机　9. 喷头

的厚度。自动传动带定量秤 7 用于检测板坯成型后的密度，如发现板坯密度不合格，指示灯和音响装置即发出声光信号提醒操作人员，相应地调节进入成型室的纤维量。经称量合格的板坯，送入带式预压机 8 进行预压。预压后的板坯，如有需要还可再通过一个精细纤维成型头 5，在板坯表面上铺撒一层精细的纤维作为面层。

喷射式真空气流成型机的成型头结构如图 14-10 所示。施过胶的干纤维随气流经管道 1 被送至喂料漏斗 2。摆动喷头 3 与喂料漏斗铰接，带着纤维的气流通过喷头的摆动，将纤维喷撒在成型网带 5 的全宽上。成型网带的下面设有真空箱 10 和抽真空的侧向吸槽 9，真空箱的上部有均匀板 8，使板坯受到均匀的负压，保证板坯的密度一致。侧向吸槽的作用是将铺装不均匀的边部纤维抽走。成型后的板坯由尼龙扫平辊 11 均平，扫下来的纤维则经管道 12 抽走，排至料仓。

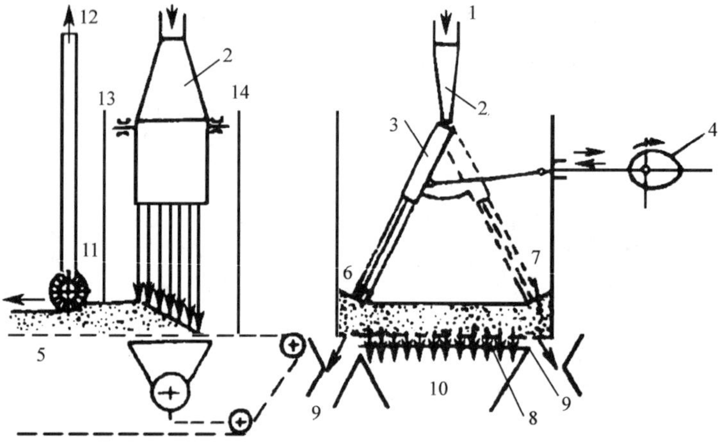

图 14-10 喷射式真空气流成型头结构示意图

1. 管道 2. 喂料漏斗 3. 摆动喷头 4. 凸轮 5. 成型网带 6、7. 成型纤维板坯 8. 均匀板 9. 侧向吸槽 10. 真空箱 11. 尼龙扫平辊 12. 管道 13、14. 挡板

气流输送管道内的纤维质量浓度应控制在一定的范围之内，以避免纤维在管道内产生聚积和堵塞，造成板坯密度不均匀。为使成型板坯的密度达到一定的要求和保证设备的生产能力，应对纤维的沉降速度进行控制，使之在成型过程中具有一定的冲击力。

喷头的摆动频率应与成型网带的运行速度相匹配。成型板坯的厚度可通过改变喷头摆动频率与成型网带运行速度之间的比例关系加以控制。此外，喷口的摆动幅度应大于成型网带的宽度所决定的幅度。因为喷头摆动换向时有停顿，使得边侧空间的纤维沉降发生紊乱，纤维之间相互撞击，纤维与成型室侧壁发生冲撞，纤维易于产生絮聚，因而边侧部分沉降的纤维不如中间部分均匀。边侧纤维沉降不均匀的部分沉降在侧向吸槽中，由真空气流抽走，从而保证成型网带上的板坯密度均匀一致。

真空箱和侧向吸槽风机的总抽气量应略大于成型输送气流的空气量，真空箱的真空度应保证板坯表面的气压略低于大气压，从而可以使成型室中的空气及时地被排除，不致造成急流或涡流，破坏已成型的板坯。成型室侧壁底角的纤维和空气，由抽气装置经侧向吸槽排除，而不可以使其通过成型网带至真空箱，否则将会造成横向气流，严重地干扰板坯的成型。

这种形式的纤维成型头适宜于生产薄板。用这种成型头成型厚板时，板坯的密度往往较低，同时，高速气流也易于冲散已成型的板坯表面，造成板坯的密度不均。

经过改进的真空气流成型头结构如图 14-11 所示，其成型输送气流的一部分经旋风分离器的顶部由除尘风机抽走，从而使气流的速度降低。为防止因喷射气流速度的降低而造成纤维聚结，在成型室两侧的上部引入补充成型气流 7，这样避免了因单独一束气流冲击板坯表面而形成的成型气流不均匀现象，使得整个成型室内有较均匀的成型气流。此外，真空箱1延伸至扫平辊5的下面，可避免板坯输出成型室时由于负压作用而卷起已成型的板坯表面。

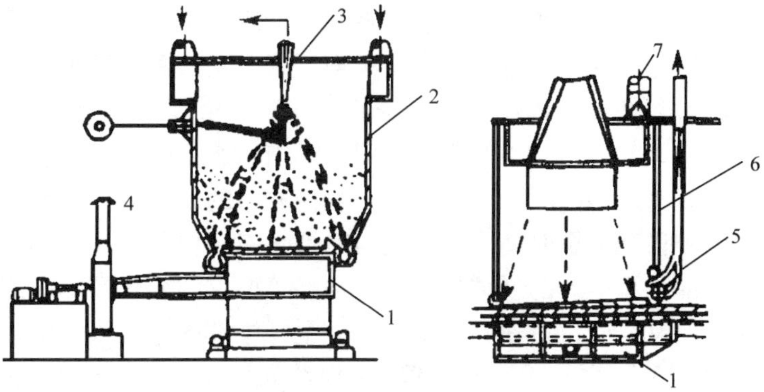

图14-11 改进的真空气流成型头结构示意图

1. 真空箱 2. 成型室 3. 漏斗 4. 排气管道 5. 扫平辊 6. 侧板 7. 补充成型气流

喷射式真空气流铺装成型机的主要缺点是两个侧向吸槽纤维的回收量大，几乎占全部纤维喷射量的1/3以上，设备的利用效率较低；此外，当产品厚度规格改变时，调整设备比较困难。

（2）脉冲式真空气流成型机

脉冲式真空气流成型机的工作原理是将混有干纤维的气流以一定的速度输送到成型室的上部，使其在横向脉冲气流的作用下均匀地铺撒在运动着的成型网带上，其中的大量空气被网带下的真空箱吸走，而纤维被阻隔吸附在网带上逐步形成板坯。这种成型机铺撒的纤维量大，生产效率高，成型后的板坯密实，成型质量好，目前在中密度纤维板生产中得到较广泛的应用。

该成型系统由主机部分和辅助部分组成。主机（见图14-12）即成型机，主要由成型头、扫平装置、成型网带及其传动系统、真空系统、机架和自动控制系统等组成。辅助部分包括料仓和气力输送系统等。

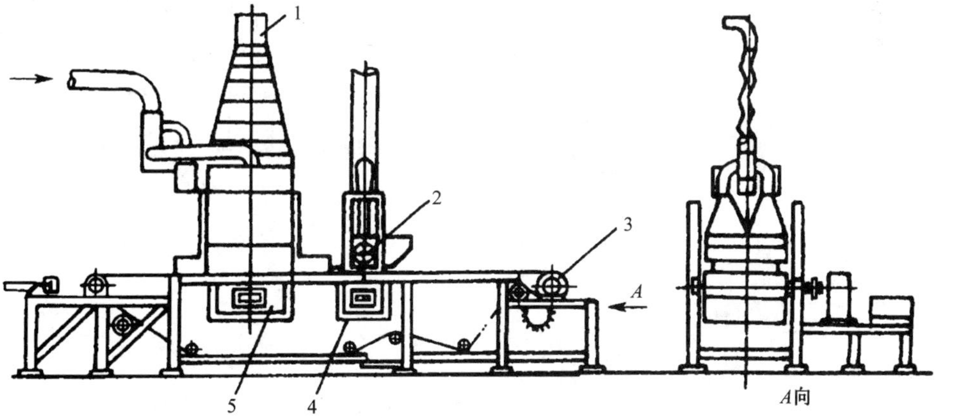

图14-12 脉冲式真空气流成型机结构示意图

1. 成型头 2. 扫平装置 3. 成型网带 4. 扫平辊真空箱 5. 主真空箱

成型网带装置　成型网带装置实际上是一个带式运输机。它用的输送带是一条环形的高强度尼龙网带，用以接受从成型头上撒落下的纤维，使之成为板坯。成型网带由直流电动机驱动，可以无级调速，以适应不同厚度板坯成型的需要，它还设有张紧装置、气动调偏装置和网带清理装置等，以保证网带正常工作。

气力输送系统　气力输送系统包括：从干纤维料仓至成型头的纤维输送；扫平辊扫下的多余纤维送回干纤维料仓；将成型头真空系统和扫平辊下的真空箱吸出的气流中的纤维送回干纤维料仓或废料仓等。

干纤维料仓　干纤维料仓用于平衡生产，保证成型的连续性，不致因为热磨机产量的波动或暂时出现的故障，而影响纤维板成型的质量或使成型机停机；使干纤维在料仓中有一短暂的停留和混合时间，使纤维的终含水率和树种配比更趋于一致。干纤维料仓还起到计量作用，能根据生产的纤维板厚度、密度等要求的变化调整向成型机的供料量；另外，还能打散结团的纤维，也可作为扫平下的多余纤维及板坯纵横锯锯下的板边纤维的回收场所等。

料仓上设有四套 γ 射线料位探测器，始终监测料仓内的纤维堆贮存量，以确保成型板坯的连续性及料仓出料的均匀性。料位器分别设在料仓容量的 25%、50%、75%、100% 位置上，检测信号显示在成型机的控制盘上。在生产中，料仓的贮存量不得低于 25% 的容量，以防断料及出料的不均匀；当贮存量在 25% ~50% 之间时，指示器发出信号应加大热磨机的产量；当贮存量超过 75% 时，则应降低热磨机的产量，并发出报警信号；当贮存量达到 100% 时，则停止热磨机的运行。料位器测出的 100% 贮存量比料仓的实际满仓量要小些，以满足热磨机停止运行后，干燥管道中存留纤维的贮存。

料仓前端的出料斗内，有一个气流分配箱，可调节气流与成型机输送纤维的要求相适应。

成型头　成型头结构可以是一个成型头，也可以几个成型头串联起来。图 14-13 为脉冲成型头的工作原理图。

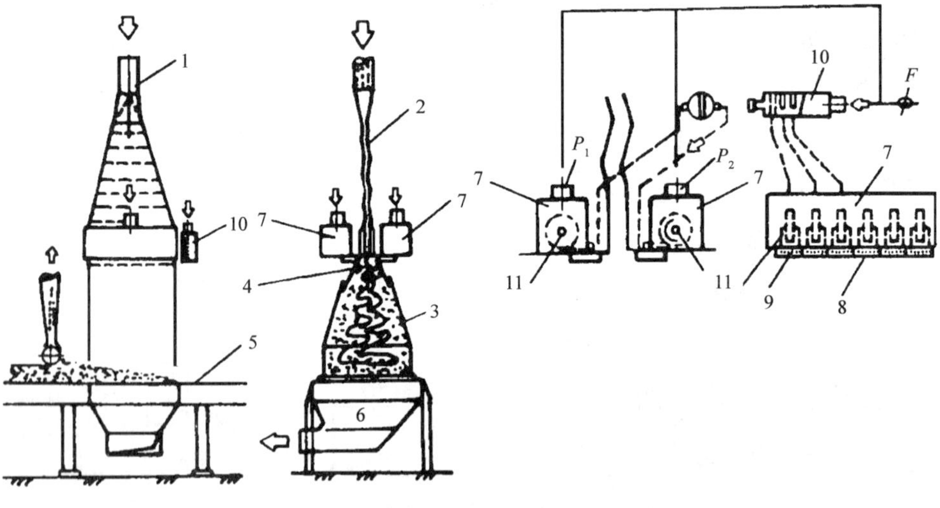

图 14-13　脉冲成型头工作原理结构示意图

1. 输料管道　2. “之”字形布料器　3. 成型室　4. 矩形出料口　5. 成型网带　6. 真空箱　7. 脉冲气流箱　8. 喷气箱（鼓风箱）　9. 喷气孔　10. 回转阀　11. 涡流分配器

从干纤维料仓输送来的悬浮在气流中的纤维由风机经输料管道 1 送到成型头中。在成型头内，纤维通过“之”字形布料器 2，经矩形出料口 4 落入成型室 3 中。“之”字形的曲折通道可使输送气流的速度减缓，不致直接冲击成型网带上已堆积的纤维，并使纤维流较为均匀地撒布在整个成型面积上。

输送管道中气流速度为 25 m/s 左右，到成型室进口处的流速降至 10 m/s，气压约为 2 kPa,撒落至网带时的气流速度约为 1m/s。板坯的成型是在一套脉冲气流喷气装置的控制下完成的。在成型室进口处的两侧水平装有脉冲气流箱 7，箱内有若干个喷气箱（又称送风箱）8，每个喷气箱上有一排喷气孔 9，横向直对着下行的纤维流。从两侧喷气箱吹出的气流为脉冲气流，彼此间的相位差呈 180°。脉冲气流的脉冲频率为 5 ~ 10 次/min，喷气流量约为落纤空气量的 10% 。因此当纤维流从矩形出料口下方流出时，在成型室 3 内形成振幅逐渐扩大的正弦波形，纤维均匀地撒在运行着的成型网带 5 上，而输送纤维的气流和产生振荡的脉冲气流，透过成型网带的网孔，由真空箱 6 抽走。于是，在向前运行着的网带上逐渐形成板坯。

利用可控制的脉冲气流使纤维在成型室内均匀地铺撒成型，是该成型机的主要特点之一。

脉冲气流是受一个机械 - 气动装置的控制而形成，此装置是由一个机械回转阀 10 和若干个装在两侧脉冲气流箱上的涡流分配器 11 组成，如图 14-13 所示。回转阀为圆筒形，一端有进气口，另一端堵死，其圆柱面上开有若干窄长形通气口，通气口的排列按正弦波设计。涡流分配器上也开设有管口，与回转阀上的通气口数目相对应。脉冲气流控制铺装成型工作原理如图 14-14 所示。具有一定压力的气流由进气总管 1 进入，分两路进入系统。一路主气流由两条相同的管道通过两侧气流调节阀 17 和 18，经涡流分配器 3 和 4 进入脉冲气流箱 6 和 7；另一路控制气流进入回转阀 2，经由回转阀上的若干窄长形通气口，按一定的规律周期性地进入涡流分配器 3 和 4。进入涡流分配器内的控制气流在其内部形成涡流，阻滞气流进入脉冲气流箱。由于回转阀上通气口的排列是按正弦波开设的，因此在回转阀等速旋转的过程中，回转阀的通气口相对于其外壳上与涡流分配器相接管口，开闭程度是变化的，从而使通过涡流分配器进入脉冲气流箱的气流呈脉动状态，且两侧脉动相位差呈 180°。即当回转阀的通气口与一侧涡流分配器相接的管口未相通时，气流经涡流分配器直接进入脉冲气流箱，从喷口处喷射下落的纤维流；与此同时，回转阀的通气口与对应侧涡流分配器相接的管口相

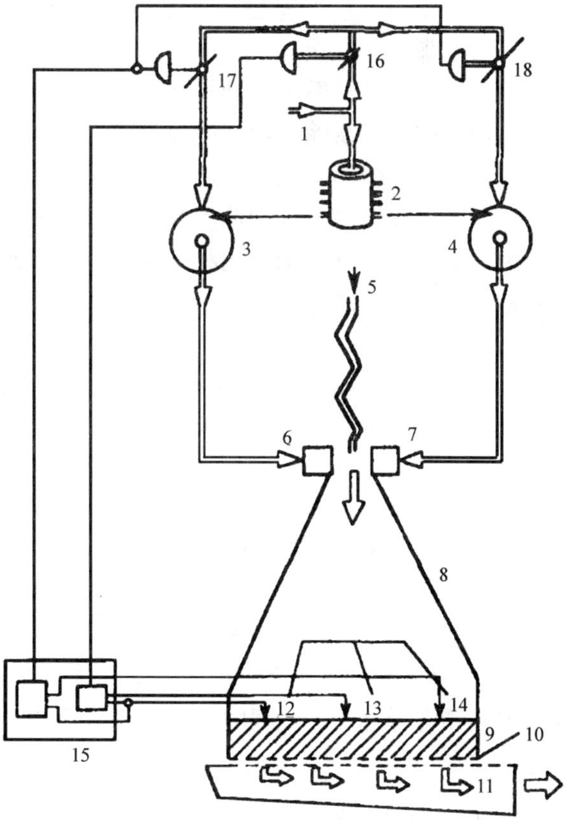

图 14-14　脉冲气流控制铺装成型工作原理结构示意图

1. 进气总管　2. 回转阀　3、4. 涡流分配器
5. 纤维下料口　6、7. 脉冲气流箱　8. 成型室
9. 成型板坯　10. 成型网带　11. 真空箱
12、13、14. 板坯厚度探测器　15. 厚度控制器
16. 主气流调节阀　17、18. 两侧气流调节阀

通，控制气流在涡流分配器内形成涡流，产生闭锁，使气流不能进入脉冲气流箱，于是脉冲气流箱停止气流的喷射。因回转阀连续定速回转，故而形成两侧脉冲气流箱不断交替的脉冲气流。

铺装头下面的真空箱，被分隔成几个格仓，可根据板坯在宽度方向上不同密度要求把各格仓调节为具有不同的真空度。如板坯在预压过程中往往会由于边缘受压塌落，造成成品边缘的密度小。为此，可把真空箱两边的真空度调得高于中部，使板坯两边密度较大，以抵消预压过程中边部纤维的塌落，而获得密度均一的成品。

扫平装置 为了补偿来自干纤维料仓的纤维流量的变化，并使板坯的厚度均匀一致，在成型室板坯输出端的外面设有扫平装置，如图 14-12 所示。

扫平装置的上部有高度可以调整的逆向旋转的扫平辊，将从成型室运出板坯的表面扫平，被扫除的多余纤维由扫平辊上部的抽吸装置通过管道、风机送回干纤维料仓。在抽吸装置中，还装有静电排除装置，避免纤维因静电结团。扫平辊的高度由其后的计量秤控制，计量装置按板坯的密度要求，自动调整扫平辊处于一定高度上。一般情况下，扫平量为板坯成型量的 15% ~20% 。扫平辊的下方设有真空箱，以免由于板坯上部扫平时的机械和气流的作用而影响板坯的质量。

控制系统 控制系统包括板坯宽度方向厚度的均匀性控制；板坯质量（重量）的控制；干纤维料仓向成型机输送料量的控制等。

a. 板坯厚度均匀性的控制。板坯厚度均匀性的控制包括板坯两侧和中部厚度的调整，板坯左、右两侧厚度的分别调整和板坯总厚度的调整三个部分。当纤维成型厚度的均匀性发生偏离时，可由主气流调节阀和平衡气流调节阀调节两侧脉冲气流的强度，决定成型室中纤维被铺撒到两侧的多少。调节阀则由装在成型头和扫平辊间的三个接触式板坯厚度传感器（即高度探测器）自动控制。

b. 板坯重量的控制。纤维板板坯通过厚度控制后还要进行板坯的质量控制，以保证成品达到一定密度要求。为此，板坯通过扫平辊之后，要经过一个负荷传感器，此传感器指示板坯质量，并向板坯质量控制器发出信号。质量控制器不断地把实际质量和预定值进行比较，如果两者之间的差异超过一定的允许范围，控制器即发出指令信号，将扫平辊向上或向下移动，这样使板坯的质量的增加或减少，接近给定值。三个板坯厚度传感器与扫平辊装置机械连接，随扫平辊同步移动。扫平辊移动的位置由相应的传感器检测，并发出信号，在设备的控制盘中显示出扫平辊的位置。

c. 送料量的控制。由三个板坯厚度传感器和加法器共同控制。三个传感器将检测信号送到加法器进行处理，处理的结果传送到干纤维料仓的控制设备，增加或减少纤维送料量的预定值。

14.2.4 纤维成型机的操作与维护

各种类型与型号的纤维成型机因其工作原理与具体结构不同，其操作与维护工作的内容也不相同。操作人员应认真阅读说明书，严格按规定的程序操作与维护。下面以脉冲式真空气流成型机为例，对纤维铺装成型机操作、维护及故障排除作一般性介绍。

(1) 开机前的准备工作

① 检查气流输送系统中旋风分离器、成型机上的料仓和成型室内成型网带上是否有纤

维沉积，如有，予以清除。

② 检查各风机和脉冲气流风机是否正常，成型网带、传动带运输装置等是否运行正常，各润滑部位润滑油是否充足。

③ 检查各检查门是否关闭，门缝是否泄漏。

④ 检查各种保护性设施，如传动带罩、防火装置是否完好或在正确位置，清除成型机周围所有杂物和粉尘。

⑤ 检查是否有维修工具或异物遗漏在工作区内。

检查完毕并得到工段负责人认可后方可开机。

（2）开机

开机操作前，应将所有控制器均拨到“手动控制”位置。

① 起动所有风机，检查各风机在空载下是否有异常。

② 起动网带驱动电动机，调整网带的松紧度，使网带张紧度适当、运行平稳正常。

③ 开动所有的驱动机构并开始送料。检查板坯的厚度及密度，调整各调节机构，如计量辊、刷平辊的高度、喷射头的摆动幅度和频率及网带的运行速度等，使成型的板坯满足工艺要求。

（3）正常运行操作

在正常运行过程中，操作者应按时观察设备运行情况，做好记录。发现严重问题应及时报告。

① 定时检查纤维料仓的料位是否正常，所有检查门、检视门的密封是否完好。

② 检查板坯结构是否正常、均匀，及时进行调整。

③ 检查操纵台控制板上各指示器显示的实际值与给定值是否相符，如有不正常情况，应认真分析，找出原因后进行调整。

（4）维护保养

在正常运转期间，应按照规定对各风机轴承及其他旋转机构轴承加注润滑油脂，检查成型头、气流输送系统中有无沉积纤维和其他易燃物。

通常每半年全面检修一次，其内容主要有：清除纤维输送和回收系统内的沉积物；检查各轴承状况，进行维修；检查各密封门的密封情况，进行维修；检查各传动装置状况，进行清洗和维护；按标准校验各传感器及相应的显示器和控制阀，进行调整、更换或维护。

（5）纤维成型机常见故障及其排除方法

① 板坯未充满。检查料仓的料位是否在正常值范围，出料运输带速度是否过慢，计量辊相对出料运输带的高度是否过低。根据检查情况进行调整。

② 纤维流量过大，刷平辊刷出的纤维量大；检查料仓出料运输带是否过快，刷平辊相对出料运输带的高度是否过大，然后进行调整。

③ 板坯刷平后，表面上有抛出的纤维。检查刷平辊的吸口和抽气管道是否被纤维堵塞，纤维含水率是否过高。排除堵塞，降低纤维含水率。

④ 刷平辊振动。停止刷平辊运转，检查刷平辊是否弯曲变形、轴承是否损坏、轴承座是否松动，更换刷平辊和轴承，若轴承座松动，拧紧。

思考与练习

1. 说明刨花铺装设备的工艺要求？
2. 试述刨花铺装机的类型及特点。
3. 试述纤维成型机的类型及特点。
4. 试述 BP3213 的整机组成及各组成部分的结构。
5. 试述排管（风栅）式气流铺装机的整机组成及工作原理。说明各部分的结构。
6. 试述脉冲式真空气流成型机的工作原理。整机组成及各部分结构。
7. 试述纤维成型机的操作与维护。

本章推荐阅读书目

[1] 木材工业使用大全 · 刨花板卷. 王恺. 中国林业出版社，1998.
[2] 刨花板制造学. 陆仁书. 中国林业出版社，1994.

技能训练 26　刨花铺装机的调整与操作

实训目标

了解刨花铺装机的组成、结构和工作原理，掌握刨花铺装机及其他相关仪器设备的使用方法；掌握刨花铺装机的调整和操作规程；掌握刨花板坯铺装的工艺操作。

实训场所与组织

实习工厂或木工厂。以组为单位（每组5人左右），由实训指导老师进行讲解和示范，安排学生实际操作。

实训设备和材料

（1）设备

小型铺装机。

（2）材料

施胶刨花、称量装置及工具若干。

实训内容和方法

（1）开机前的准备

检查原料仓刨花量是否能满足铺装需要；检查料仓和成型室内及各装置上有否残存的刨花和灰尘，若有，清除干净；检查各轴承、传动装置和运动副的润滑情况，并加注润滑油脂；检查行走滚轮和导轨的除尘装置，清除上面粘附的灰尘。这对防止铺装机爬行有重要意义。检查电气系统工作是否正常。

（2）开机与停机

① 将气流调节阀打到最大位置，起动鼓风机。

② 起动给料装置、卸料针辊、出料带和耙辊，并将计量辊调到中间位置。

③ 起动送料系统，给料系统开始送料。

④ 起动成型机行走系统，并将速度调整到中速。

⑤ 根据刨花板的厚度要求，预调计量辊的位置和铺装机的运动速度；根据刨花板的结构，预调气流控制阀的开度。

⑥ 根据压制出的板坯的实际厚度和结构，重调计量辊的高度、铺装机的运行速度和气流控制阀的开度。

停机的顺序与开机相反。

（3）机床操作

①定时检查成品板的厚度和结构，并根据检查结果及时进行调整。

②认真观察铺装机的行走状态，发现出现爬行现象，适当地调高运行速度，同时调高计量辊的高度。

③定时检查各机构的运行情况、润滑情况，及时加注润滑油，处理运行不正常的装置。

④定时清除设备上及周围的灰尘，保持设备清洁和周围环境清洁。

⑤做好操作记录。

考核标准

考核评分标准见表14－1。

表14－1　刨花铺装机岗位技能考核评分标准

实习地点：　　　　系部：　　　　班级：　　　　姓名：　　　　组号：

考核项目	指标分值	考核标准	成绩分档及权重					考核方式
			A	B	C	D	得分	
			1	0.8	0.6	0.4		
理论应知部分	20	刨花铺装机的类型及特点（6分）						现场口试
		刨花铺装机的组成及工作原理（6分）						
		刨花铺装机的结构（8分）						

（续）

考核项目	指标分值	考核标准	成绩分档及权重					考核方式
			A	B	C	D	得分	
			1	0.8	0.6	0.4		
技能操作	40	刨花铺装机的调整是否正确、熟练（10分）						现场操作
		刨花铺装机的操作步骤是否正确、熟练（10分）						
		刨花铺装机的维护方式是否正确（10分）						
		刨花铺装机的维修是否正确、熟练（10分）						
铺装质量	20	铺装板坯厚度是否符合工艺要求（7分）						现场检查测试
		铺装板坯各处密度是否均匀、表面是否平整（7分）						
		铺装板坯结构是否对称（6分）						
实训报告	20	字迹是否工整，文字表达是否完整、清晰，语言是否通顺、简练（6分）						书面形式
		内容是否齐全（7分）						
		分析是否正确（7分）						
得分								
教师签字								

第15章
压　　机

本章学习目标

理论知识　了解人造板压机的种类和特点；掌握人造板压机的工作原理、基本组成和重点结构；熟悉人造板压机的调整步骤和安全操作要求。

实践技能　学会人造板压机的操作方法和操作步骤；掌握人造板压机的调整方法；熟悉人造板压机的故障分析方法。

单层压机外形图

多层压机外形图

在人造板生产中，压机是重要的关键性设备之一。它不仅用来加工胶合板、纤维板和刨花板等各种人造板，也可加工层积塑料板、纸芯蜂窝板以及在人造板基材上进行二次加工的装饰贴面板等。在家具制造中，压机也常用于压制成型零件及弯曲木的加工。压机的生产能力直接制约企业的生产规模，其技术性能直接影响产品质量的优劣。

本章主要介绍人造板压机、家具生产压机的工作原理、结构，人造板压机操作与养护方面的知识。

15.1　压机的类型用途和发展趋势

15.1.1　压机的类型

由于人造板压机的用途不同，结构多样，特点各异，种类较多，因此有不同的分类方法。

①根据人造板压机的工作方式可分为周期式压机和连续式压机两种。在刨花板、纤维板连续化生产中后者应用较多，如连续式挤压机，连续式辊压机和连续带式压机等。

②根据压制产品的形状可分为普通式平压机和成型模压机，其中成型模压机在家具生产中应用较多。

③根据压制产品种类，可分为胶合板压机、纤维板压机、刨花板压机、装饰板（塑料贴面板、覆贴板等）压机等。

④根据加工工艺不同，分为预压机、冷压机、热压机等。

⑤根据压机层数的多少，分为单层压机和多层压机。

⑥根据压机机架结构形式，可分为柱式、框式和箱式压机。

⑦根据压力传递方式，可分为液压式和机械式压机。后者作用力较小，仅适用于小型设备。

⑧根据压机压板板面单位压力的大小，可分为低压，中压和高压压机。低压压机板面的单位压力为1~2MPa，如普通胶合板压机、二次加工用的覆贴板压机等；中压压机板面的单位压力为2~8MPa，如航空胶合板压机压力为2~2.5MPa，刨花板压机压力为2.5~3.5MPa，干法中密度纤维板压机压力为2.5~5.5MPa，湿法硬质纤维板压机压力为5~6MPa，干法硬质纤维板压机压力为6~8MPa；高压压机板面的单位压力在8MPa以上，如树脂层积板压机压力为8~12MPa，木质层积材压机压力为15~16MPa，酚醛树脂层积材压机压力为20MPa。

15.1.2　人造板压机的发展趋势

为满足人造板产量和质量不断提高的需要，随着人造板工业的发展，目前世界范围内人造板压机总的发展趋势和特点是：

胶合板多层热压机的超多层化和超高速化　如日本北川精机公司生产的VH－7型胶合板热压机层数达70层，最快闭合速度可达600~700mm/s，因而大大提高了产量。

刨花板单层热压机的超大型化和高精度化　如瑞典莫太拉公司生产的刨花板压机的最大幅面已达2 650mm×20 000mm，总压力达185MN，板厚公差达±0.2mm。德国库斯特斯公司的连续式压机生产的板厚公差达±0.1mm。板面的增大可以提高生产率。单层压机有利于

自动化连续压制及保证制品的厚度精度，单层压机在国内外使用日益广泛，在刨花板生产中有取代多层压机的趋势。

覆贴板热压机的短周期高速化 为适应自动化装料的要求，使覆贴板热压机的空运行时间缩到最短，随着快速固化性合成树脂的开发，该类压机可以实现高速短周期表面覆贴加工，在几十秒钟内即可完成基板表面的二次加工。

板坯的运送和压制的无垫板化 加工过程中取消了传统的垫板，由有垫板作业向无垫板作业发展。在刨花板和干法纤维板压机上，现在几乎都采用了无垫板作业。在超多层胶合板压机上，预压后采用无垫板单张压制。对于多层压机，除采用传统的升降装板吊笼外，又出现了“百足”式回转连续装卸机。它是随着超多层压机而出现的一种新型的装卸板设备，它不用很深的地坑即可与超多层压机相配套使用。单层压机采用环形钢带穿过两块压板间绕过压机连续运送，能够大大提高生产效率。

热压板的加热采用过热水和导热油等液体作为加热介质 其优点是热容量高、温度均匀、热负荷波动小，易于获得高温而管道压力大大降低，热损耗小，因而能够降低生产成本。传统加热方式仍是通过蒸汽加热和电加热。后者除用电热元件直接加热外，还有用高频加热方法的，但由于能耗大，运行费用高，应用不够普遍。此外，在连续带式压机上尚有采用燃烧煤气或燃烧甲烷气喷射加热的。

热压机机架大多为焊接的框架式结构 特别在中小型压机中该种结构较为普遍，因此胶合板压机与覆贴板压机绝大多数是框架式的。对于大型及总压力较高的热压机，多用柱式结构，常见于纤维板热压机和层积材压机，并采用杠杆式液压缸补偿器或摩擦缸补偿器同时闭合机构，尚未出现更新的结构。

液压系统的各控制元件已标准化及系列化 这有利于设计选用且更易于操作及实现自动控制。在多层压机上目前也越来越多地采用蓄压罐与泵联合传动的形式，以便获得较高的闭合速度。

压机的工艺参数、动力及运动参数的微机全自动控制 根据产品及工艺要求的不同，压机的压力、温度、时间等工艺参数，以及输出功率、行程、速度等动力和运动参数与变化规律的控制，越来越普遍地采用微处理机，以实现自动化程序控制和定量控制，显著提高了木制品的质量和生产率。

15.2 多层热压机的构造

目前，在我国人造板生产和木制品生产中，热压机的应用最为普遍，本节将重点介绍多层热压机。多层热压机是由热压主机与根据不同制品和工艺的各种不同的辅助设备组合而成的设备，它包括热压机、装板机、卸板机及其他一些辅助装置。

15.2.1 多层热压机整体组成与工作原理

多层热压机的主机由热压机本体Ⅰ、液压系统Ⅱ和加热（冷却）系统Ⅲ三大部分构成，如图 15-1 所示。液压系统用来提供压力源及控制热压机的动作。加热系统用来提供热源。通过这两个系统，压力与热量进入多层热压机本体的执行机构 – 液压缸和热压板，并通过多层热压板完成对制品的加压、加热。

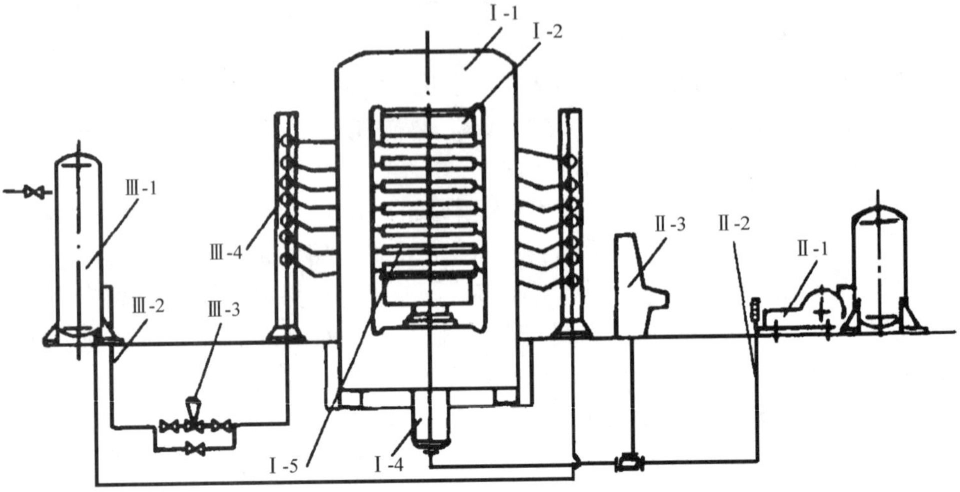

图15-1 多层热压机主机的结构示意图

Ⅰ. 热压机本体：Ⅰ－1. 热压机机架 Ⅰ－2. 上顶板（上横梁） Ⅰ－3. 下顶板（活动横梁）
Ⅰ－4. 液压缸 Ⅰ－5. 热压板
Ⅱ. 液压系统：Ⅱ－1. 液压装置 Ⅱ－2. 管道
Ⅲ. 加热系统(冷却系统)：Ⅲ－1. 热源 Ⅲ－2. 管道 Ⅲ－3. 加热及冷却控制装置 Ⅲ－4. 进排气(水)管道

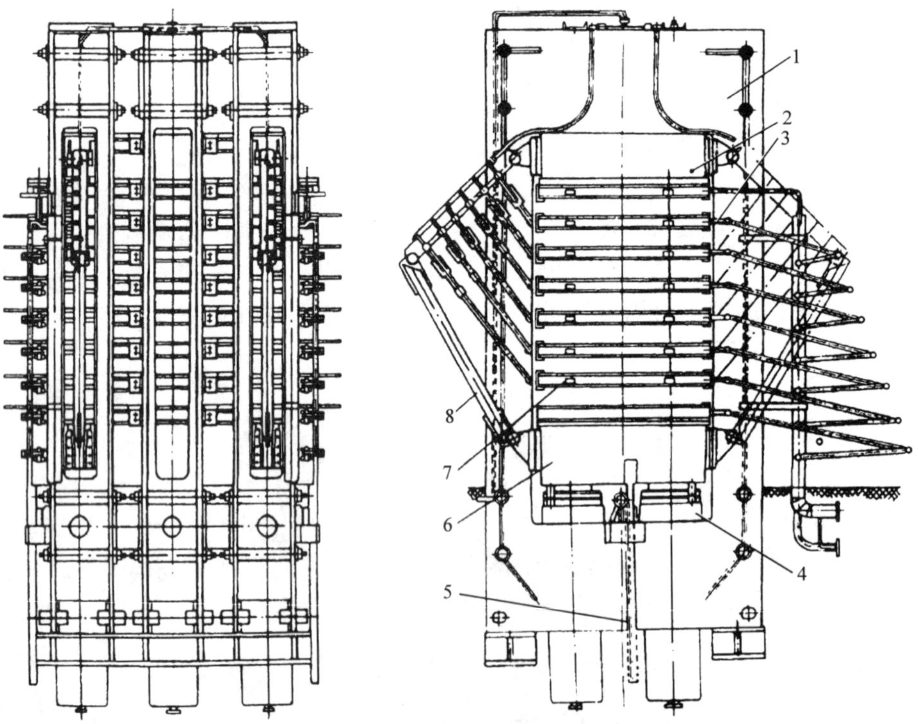

图15-2 刨花板多层热压机的主机结构示意图

1. 机架 2. 上顶板 3. 蒸汽管路 4. 液压缸 5. 齿轮齿条式平衡机构 6. 下顶板 7. 热压板 8. 闭合机构

图 15-2 所示为国产接触加热刨花板多层热压机的主机结构，由机架 1、上顶板（上横梁）2、蒸汽管路 3、液压缸 4、平衡机构 5、下顶板（活动横梁）6、热压板 7、同时闭合机构 8 等组成。

机架 1 是用于支承液压缸 4、热压板 7 等各基本部件并在工作时承受压力的重要部件。机架下部通过缸架板竖直并列安装着六个（两排）液压缸。缸内柱塞的上端与下顶板之间采用球面覆盆活动连接，以利于柱塞上、下运动而不被卡住。多层热压机工作时液压系统传递的油压力使液压缸的柱塞上升并通过下顶板的传递，将压力作用到被压制的板坯上，从而使工作液体的压力能转变为被压工件的变形能。机架上部安装有上顶板 2，上、下顶板的相对表面各固定有一块热压板。热压板与顶板间均垫有一层隔热板，以降低热能损失和防止机架受热变形。在两顶板之间的空间内，等间距水平安装着其余热压板，每块热压板内部都有蒸汽孔道。蒸汽通过蒸汽管路 3 分别供给各块压板，将热量传给被压制的板坯。在蒸汽将热量传给板坯的过程中，热压板内部会产生冷凝水。与热压板相连的蒸汽支管为直管曲臂肘拐式结构，通过蒸汽总、支管的合理布置，使回汽支管无论在压机闭合或开启时，都能顺畅排除冷凝水和残留蒸汽。为了保持压机的热压板等可动部件能够平衡协调地升降，热压机设置了齿轮齿条式平衡机构 5。同时闭合机构 8 能随时保持各热压板之间相等的间隔，使得各层板坯均在某特定位置上和其上层热压板相接触，以满足工艺要求，提高木制品的产量和质量。

15.2.2 多层热压机的结构

热压机的种类很多，部件的具体结构也有差异，但对多层热压机而言，其结构基本相同。

（1）机架

机架是热压机的主要部件，它支承着液压缸、热压板等各基本部件，且在工作时承受热压机的总压力。压机的机架有框式、柱式和箱式三种类型。普遍采用的是框式和柱式机架。我国生产的压机多用框式结构，是中小型热压机普遍采用的一种结构类型。

压力较高的多层热压机常采用柱式机架，它包括下横梁、上横梁和立柱，并用螺母将三者固结成一体。在下横梁上装有液压缸，缸体和下横梁可铸成一体，也可以做成可拆卸的结构。根据热压板板面尺寸的大小，热压机立柱的根数一般为 4 ~ 12 根。上、下横梁之间装有下顶板，在柱塞的作用下向上升起，对板坯进行加压。柱式机架的特点是承载能力高，刚性好，立柱之间空当较大，便于操作、安装和维修，而且可采用大直径的液压缸，故可减少缸体数，易于设备的维护保养。柱式机架由于各构件均较笨重，故需要大型制造设备，材料耗量大，加工困难，成本较高，设备的拆装维修不便。

（2）热压板

热压板的结构　热压板是热压机的关键部件，多层热压机加热系统的热量通过热压板传给被压制的板坯，同时将液压缸的压力也均匀地传递给板坯。所以热压板的传热性能、加热的均匀性、压板的热容量、压板本身的机械强度和刚度及板面的平面度和粗糙度等，对于木制品的质量和产量均有很大的影响。

热压板的结构如图 15-3 所示。它一般是由整块轧制钢板加工而成。在板面尺寸很大时，由几块钢板用电渣焊拼接起来。焊后必须进行热处理，以消除内应力。板内按一定要求加工

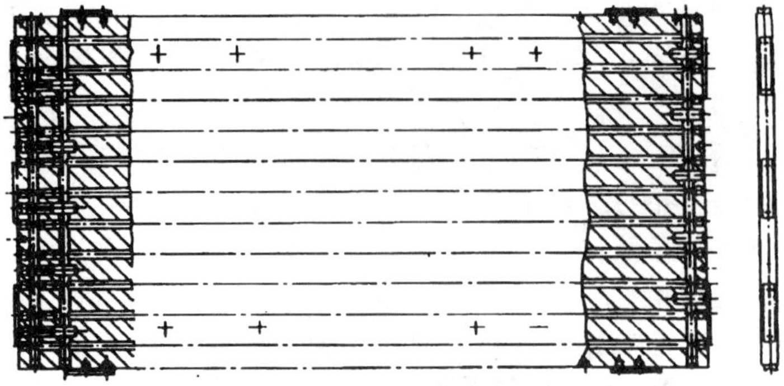

图 15-3 热压机热压板结构示意图

诸多孔道，并借塞堵、堵头及焊封后形成各种回路，用于通入饱和蒸汽（或热水、热油）进行加热，从而供给板坯以足够的热量。

热介质孔道一般采用多轴深孔钻加工,孔道直径一般在 20 ~ 30mm 之间。相邻孔道的间距按制品要求确定,如湿法纤维板生产用的 SY 型热压机等,其热压板的孔道间距为 100mm。

在热压板的整个幅面内各处温差，多层热压机不应超过 2 ~ 3℃，单层热压机不应超过 5℃。若温差过大，制品的强度和外观质量均会受到影响：温度过高，会产生碳化痕迹；温度过低，则不能保证在一定压力下使胶料固化，会降低制品的强度。

热压板的幅面尺寸取决于制品的种类和尺寸规格，它是热压机基本的技术参数。

主要技术要求　为了保证热压板的机械性能及满足生产工艺的需求，在设计和制造热压板时应满足以下技术要求：

a. 必须具有足够的强度和刚度，并能承受因高温变化而引起的热应力；

b. 在传热方面，热压板应升温快，温度均匀，热耗低且加热稳定；

c. 在制造加工木制品时，应保证热压板的平面和上下表面有足够的平行度；

d. 热介质的进出口尽量要少，最好只有一个进口和一个出口，通往热压板内热介质的管接头越少，则热介质泄漏的可能性就越小；

e. 板内的孔道应保证热介质流动畅通，阻力小，特别是以液体（或热水和热油）作热介质时，该点尤为重要；

f. 热介质的进出口最好设在压机的背侧，在操作者一侧最好不设任何管接头或回水总管，以保证操作者的安全。

热压板的回路　热介质回路形式合理，板面温差和板间温差较小，所得制品质量就较好。否则，板面和板间温差较大，易造成含水率不均，制品易翘曲或需延长热压时间。

热压板加热孔道的回路形式多样，其典型回路结构如图 15-4 所示。

根据孔道的排列方向，可分为：横向回路，如图 15-4(a)所示；纵向回路，如图 15-4(b)所示。后者弯头少，流体阻力小，加热能力强，易于均匀加热整个板面，热压板的纵向侧边上无孔眼，密封堵很少，便于安装热压板的导向块、搁角和厚度规等零件，避免了泄漏的危险，并使热压板具有较高的强度和刚度。因此，一般来说纵向回路在热介质的流动阻力、热压板的传热性能和机械性能等方面均优于横向回路，但长孔的加工较为困难。

根据热介质的流动方式，可分为：顺序流动回路，如图 15-4(c)所示；并进流动回路，如图 15-4(a)、(b)所示。前者热介质从一端进入热压板后，沿一条孔道依次通过整块热压

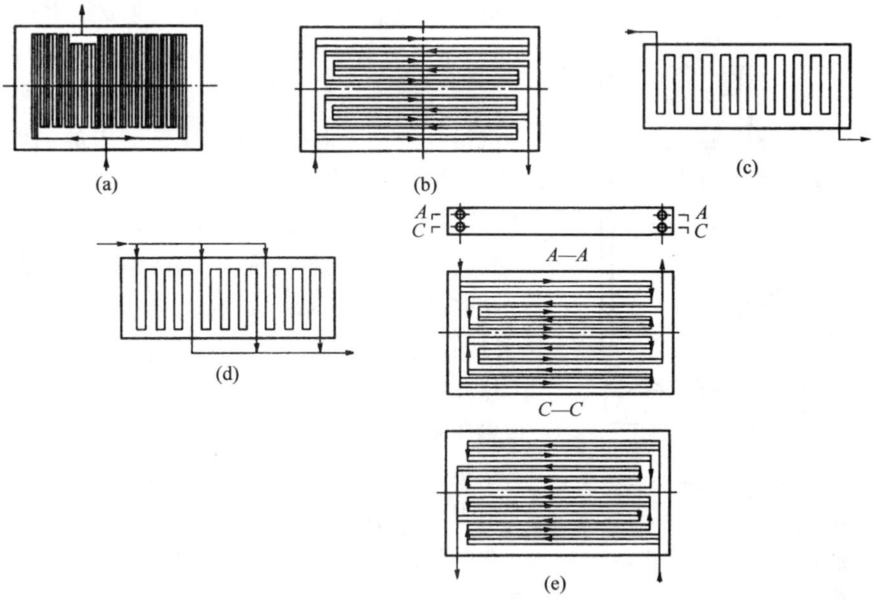

图 15-4　热压机的典型回路结构示意图

（a）横向回路　（b）纵向回路　（c）顺序流动回路
（d）多进出口回路　（e）双层孔道回路

板，最后从另一端排出。该种形式会造成热压板前、后两半部存在较大温差，因而影响制品质量，这种回路仅适合于小幅面的热压板。后者热介质从一端进入热压板后便分成前后两路，同时加热整块热压板，最后汇合从另一端排出。在汇合处应加隔板，以避免蒸汽相互冲击。其优点是热压板升温快，板面温差小，适于大幅面热压板，但加工较为复杂。

根据孔口的数量，可分为：单进出口回路，如图 15-4(a)、(b)、(c)所示；多进出口回路，如图 15-4(d)所示。对于大幅面热压机，特别是长宽比较大的热压板，纵向长孔很难加工，只能横向钻孔，并使孔道分段组成单位回路，与外接管相并联。该种多进出口连接的回路，利于大幅面热压板整个板面温度均匀。大幅面单层热压机的热压板多用该种形式。

根据孔道的层数，又可为单层孔道回路，如图 15-4（b）所示；双层孔道回路，如图 15-4（e）所示。厚度很大的热压板，可在板内开出上下两层孔道，并使上下两层回路中的介质流动方向相反（即上下层的进口与出口相对应），使得整块热压板的温度更趋均匀。

热压板在安装时，热压机中相邻两块热压板的热介质进出口应相反配置，即一层热压板的热介质为左进右出、而相邻层热压板的热介质应为右进左出。这样相邻两热压板上的高、低温区可以相互补偿，有利板坯的均匀受热。

(3) 蒸汽管路

蒸汽是热压机中最常用的一种加工热介质。蒸汽管路的作用是向热压板内通入蒸汽加热热压板，然后再通过排汽管将冷凝水及废汽从热压板内排出。

图 15-5 所示为多层热压机的蒸汽加热管路结构示意图，由总阀门 1、温度自控阀 7、进汽总管 2、排汽总管 6、疏水器 9 以及与各热压板相连的各进汽支管 3 和排汽支管 5 等组成。进汽支管、排汽支管一端分别与热压板的进汽口、排汽口相连，另一端则与进汽总管、排汽总管相接。打开总阀门 1，蒸汽经温度自控阀 7、进汽总管 2、进汽支管 3 进入热压板内的回

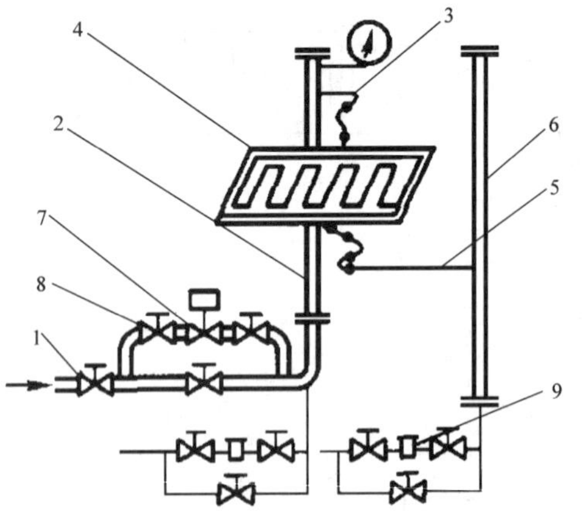

图 15-5 蒸汽加热管路结构示意图

1. 总阀门 2. 进汽总管 3. 进汽支管 4. 热压板 5. 排汽支管 6. 排汽总管 7. 温度自控阀 8. 截止阀 9. 疏水器

路中加热热压板，热压板中的冷凝水经排汽支管5、排汽总管6和疏水器9排出。根据热压温度的要求，温度自控阀7自动调节进入蒸汽管路中的蒸汽量，使热压板达到热压工艺要求的温度。疏水器9用于汽水分离，并排出冷凝水。

热压机在工作中，除了最上面一块热压板以外，其余各块热压板都要作上、下移动（即合拢和张开），热压板与固定不动的进、排汽管之间通过不同形式的配汽管相连接，以便将蒸汽和其他热介质输入或者排出热压板，形成循环回路。与热压板相连的配汽管也要随之运动，以保证载热压板起闭过程中能正常供汽，并能长期保持良好密封而不泄漏。在目前使用的蒸汽或者过热水加热的热压机中，热介质均有一定的压力，且要提高加热温度，管道承受的压力也要提高。因此，热压板与外部管道的连接必须满足耐热、耐压、耐磨、防腐、易于维修、密封性能好且易于更换等一系列要求。

热压板与外部管道的连接方式主要有伸缩管式（直管）、曲臂式和软管式等。伸缩管式和曲臂式蒸汽支管常因密封件磨损漏气，需经常维修，使用渐少；软管蒸汽支管结构简单，不易漏气，更换方便快速，目前已被广泛使用。

（4）液压缸

液压缸是多层热压机的重要部件，是能量转化装置。多层热压机中液压缸有柱塞式和活塞式两种形式。绝大多数多层热压机和单层热压机采用柱塞式液压缸，热压机部件的上升和加压依靠缸体内液体压力势能转换的动能，而部件的下降则依靠自重。有些多层热压机采用活塞式液压缸，利用差动油路来实现热压机的快速闭合。另外液压缸有单缸、双缸和多缸三种类型。液压缸数目的多少，要根据多层热压机的工作压力、工艺要求、机架结构形式以及制造条件等因素进行综合分析比较而定。当多层热压机总压力一定时，若采用多缸，柱塞的直径可小些；若采用单缸或双缸，则柱塞直径较大。

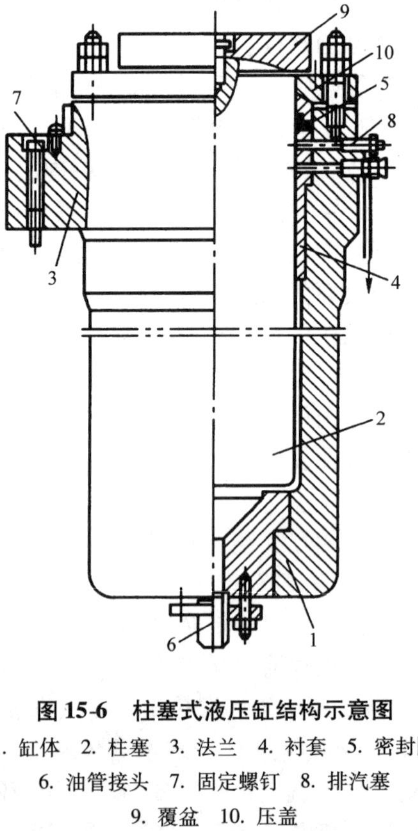

图 15-6 柱塞式液压缸结构示意图

1. 缸体 2. 柱塞 3. 法兰 4. 衬套 5. 密封圈 6. 油管接头 7. 固定螺钉 8. 排汽塞 9. 覆盆 10. 压盖

图 15-6 是应用较多的一种柱塞式液压缸结构示意图，多用于 SY 型纤维板热压机。缸体1采用铸钢件。柱塞2的表面镀铬以提高其耐磨性及防腐蚀性能。缸体端部法兰的侧面有排汽塞

8，用于定期排除缸内积存的气体。缸体内壁上部装有衬套4，以减少磨损，并作为柱塞运动时的导向部件。此外设有密封圈5、油管接头6及固定螺钉7等。

（5）同时闭合机构

多层下顶式热压机工作时，上部热压板比下部热压板闭合要晚。这种不能同时闭合的结果，会造成在下部热压板间隔中搁置的板坯内的胶粘剂提前固化，因而影响产品质量。尤其是采用快速固化胶料时更为显著。

在通常的多层热压机上，热压板是依次由下而上逐层闭合的，两块相邻热压板之间的起闭速度虽然与柱塞的运动速度相同，但各层热压板不是同时运动的。当热压机闭合速度增加时，在热压板快速闭合时，两相邻热压板的空间会产生一股向外冲击气流，使松散坯料产生“喷散”现象或造成胶合板坯移位。反之，热压板下降开启时，速度过快，产生向里的气流，将空气中的杂质吸入热压板的空档中，会降低产品的质量或破坏热压板的精度。

闭合机构就是克服上述缺点，满足制品工艺要求的一种附加装置。它具有以下特点：

① 使所有热压板闭合和开启的相对速度降低，并使各层之间的相对速度完全一样，同时保证所要求的闭合或开启时间；

② 所有热压板上的制品受到相同的加热加压条件，也就是各热压板与制品同时接触同时脱离；

③ 克服热压板重量对制品受压的影响，热压板自身质量由同时闭合机构承担；

④ 机构中用一套补偿装置，有一定的伸缩性，保证机构不会产生附加力的作用，防止因过载而损坏热压机。

这些特点，保证了上下各层中的制品接受几乎完全一致的加压加热条件，因而保证了制品质量的均匀性。对于刨花板热压机来说，由于水分与板坯一起在压力下受热，有效地利用了所谓“蒸汽锤击”的作用，使所有制品的热处理状况绝对一致，提高了制品的质量。

常见的同时闭合机构有：杠杆式、铰链杠杆式和塔轮式等三种形式。目前广泛采用的为杠杆式同时闭合机构。

图15-7所示为杠杆式同时闭合机构结构示意图。杠杆式同时闭合机构对称地安装在热压机的四角上，由杠杆1、推杆2和拉杆3等构成。杠杆1的一端通过枢轴5铰接在机架上，推杆2的上、下端通过铰链4分别与杠杆1和下顶板相接，拉杆3的上、下端与杠杆1及热压板6铰接。当油缸柱塞推动下顶板上升时，通过推杆2推动杠杆1，使杠杆绕水平枢轴5转动。与此同时，热压板6便被拉杆3拉起。当推杆2使杠杆1转到一定角度时，所有热压板同时合拢。加压周期完毕后，液压系统

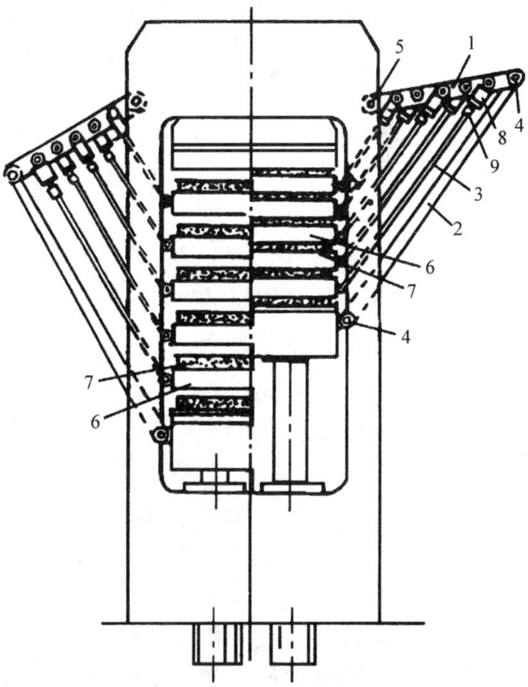

图15-7 杠杆式同时闭合机构结构示意图

1. 杠杆 2. 推杆 3. 拉杆 4. 铰链 5. 枢轴 6. 热压板 7. 板坯 8. 补偿装置 9. 调节装置

卸荷，热压机和杠杆式同时闭合机构恢复到原来位置。为了避免热压板间隔中被压制板坯厚度不均，在各拉杆的上部都装有专门的补偿装置。为了使各热压板停止在正确位置上，拉杆长度可通过调节装置 9 加以调节。

闭合机构的补偿装置主要有弹簧式、液压缸式和摩擦液压缸式三种形式。

15.3　单层热压机

单层热压机不需要复杂的装卸板机等配套设备，总体设施较为简单，维修工作量较少。尤其是单层热压机具有热压板的幅面大，产品厚度误差小，板边条的裁边损失小，原材料消耗比较低的优点。

由于单层压机有上述一系列的优点，使它在生产中得到越来越广泛的应用。特别是在刨花板生产中，有逐步取代多层热压机的趋势。

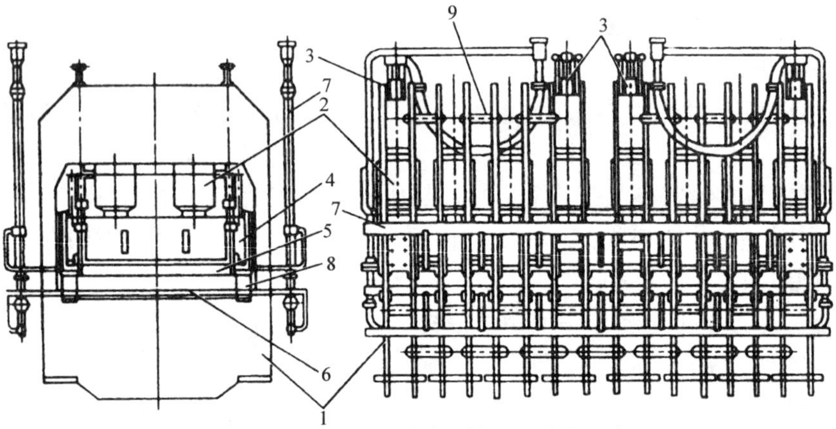

图 15-8　BY168 ×24 型单层热压机结构示意图

1. 机架　2. 加压液压缸　3. 回程液压缸　4. 上顶板
5、6. 上、下热压板　7. 油加热管道　8. 厚度规　9. 连接螺栓

图 15-8 为国产 BY168 ×24 型单层热压机结构示意图，用于大幅面刨花板的生产。它主要由机架、热压板、加压油缸、回程油缸、加热管道及厚度规等部件组成。

机架 1 是采用厚度为 90mm 的钢板焊接的框式结构。两个框片构成一组框架，八组框架之间用特制的双头长螺栓相互联结而成一个空间刚体。机架上安装有液压缸 2 和 3，油加热管道 7，并支承着上、下顶板和热压板 5、6 等部件。其上顶板 4 为下压式动梁。液压缸均为柱塞式，分为加压液压缸和回程液压缸两种。加压液压缸 2 共有 16 个，由四个螺栓吊装在机架上的横梁上，各加压液压缸的柱塞均与上顶板联结，并在工作时使上顶板和上压板向下加压。回程缸 3 共八个、缸径较小，主要用来提升上顶板，其中四个也用来保持与上顶板的同步动作。

上、下两块热压板 5 和 6 的幅面尺寸均为 7 445mm ×2 550mm ×90mm，其结构与多层热压机的热压板基本相同。上、下热压板分别与上顶板和机架相联结，两者间均垫有隔热材料，以减小热量的散失。机架 1 上还装有用来控制刨花板厚度尺寸的厚度规 8，其安装部位设有吹扫装置，定期用压缩空气清除灰尘杂物，以保证制品的厚度精度。

该机的热压板采用热油加热，而液压系统则采用乳化液为工作介质。

单层热压机一般与板坯的铺装成型设备相配合，通过钢带或网带循环输送来完成装卸料工作。

单层热压机和带式输送装置组成的生产线一般有以下几种形式：

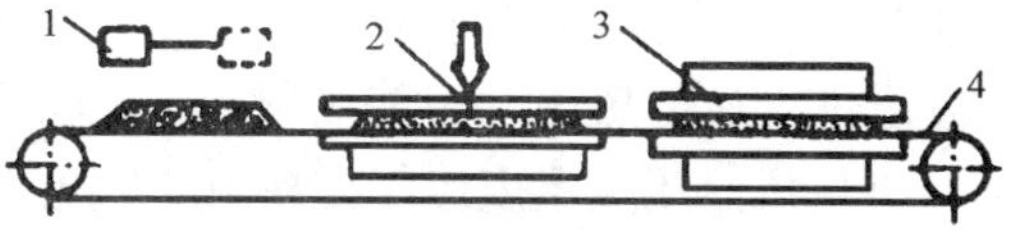

图 15-9 间歇式铺装热压生产线示意图

1. 移动式铺装机 2. 预热预压机 3. 单层热压机 4. 钢带输送装置

间歇式铺装热压生产线（见图 15-9） 它由移动式铺装机 1、预热预压机 2、单层热压机 3 和钢带输送装置 4 等组成。循环输送的长钢带可用于板坯的铺装、运输和压机的装卸料。生产时，板坯铺装不是连续进行，而是配合热压周期，在铺装区范围内，由移动式铺装机前后移动，逐块进行铺装。随着钢带周期式运动，将板坯逐块先后送入预热预压机和单层热压机，逐一热压成为制品。预热预压机可以使板坯及钢带在预压的同时就得到预热，显著地缩短了热压周期，提高生产能力。

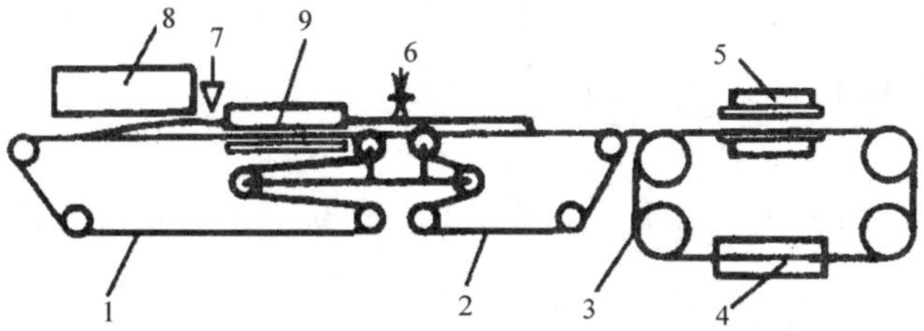

图 15-10 连续式铺装热压生产线示意图

1. 铺装输送装置 2. 钢带运输装置 3. 热压钢带输送装置 4. 预热装置 5. 单层热压机 6. 横截圆锯机 7. 连续式预压机 8. 固定式铺装机 9. 高频加热装置

连续式铺装热压生产线（见图 15-10） 它由固定式铺装机、预压机、横截圆锯机、单层热压机和三个钢带输送装置等组成。工作时，由固定式铺装机 8 将原料不断地铺装在铺装输送装置 1 的钢带上而形成板坯，经连续式预压机 7 的预压，由横截圆锯机 6 截成制品所需长度。然后板坯在另一钢带运输装置 2 的钢带上加速运行，再由热压钢带送入单层热压机 5 中进行加热加压成为成品板。该生产线中，压机输送带先经热气通道预热装置 4 进行预热，且预压后的板坯也经高频加热装置 9 进行预热，可缩短板坯的固化时间和减小钢带的温度应力，有利于缩短热压周期，大幅度提高生产能力。

网带输送移动式铺装机的热压生产线 它是一种用非连续法压制连续板坯的作业系统，输送装置采用钢丝编织的网带。与钢带比较，网带透气性良好，在工作温度范围内能保持较好的热应力状态，尺寸稳定性好，易于保证制品的厚度精度（最大误差仅为 0.1mm）。网带的造价较低，损坏后易于修复，并能适应热压机工作时的温度和压力，不会产生特别高的内应力。

该生产线采用移动式铺装机将原料铺装成连续板坯，再由网带将其周期性地送入单层热压机。为了使板坯在进入热压机前不提前固化，并使被压制的连续松散板坯和成板之间过渡段不会碎裂，在热压机的设计中相应采用了两项措施（见图 15-11）：其一，上热压板的入口端加工成波纹表面的楔形段，使过渡段的板坯被压成楔形，以防止在加压时板坯产生层间滑动撕裂；其二，热压板的温度在全长范围内不相同，进出口区段温度低于中间区段的温度，并且上下压板相应区段的温度也有所不同。板坯以步进方式依次通过热压机各个区段，使

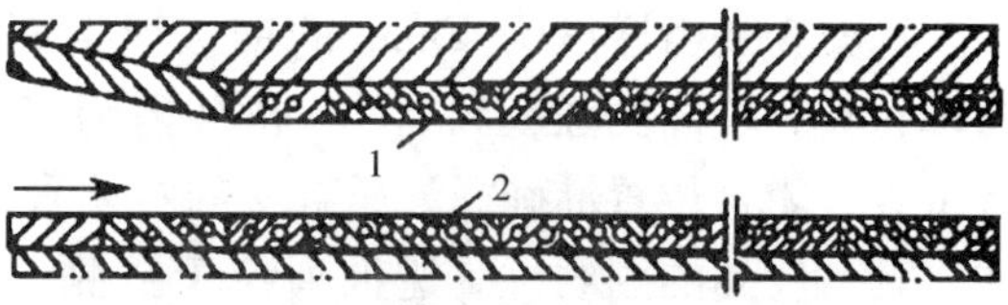

图 15-11 网带输送移动式铺装机的热压板结构示意图

1. 上热压板 2. 下热压板

板坯在过渡段先后两次重复经受低温热压，即在进口过渡段经受第一次低温热压，而后在出口过渡段进行最终热压。为使胶料处于开始固化而尚未完全固化的状态（尤其是对尿素胶而言），进口段热压板温度应保持在100℃以下。实践证明，该种经两次低温热压的制品，可以达到和高温加压段相同的质量。

网带输送移动式热压机生产线（见图15-12） 网带输送移动式热压机生产线由铺装机1、横截圆锯机2、往复移动式单层热压机3和循环输送的网带4等组成。多头式铺装机将原料连续铺装在恒速运行的网带上，板坯经横截后送入单层热压机。热压过程中，热压机和网带一起以相同的速度向前移动，在运动中完成对板坯的加压加热。加工完毕后，热压机开启并迅速向铺装方向返回，再继续对下一块板坯进行热压。

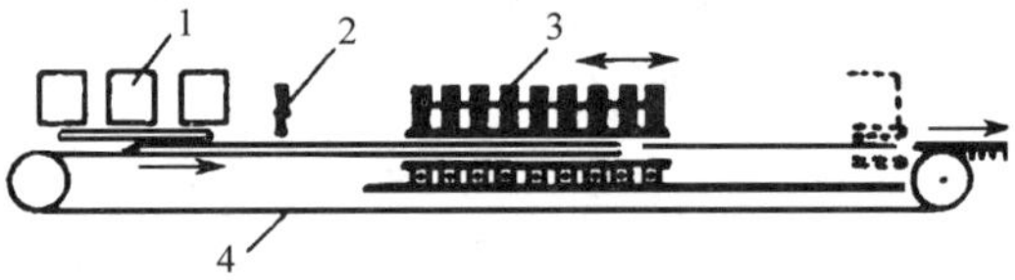

图15-12 网带输送移动式热压机生产线示意图

1. 铺装机 2. 横截圆锯机 3. 往复移动式单层热压机 4. 网带

15.4 弯曲胶合成型压机

弯曲胶合成型压机可将多层涂胶单板加压成具有圆角的大橱旁板或排椅、折叠椅的座板和背板等。

图15-13为压制椅背、椅座的弯曲胶合成型压机结构示意图。它由框架8、液压缸9、偶合压模组（成型热压板）1～7、蒸汽管道10等组成。

该压机的层数为七层，即全部偶合压模共七组（每组各有上下模）。按自上向下顺序，第一、第二组的曲面相同（称为甲型），供作椅座板加压成型；第三至第六共四组曲面也相同（称为乙型），供作椅座、椅背两用板加压成型；第七组为双联椅背板成型，成型后可将工件一分为二。

每组偶合压模（包括上下模）在闭合时，上下曲面最短距离处处相等，故在本机额定闭合间距所压成的曲面板，其厚度亦处处相等。如需减薄曲面产品厚度，必须加以衬板，以保证额定间距，否则不能确保工件受压部分的压力均匀及工件整个曲面各段厚度的一致。

装、卸料均需人工操作，故将机座安装在地平面下560mm，使装、卸料操作方便。

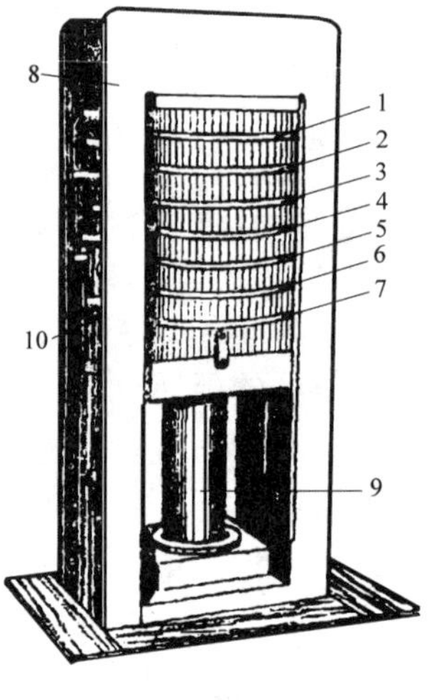

图15-13 椅背、椅座弯曲胶合成型压机结构示意图

1～7. 偶合压模组 8. 框架 9. 液压缸 10. 蒸汽管道

框架8是由厚度为40mm的钢板焊接而成的整体框式结构，具有较高的强度和刚性。框架内侧四角与压模滑动部分镶有四条导轨，使压模上下运行正直，闭合位置准确。液压缸9的缸体采用35号优质碳素结构钢铸造，柱塞采用冷硬铸铁，具有较高的耐磨性。进油口位于缸侧，缸底留有储尘槽及清洗孔，平时用螺塞封闭孔口。压模内开有蒸汽孔道以使蒸汽进入。上面第一压模与框架的上横梁固接，中间有石棉隔热层，其蒸汽管道10为固定式。其余各压模的蒸汽管道则采用伸缩套筒式，伸缩行程与压模上下行程完全一致。

曲面压模闭合是由油缸活塞上升顶起下压板，自下而上逐层进行的。而在压模开启时，靠各层压模自重返回原位。由于闭合时曲面压模与工件接触有先后，前后受力不均较显著，故在起步闭合时，稍微有前后倾斜和偏倚现象。当达最高压时，倾斜因素消失，但偏倚现象仍继续存在。各层压模四角均装有搁档，它能保证压板开启后各层压模复位准确(间距均匀整齐垂直)。且各层压模是沿导轨上下，缓缓滑移，虽有偏倚现象，亦仅局限于额定偏差之内。

图 15-14 为压制大橱旁板的弯曲胶合成型压机的外形图。它由机架、上顶板、下顶板、成型热压板(模具)、两个柱塞式油缸等组成,总压力为 2MN。机架采用 40mm 厚的钢板焊接而成,成型热压板上具有半径为 *R* 的圆角。采用蒸汽加热,蒸汽管道采用伸缩套管式接管。

将经过涂胶的单板组坯后放入弯曲成型压机中，经过加热一段时间后，即可得到具有 *R* 半径圆角的大衣橱旁板。

图 15-15 为整体式弯背椅座板成型压机。该压机机架为框式结构，用 40mm 厚的钢板焊接而成。上下模均为铸件，宽度为 500mm。下顶板是铸钢件，用柱塞式液压缸向上顶压工作，总压力 1MN，该压机采用低压电加热。

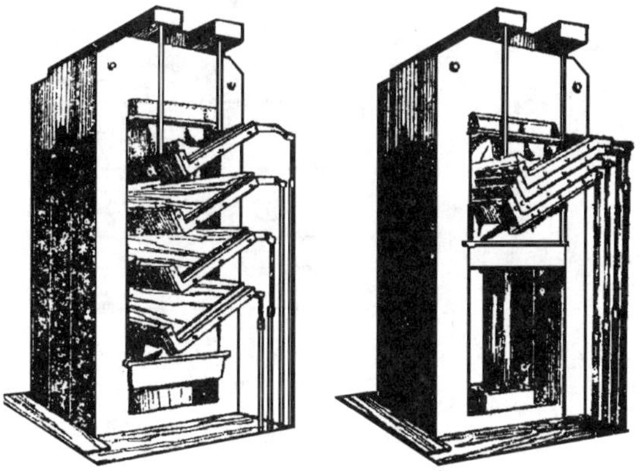

图 15-14　弯曲胶合成型压机外形图

图 15-15　整体式弯背椅座板成型压机外形图

图 15-16　液压缸上置的弯曲胶合成型压机外形图

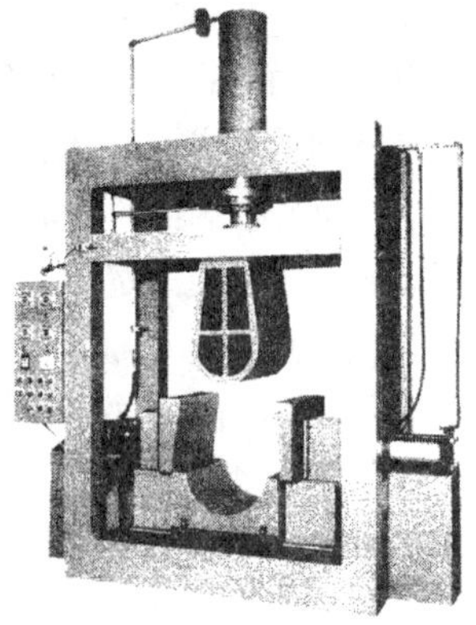

图 15-17 三向加压的弯曲胶合成型压机外形图

图 15-16 为另一种弯曲胶合成型压机的外观图。其结构特点是加压液压缸安装在压机机架的上方，采用由上而下的加压方式。加压液压缸采用活塞式结构，以便压机的张开。由于油缸安装在压机机架的上方，因此便于操作工的装、卸料，压机的安装也无需地坑。此外，这种压机中各层压模的四角通过钢索与压机的上顶板连接起来，使各压模的间距相等，同时也能使各自压模在压机张开后复位。在各压模中装有电热管，采用电加热。

图 15-17 为三向加压的弯曲胶合成型压机外形图。该压机采用框式机架结构，电加热方式，三个液压缸均为活塞式结构。

15.5 异型模压机与真空模压机

曲面真空成型贴面压机能有效地对三边曲面、凹凸面及预成型工件进行一次成型覆盖及贴面上（见图 15-18）。覆盖及贴面材料可用 PVC 胶皮、天然或人造薄木等，而工件板材则可用天然木材、中密度纤维板及刨花板等。该机操作简单容易，不需要金属的、塑料的或木制的模具。

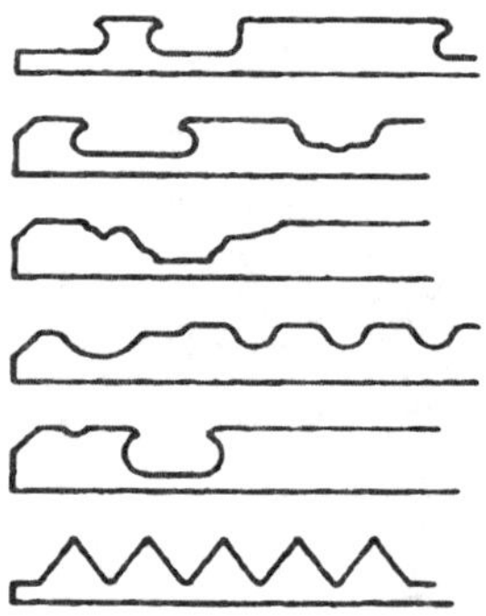

图 15-18 各种横截面形状的异型工件图

根据有无薄膜气垫分为薄膜气垫式曲面真空成型贴面压机和无薄膜气垫式曲面真空成型贴面压机两类。

15.5.1 薄膜气垫式曲面真空成型贴面压机

（1）单面薄膜气垫贴面压机

图 15-19 为采用接触加热和对流加热的薄膜气垫贴面压机结构示意图。图 15-19（a）为压机的开启（未进料）状态图。真空管路 13（用于预吹空气、热空气循环和热压缩空气循环）上装有真空装置。形成真空后，使薄膜气垫紧贴在上加热板 1 上，并得到加热。

图 15-19（b）表示进料后压机处于闭合状态。薄膜气垫腔 5 中的真空状态已消除，并已预先吹入空气，使薄膜气垫 4 下降至中间位置。通过真空装置 b 使热塑性覆面薄膜 11 附在薄膜气垫上。借助薄膜气垫的热量使其塑化。这个过程中需要注意的问题是：一方面使覆面薄膜与冷工件保持非接触状态，因为在接触的部位热能会被带走，从而使覆面薄膜不能均匀地完成塑化过程；另一方面，又不能使覆面薄膜离工件太远，否则会产生双轴延伸，在随后的升压过程中，延伸会使覆面薄膜产生皱折，从而导致废品。通过预吹风可平稳地调节薄膜气垫的正确位置。

由于薄膜气垫的热含量有限，所以在塑化阶段要通过真空管路 13 使无压循环热气保持循环状态，以便为薄膜气垫补充热量。

图 15-19（c）是压机受压时的状态。这时在薄膜气垫腔 5 中循环的不是无压大气，而

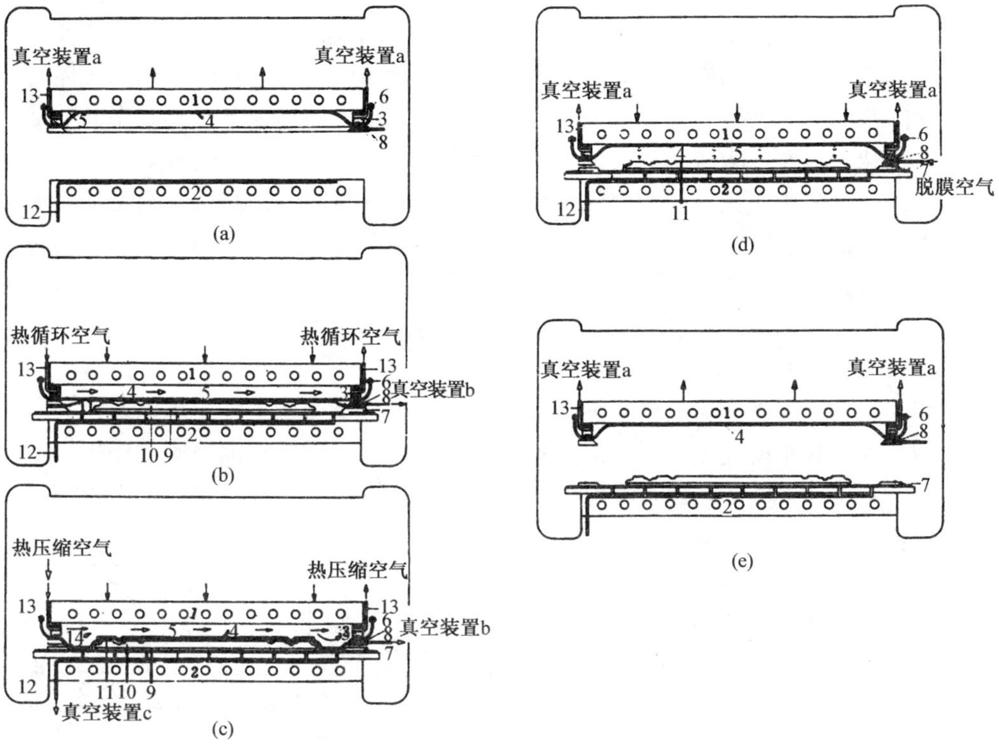

图 15-19 用接触法和辐射法加热的薄膜气垫贴面压机结构示意图

(a)开启状态 (b)闭合状态 (c)加压状态 (d)热压结束 (e)压机开启，覆面部件离开压机

1. 上加热板 2. 下加热板 3. 内压框架 4. 薄膜气垫 5. 薄膜气垫腔 6. 薄膜气垫夹紧、张紧装置 7. 下密封框 8. 多功能框架 9. 工件垫板 10. 工件 11. 热塑性覆面薄膜 12. 真空管路 c 13. 真空管路 a

是经电加热器不断加热的压缩空气（压缩空气通过专用的涡轮机进行循环），以便对薄膜气垫施加所需要的变形压力，并同时不断地给薄膜气垫供应热量，热量的供给既保证粘结面上的胶形成充分的网状结构，同时又可使压制时间缩短。

要使覆面工件具有良好的耐热性能，供给充足的热量是基本前提。空气如同水一样，也能流进形状复杂的工件，甚至侧凹部位。采用对流气体作为热载体，不会产生如红外加热法所产生的照射盲区，也不会像加热层加热法那样在凹陷很深的工件、垂直边或侧凹部位产生“搭桥”现象。

为避免在工件与覆面薄膜之间产生气泡，要在产生过压之前，通过真空管路 12 吸走工件与覆面薄膜之间的空气。

图 15-19（d）表示压机在开启之前的压制阶段的状况。这时多功能框架起着特别重要的作用。在压制过程中，由于压力与热的作用，在薄膜气垫与覆面薄膜之间产生了很强的附着力。

如果此时立即提升薄膜气垫，那么粘结面就会承受不可忽视的提升应力。胶粘剂作为热塑性涂层，通过添加交联剂，在热的作用下将会形成橡胶弹性体。

热塑特性始终是主要的，因为约 70h 后才能最终形成网状结构。在压机开启时，粘结面还是热的，网状结构刚刚形成，因此粘结面不会很牢固。在这种情况下，可发挥多功能框架的作用，即通过它的管路系统在薄膜气垫与覆膜薄胶之间吹进压缩空气，使其彼此分开，而粘结面又不会受提升应力的影响，同时还可使压力保持一段时间。在吹入压缩气体之前，先将压缩气体冷却一下，效果会更好。通过冷却在很大程度上使还处于热塑状态的粘结面的粘结更牢固，当然，只有产生应力很大、加工难度很大的工件才需要作这样的处理。

由于多功能框架中压入冷压缩气体，所以提升薄膜气垫时，粘结面不会受提升应力的影响，因此在胶粘剂形成网状结构的早期阶段就可以中断压制过程，从而可缩短压制时间。

图 15-19（e）是压机压制周期最终结束时的状态。真空装置 a 将薄膜气垫重新吸在上加热板上进行加热。覆面工件由进料装置送出，新的压制周期即可开始。

（2）双面薄膜气垫贴面压机

如果要在一次工序中完成工件双面覆面或需要在工件背面用柔性支承以防将其压坏，就需要使用双面薄膜气垫贴面压机。大多数薄膜气垫压机都可做成双面薄膜气垫压机。

图 15-20 为双面薄膜气垫贴面压机结构示意图。上薄膜气垫 4a 和多功能框架 8 为真空 b 和冷气用没有变化。由于下薄膜气垫 4b 会妨碍吸掉工件与覆面薄膜之间的气泡，所以必须在下密封框架 7（该框架也夹紧下薄膜气垫）中设置管路系统。

按照前面所介绍的方法将上覆面薄膜 11a 覆盖在工件上表面，并夹紧在多功能框架 8 和下密封框架 7 中间。将下覆面薄膜或单板 11b 放在工件下面。一旦施加液压，那么在工件与覆面薄膜之间不希望有的空气即被管路吸走。然后经与加热板直接接触而得以加热的上下薄膜气垫通过管路系统 13 和 12 压在工件上。通过电加热器和专门的涡轮机使热压缩空气循环来不断供热，以使胶粘剂形成良好的网状结构。

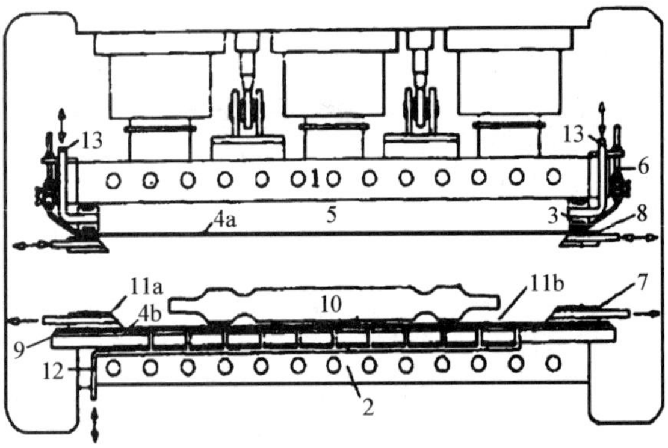

图 15-20 双面薄膜气垫贴面压机结构示意图

1. 上加热板 2. 下加热板 3. 内压框架 4a. 上薄膜气垫 4b. 下薄膜气垫 5. 薄膜气垫腔 6. 薄膜气垫夹紧、张紧装置 7. 下密封框架 8. 多功能框架 9. 工件垫板 10. 工件 11a. 上覆面薄膜 11b. 下覆面薄膜或单板 12、13. 管路系统

15.5.2 无薄膜气垫式曲成真空成型贴面压机

这种压机的主要特点是可以用热塑性覆面薄膜代替薄膜气垫。这样，在许多压制工作中可以节省价格较贵的薄膜气垫，而且还可避免热量耗损；更重要的是，薄的覆面薄膜比起与明显较厚、较硬的薄膜气垫一起使用的情况来，能够更好地覆盖最细微的工件轮廓。

图 15-21 为无薄膜气垫贴面压机的基本结构和工作原理图。上加热板 1 上装有夹紧密封框架 2，夹紧密封框架 2 上装有管路系统 3，通过此框架可在薄膜气垫腔 4 中交替形成真空和过压。下加热板 5 同样装有夹紧密封框架 6，通过此框架也由管路系统 7 交替产生真空和过压。

送入工件 9 后，热塑性覆面薄膜 8 在上加热板 1 下压后被夹紧在上下夹紧框架之间，然

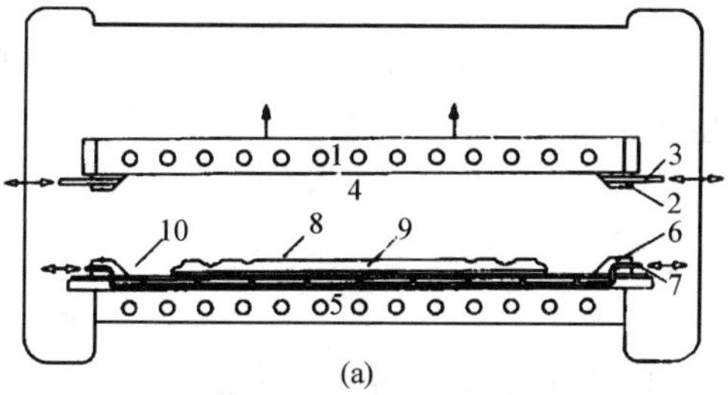

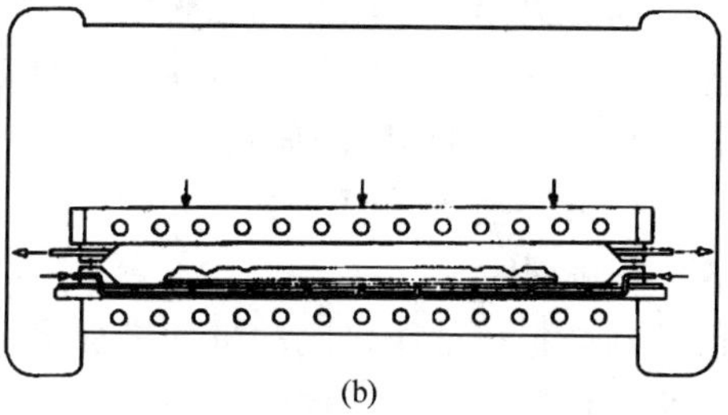

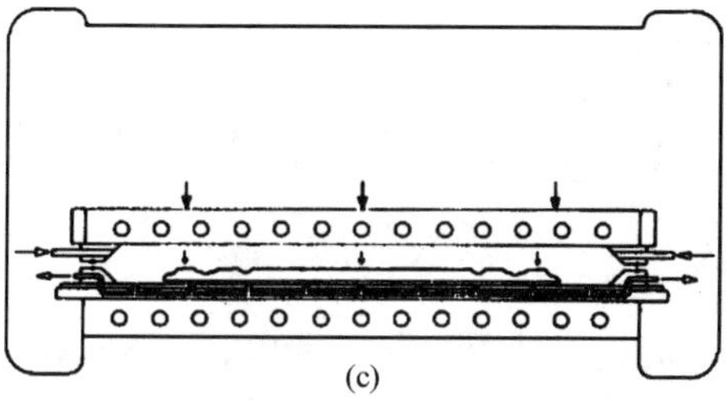

图 15-21　无薄膜气垫式曲机真空成型贴面压机结构示意图

（a）开启状态　（b）闭合状态　（c）加压状态

1. 上加热板　2. 夹紧密封框架　3、7. 管路系统　4. 薄膜气垫腔　5. 下加热板　6. 夹紧密封框架　8. 覆面薄膜　9. 工件　10. 压制腔

后在薄膜气垫腔4中形成真空，在压制腔10中产生过压，以便将冷覆面薄膜呈平面状挤向上加热板，并利用其热量进行塑化。完成塑化后即进行压力转换，也就是薄膜气垫腔由真空状态转为过压状态。几乎同时，下面压制腔10中的过压状态变成了真空状态。这样可帮助已加热的覆面薄膜热塑成型，但主要还是为了避免在工件型谷中形成气泡。下面真空、上面加压，结果就使覆面薄膜贴在工件的型面上（包括最细微的轮廓）。

无薄膜气垫压制的前提是覆面薄膜不得有裂纹，任何最细小的裂纹都会导致压力－真空系统的失灵，从而产生废品。因此，无薄膜气垫式曲成真空成型贴面压机只可用于工件形状和尺寸不会使覆面薄膜产生裂隙的场合。

15.6　人造板压机的操作与维护

15.6.1　人造板压机的操作

（1）开机前的要求

① 保证板坯连续供应；

② 蒸汽压力能达到工艺要求，无漏汽现象，并保持供应；

③ 要求垫板、垫网、热压和上衬清洁；

④ 蓄压器氮气压力正常，无漏气现象，油箱的油位正常；

⑤ 各传动部位润滑良好，机器各部位螺钉无松动现象，运转正常，电气设备正常；

⑥ 液压缸内没有空气，密封圈密封良好。

（2）开机前的准备

① 合上电源总开关，开动低压泵，使蓄压器达到要求的工作压力；

② 开启蒸汽阀门，将热压板加热到工艺要求的温度（同时短时间开启回水阀门，排除冷凝水）；

③ 开动垫板循环系统各台运输机，使垫板接受板坯；

④ 按工艺要求，调整各时间继电器的时间和压力表的压力上下限指针位置（如果总压力有较大变动，也应调整卸荷阀和溢流阀等压力调节机构）；

⑤ 开启活塞喷水阀门。

（3）开机程序

① 开动装板机液压泵电动机和进板运输机；

② 当装板机装满，一次将板坯装入热压机后，开动液压系统各电动机，打开各电磁阀开关和时间继电器开关，闭合热压机，开始升压；

③ 要求自动化操作时，打开各相应的自动控制开关；

④ 手动操作时，根据工艺要求升降压和保压，热压周期结束时开启降压阀降压。

（4）运行中检查调整

① 根据质量要求检查板坯的压制质量；

② 检查蒸汽压力和热压板温度，蒸汽管路及活接头处是否有漏汽现象；

③ 检查加压的升压、保压和降压是否符合工艺要求的压力和持续时间，及时调整有关机构；

④ 检查装卸机的升降和推拉行程是否运转平稳；

⑤ 检查活塞密封圈和管路是否有漏油现象；

⑥ 检查垫板循环系统各运输机运行配合情况。

15.6.2　热压机的维修和保养

（1）液压传动系统的维护

① 油箱中的液压油应该经常保持正常油面。应在油箱上设置液面计，经常观察油面的高度，油面下降时及时补充油液。

② 液压油应经常检查保持清洁：

a. 油箱要加盖密封，如工作环境尘埃大，可装置空气滤清器；

b. 在擦拭液压泵或油的容器时，要防止布屑等碎物落入油中；

c. 定期清洗油箱，每六个月换油一次，旧油可过滤后再使用，在往油箱中灌油时应通过 120 目以上的滤油器过滤。

③ 油温在 40 ~ 50℃为宜，不得超过 60℃，若油温异常时，应立即检查原因，常见的有下列情况：

a. 油的黏度太高或由于油质变坏，阻力增大；

b. 由于液压元件的容量太小，流速过高，油箱容量小，散热慢，阀的性能不好，容易产生振动，引起发热；

c. 冷却器的性能不好，水量不足，管道内有水等；

d. 回路里的空气应完全排掉。回路里进入空气后，气体的体积随着压力负荷而变化，油缸的运动受到影响。另外空气又是造成油液变质和发热的重要原因，所以应特别注意下列情况：回油管必须插入油面以下，吸入口的滤油器不要发生堵塞，一旦堵塞，吸入阻力大大增加，容易从旁处缝隙吸入空气；吸入管和泵轴密封部分不要漏入空气，油箱的油液面积要尽量大些，吸入侧和回油侧要用隔板隔开，以利消除气泡，管路和油缸的最高部位要有放气孔，在起动时应放掉油缸中的空气。

④ 注意蓄压器内液面变动情况，保持规定的氮气压力和氮气量。如有漏损时，要及时补充氮气。用涂肥皂水的方法来检查法兰和阀门是否漏气。经常检查蓄压器上的各元件、仪表工作是否正常并定期进行检修。

⑤ 易损坏的零件，如密封圈等应经常贮有备品，以便及时更换。

（2）热压机柱塞的保护和油缸密封圈的更换

柱塞表面损伤的主要原因，是由于液压油中含有砂粒等杂质。柱塞表面一旦受到刮伤，在渗漏的高压油液的强烈磨削下，伤痕将迅速扩大和加深。在湿法纤维板加压过程中，湿板中挤出的酸性废水，对柱塞表面有腐蚀作用，温度越高，腐蚀越大，特别是当柱塞表面硬质保护层有伤痕时，更为严重。另外，挤出的废水中的细小纤维，也容易挤入密封圈与柱塞之间，影响密封效果。故有的热压机在柱塞周围安有环形喷水管，其作用是冲洗柱塞，免受酸性废水腐蚀和保持清洁，同时也有降低柱塞温度的作用。

柱塞发生偏磨，也是造成表面擦伤和密封圈磨损、挤坏的原因之一。柱塞偏磨是由于板坯（特别是纤维板湿板坯）经常左右厚度不一致，在热压机加压时，产生偏载所造成的。柱塞与缸套的间隙过大也会引起偏磨。

经常发生漏油的油缸，在检查时应吊出柱塞，检查其表面情况，特别是最高压力时密封位置部分，损伤严重时，应更换柱塞。如有偏磨现象，需要检查柱寒与缸套的配合精度，并在生产工艺上采取措施，防止偏载。

油缸密封圈。由于磨损或安装不正确以及柱塞表面损伤等原因引起损坏，造成油缸漏油。密封圈的正常磨损量很小，在柱塞表面良好及密封圈安装正确的情况下，密封圈的使用寿命可达六个月以上。过度的磨损，常常是由于密封圈安装的不正确，柱塞表面有划痕、不平整、粗糙、偏受力或油液中含有砂粒杂质引起柱塞与密封圈的强烈摩擦等原因造成，以致很快损坏密封圈的表面和边缘。新更换的密封圈，如发现有少量漏油时，可以检查一下法兰压环上的螺栓是否拧紧。

更换密封圈的操作如下：开动热压机，将托板（下顶板）升起，用四根“顶杆”或木柱将托板的四角支撑住。在托板下面装一个手动葫芦，分别将柱塞上盖及法兰压环的螺栓卸掉后，用手动葫芦将它们吊起。用铁丝钩将密封圈逐个取出，换上新的，再把法兰压环放下，拧紧法兰压环上的螺栓，安装好柱塞上盖，然后升起柱塞顶住托板，将“顶杆”取下，即可使用。

在安装新密封圈时，要注意安全，防止带入脏物和密封圈发生“翻边”现象。在拧紧法兰压环的螺栓时，要注意各个油缸压环的压力要一致，否则压得太紧的油缸，摩擦阻力太大，柱塞升降速度不一。换下的密封圈要仔细检查，分析损坏原因，以便采取预防措施。

密封圈的规格、结构和外形等按照图样规定的标准选用，不可随意更改。

（3）热压板的维护保养

① 经常保持热压板表面的平整光洁，不平整的金属物不得带入热压板，以免擦伤热压板的表面。

② 板坯应正确地放在热压板中间位置。大小不一的板坯或合板不得同时热压。防止热压机的偏压，造成热压板弯曲变形和油缸的偏压磨损。

③ 停机时间较长时，应排除热压板内的蒸汽冷凝水，以防热压板孔道被锈蚀。

④ 经常注意各热压板的温度是否一致，当发现某块热压板的温度局部或全部不热时，应检查进汽管、排汽管、热压板通道有无堵塞现象。通常都是由于热压板通道内原有的固定“塞子”脱开或移动位置所造成的，但有时是因严重的锈蚀所引起。如果大量排气，仍不能使该部分的升温恢复正常，就需要将热压板卸下作进一步检查，排除障碍后才能使用。

⑤ 热压板发现局部漏汽，可以用电焊补上漏汽部位，焊好后应试验水压，压力为蒸汽压力的 1.2～1.4 倍，并修平焊补处。如果是热压板内严重锈蚀引起的渗漏，应该更换新板。

（4）蒸汽支管接头密封圈的更换

许多热压机的蒸汽支管转动活接头，都使用石棉填料的密封装置。在高温下，石棉填料容易硬化出现漏气现象，采用密封性能较好的球形活接头和聚四氟乙烯密封圈效果较好，密封圈一般可使用一年左右。也有将石棉线浸渍聚四氟乙烯塑料，在原有的填料盒内压紧使用，效果也较好，但使用不大方便。

球形接头密封的更换。在球形接头外端的密封圈更换较为方便，当球形接头后面的密封圈需更换时，只需要将密封圈斜切开成 45°斜口，然后在球形接头后面使用，不会不影响密封效果。

（5）热压机的润滑要求

① 滚动轴承采用 4 号钙基润滑脂润滑，每六个月一次；

② 导向板，导轨采用复合钙基润滑脂润滑，每周加油不少于一次；

③ 液压油采用 20 号机油，每六个月清洗和换油一次；

④ 滑轮、链条等传动件采用 30 号机油，每天注油一次。

15.6.3　热压机常见故障及排除方法（见表 15－1）

表 15－1　热压机的常见故障及排除方法

故　障	产　生　原　因	排　除　方　法
热压机不起动	1. 低压泵的转向不对，不送油；低压泵吸空；吸入滤油器堵塞 2. 蓄油器送油阀未打开 3. 未达到工作压力时，压力开关不工作 4. 总阀（配油阀）的阀芯被脏物卡住失灵，引起自动回油 5. 管路破裂或管接头脱开	1. 检查电器接线，改正液压泵旋转方向，清洁或换新滤油器 2. 打开蓄压器送油阀 3. 继续打压待达到工作压力时，再起动 4. 清洗检查配油阀，卸压阀，并进行修复 5. 检查管路，进行修复
热压机的压板上升太慢	1. 低压液压泵吸空，吸入滤油器堵塞 2. 由于油箱内的油面过低，液压泵轴密封处吸入管接头及各类阀的密封漏气等 3. 油缸内操作聚滞空气 4. 油缸密封圈磨损，或安装不正确而引起漏油 5. 安全阀失灵，不关闭或其他阀开放造成低压侧到回油侧的漏损 6. 蓄压器气不足或充气量不足	1. 检查液压泵，清洁或更换新的滤油器 2. 增加油量到规定位置，更换密封圈，修复液压泵、阀及管路接头等漏气部分 3. 打开放气塞，将空气放尽 4. 调正更换和正确安装密封圈 5. 检查故障，调整和修复或更换新的安全阀 6. 检查蓄压器的气压，用肥皂水的方法检查蓄压器的管接头处是否有漏气，并加以修复，补充足够的氮气

（续）

故　障	产　生　原　因	排　除　方　法
打不上高压或保持不住压力	1. 高压液压泵的补给液压泵（供低压油）因为动力不足，油的黏度不适当，损坏等原因造成供油不足 2. 高压泵的柱塞磨损，活门关闭不严及进入空气等原因造成油压下降 3. 高压安全阀弹簧压低，自动回油 4. 高压油路中的单向阀，因阀芯被堵塞、阀座磨损、轴密封损坏、阀体变形及弹簧疲劳等原因，造成漏油 5. 管路中漏油	1. 检查补给液压泵，确定故障加以排除 2. 检查高压泵的柱塞、活门等部分，确定故障，加以排除 3. 检查高压安全阀，正确调整弹簧压力 4. 检查高压部分的控制调节阀，确定故障，清洗修理或更换新的 5. 检查管路进行修复
油缸柱塞的升降速度不一致	1. 升降迟缓的柱塞密封圈安装不正确，压得太紧 2. 油缸密封圈的尺寸不一致	1. 松开该柱塞的密封圈压环使各缸的密封圈压紧程度一致 2. 更换尺寸不对的密封圈
热压板的温度升不高	1. 蒸汽压力太低，供气量不足 2. 排气管堵塞，热压板内积聚冷凝水 3. 热压板内蒸汽孔，通道因锈蚀等造成堵塞或“短路”	1. 提高气压供给足够的蒸汽 2. 检查排气管路和冷凝水排除罐等有无堵塞，排除积水 3. 用大量蒸汽吹送蒸汽管道，如仍堵塞不通时，则需卸下，进一步检查修复
油缸漏油	1. 密封圈密封不严或磨损 2. 活塞表面腐蚀，特别是在密封圈部位	1. 调整或更换密封圈 2. 检查活塞表面，腐蚀严重的需更换

思考与练习

1. 说明热压机的种类及特点。
2. 试述多层热压机的整机组成，各部分的作用。
3. 简述热压板的典型回路及特点。
4. 简述热压机柱塞液压缸的组成及各部分的作用。
5. 说明热压机的同时闭合机构的作用，杠杆式同时闭合机构的组成及工作过程。
6. 单层热压机的生产线常见的有哪几种？说明其组成设备。
7. 说明单面薄膜气垫贴面压机的工作原理。
8. 简述热压机的维修和保养。
9. 说明下列热压机故障产生的原因及排除方法。

   （1）热压板的温度升不高　（2）打不上高压或保持不住压力

本章推荐阅读书目

[1] 木材工业使用大全·刨花板卷. 王恺. 中国林业出版社，1998.
[2] 木工机械. 南京林业大学. 中国林业出版社，1987.
[3] 木材工业使用大全·纤维板卷. 王天佑. 中国林业出版社，1998.

技能训练 27　热压机的调整与操作

实训目标

了解热压机的组成、结构和工作原理，掌握热压机及其他相关仪器设备的使用方法，掌握热压机的调整和操作规程，掌握热压板坯的工艺操作。

实训场所与组织

实习工厂或人造板厂。以组为单位（每组 5 人左右），由实训指导老师进行讲解和示范，安排学生实际操作。

实训设备和材料

（1）设备

小型热压机。

（2）材料

铺装好的板坯、称量装置及工具若干。

实训内容和方法

（1）开机前的检查要求

①蒸汽压力是否能达到工艺要求，有无漏汽现象；

②垫板、垫网、热压和上衬清洁程度是否达到要求；

③蓄压器氮气压力是否正常，有无漏汽现象，油箱的油位是否正常；

④各传动部分润滑情况，电器设备是否正常。

（2）开机前的准备

①使蓄压器达到要求的工作压力；

②使热压板达到工艺要求的温度；

③调整各时间继电器的时间和压力表的压力上下限指针位置；

④开启活塞喷水阀门。

（3）开机程序

①开动装板机液压泵电动机和进板运输机；

②当装板机装满，一次将板坯装入热压机后，开动液压系统各电动机，打开各电磁阀开关和时间继电器开关，闭合热压机，开始升压；

③要求自动化操作时，打开各相应的自动控制开关；

④手动操作时，根据工艺要求升降压和保压，热压周期结束时开启降压阀降压。

（4）运行中检查调整

①根据质量要求检查板坯的压制质量；

②检查蒸汽压力和热压板温度，蒸汽管路及活接头处是否有漏汽现象；

③检查加压的升压，保压和降压是否符合工艺要求的压力和持续时间，及时调整有关机构；

④检查装卸机的升降和推拉行程是否运转平稳；

⑤检查活塞密封圈和管路是否有漏油现象；

⑥检查垫板循环系统各运输机运行配合情况。

考核标准

考核评分标准见表 15－2。

表 15－2 热压机技能考核评分标准

实习地点： 系部： 班级： 姓名： 组号：

考核项目	指标分值	考 核 标 准	成绩分档及权重					考核方式
			A	B	C	D	得分	
			1	0.8	0.6	0.4		
理论应知部分	20	热压机的类型及特点（6 分）						现场口试
		热压机的组成及工作原理（6 分）						
		热压机的结构（8 分）						
技能操作	40	热压机的调整是否正确、熟练（10 分）						现场操作
		热压机的操作步骤是否正确、熟练（10 分）						
		热压机的维护方式是否正确（10 分）						
		热压机的维修是否正确、熟练（10 分）						
热压质量	20	热压板坯厚度是否符合工艺要求（7 分）						现场检查测试
		热压板坯各处密度是否均匀、表面是否平整（7 分）						
		是否存在热压质量缺陷（6 分）						
实训报告	20	字迹是否工整，文字表达是否完整、清晰，语言是否通顺、简练（6 分）						书面形式
		内容是否齐全（7 分）						
		分析是否正确（7 分）						
得分								
教师签字								

第16章 木制品表面装饰设备

本章学习目标

理论知识 了解木制品表面涂饰设备、浸渍纸生产设备种类、特点及应用范围；熟悉表面涂饰设备、浸渍纸生产设备的维修保养知识。

实践技能 学会油漆喷枪的作业操作；掌握喷漆设备的操作使用；掌握浸渍纸生产设备。

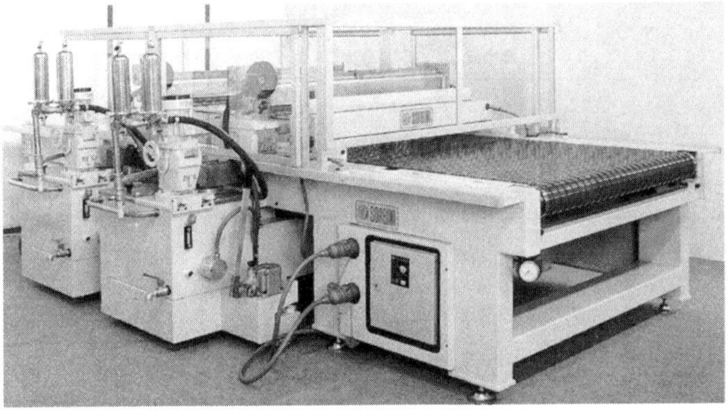

UV 淋漆机外形图

浸渍纸生产设备外形图

16.1 表面涂饰设备

按照一定工艺操作规程将涂料涂布于家具产品的表面，形成具有一定理化性能的覆盖层的工艺加工过程被称为涂饰。

涂饰方法一般可分为手工涂饰和机械涂饰两类。手工涂饰包括刮涂、刷涂和擦涂（揩涂）等，是使用各种手工工具（刷子、排笔、刮刀、棉球与竹丝等）将涂饰材料涂布到木制品零部件的表面上的涂饰方法。机械涂饰包括喷涂、淋涂、辊涂、浸涂和擦涂等，主要采用各种机械设备或机具进行涂饰的涂饰方法。本节将主要介绍喷涂及淋涂设备的结构、性能和工作原理。

16.1.1 喷漆设备

喷漆是使液体涂料雾化成雾状喷射到木制品表面上形成涂层的表面涂饰方法。由于使涂料雾化的原理不同可分为空气喷漆、无气喷漆和静电喷漆等。现将空气喷漆、无气喷漆和静电喷漆的设备介绍如下：

(1) 空气喷漆设备

空气喷涂是利用压缩空气通过喷枪的空气喷嘴高速喷出时，使涂料在喷嘴前形成圆锥形的真空负压区，在气流作用下将涂料抽吸出来并雾化后喷射到木制品表面上，以形成连续完整涂层的一种涂饰方法，又称气压喷涂。它是机械涂饰方法中适应性强、灵活性高、应用较广的一种方法。

空气喷漆设备的组成　图 16-1 是空气喷漆装置结构示意图。从图中可以看出空气喷漆设备主要由喷枪、空气压缩机、贮气罐、油水分离器、压力漆筒、喷涂室以及连接软管等组成。

a. 喷枪：它是直接用于喷散和雾化涂料并将涂料喷到工件表面的专用器具。

b. 空气压缩机：用以产生压缩空气，供给喷枪和压力漆筒，将涂料喷散成雾状进行喷漆工作，并将压力漆筒中涂料压入喷枪中。在喷漆中应使压缩空气的压力始终保持在一定的范围内（一般为 0.2 ~ 0.5MPa），空气压缩机应根据喷枪的空气消耗量及供应喷枪的支数来选用。

c. 油水分离器：用于净化送往喷枪和压力漆筒中的空气，除去其中的油、水和其他杂质，保持喷到工件上的涂料微粒纯净，保证涂层质量。圆筒形油水分离器是在容器中由毛毡层中间填充焦炭等过滤材料组成；小型油水分离器由采用叶片旋风式分水器和多孔性过滤杯组成。

d. 压力漆筒：使用压力漆筒可以代替喷枪上的漆罐，将涂料注入压力漆筒内，以一定的压力（一般为 0.12 ~ 0.15MPa）把涂料压送到喷枪进行喷涂。

e. 喷涂室：一专门的喷涂场所，其主要作用是及时排除和过滤喷涂过程中产生的漆雾，保证具有一定的安全和卫生的工作环境条件。喷涂室的种类很多，按生产运输方式分为间歇式和连续式；按漆雾过滤方式分为干式（采用折流板、过滤网等过滤漆雾）和湿式（利用水来过滤与净化处理漆雾，有水帘式和喷淋式等）。图 16-2 所示为湿式喷漆室结构示意与外形图。

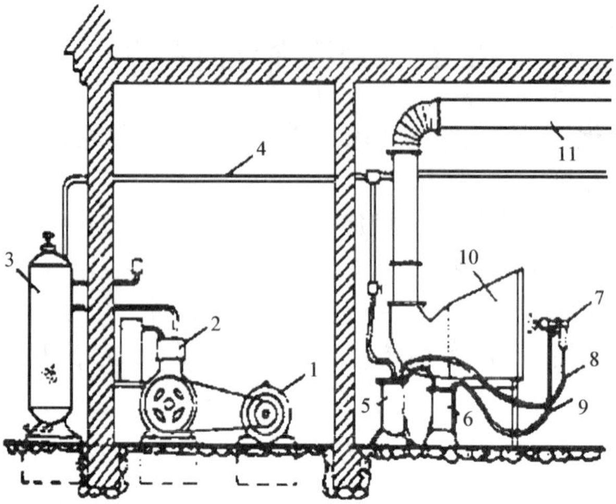

图16-1 空气喷漆装置结构示意图

1. 电动机 2. 空气压缩机 3. 贮气罐 4. 进气管 5. 油水分离器 6. 压力漆筒 7. 喷枪 8、9. 软管 10. 喷涂室 11. 排气管

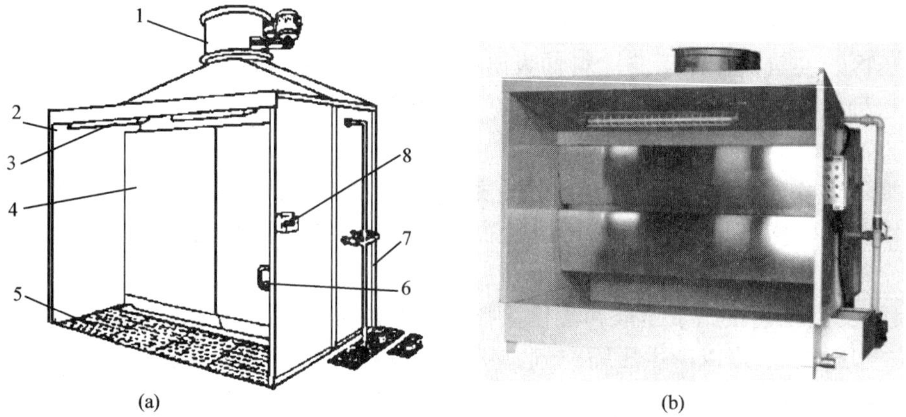

图16-2 湿式喷漆室结构示意与外形图

（a）结构示意图 （b）外形图

1. 通风系统 2. 室体 3. 照明装置 4. 湿式漆雾过滤装置 5. 格栅存水池 6. 喷枪挂钩 7. 供水系统 8. 电气系统

喷枪的结构及工作原理 图16-3是PQ－2型喷枪的结构示意图，它主要由喷头和枪身两部分组成。工作过程中，当扳动枪机8时，针阀9和空气阀杆6同时向后移动，压缩空气通道首先接通，从空气接口7进入的压缩空气经枪身内部空气通道送到喷头1。继续扳动枪机，针阀后退至涂料嘴开口，从涂料接口10进入的涂料经枪身涂料通道送至喷头。工作时，压缩空气应在涂料前喷出，否则，涂料便会呈柱状流出，而不能雾化成颗粒状。停止喷漆时，针阀先闭合，空气阀后闭合，空气调节旋钮4用于调节空气的进气量，当转动旋钮时，空气调节阀杆2的阀口开度得到调整，改变了气流量，调节空气的进气量。涂料调节旋钮5用于调节涂料的进漆量，转动时限制了针阀的后退位置，控制了漆流量。

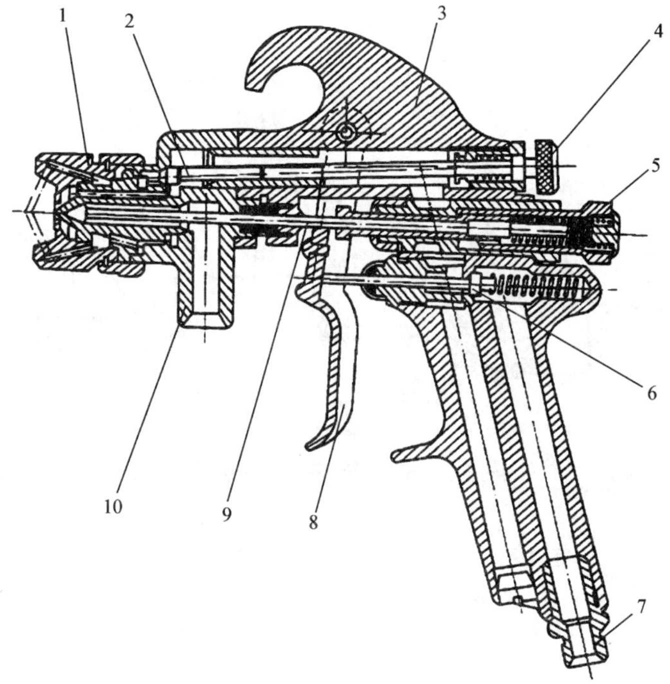

图 16-3　PQ－2 型喷枪的结构示意图

1. 喷头　2. 空气调节阀杆　3. 枪身　4. 空气调节旋钮　5. 涂料调节旋钮
6. 空气阀杆　7. 空气接口　8. 枪机　9. 针阀　10. 涂料进口

（2）静电喷漆设备

静电喷漆是利用电晕放电现象和正负电荷相互吸引原理，将喷具作为负极使涂料微粒带负电荷、被涂饰工件接地作为正极使木材表面带正电荷，在喷具与被涂饰工件间产生高压静电场（木材表面静电喷涂常用电压为 60～130kV，电极到被涂表面的距离为 20～30cm，电场强度为 4～6kV/cm)，使涂料微粒被吸附、沉积在被涂饰工件表面上形成涂层。

静电喷漆目前有很多种形式，按其工作方式可分为固定式、手提式和自动式三种。这里主要以旋杯式静电喷漆设备的结构组成说明静电喷漆设备的结构及工作原理。

静电喷漆设备的组成　图 16-4 是旋杯式静电喷漆设备结构示意图。从图中可以看出静电喷漆设备主要由高压静电发生器、操作台、喷杯、供漆系统、工件传送系统、高压电缆、静电喷涂室等组成。

高压静电发生器是静电喷漆的主要设备，是一种高压输出电源。常用的高压静电发生器主要有两种：一种是利用工频变压器升压，再用高压整流；一种是利用工频或高频电源，再采用多级倍压整流获得高压直流电。供漆为重力式，也可使用压力漆桶。

静电喷漆的工作原理　图 16-5 为固定式静电喷漆结构原理图。它主要由静电发生器、供漆装置和喷具等组成。其工作原理是静电发生器 4 的负极接到喷具 1 上，正极和工件 8 接地，这样，喷具和工件之间就形成了一个高压静电场，喷具的种类比较多，且利用电动机 3 带动喷具 1 旋转，涂料在离心力和静电力的作用下，沿杯的内壁向外甩出，喷向工件，使涂料微粒被吸附、沉积在被涂饰工件表面上形成涂层。

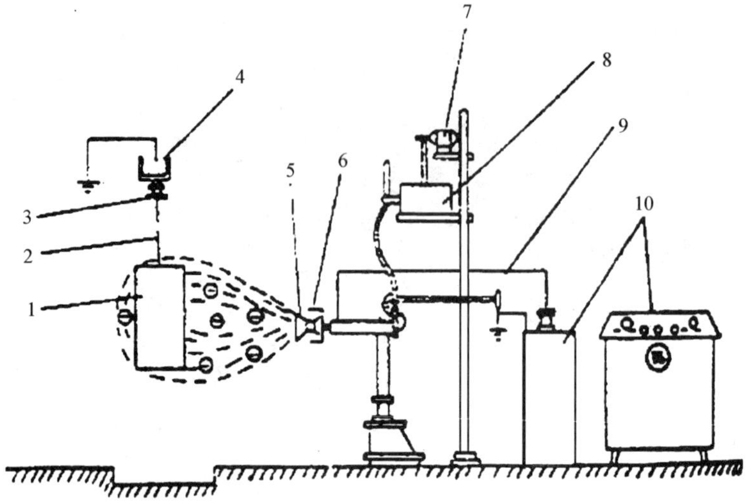

图 16-4 旋杯式静电喷漆设备结构示意图

1. 被涂工件 2. 吊杆 3. 回转轴 4. 传送链 5. 喷杯 6. 放电极 7. 涂料搅拌机 8. 涂料桶 9. 高压电缆 10. 高压静电发生器和操作台

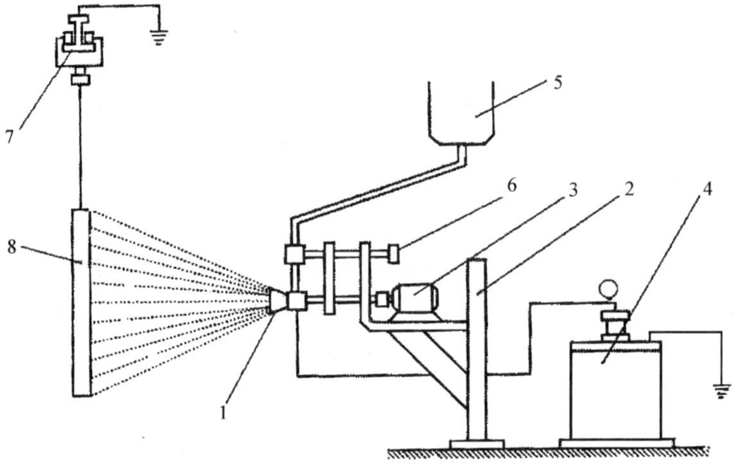

图 16-5 固定式静电喷漆结构原理图

1. 喷具 2. 支座 3. 工件电动机 4. 静电发生器 5. 漆槽 6. 输漆调节阀导管 7. 运输机 8. 工件

16.1.2 淋漆设备

淋漆是用传送带以稳定的速度载送零部件、通过淋漆机的淋漆头连续淋下的漆幕，使零部件表面被淋盖上一层涂料而形成涂层的涂饰方法。淋漆在木制品生产中广泛用于涂饰平表面板式部件，能实现连续流水线生产。

淋漆设备即淋漆机可以根据其用途分为三类：平面淋漆机、方料淋漆机和封边淋漆机。本节重点介绍平面淋漆机。

设备的结构、组成及工作原理。

图 16-6 是单头淋漆机的结构示意图。从图中可以看出淋漆设备即淋漆机主要由淋漆机头、贮漆槽、涂料循环系统和传送装置等组成。漆箱 14 里的漆在电动泵 2 的作用下，通过过滤器 7 和输漆管 5 送入淋漆机头 4。一部分涂料淋到制品上，多余的流到淋漆机头下的回收槽，由回漆槽 15 经漆箱上的过滤网回到漆箱里，完成一个循环。传送带 16 安装在驱动辊 13 和张紧辊 18 上，由驱动辊带动传送带进给，张紧辊安装在床身上的轴承座内，轴承座可以用螺栓和工作台连接，调整螺栓可以改变支板的高度。为了适应不同厚度的制品，淋漆机头可以上下垂直调整，手轮 10 是调整手轮。手轮 9 是进给速度调整手轮。

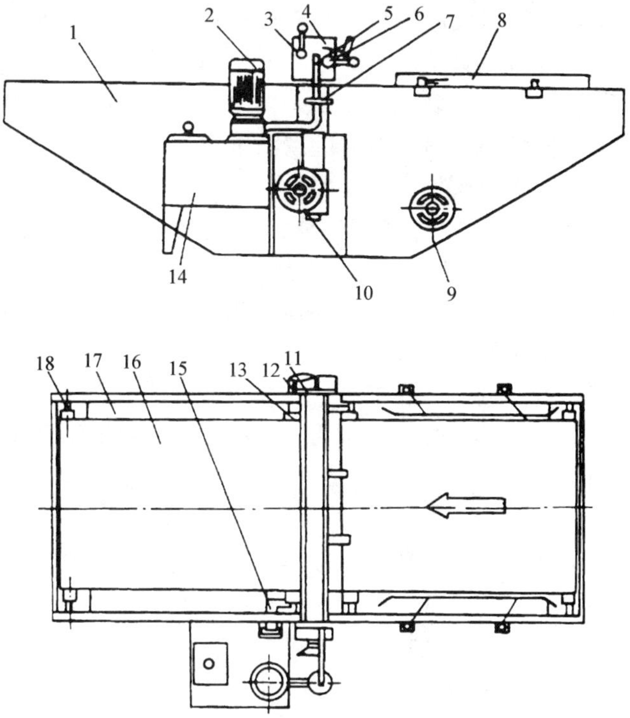

图 16-6 单头淋漆机结构示意图

1. 支架 2. 电动泵 3、6. 手柄 4. 淋漆机头 5. 输漆管 7. 过滤器 8. 靠尺
9. 进给速度调整手轮 10. 调整手轮 11、12. 驱动装置 13. 驱动辊 14. 漆箱
15. 回漆槽 16. 传送带 17. 导向装置 18. 张紧辊

16.2 浸渍纸生产设备

浸渍干燥设备是浸渍纸生产的主要设备，目前普遍使用的浸渍生产设备是浸渍干燥机，浸渍干燥机质量的好坏，对浸渍纸的质量有非常重要的影响。

16.2.1 对浸渍纸干燥设备的要求

为了保证浸渍纸的正常生产，满足家具、人造板贴面对浸渍纸质量的要求，浸渍干燥设备应满足以下几个基本条件：

能满足浸渍纸生产的工艺要求 满足浸渍纸生产的工艺要求，是对浸渍干燥设备最基本也是最重要的要求。在树脂浸渍纸贴面生产中，所用原纸的定量规格变化范围较大，其定量规格变化范围可以在 25 ~ 200g/m^2 之间；由于浸渍纸用途不同，其上胶量也存在很大的差异，上胶量可以在 40% ~ 50%；原纸的种类也多种多样，有透明原纸、素色原纸、装饰原纸等。因此要求浸渍干燥设备能很好地适应各种原纸的特性并能根据不同类型浸渍纸的要求，在浸渍干燥过程中，灵活方便地调整其生产工艺参数，以满足生产的需要。

能使原纸的浸渍和干燥在同一设备上完成　原纸在浸渍以后，大量的胶液渗透到原纸内部的孔隙和纤维中，使原纸纤维之间的间隙加大、纤维发生膨胀、原纸的抗拉强度大大降低、原纸的表面完全被胶液所黏附。因此，浸过胶的原纸（浸胶纸）不便进行贮存或更换设备进行运输，这就要求原纸在浸胶以后，应在同一台设备上继续进行干燥，使原纸从浸渍干燥设备中出来后，就成为可以直接进行贮存和使用的浸渍纸。

具有较高的生产能力　对于大规模的贴面装饰生产来说，浸渍纸的消耗量是很大的，尤其像装饰层压板之类的纸质贴面材料，所需的浸渍纸数量更大，因此浸渍干燥设备必须具有较高的生产能力，才能满足大规模生产的需要。

机械化、自动化程度高　为了保证浸渍干燥设备有较高的生产能力，能够生产出高质量和质量稳定的浸渍纸，同时也能够减少操作人员数量，减轻工人的劳动强度，提高生产效率，要求浸渍干燥设备应具有较高的机械化和自动化程度，这也是木材工业发展的需要。

⑤动力消耗少、运行费用低、操作维修方便。

⑥结构合理、体积小、质量小、加工制造容易、造价低廉。

目前广泛使用的浸渍干燥设备有立式浸渍干燥机和卧式浸渍干燥机两大类型。

16.2.2　浸渍干燥机的种类

用于浸渍纸生产的浸渍干燥设备种类比较多，其结构、工作原理、加工方式以及生产能力都有较大的差异，但按结构和原纸在浸渍干燥过程中的运行方式，这些干燥设备大体上可以分为两大类：卧式浸渍干燥机，立式浸渍干燥机。

卧式浸渍干燥机工作时，浸胶后的原纸在机内是沿水平方向运动的，而立式浸渍干燥机，浸胶后的原纸在机内是沿垂直方向运动的。由于浸胶后原纸的运动方向不同，对胶黏剂在原纸上的扩散、分布和渗透都有较大的影响。一般来说，在工艺条件基本相同的情况下，卧式浸渍干燥机生产的浸渍纸质量比立式浸渍干燥机生产的浸渍纸的质量要好。但是，不论是卧式浸渍干燥机还是立式浸渍干燥机，它们都有各自的一些特点。

卧式浸渍干燥机具有以下特点：

种类多、适应性广　卧式浸渍干燥机作为一个大种类，它们的工作原理基本相同，但它们的结构以及工作和运行方式却存在较大的差异，这样就可以满足生产不同浸渍纸的要求。

产量大、生产效率高　与立式浸渍干燥机相比，卧式浸渍干燥机的生产能力比立式浸渍干燥机要大几倍甚至十几倍，很适合于大规模的生产。

适合于厚度比较大的原纸的浸渍干燥　由于它的浸渍机构比较优越，能够进行二次浸渍，加上原纸浸胶后沿水平方向运动，便于胶黏剂的进一步扩散和渗透。

浸渍干燥效果比较好　但是卧式浸渍干燥机体积庞大，占地面积大，设备安装维修比较困难，而且价格比较昂贵。

立式浸渍干燥机具有以下优点：

①设备结构简单，加工制造容易，价格便宜，一次性投资较少；

②在生产过程中，工艺条件比较容易控制，调整工艺参数比较方便；

③设备安装、维修比较方便，占地面积小。

它的缺点是生产量低、热量损失大，而且由于浸渍纸在干燥机内运行是呈垂直状态，原纸表面的胶液在其自重的作用下会出现垂流现象，造成胶黏剂在原纸内部和表面分布不均匀。所以立式浸渍干燥机生产的浸渍纸质量一般不如卧式浸渍干燥机的好。此外，立式浸渍干燥机由于受到浸胶装置的限制，一般只适宜于浸渍较薄的原纸，浸渍较厚原纸时，原纸难以被渗透。如果对立式浸渍干燥机进行一定的改进，如采用二次浸渍，增加浸胶盆的长度，延长原纸在胶液中的停留时间，以及改进胶黏剂的渗透性能等方法，也可以对较厚的原纸进行浸渍，生产出的浸渍纸同样可以具有较好的质量。

下面主要介绍立式浸渍干燥机的结构、性能和工作原理。

(1) 立式浸渍干燥机

立式浸渍干燥机是由于其干燥室垂直于地面、浸渍纸在干燥室内的运动方向也与地面垂直而得名的。由于这类干燥机在工作时，纸是垂直于地面上下运动的，因此浸胶纸受到的拉伸力比较大。这类干燥机的生产工艺比较容易控制，但生产效率比较低，一般用于透明浸渍纸这类薄型浸渍纸的生产，必要时也可用于像装饰浸渍纸和素色浸渍纸之类较厚浸渍纸的生产。

立式浸渍干燥机的结构 立式浸渍干燥机的结构比较简单，它的主要组成部分——干燥室由2~3节干燥分室组成，它们首尾相连安装，并与地面垂直，整机高度一般可达6~10m。立式浸渍干燥机包括浸渍和干燥两大部分，浸渍和干燥两个过程可以在同一台设备上完成。按干燥方式，其结构可分为单层干燥和双层干燥两种类型，如图16-7、图16-8所示。它们在形式上虽有一定的差异，但工作原理基本上是相同的。

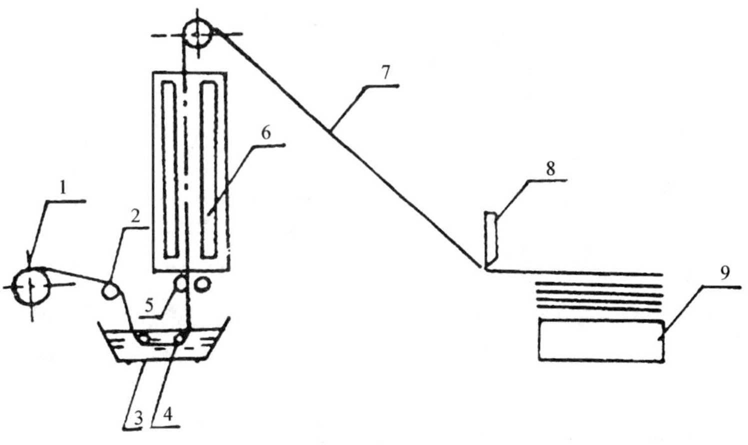

图16-7 单层立式浸渍干燥机结构示意图

1. 纸卷 2. 导向辊 3. 浸渍槽 4. 调节辊 5. 挤胶辊 6. 加热器 7. 浸渍纸 8. 裁纸刀 9. 堆纸台

立式浸渍干燥机的结构包括以下几个部分：开卷机构、预干机构、浸渍机构、干燥室、导向机构、裁纸机、堆纸台等。

a. 开卷机构。开卷机构的结构如图16-9所示，开卷机构是承托原纸纸卷，并使原纸纸

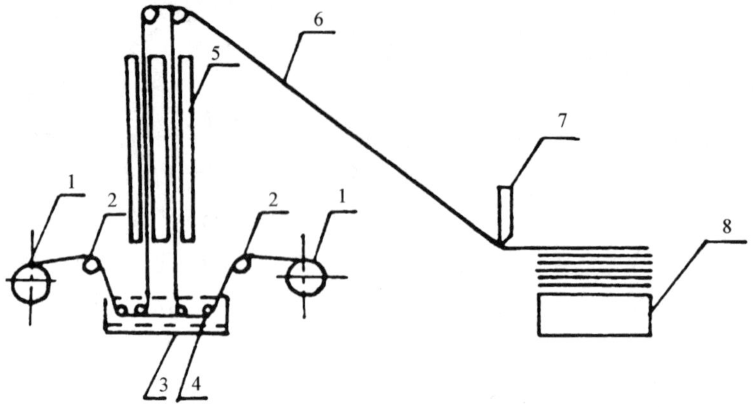

图16-8　双层立式浸渍干燥机结构示意图

1. 纸卷　2. 导向辊　3. 浸渍槽　4. 调节辊　5. 加热器　6. 浸渍纸　7. 裁纸刀　8. 堆纸台

卷转动，在转动过程中，将原纸纸卷以一定速度均匀地向前输送的机构。其转动动力由电动机提供，通过无级变速器可以控制和调节纸卷的转速。原纸的输送速度与浸渍速度和干燥速度相适应。为了调整原纸的拉力，在轴杠上装有张紧轮和可以调节水平位置的机构。

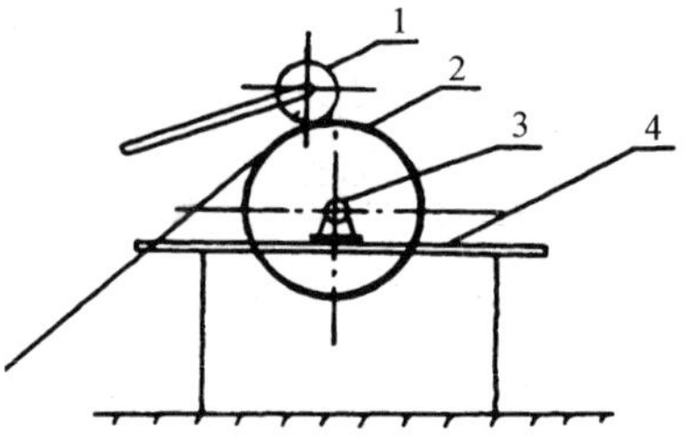

图16-9　开卷机构结构示意图

1. 压纸轮　2. 纸卷　3. 托纸辊　4. 机架

b. 预干机构。由于原纸的含水率一般都高于浸渍干燥所要求的含水率，当原纸的含水率较高时，不利于胶液向原纸的渗透，所以原纸在进入浸胶槽开始浸胶以前，应对原纸进行预干，以降低原纸的含水率。预干后的原纸含水率一般控制在4%～6%之间，最高不超过7%，当含水率低3%时，浸渍效果也会变差。预干机构的结构如图16-10、图16-11所示。

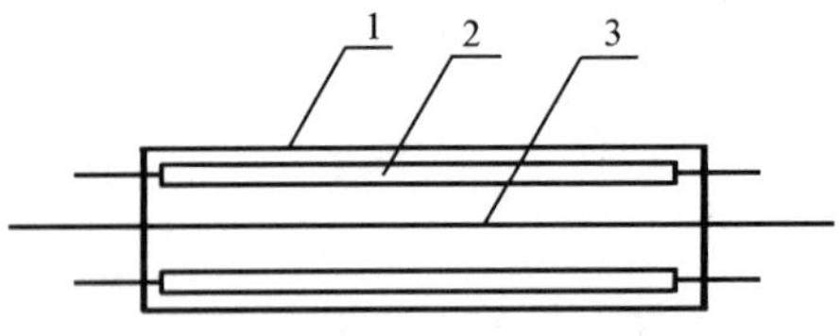

图16-10　红外线加热预干装置结构示意图

1. 壳体　2. 远红外线发射管　3. 原纸

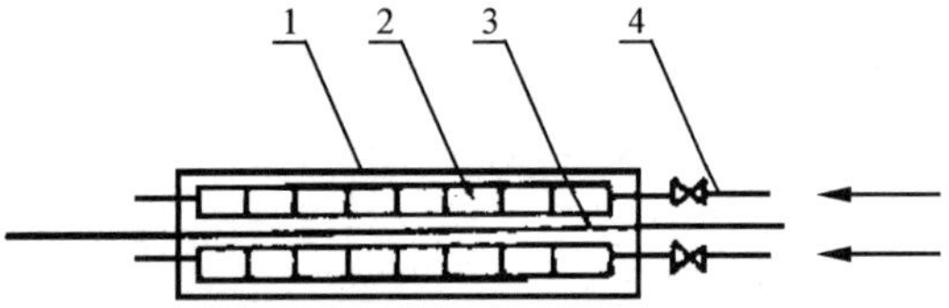

图16-11　蒸汽加热预干装置结构示意图

1. 壳体　2. 散热片　3. 原纸　4. 蒸汽管

c. 浸渍机构。浸渍机构由浸渍槽、浸渍辑、刮胶棍、胶液加热装置以及上胶系统等组成，其结构如图16-12所示。

· 浸胶槽。浸渍槽一般呈"U"形或梯形，由2～3mm厚的薄钢板焊接而成，槽内可容纳50～150kg胶液。浸胶槽的长度（或宽度）依据原纸在胶液中浸渍的时间决定，一般至少应保证原纸在浸胶槽内浸渍20～60s。有时为了延长原纸在胶液中的停留时间，以提高胶液对原纸的浸渍程度，还可以根据实际需要加长浸胶槽的长度（或宽度）。

· 浸渍辊。浸渍辊是由数根镀铬钢管或圆钢组成的。它的作用主要有以下三个方面：在原纸进入胶槽之前，对原纸进入胶槽的角度进行控制和调整；在原纸进入胶槽以后，对原在浸胶槽中浸渍的时间进行调节和控制；改变原纸浸胶后的运行方向。

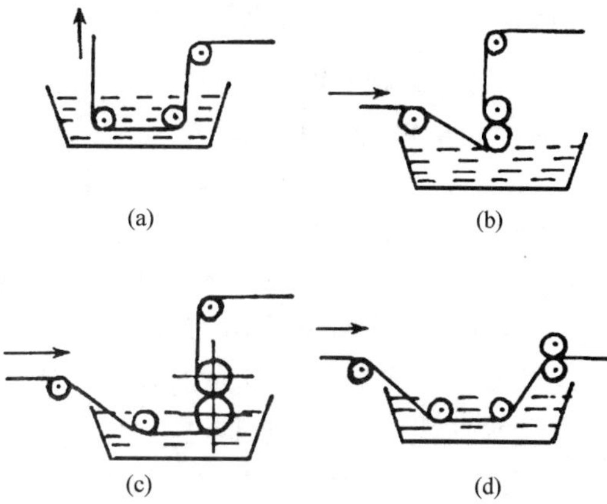

图 16-12　浸渍机构结构示意图

（a）垂直式浸渍　（b）（c）（d）倾斜式浸渍

·刮胶辊。刮胶辊（也称挤胶辊）一般是由一对镀铬圆钢管组成，它们呈上下对称布置，两者之间的位置和距离可以调节。刮胶辊的作用主要是控制浸渍纸的上胶量，当原纸通过浸胶槽上胶后，通过刮胶辊，可以将多余的胶液刮掉。通过调节刮胶辊之间的间隙或位置，可以改变浸渍纸的上胶量，但由于刮胶辊之间的间隙调节是有限的，所以浸胶纸的上胶量的调节也是有限的。当刮胶辊之间的间隙已调至最小，而浸胶纸的上胶量仍然很大的话，就需要调整其他的工艺参数来降低浸胶纸的上胶量。采用刮胶辊时，刮胶辊对浸胶纸有一定的挤压作用，有助于胶液对原纸的渗透。

除了刮胶辊之外，也可以用刮刀来控制和调节浸胶纸的上胶量。采用刮刀控制上胶量时，刮切削刃部的圆弧半径“R”起着重要的作用，R 值一般为 2.5mm，如果要求 R 值更大一些时，可在切削刃处焊接直径 3～5mm 的圆形金属棒。

·加热装置。胶液加热装置是在浸渍过程中，使胶液温度保持在一个相对稳定范围的一种机构。在常年生产中，由于各个季节的气温不相同，而胶液的温度对其多种性能均有影响，胶液的温度不稳定，就会导致浸胶条件不稳定，从而影响到浸渍纸的质量。

胶液的加热装置由管径 30～40mm 的无缝钢管焊接而成，它可以用从干燥室加热器中排出的废气作热源，也可以直接用饱和蒸汽作热源，对浸胶槽内的胶液进行加热。用废气作热源时，加热升温的时间比较长，直接用饱和蒸汽作热源时，胶液的升温速度比较快。加热装置不一定在全年的任何时候都工作，加热装置是否需要工作，由胶液的温度决定，夏季气温较高时，可以不使用加热装置，而冬季气温较低时，可以直接通入饱和蒸汽，以缩短胶液升温的时间。

d. 干燥室。干燥室一般由 2～3 节干燥分室组成，外面包有铁皮，壳体的上下敞口，四面密封。干燥室内部衬有保温材料，以减少热量损失。干燥室内有两排或三排加热器，装有两排加热器的干燥室适合于单向干燥，装有三排加热器的干燥室适合于双向干燥。装有三排加热器时，中间一排加热器位于干燥室的中心位置，其余两排距中心一排的距离为 120～150mm，使浸胶纸在干燥室内可以顺利通过。具有三排加热器的干燥室除可以进行双向干燥以外，也可以进行单向干燥。双向干燥的速度比单向干燥的速度要快，在双向干燥室进行单向干燥时，相关的浸渍工艺参数要随之进行调整。

e. 导向装置。导向装置包括干燥室顶端的导向辊、传送带、托辊、张紧辊等。立式浸渍干燥机的顶端装有一个镀铬导向辊，导向辊是主动辊，这样可以减小浸渍纸在干燥过程中所受的拉力，避免浸渍纸在运行过程中被拉断，同时还可以减少浸渍纸在运行过程中的串动和打褶。传送带一般为帆布带，也可以是数条皮带。双向立式浸渍干燥 机没有传送带，而是用托带或托板为浸渍纸导向。托辊支承着传送带，张紧辊用于调节传送带的松紧程度。

f. 裁纸机。裁纸机是与浸渍干燥机配套的设备，裁纸机的作用是将连续的带状浸渍纸，剪裁成一定长度的浸渍纸。有的浸渍干燥机没有配裁纸机，而在浸渍干燥机安装之后自行配套，裁纸机的结构如图 16-13 所示。

g. 堆纸台。堆纸台一般为钢制或木制的平台，生产规模较大的，也可配置气动或液压传动进行升降的堆纸台。堆纸台的高度稍低于裁纸机切削刃的高度，其平面尺寸由浸渍纸的幅面尺寸决定，并大于浸渍纸的幅面尺寸。

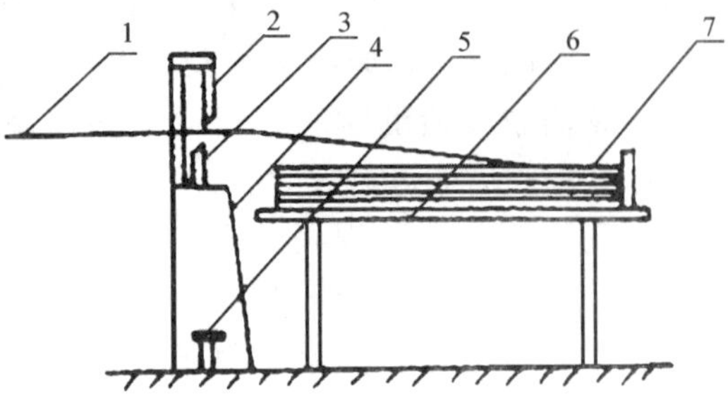

图 16-13　裁纸机结构示意图

1. 浸渍纸　2. 顶刀　3. 底刀　4. 机架　5. 踏板　6. 堆纸台　7. 浸渍纸堆

立式浸渍干燥机的工作原理　立式浸渍干燥机在开始工作以前，首先应根据不同的原纸将胶液调好，使胶液的密度、黏度、温度以及干燥室的温度、气流速度等工艺参数符合浸渍干燥的要求。然后将纸卷的纸头松出来，夹在引纸棒上，引纸棒系在细铁丝上，由人工将引纸棒牵引至干燥室的顶端，将纸头从引纸棒上卸下，开动帆布带运输机，使原纸运行到一定的长度（一般是 3 ~ 5m），再将浸渍辊压住原纸，使之浸入到胶液中，浸渍干燥的准备工作即告完毕，而后便可开始进行浸渍干燥。

原纸纸卷安放在纸卷架上，纸卷架横轴末端装有链轮传动机构，链轮的转动带动纸卷以一定的速度转动，并使纸卷放纸。链轮由电动机驱动，并可实现无级调速，以满足浸渍干燥速度以及随浸渍干燥过程进行，纸卷直径逐渐变小的要求。帆布带运输机的动力也来自同一无级变速电动机，这样可以保证纸卷的放纸速度与帆布带运输机的运行速度相适应。

进入浸胶槽之前，原纸先通过预干装置，去掉多余的水分。原纸在浸胶槽中停留的时间，可以通过浸渍辊的位置调整。浸过胶的浸胶纸从浸胶槽中出来后，通过刮胶辊将多余的胶液刮去，再进入干燥室进行干燥。在干燥过程中，加热器首先加热干燥室内的空气，使空气成为热空气，然后再通过热空气对浸胶纸进行加热干燥。干燥温度高时，浸胶纸中挥发物的蒸发速度快，浸胶纸的干燥速度也就快；但干燥室内的温度过高时，会造成浸胶纸表面胶黏剂的固化，使纸张内部的挥发物无法排出，导致浸渍纸的质量下降。因此干燥室内的温度根据干燥室不同的高度，具有不同的数值，一般控制在 70 ~ 130℃。干燥机内的气流速度对浸胶纸的干燥也有重要的作用，气流速度一般是通过冷热空气的对流形成的，如果气流速度达不到要求，也可以通过设置在干燥室顶部的通风机进行强制通风。热气流一方面可以将热量传递给浸胶纸，另一方面又可以把浸胶纸中蒸发出来的挥发物及时带走。

浸胶纸干燥完成后，通过冷却辊进行冷却，再由帆布带运输机运送到裁纸机处，按一定长度剪断，整齐堆放在堆纸台上，即成为浸渍纸。

立式浸渍干燥机的技术性能　立式浸渍干燥机的技术参数如下：

外形尺寸（长×宽×高）	12 000mm × 1 500mm × 6 000mm
纸张运行速度	1. 25 ~ 2. 5m/min
干燥温度	70 ~ 135℃
装机功率	0. 9kW

思考与练习

1. 空气喷漆设备由哪些部分组成？试述喷枪的结构及工作原理。
2. 静电喷漆设备由哪些部分组成？试述其工作原理。
3. 试述淋漆设备的组成及工作原理。
4. 简述立式浸渍干燥机的结构特点及工作原理。
5. 简述油漆喷枪的操作方法与注意事项。
6. 如何进行油漆喷枪的保养？

本章推荐阅读书目

[1] 人造板表面装饰工艺. 韩健. 中国林业出版社，2002.
[2] 现代家具生产工艺与设备. 宋魁彦. 黑龙江科学技术出版社，2001.

技能训练28　木制品表面涂饰设备、浸渍纸生产设备的认知实训

实训目标

了解木制品表面涂饰设备、浸渍纸生产设备的种类、组成及应用，熟悉常用表面涂饰设备工作原理、操作规程和安全操作技术。

实训场所与组织

家具厂或人造板厂。以组为单位(每组10人左右)，由老师或者工厂技术人员进行现场讲解和示范。有条件的学校可安排学生实际操作。

实训设备和材料

设备

表面涂饰设备、浸渍干燥机。

实训内容和方法

①现场讲解。老师或者技术人员在设备旁边讲解设备的结构，说明其工作原理，边示范操作方法。学生通过边听边看来实现对表面涂饰设备、浸渍纸生产设备的结构、工作原理和操作规程的认识和理解。

②分组讨论。分小组进行，对表面涂饰设备、浸渍纸生产设备的类型、结构及操作过程进行观摩和讨论。

考核标准

考核评分标准见表16－1。

表16－1　木制品表面涂饰设备、浸渍纸生产设备认知技能考核评分标准

实习地点：　　　　系部：　　　　班级：　　　　姓名：　　　　组号：

考核项目	指标分值	考核标准	成绩分档及权重					考核方式
			A	B	C	D	得分	
			1	0.8	0.6	0.4		
理论应知部分	20	表面涂饰设备、浸渍纸生产设备类型及特点（10分）						现场口试
		表面涂饰设备、浸渍纸生产设备组成及工作原理（10分）						
技能操作	40	迅速识别常见木制品表面装饰设备（10分）						现场操作
		能调整各设备主要部件的技术参数和相应功能（20分）						
		能对表面装饰质量进行评价（10分）						
质量评定	20	能对表面装饰质量进行评价（20分）						现场测试
实训报告	20	字迹是否工整，文字表达是否完整、清晰，语言是否通顺、简练（6分）						书面形式
		内容是否齐全（7分）						
		分析是否正确（7分）						
得分								
教师签字								

技能训练 29　油漆喷枪的调整与操作

实训目标

了解油漆喷枪的组成、结构，掌握油漆喷枪的使用与保养方法，熟悉操作注意事项。

实训场所与组织

校内实训场所。以组为单位（每组 5 人左右），由实训指导老师进行讲解和示范，安排学生实际操作。

实训设备和材料

设备

油漆喷枪、空气压缩机及相应的辅助材料与设备。

实训内容和方法

（1）操作前的准备

① 清理喷漆操作环境，准备喷漆实训操作辅助材料与设备；

② 采用稀释剂清洗油漆喷枪的污渍，新喷枪使用前用稀释剂先清洗去除油污。

（2）作业操作

喷漆前的相关准备工作做好后，开始操作实习。学生在实训指导老师的指导下进行实训操作。步骤如下：

① 开动空气压缩机，调整好喷漆时所需要的空气压力。一般空气喷枪的压力为 0.2 ~ 0.5MPa，涂料漆罐压力为 0.12 ~ 0.15MPa。

② 按要求调配油漆，并将调匀的涂料倒入漆罐盖上盖板并旋紧。

③ 在空气接头上接上压缩空气。

④ 稍微扳动扳机将气阀门打开，空气从气流喷嘴中喷出，吹去被涂工件表面的灰尘。

⑤ 调节喷枪喷涂射流断面，将控制阀向右旋转可得圆形涂料射流断面；将控制阀向左旋转，可形成水平椭圆形涂料射流断面或垂直椭圆形涂料射流断面，如图 16-14 所示。

⑥ 调节喷枪涂料的喷出量，将针塞调节螺钉向右旋转，可减少涂料喷出量，向左旋转涂料量可逐渐增加。

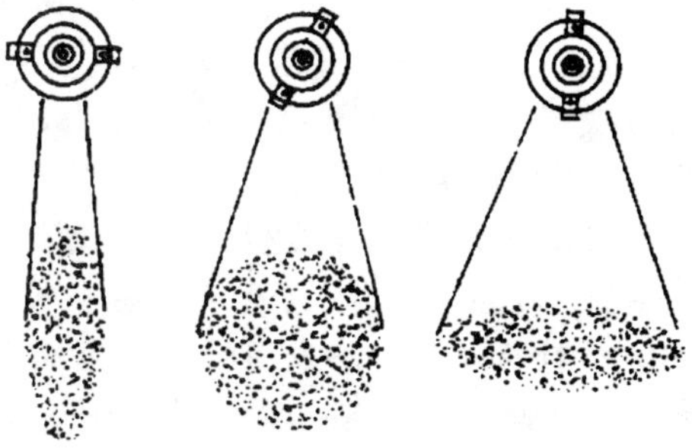

图 16-14　喷枪喷涂射流断面

⑦ 进行家具零部件（或其他板件）的喷漆操作。

（3）空气喷漆的操作方法及注意事项

① 涂料黏度：具体根据涂料品种，喷枪的种类等通过试验确定，一般常用涂料在环境温度为 20℃ ±2℃ 下采用 4# 涂料杯进行测量。

要求：

NC（硝基类）

底漆喷涂黏度 $14\times10^{-4}\sim16\times10^{-4}m^2/s$

面漆喷涂黏度 $10\times10^{-4}\sim12\times10^{-4}m^2/s$

PU（聚氨酯类）

底漆喷涂黏度 $15\times10^{-4}\sim18\times10^{-4}m^2/s$

面漆喷涂黏度 $11\times10^{-4}\sim13\times10^{-4}m^2/s$

PE（不饱和聚酯透明漆）

底漆喷涂黏度 $20\times10^{-4}\sim25\times10^{-4}m^2/s$

面漆喷涂黏度 $14\times10^{-4}\sim16\times10^{-4}m^2/s$

如果涂料稀薄黏度低，喷涂量多时易出现流挂，而涂料浓稠且量多时则会形成褶纹。

② 喷嘴离被涂表面的距离：一般在 150 ~ 250mm 之间。距离太近易产生反弹和出现流挂，太远涂料微粒飞散未附于被涂表面上浪费涂料，对于快干涂料，在涂料微粒运行过程中，因溶剂挥发而干燥形成漆膜表面不平。

③ 喷涂时的空气压力：按涂料种类不同选择适当的压缩空气压力，压力大小刚好使涂

料完全微粒化。一般空气喷枪的压力为0.2～0.5MPa，涂料漆罐压力为0.12～0.15MPa。压力过小，涂料微粒粗大，使所形成的漆膜成橘皮状，压力太高，涂料微粒容易飞散，浪费涂料。

④ 喷嘴口与被涂面的位置：注意保持垂直，倾斜时，容易造成漆层厚薄不均。

⑤ 喷路层间：大面积工件喷涂时，每条喷路间应互相搭接，搭接的断面宽度（或面积）为1/4～1/3喷路宽度或面积。如果喷路层间不搭接会在喷路中间出现空隙而形成条纹。

⑥ 喷枪移动：对平表面喷涂，应成直线移动，使漆膜厚度均匀一致；对弧形表面喷涂时，与被涂面各点距离始终保持一致。不正确的操作，会造成漆层厚薄不均。

⑦喷漆的操作：喷涂时接近喷涂面扣动扳机，离开被涂面后松开，以节约涂料，在有拐弯的表面应从角部向外作喷涂，且喷涂时喷枪应始终垂直于表面并以均匀的速度平行运行。喷枪运行速度一般为0.3～1.0m/s。喷枪运行过慢（0.3m/s以下）喷涂中可能产生流挂，过快漆膜不易平滑且不能形成必要的厚度，也会增加喷涂次数。为获得均匀的涂层，在一个表面上喷涂第二道时，应与前道喷涂的涂层纵横交叉，即第一道是横向喷涂，第二道最好应纵向喷涂。

（4）喷枪的保养

①用完后应用所喷涂料的稀释剂清洗干净，以免残留余漆干结使喷嘴孔道堵塞。

②盖板和漆罐密封处应洗净，以免余漆干固使盖板上的密封垫圈损坏。

③喷枪若不再继续使用，洗涤完毕后，旋下气流喷嘴，涂上防锈油（或一般机油），针塞套筒和顶芯外露表面也须涂上防锈油，组装后待用。

④洗涤和使用过程中，应注意气流喷嘴和喷嘴头部，不丢失、不磕碰损坏，否则会影响喷涂质量并误工。

⑤不能用锐利的金属丝捅喷头部上各个小孔，以免损伤而引起不正常漆雾。

（5）评分：老师根据学生的喷漆操作过程和喷涂工件的质量给学生评分。

考核标准

考核评分标准见表16－2。

表16－2 油漆喷枪的操作技能考核评分标准

实习地点： 系部： 班级： 姓名： 组号：

<table>
<tr><th rowspan="3">考核项目</th><th rowspan="3">指标分值</th><th rowspan="3">考核标准</th><th colspan="5">成绩分档及权重</th><th rowspan="3">考核方式</th></tr>
<tr><th>A</th><th>B</th><th>C</th><th>D</th><th rowspan="2">得分</th></tr>
<tr><th>1</th><th>0.8</th><th>0.6</th><th>0.4</th></tr>
<tr><td rowspan="3">理论应知部分</td><td rowspan="3">20</td><td>油漆喷枪的基本结构（6分）</td><td></td><td></td><td></td><td></td><td></td><td rowspan="3">现场口试</td></tr>
<tr><td>油漆喷枪的工作原理（6分）</td><td></td><td></td><td></td><td></td><td></td></tr>
<tr><td>油漆喷枪操作注意事项（8分）</td><td></td><td></td><td></td><td></td><td></td></tr>
<tr><td rowspan="3">技能操作</td><td rowspan="3">40</td><td>油漆喷枪作业前的准备（10分）</td><td></td><td></td><td></td><td></td><td></td><td rowspan="3">现场操作</td></tr>
<tr><td>油漆喷枪的作业操作（20分）</td><td></td><td></td><td></td><td></td><td></td></tr>
<tr><td>油漆喷枪的保养（10分）</td><td></td><td></td><td></td><td></td><td></td></tr>
<tr><td>喷漆质量</td><td>20</td><td>木制品喷漆质量评定（20分）</td><td></td><td></td><td></td><td></td><td></td><td>现场测试</td></tr>
<tr><td rowspan="3">实训报告</td><td rowspan="3">20</td><td>字迹是否工整，文字表达是否完整、清晰，语言是否通顺、简练（6分）</td><td></td><td></td><td></td><td></td><td></td><td rowspan="3">书面形式</td></tr>
<tr><td>内容是否齐全（7分）</td><td></td><td></td><td></td><td></td><td></td></tr>
<tr><td>分析是否正确（7分）</td><td></td><td></td><td></td><td></td><td></td></tr>
<tr><td>得分</td><td colspan="8"></td></tr>
<tr><td>教师签字</td><td colspan="8"></td></tr>
</table>

第17章 数控机床与加工中心

本章学习目标

理论知识　了解现代木工机械的新技术、数控机床与加工中心的构造特点、工作原理、性能与用途；熟悉数控机械与加工中心的维修保养知识。

实践技能　掌握数控机械与加工中心的操作技术及常见故障现象的分析、排除方法。

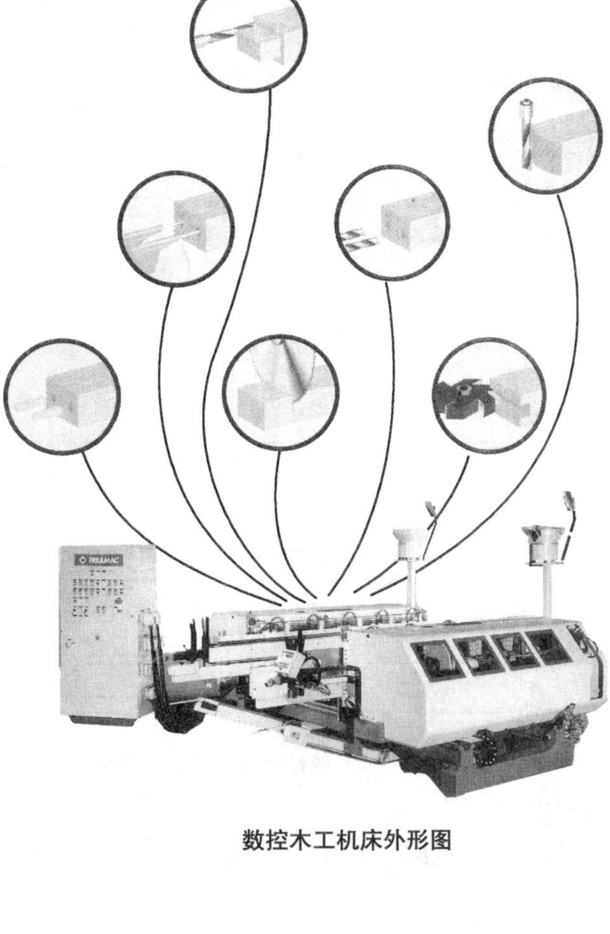

数控木工机床外形图

数控机床（Numerical Control Machine Tool）是技术密集型及自动化程度很高的机电一体化设备。它按国际、国家或生产厂家规定的数字或编码方式，把各种机械的位移量、运转参数、辅助功能用数字或文字符号表示出来，通过能识别并可以处理这些符号的微电子系统即数字控制系统（Numerical Control System）变成电信号；利用相关的电器元件将电能转化为机械能，实现所要求的机械动作，从而完成加工任务。木材加工工艺过程中的数控加工工艺技术，就是指用数控机床加工木制品零部件的一种工艺方法。

17.1　概　述

17.1.1　数控木工机械与加工中心

计算机数字控制（Computer Numerical Control，CNC）是指用数字化信号对机床运动及其加工过程进行控制的一种方法。

数控加工中心是技术密集型及自动化程度很高的机电一体加工设备，是一种备有刀库并能自动更换刀具，集锯切、刨削、钻孔、铣型、砂光、封边、镶边等工序为一体，在一次定基准后，由计算机数字控制，完成多项加工的全自动、高效率的现代家具数控制造设备，又称自动换刀数控机床。

20 世纪 90 年代以来，随着计算机辅助设计（CAD）、计算机辅助制造（CAM）、计算机数控加工（CNC）、柔性制造系统（FMS）、计算机集成制造系统（CIMS）等高新技术在现代家具制造中的逐步推广应用，使数控机床与加工中心在家具制造业得到了更广泛的应用。高科技的发展与先进制造技术的应用特别是数控机床与加工中心在家具行业的应用使家具制造业发生了革命性的变化，使家具制造业这一传统产业得到巨大的提升，是家具制造业从传统手工艺制造进入到大批量机器生产后的又一次新的飞跃。

17.1.2　数控机床的组成及结构特点

数控机床主要由机床本体和计算机数控系统两大部分组成，如图 17-1 所示。

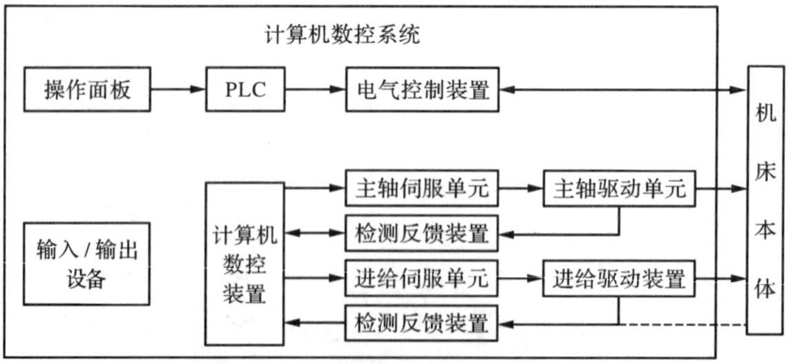

图 17-1　数控机床内计算机数控系统工作原理示意图

（1）机床本体

机床本体是数控机床的主体，由基础件（如床身、底座）和运动件（如工作台、床鞍、主轴箱等）组成。它不仅要实现由数控装置控制的各种运动，而且还要承受包括切削力在内的各种力的作用，因此机床本体必须保证有良好的几何精度、足够的刚度、小的热变形、低的摩擦阻力，才能有效地保证数控机床的加工精度。

数控机床本体与普通机床相比，具有以下特点：

①采用了高性能主轴部件及传动系统，机械传动结构简化，传动链较短。

②机械结构具有较高刚度和耐磨性，热变形小。

③更多地采用高效传动部件，如滚珠丝杠、静压导轨、滚动导轨等。

（2）数控系统

数控系统是数控机床的核心，其中包括硬件装置和数控软件两大部分，由输入/输出设备、数控装置、伺服单元、驱动装置（或执行机构）、可编程控制器（PLC）及电气控制装置和检测反馈装置等组成。

17.1.3 数控机床的工作原理

数控机床加工工件的基本过程如图 17-2 所示。

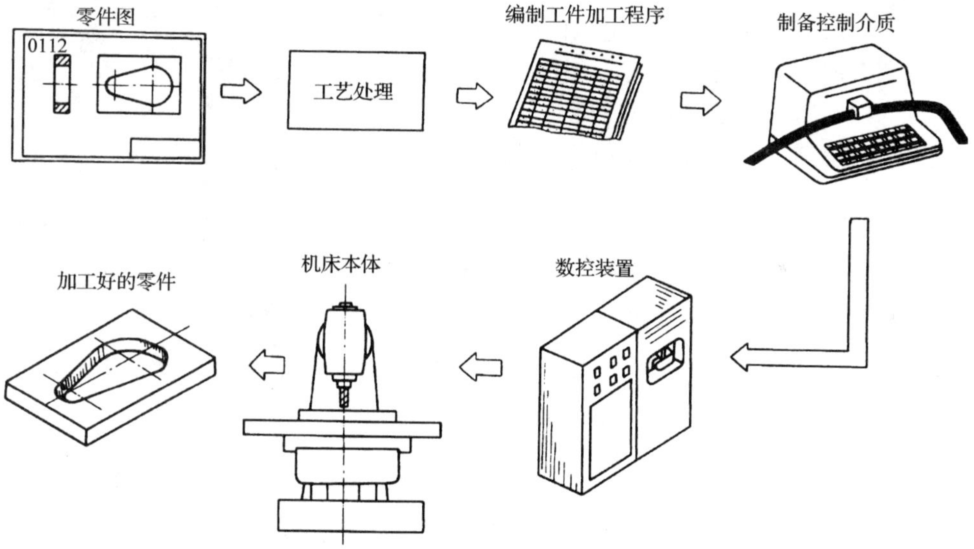

图 17-2 数控机床加工工件的基本过程

由图 17-2 可知，数控机床的加工过程，就是将加工零件的几何信息和工艺信息编制成程序，由输入部分送入计算机，经过计算机的处理、运算，按各坐标轴的分量送到各轴的驱动电路，经过转换、放大去驱动伺服电动机，带动各轴运动，并进行反馈控制，使各轴精确走到要求的位置。如此继续下去，各个运动协调进行，实现刀具与工件的相对运动，直至加工完零件的全部轮廓。

17.2 数控（CNC）机床与加工中心的基本功能及应用

全世界最先进的现代家具制造设备主要由德国和意大利设计制造，其中以德国设备最为精良。图 17-3 是德国豪迈（HOMAG）集团的 CNC 加工中心的局部外形图，现以其为例说明 CNC 加工中心的基本功能及应用。

图 17-3 德国豪迈 CNC 加工中心局部外形图

17.2.1 锯切

CNC 加工中心的主轴可以安装专用锯片，由计算机控制的锯片可以完成实木的锯切、人造板的裁板以及开槽等功能，其锯切方向可以设置为垂直、水平或其他任意倾斜的加工角度。CNC 加工中心的这些功能主要用于板式部件的各种裁板和开槽加工，如图 17-4 所示。

图 17-4 CNC 中心可安装各种专用锯片的主轴外形图

17.2.2 钻孔

CNC 加工中心有垂直单排、“L”字形或“T”字形布置的钻座，另外还可配置水平钻座，主要用于板式零部件 25mm、30mm、32mm、50mm 系列孔距的钻孔要求。在主轴上还可以安装水平的“十”字形钻座，采用“十”字形号占座钻孔时，孔位加工可以非常灵活，既可以用于实木零部件的钻孔加工，不受零部件钻孔角度的限制，同时还可以进行侧面铣型加工。三头水平钻主要用来满足 32mm 系列钻孔的加工需要，单头水平钻主要用于锁眼孔的加工，单头垂直底钻主要是用于工件加工背面的钻孔加工，如图 17-5 所示。

17.2.3 铣型

铣型是 CNC 加工中心的主要工作，几乎任何一类 CNC 加工中心都具有铣型的功能，由于铣刀的种类较多，CNC 加工中心的主轴可以配备各种形式的铣刀，铣削的位置也可以是多方位的。CNC 加工中心的铣型功能有板式部件的铣型，也有实木零部件的铣型，如图 17-6 所示。

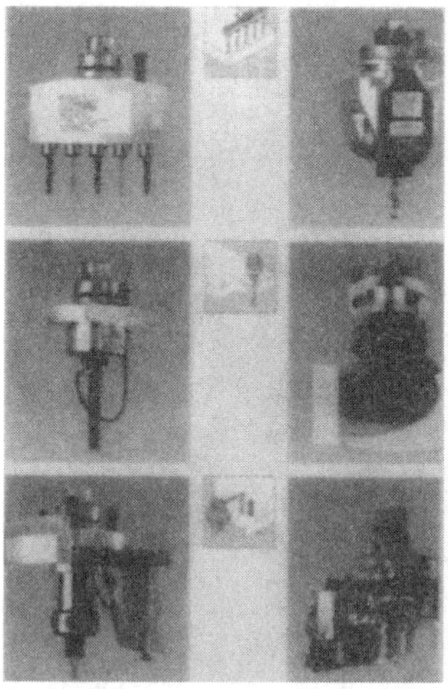

图 17－5 CNC 中心各类钻座外形图

图 17-6 CNC 中心各类铣型外形图

17.2.4 砂光

CNC 加工中心的砂光轴主要是对零部件的边部进行砂光，如需对表面进行砂光，须配有专门的砂光装置，如图 17-7 所示。

图 17-7 CNC 中心的砂光轴外形图

图 17-8 CNC 中心的封边装置外形图

17.2.5 封边

CNC 加工中心的封边装置可以像普通的自动直曲线封边机那样，完成直线封边、曲线封边、齐端修边、铲边和跟踪修圆角等切能，其封边使用的胶种主要是热熔胶，如图 17-8 所示。

17.2.6 镶边

CNC 加工中心可以配备镶边装置，镶边条一般采用“T”字形且带有倒刺的塑料镶边条。工件的边部首先由 CNC 加工中心铣边或锯开水平槽，然后采用镶边配套装置完成镶边工作，如图 17-9 所示。

图 17-9　CNC 中心镶边装置外形图

17.2.7　刨削

在 CNC 加工中心的加工中，刨削主要是发挥类似平刨床的加工特性，用来加工实木工件的基准面或边，刨刀是专用刀具，同时也可以根据需要，采用不同类型的刨刀，如图 17-10 所示。

图 17-10　CNC 中心刨削装置外形图

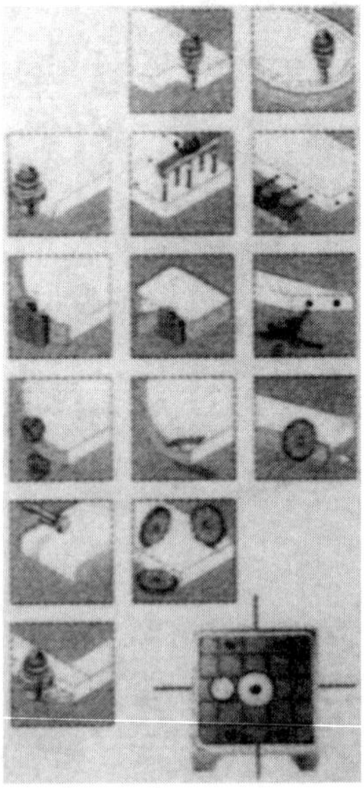

图 17-11　CNC 中心真空吸盘外形图

17.2.8　工件的定位和夹紧

CNC 加工中心加工工件时，主要是利用定位销来完成定位，然后采用独立的真空吸盘来实现夹紧。真空吸盘的吸力大小是根据工件加工时切削力的大小来确定吸盘的位置和个数，或者由 CNC 加工中心自动给出吸盘的位置和个数，通过激光投影显示在 CNC 加工中心的工作台上，如图 17-11 所示。

17.2.9 自动换刀

CNC 加工中心设有单主轴头和多主轴头。单主轴头更换刀具时，CNC 加工中心必须配有多刀位的换刀盘（刀具库），为了提高生产效率，一般需采用 12 个或 18 个刀位的换刀盘。CNC 加工中心根据零部件加工的需要，主轴会自动去刀具库挑选刀具并自动更换。多主轴头一般是在各个主轴头上事先配备加工时所需的刀具，CNC 加工中心根据零部件加工的需要，自动挑选主轴及主轴上的刀具，实现自动加工的目的（见图 17-12）。

图 17-12　CNC 中心多主轴头外形图

17.2.10 数控（CNC）加工中心的程序设计

数控（CNC）加工中心的控制程序采用了图形界面设计，其程序设计基本分为两个步骤，首先画出工件外形轮廓，然后根据加工的零部件选择刀具的形式及加工方法，计算机自动将图形程序转换成设备执行程序，使设计更加直观而且方便（见图 17-13）。

程序设计既可以在设备上进行，也可在个人计算机上进行，还可以使用设备上的计算机远程下载制造公司免费的程序。总之，CNC 加工中心是一种一机多用、程序设计简捷、生产效率高的现代家具制造设备，由于其有多功能性，因此非常适合于多品种、小批量的工业化生产。目前，先进国家的家具制造越来越多地采用 CNC 加工中心来完成，逐步淘汰传统的组合机床。CNC 加工中心的使用，使生产车间的设备数量大大减少，工艺流程也相应缩短，大大减少了工件的装卸次数和时间，减少了加工基准的数量，提高了加工精度，提高了生产设备的利用率，同时简化了生产管理，缩短了生产周期。但是采用 CNC 加工中心，使设备的技术含量提高，因而设备调整、维修、应用需要熟练掌握计算机应用技术，这对工人的知识、文化和技术水平要求也较高。

图 17-13　CNC 加工设备操作界面示意图

17.3　数控木工铣床

17.3.1　数控木工铣床

当把零部件加工的要求、步骤和尺寸输入电子计算机，经计算机处理后，发出各种控制信号，控制机床的动作，按图样要求的形状尺寸，通过铣削方式将零部件自动加工出来。

17.3.2　数控木工铣床的组成

数控木工铣床一般由信息载体、数控装置、伺服系统和机械部分组成。

信息载体和数控装置　用于输入加工零部件尺寸、形状及加工精度等信息，通过计算机处理后，输出控制信号，由伺服系统执行该信号，并进行信息反馈，机械部分完成对工件的加工。

切削运动　数控机床的切削运动由电动机经传动带驱动主轴获得，或由电动机与主轴直接连接获得，并采用电动机调速。为了获得二维平面轮廓或三位立体轮廓，数控木工铣床所需的坐标运动（进给）须有 2 ~ 5 个，这些运动分配到刀具系统和工件系统，对于两坐标数控木工铣床，它所具有的两个直线运动一般是由工作台完成的。工作台在水平面内沿 X、Y 两个方向作平面运动。对于三坐标数控木工铣床，三个直线坐标运动可以由刀具系统单独完成；也可以由刀具系统与工件系统共同完成。它可以是工作台固定，三个直线运动均由刀具系统完成；或工作台完成 X 向运动，刀具完成 Y、Z 向运动；也可由工作台完成 X、Y 方向的坐标运动，刀具仅完成 Z 方向升降运动。至于四坐标、五坐标数控木工铣床，它们的运动分配方式视具体机床而定。

伺服驱动系统　数控木工铣床的伺服系统主要是指进给系统，通常由电气和机械两部分组成。前者从给定值输入到伺服电动机的输出，可称为伺服驱动系统；后者各机械部分称为机械传动系统。

机械传动系统是指伺服传动链、伺服执行机构、执行件（工作台、刀架）及其导轨等。数控木工铣床伺服传动链中常采用消除间隙的精密齿轮传动；伺服执行机构除行程很短时采用液压缸以外，滚珠丝杠螺母副应用最广泛；对于数控木工铣床的导轨，近年来大多采用滚动导轨，它具有恒定的摩擦阻力，而且可使刀架和工作台滑板对指令信号作出快速反应。

工作台　在数控木工铣床中，工作台则广泛采用真空法吸附工件的装夹方法。工作台除单工作台形式外，还常采用双工作台布局，以便节省辅助时间。

17.3.3　奥地利 Z. M 公司 ZUMA 型五坐标数控木工铣床

如图 17-14 所示为奥地利 Z. M 公司 ZUMA 型五坐标数控木工铣床。该机床采用闭环控制系统，应用德国 IBH – MICRODUS6 微机数控装置，能同时对刀架、工作台和转台的五个坐标运动实施控制，并能应用六角转塔自动换刀，完成各种零件的自动加工作业，批量可在 100 批以下，年产高级椅子 2. 5 万~3 万把。

机床床身为单立柱式，刀架为转塔型，刀轴加工时处于水平位置。机床除数控部分外，主要由床身、工作台、切削机构、进给机构及其伺服系统组成。

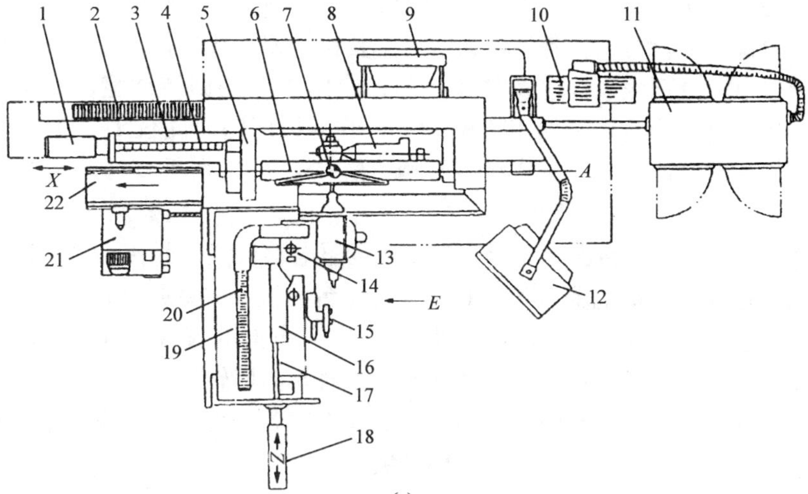

(a)

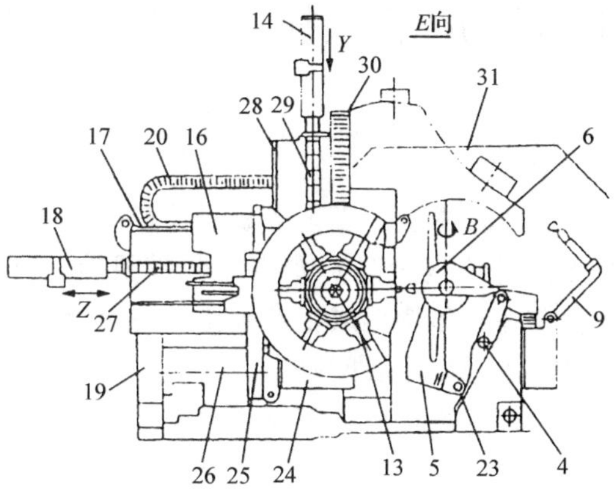

(b)

图 17-14 ZUMA 型五坐标数控木工铣床

(a) 俯视图

1、8、14、18. 直流伺服电机 2、20. 电缆 3. 工作台底座 4. 滚珠丝杆副 5. 工作台滑板 6. 机床工作台 7. 转台 9. 自动上料台 10. 变频器 11. 电气柜 12. 监视器 13. 六角转塔 15. 阀类元件 16. 水平移动溜板 17. 圆导轨 19. 床身 21. 液压站 22. 切屑运输皮带

(b) E 向视图

4、27、29. 滚珠丝杆副 5. 工作台滑板 6. 工作台 9. 自动上料架 13. 六角转塔 14、18. 直流伺服电动机 16. 水平移动滑板 17、23、28. 圆导轨 19. 床身 20、30. 电缆 24. 垂直移动滑板 25. 平衡气缸 26. 气泡 31. 吸尘防护装置

五坐标的分配是：由刀架完成 Y、Z 方向的直线坐标运动，由工作台及转台完成 X 直线以及 A、B 回转坐标运动。

转塔式刀架由三层组成。水平移动滑板 16 与床身 19 上的圆导轨 17 相配，由直流伺服电动机 18 通过滚珠丝杆副 27 驱动，可完成 Z 方向的直线运动坐标运动，行程范围为 690mm；垂直移动滑板 24 与水平移动滑板 16 上的圆导轨 28 相配，由直流伺服电动机 14 通过滚珠丝杆副 29 驱动，可完成 Y 方向的坐标运动，行程范围为 910mm；在垂直移动滑板 24

上装有六角转塔 13，转塔的六个工位上各装有一台 3.7 ~ 6.5 kW 的高频电动机，各电动机轴通过锥形套及螺母夹持刀具；各工位通常可配备镂铣刀、成型铣刀、钻头和磨削头等切削刀具。转塔通过电 – 液伺服系统进行位置控制，能作 300°的回转调整，并通过气动分度定位销，使所需的刀具准确地处于加工工位 P 上，其变换所需时间仅 1s。为使刀架上下移动轻便，防止刀架因自重而下滑，机床设有平衡气缸 25，以平衡垂直移动滑板与转塔刀架部分的重力。

机床工作台 6 置于工作台滑板 5 上，由直流伺服电动机经伺服传动链可使工件作绕 X 轴线作 A 向的回转运动，运动范围为 0° ~ 135°；工作台滑板 5 本身通过直流伺服电动机 1 驱动滚珠丝杆副 4 可沿工作台底座 3 上的圆导轨 23 完成 X 方向的直线坐标运动；工作台上设有转台 7，利用直流伺服电动机 8 可绕 Y 轴线作 360°的 B 向回转运动。转台上设置夹紧器，根据需要可以采用气动夹紧或真空吸附装夹工件。通常对各种柜、橱、桌椅的腿脚等零件可用气动夹紧；对于扁平板件则宜采用真空吸附装夹。

17.4 数控机床的选择、安装、使用与维护

17.4.1 数控机床的选择

我国数控机床的生产厂家在技术上、工艺上都已比较成熟，自 20 世纪 80 年代以来，数控机床产量逐年增长。对国内外市场上品种繁多的数控机床，如何正确、合理选购数控机床、配置相应的成套附件和软件，尽快形成生产能力，这是数控机床用户十分关心的问题。以下是正确选择数控机床时应考虑的主要问题。

从形式方面考虑 不同种类的数控机床都有各自适用的加工对象。如数控车床主要用于车削成型、带圆弧或锥度的复杂盘类和轴类零件，车削加工中心除此之外还能完成铣削平面、横钻孔的加工。数控铣床主要用于铣削各种成型板件、复杂箱体件（可钻、攻螺纹）的加工。立式加工中心主要用于加工带成型面的复杂扁平形工件，如模具型腔等；卧式加工中心用于加工各种带成型面的复杂箱体件。

从规格方面考虑 数控机床比普通机床昂贵，购置后要能够起到加工通用关键设备的作用。数控机床的规格主要指各数控坐标轴的行程范围和电动机功率，要在综合考虑加工工件尺寸大小的基础上确定规格，要求坐标行程要比指定的典型加工对象尺寸大一些，使加工件的轮廓尺寸在机床能够加工的范围之内，并要考虑到安装夹具所需的空间，以及自动更换刀具和工作台回转所需的空间。电动机功率应考虑适当选得大一些，以便于满足扩大机床工艺范围的需要，还要考虑机床工作台应该具备的承载能力。

从功能方面考虑 数控机床的功能水平与价格高低有着密切的联系，在选用时要认真权衡功能与价格的比例。数控机床的功能分基本功能和选择功能两类，其中包括坐标轴数和联动轴数、人机对话编程及图形显示功能、故障自诊断功能等。功能的选择直接影响到设备的加工控制性能、操作使用性能和故障维修性能。在选购时不要盲目追求功能齐全，要充分论证所选功能的实用价值，尽可能提高数控机床投资的回报率。

从精度方面考虑 数控机床除与普通机床相同的各项几何精度外，定位精度、重复定位精度和反向偏差等都是重要的精度指标。凡是采用直接位置测量（ 闭环系统 ）的数控机床

都要比间接位置测量（半闭环系统）的精度高，选购时要明确精度标准和测量方法，以确保必需的加工精度。选择那些在设计上对热变形等采取了一定措施的机床，能够更好地获得较稳定的加工精度。

17.4.2 数控机床的安装与调试

数控机床的安装与调试是使机床恢复和达到出厂时的各项性能指标的重要环节，数控机床的安装与调试的优劣直接影响到机床的性能，其工作内容及其步骤如图 17-15 所示。

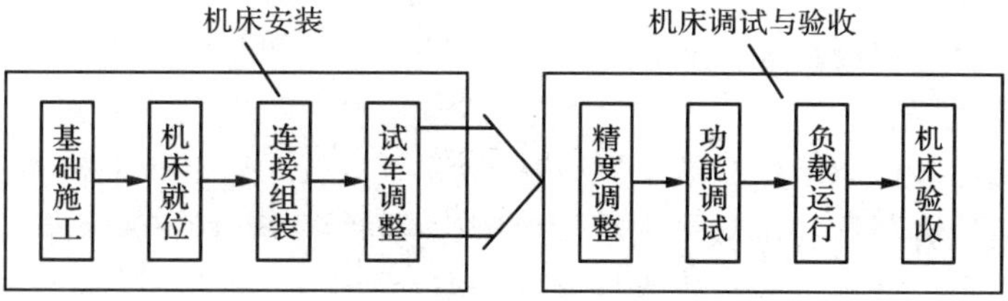

图 17-15 数控机床安装与调试过程示意图

（1）数控机床的安装

数控机床的安装对于可以整体运输的小型机床来说比较简单，但对于需要解体成几个部分运输的大、中型数控机床来说，安装时需重新组装和调整，因而工作比小型数控机床复杂。

机床就位　机床安装之前应先按机床厂提供的机床基础图打好地基。机床的位置和地基对于机床精度的保持和安全稳定地运行具有重要的意义。机床位置应远离振源、避免阳光直射，放置在干燥的地方。机床拆箱后，先取出随机技术文件和装箱单，清点零部件，附件及资料是否齐全，然后按要求将机床吊装在地基上就位。

连接组装　机床的连接组装是指将各分散的机床部件重新组装成整机的过程，如将立柱、数控柜等装在机床床身，刀库机械手装到立柱上等。组装前，先要清洗各部件的外表面，组装定位时要使用随机的定位销、定位块，使机床恢复到拆装前的位置状态，以利于进一步的精度调整。

部件安装之后，按机床说明书中的电气接线图和液压气动布管图及连接标记，把电缆、油管、气管对号连接好，并检查连接部位有无损坏和松动，特别要注意接触密封是否可靠。数控柜和电气柜要检查其内部接插件有无因运输造成的损坏，检查各接线端子、连接器和印制电路板是否插入到位、连接到位及接触良好。仔细检查完毕后，才能顺利试车。

试车调整　机床的试车调整包括机床通电试运转和粗调机床的主要几何精度。机床安装就位后可通电试车运转，目的是考核机床的安装是否稳固，各传动、操纵、控制、润滑、液压、气动等系统是否正常、灵敏、可靠。

通电试车前，应按机床说明书要求给机床加注规定的润滑油和润滑脂，清洗液压油箱和过滤器，加注规定标号的液压油，接通气动系统的输入气源。

机床通电操作可以是一次各部件全面供电，或各部件分别供电，然后再做总供电试验。分别供电比较安全，但时间较长。通电后首先观察有无报警故障，然后用起动方式陆续起动各部件。检查安全装置是否起作用，能否正常工作，能否达到额定的工作指标。例如起动液压系统时首先判断液压泵电动机转动方向是否正确，液压泵工作后液压管路是否形成油压，各液压元件是否正常工作，有无异常噪声，各接头有无渗漏，液压系统冷却装置能否正常工作等。总之，根据机床说明书资料粗略地检查机床主要部件及功能是否齐全，机床是否正常，机床各环节是否都能操作运转起来。随后，再用手动进给，以低速移动各轴，并检查超程限位是否有效，另外还应进行一次返回参考点的检查。

机床通电初步运转后，粗调床身的水平，粗调机床主要的几何精度，调整一些重新组装的主要运动部件与主机之间的相对位置。如机械手、刀库与主机换刀位置的校正，APC 托盘站与机床工作台交换位置的找正等。这些工作完成后，就可以用快干水泥灌注地脚螺栓，把各个预留孔灌平，等水泥凝固、硬化后，就可进行下一步的工作。

（2）数控机床的调试

机床精度的调整　机床精度的调整主要包括精调床身的水平和机床的几何精度。机床地基固化以后，利用地脚螺栓和调整垫铁精调机床床身的水平。找正水平后，动床身上的各运动部件，观察各坐标全行程内的机床水平变化情况，并相应调整机床的几何精度到允差范围内。一般来说，机床出厂前都经过精度检验，只要机床质量稳定，通过适当调整后，机床就能达到出厂前的精度。

机床功能调试　机床功能调试是指在机床试车调整后，检查和调试机床各项功能的过程。调试前，首先应检查机床的数控系统及可编程控制器的设定参数是否与随机资料的数据一致。然后检验数控机床各主要功能，包括辅助功能及附件的工作是否正常。

对于带刀库的数控加工中心还应调整机械手的位置。调整时，让机床自动运行到刀具交换位置，以手动操作方式调整装刀机械手对主轴的相对位置，调整后紧固各调整螺钉和刀库地脚螺栓，然后装上几把接近允许质量的刀柄，多次进行从刀库到主轴位置的自动交换，以动作正确、不撞击和不掉刀为合格。

机床的试运行　数控机床安装调试完毕后，要求整机在一定负载的条件下经过一段时间的自动运行，较全面地检查机床功能及工作的可靠性。试运行时间尚无统一的规定，一般每天运行 8h，连续 2 ~ 3 天，这个过程称作安装后的试运行。试运行中采用的程序叫考机程序，可以直接采用机床厂调试时用的考机程序或自行编制一个，程序使用的功能要比较全。在试运行时间内，除操作失误引起的故障外，不允许机床有故障出现，否则表明机床安装调试存在问题。对于一些小型数控机床，直接整体安装后，只要调试好床身水平，检验几何精度合格后，经通电试车就可投入试运行。

17.4.3　数控机床的日常维护与保养

数控机床使用寿命的长短和故障发生的高低，不仅取决于机床的精度和性能，很大程度上也取决于对它的正确使用和维护。正确的使用能防止设备非正常磨损，避免突发故障，精心的维护可使设备保持良好的技术状态，延缓劣化进程，及时发现和消除隐患于未然，从而保障安全运行。因此，机床的正确使用与精心维护是贯彻设备管理以防为主的重要环节。

（1）使用数控机床应注意的问题

数控机床的整个加工过程都是由数控系统按照编制的程序完成，如果出现稳定性、可靠性和准确性方面的问题，一般排除故障的过程不太容易。因此要求除了掌握数控机床的性能及精心操作外，还要注意消除各种不利的影响因素，以保证机床能够充分发挥出生产效率高、加工精度好和质量稳定的优越性。

数控机床的使用环境　数控机床要避免阳光的直接照射，不能安装在潮湿、粉尘过多或污染太大的场所，否则会造成电子元件技术性能下降，电器接触不良或电路短路故障。数控机床要远离振动大的设备，对于高精密的机床要采取专门的防振措施。在有条件的情况下，将数控机床置于空调环境下使用，其故障率会明显降低。

数控机床的电源要求　由于我国的供电条件普遍比较差，电源波动幅度时常超过10%，在交流电源上往往叠加有高频杂波信号，以及幅度很大的瞬间干扰信号，很容易破坏机内的程序或参数，影响机床的正常运行。在条件许可的情况下，对数控机床采取专线供电或增设电源稳压设备，以减少供电质量欠佳的影响和减少电气干扰。

数控机床的操作规程　操作规程是保证数控机床安全运行的重要措施，操作者必须按操作规程的要求进行操作。要明确规定开机、关机的顺序和注意事项，例如开机后首先要手动或用程序指令自动回参考点，顺序为 Z、X、Y 轴再其他轴。在机床正常运行时不允许开关电气柜门，禁止按动“急停”和“复位”按钮，不得随意修改参数。

机床发生故障　出现故障要保留现场，维修人员要认真了解故障前后经过，做好故障发生原因和处理的记录，查找出故障及时排除，减少停机时间。

数控机床不宜长期封存　购买的数控机床要尽快投入使用，尤其在保修期内要尽可能提高机床利用率，使故障隐患和薄弱环节充分暴露出来，及时保修节省维修费用。数控机床闲置会使电子元器件受潮，加快其技术性能下降或损坏。长期不使用的数控机床要每周通电1～2次，每次空运行1h左右，以防止机床电气元件受潮，并能及时发现有无电池报警信号，避免系统软件的参数丢失。

（2）数控机床的日常保养

坚持做好数控机床的日常保养工作，可以有效地提高元器件的使用寿命，延长机械零部件的磨损周期，避免产生或及时消除事故隐患，使机床保持良好的运行状况。不同型号数控机床的日常保养内容和要求各不相同，对于具体机床可以按照说明书的具体要求进行保养，数控机床基本上都包括下述几个方面的维修保养内容：

① 保持良好的润滑状态要定期检查、清洗自动润滑系统，及时添加或更换油液油脂，使主轴、丝杠和导轨等各运动部位始终保持良好润滑状态，以减缓机械磨损速度。

② 机械精度的检查调整保持各运动部件之间的形状和位置偏差在允许范围内，其中包括对换刀系统、工作台交换系统、丝杠反向间隙等的检查与调整。

③ 对直流电动机电刷的检查、清扫和更换，以及对各插接件有无松动的检查等。

④ 机床和环境清洁卫生。如果数控机床的使用环境不好，会直接影响到机床的正常运行。如果纸带阅读机感光元件受粉尘污染，就有可能产生读数错误；电路板太脏，可能产生短路故障；液体过滤器、空气过滤网太脏，会出现压力不足、散热不好并造成故障。因此必须定期进行维护保养工作，表17－1是数控机床与加工中心的日常保养一览表。

表17－1　数控机床与加工中心日常保养一览表

序号	检查周期	检查部位	检查要求
1	每天	导轨润滑油箱	检查油量，及时添加润滑油，润滑液压泵是否定时启动打油及停止
2	每天	主轴润滑恒温油箱	主轴润滑恒温油箱工作是否正常，油量充足，温度范围是否合适

（续）

序号	检查周期	检查部位	检查要求
3	每天	机床液压系统	油箱液压泵有无异常噪声，工作油面高度是否合适，压力表指示是否正常，管路及各接头有无泄漏
4	每天	压缩空气气源压力	气动控制系统压力是否在正常范围之内
5	每天	气源自动分水滤气器，自动空气干燥器	及时清理分水滤气器中滤出的水分，保证自动空气干燥器工作正常
6	每天	气液转换器和增压器油面	油量不够时要及时补充足
7	每天	*X*、*Y*、*Z* 轴导轨面	清除切屑和脏物，检查导轨面有无划伤损坏，润滑油是否充足
8	每天	液压平衡系统	平衡压力指示正常，快速移动时平衡阀工作正常
9	每天	CNC 输入/输出单元	如光电阅读机的清洁，机械润滑是否良好
10	每天	各防护装置	导轨、机床防护罩等是否齐全有效
11	每天	电气柜各散热通风装置	各电气柜中散热风扇是否工作正常，风道过滤网有无堵塞，及时清洗过滤器
12	每周	各电气柜过滤网	清洗黏附的尘土
13	不定期	冷却油箱、水箱	随时检查液面高度，及时添加油（或水），太脏时要更换。清洗油箱（水箱）和过滤器
14	不定期	废油池	及时取走存积在废油池中的废油，避免溢出
15	不定期	排屑器	经常清理切屑，检查有无卡住等现象
16	半年	检查主轴驱动传动带	按机床说明书要求调整传动带的松紧程度
17	半年	各轴导轨上镶条、压紧镶轮	按机床说明书要求调整松紧状态
18	一年	检查或更换直流伺服电动机电刷	检查换向器表面，去除毛刺，吹净碳粉，及时更换磨损过短的电刷
19	一年	液压油路	清洗溢流阀、减压阀、滤油器、油箱，过滤或更换液压油
20	一年	主轴润滑恒温油箱	清洗过滤器、油箱，更换润滑油
21	一年	润滑液压泵，过滤器	清洗润滑油池，更换过滤器
22	一年	滚珠丝杠	清洗丝杠上旧的润滑脂，涂上新油脂

要制定机床日常维修保养制度，设备主管要定期检查制度的执行情况，以确保机床始终处于良好的运行状况，避免重大设备事故的发生。

17.4.4　数控机床的生产管理方法

数控机床的使用是一项具有一定规模的复杂的加工技术工程，它涉及到生产管理、技术管理、人才培训等一系列问题。各项管理工作遵循着一个固有的运行规律，这个规律也就是要充分发挥数控机床效益的保证系统。因此，数控机床用户重视使用技术是一方面，重视管理技术却又是不可少的另一方面。

目前，我国各机械制造厂都把数控机床作为高效率自动化装备，并普遍作为重点设备，但在设备管理上却参差不齐。在数控机床的管理上，必须重视数控机床的生产特点与它所需要配合的各环节的生产节拍一致，不能将普通机床的管理方法移到数控机床上。因此，在管理上需要注意以下几方面。

①设置数控工段将数控机床集中在一个专门部门，将工艺技术准备、生产管理准备由工厂技术部门统一进行管理。生产车间设有专门技术人员，避免单台数控机床分散在各车间，只加工少量关键零件，造成数控机床大量生产时间闲置浪费。设置专门工段，便于维修和管理，设备出了故障可及时得到解决。

②安排合理生产节拍，考虑合理技术准备周期在给数控机床安排生产任务时，应先将工艺部门的工艺文件、加工程序、工具卡片准备齐全，再将加工零件送到加工中心位置上。避免操作者临时停机去找工具、修改程序、组装夹具等造成长时间停机。

③在数控机床组成的生产线上更需要合理计算加工时间和辅助工作时间、工件准备时间，以提高各种加工设备的利用率。

④根据加工零件性质，安排好加工中心的加工对象，选择相应的配套件和附件的功能，对易损件要安排好备件。

⑤选择合适的规章制度如数控机床管理制度、安全操作规程、数控机床使用规定、工时定额管理办法、数控机床操作人员和维修人员岗位责任制、各种备件保管制度及数控机床保养、点检制度；制定相应卡片，由相关人员填写；保留完整的数控机床使用档案等。

17.5 数控机床的常见故障现象的产生原因与排除

数控机床是一种技术复杂的机电一体化设备，其故障发生的原因一般都比较复杂，这给故障诊断和排除带来不少困难。为了便于故障分析和处理，本节根据故障部件、故障性质及故障原因等对常见故障作如下介绍。

17.5.1 数控系统常见故障分析

(1) 数控系统电源接通后 CRT 无辉度或无任何画面

① 与 CRT 单元有关的电缆连接不良：应对电缆重新检查、连接一次。

② 检查 CRT 单元的输入电压是否正常：在检查前应先搞清 CRT 所用的电源是直流还是交流，电压多大。

③ 由于 CRT 本身的故障造成。

④ 可以用示波器检查是否有 VIDEO（视频）信号输入。如没有，则故障出在 CRT 接口印制线路板上或主控制线路板上。

⑤ 数控系统的主控制印制线路板上如有报警显示，也可以影响 CRT 显示。

(2) CRT 无显示而且机床不能动作

出现这类故障的最大可能是因为主控制印制线路板或存储系统控制软件的 ROM 板不良。

(3) CRT 无显示但机床仍能正常工作

这种现象说明数控系统的核心控制部分仍能正常地进行插补运算以及伺服控制等，只是显示部分或 CRT 控制部分出了故障，排除有关部分故障后，一般即有显示。

(4) 机床不能动作

从数控系统来说，引起这类故障的原因可以分成两类：

系统处于不正常的状态　如系统处于报警状态、紧急停止状态，或是数控系统的复位按钮处于被接通的状态。

设定错误　例如将进给速度设定为零值，再如将机床设定为锁住状态，此时运行程序虽然在 CRT 上有位置坐标值显示的变化但机床却不能运转。

(5) 数控系统出现“NOT READY”的显示

数控系统一接通电源就出现“NOT READY”的显示，过几秒钟就自动切断电源，有时数控系统接通电源后显示正常，但在运行程序的中途突然在 CRT 画面出现“NOT READY”，随后电源被切断。造成这类故障的一个原因是 PLC 有故障。这可以通过查 PLC 的参数及梯图来发现。

(6) 运行宏程序出现报警

当数控系统进入用户宏程序时出现超程报警或显示“PROGRAM STOP”，但数控系统一旦退出用户宏程序运行，则数控系统运行很正常，这类故障多出在用户宏程序。如操作人员错按“RESET”按钮，就会造成宏程序的混乱。此时可采取全部清除数控系统的内存，重新输入 CNC 和 PLC 的参数、宏程序变量、刀具编号及设定值等来恢复数控系统。

(7) 机床不能正常地返回参考点

① 机床不能正常地返回参考点，且有报警产生。发生此故障的原因有：

a. 脉冲编码器的一转信号没有输入到主控制印制线路板。如脉冲编码器断线，或脉冲编码器的连接电缆和接头断线等均可引起此故障。

b. 返回参考点时的机床位置距参考点太近也会产生此报警。

② 返回参考点过程中，数控系统突然变成“NOT READY”状态，但 CRT 画面却无任何报警发生。这种情况多为返回参考点用的减速开关失灵，开关触头压下后复位所致。

(8) 手摇脉冲发生器不能工作

① 转动手摇脉冲发生器时 CRT 画面的位置显示发生变化，但机床不能运转。

a. 先通过诊断功能检查系统是否处于机床锁住状态；

b. 如未锁住，则再由诊断功能确认伺服断开信号是否已被输入到数控系统中去；

c. 如果上述情况都不存在，则故障多是出在伺服系统。

② 转动手摇脉冲发生器时 CRT 画面的位置显示无变化，机床也不运转。

a. 通过参数检查数控系统是否带有手摇脉冲发生器这个功能；

b. 通过诊断功能检查机床锁住信号是否被输入；

c. 用诊断功能检查手摇脉冲发生器的方式选择信号是否已输入，检查主板是否报警；

d. 手摇发生器不良或手摇发生器接口板不良。

(9) 进给驱动系统故障

进给驱动系统的故障率占整个数控系统故障的 1/3，故障的反映形式大致可分为三种：利用软件的诊断程序，在 CRT 上显示报警信息；利用速度控制单元上的硬件来显示报警；没有任何报警指示的故障。

① 软件报警形式。现代数控系统都具有对进给驱动进行监视、报警的能力：

a. 伺服进给出错报警。这类报警大多是由速度控制单元方面的故障引起的，或者因主控制印制线路板内位置控制或伺服信号有关部分的出现障。

b. 检测元件（测速发电机、旋转变压器或脉冲编码器）或检测信号方面引起的故障。

c. 过热报警。指伺服单元、变压器及伺服电动机过热引起的故障。

② 硬件报警形式。包括速度控制单元上的报警指示灯和熔丝熔断以及各种开关（保护用）断开等报警：

a. 高电压报警。输入交流电压超过额定值的10%。

b. 大电流报警。速度控制单元上的功率驱动元件损坏。

c. 电压过低报警。输入电压低于额定值的85%或电源接触不良。

d. 过载报警。机械负载不正常，或速度控制单元上电动机电流的上限值设定太低。

e. 速度反馈断线报警。伺服电动机的速度或位置反馈不良或接触线接触不良。

f. 速度控制单元上的熔丝熔断或断路器断开。主要原因有速度或位置检测单元或电动机故障。

g. 保护开关动作。首先分清是何种保护开关动作，然后再采取相应措施予以解决。

③ 无故障显示报警。这类故障多以机床处于不正常运动状态的形式出现，但故障的根源却在进给驱动系统：

a. 机床失控。伺服电动机内检测元件故障。

b. 机床振动。检测增益太高或参数设定错误。

c. 工件圆柱度超差。定位精度太差，或位置环增益调整不好。

d. 机床过冲。参数快速移动时间常数设定太小或速度环增益设定太低。

（10）主轴控制单元

和进给驱动一样，主轴驱动也分直流和交流两种。下面是目前应用较多的交流主轴驱动常见故障分析。

① 电动机过热：

a. 负载太大；

b. 电动机冷却系统堵塞；

c. 电动机的冷却风扇损坏；

d. 电动机与控制单元之间接触不良。

② 交流输入电路的熔丝熔断：

a. 交流电源侧的阻抗太高；

b. 交流电源输入处的浪涌吸收器损坏；

c. 电源整流桥损坏；

d. 逆变器用的晶体管模块损坏；

e. 控制单元的印制线路板故障。

③再生回路用的熔丝熔断。主轴电动机的加减速频率太高引起。

④主轴电动机有异常噪声和振动。如在减速过程中，则检查再生回路的熔丝和晶体管；在恒速时，检查反馈电压是否正常；在停转过程中，故障多出在机械部分。

⑤电动机速度超过额定值：

a. 设定错误；

b. 所用软件不对；

c. 印制线路板故障。

⑥主轴电动机不转或达不到正常的转速：

a. 速度指令不正常；

b. 主轴电动机不能起动，可能与主轴定向控制用的传感器安装不良有关。

17.5.2 数控机床常见机械故障现象的产生原因及排除方法

（1）数控机床主运动机构常见机械故障现象的产生原因及排除方法

数控机床主运动机构常见机械故障现象的产生原因及排除方法见表17－2。

（2）自动换刀装置常见机械故障现象的产生原因及排除方法

自动换刀装置常见机械故障现象的产生原因及排除方法见表17－3。

表17－2 主运动机构常见机械故障现象的产生原因及排除方法

序号	故障现象	故障原因	排除方法
1	主轴发热	主轴前后轴承损伤或轴承不清洁	更换损坏轴承，清除脏物
		主轴前端盖与主轴箱体压盖损伤	修磨主轴前端盖，使其压紧主轴前轴承，轴承与后端盖有0.02～0.05mm的间隙
		轴承润滑油脂耗尽或润滑油脂涂抹过多	涂抹润滑油脂，每个轴承涂抹量为3mL
2	主轴在强力切削时丢转或停转	主电动机与主轴连接带过松	张紧主传动带
		带表面有油	用汽油清洗
		带使用过久而失效	更换带
		摩擦离合器调整过松或摩擦片磨损	调整摩擦离合器或更换摩擦片
3	主轴噪声	缺少润滑	保证每个轴承涂抹的润滑油脂量为3mL
		带轮传动平衡情况不佳	带轮上的动平衡块脱落，重新进行动平衡
		主传动带过紧	重新调节带的松紧
		齿轮啮合间隙不均匀或齿轮损坏	调整啮合间隙或更换齿轮
		传动齿轮损坏或传动轴弯曲	修复或更换轴承，校直传动轴
4	主轴没有润滑油循环或润滑不足	液压泵转向不正确或间隙太大	改变液压泵转向或修理液压泵
		吸油管没有插入油箱的油面以下	将吸油管插入油面以下2/3处
		油管或滤油器堵塞	清除堵塞物
		润滑油压力不足	调整供油压力
5	润滑油泄漏	润滑油量过多	调整供油量
		检查各处密封件是否有损坏	更换密封件
		管件损坏	更新管件
6	刀具不能夹紧	碟形弹簧位移量小	调整碟形弹簧行程长度
		检查刀具松夹刀弹簧上的螺母是否松动	顺时针旋紧松夹刀弹簧上的螺母，使其最大工作载荷为13kN
7	刀具夹紧后不能松开	松夹刀弹簧压合过紧	逆时针旋转松夹刀弹簧上的螺母，使其不超过最大工作载荷
		液压缸压力和行程不够	调整液压力和活塞行程开关位置

表 17－3 自动换刀装置常见机械故障现象的产生原因及排除方法

序号	故障现象	故障原因	排除方法
1	刀具从机械手中脱落	检查刀具质量	刀具质量不得超过规定值
		机械手卡紧销损坏或没有弹出来	更换卡紧销或弹簧
2	刀具交换时掉刀	换刀时主轴箱没有回到换刀点或换刀点漂移	重新操作主轴箱运动，使其回到换刀点位置重新设定换刀点
		机械手抓刀时没到位就开始拔刀	调整机械手手臂，使手臂爪抓紧刀柄再拔刀
3	刀库中的刀套不能卡紧刀具	检查刀套上的调整螺母	顺时针旋转刀套两边的调整螺母，压紧弹簧，顶紧卡紧销
4	刀库不能转位	连接刀库电动机轴与蜗杆轴的联轴器松动	紧固联轴器上的螺钉
5	机械手换刀速度过快或过慢	以气动机械手为例，气压太高或太低，换刀气阀节流开口太大或太小	调整气压大小和节流阀开口

（3）液压与气动系统常见机械故障现象的产生原因及排除方法

数控机床上的液压系统主要驱动对象有液压卡盘、静压导轨、液压拨叉变速机构、液压缸主轴箱的液压平衡、液压驱动机械手和主轴上的松刀液压缸等。

液压元件常见故障现象的产生原因及排除方法见表 17－4。

表 17－4 液压元件常见故障现象的产生原因及排除方法

序号	故障现象	故障原因	排除方法
1	液压齿轮泵噪声严重及压力波动	泵的滤油器被污物阻塞不能起过滤油的作用	用干净的清洗油去除滤油器上的污物
		油位不足，吸油位置太高，吸油管露出油面	加油到油标位，降低吸油位置
		泵体与泵盖不垂直密封，旋转时吸入空气	泵体与泵盖间加入纸垫，泵体用金刚砂在平板上研磨，使泵体与泵盖的平直度误差不超过 0.005mm。紧固泵体与泵盖的连接，不得有泄漏
		泵的主轴与电动机联轴器不同心，有扭曲摩擦	调整泵与电动机的联轴器的同心度，使其误差不超过 0.2mm
		泵齿轮啮合精度不够	对研齿轮达到齿轮啮合精度
		泵轴的油封骨架脱落，泵体不密封	更换合格的泵轴油封骨架
2	液压齿轮泵输油量不足	轴向间隙与径向间隙过大	更换零件
		泵体裂纹与气孔泄漏现象	更换泵体
		油液黏度太高或油温过高	用 20# 机械油，适用 10～50℃ 的温度，温度太高时用冷却系统
		电动机反转	纠正电动机旋转方向
		滤油器有污物，管道不畅通	清除污物，更换油液，保持油液清洁
		压力阀失灵	修理或更换压力阀

（续）

序号	故障现象	故障原因	排除方法
3	液压泵运转不正常或有咬死现象	泵轴向及径向间隙过小	更换零件，调整轴向及径向间隙
		滚针转动不灵活	更换滚针轴承
		盖板与轴同心度不好	更换盖板，使其与轴同心
		压力阀失灵	更换压力阀弹簧，清除阀体小孔污物或换滑阀
		泵轴与电动机间联轴器同心度不够	调整泵轴与电动机间联轴器的同心度，使其误差在 0.02mm 范围内
		泵中有杂质	用细铜丝网过滤机油，去除污物
4	换向阀工作压力不足	溢流阀调定压力偏低	调整溢流阀压力
		溢流阀的滑阀卡死	拆开清洗，重新组装
		调整弹簧损坏	更换新产品
		系统管路压力损失太大	更换管路
5	换向阀工作流量不足	系统供油不足	检查油源
		阀内泄漏量大	降低油温、更换新的滑阀与阀体
6	换向阀复位失灵	复位弹簧损坏与变形	更换新产品
7	换向阀外渗漏	密封圈损坏	更换新产品
		油口安装法兰面密封不良	紧固和密封相应部位
		各结合面紧固螺钉、调压螺钉背帽松动或堵塞	紧固相应部件
8	电磁换向阀滑阀动作不灵活	滑阀被拉坏	拆开清洗，修整滑阀与阀孔的毛刺及拉坏表面
		阀体变形	调整安装螺钉的压紧力
		复位弹簧折断	更换弹簧
9	电磁铁线圈烧损	线圈绝缘不良	更换电磁铁
		电压太低	使用电压应在额定电压的 90% 以上
		工作压力和流量超过规定值	调整工作压力，或采用性能更高的阀
		回油压力过高	检查背压，应在规定值 kPa 以下
10	液压缸外部漏油	活塞杆碰伤、拉毛	用极细的砂纸或油石修磨，或更换新件
		防尘密封圈被挤出和反唇	拆开重新更换
		活塞和活塞杆上的密封件磨损与损伤	更换新密封件
		液压缸安装定心不良，使活塞杆伸出困难	检查安装位置，拆下调整至符合要求
11	活塞杆爬行和蠕动	液压缸内进入空气	松开接头，将空气排出
		液压缸的安装位置偏移	调整使之与主机运动方向平行
		活塞杆全长和局部弯曲	校直活塞杆，使其直线度误差不大于 0.3/100mm 或更换活塞杆
		缸内锈蚀或拉伤	去除锈蚀和毛刺，严重时更换缸筒

思考与练习

1. 数控机床选择时要考虑的主要问题有哪些?
2. 试述数控机床与加工中心的功能与用途。
3. 分析以下数控机床故障现象产生的原因和排除方法:

（1）数控系统电源接通后 CRT 无辉度或无任何画面;

（2）机床不能正常地返回参考点;

（3）刀库不能转位;

（4）刀具交换时掉刀。

本章推荐阅读书目

[1] 数控技术基础. 杨继昌，李金伴. 化学工业出版社，2004.
[2] 数控机床操作工（高级）. 李蓓华. 中国劳动社会保障出版社，2004.
[3] 现代家具生产工艺与设备. 宋魁彦. 黑龙江科学技术出版社，2001.

技能训练 30　数控机床与加工中心的认知实训

实训目标

了解数控机床与加工中心的结构特点、功能与应用；熟悉数控机床与加工中心组成、结构、工作原理；熟练掌握数控机床的操作规程和安全操作技术。

实训场所与组织

实训中心或现代家具制造企业。以组为单位（每组 10 人左右），由老师、工厂技术人员或实训人员进行现场讲解和示范。有条件的学校可安排学生实际操作。

实训设备和材料

设备

典型的数控木工机床与加工中心设备，如数控木工铣床等。

实训内容和方法

（1）现场讲解

老师或者技术人员讲解数控木工机床与加工中心的结构，说明其工作原理，边示范操作方法，学生通过边听边看来实现对数控木工机床与加工中心结构，工作原理和操作规程的认识和理解。

（2）故障排除

根据数控木工机床的具体类型,选择常见的几个故障(如:自动换刀装置等)来现场排除。

（3）安全操作的掌握

通过边听、边观察技术工人的现场操作来掌握数控木工机床的操作规程和安全操作技术。

（4）分组讨论

分小组进行，对数控木工机床与加工中心的基本结构、工作原理及常见故障原因进行分析和整理。

考核标准

考核评分标准见表 17-5。

表 17-5　数控机床与加工中心认知技能考核评分标准

实习地点：　　　　系部：　　　　班级：　　　　姓名：　　　　组号：

考核项目	指标分值	考核标准	成绩分档及权重					考核方式
			A	B	C	D	得分	
			1	0.8	0.6	0.4		
理论应知部分	20	各种数控木工机床类型及特点（10 分）						现场口试
		数控木工机床的组成及工作原理（10 分）						
技能操作	60	能识别各种数控木工机床（20 分）						现场操作
		能掌握各部件相应功能及调整方法（20 分）						
		能掌握数控机床的操作规程和安全操作技术（20 分）						
实训报告	20	字迹是否工整，文字表达是否完整、清晰，语言是否通顺、简练（6 分）						书面形式
		内容是否齐全（7 分）						
		分析是否正确（7 分）						
得分								
教师签字								

第18章 木工机械的维修和保养

本章学习目标

理论知识 了解木工机械的维修和保养的基本知识；掌握木工机床磨损种类及其原因；熟悉木工机床维修和保养的基本方法和步骤。

实践技能 学会木工机床维修和保养的基本方法和步骤。

木工机械的维修和保养车间

掌握机床的一般维修保养知识，是一个熟练的机床操作人员的必备素质之一。机床的日常维修和保养，是保障机床的正常运行工作，减少停修次数和时间，延长机床的使用寿命，最大限度地提高机床生产效率的重要手段。一台机床工作状态如何，与操作者有直接关系，所以操作者应该在掌握机床结构、性能和工作原理的基础上，还要掌握机床的日常维修和保养知识，了解机床传动零件的磨损规律和机床由于工作振动易产生松动的部位，做到按时检查、润滑，及时发现并排除故障，以保证机床正常工作。

一台正常运转的木工机床，随着工作时间的积累，由于磨损及其他原因而使其性能逐渐降低，这种现象有的是正常的，有的则是由于操作不当，检修不力而导致传动件受到剧烈损伤而引起的。这样就会影响生产的正常进行，使设备经常停歇，生产计划无法得到保证，从而造成不应有的损失。

机床能正常工作，是减少原材料消耗，降低制品的生产成本，提高企业经济效益的重要保证。为此，操作者必须予以重视，严格遵守机床操作技术规程和其他各项规章制度。

18.1　机械磨损种类及其原因

18.1.1　零件磨损的基本概念

机械零件在工作过程中，逐渐改变其原有的几何形状和尺寸以及表层的性质，此现象称为零件磨损。机械零件的磨损有两种，一种是自然磨损，另一种是意外磨损。

（1）机械零件的自然磨损

由于摩擦力或机床在正常情况下长期工作的原因所引起的磨损称为自然磨损。它通常是由于零件相对运动时的摩擦、冲击荷载、高温、正常操作条件下对零件表面的化学作用及电化学作用等原因而发生的。其磨损的程度取决于机器构造特点，荷载大小，机器制造装配，使用，维修保养等情况。

按照产生的原因，自然磨损有机械磨损、热磨损及化学磨损的区别。但实际产生磨损的因素，不仅仅是上述原因的某一种，而可能有几种原因同时作用，因此零件磨损的性质比较复杂，严格区分是比较困难的。

机械磨损　机械磨损是由于摩擦力的作用而发生的。零件相互摩擦所产生的磨损，是接触面间的磨蚀、挤压和氧化过程同时作用的总和。

相互接触的零件其表面往往是不平整的，所以当一个零件相对于另一个零件滑动时，其表面就产生摩擦，之后便出现磨蚀。此外，在荷载的作用下零件的外表面会相互碾平，这是由撞击或表面上各部分经多次的应力循环而造成的。其结果则使金属表面发生疲劳现象而导致金属粒或金属薄层从表面削落。若零件表面的摩擦部分与空气或质量不好的润滑剂接触，则在运转时将由于氧化而产生磨损。因为金属表面受氧化后，摩擦系数增大，这就使氧化部分产生更剧烈的机械磨损。

热磨损　热磨损是由于零件在传动过程中接触面间的摩擦而使金属表层产生高温，并使金属表面局部软化、起皱，甚至在特别严重的摩擦情况下，使金属零件表面熔化，引起两零件发生“咬合”现象。

化学磨损　机床工作由于受到其周围环境，即水、空气、化学气体或酸、碱等的作用，

而使金属零件表面锈蚀，发生化学变化，逐渐由表面到内部，最终导致使零件失去工作性能。

（2）机械零件的意外磨损

意外磨损也称为事故磨损，是由于机器的某一零部件产生急速磨损而影响整台机器的工作，甚至使机器失去生产能力的磨损。特别是在自动化生产线上，由于其中一台机器的故障而会影响全线工作。产生意外磨损的原因是：

① 零、部件材料质量差，制造和加工不良，部件装配或机器安装不正确等。

② 违反机器的操作规程，使机器过载工作。

③ 没有执行润滑制度。润滑系统内的油量供应不足或没有油液，以及润滑剂选择不当。

④ 没有按规定的技术进行维修。如修理不及时，换修零件的材料选择不当，修理质量低劣等。

⑤ 缺乏对机器的正确维修，如未及时进行预检及执行计划修理，未及时清洁机器等。

由此可知，只要充分认识各种磨损产生的原因，认真做好设备的维修和保养，严格执行设备的有关规章制度，意外磨损是可以减少和避免的。

18.1.2 影响磨损的基本因素

零件机械加工的质量 磨损是发生在工作零件的金属表面层上，因此其耐磨性取决于这些表面层的物理状态。由于零件加工表面总有一定的不平度，而这种不平度在使用初期的磨合过程中，将很快地被减小，而形成新的几何尺寸及不平度。故根据零件工作特点，即根据负荷、速度、温度、摩擦与润滑等的条件，必须对零件材料、表面粗糙度提出一定的要求。零件如果符合这些要求的，必然地在磨合中的磨耗少，初磨时间短，正常工作时间长，其耐磨性也就好。

金属材料的质量 零件的磨损与金属质量及热处理有关。这就需要了解各类钢材的性能，在制造和修理机械零件时，如何正确选择金属材料及热处理的方法。提高其表面的强度和硬度，从而也提高了耐磨性。

润滑剂的使用 机械零件使用寿命与润滑条件及润滑油的质量有关。加润滑剂可以提高零件的耐磨性。因为它显著地减少了摩擦力的作用及摩擦表面的过度发热。在零件的一定转速下，润滑剂被带入零件的间隙使油膜厚度增加。油的黏度大小决定了油膜的形成及油膜的厚度，而油的酸性大小会影响金属表面的腐蚀程度。因而选择润滑剂时要注意质量，严格遵照规定的标准，以保证延长零件使用寿命。

摩擦表面的相对速度和单位压力 实践证明，摩擦表面相对运动速度愈大，愈易产生液体摩擦，而零件磨损亦愈小；摩擦表面单位压力越大，越容易将润滑剂挤出，则其摩擦也越剧烈。

零件的配合间隙 相配零件间的磨损，将会引起它们几何尺寸的变化、改变其原有的配合性质，从而使零件逐渐在不正常状态下工作，导致磨损迅速加剧，交变载荷时相互撞击甚至发生破坏。因此，当零件磨损达到最大的允许配合间隙时，必须及时修理。

机器的使用 机器使用正确与否及维修保养的好坏，对零件的磨损产生直接影响。因此熟练掌握操作技能，严格执行维修保养制度，是保证机器正常运转及延长机器使用寿命的必要条件。

18.2　机床的润滑

机床润滑是保养机床的一个重要组成部分，因为它能减少互相滑动零件的摩擦，降低动力消耗，延长机床的使用寿命。润滑剂一方面具有附着在金属表面并能够分布非常细密的功能，另一方面本身的内摩擦阻力很小，因此它能在金属表面形成一层薄膜，能不同程度地减小零件表面的直接接触，从而减小零件表面间的摩擦。所以，按时、正确地润滑机床就能减少零件的磨损。此外，良好的润滑，只是及时和适量地加入润滑剂还不够，还要根据机床零件表面压力大小和相对滑动速度等条件，正确地选择润滑剂，并使润滑装置保持正常状态。

润滑剂对金属零件表面除了起润滑作用外，还能起到冷却作用，由于润滑油的流动，将热量带走，使机床的工作温度不致过高；润滑油在零件表面形成的油膜，可防止零件与水和空气接触产生锈蚀；在往复运动中，具有一定性能的润滑剂可起缓冲和防振作用。

18.2.1　润滑材料的种类及其选择

机床常用的润滑材料有润滑油、润滑脂、固体润滑材料三类。润滑油是液体，润滑脂是半固体。其中润滑油由于黏度小，摩擦因数也小，因而应用也最广泛。机床上常用的多为矿物油和油脂，根据物理化学性质的不同，它们有很多品种，应根据情况进行选择。

(1) 润滑油的种类及其选择

润滑油种类较多，有矿物油、植物油、动物油和混合油等，应用最多的是矿物油。矿物油是从石油中提炼出来的，成本低，性能稳定，来源丰富。混合油是根据机床所要求的黏度，用矿物油、植物油、动物油等按不同比例混合配制而成的，如常用的气缸油、齿轮油、钟表用油等。

机床常用的多是机械油，又称为机油。机械油品前注有数字符号，如 10、20、30、40、50、70、90 等，这些数字符号分别表示油的运动黏度，数字越大，黏度越大。

选择润滑油的最主要技术指标是黏度，所以选择时应考虑下列一些因素：

根据摩擦表面相对速度来选择　摩擦表面相对运动速度越高，越容易形成油膜而为液体摩擦，所以应选择黏度低的润滑油。因为黏度低的润滑油内摩擦力小，能量耗损少。

根据摩擦表面载荷大小来选择　摩擦表面载荷越大，单位压力就越大，所以选择油的黏度也要大。因为黏度大的润滑油容易形成油膜。

根据工作温度高低来选择　润滑油的黏度随着温度升高而降低，根据这一特性要注意冬季和夏季，南方和北方的地理位置和气温的不同选择使用。

根据摩擦表面的工作情况来选择　对高变载荷，不等速运动，经常启动、停车或正反转等机构的润滑，应选择黏度大的润滑油。

根据摩擦表面配合性质和表面粗糙度来选择　配合间隙小，表面粗糙度低，选择黏度低的润滑油，反之，选择黏度大的润滑油。

润滑油的性质和用途，可查阅有关参考书，以便正确选择使用。

(2) 润滑脂的种类及其选择

润滑脂俗称黄油或干油。由钙、钠、铝等氢氧化物作为皂化剂和牛羊油加热并加入矿物质润滑油而分别制成钙基、钠基和铝基等润滑脂。使用润滑脂作润滑剂的好处是密封简单，损失少，不需要经常更换，常用于高速机床、自动装置、加油不方便的设备的润滑。

润滑脂对温度、速度、载荷等有较大的适应性。但是，润滑脂的流动性差，不能作循环润滑剂，且导热系数小，散热性能差，摩擦因数大，机械效率低。

钙基润滑脂　呈黄色，故称黄油。它不溶于水，不宜用于高温高速部位，适用于温度在40～60℃之间，转速1 500r/mim以下部位的润滑。

钠基润滑脂　呈褐色，易溶于水，耐高温，适于高温大载荷工作设备的润滑。

铝基润滑脂　呈奶油色，塑性不好，耐热耐水，粘着力强，对金属表面有良好的保护作用，但是成本高，多用于精密仪器和高速齿轮传动场合的润滑。

常用润滑脂的性质和用途见表18－1。

表18－1　常用润滑脂的性质和用途表

名称	代号	滴点（≥0°）	主要用途
钙基润滑脂（GB 491—1965）	ZG－2	80	工作温度低于55℃，适用于农业机械交通运输机械设备轴承的润滑，特别适合在有水或潮湿条件下工作的机械设备的润滑
	ZG－3	85	
	ZG－4	90	
	ZG－5	95	
钠基润滑脂（GB 429—1965）	ZN－2	140	工作温度在115～145℃范围内工作的各种机械设备轴承的润滑，但不耐水
	ZN－3	140	
	ZN－4	150	
石墨钙基融化脂（GB 1405—1965）	ZG－3	80	适用于重载荷、低速度机械设备的润滑；同时，也适用于开式齿轮、链轮传动的润滑

（3）固体润滑剂

目前常用的固体润滑剂有二硫化钼、石墨、聚四氟乙烯等。它们可以单独使用，也可以与润骨油或水混合使用，适于高温高压或无油润滑用。

固体润滑剂常制成粉末状，利用气流送入摩擦表面之间，或将其粉末与树脂黏合剂用挥发性溶剂溶解，用刷抹或喷射等方法涂在金属表面形成润滑干膜；或将有较好润滑性的四氟乙烯（尼龙塑料）涂于金属表面或制成零件。

18.2.2　润滑方式

对于机床的不同部位和不同的润滑剂，应采用不同的润滑方法，现分别叙述如下。

（1）手工加油润滑

主要用于链条、开式齿轮传动、钢丝绳和导轨面的润滑；也适用于低速轻载机构的润滑。

（2）油绳、油垫润滑

此种方法是把毛绳和毛垫浸入油中，通过毛细现象把油吸上来，连续不断地润滑摩擦表面。其好处是能滤去杂质，使油清洁，适用于对轻载荷、低速摩擦表面的润滑。

（3）强制输油润滑

它是利用润滑液压泵将油通过油管输送到润滑点去。

(4) 溅油、滴油、油杯、油链和油轮润滑

溅油润滑 适用于减速器和变速机构等的润滑；

滴油润滑 适用于齿轮、轴承和导轨等的润滑；

油杯、油链和油轮润滑 适用于对电动机、风扇、机床以及其他机械设备的润滑。

上述几种润滑方法，不管采用哪一种都要按时检查，及时添油，否则会出现不应该出现的机械事故。有关各类润滑装置可查阅有关参考书。

18.3 设备的保养与维修

按预定计划对设备进行日常保养和维修是保证设备始终处于良好工作状态，延长机械设备的使用寿命，最大限度地发挥其生产效率，生产出更多更好的合格产品的有力保证。

18.3.1 机床的日常保养

(1) 操作人员使用中的保护

机床在使用过程中，必须注意保护，以免受到意外或不必要的损伤。这一工作应当成为机床操作者任务之一。

对机床的保护主要有以下几方面内容：

① 不论在运转还是停车时，都要保持工作地点整齐，把不用的刀具、工夹量具放入工具箱内，不要乱放在机床上，特别注意不要滑落到机床里去。

② 控制机床在允许负荷下平稳运转，绝对避免长时间超负荷运转。在机床运转时应该注意以下几点：

a. 运转部件是否有杂音，发现有不正常声音应该立即停车检查，找出原因，及时排除；

b. 检查轴承是否过热；

c. 检查电动机是否过热。

③ 机床的保护装置不应取下，应保持完好无损，以免污物和其他东西落入，损坏机械设备。

④ 及时检查，做好润滑，保持机床的清洁。

⑤ 工作结束后，切断电源，进行清扫、擦拭，保持机床及周围环境的干净。

(2) 维修人员的专职保养

在工厂内，应实行机床的定期检查，切实做好机床的安全保护工作，预防突然发生事故。一般的维修人员要对机床作如下检查：

每日值班检查 由修理钳工巡视车间内所有的生产设备，听、看各台设备的工作情况，如听见设备有杂音或发现轴承、电动机等发热，应检查各连接处的连接件是否有松动，及时消除零星毛病。

机床的定期检查 这是一种很好的预防措施，主要包括：

a. 检查机床各工作表面、连接处的间隙等部位；

b. 检查机床各润滑系统的工作状态；

c. 检查电动机的起动状态等。

定期检查机床的精度 检查的目的是确定机床易损件的磨损程度，以便备好备件更换或修理。

（3）轴承的保养

保养时应注意轴承的润滑和检查。当属于用循环系统供油润滑的轴承时，应注意检查轴承是否有足够的新鲜润滑油液供给，以及检查油管是否堵塞、断裂，滤网是否堵塞，必要时进行更换和修复。同时还要检查轴承工作温升情况、密封状态等，做到按时添加或换油。一般每隔半个月加一次油，三个月换油一次，换油时要清洗全部润滑系统。

对于采用油脂润滑的滚动轴承，在装配时必须注意干净，最好用煤油清洗一次，清洗完之后用油脂涂抹，油脂量约为轴承空间的1/3即可，涂抹太多会引起轴承发热。一般滚动轴承每三个月打开清洗换油一次。

轴承在运转中应该注意是否发热和有噪声。轴承正常工作温度以不超过30～40℃为宜。一般是用手触凭经验进行检查，如果发现过热应该立即停车检查。轴承工作时发热有如下一些原因：轴承安装不正确，过紧或偏斜；轴承转速超过允许范围；滚珠或滚柱磨损过量；润滑剂选用不当或润滑剂混入杂质；润滑不充分。对于滑动轴承来说，一是油槽（油沟）开得不当，另一个是滑动轴承材料不好。

轴承杂音的检查，简单的方法是检查人员用螺钉旋具等物件，将一端靠紧在轴承壳体上，另一端靠近耳边听取声音。如果有杂质混入时会有不规则噪声；如果润滑不足时则发出尖锐的金属声。如出现上述不正常声音，应该立即停车检查，排除故障。

（4）传动机构的保养

带传动装置 平传动带要注意选择接头形式，以免出现振动和冲击。如果采用缝合和胶合的传动带接头，要使带接头和带轮回转方向相一致。三角带传动要注意它的规格和型号。还要注意传动装置的清洁，要经常清理传动带及带轮上的污物。要防止传动带潮湿打滑，保持适当的干燥。

链条机构 链条决不可干燥运行，要涂抹充分的油脂，或将链条的一部分浸入油槽中，链条在大约运行六个月以后，必须仔细进行一次清洗和擦拭。

齿轮传动机构 对于开式传动齿轮应在轮齿上涂抹润滑脂进行润滑，但要保持清洁，严格防止金属杂物混入破坏齿面。对于变速箱中的齿轮，在使用中必须注意，不准在运转中搭换齿轮。变速箱盖要盖好，以免杂质污物进入。

摩擦传动机构 应该经常注意保持摩擦表面的清洁，不得有油污或受潮，以免影响动力传递。另外，在使用时要注意摩擦压力不能太大。

（5）液压传动系统的保养

为了保证液压传动系统的正常工作，应该注意以下几点：

液压泵 液压泵是液压系统的心脏，一旦出现故障将会影响整个系统的工作。要保持油液清洁，防止杂质和其他污物进入泵内和整个系统中，以免加速液压泵的磨损。另外要注意在没有油液时，绝对不允许开动液压泵。

油液 油液一定要干净，预防污物和杂质混入油液中堵塞管路和液压元件的小孔，以免系统失去正常工作能力。为了保证液压系统油液的清洁，在吸油管的入口要安装滤油器，并要对滤油器进行定期清洗。

液压系统的密封 密封的目的是防止油液泄漏。油液泄漏不但浪费，严重的还会使液压系统失去正常工作能力。为此，应该经常检查液压系统的连接处是否漏油，如果漏油应该缩

紧连接处的接头或更换密封元件。

防止空气进入液压系统　空气进入液压系统，会使工作机构出现爬行现象，产生振动和噪声。为此，油箱的液面应保持要求的高度，以免吸油管吸空。还要经常检查滤油器和吸油管是否堵塞，因为堵塞会造成吸油不足而形成局部真空，使溶于油液中的空气分离出来，还会使油液蒸发，形成气穴，造成供油的不连续性，影响系统的工作。

除上述外，还要经常检查油缸和控制阀类的工作情况，如动作是否灵活，有无卡死、堵塞、爬行、冲击等不正常现象出现，如果有，应及时拆下清洗、检查、排除，保证液压系统正常工作。

18.3.2　机床的维修

企业对生产设备的管理，首先是建立每台设备档案。设备档案主要内容包括设备操作技术规程、日常保养制度、使用情况和设备计划预修制度。机床计划预修制度是：按预先编制好的计划，以一定的程序，并通过一定的期限检修机床。

计划预修的目的在于长期保持机床的工作性能，预防机床的意外损失；缩短机床的停修时间，降低修理成本，提高生产率。

计划预修制度包括：值班维修、计划检查、计划修理。计划修理是指机床小修、中修和大修。

（1）值班维修

是指在生产过程中，由值班钳工对机床进行听、观、摸的日常检查，消除隐患，保证生产。

（2）计划检查

是检验机床的工作状态，进行某些零修，调整某些部件，并查明必须要在最近一次计划修理中消除的毛病，该项工作不得引起生产的停顿，因此，它要在机床非工作时间内完成，即在休息日进行。

（3）计划修理

是指停机进行修理。

小修　是小规模的修理工作。在修理时间内将一些磨损量不大的零部件进行修复和更换，以及进行机构的调整工作。小修进行的各种工作必须保证机床正常工作到下一次计划修理。

小修包括如下内容：

a. 将机床磨损较严重的零部件作局部的拆卸，并进行清洗；

b. 对检验清洗的零部件，确定是否修复和更换；

c. 对要修复的零部件进行修复工作；

d. 对易损件、轴承、摩擦表面、导向装置进行修理或更换；

e. 工作台、刀架、导板等工作面的修整；

f. 液压传动系统元件调整，润滑系统的整修，更换油液；

g. 检查传动件的配合精度，调节弹簧张紧度和刀架移动情况；

h. 检查、调整、修理操纵机构、电气控制装置和定位机构等；

i. 检查、修理安全保护装置和吸尘装置；

j. 装配已更换和修复的零部件，装好后检验，进行空转运行调试、负载运行调试，并进行加工零件精度检验。

中修 停产检修，但机床不从基础上取下，是以更换、修复被磨损的零部件和校准机床的精度等为主要内容的修理工作。

中修包括如下内容：

a. 除床身、机座外，拆卸所有零部件；清洗拆卸的零部件，擦干后检验确定更换、修复的零部件；

b. 更换易损件，修复其他零部件；

c. 清洗、检验液压传动元件和润滑设备，清洗油箱，更换油液；

d. 检修电气控制装置，安全保护装置，以及除尘设施等；

e. 按照机床的技术要求进行装配，并进行检验；

f. 空载试车，调试机床，检查噪声和升温情况；

g. 负载运行调试，进行零件加工精度和表面粗糙度检验，直到合格为止；

h. 机床外表喷漆；

i. 恢复标记、标线、刻度和其他记号。

大修 是大规模的修理，时间长，要将机床从基础上取下，除了作机床零部件的更换和修复外，还要恢复机床原来的精度标准、技术性能和生产率。

大修包括如下内容：

a. 机床全部拆卸开，或者将机床从基础上取下，送到修理车间进行修理；

b. 按部件拆卸、清洗、检验、编号、登记，确定更换和修复的零件、部件；

c. 更换、修理滚动轴承、轴套和轴瓦；

d. 更换、修理传动装置零部件、离合器和制动机构；

e. 修理床身的导轨，工作台、导向尺和大小溜板工作表面；

f. 更换、修理液压系统元件和润滑设备，清洁油箱，更换油液；

g. 修理安全保护装置和排尘装置；

h. 检修机床的电气控制装置；

i. 装配机床，检查调整；校准主轴、刀架、行走机构和控制装置；

j. 根据技术标准要求检测机床；

k. 空载运行和调整；

l. 负载运行和调整，检查零件加工精度和表面粗糙度；

m. 机床外表涂饰和喷漆；

n. 恢复标记、标线、刻度和其他记号。

木工机床的修理周期，各企业的规定不一样，与设备的管理有很大的关系。通常大修、中修、小修是按 1∶2∶6 的比例进行。这只能作为参考，应结合企业具体情况确定其修理周期。最后，需要指出，修理周期结构需要在实践中不断调整，以取得最佳效果。

思考与练习

1. 什么是自然磨损、意外磨损？分析这两类磨损产生的主要原因。

2. 简述影响磨损的基本因素。
3. 为什么要进行机器的润滑？润滑材料主要有哪几类？
4. 简述各类润滑材料的种类和选用。
5. 简述各种润滑方式及其应用。
6. 执行计划预修制的措施有哪些？定期修理包括哪些主要内容？
7. 简述木工机床的维修和保养的要点。

本章推荐阅读书目

[1] 木工机械．赵焕甲．中国林业出版社，1998.
[2] 家具木工机械．家具木工机械编写组主编．轻工业出版社，1984.

综 合 实 训

实训要求

综合实训为各章节技能实训考核结束后的综合训练，一般在较规范的木材加工企业、家具制造企业、人造板企业中完成木工机械综合职业资格能力的训练。在外出综合实训过程中应特别注意以下安全事项：

1. 实训时应穿工作服和合适的鞋。女同学应戴工作帽，头发或辫子应塞入工作帽内，实训时不准戴手套。

2. 严禁在工厂内吸烟和打闹，未经许可不得乱动工厂的任何设备和原材料。

3. 工作时，操作位置要正确，防止造成人身伤害。

4. 严禁在机床运行时进行变速、清除切屑、测量工件等。

5. 开动机床后，不允许擅自离开。若发现机床有异常情况，应立即停车检查。

6. 调整机床时，要将机床电源开关断开，并在开关处挂上“检修机床，严禁合上开关”的警示牌，以防不知情人员合上开关发生事故。

综合实训1 企口实木地板的机械成型加工

实训目标

通过企口实木地板的综合实训，了解企口实木地板的基本知识和企口实木地板的生产工艺流程，掌握生产企口实木地板的主要木工设备的组成、结构和工作原理及使用方法。

实训场地与组织

实木地板厂。以组为单位（每组5人左右），在实训指导教师带领下，先进行现场讲解企口实木地板的生产工艺流程，观摩企口实木地板的加工过程；在实训教师的指导下，学生独立进行完成相应的加工操作。

实训设备和材料

（1）实训设备

纵锯圆锯机、横截圆锯机、木工平刨床、双面压刨床、四面刨床、双端铣床、木工磨光机。

（2）实训材料

实木地板干燥毛料多块及相关工具若干。

实训内容的相关知识和实训的方法

（1）企口实木地板机械成型加工的生产工艺流程：

企口实木地板的加工一般由两部分组成：一是机械成型加工部分（素板）；二是表面涂饰部分（漆板）。企口实木地板机械成型加工的生产工艺流程如下：

地板干燥毛料⟶加工一定宽度规格的板条（纵锯圆锯机）⟶进行毛料截断（横截圆锯机）⟶确定基准面（平刨床）⟶确定实木板料的厚度尺寸（双面压刨床）⟶完成实木地板两个侧面和上下两个表面的成型加工，同时开纵向榫槽和变形槽（四面刨床）⟶定长、开横向榫槽（双端铣床）⟶进行表面砂光（木工磨光机）⟶检验分等⟶素板包装

（2）企口实木地机械成型加工的关键技术环节：

① 四面刨床的加工工序：四面刨床加工时，是利用机床上刨刀和铣刀来加工地板的表面和榫槽，为保证纵向榫槽的质量，在开车前要按地板的加工尺寸和要求对刨刀进行调整，调整的内容为：

a. 刀具的安装和调整：一般下刨刀装刀高度应比后台高0.2～0.5mm，前台面低于刨

刀头1~2mm，转动上刀头调节手轮让它的切削刃外圆距台面的高度等于地板断面的厚度；

b. 导板的调整；

c. 进给机构的调整：包括上下滚筒之间距离调整和进行速度调整。调整合适与否，直接影响地板表面粗糙度；

d. 压紧器调整：压紧器一定要调整在进给地板毛料的正方向，是其对木地板毛料有一定压紧力，保证地板表面及榫槽的质量。

② 双端开榫机开端头榫槽工序：双端开榫机既要通过锯片对地板条精截，又要通过铣刀在两端开榫头和榫槽，此榫头作为长度方向拼接使用，为保证开平榫头，上下刀头操作时要调整一致，刀片不锋利，应立即换刀，不可勉强使用钝刀，若榫肩有起毛现象，应调节立刀尖使之高于平切削刃口。

③磨光机砂光工序：磨光机是对已加工好的木地板进行精加工，是木地板素板的最后一道加工工序，也是漆板前的第一道工序。在木地板生产中用的最多是三辊式磨光机，三辊式磨光机在磨砂地板时，分为三个阶段，第一阶段为粗磨，辊筒的压紧力较大，磨削厚度一般在0.1~0.6mm之间；第二阶段为细磨，主要是磨掉地板表面微小的不平度如粗砂后留下的沟痕等，因此，调整磨削辊筒要注意，压紧力比粗磨小，一般磨削厚度在0.05~0.2mm之间；第三阶段为精磨，砂带的粒度更细，磨削厚度平均在0.05~0.1mm之间。一般采用120#砂带砂光后进入淋漆线。

为达到地板表面粗糙度，加工时必须注意以下几点：

a. 正确选择磨料粒度：粗磨采用粗粒磨料，精磨采用细粒磨料；

b. 砂磨方向：一般进料尽量顺纹砂光；

c. 调节砂磨速度：磨削速度大，表面粗糙度低，但也不可过大，过大会使磨削温度升高，木材表明烧焦，一般磨砂速度为20~30m/s；

d. 进料速度：地板进料速度不宜过大，太大会影响表面粗糙度，一般为5~20m/min。

考核标准

考核评分标准见下表。

企口实木地板加工设备操作技能考核评分标准

实习地点： 系部： 班级： 姓名： 组号：

<table>
<tr><th rowspan="3">考核项目</th><th rowspan="3">指标分值</th><th rowspan="3">考核标准</th><th colspan="5">成绩分档及权重</th><th rowspan="3">考核方式</th></tr>
<tr><th>A</th><th>B</th><th>C</th><th>D</th><th rowspan="2">得分</th></tr>
<tr><th>1</th><th>0.8</th><th>0.6</th><th>0.4</th></tr>
<tr><td rowspan="3">理论应知部分</td><td rowspan="3">20</td><td>实木地板加工所用设备的种类及特点（6分）</td><td></td><td></td><td></td><td></td><td></td><td rowspan="3">现场口试</td></tr>
<tr><td>实木地板加工所用设备的作用和工作原理（6分）</td><td></td><td></td><td></td><td></td><td></td></tr>
<tr><td>企口实木地板生产的工艺流程（8分）</td><td></td><td></td><td></td><td></td><td></td></tr>
<tr><td rowspan="4">技能操作</td><td rowspan="4">40</td><td>地板加工前的准备工作（10分）</td><td></td><td></td><td></td><td></td><td></td><td rowspan="4">现场操作</td></tr>
<tr><td>实木地板所用各种设备的调试（10分）</td><td></td><td></td><td></td><td></td><td></td></tr>
<tr><td>实木地板加工过程操作是否正确（10分）</td><td></td><td></td><td></td><td></td><td></td></tr>
<tr><td>各种刀具的安装、更换是否正确、熟练（10分）</td><td></td><td></td><td></td><td></td><td></td></tr>
<tr><td rowspan="2">锯解质量</td><td rowspan="2">20</td><td>对地板加工的质量等级进行评价（10分）</td><td></td><td></td><td></td><td></td><td></td><td rowspan="2">现场测试</td></tr>
<tr><td>对地板加工的完成情况进行评价（10分）</td><td></td><td></td><td></td><td></td><td></td></tr>
</table>

（续）

考核项目	指标分值	考核标准	成绩分档及权重					考核方式
			A	B	C	D	得分	
			1	0.8	0.6	0.4		
实训报告	20	字迹是否工整，文字表达是否完整、清晰，语言是否通顺、简练（6分）						书面形式
		内容是否齐全（7分）						
		分析是否正确（7分）						
得分								
教师签字								

综合实训2　板式家具生产综合实训

实训目标

熟悉板式家具常用的原辅材料的种类与选用，学会板式家具生产常用设备基本操作和操作规程，掌握板式家具的生产的基本过程。

实训场所与组织

家具制造企业。

由实训指导老师或有关技术人员生产任务进行讲解后，安排学生进行板式家具的生产。

分组任务如下。

第一组：衣柜的制作与安装；

第二组：书柜的制作与安装；

第三组：电视柜的制作与安装。

实训设备和材料

（1）实训设备

① 精密裁板锯（往复运动式裁板锯、精密推台裁板锯）；

② 半自动或者全自动封边机；

③ 多排多轴木工钻床（三排多轴钻即可满足要求）；

④ 异型手动工具若干，如曲线锯、电动雕刻机、手工电钻、射钉枪等。

（2）实训材料

① 三聚氰胺复合板材；

② 配件：封边条、三合一连接件、抽屉滑导、活层钉、自攻螺钉等。

实训内容和方法

（1）现场讲解

老师或者技术人员现场讲解板式家具的生产工艺过程，重点讲授：

① 各设计图的料单分解，各零部件材料尺寸的计算。

② 家具五金件的配料单。

③ 各工序操作的注意事项。

a. 精密裁板锯：

· 硬质合金锯片的刃磨；

· 锯片的装夹、主锯与划线锯片的位置调整；

· 导板的调整及误差范围的确定；

· 进给速度的确定；

· 问题分析：

——工件产生崩边的原因是什么？

——分析工件几何尺寸不精确的原因。

b. 封边机：

· 胶料的选择原则；

· 封边机进给速度的确定；

· 封边条颜色和规格的选择；

· 封边机进给方式和刀具修边量的调整；

· 部件修边的方法和技巧；
· 封边质量检查；
· 问题分析：
——各种热熔胶的性能分析；
——如何确定封边条的倒角圆；
——封边过程产生刮底的原因分析；
——半自动封边机截头和封边的技巧讨论。

c. 多排多轴木工钻床：
· 多排多轴木工钻床的保养；
· 多排多轴木工钻床标尺的调整；
· 多排多轴木工钻床钻头的选择；
· 多排多轴木工钻床钻头的安装；
· 孔位的确定和排孔操作；
· 排孔质量检查；
· 问题分析：
——孔位位置的确定原则；
——孔位尺寸误差分析；
——钻头的装夹应注意的问题；
——排孔质量评定的标准。

d. 异型：
· 异型形状的确定；
· 手动工具的选择；
· 异型的制作和手工封边；
· 抽屉、功能盘和门体的制作；
· 异型质量检查；
· 问题分析：
——异型的种类；
——异型制作质量评定。

e. 组装：
· 各种配件的选择；
· 柜体的组装；
· 零部件的组装，如抽屉、功能盘和门体的组装等；
· 安装后的调整；
· 易损部件的修补和完善；
· 质量评定和等级划分；
· 包装；
· 问题分析：
——配件选择的原则；
——零部件的组装技巧；
——生产中如何克服易产生的缺陷；
——质量评定标准。

各生产厂家在生产过程中如有不同之处应注意总结。

(2) 实际操作

①进行板式家具生产设计：每组选取一件板式家具设计图，并在工厂技术人员的指导下完成生产任务。

②老师可依据学生所完成的板式家具生产设计情况进行考核评分。

考核标准

考核评分标准见下表。

板式家具生产设计技能考核评分标准

实习地点：　　系部：　　班级：　　姓名：　　组号：

考核项目	指标分值	考核标准	成绩分档及权重					考核方式
			A	B	C	D	得分	
			1	0.8	0.6	0.4		
理论应知部分	30	板式家具的主要类型及特点（10分）						现场口试
		板式家具的设计与生产工艺过程（10分）						
		板式家具的设计与生产所需要的主要木工机械（10分）						

（续）

考核项目	指标分值	考核标准	成绩分档及权重					考核方式
			A	B	C	D	得分	
			1	0.8	0.6	0.4		
技能操作	50	迅速识别板式家具的各种原辅材料（10分）						现场操作
		在规定时间内完成板式家具生产设计（20分）						
		完成板式家具的生产（20分）						
实训报告	20	字迹是否工整，文字表达是否完整、清晰，语言是否通顺、简练（6分）						书面形式
		内容是否齐全（7分）						
		分析是否正确（7分）						
得分								
教师签字								

综合实训3　刨花板生产综合实训

实训目标

学会刨花板设备的基本操作和操作规程，掌握刨花板生产各工序设备的结构及工作原理，熟练掌握刨花板生产工艺流程。

实训场所与组织

人造板生产企业。

由实训指导老师或有关技术人员对刨花板生产线各工序、工段的设备进行结构、工作原理的讲解，安排时间让学生熟悉刨花板生产工艺流程，然后分组轮流到各工段学习基本操作规程，最后进行实训总结。

建议分组如下。

第一组：备料工段；

第二组：刨花干燥与施胶；

第三组：刨花铺装与热压。

实训设备和材料

（1）实训设备

①鼓式刨片机、盘式削片机、刨花再碎机；

②木片、刨花料仓；

③干燥机及分选机；

④刨花施胶机；

⑤刨花铺装机；

⑥刨花板热压机；

⑦宽带砂光机。

（2）实训材料

小径级材或工艺木片。

实训内容和方法

（1）现场讲解

有实训老师或者技术人员现场讲解，重点讲授：

·各个工序设备的结构及工作原理；

·各工序设备的配合情况；

·各工序操作的注意事项。

① 鼓式刨片机、盘式削片机：

a. 刀片的选择；

b. 飞切削刃口伸出量的调整；

c. 刀门间隙的调整；

d. 刀片刃口与叶片顶端间隙的调整；

e. 安全操作注意事项；
f. 问题分析：
· 如何控制刨花质量；
· 粗、细刨花的配比控制；
· 削片、刨片机刀片的刃磨与调整。
②干燥机：
a. 刨花的进出量；
b. 热量的供给；
c. 干燥机进出口温度的控制；
d. 干燥机排湿口温度的控制；
e. 干燥机操作；
f. 刨花含水率的控制；
g. 问题分析：
· 刨花终含水率的控制；
· 刨花过热着火控制措施。
③分选机：
a. 分选设备选用；
b. 刨花分选质量控制；
c. 问题分析：
· 刨花分选效果控制。
④刨花施胶机：
a. 刨花施胶设备选用；
b. 胶黏剂的调制；
c. 刨花施胶量控制；
d. 防水剂的配制与施加；
e. 其他添加剂的配制与施加；
f. 问题分析：
· 刨花施胶的均匀性；
· 表层、芯层刨花施胶量的控制；
· 胶黏剂及其他添加剂的调制；
· 刨花与胶黏剂及其他添加剂的配比。
⑤刨花铺装机：
a. 刨花铺装机的选用；
b. 表层、芯层刨花用量配比控制；
c. 板坯铺装质量检测；
d. 板坯铺装设备的工作原理及设备调试；
e. 问题分析：
· 板坯厚度控制；
· 板坯密度控制；
· 板坯含水率控制。
⑥刨花板预压机：
a. 预压压力控制；
b. 问题分析：
· 板坯含水率的控制；
· 板坯压缩率、回弹率的控制。
⑦刨花板热压机：
a. 热压工艺参数的确定；
b. 压机的供热系统；
c. 热压过程控制；
d. 刨花板的密度、厚度控制；
e. 问题分析：
· 刨花板的密度波动；
· 刨花板的厚度波动；
· 刨花板的外观质量控制；
· 热压板的变形。
⑧宽带磨光机：
a. 磨光机的选型；
b. 砂纸的更换与调机；
c. 磨光质量的控制；
d. 问题分析：
· 漏砂；
· 砂透；
· 表面沟槽。

(2) 实际操作

①根据分组的情况，将学生分别安排到各工序进行实习，学习各设备的操作规程并掌握机械设备的实际操作过程；

②根据实训的时间各小组轮岗，并针对各自的岗位写实训小结；

③ 各小组实习结束进行交流并编写各设备的操作规程和操作技巧。

考核标准

考核评分标准见下表。

人造板生产技能考核评分标准

实习地点：　　　　　　系部：　　　　　班级：　　　　　　姓名：　　　　　组号：

考核项目	指标分值	考核标准	成绩分档及权重				得分	考核方式
			A	B	C	D		
			1	0.8	0.6	0.4		
理论应知部分	30	刨花板的主要类型及特点（10 分）						现场口试
		刨花板的生产工艺过程（10 分）						
		刨花板生产所需要的主要加工机械（10 分）						
技能操作	50	刨花配比、刨花施胶量的控制及板坯质量检测（10 分）						现场操作
		刨花制备、干燥、施胶设备、热压机的操作与控制（30 分）						
		刨花板质量检测（10 分）						
实训报告	20	字迹是否工整，文字表达是否完整、清晰，语言是否通顺、简练（6 分）						书面形式
		内容是否齐全（7 分）						
		分析是否正确（7 分）						
得分								
教师签字								

参 考 文 献

陈宝德. 1992. 木材加工工艺学［M］. 哈尔滨：东北林业大学出版社.

房志勇. 1999. 装修装饰机具使用与维护［M］. 北京：金盾出版社.

傅有保. 1985. 木工机械理论与设计计算［M］. 北京：中国林业出版社.

韩健. 2002. 人造板表面装饰工艺［M］. 北京：中国林业出版社.

花军. 1995. 木制品加工机床［M］. 哈尔滨：东北林业大学出版社.

家具木工机械编写组. 1984. 家具木工机械［M］. 北京：轻工业出版社.

家具木工机械编写组. 1987. 家具木工机械［M］. 北京：轻工业出版社.

李蓓华. 2004. 数控机床操作工艺（高级）［M］. 北京：中国劳动社会保障出版社.

李庆章. 1989. 人造板表面装饰［M］. 哈尔滨：东北林业大学出版社.

李志仁. 1990. 木工机床结构［M］. 哈尔滨：东北林业大学出版社.

鲁明高. 1988. 人造板机械［M］. 北京：中国林业出版社.

南京林业大学. 1995 . 木工机械［M］. 北京：中国林业出版社.

南京林业大学. 1983. 木材切削原理与刀具［M］. 北京：中国林业出版社.

庞庆海. 1997. 人造板机械［M］. 哈尔滨：东北林业大学出版社.

陕西省第八建筑工程公司. 1982. 木工［M］. 北京：中国建筑工业出版社.

宋魁彦. 2001. 现代家具生产工艺与设备［M］. 哈尔滨：黑龙江科学技术出版社.

王蓝等. 2000. 木工成型铣刀片廓形的计算机辅助参数化设计［J］. 林业机械与木工设备，(10).

吴新泉. 1995. 人造板多层热压机［M］. 北京：中国林业出版社.

吴悦琦. 1992. 细木工工艺学［M］. 哈尔滨：东北林业大学出版社.

习保田. 1986. 木材切削［M］. 北京：中国林业出版社.

杨承. 2000. 人造板热压机中电液控制系统的应用［J］. 木材工业，(6).

杨继昌，李金伴. 2004. 数控技术基础［M］. 北京：化学工业出版社.

于大伟. 2001. 木工机械与机电一体化技术［J］. 木材加工机械，(1).

赵焕甲. 1991. 木工机床［M］. 北京：中国林业出版社.

赵焕甲. 1998. 木工机械［M］. 北京：中国林业出版社.